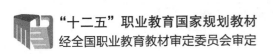

"十二五"职业教育国家规划教材
经全国职业教育教材审定委员会审定

全国高职高专药品类专业
国家卫生和计划生育委员会"十二五"规划教材

供生物制药技术专业用

生物制药工艺学

第 2 版

主　编　陈电容　朱照静

副主编　毛小环　喻　昕

编　者 (以姓氏笔画为序)

毛小环 (湖南环境生物职业技术学院)

朱照静 (重庆医药高等专科学校)

刘碧林 (重庆化工职业学院)

许丽丽 (浙江医药高等专科学校)

李　平 (山西药科职业学院)

陈电容 (浙江医药高等专科学校)

陈秀清 (扬州工业职业技术学院)

林凤云 (重庆医药高等专科学校)

喻　昕 (黄石理工学院医学院)

U0207935

人民卫生出版社

图书在版编目(CIP)数据

生物制药工艺学/陈电容等主编.—2 版.—北京:人民卫生出版社,2013

ISBN 978-7-117-17362-9

Ⅰ.①生… Ⅱ.①陈… Ⅲ.①生物制品-生产工艺-高等职业教育-教材 Ⅳ.①TQ464

中国版本图书馆 CIP 数据核字(2013)第 149756 号

人卫社官网　www. pmph. com	出版物查询,在线购书
人卫医学网　www. ipmph. com	医学考试辅导,医学数据库服务,医学教育资源,大众健康资讯

生物制药工艺学
第 2 版

主　　编:陈电容　朱照静
出版发行:人民卫生出版社　(中继线 010-59780011)
地　　址:北京市朝阳区潘家园南里 19 号
邮　　编:100021
E - mail:pmph @ pmph.com
购书热线:010-59787592　010-59787584　010-65264830
印　　刷:三河市尚艺印装有限公司
经　　销:新华书店
开　　本:787×1092　1/16　印张:31
字　　数:734 千字
版　　次:2009 年 2 月第 1 版　2013 年 8 月第 2 版
　　　　　2020 年 10 月第 2 版第 7 次印刷(总第10次印刷)
标准书号:ISBN 978-7-117-17362-9/R · 17363
定　　价:48.00 元

打击盗版举报电话:010-59787491　E-mail:WQ @ pmph.com
(凡属印装质量问题请与本社市场营销中心联系退换)

出 版 说 明

随着我国高等职业教育教学改革不断深入,办学规模不断扩大,高职教育的办学理念、教学模式正在发生深刻的变化。同时,随着《中国药典》、《国家基本药物目录》、《药品经营质量管理规范》等一系列重要法典法规的修订和相关政策、标准的颁布,对药学职业教育也提出了新的要求与任务。为使教材建设紧跟教学改革和行业发展的步伐,更好地实现"五个对接",在全国高等医药教材建设研究会、人民卫生出版社的组织规划下,全面启动了全国高职高专药品类专业第二轮规划教材的修订编写工作,经过充分的调研和准备,从2012年6月份开始,在全国范围内进行了主编、副主编和编者的遴选工作,共收到来自百余所包括高职高专院校、行业企业在内的900余位一线教师及工程技术与管理人员的申报资料,通过公开、公平、公正的遴选,并经征求多方面的意见,近600位优秀申报者被聘为主编、副主编、编者。在前期工作的基础上,分别于2012年7月份和10月份在北京召开了论证会议和主编人会议,成立了第二届全国高职高专药品类专业教材建设指导委员会,明确了第二轮规划教材的修订编写原则,讨论确定了该轮规划教材的具体品种,例如增加了可供药品类多个专业使用的《药学服务实务》、《药品生物检定》,以及专供生物制药技术专业用的《生物化学及技术》、《微生物学》,并对个别书名进行了调整,以更好地适应教学改革和满足教学需求。同时,根据高职高专药品类各专业的培养目标,进一步修订完善了各门课程的教学大纲,在此基础上编写了具有鲜明高职高专教育特色的教材,将于2013年8月由人民卫生出版社全面出版发行,以更好地满足新时期高职教学需求。

为适应现代高职高专人才培养的需要,本套教材在保持第一版教材特色的基础上,突出以下特点:

1. 准确定位,彰显特色 本套教材定位于高等职业教育药品类专业,既强调体现其职业性,增强各专业的针对性,又充分体现其高等教育性,区别于本科及中职教材,同时满足学生考取职业证书的需要。教材编写采取栏目设计,增加新颖性和可读性。

2. 科学整合,有机衔接 近年来,职业教育快速发展,在结合职业岗位的任职要求、整合课程、构建课程体系的基础上,本套教材的编写特别注重体现高职教育改革成果,教材内容的设置对接岗位,各教材之间有机衔接,避免重要知识点的遗漏和不必要的交叉重复。

3. 淡化理论,理实一体 目前,高等职业教育愈加注重对学生技能的培养,本套教材一方面既要给学生学习和掌握技能奠定必要、足够的理论基础,使学生具备一定的可持续发展的能力;同时,注意理论知识的把握程度,不一味强调理论知识的重要性、系统性和完整性。在淡化理论的同时根据实际工作岗位需求培养学生的实践技能,将实验实训类内容与主干教材贯穿在一起进行编写。

4. 针对岗位,课证融合 本套教材中的专业课程,充分考虑学生考取相关职业资格证书的需要,与职业岗位证书相关的教材,其内容和实训项目的选取涵盖了相关的考试内容,力争做到课证融合,体现职业教育的特点,实现"双证书"培养。

5. 联系实际,突出案例 本套教材加强了实际案例的内容,通过从药品生产到药品流通、使用等各环节引入的实际案例,使教材内容更加贴近实际岗位,让学生了解实际工作岗位的知识和技能需求,做到学有所用。

6. 优化模块,易教易学 设计生动、活泼的教材栏目,在保持教材主体框架的基础上,通过栏目增加教材的信息量,也使教材更具可读性。其中既有利于教师教学使用的"课堂活动",也有便于学生了解相关知识背景和应用的"知识链接",还有便于学生自学的"难点释疑",而大量来自于实际的"案例分析"更充分体现了教材的职业教育属性。同时,在每节后加设"点滴积累",帮助学生逐渐积累重要的知识内容。部分教材还结合本门课程的特点,增设了一些特色栏目。

7. 校企合作,优化团队 现代职业教育倡导职业性、实际性和开放性,办好职业教育必须走校企合作、工学结合之路。此次第二轮教材的编写,我们不但从全国多所高职高专院校遴选了具有丰富教学经验的骨干教师充实了编者队伍,同时我们还从医院、制药企业遴选了一批具有丰富实践经验的能工巧匠作为编者甚至是副主编参加此套教材的编写,保障了一线工作岗位上先进技术、技能和实际案例融入教材的内容,体现职业教育特点。

8. 书盘互动,丰富资源 随着现代技术手段的发展,教学手段也在不断更新。多种形式的教学资源有利于不同地区学校教学水平的提高,有利于学生的自学,国家也在投入资金建设各种形式的教学资源和资源共享课程。本套多种教材配有光盘,内容涉及操作录像、演示文稿、拓展练习、图片等多种形式的教学资源,丰富形象,供教师和学生使用。

本套教材的编写,得到了第二届全国高职高专药品类专业教材建设指导委员会的专家和来自全国近百所院校、二十余家企业行业的骨干教师和一线专家的支持和参与,在此对有关单位和个人表示衷心的感谢!并希望在教材出版后,通过各校的教学使用能获得更多的宝贵意见,以便不断修订完善,更好地满足教学的需要。

在本套教材修订编写之际,正值教育部开展"十二五"职业教育国家规划教材选题立项工作,本套教材符合教育部"十二五"国家规划教材立项条件,全部进行了申报。

全国高等医药教材建设研究会
人民卫生出版社
2013 年 7 月

教 材 目 录

序号	教材名称	主编	适用专业
1	医药数理统计(第2版)	刘宝山	药学、药品经营与管理、药物制剂技术、生物制药技术、化学制药技术、中药制药技术
2	基础化学(第2版)*	傅春华 黄月君	药学、药品经营与管理、药物制剂技术、生物制药技术、化学制药技术、中药制药技术
3	无机化学(第2版)*	牛秀明 林 珍	药学、药品经营与管理、药物制剂技术、生物制药技术、化学制药技术、中药制药技术
4	分析化学(第2版)*	谢庆娟 李维斌	药学、药品经营与管理、药物制剂技术、生物制药技术、化学制药技术、中药制药技术、药品质量检测技术
5	有机化学(第2版)	刘 斌 陈任宏	药学、药品经营与管理、药物制剂技术、生物制药技术、化学制药技术、中药制药技术
6	生物化学(第2版)*	王易振 何旭辉	药学、药品经营与管理、药物制剂技术、化学制药技术、中药制药技术
7	生物化学及技术*	李清秀	生物制药技术
8	药事管理与法规(第2版)*	杨世民	药学、中药、药品经营与管理、药物制剂技术、化学制药技术、生物制药技术、中药制药技术、医药营销、药品质量检测技术

序号	教材名称	主编	适用专业
9	公共关系基础(第2版)	秦东华	药学、药品经营与管理、药物制剂技术、生物制药技术、化学制药技术、中药制药技术、食品药品监督管理
10	医药应用文写作(第2版)	王劲松 刘 静	药学、药品经营与管理、药物制剂技术、生物制药技术、化学制药技术、中药制药技术
11	医药信息检索(第2版)★	陈 燕 李现红	药学、药品经营与管理、药物制剂技术、生物制药技术、化学制药技术、中药制药技术
12	人体解剖生理学(第2版)	贺 伟 吴金英	药学、药品经营与管理、药物制剂技术、生物制药技术、化学制药技术
13	病原生物与免疫学(第2版)	黄建林 段巧玲	药学、药品经营与管理、药物制剂技术、化学制药技术、中药制药技术
14	微生物学★	凌庆枝	生物制药技术
15	天然药物学(第2版)★	艾继周	药学
16	药理学(第2版)★	罗跃娥	药学、药品经营与管理
17	药剂学(第2版)	张琦岩	药学、药品经营与管理
18	药物分析(第2版)★	孙 莹 吕 洁	药学、药品经营与管理
19	药物化学(第2版)★	葛淑兰 惠 春	药学、药品经营与管理、药物制剂技术、化学制药技术
20	天然药物化学(第2版)★	吴剑峰 王 宁	药学、药物制剂技术
21	医院药学概要(第2版)★	张明淑 蔡晓虹	药学
22	中医药学概论(第2版)★	许兆亮 王明军	药品经营与管理、药物制剂技术、生物制药技术、药学
23	药品营销心理学(第2版)	丛 媛	药学、药品经营与管理
24	基础会计(第2版)	周凤莲	药品经营与管理、医疗保险实务、卫生财会统计、医药营销

序号	教材名称	主编	适用专业
25	临床医学概要(第2版)★	唐省三 郭 毅	药学、药品经营与管理
26	药品市场营销学(第2版)★	董国俊	药品经营与管理、药学、中药、药物制剂技术、中药制药技术、生物制药技术、药物分析技术、化学制药技术
27	临床药物治疗学**	曹 红	药品经营与管理、药学
28	临床药物治疗学实训**	曹 红	药品经营与管理、药学
29	药品经营企业管理学基础**	王树春	药品经营与管理、药学
30	药品经营质量管理**	杨万波	药品经营与管理
31	药品储存与养护(第2版)★	徐世义	药品经营与管理、药学、中药、中药制药技术
32	药品经营管理法律实务(第2版)	李朝霞	药学、药品经营与管理、医药营销
33	实用物理化学**;★	沈雪松	药物制剂技术、生物制药技术、化学制药技术
34	医学基础(第2版)	孙志军 刘 伟	药物制剂技术、生物制药技术、化学制药技术、中药制药技术
35	药品生产质量管理(第2版)	李 洪	药物制剂技术、化学制药技术、生物制药技术、中药制药技术
36	安全生产知识(第2版)	张之东	药物制剂技术、生物制药技术、化学制药技术、中药制药技术、药学
37	实用药物学基础(第2版)	丁 丰 李宏伟	药学、药品经营与管理、化学制药技术、药物制剂技术、生物制药技术
38	药物制剂技术(第2版)★	张健泓	药物制剂技术、生物制药技术、化学制药技术
39	药物检测技术(第2版)	王金香	药物制剂技术、化学制药技术、药品质量检测技术、药物分析技术
40	药物制剂设备(第2版)★	邓才彬 王 泽	药学、药物制剂技术、药剂设备制造与维护、制药设备管理与维护

序号	教材名称	主编	适用专业
41	药物制剂辅料与包装材料(第2版)	刘 葵	药学、药物制剂技术、中药制药技术
42	化工制图(第2版)★	孙安荣 朱国民	药物制剂技术、化学制药技术、生物制药技术、中药制药技术、制药设备管理与维护
43	化工制图绘图与识图训练(第2版)	孙安荣 朱国民	药物制剂技术、化学制药技术、生物制药技术、中药制药技术、制药设备管理与维护
44	药物合成反应(第2版)★	照那斯图	化学制药技术
45	制药过程原理及设备 **	印建和	化学制药技术
46	药物分离与纯化技术(第2版)	陈优生	化学制药技术、药学、生物制药技术
47	生物制药工艺学(第2版)	陈电容 朱照静	生物制药技术
48	生物药物检测技术 **	俞松林	生物制药技术
49	生物制药设备(第2版)★	罗合春	生物制药技术
50	生物药品 **;★	须 建	生物制药技术
51	生物工程概论 **	程 龙	生物制药技术
52	中医基本理论(第2版)	叶玉枝	中药制药技术、中药、现代中药技术
53	实用中药(第2版)	姚丽梅 黄丽萍	中药制药技术、中药、现代中药技术
54	方剂与中成药(第2版)	吴俊荣 马 波	中药制药技术、中药
55	中药鉴定技术(第2版)★	李炳生 张昌文	中药制药技术
56	中药药理学(第2版)★	宋光熠	药学、药品经营与管理、药物制剂技术、化学制药技术、生物制药技术、中药制药技术
57	中药化学实用技术(第2版)★	杨 红	中药制药技术
58	中药炮制技术(第2版)★	张中社	中药制药技术、中药

序号	教材名称	主编	适用专业
59	中药制药设备(第2版)	刘精婵	中药制药技术
60	中药制剂技术(第2版)★	汪小根 刘德军	中药制药技术、中药、中药鉴定与质量检测技术、现代中药技术
61	中药制剂检测技术(第2版)★	张钦德	中药制药技术、中药、药学
62	药学服务实务*	秦红兵	药学、中药、药品经营与管理
63	药品生物检定技术*;★	杨元娟	生物制药技术、药品质量检测技术、药学、药物制剂技术、中药制药技术
64	中药鉴定技能综合训练**	刘　颖	中药制药技术
65	中药前处理技能综合训练**	庄义修	中药制药技术
66	中药制剂生产技能综合训练**	李　洪 易生富	中药制药技术
67	中药制剂检测技能训练**	张钦德	中药制药技术

说明:本轮教材共61门主干教材,2门配套教材,4门综合实训教材。第一轮教材中涉及的部分实验实训教材的内容已编入主干教材。* 为第二轮新编教材;** 为第二轮未修订,仍然沿用第一轮规划教材;★为教材有配套光盘。

委　员

张　庆　济南护理职业学院

罗跃娥　天津医学高等专科学校

张健泓　广东食品药品职业学院

孙　莹　长春医学高等专科学校

于文国　河北化工医药职业技术学院

葛淑兰　山东医学高等专科学校

李群力　金华职业技术学院

杨元娟　重庆医药高等专科学校

于沙蔚　福建生物工程职业技术学院

陈海洋　湖南环境生物职业技术学院

毛小明　安庆医药高等专科学校

黄丽萍　安徽中医药高等专科学校

王玮瑛　黑龙江护理高等专科学校

邹浩军　无锡卫生高等职业技术学校

秦红兵　江苏盐城卫生职业技术学院

凌庆枝　浙江医药高等专科学校

王明军　厦门医学高等专科学校

倪　峰　福建卫生职业技术学院

郝晶晶　北京卫生职业学院

陈元元　西安天远医药有限公司

吴廼峰　天津天士力医药营销集团有限公司

罗兴洪　先声药业集团

前 言

  生物制药工艺学是高职高专生物制药技术专业的专业课程。随着生物制药技术的飞速发展，需要更多高等职业技术人才，需要更新的、结合实际应用的高职教育教材。本教材在第 1 版编写的基础上进行再版修订，重点以够用、实用、适用为标准，突出工学结合，体现高职高专教育的特色，达到满足生物制药及相关职业需要、岗位需求的原则。

  本教材在修订编写过程中，注重教材内容以基础知识为主体，力求反映生物制药生产过程的新工艺、新技术和新进展；知识面宽、浅显易懂，力图做到使教师易教、学生易学；在编写次序上既注重层次分明，又注重知识的连贯性和整体性；在语言上力求简明通顺、语言流畅，并多加插图以利于学生理解，便于阅读。

  本教材以完成生物制药生产的具体工作为出发点，根据医药行业技术领域和职业岗位的任职要求，体现"学做一体"的教学思路，在系统讲述了生物制药工艺中上游技术和下游技术的基本原理、操作技术和重要设备的同时，列举常见的生物药物的一般生产工艺流程、相关生物药物的生产过程，为使教材更完整，我们将实验、实训内容整合在教材中，便于读者查找使用。

  担任本教材主编的是浙江医药高等专科学校陈电容和重庆医药高等专科学校朱照静。参加修订编写(按章节顺序排列)的有：第一章绪论(陈电容)，第二章微生物发酵制药技术(陈电容、许丽丽)，第三章基因工程制药技术(陈电容、陈秀清)，第四章细胞工程制药技术(毛小环、陈秀清、陈电容)，第五章酶工程制药技术(许丽丽、陈电容)，第六章生物制药分离纯化技术(朱照静)，第七章预处理、细胞破碎及固-液分离技术(朱照静、林凤云)，第八章萃取技术、第九章膜分离技术、第十章色谱技术(喻昕、刘碧林)第十一章固相析出法与成品干燥技术(朱照静、喻昕)，第十二章生物药物的一般生产工艺(林凤云、李平、陈秀清、陈电容、喻昕等)。

  鉴于编者学术水平有限，经验不足，本教材难免有疏漏不当之处，恳请有关专家学者及广大读者提出宝贵意见，批评指正。

编 者

2013 年 3 月

目 录

第一章 绪 论

第一节 生物制药的概念和研究内容

现代生物技术发展迅猛,形成了以基因工程为主导、发酵工程为中心的包括细胞工程、酶工程的现代生物体系,其内涵的丰富多彩已日益影响和改变着人们的生产与生活方式。目前,有 60% 以上的生物技术成果应用于医药工业,并不断在新药开发和传统医药的生产改造上取得可喜的进展。生物技术的应用正逐渐使医药工业发生越来越深刻的变革。生物制药作为生物工程研究开发与应用中最活跃、进展最快的领域,被公认为是 21 世纪最有前途的产业之一。

一、生物制药的概念

生物制药是指利用生物体或生物过程制备具有生理活性的药物。生物制药技术是一门讲述生物制药的研制原理、生产工艺及分离纯化技术的应用学科。其重点研究方向是应用基因工程、细胞工程和酶工程等现代生物技术改造传统制药。生物制药技术是一门既古老又年轻的学科,人们利用生物药物治疗疾病有着悠久的历史,古代的中国在这方面曾创造了辉煌的成就。现代生物制药技术是由医学、生物化学、分子生物学、细胞生物学、有机化学、重组 DNA 技术、单克隆技术等综合而成的。近代抗生素的工业化生产则推动了现代生物制药工业的迅猛发展。特别是进入 20 世纪 50 年代,DNA 双螺旋结构的发现及随之而来的分子生物学的诞生、重组 DNA 技术的应用,不仅改造了生物制药的旧领域,而且还开创了许多新领域,给生物制药带来了变革性的影响。

二、生物制药的研究内容

生物制药的研究内容按生物工程学科范围分为以下 4 类。

1. 发酵工程制药 发酵工程制药是指利用微生物代谢过程生产药物的生物技术。此类药物有抗生素、维生素、氨基酸、核酸有关物质、有机酸、辅酶、酶抑制剂、激素、免疫调节物质以及其他生理活性物质。主要研究微生物菌种筛选和改良、发酵工艺、产品后处理(分离纯化)等问题。当今重组 DNA 技术在微生物菌种改良中起着越来越重要的作用。

2. 基因工程制药 基因工程制药是指通过重组 DNA 技术将治疗疾病的蛋白质、肽类激素、酶、核酸和其他药物的基因转移至宿主细胞进行繁殖与表达,最终获得相应药物,包括蛋白质类生物大分子、初级代谢产物如苯丙氨酸、丝氨酸以及次级代谢产物如抗生素等。这些药物通常是一些人体内的活性因子,如干扰素、胰岛素、白细胞介素-

2、促红细胞生成素(erythropoietin,EPO)等。基因工程制药的主要研究包括相应基因的鉴定、克隆、基因载体的构建与导入、目的产物的表达及分离纯化等问题。自20世纪70年代初以来,基因工程药物发展十分迅速,基因治疗技术、基因制备技术、宿主表达系统及细胞反应器均有较大进步,基因工程药物前景广阔。

3. **细胞工程制药**　细胞工程制药是利用动物、植物细胞培养生产药物的技术。利用动物细胞培养可大量生产人生理活性因子、疫苗、单克隆抗体等产品;利用植物细胞培养可大量生产经济价值较高的植物有效成分,也可生产人生理活性因子、疫苗等重组DNA产品。现今重组DNA技术已用来构建能高效生产药物的动、植物细胞株系或构建能产生原植物中没有的新结构化合物的植物细胞系。细胞工程制药主要的研究内容包括动、植物细胞高产株系的筛选、培养条件的优化以及产物的分离纯化等问题。

4. **酶工程制药**　酶工程是现代生物技术的重要组成部分,酶工程制药是将酶或活细胞固定化后生产药品的技术。应用固定化的酶或细胞除了能全合成药物分子外,还能用于药物的转化,如我国成功地利用微生物两步转化法生产维生素C。酶工程制药的主要研究内容包括各种产物酶的来源、酶(或细胞)的固定化、酶反应器及相应的操作条件等。酶工程生产药物具有生产工艺结构简单、紧凑、目的产物产率高、产品容易回收、回收率高、可重复生产及污染少等优点。酶工程作为发酵工程的替代者,其应用具有广阔的前景,将引发整个发酵工业和化学合成工业的巨大变革。

▎点 ▎滴 ▎积 ▎累 ▎

1. 生物制药技术是一门涵盖生物制药的研制原理、生产工艺及分离纯化技术的应用学科。

2. 生物制药研究的内容主要有发酵工程制药、基因工程制药、细胞工程制药、酶工程制药四大类。

第二节　生物药物的性质和分类

生物药物的发现和使用伴随着人类文明进步的漫长历程而发展,其使用越来越多,应用范围越来越广。

一、生物药物的性质与特点

人们在长期使用后发现生物药物安全、毒性小。归纳起来,生物药物的性质包括:

1. 在化学构成上,生物药物十分接近人体内的正常生理性质,进入人体后也更容易为机体所吸收利用和参与人体的正常代谢与调节。

2. 在药理上,生物药物具有更高的生化机制合理性和特异诊疗有效性。

3. 在医疗上,生物药物具有药理活性高、针对性强、毒性低、副作用小、疗效可靠及营养价值高等特点。

4. 生物药物的有效成分在生物材料中浓度很低,杂质的含量相对比较高。

5. 生物药物常常是一些生物大分子,它们不仅相对分子质量大、组成结构复杂,而且具有严格的控制空间构型以维持其特定的生理功能。

6. 生物药物对热、酸、碱、重金属及 pH 变化都比较敏感,各种理化因素的变化易对生物活性产生影响。

生物药物的检测包括相对分子质量的测定;生物活性的检查;安全性的检查;效价测定;生化法确证结构。

特别需要提到的是利用重组 DNA 技术生产的药品,即新生物技术药品,或简称为生物新药。生物新药是将生物体内的生物活性物质的遗传基因分离出来,并通过大肠埃希菌、酵母菌等宿主进行大量生产的药品(疫苗),如胰岛素、干扰素、白细胞介素-2 等。生物新药具有以下一些特点:

1. 成分复杂,大多是复杂的蛋白质混合物,不能简单地用其最终产品来鉴定,与化学药品不同的是,无法简单对其成分进行精确的定性、定量分析。

2. 不稳定、易变性、易失活。

3. 易为微生物所污染、破坏。

4. 生产条件的变化对产品质量影响较大。导入的基因在宿主细胞中的转录、翻译及翻译产物在细胞内运送、储存或分泌的各个环节在工艺放大时,都有可能受到诸多因素的影响,产生或多或少的杂质。

5. 用量少、价值高。

 知 识 链 接

生物药物的应用

生物药物作为治疗药物,对许多常见病和多发病都有较好的疗效,如对目前危害人类健康最严重的一些疾病如肿瘤、糖尿病、心血管疾病、乙型肝炎、内分泌障碍、免疫性疾病、遗传病和延缓机体衰老等。其次,作为预防药物,生物药物在传染病的预防和某些疑难病的诊断与治疗上起着其他药物所不能替代的独特作用。而作为诊断试剂则是生物药物最突出又独特的另一临床用途,诊断用品发展迅速,品种繁多,数可近千,剂型也不断改进,正朝着特异、敏感、快速、简便的方向发展。

二、生物药物的分类

生物药物的分类既可按照其来源与生产方式分为生化药物、生物技术药物和生物制品,又可按照其生理功能与临床用途分为治疗药物、预防药物、诊断药物和其他生物医药用品。通常是按照生物药物的化学本质和化学特性来分类。由于生物药物结构多样、功能广泛,因此任何一种分类方法都会有一定的不完美之处。下面介绍根据生物药物的化学本质和化学特性进行分类:

(一)氨基酸及其衍生物药物

氨基酸类药物使用量大,全世界每年总产量已达百万吨,主要生产品种有谷氨酸、蛋氨酸、赖氨酸、天冬氨酸、精氨酸、半胱氨酸、苯丙氨酸、苏氨酸和色氨酸。其中谷氨酸产量最大,占氨基酸总产量的80%。氨基酸的使用包括单独使用,如用蛋氨酸防治肝炎、肝坏死和脂肪肝,谷氨酸用于防治肝性昏迷、神经衰弱和癫痫等;也可用复方氨基酸作血浆代用品和给患者提供营养等。

（二）有机酸、醇酮类

用发酵法生产的有机酸有乙酸、葡萄糖酸、2-酮葡萄糖酸、5-酮葡萄糖酸、异维生素C、水杨酸、丙酮酸、丙酸、α-酮戊二酸、乳酸、柠檬酸、丁二酸、富马酸以及苹果酸等。

醇酮类有乙醇、丁醇、丙醇和甘油等。

（三）维生素

维生素 B_2、维生素 B_{12}、α-胡萝卜素和维生素 D 的前体麦角醇可由发酵获得。维生素 C 可用一步发酵加四步化学法或两步发酵加一步化学法制造。

（四）酶及辅酶类

1. 消化酶类 胃蛋白酶、胰酶、凝乳酶、纤维素酶和麦芽淀粉酶等。

2. 消炎酶类 溶菌酶、胰蛋白酶、糜蛋白酶、胰 DNA 酶、菠萝蛋白酶、无花果蛋白酶等，可用于消炎、消肿、清疮、排脓和促进伤口愈合。胶原酶可用于治疗压疮和溃疡，木瓜凝乳蛋白酶用于治疗椎间盘突出症，胰蛋白酶还用于治疗毒蛇咬伤。

3. 心脑血管疾病治疗酶类 弹性蛋白酶能降低血脂，用于防治动脉粥样硬化。激肽释放酶有扩张血管、降低血压的作用。某些酶制剂对溶解血栓有独特疗效，如尿激酶、链激酶、纤溶酶及蛇毒溶栓酶。凝血酶可用于止血。

4. 抗肿瘤酶类 L-门冬酰胺酶用于治疗淋巴肉瘤和白血病，谷氨酰胺酶、蛋氨酸酶、组氨酸酶、酪氨酸氧化酶也有不同程度的抗癌作用。

5. 其他酶类 超氧化物歧化酶（SOD）用于治疗类风湿关节炎和放射病。PEG 化腺苷脱氨酶用于治疗严重的联合免疫缺陷症。DNA 酶和 RNA 酶可降低痰液黏度，用于治疗慢性气管炎。青霉素酶可用于治疗青霉素过敏。

6. 辅酶类药物 辅酶在酶促反应中起着传递氢、电子或基团转移的作用，对酶的催化反应起着关键作用。现在辅酶 Ⅰ（NAD）、辅酶 Ⅱ（NADP）、黄素单核苷酸（FMN）、黄素腺嘌呤二核苷酸（FAD）、辅酶 Q10、辅酶 A 等已广泛用于肝病和冠心病的治疗。

（五）脂类药物

脂类药物包括许多非水溶性的但能溶于有机溶剂的小分子生理活性物质，包括以下几类：

1. 磷脂类 脑磷脂、卵磷脂可用于治疗肝病、冠心病和神经衰弱症。

2. 多价不饱和脂肪酸（PUFA）和前列腺素 亚油酸、亚麻酸、花生四烯酸和二十二碳六烯酸（DHA）、二十碳五烯酸（EPA）等有降血脂、降血压、抗脂肪肝的作用，也可用于冠心病的治疗。前列腺素是一大类含五元环的不饱和脂肪酸，重要的天然前列腺素有 PGE_1、PGE_2、PGE2α 和 PGI_2。PGE_1、PGE_2、PGE2α 已成功地用于催产和中期引产，PGI_2 有望用于抗血栓和防止动脉粥样硬化。

3. 胆酸类 去氧胆酸可用于治疗胆囊炎，猪去氧胆酸可治疗高血脂，鹅去氧胆酸可用作胆结石溶解药。

4. 固醇类 主要有胆固醇、麦角固醇和 β-谷固醇。胆固醇是人工牛黄的主要原料，β-谷固醇有降低血脂胆固醇的作用。

5. 卟啉类 主要有血红素、胆红素。原卟啉用于治疗肝炎，还用作肿瘤的诊断和治疗。

（六）重组蛋白质（或重组多肽药物）**类**

1. 细胞因子类 如人干扰素、人白细胞介素-2、促红细胞生成素等。

2. 重组激素类 生长激素、胰岛素、降钙素。

3. 重组溶栓类 重组链激酶(rSK)、重组葡激酶(rSaK)、重组组织型纤溶酶原激活剂(rt-PA)、尿激酶原(Pro-UK)。

4. 导向毒素 IL-3-白喉类毒素融合蛋白。

5. 单克隆抗体治疗制剂。

6. 基因工程疫苗 乙肝病毒疫苗、霍乱菌苗等。

7. 治疗性疫苗 病毒、菌苗、核酸。

(七)核酸类

1. 寡核苷酸药物 如核酸类酶(核酶)、基因疫苗等。

2. 反义核酸药物 是根据碱基互补原理,用人工或生物合成的能与特定 mRNA 互补的 DNA、RNA 片段,可抑制或封闭基因表达。

3. 基因治疗 是将外源基因装配在一定载体中,导入人体细胞,表达目的蛋白,达到治疗效果的所有治疗方法。

(八)多糖类

多糖类药物来源广泛,它们具有抗凝、降血脂、抗病毒、抗肿瘤、增强免疫功能和抗衰老等方面的生理活性。这类药物包括肝素、硫酸软骨素 A、透明质酸、壳聚糖和取自海洋生物的刺参多糖(抗肿瘤、抗病毒等作用)等。许多真菌多糖具有抗肿瘤、增强免疫功能和抗辐射作用,还有升高白细胞和抗炎作用,常见的有银耳多糖、灵芝多糖、茯苓多糖、香菇多糖等。

(九)其他生物药物

抗生素、酶抑制剂、免疫调节物质等药物虽然化学结构不一,但生理活性明显,故可根据生理活性分类如下:

1. 抗生素 从化学结构看,抗生素分为氨基酸、肽类衍生物,如环丝氨酸、青霉素、杆菌肽、放线菌素等;糖类衍生物,如链霉素、新霉素、卡那霉素、红霉素等;以乙酸、丙酸为单位的衍生物,如四环类抗生素、灰黄霉素、红霉素、制霉菌素和曲古霉素等。

2. 酶抑制剂 微生物产生的酶抑制剂种类繁多,主要有 6 种:蛋白分解酶抑制剂、细胞膜酶抑制剂、糖苷水解酶抑制剂、儿茶酚胺合成酶抑制剂、胆固醇生物合成酶(如 HMG-CoA 还原酶)抑制剂、其他酶抑制剂。

3. 免疫调节物质 具有免疫增强作用的菌体与高分子成分有卡介苗、溶链菌制剂 picibanil(OK-423)、红色诺卡尔菌细胞壁骨架(N-CWS)、schizophyllan、香菇多糖和云芝多糖等。

4. 新生物技术药物 新生物技术药物(new biotech-drug)是基因重组产品(recombinant products)概念在医药领域的扩大应用,并与天然生化药物(biochemical medicine)、微生物药物(microbial medicine)、海洋药物(marine medicine)和生物制品(biologicals)一起归类为生物药物(biopharmaceuticals)。随着基因重组药物、基因药物和单克隆抗体的快速发展,生物药物已获得极大的扩充,并与化学合成药物和中草药并列成为我国的三大药源。

现代生物药物已形成四大类型:①基因重组多肽、蛋白质类治疗剂,即应用重组 DNA 技术(包括基因工程技术、蛋白质工程技术)制造的重组多肽、蛋白质类药物;②基因药物,即基因治疗剂、基因疫苗、反义药物和核酶等;③天然生物药物,即来自动物、植物、微生物和海洋生物的天然产物;④合成与部分合成生物药物。其中①、②类属生物技术药物,在我国按"新生物制品"研制申报;③、④类视来源不同,可按化学药物或中药类研制申报。表1-1中列出了部分商品化的蛋白质和核酸类生物药物。

表1-1 蛋白质和核酸类生物药物

类别	生物学活性成分	产品示例
激素	生殖激素	Gonal-F(促滤泡素-β)、Follistim(促滤泡素-α)、Ovidrel(绒膜促性腺激素)
	人生长激素	Somatrem、Somatropin、Saizen
	甲状腺刺激激素	Thyrogen(促甲状腺素-α)
	人胰岛素及其突变体	Humulin(胰岛素)、Humalog(胰岛素突变体)、Lantus(胰岛素突变体)、Novolin(胰岛素)、Novolog(胰岛素突变体)
酶	代谢酶失常遗传性疾病的替代酶	Aldurazyme(治疗黏多糖病)、Cerezyme(治疗戈谢病)、Fabrazyme(治疗法布莱病)
	纤溶酶原激活剂	Alteplase(t-PA)、Reteplase(rPA,t-PA突变体)、Tenecteplase(TNK,t-PA突变体)、Abbokinase(高分子量尿激酶)
	脱氧核糖核酸酶	Pulmozyme(治疗囊性纤维化)
	凝血因子	NovoSeven(凝血因子Ⅶ)、Kogenate FS(凝血因子Ⅷ)、BeneFix(凝血因子Ⅸ)
细胞因子	集落刺激因子	Neupogen(G-CSF)、Lenograstim(糖基化G-CSF)、Leukine(GM-CSF)
	白介素	Kineret(IL-1ra)、Proleukin(IL-2)、Neumega(IL-8)
	干扰素	Roferon-A(干扰素α-2a)、Intron A(干扰素α-2b)、Betaseron(干扰素β-1β)、Avonex(干扰素β-1α)、Actimmune(干扰素γ-1β)
	促红细胞生成素	Epogen(EPO-α)、Recormon(EPO-β)、Aranesp(EPO突变体)
	其他细胞因子	INFUSE Bone Graft/LT-CAGE(BMP-2)、Osigraft(BMP-7)、RegranexGel(PDGF-BB)
疫苗	病毒疫苗	Engerix-B(乙肝小S疫苗)、Hepacare(乙肝大S疫苗)、Bio-Hep-B(乙肝大S疫苗)
	细菌疫苗	LYMErix
治疗性单克隆抗体或抗体样蛋白	鼠源抗体	BEXXAR、Orthoclone OKT3、Zevalin
	嵌合抗体	ReoPro、Rituxan、REMICADE、Simulect、ERBITUX
	人源化抗体	Avastin、Campath、Herceptin、Mylotarg、RAPTIVA、Synagis、Xolair、Zenapax
	人源抗体	HUMIRA
	受体-Fc融合蛋白	Enbrel(TNFαR-Fc)、Anlevive(LFA3-Fc)

类别	生物学活性成分	产品示例
其他基因重组蛋白	—	Xigris(蛋白 C)、FORTEO、Natrecor、Ontak、Refludan
核酸	反义寡核苷酸	Vitravene
组织工程产品	组织工程产品	Apligraf(组织工程双层皮)、Carticel(组织工程软骨)、Dermagraft(组织工程真皮)、OrCel(组织工程双层皮)

点 滴 积 累

1. 生物药物的性质主要表现在 6 方面,即化学构成、药理作用、疗效、有效成分、生理功能、各种理化因素的影响。

2. 生物制药的特点较明显,主要有成分复杂;不稳定、易变性失活;易被微生物污染、破坏;受生产条件变化的影响;用量少、价值高等 5 方面。

3. 生物药物的分类 ①按来源与生产方式分为生化药物、生物技术药物和生物制品;②可按生理功能及临床用途分为治疗药物、预防药物、诊断药物和其他生物医药用品;③通常按生物药物的化学本质和化学特性来分类。

第三节 生物制药的发展历史和概况

一、生物制药的发展历史

人们利用生物药物治病有悠久的历史。据《左传》记载,曾宣公 12 年(公元前 597 年)就有"麹"(类似植物淀粉酶制剂)的使用。到公元 4 世纪,葛洪著《肘后良方》中也有用海藻酒治疗瘿病(地方性甲状腺肿)的记载。孙思邈(公元 581～公元 682 年)首先用含维生素 A 较丰富的羊肝治疗"雀目"。我国应用生物材料作为治疗药物的最早者为神农,他开创了用天然产品治疗疾病的先例,如用羊靥(包括甲状腺的头部肌肉)治疗甲状腺肿,用紫河车(胎盘)作强壮剂,用蟾酥治创伤,用羚羊角治脑卒中,用鸡内金止遗尿及消食健胃。最值得一提的是用秋石治病。秋石是从男性尿中沉淀出的物质,这是最早从尿中分离类固醇激素的方法。其原理与近代 Windaus 等在 20 世纪 30 年代创立的方法颇为相似,而我国的方法则出自 11 世纪沈括所著的《沈存中良方》中。可见人类用生物材料分离产品作为生理功能调节剂实为中国人所创始。明代李时珍《本草纲目》所载药物 1892 种,除植物药外,还有动物药 444 种(其中鱼类 63 种、兽类 123 种、鸟类 77 种、蚧类 45 种、昆虫百余种)。书中还详述了入药的人体代谢物、分泌物及排泄物等。西方生物制药的产生和发展与文艺复兴之后生物科学的发展有关。1796 年,英国医生琴纳(Jenner)发明了用牛痘疫苗治疗天花,从此用生物制品预防传染病得以肯定。1860 年,巴斯德发现细菌,开创了第一次药学的革命,为抗生素的发现奠定了基础。1928 年英国弗莱明(Fleming)发现青霉素,至 1941 年美国开发成功,标志着抗生素时代的开始,推动了发酵工艺的快速发展。美国瓦克斯曼(Waksman)继青霉素应用于疾病治疗之后,第一个将从放线菌中发现的链霉素作为抗菌药品治疗结核病,取得了令人振奋的效果。20 世纪 50 年代是抗生素发现的黄金时代,各种不同类型的抗生素被相继发现;同期又发现了黑根霉可进一步转化黄体酮成 11α-羟基黄体酮,从而开始大量生产可的松,并且抗生素新药的研究与开发中开始采用高通量筛选技术(high throughput screening,HTS)。

20 世纪 60 年代以来,从生物体内分离纯化酶制剂的技术日趋成熟,酶类药物得到广泛应用。尿激酶、链激酶、溶菌酶、天冬酰胺酶、激肽酶等已成为具有独特疗效的常规药物。70 年代 Zenk 等开始研究应用植物细胞培养生产植物药物。1983 年,日本首先实现紫草细胞培养工业化,生产紫草素。80 年代,人们开始认识到微生物除了能生产抗生素外,还能产生酶抑制剂、免疫调节物质和作用于神经系统、循环系统及抗组胺和消炎的药物。

20 世纪 50 年代提出的 DNA 双螺旋理论及 70 年代发展的重组 DNA 技术、单克隆抗体技术使生物制药进入一个崭新的时代。1982 年,第一个基因工程药物——基因重组胰岛素上市。30 余年以来,基因工程药物的研究与开发进入一个高速的发展时期。80 年代末和 90 年代初,基因治疗和糖链工程开始进入实用化发展时期。现今,HTS 和蛋白质、核酸和多肽的快速分离纯化系统的采用大大加速了生物制药的研究与开发步伐。生物制药理论的另一重大认识就是认识到生物多样性对生物制药的决定性影响,如高效抗癌药紫杉醇的发现来自偶然,这使人想到在热带雨林和辽阔的海洋中许多未被发现的物种可能蕴藏着巨大的生物新药资源。另外,人类基因库的多样性为寻找疾病基因提供了方便,从而为以后的新药研制与开发奠定了基础。相关疾病基因的发现有着巨大的经济价值,瑞士 Hoffmann La Roche 公司为了获得非过食原因引起的肥胖小鼠相关的两个基因,向美国 Millennium Pharmaceuticals 公司投资 7000 万美元,以用于研究测定相应人的遗传基因,从而推动商业化进程。

我国自 20 世纪 70 年代末 80 年代初开始进行现代生物技术的研究与开发,目前在基因工程和细胞工程技术方面的研究水平与国外先进水平相比差距已不大,中、下游技术有了很大的进展,国内已建立了 40 多个临床药理试验基地、若干个生物工程中试基地。

二、生物制药的发展概况

以下按照生物制药工程技术的 4 个分支,对基因工程、细胞工程、微生物工程和酶工程的发展概况作简单介绍。

(一) 基因工程

20 世纪 70 年代的 DNA 重组技术和单克隆抗体技术的出现,催生了一个新兴的高新技术产业——基因工程制药产业。基因工程药物是新药研究发展的新宠,也是当今最活跃和发展最迅速的领域,从 1982 年第一个新生物技术药物基因重组胰岛素上市至今,基因工程制药已走过 30 余年的历史,目前已有 100 多种基因工程药物。

表 1-2 简单列举了基因工程制药发展的主要事件。在这些重要事件中,DNA 双螺旋结构的发现和遗传密码的破译奠定了现代分子生物学的基础,而限制性内切酶和连接酶的发现直接导致了基因重组技术的创立与应用,使得基因重组蛋白的表达成为可

能。杂交瘤技术的创立为大量生产各种诊断和治疗用抗体奠定了基础,并和基因重组技术一起,成为推动生物制药前进的两个车轮。人胚胎干细胞体外培养和定向分化技术的出现,极大促进了细胞治疗和组织工程的发展。人类基因组计划的完成,更有利于帮助我们确定疾病发生和发展的靶标以及寻找更多的有效治疗药物。人源化抗体技术和人源化抗体的出现,克服了鼠源抗体用于人体治疗的很多缺陷,使抗体类药物成为增长最迅速、种类最多和销售额最大的一类生物技术药物。表1-2 还列举了第一个基因工程药物、第一个基因重组疫苗、第一个治疗性抗体药物、第一个 CHO 表达的基因工程药物、第一个基因工程抗体药物、第一个组织工程产品、第一个反义寡核苷酸药物、第一个人源抗体药物和第一个基因治疗药物等,这些药物的研制成功在生物制药的历史上都有里程碑式的意义。

表1-2 基因工程药物的发展概况

年份	事件
1953	发现 DNA 双螺旋结构
1966	破译遗传密码
1970	发现限制性内切酶
1971	第一次完全合成基因
1973	用限制性内切酶和连接酶第一次完成 DNA 的切割和连接,揭开了基因重组的序幕
1975	杂交瘤技术创立,揭开了抗体工程的序幕
1977	第一次在细菌中表达人类基因
1978	基因重组人胰岛素在大肠杆菌中成功表达
1982	FDA 批准了第一个基因重组生物制品——胰岛素上市,揭开了生物制药的序幕
1982	第一个用酵母表达的基因工程产品胰岛素上市
1983	PCR 技术出现
1984	嵌合抗体技术创立
1986	人源化抗体技术创立
1986	第一个治疗性单克隆抗体药物(Orthoclone OKT3)批准上市,揭开了防止肾移植排异的序幕
1986	第一个基因重组疫苗(乙肝疫苗,Recombivax-HB)上市
1986	第一个抗体肿瘤生物技术药物 α 干扰素(Intron A)上市
1987	第一个用动物细胞(CHO)表达的基因工程产品 t-PA 上市
1989	目前销售额最大的生物技术药物 EPO-α 获准上市
1990	人源抗体制备技术创立
1994	第一个基因重组嵌合抗体 ReoPro 上市
1997	第一个肿瘤治疗的治疗性抗体 Rituxan 上市
1997	第一个组织工程产品——组织工程软骨 Carticel 上市
1998	第一个(也是目前唯一一个)反义寡核苷酸药物(Vitrvene)上市,用于 AIDS 患者由巨细胞病毒引起的视网膜炎的治疗

续表

年份	事件
1998	Neupogen 成为生物技术药物中的第一个重磅炸弹（年销售额超过 10 亿美元）
1998	第一次分离培养了人胚胎干细胞
2000	人类基因组草图绘制成功
2002	第一个治疗性人源抗体 Humira 获准上市
2004	中国批准了第一个基因治疗药物——重组 p^{53} 人腺病毒注射液

（二）细胞工程

细胞工程是细胞水平的生物工程，是通过对细胞结构的深入认识和随着细胞遗传学的发展而发展起来的。进入 20 世纪 50 年代以后，随着电子显微镜、超离心、X 射线衍射新技术的应用，使人们有可能将亚细胞成分和大分子分离出来进行分析研究，这一研究水平显然是光学显微时代的细胞学所不及的。人们逐渐认识到，细胞中的一切功能和物理化学变化均与发生在分子结构和超分子结构水平上的变化有关。DNA 分子的双螺旋结构弄清了许多遗传学原理，这是从分子水平上揭示结构与功能的关系的一个极好例证，奠定了细胞培养和细胞融合技术的理论基础。人们认识到，培养的动、植物细胞可以通过无性繁殖扩大群体数量，同时保持本身遗传性状一致；融合细胞通过容纳两种亲本细胞的基因载体（染色体）而具有亲本双方的优良性状。通过细胞融合技术发展起来的单克隆抗体技术取得了重大成就，该技术被誉为免疫学中的"革命"。细胞培养技术也取得了丰硕的成果。细胞工程同基因工程结合，前景尤为广阔。现在应用较广泛的有单克隆抗体技术、植物细胞培养生产次生代谢产物、动物细胞培养技术。另外，细胞培养技术也是基因工程中利用转基因动、植物生产蛋白质类药物的基础技术之一。

（三）微生物工程

微生物工程也称发酵过程，它在原有发酵技术的基础上又采用了新技术，使工艺水平大大提高。微生物工程采用的新技术主要应用于 3 个方面：工艺改进、新药研制和菌种改造。工艺改进主要依赖于计算机理论及技术的发展。新药研制则得益于医学研究中对疾病机制的深入了解。菌种改造主要利用基因工程原理技术。正是由于采用其他学科的理论和新技术成果，使得微生物工程成为一种高新技术。这反映出当今各门学科之间相互渗透、相互支持，促进科学技术加速发展的趋势。

（四）酶工程

酶工程是酶学与化工技术两者结合的产物。酶学研究的是酶结构和生物催化机制。利用蛋白质结晶化学和晶体 X 射线衍射方法等新技术，人们对酶的三维结构及其功能有了较深入的了解，认识到酶与底物作用的专一性、高效性，为酶工程中利用酶将廉价底物转化为高价值产物奠定了理论基础。也可以说人们对酶的认识打开了一扇窗户，为利用酶进行生产提供了可能。化工技术方面则得益于新型酶固定化材料的研制与应用，使酶反应更为有序，使生产工艺更为简单、紧凑、有效。

酶工程可用完整的微生物细胞或从微生物细胞中提取的酶作为生物催化剂，其区域和立体选择性强，反应条件温和，操作简便，成本较低，公害少且能完成一般化学合成难以进行的反应。随着当代生物技术的发展,将固相酶(固定化细胞)、酶膜反应器、溶剂工程、原生质体融合、诱变和基因重组等新技术引入酶催化反应体系,不仅可使微生物转化的效率成倍增长,而且可使整个生产过程连续化、自动化,为微生物转化应用于有机合成展现了广阔的前景。目前,微生物转化已广泛用于各类重要药物如抗生素、维生素、甾体激素、氨基酸、芳基丙酸和前列腺素等的合成。

点 滴 积 累

1. 生物药物发展过程历史悠久,从单纯的分离提取到基因工程药物的上市,是一个逐步发展的过程。

2. 生物制药工程技术主要有基因工程、细胞工程、微生物工程、酶工程等4个方面。

第四节 生物制药的研究发展趋势

近年来,生物药物的研究取得了巨大进展。新的生理活性物质不断发现,原有药物在医疗上的用途又有新的认识和评价;药物新剂型日益增多;生物技术普遍进入实验室;生物工程药物迅速步入产业化。专家预计,许多医学上的疑难杂症将突破,全新的新药工业技术体系将产生,许多原来无法生产的药物将用生物技术得到解决,从而促使医药产品更新换代。

一、综合利用与开发生物资源

开展综合利用,由同一资源生产多种有效成分,达到一物多用,充分、合理地利用生物资源,不仅可以降低成本,而且可以减少三废、提高药品纯度、减少副作用。

(一)脏器综合利用

动物脏器如胰脏、心脏、肝脏、大脑、垂体等都含多种激素、酶类、多糖、脂类等生理活性物质。应用现代生化技术可以由同一脏器生产若干生化产品。如由胰脏可以生产胰岛素和胰酶、胰高血糖素、弹性蛋白酶和激肽释放酶等。

(二)血液综合利用

人血含有性质和功能不同的多种成分。大多数患者只需要一种成分,很少需要多种成分。因此最好的办法是分离出各种成分,分别对症使用,既可提高疗效、减少副作用,又可充分利用宝贵血源。血制剂按理化性状可分为细胞成分(有形成分)和血浆蛋白成分。前者包括红细胞、白细胞和血小板,后者包括白蛋白、免疫球蛋白、各种凝血因子、纤维蛋白酶原和其他蛋白制剂。用常规操作可将全血按一定方法和步骤分成各种成分。

动物血也有极大综合利用价值。红细胞可以制备血红素、原卟啉、超氧化物歧化酶,血浆可以制备免疫球蛋白、凝血因子、胞浆素及水解制备混合氨基酸或进一步分离各种氨基酸。

(三)人尿综合利用

人尿是来源丰富的宝贵生物资源。由人尿制取的药物与人体成分同源,不存在异种蛋白抗原性问题。不同生理时期的尿液,所含活性成分有较大不同。如妊娠妇女与绝经期妇女尿液可分别制备 HCG 和 HMG,健康男性尿液可以制备尿激酶、激肽释放酶、尿抑胃素、蛋白酶抑制剂、睡眠因子、CSF 及 EGF 等。

（四）扩大开发新资源

近几年，新资源开发不断扩大，促使新药研究向纵深发展，如海洋生物、昆虫、毒蛇和低等动物（如藻类等）。

海洋生物含有抗病毒、抗细菌、抗真菌、抗肿瘤、抗寄生虫、抗凝及对心血管、消化、呼吸、生殖和神经系统有生理作用的活性物质。这些物质可作为药物原形。由海洋生物中提取分泌物或毒素可利用其特异药理作用制成新药。如海蛇多肽可作为神经系统治疗药，从柳珊瑚中分离前列腺素及其类似物可制备前列腺素，以褐藻酸为原料制成的藻酸双酯钠有抗凝、改善循环的作用，从海带提取甘露醇合成甘露醇烟酸酯用于防治冠心病。鲨鱼油含有环氧角鲨烯，2,3-醇角鲨烯可作为抗癌剂（消化道肿瘤和肺癌）。

二、大力发展现代生物制药技术医药产品

到 2008 年年底，全球生物制药产业的市场已达 750 亿美元。2003～2008 年，生物技术药物年销售额的增长率在 20%～46%，远高于年增长率为 7%～10% 的传统制药业。这么高的增长率主要归功于：①生物技术取得了长足的进展；②批准上市的生物技术药物越来越多，其增长速率远高于传统的化学药物；③生物技术药物具有较小的毒副作用和确切的疗效。因此，现今各大制药公司不惜投巨资，采用最先进的技术和理论加强生物技术药物的研制与开发。

（一）大规模筛选的采用与创新

大规模筛选是大规模测试化合物的方法，系采用机器人自动寻找特殊生物靶，如某个细胞表面受体或一个代谢有关酶的抑制剂（拮抗剂）的技术。它反映了高技术的进展，包括对疾病机制的了解、生物测试、机器人、计算和数据处理。它始于 20 世纪 50 年代，用于从微生物中筛选抗生素。在 70 年代，由于合成化学的发展，其应用有所减少。但最近，由于新酶和新的受体结合测试技术的应用，再加上组合化学库技术缺少独特新结构化合物的创新能力，现在又兴起用 HTS 技术从丰富的生物界化合物库中寻找结构独特的化合物。HTS 每年能处理 1000 万个样品，这大大加速了先导化合物的发现过程。

HTS 技术是以药物发现的基本规律为基础，应用多学科的理论知识，集多种先进技术于一体，形成快速、高效、大规模的药物筛选体系。

（二）基因组学与药物基因组学

基因组学主要研究的是基因结构与功能及在健康和疾病状态中的作用。基因组学的出现标志着医学的发展开始进入到分子医学阶段。以基因分析为基础的更加精确的疾病分类方法将逐步取代传统的疾病分类方法；以基因诊断为手段的分子诊断技术不仅为疾病的诊断和治疗提供准确的依据，而且也将疾病治疗的重点从疾病的诊断和治疗逐步转移到疾病的预测和预防上；同时，以个体基因型为基础的药物基因组学将使药物预防和治疗更具有针对性。

药物基因组学是在人类基因组基础上发展起来的功能基因组内容之一。它主要阐明药物代谢、药物转运和药物靶分子的基因多态性与药物作用包括疗效和毒副作用之间的关系。系以提高药物的疗效及安全性为目标，研究影响药物吸收、转运、代谢、消除等个体差异的基因特性，以及基因变异所导致的不同患者对药物的不同反应，并由此为

基础开发新药、指导合理用药,提高药物作用的有效性、安全性和经济性的科学。药物基因组学揭示了患者对某些药物的反应率与其基因亚型之间的关系,虽然它不能改善药物的效应,但这种关系的确能辅助临床人员在预测某一特定药物时确定患者属何种反应人群,使医生为患者选择疗效最佳的药物和最佳剂量成为可能,从而达到个体化给药。

(三) 基因治疗

基因治疗指以正常和野生型的基因插入靶细胞的染色质基因组中,以代替、置换致病或变异基因,从而恢复细胞正常表型的一种治疗方法,主要包括靶细胞的选择、将目的基因导入靶细胞的基因转移方法、目的基因表达正常、目的基因的选择和应用4方面。

目前考虑采用基因治疗的疾病有3类:致死性遗传性疾病;用传统的治疗法很难根治的癌症;艾滋病等后天性疾病。将来还有可能对老化等引起的基因功能衰退而发生的疾病进行治疗。

(四) 生物芯片与生物信息学技术

1991年,美国Stephen fodor等提出了DNA的概念。随着人类基因组计划(human genome project,HGP)的实施,生物芯片技术已成为基因组计划中的一种重要技术手段。生物芯片(biological chip 或 biochip)把生化分析系统中的样品制备、生化反应和结果检测3个部分有机地结合起来连续完成。与传统的检测方法相比,具有高通量、高信息量、快速、微型化、自动化、成本低、污染少、用途广等特点。生物芯片包括基因芯片、蛋白质芯片或肽芯片、细胞芯片、组织芯片、元件型的微阵芯片(如由微电极、凝胶元件、微陷阱等构成)、通道型微阵列芯片(如由微通道、反应池等构成)、生物传感芯片等。目前世界上的一些大型制药公司将生物芯片技术用于基因多态性、疾病相关性、药物筛选、基因药物开发和合成等领域,并已建立芯片设备、技术,用于开展药物研究。据报道细胞色素P450芯片可用于研究药物新陈代谢时基因的变化。比如药物控释芯片能加载有效治疗药物,长时间地同时控制1种或多种不同药物的释放,称为体内药剂师,对治疗帕金森综合征或癌症很有意义。在药物基因组的研究中生物芯片为基因多态性的研究提供了强有力的支持。

生物信息学是包含生物信息的获取、处理、贮存、传递、分析和解释所有方面的一门学科。它综合运用数学、计算机科学和生物学的各种工具进行研究,目的在于了解大量的生物学信息。生物信息学可揭示大量而又复杂的生物数据所赋予的生物学奥秘,是转化大量数据成为生物学基本规律的桥梁。作为一门蓬勃发展的新兴科学,它已成为各相关学科领域发展过程中不可缺少的一部分。随着基因组研究的发展,可利用的数据和信息日益庞大,而生物信息学可以通过快速地分析、选择,帮助人们在浩如烟海的数据中发现和确定新的药物靶点,并通过计算机构建各种模型,方便、快捷地验证各种设想,指导生物活性筛选,从而设计或发现更为安全、高效的药物。生物信息学在基因和药物发现中得到广泛的应用,如生物信息学在作图和序列数据处理方面为破译构成人类基因组的全部(10万个左右)的基因提供主要的支持。

(五) 干细胞技术

干细胞是结构比较简单,不具有特定功能的原始细胞,能以自我复制的方式增生,在一定条件下能向特定的方向分化,产生几个亚系的前体细胞。脐带干细胞注射到脑卒中小鼠的静脉中,脐带干细胞自行转移入脑损伤部位,并发展成正常神经细胞,小鼠的活动能力可以恢复到脑卒中前的50%~80%,治愈达80%。将体外扩增的人骨髓间质干细胞与陶瓷骨架复合后植入无胸腺大鼠的股骨缺损处,8周后免疫组化和形态学观察发现有新骨的形成。

目前已经研究了造血系统干细胞、肝脏干细胞、肌肉系统的干细胞、神经干细胞及胰岛干细胞,研究的最终目的是器官再造。在有些领域已经应用于临床,例如血液科利用造血干细胞治疗再生障碍性贫血和白血病;内分泌科利用胰岛干细胞治疗糖尿病;而骨科正在研究MSCs修复骨缺损。

(六)细胞因子类药物

细胞因子是淋巴细胞来源的淋巴因子或巨噬细胞、单核细胞来源的单核因子、免疫系统中具有各种生物活性的一类因子的总称,目前已发现有活性的有100余种。细胞因子种类繁多,功能各异,但具有许多共性。

1. 单一刺激可使同一种细胞产生多种细胞因子,1种细胞因子可由多种细胞生成。

2. 正常静止状态的细胞经适当的刺激后才会合成并释放细胞因子,刺激停止后很快终止合成并被迅速降解。

3. 一般为低相对分子质量的分泌型糖蛋白。

4. 大多是通过自分泌或旁分泌方式在一定时间和一定空间内发挥作用,与受体或抗体结合后也可能对远处靶细胞出现类似内分泌激素作用。

5. 细胞因子分泌水平很低,但生物学效应极强。

6. 细胞因子需与靶细胞上的高亲和力受体特异性结合。

7. 1种细胞因子作用于多种细胞,兼备多种生物学功能,有明显的交叉作用。

8. 各种细胞因子之间通过相互诱生,在生物学效应方面具有协同或拮抗的关系。这些研究结果为今后细胞因子类药物的应用和设计提供了原则。

点 滴 积 累

1. 由同一资源生产多种有效成分,达到一物多用,充分、合理地利用生物资源,可以降低成本,减少三废、提高药品纯度,减少副作用,是生物制药技术的主要发展方向之一。

2. 大力发展生物制药技术,主要是进行大规模筛选的采用与创新,开发药物基因组学的研究和基因治疗,推广生物芯片、干细胞技术等的应用。

目 标 检 测

一、选择题

(一)单项选择题

1. 生物药物按其来源分为(　　)

    A. 治疗药物 　　　　　　　　　　B. 生物制品

    C. 诊断药物 　　　　　　　　　　D. 维生素

2. 消炎酶类有(　　)

A. 胃蛋白酶   B. 麦芽淀粉酶

C. 溶菌酶   D. 凝乳酶

（二）多项选择题

1. 生物药物的用途主要有（   ）

     A. 作为诊断试剂   B. 作为治疗药物   C. 作为预防药物

     D. 诊断用单克隆抗体   E. 其他生物医药用品

2. 生物新药的特点有（   ）

     A. 使用安全、毒性小   B. 副作用少   C. 稳定、不易失活

     D. 用量少、价值高   E. 不易变性

3. 现代生物制药技术的分支有（   ）

     A. 基因工程   B. 酶工程   C. 克隆技术

     D. 微生物工程   E. 细胞工程

4. 生物药物的分类有（   ）

     A. 氨基酸及其衍生物药物   B. 维生素

     C. 脂类药物   D. 有机酸、醇酮类

     E. 重组蛋白质

二、问答题

1. 生物药物的性质包括哪些？

2. 什么是生物新药？

3. 现代生物制药中新技术的应用有哪些？

（陈电容）

第二章　微生物发酵制药技术

第一节　概　　述

一、微生物发酵制药的发展简史

微生物发酵制药的历史悠久。我们祖先早在 2000 多年前就利用豆腐上生长的霉来治疗疮。在出土的汉代书简中记载有利用杜曲治疗赤白痢下等病症。公元 10 世纪董正山著《牛痘新书》中记载有："自唐开元年间,江南赵氏始传鼻之法"。宋朝真宗(公元998—1022 年)年代就开始利用接种人痘的免疫技术预防天花病。明代李时珍的《本草纲目》等古代医书中都有利用"丹曲"、"神曲"等微生物或代谢产物治疗疮、腹泻等疾病的记载。1796 年英国医生琴纳(Jenner)利用接种牛痘疫苗预防天花并获得成功;1874 年 Robert 观察到生长着灰绿青霉的培养基不易为细菌所污染;Tyndall 于 1876年报道了青霉菌溶解细菌的现象;1877 年 Pasteur、P. Ehrlich 和 von Behring 指出微生物间的拮抗现象,同时提出这种拮抗现象可能是治疗的最大希望;1885 年 Cantani 在患者肺部喷洒变形杆菌(Bacterium termo)的菌悬液,以治疗结核病;1899 年 Emmerich 和Low 从假单胞菌培养基中分离到一种抗菌物质,认为是一种酶,称为绿脓菌酶,可用以治疗白喉;到 19 世纪末,L. Pasteur、P. Ehrlich 和 von Behring 等陆续发明了预防和治疗各种细菌性传染性疾病的疫苗和类毒素等;1923 年法国的 A. Calmette 和 C. Guerin 研制出由弱毒牛型结核杆菌制成的卡介苗;1924 年 Cratia 和 Dath 发现了一种由放线菌产生的称为白放线菌素的物质,它具有溶菌作用;1929 年 Fleming 在研究金黄色葡萄球菌时偶然发现了青霉素,但当时人们认为动物实验结果不能指导人的医学实践。直到 10年后,才打破了这个框框,通过动物实验,把青霉素从细菌学家的好奇物质转变为医学上具有活力的物质。1940 年英国牛津大学的 Florey 和 Chain 等组成的青霉素研究组对青霉素进行了提纯,并且利用 5% 的粗制品对小鼠进行了化疗试验,取得了惊人的成功,同时还观察到低浓度的青霉素可以使细菌细胞膨胀,形态发生变化。1941 年青霉素在人体进行试验获得成功,同年 Florey 从战时困难重重的英国来到美国求援,英、美科学家互相合作,借鉴了丙酮、丁醇的厌氧发酵技术,同时在发酵过程中向发酵罐中通入大量的无菌空气,并通过搅拌使空气均匀分布,以满足发酵体系溶解氧的要求。另外,生产所用培养基经高温灭菌,接种采用无菌操作等,严格控制微生物在培养过程中的温度、pH、通气量、营养物的供给,青霉素大规模生产获得成功,使得青霉素的发酵单位由原来的 2U/ml 提高到几千 U/ml,建立起深层通气培养法。这一深层发酵技术也激发了氨基酸发酵、维生素发酵以及酶制剂生产等的研究。

作为微生物发酵药物的一个重要分支——抗生素大规模筛选时代是由 Waksman 开始的。他首先观察和分离出放线菌,并与他的历届学生从 1939 年开始系统地有计划地筛选新抗生素。1940 年他和 Woodruffit 报道了他们发现的第一个抗生素放线菌素,从那时到 1976 年 Waksman 和他的助手以及所领导的 Waksman 微生物研究所报道的抗生素近 30 种,其中放线菌素、链霉素、新霉素和杀假丝菌素投入生产。Waksman 还研讨了土壤中微生物拮抗现象,并提出拮抗现象,提出放线菌是抗生素的最主要来源,并于 1952 年获诺贝尔奖。抗生素的发展时代是在链霉素发现之后,1947 年发现了氯霉素,1948 年发现了金霉素,1951 年发现了红霉素。这些抗生素和青霉素构成了 20 世纪 50 年代抗生素的支柱,成功地治疗了当时的细菌性疾病和立克次体病。

随着细胞融合技术和基因工程的问世,为微生物制药来源菌的获得提供了一种有效的手段。工程菌和融合子经发酵后生产原来微生物所不能产生的药物或提高生产效率。同时近年来发酵工艺及其控制的研究也得到了发展,利用计算机在线控制以及固定化细胞技术为微生物发酵制药工业带来了新的发展空间。

我国微生物发酵制药工业起步较晚,新中国成立后才得到了迅速的发展。1949 年上海解放后建立了青霉素实验所(上海第三制药厂前身),于 1953 年 5 月 1 日在上海第三制药厂正式投产了青霉素,1958 年建设了以生产抗生素为主的华北制药厂,投产了青霉素、链霉素、土霉素和红霉素等品种,随后全国陆续建立起一批微生物发酵药厂。目前,临床上应用的主要抗生素我国基本都能生产,在产品质量方面,绝大多数指标达到或接近国外同类产品,部分指标优于国外产品。在 1957 年我国开始了氨基酸发酵的研究,其中谷氨酸的发酵于 1964 年获得了成功,并投入生产。20 世纪 50 年代还开始了核酸类物质的发酵研究,之后投入生产。在维生素生产方面,我国于 70 年代成功地研究出"二步发酵法"生产维生素 C 的技术,在国际上处于先进水平。其他药物如酶制剂,我国在 60 年代后期就已开始了研究与生产;高科技的基因工程药物近年来已形成研究热点,为我国赶超世界先进水平奠定了基础。

二、微生物发酵制药研究的内容

微生物发酵制药是利用微生物进行药物研究、生产和制剂的综合性技术科学。研究内容包括微生物制药用菌的选育、发酵以及产品的分离和纯化工艺等。主要讨论用于各类药物发酵的微生物来源和改造、微生物药物的生物合成和调控机制、发酵工艺与主要参数的确定、药物发酵过程的优化控制、质量控制等。

三、微生物发酵药物的来源

微生物发酵药物是运用微生物学和生物化学的理论、方法与技术,从微生物菌体或其发酵液中分离、纯化得到的一些重要生理活性物质。微生物发酵工业产品种类繁多,但就其发酵分类而言可分为下列几种类型微生物药物:以微生物菌体为药品、以菌体的代谢产物的衍生物作为药品以及利用微生物酶特异性催化作用的微生物转化获得药物等,包括微生物菌体、蛋白质、多肽、氨基酸、抗生素、酶与辅酶、激素及生物制品等。这些物质在维持生命正常活动的过程中非常重要。其中生物制品伴随着生物学、生物化学、免疫学和生物制剂的发展,内容不断得到充实。从微生物制药学的角度出发,微生物药物可以定义为用微生物及微生物产物或动物血清制成的用于预防、诊断和治疗的制品。

微生物菌体发酵:即以获得具有药用菌体为目的的发酵。如帮助消化的酵母菌片和具有整肠作用的乳酸菌制剂等,以及近年来研究日益重视的药用真菌。如香菇类、灵芝、金针菇、依赖虫蛹而生存的冬虫夏草以及与天麻共生的密环菌等药用真菌,它们对医疗事业的发展具有良好作用。

微生物酶发酵:目前许多医药酶制剂是通过微生物发酵制得的,如用于抗癌的天冬酰胺酶和用于治疗血栓的纳豆激酶与链霉素等。

微生物代谢产物发酵:包括微生物发酵中产生的各种初级代谢产物,如氨基酸、蛋白质、核苷酸、类脂、糖类以及维生素等,和次级代谢产物如抗生素、生物碱等。

微生物转化发酵:微生物的转化就是利用微生物细胞中的1种或多种酶将一种化合物转变成结构相关的另一种产物的生化反应,包括脱氢反应、氧化反应(羟基化反应)、脱水反应、缩合反应、脱羧反应、氨化反应、脱氨反应和异构化反应等。例如,甾族化合物的转化和抗生素的生物转化等。

近年来,随着生物工程的发展,尤其是基因工程和细胞工程技术的发展,使得发酵制药所用的微生物菌种不仅仅局限在天然微生物的范围内,已建立起了新型的工程菌株,以生产天然菌株所不能产生或产量很低的生理活性物质,拓宽了微生物制药的研究范围。

四、微生物发酵药物的分类

微生物药物可以按生理功能和临床用途来分类,还可以以产品类型来分类,但通常按其化学本质和化学特征进行分类。

1. 抗生素类药 抗生素是在低微浓度下能抑制或影响活的机体生命过程的生物次级代谢产物及其衍生物。目前已发现的抗生素有抗细菌、抗肿瘤、抗真菌、抗病毒、抗原虫、抗藻类、抗寄生虫、杀虫、除草和抗细胞毒性等的抗生素。据不完全统计,从20世纪40年代至今,已知的抗生素总数不少于9000种,其主要来源是微生物,特别是土壤微生物,占全部已知抗生素的70%左右,至于有价值的抗生素,几乎全是由微生物产生的。约2/3的抗生素由放线菌产生,1/4由真菌产生,其余为细菌产生。放线菌中从链霉菌属中发现的抗生素最多,占80%。

2. 氨基酸类药 目前氨基酸类药物分成个别氨基酸制剂和复方氨基酸制剂两类。前者主要用于治疗某些针对性的疾病,如用精氨酸和鸟氨酸治疗肝性脑病等。复方氨基酸制剂主要为重症患者提供合成蛋白质的原料,以补充消化道摄取的不足。利用微生物生产氨基酸分微生物细胞发酵法和酶转化法等。

3. 核苷酸类药 利用微生物发酵工艺生产的该类药物有肌苷酸、肌苷、5′-腺苷一磷酸(AMP)、腺苷三磷酸(ATP)、黄素腺嘌呤二核苷酸(FAD)、辅酶A(CoA)、辅酶Ⅰ(CoⅠ)等。

4. 维生素类药 在工业上大多数维生素是通过化学合成获得的,近年来已发展用微生物发酵法来生产维生素,使维生素的产量大为提高,成本降低。

5. 甾体类激素 详见第十二章内容。

6. 治疗酶及酶抑制剂 药用酶主要有助消化酶类、消炎酶类、心血管疾病治疗酶、抗肿瘤酶类以及其他几种酶类。

由微生物产生的酶抑制剂有两种不同的概念:一种是抑制抗生素钝化酶的抑制剂,叫做钝化酶抑制剂,如抑制 β- 内酰胺酶抑制剂,包括克拉维酸、硫霉素、橄榄酸、青霉烷砜、溴青霉烷酸等多种,这类酶抑制剂可以和相应的抗生素同时使用,以提高抗生素的作用效果;另一种酶抑制剂是能抑制来自动物体的酶的抑制剂,其中有些可以降低血压、有的可以阻止血糖上升等,如淀粉酶抑制剂能使人在服用糖时达到阻止血糖浓度增加的目的。

点 滴 积 累

1. 微生物发酵制药研究的主要内容包括微生物制药用菌的选育、发酵以及产品的分离和纯化工艺等。

2. 微生物药物可以按生理功能和临床用途来分类,还可以以产品类型来分类。

第二节 制药微生物与产物的生物合成

一、制药微生物的选择

1. 样品的采集与处理 从大陆土壤、海洋水体等环境中采集样品,表层土壤 0 ~ 10cm、海洋 0 ~ 100m。根据分离目的和微生物的特性进行预处理。采用较高温度(40 ~ 120℃)处理几十分钟至几小时,甚至几天,可分离到不同种类的放线菌。使用化学试剂如十二烷基磺酸钠(SDS)、酵母膏、$CaCO_3$、NaOH 处理,能减少细菌,有利于放线菌分离;乙酸乙酯、三氯甲烷、苯处理可除去真菌。

2. 分离方法 选择适宜的培养基,满足微生物营养需要和 pH 条件,添加抑制剂,有利于富集。加入抗真菌试剂和抗细菌抗生素,可以富集放线菌。分离方法有稀释法和滤膜法。稀释法多采用无菌水、生理盐水、缓冲液等稀释样品后,涂布平板培养。滤膜法则采用 0. 22 ~ 0. 45μm 微孔滤膜过滤进行富集培养,细菌被截留在滤膜上,而放线菌菌丝可透过滤膜进入培养基。放线菌可在 25 ~ 30℃、32 ~ 37℃或 45 ~ 50℃下培养7 ~ 14 天至 1 个月。

3. 活性测定 非致病菌为对象,采用琼脂扩散法测定活性,筛选生物活性物质。可以使用耐药和超敏菌种。用高效液相色谱(HPLC)、液相色谱- 质谱联用(LC- MS)等分析鉴定活性物质。其他现代的筛选技术如靶向筛选、高通量筛选、高内涵筛选等可以结合使用。

二、制药微生物菌种的选育

利用工业微生物发酵生产的过程中,决定生产水平高低最主要的因素有 3 个:生产菌种、发酵工艺和后提取工艺。其中最重要的是生产菌种。从自然界分离得到的菌种,由于生产能力低,往往不能满足工业上的需要。因为在正常生理条件下,微生物依靠其代谢调节系统,趋向于快速生长和繁殖。但是,发酵工业的需要就与此相反,需要微生物能够积累大量的代谢产物。为此,采用种种措施来打破菌的正常代谢,使之失去调节控制,从而大量积累所需要的代谢产物。要达到此目的,主要措施就是进行菌种选育和控制培养条件。

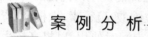 案 例 分 析

案例

抗生素的生产菌种。

分析

青霉素的原始生产菌种产生黄色色素,使成品带黄色,经过菌种选育,产生菌不再分泌黄色色素;卡那霉素产生菌经选育后,由生产卡那霉素 A 变成生产卡那霉素 B;土霉素产生菌在培养过程中产生大量泡沫,经诱变处理后改变了遗传特性,发酵泡沫减少,可节省大量消泡剂并增加发酵罐的利用率;红霉素等品种发酵遇有噬菌体侵袭时,发酵产量大幅度下降,甚至被迫停产,菌种经诱变处理获得抗噬菌体的特性,就可保证发酵生产的正常进行。

菌种选育的最初目的是改良菌种的特性,使其符合工业生产的要求。菌种选育工作大幅度提高了微生物发酵的产量,促进了微生物发酵工业的迅速发展。通过菌种选育,抗生素、氨基酸、维生素、药用酶等药物的发酵产量提高了几十倍、几百倍,甚至几千倍。菌种选育在提高产品质量、增加品种、改善工艺条件和产生菌的遗传学研究等方面也发挥了重大作用。

随着这门技术研究的不断深入及相关学科的发展,菌种选育的目的已不仅仅局限于提高产量、改进质量,而且可用来开发新产品。药物高产菌株或分泌型特效药物菌株的选育包括自然选育和人工育种两种方法。后者又分为诱变育种、杂交育种和基因工程育种等方法,其育种原理都是通过基因突变或重组来获得优良菌株。杂交育种和基因工程育种将在后面章节介绍,本节只介绍自然选育和诱变育种。

(一)自然选育

自然选育是一种纯种选育的方法。它利用微生物在一定条件下产生自发突变的原理,通过分离,筛选排除衰退型菌株,选择维持原有生产水平的菌株。因此,它能达到纯化、复壮菌种,稳定生产的目的。生产上将该方法又称为自然分离。自然选育有时也可用来选育高产量突变株,不过这种正突变的概率很低。

发酵工业中使用的生产菌种,几乎都是经过人工诱变处理后获得的突变株。这些突变株是以大量生成某种代谢产物(发酵产物)为目的的筛选出来的,因而它们属于代谢调节失控的菌株。微生物的代谢调节系统趋向于最有效地利用环境中的营养物质,优先进行生长和繁殖,而生产菌种通常是打破了原有的代谢调节系统的突变株,因此常常表现出生命力比野生菌株弱的特点。此外,生产菌种是经人工诱变处理而筛选到的突变株,遗传特性往往不够稳定,容易继发变异。上述这些特点使得生产菌株呈现出容易发生自然变异的特性,如果不及时进行自然选育,通常会导致菌种发生变异,使发酵产量降低。但是,自然变异是不定向的,有的变异是菌种退化,使发酵产量降低,也有的变异是菌种获得优良性状,使发酵产量提高。因此,需要经常进行自然选育工作,淘汰衰退的菌株,保存优良的菌株。

自然选育得到的纯种能够稳定生产,提高平均生产水平,但不能使生产水平大幅度

提高,这是因为菌种自发突变的概率极低,变异过程亦十分缓慢,所以获得优良菌种的可能性极小,因此难以依赖自然选育来获得高产突变株。

常用的自然选育的方法是单菌落分离法,其基本工艺流程如图2-1,具体步骤如下:

1. 单孢子悬浮液的制备　用无菌生理盐水或缓冲液制备单孢子悬浮液,在显微镜下计数,也可经稀释后在平板上进行活菌计数。

2. 分离及单菌落培养　根据计数结果,定量稀释后制成50～200个细胞/ml的菌悬液,取适量加到平皿培养基上,培养后长出分离的单菌落。按丝状真菌、放线菌菌落大小不同,分离量以5～20个菌落/平皿为宜。

3. 筛选　将分离培养后的各型单菌落接斜面培养,成熟后接入发酵瓶。测定发酵单位的过程称为筛选,分为初筛、复筛两个过程。初筛以多量筛选为原则,因此,尽量不用母瓶,将斜面直接接入发酵瓶,测其产量;对一些生长慢的菌种也可先接入母瓶,生长好后再转入发酵瓶。初筛中高单位菌株挑选量以5%～20%为宜。复筛是对初筛得到的高产菌株的复试,以挑选出稳定高产菌株为原则。每一初筛通过的斜面可进2～3只摇瓶,最好使用母瓶、发酵瓶两级,并要重复3～5次,用统计分析法确定产量水平。初筛、复筛都要同时以生产菌株作对照。

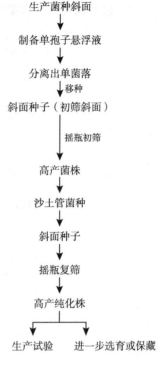

图2-1　自然选育流程图

复筛选出的高单位菌株至少要比对照菌株产量提高5%以上,并经过菌落纯度、摇瓶单位波动情况,以及糖、氮代谢等的考察,合格后方可在生产罐上试验。复筛得到的高单位菌株应制成沙土管、冷冻管或液氮管进行保藏。

(二)诱变育种

自发突变的频率较低,不能满足育种工作的需要。如果采用诱变剂处理就可以大大提高菌种的突变频率,扩大变异幅度,从中选出只有优良特性的变异菌株,这种方法就称为诱变育种。

诱变育种与其他育种方法相比较,具有速度快、收效大、方法简便等优点,是当前菌种选育的一种主要方法,在生产中使用得十分普遍。但是诱发突变缺乏定向性,因此诱发突变必须与大规模的筛选工作相配合才能收到良好的效果。

诱变育种包括3个环节:突变的诱发、突变株的筛选和突变高产基因的表现。这3个环节是相互联系,缺一不可的。在诱变育种的早期阶段,工作一般是顺利的,高产突变株不断涌现。但经过长期诱变得到的高产突变株,再进一步提高时进展逐渐变慢,困难也越来越多。因此,在早期设计一个周密的选育工作方案就显得格外重要了。

1. 制订筛选目标　诱发突变是随机而不定向的,有可能出现各种各样变异性状的突变株。除了高产性状外,还要考虑其他有利性状,例如生长速度快、产孢子多;消除某些色素或无益组分;能有效利用廉价发酵原材料;改善发酵工艺中某些缺陷(如泡沫过多、对温度波动敏感,菌丝量太多、自溶早、过滤困难等)等。但是所定的筛选目标不可太多,要充分估计本实验室的人力、物力和测试能力等,要考虑实现这些目标的可能性。

要选出一个达到一定产量的高产菌株,往往要筛选 1000 个左右的突变株,经历多次诱变和筛选。

2. 制订筛选方案 方案设计的中心内容是确定诱变筛选流程,见图 2-2。

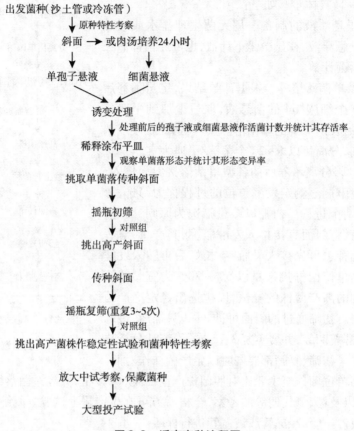

图 2-2 诱变育种流程图

(1)诱变过程:由出发菌种开始,制出新鲜孢子悬浮液(或细菌悬浮液)作诱变处理,然后以一定稀释度涂布平皿,至平皿上长出单菌落为止的过程为诱变过程。操作步骤为:

1)出发菌种的斜面:出发菌种的斜面非常重要,其培养工艺最好是经过试验的已知的最佳培养基和培养条件。要选取对诱变剂最敏感的斜面种龄,要求孢子数适中而新鲜。

2)单孢子悬浮液的制备:用无菌生理盐水或缓冲液制备单孢子悬浮液,在显微镜下计数,也可经稀释后在平板上进行活菌计数。

3)孢子计数:诱变处理前后孢子要计数,以控制处理液的孢子数和统计诱变致死率,常用于处理的孢子液浓度为 $10^5 \sim 10^8$ 个孢子/ml。孢子计数采用细胞计数法在显微镜下直接计数。致死率是通过处理前后孢子液活菌数来测定。

4)单菌落分离:平皿内倾入 20ml 左右的培养基,凝固后,加入一定量经诱变处理的孢子液(以控制每个平皿生长 10 ~ 50 个菌落为合适的量),用三角刮棒涂布均匀后进行培养。

(2)筛选过程:诱变处理的孢子经单菌落分离长出单菌落后,随机挑选单菌落进行生产能力测定。每一被挑选的单菌落传种斜面后在模拟发酵工艺的摇瓶中培养,然后测定其生产能力。筛选过程主要包括传种斜面、菌株保藏和筛选高产菌株这3项工作。

1)传种斜面:主要挑选生长良好的正常形态的菌落传种斜面,并可适当挑选少数形态或色素有变异的菌落。经诱变处理,形态严重变异的往往为低产菌株。

2)留种保藏菌种:经筛选出比对照生产能力高10%以上的菌株,要制成沙土管或冷冻管留种保藏。留种保藏菌种这一步骤很重要,可保证高产菌株不会得而复失,复筛结果比较可靠,也符合生产过程的特点。

3)筛选高产菌株:诱变处理后的孢子传种斜面后,进行生产能力测试筛选。为了获得优良菌株,初筛菌株的量要大,发酵和测试的条件都可粗放一些。例如可以采用琼脂块筛选法进行初筛,也可以采用一个菌株进一个摇瓶的方法进行初筛。随着以后一次一次的复筛,对发酵和测试条件的要求应逐步提高,复筛一般每个菌株进3~5个摇瓶,如果生产能力继续保持优异,再重复几次复筛。初筛和复筛均需有亲株作对照以比较生产能力是否优良。复筛后,对于有发展前途的优良菌株,可考察其稳定性、菌种特性和最适培养条件等。诱变形成的高产菌株的数量往往小于筛选的实验误差,这是筛选工业生产的高产菌株时常见的情况。因为真正的高产菌株,往往需要经过产量提高的逐步累积过程,才能变得越来越明显。所以有必要多挑选一些出发菌株进行多步育种,以确保挑选出高产菌株。

3. 突变的诱发 突变的诱发受到菌种的遗传特性、诱变剂、菌种的生理状态以及诱变处理时环境条件的影响。

(1)出发菌株的选择:出发菌株就是用来进行诱变试验的菌株。出发菌株的选择是诱变育种工作成败的关键。出发菌株的性能,如菌种的纯一性、菌种系谱、菌种的形态和生理、传代、保存等特性对诱变效果影响很大。挑选出发菌株有如下几点经验:

1)选择纯种:选择纯种作为出发菌株,借以排除异核体或异质体的影响。生菌的遗传学研究等方面也发挥了重大作用。

案例分析

案例

吉他霉素产生菌选育。

分析

在吉他霉素产生菌选育过程中,采用不纯的出发菌株,经过36代诱变,发酵单位提高幅度不大,仅由30μg/ml提高至2000~2500μg/ml。而采用去除异核体的纯种出发菌株后,经过32代诱变,可由30μg/ml提高到12 000μg/ml。

选择纯种作为出发菌株,从宏观上讲,就是要选择发酵产量稳定、波动范围小的菌株为出发菌株。如果出发菌株遗传性不纯,可以用自然分离或用缓和的诱变剂进行处理,取得纯种作为出发菌株。这样虽然要花一些时间,但效果更好。

2)选择具有优良性状的出发菌株:选择出发菌株,不仅是选择产量高的,还应该考虑其他因素,如产孢子早而多、色素少、生长速度快等有利于发酵产物合成的性状。特别重要的是选择的出发菌株应当具有我们所需要的代谢特性,例如适合补料工艺的高产菌株是从糖、氮代谢速度较快的出发菌株得来的。用生命力旺盛而发酵产量又不很低的形态回复突变株作为出发菌株,常可收到好的效果。

3)对诱变剂敏感:选择对诱变剂敏感的菌株作为出发菌株,不但可以提高变异频率,而且高产突变株的出现率也大。生产中经过长期选育的菌株,有时会对诱变剂不敏感。在此情况下,应设法改变菌株的遗传型,以提高菌株对诱变剂的敏感性。杂交、诱发抗性突变和采用大剂量的诱变剂处理均能改变菌株的遗传型而提高菌株对诱变剂的敏感性。

(2)诱变剂的选择:诱变剂的选择主要是根据已经成功的经验,诱变作用不但决定于诱变剂,还与菌种的种类和出发菌株的遗传背景有关。一般对于遗传上不稳定的菌株,可采用温和的诱变剂,或采用已见效果的诱变剂;对于遗传上较稳定的菌株则采用强烈的、不常用的、诱变谱广的诱变剂。要重视出发菌株的诱变系谱,不要经常采用同一种诱变剂反复处理,以防止诱变效应饱和;但也不要频繁变换诱变剂,以避免造成菌种的遗传背景复杂,不利于高产菌株的稳定。

选择诱变剂时,还应该考虑诱变剂本身的特点。例如紫外线主要作用于 DNA 分子的嘧啶碱基,而亚硝酸则主要作用于 DNA 分子的嘌呤碱基。紫外线和亚硝酸复合使用,突变谱宽,诱变效果好。

 知 识 链 接

诱变剂的最适剂量

关于诱变剂的最适剂量,有人主张采用致死率较高的剂量,例如采用 90%~99.9% 致死率的剂量,认为高剂量虽然负变株多,但变异幅度大;也有人主张采用中等剂量,如致死率 75%~80% 或更低的剂量,认为这种剂量不会导致太多的负变株和形态突变株,因而高产菌株出现率较高。更为重要的是,采用低剂量诱变剂可能更有利于高产菌株的稳定。

4. 突变株的筛选 菌体细胞经诱变剂处理后,要从大量的变异菌株中把一些具有优良性状的突变株挑选出来,这需要有明确的筛选目标和筛选方法,需要进行认真细致的筛选工作。育种工作中常采用随机筛选和理性化筛选这两种筛选方法。

(1)随机筛选:随机筛选即菌种经诱变处理后,进行平板分离,随机挑选单菌落株。为了提高筛选效率,可采用下列方法增大筛选量:

1)摇瓶筛选法:这是生产上一直使用的传统方法。即将挑出的单菌落传种斜面后,再由斜面接入模拟发酵工艺的摇瓶中培养,然后测定其发酵生产能力。选育高产菌株的目的是要在生产发酵罐中推广应用,因此摇瓶的培养条件要尽可能和发酵生产的培养条件相近。但是,实际上摇瓶培养条件很难和发酵罐培养条件相同。摇瓶筛选的优点是培养条件与生产培养条件相接近,但工作量大、时间长、操作复杂。

2)琼脂块筛选法:这是一种简便、迅速的初筛方法,将单菌落连同其生长培养基(琼脂块)用打孔器取出,培养一段时间后,置于鉴定平板以测定其发酵产量。琼脂块筛选法的优点是操作简便、速度快。但是,固体培养条件和液体培养条件之间是有差异的,利用此法所取得的初筛结果必须经摇瓶复筛加以验证。

3) 筛选自动化和筛选工具微型化:近年来,在研究筛选自动化方面有很大进展,筛选实验实现了自动化和半自动化,省去了烦琐的劳动,大大提高了筛选效率。筛选工具的微型化也是很有意义的,例如将一些小瓶子取代现有的发酵摇瓶,在固定框架中振荡培养,可使操作简便,又可加大筛选量。

（2）理性化筛选:传统的菌种选育是采用随机筛选的方法。由于正变株出现的概率小,产量提高的范围往往在生物学波动的范围内,因而选出一株高产菌株需要耗费大量的人力、物力。而且,随着发酵产量不断提高,用随机筛选方法获得高产菌株的概率越来越小。

 知 识 链 接

理性化筛选

　　近年来,随着遗传学、生物化学知识的积累,人们对于代谢途径、代谢调控机制了解得更多了,因而筛选方法逐渐从随机筛选方法转向理性化筛选方法。理性化筛选意指运用遗传学、生物化学的原理,根据产物已知的或可能的生物合成途径、代谢调控机制和产物分子结构来进行设计,采用一些筛选方法,以打破微生物原有的代谢调控机制,获得能大量形成产物的高产突变株。

三、制药微生物菌种的保藏

　　微生物制药生产水平的高低与菌种的性能质量有直接关系。优良性能的生产菌种需要妥善地保管,菌种保藏的目的在于保持菌种的活力及其优良性能。由于菌种长期保存在一般培养基中会引起菌种退化,甚至死亡,所以设法保持菌种的活力是菌种保藏的首要任务。人们在长时间的工作实践中,根据微生物的不同要求,在菌种保藏工作中不断摸索出各种方法。如传代培养保藏法、沙土管保藏法、矿物油保藏法、真空冷冻干燥保藏法等。无论何种保藏方法,主要是根据微生物生理、生化特点,人工创造条件,使微生物的代谢处于不活泼、生长繁殖受抑制的休眠状态。这些人工造成的环境主要是低温、干燥、缺氧三者,在这些条件下,可使菌株很少发生突变,以达到保持纯种的目的。

 难 点 释 疑

　　微生物制药生产水平的高低与菌种的性能质量有直接关系。
　　产生抗生素的优良菌种应具备下列条件,即产量高、产生快、性能稳定、容易培养。菌种的生产能力、生长繁殖的情况及代谢特性是决定发酵水平的内在因素。生产上有了好的生产菌种才能有理想的发酵水平。

（一）定期移植保藏法

　　该方法也叫传代培养保藏法,包括斜面培养、液体培养、穿刺培养等。它是最早使用而且现今仍然普遍采用的方法。在一些实验室或工厂中,即便同时并用了几种方法保藏同一种菌株,这种方法也是必不可少的。因为它比较简便易行,不需要特殊设备,能随时观察所保存的菌株是否死亡、变异、退化或被污染了杂菌。

将菌种直接接在不同成分的斜面培养基上,待菌落生长完好后,置4℃冰箱中保藏,根据菌种不同每隔1～3个月传代1次,再将新长好的菌种斜面继续保藏。细菌、酵母菌、放线菌、真菌都可使用这种保藏方法。斜面保存方法在低温下可以大大减缓微生物的代谢活动,降低其繁殖速度。用于斜面保藏的培养基一般含有机氮多,少含或不含糖分(总量不超过2%),这样既满足了菌种生长繁殖需要,又防止产酸过多而影响菌株的保藏。但是此方法的缺点是菌株仍有一定的代谢活性,保存时间不能太长,另外,传代多、菌种易变异。斜面保存的菌种,一般每株菌应保藏相继的3代培养基,以便对照。

(二)沙土管保藏法

将需要保藏的菌种先在斜面培养基上培养,再用无菌水制成细胞或孢子悬浮液,将悬浮液无菌地注入已灭菌的沙土管中,使细胞或孢子吸附在载体(沙土)上,置干燥器中吸干管中的水分后加以保藏。沙土管保藏法是保存抗生素产生菌常用的方法,它的优点是效果较好,操作简便,保存期可达1年以上,变异率低,死亡少,是目前国内使用最广泛的保藏方法。

沙土管孢子的制备分沙土制备和接种抽干两步进行。沙土是沙和土的混合物,沙和土的比例一般为3:2或1:1,也有用纯沙不掺土的,但沙要细一些(60目筛),以沙土混合使用效果为好,纯沙次之,纯土最差。将黄土与泥土分别用水充分洗净,晒干或烘干,磨细,分别过60和80目筛,用磁铁尽量吸去沙内铁屑,将沙和土按所需比例混合均匀,分装于12支100ml的小试管内,装料高度约1cm,用纱布棉塞塞紧,经间歇灭菌2～3次,灭菌后烘干,并做无菌试验后备用。将要培养保藏的菌种斜面孢子刮下,直接与沙土混合,或用无菌水洗下孢子,制成悬浮液接入沙土管内(混合均匀),混合后放在盛有五氧化二磷或无水氯化钙的干燥器中抽干(一般抽4～6小时),然后置于放有干燥剂的干燥器或大试管内,盖紧密封,于2～4℃冷藏备用,每间隔半年检查1次活力及杂菌情况。很多微生物均可用沙土管保藏,如产孢子的真菌、放线菌以及芽孢、细菌。土霉素、链霉素产生菌用沙土管保存18年,成活率仍然很高;新霉素产生菌保存22年,移植后生长良好;青霉素、灰黄霉素、四环素等产生菌保存5～7年,生产能力无明显变化。但某些易发生变异的抗生素产生菌,如产利福霉素、卡那霉素、麦迪霉素和头孢霉素等的菌株用沙土管保存效果不够理想。

(三)液状石蜡保藏法

液状石蜡或称矿物油,用它保藏菌种也比较简便易行。液状石蜡保藏法其实是斜面保存的一种方式,这种方式能克服斜面保存的缺点,能有效降低代谢活动,推迟细胞退化,效果比一般斜面好得多。

选用优质液状石蜡121℃蒸汽灭菌30分钟,最好重复灭菌3次,置40℃温箱蒸发水分,或于110～170℃烘箱烘去水分,经无菌检查后备用。将需要保藏的菌种接种在适宜的培养基斜面上培养(斜面宜短,最好不要超过试管的1/3),以得到健壮的菌体细胞。在无菌条件下,用无菌吸管吸取已灭过菌的液状石蜡,注入已培养好的新鲜的斜面菌体细胞上,以高于斜面顶端1cm为准,使菌体与空气隔绝。将已灌注液状石蜡的菌种斜面以直立状态置低温(5℃左右)干燥处保藏。在移接或再培养时,先沿试管壁倒去附在菌体上的液状石蜡,将菌体移接在适宜的新鲜培养基上,生长繁殖后再重新转接1次。液状石蜡可防止因培养基的水分蒸发而引起的菌体死亡,还可阻止氧气进入,使好气菌不能继续生长,以延长菌种的保藏时间,用该法保藏的菌种范围广,但对保藏细菌效果较差,对于某些能同化烃类的微生物则不宜用。这种方法用于保藏酵母菌最长者可达 6 年。保存某些细菌(例如芽孢杆菌属、乙酸杆菌等)、某些丝状真菌(例如青霉属、曲霉属等)效果也很好,可达 2~10 年。然而有多种细菌和丝状真菌不适合用这种方法保存,例如乳杆菌(Lactobacillus)、明串株菌(Leuconostoc)、沙门菌(Salmonella)、丝枝霉(Chaetocladium)、卷霉(Circinella)、小克银汉霉(Cunninghamella)、毛霉(Mucor)、根霉(Rhizopus)等用此法保藏效果不好。为了保险起见,采用该法保藏之前要做预备试验,菌株保藏期间要定期做存活和活性试验,一般 2~3 年做 1 次,以确定哪些菌适用于该法保藏。

 知 识 链 接

菌种保藏的目的在于保持菌种的活力及其优良性能。其原理主要是根据微生物生理、生化特点,人工创造条件使微生物的代谢处于不活泼、生长繁殖受抑制的休眠状态。这些人工造成的环境主要是低温、干燥、缺氧三者,在这些条件下,可使菌株很少发生突变,以达到保持纯种的目的。

（四）液氮保藏法

该法是将保存的菌种用保护剂制成菌悬液密封于安瓿管内,控制冻结速度使之冻结后,贮藏在 -196~-150℃ 的液态氮超低温冰箱中。菌种停止了新陈代谢活动(一般微生物在 -130℃ 以下就完全停止),不进行化学反应,因此,不会发生变异,可以长久保存。它比其他保藏方法都要优越,被世界公认为防止菌种退化的最好方法。这种方法已被国外菌种保藏机构和我国一些专业性保藏机构作为常规的方法应用。其操作程序并不复杂,关键在于要有液态氮冰箱等设备。

液氮低温保存也要加保护剂,常用的有甘油、二甲亚砜、糊精、血清蛋白等。最常用的是甘油,因为它可以渗透到细胞内,并且进入和游离出细胞的速度比较慢,可以通过强烈的脱水作用而保护细胞。二甲亚砜的作用也和甘油相似,糊精、血清蛋白等是通过和细胞表面结合而避免细胞膜被冰晶损伤。不同特性的微生物要选择不同的保护剂,通过试验加以确定保护剂的浓度。微生物不同,要求也不一样,原则是控制在不足以造成微生物致死的浓度,一般甘油为 10%、二甲亚砜为 5%~10%。对制备安瓿管的玻璃也有一定要求,条件是能经受温度的突然变化而不破裂,容易用火焰熔封管口,恢复培养时容易打开。一般采用硼硅玻璃,管的大小则根据需要而定,通常 75mm×10mm 或能容 1.2ml 液体的安瓿管比较方便。管不宜太大,因为用液态氮大量贮藏安瓿时,管太大则在液态氮冰箱中需占用较大体积。安瓿管选好后,洗刷干净,贴好菌号,塞上棉塞,灭菌烘干后备用。

需要保藏的菌种如能产生孢子或是可以分散的细胞,先用其最适宜的斜面培养基培养,生长良好后加保护剂制成菌悬液,对于只形成菌丝体不产生孢子的真菌,可于斜面培养基或振荡培养后,制成菌丝体悬液;也可用平板培养,然后用无菌的打孔器,从平板内切取一些大小均匀的小片(直径 5 或 10mm),再将此小片无菌地移入装有保护剂并已灭菌的安瓿管内。将菌种悬浮液或琼脂培养片在无菌条件下装入安瓿管后,用火焰将安瓿管上部熔封,浸入水中检查有无漏洞,然后将已封口的安瓿管置冻结器内,在控制冻结速度为每分钟下降1℃的条件下,将样品冻结到 -35℃。再用干冰和乙二醇冷冻剂冻至 -78℃后,立即移到液态氮冰箱中保存。箱内温度是气相中为 -150℃,液态氮内 -196℃。为了防止安瓿管在取出时破裂,可将安瓿管置液态氮冰箱内的气相中保藏。若把安瓿管只保藏在液氮冰箱的气相里,则可以不用去棉塞,也不必熔封安瓿管口。保藏的菌种如需用时,将安瓿管由冰箱中取出,立即置38～40℃水浴中,摇动下部的结冰全部融化为止。取安瓿时,为了防止其他安瓿管的升温,取出至放回的时间一般不能超过1分钟。以无菌操作开启安瓿管,将菌种移到适宜的培养基上培养。自从液态氮冰箱制成后,国外已用它进行保藏各类微生物的活细胞的试验,并取得满意的结果,用冻结真空干燥法不易保持活的菌种,特别是那些在培养基沙锅只产生菌丝体的真菌,改用此法保藏效果很好。该法能适应各种微生物菌种保存,如细菌、放线菌、病毒、各种不产孢子的丝状菌、酵母,甚至藻类、原虫、支原体等都能获得满意保存效果,有些菌种贮藏9年后还保持着生命力,而且没有发现变异。美国 ATCC 噬菌体的保藏全部利用此法。

(五)冷冻干燥保藏法

冷冻干燥法是指液体样品在冷冻状态下使其中水分升华,最后达到干燥。此法建立后到目前为止,根据文献记载,除不生孢子只产生菌丝体的丝状真菌不宜采用该法外,其他各类微生物如病毒、细菌、放线菌、丝状真菌等用冷冻真空干燥法保存都取得了良好的效果。冷干法保藏微生物是使微生物处于低温、干燥、缺氧的条件下,使它们的代谢相对静止,可以保存较长时间。

在冻干过程中,为防止深冻和水分不断升华对细胞的损害,宜采用保护剂来制备细胞悬液,使保护性溶质通过氢和离子键对水与细胞所产生的亲和力来稳定细胞成分的构型。

用冻干法保藏菌种对安瓿管有一定的要求,以管的内径 8mm、管的长度不小于100mm 为宜。制安瓿管时应采用中性玻璃,不宜用碱性玻璃。玻璃的质地太软、太硬都不利于安瓿的熔封和开启。将安瓿管洗净后,浸泡在2%的盐酸溶液中,8～10小时后取出,用自来水冲洗到中性后,再用蒸馏水冲洗2～3次,烘干后,将印有菌号、制作日期的标签放入安瓿管中,塞好棉塞,用防潮纸包好,121℃蒸汽灭菌30分钟备用。

为了防止冷冻干燥过程和保存期间细胞损伤与死亡,需要加保护剂。低分子和高分子化合物及一些天然化合物,如牛乳、血清、葡萄糖、半乳糖、甘露糖、蔗糖、乳糖、蜜二糖、棉籽糖、糊精、甘油、山梨醇、谷氨酸、精氨酸、赖氨酸、色氨酸、苹果酸、维生素 C、明胶、蛋白胨等都是良好的保护剂。其中以高分子和低分子化合物混合使用效果最好。通常脱脂牛奶实际应用较多。保护剂选好后,根据其性质采用适当的方法灭菌。混有血清的保护剂应采用过滤法灭菌。保护剂灭菌时应注意掌握灭菌的温度和时间。如灭菌不彻底,容易造成杂菌污染及降低保藏效果;如灭菌时间过长,牛乳发生褐变,也会影响保藏效果。

用固体培养基培养的菌种,制备菌悬液时可直接将保护剂加到斜面培养基上,使其均匀地悬浮在保护剂内。用液体培养基培养的菌种,先离心收集菌体后,弃上清液,加适量的保护剂,制成均匀的菌悬液。制好菌悬液后,用带有乳胶头的长毛细滴管,迅速将菌悬液分装入安瓿管内 0.05～0.2ml,装好后放入 -35℃以下冰箱预冻1小时,使菌液完全冻结成冰,再在低温下用真空泵抽干(-30～ -20℃,可用五氧化二磷作干燥剂),最后将安瓿管熔封,并低温保藏备用。冷冻干燥保藏微生物的菌龄因种类而异,如细菌和酵母菌,一般采用超过对数生长期的培养物较好;如芽孢杆菌等,则采用弃芽孢;放线菌和常见的菌丝真菌则以形成成熟的孢子为宜。一般可保存 5~10 年,长的可保藏 15 年不失活。NCTC(英国国立典型菌种收藏所)用此法保藏某些放线菌在 10 年以上,某些细菌在 18 年后还保持着活性。

(六) 低温冻结保藏法(低温保藏法)

将需要保存的菌种(孢子或菌体)悬浮于 10% 甘油或 10% 的二甲亚砜保护剂中,置于低温(一般为 -70~-20℃)冻结。保存温度视菌种不同而异。其优点是存活率高,变异率低,实用方便。

(七) 谷粒(麸皮)保藏法

谷粒保藏也属于一种载体保藏方法,是根据传统制取原理(麸皮法)来培养保藏微生物的一种方法。具体操作:称取一定量的麦粒(或大米、小米等谷物)与自来水 1:0.7~1:0.9 混合,加水后的麦粒置 4℃冰箱一夜或边加热边不断搅拌直至浸泡透,再用蒸汽 121℃灭菌 30 分钟,趁热将麦粒摇松散。冷却后,将新鲜培养的菌悬液加在麦粒中,摇匀,放适当温度下培养,每隔 1~2 天摇动 1 次,待麦粒上的孢子成熟后,存放干燥器内减压干燥,低温保藏。青霉素、麦迪霉素等工业生产菌种都是用这种方法保藏的,可使用 1 年,效价稳定。本法只适用于产孢子的放线菌和真菌,对其中部分菌种保藏效果不佳。

课堂活动

1. 制药微生物菌种保藏的方法最常见的有哪几种?
2. 制药微生物菌种选育的方法有哪几种?

四、微生物代谢产物的生物合成

微生物生命过程中能合成多种多样的代谢产物,按代谢产物与微生物生长繁殖的关系,可分为两大类,一类是微生物代谢产生的,并是微生物自身生长繁殖所必需的代谢产物,称为初级代谢产物,如氨基酸、核苷酸、蛋白质、多糖、核酸等。它们的来源和生物合成过程在各种微生物体内基本相同。另一类也是微生物代谢产生的,而与菌体的生长繁殖无明确关系的代谢产物,称为次级代谢产物,如抗生素、生物碱、色素等,它们的生物合成有种特异性。

(一) 微生物生物合成的初级代谢产物

微生物生物合成的初级代谢产物不仅用于菌体自身的生长繁殖,而且其中若干种产物如氨基酸、维生素、核苷酸、蛋白质、脂肪酸、多糖、酶类、低级有机酸和醇类,被分离精制成医药产品、轻化工产品等。开发的品种日益增加,产品的应用范围不断扩大。能够积累上述产物的微生物都是代谢失调的突变菌株,如营养缺陷型、生化代谢调节变株、抗性变株等。这类代谢产物的生物合成过程见生物化学、分子生物学等书籍及本教材的有关章节,在此不再赘述。

(二) 微生物次级代谢产物的生物合成

微生物的整个生长繁殖过程中,由于许多相互关联的代谢途径的协调作用,不仅合成了菌体生长必需的各种化合物,而且还合成许多与生长无明确关系的次级代谢产物。生物长期进化的结果,使微生物细胞具备了一套完善的代谢调节系统,以平衡各种代谢的物质流向和反应通率。次级代谢产物生物合成途径比初级代谢途径复杂,且为多基因产物,影响因素很多。至今对多种抗生素的生物合成途径的详细生化反应过程及酶学特性了解尚少。由于分子生物学的研究和生物技术的深入开展,促进了次级代谢产物生物合成与调控机制的研究,从生物合成的生物化学和编码次级代谢产物生物合成的酶的 DNA 结构研究均获得了可喜的成果。某些成果已用于菌种改良和发酵条件的控制,不同程度地提高了产量和质量。

1. 微生物合成的次级代谢产物的基本特征

(1)次级代谢产物具有种特异性:能够产生次级代谢产物如抗生素等的产生菌,在分类学上的位置与产生的次级代谢产物的结构之间没有明确的内在联系。分类学上相同的菌种能产生不同结构的抗生素,如灰色链霉菌,既能合成氨基环醇类抗生素中的链霉素,又能合成多烯大环内酯类抗生素中的杀假丝菌素;而分类学上不同的微生物也能产生相同的抗生素,如头孢菌素 C 产生菌有真菌和链霉菌。

(2)分批发酵时,产生菌生长周期分为 3 个时期:菌体生长期、产物合成期以及菌体自溶期。3 个时期中产生菌对营养成分和环境条件的要求是不同的。从生长期转化到生产期的过程中,菌体的生理特性和形态学都产生变化,如菌体合成 DNA、RNA、蛋白质等的合成速率明显下降,某些芽孢杆菌开始形成芽孢,原生质出现凝聚,出现菌丝片段,有的菌形成"沉没孢子",次级代谢产物大量合成,直至高峰。因此可以认为次级代谢产物的生物合成是菌体细胞分化的伴生现象。

(3)次级代谢产物不少是结构相似的混合物:产生菌能同时合成多种结构相似的次级代谢产物,其原因是:①参与次级代谢产物合成的酶系的底物特异性不强,如产黄青霉菌能合成 5 种以上具有不同生物活性的青霉素(青霉素 G、V、O、F、X);②产生菌利用 1 或 2 种以上初级代谢产物合成 1 种主要的次级代谢产物,产生菌继续对该产物进行多种化学修饰而同时合成多种衍生物,此种生物合成现象有时称为"代谢树",如利福霉素多种组分的生物合成过程见图 2-3;③1 种次级代谢产物可由 2 或 2 种以上的代谢途径合成,这种方式有时称为"代谢网",如红霉素 A 的生物合成,见图 2-4。

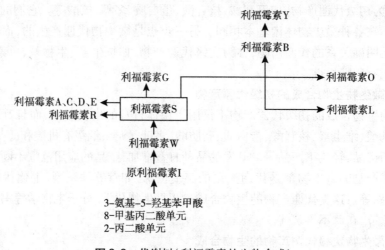

图 2-3　代谢树(利福霉素的生物合成)

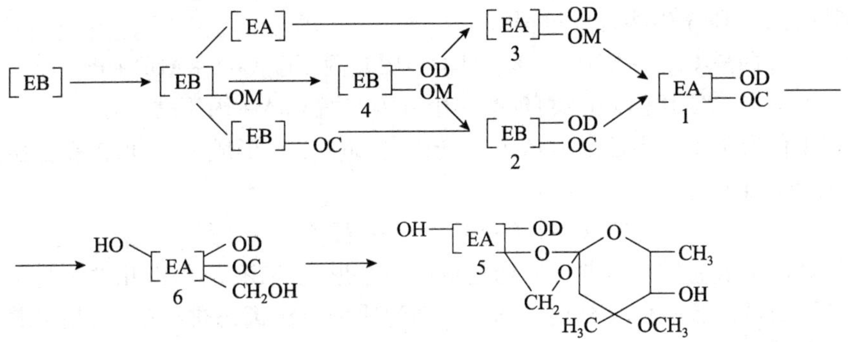

图2-4　代谢网(红霉素的生物合成)

1. 红霉素 A　2. 红霉素 B　3. 红霉素 C　4. 红霉素 D　5. 红霉素 E

6. 红霉素 F;EB-红霉内酯 B_1;EA-红霉内酯 A;M-碳霉素;C-红霉糖;D-脱氧氨基己糖

(4)次级代谢产物的合成受多基因控制:控制次级代谢产物合成的基因有的在染色体上,有的在质粒上。若干试验表明,质粒在次级代谢产物合成中起着重要的作用。在深层(或沉没)培养中,由于环境的作用,质粒易丢失或丧失其功能,导致次级代谢的不稳定性。

2. 次级代谢产物的构建单位的生源说和生物合成　在研究次级代谢产物生物合成机制时,提出生源说和生物合成两个概念。一般来说,生源说指的是次级代谢产物分子中构建单位的各种原子的起源,实质上是个有机化学问题。生物合成指的是各构建单位在多种酶的作用下合成次级代谢产物的过程,实质上是个生物化学问题。研究次级代谢产物生物合成时,将两个概念紧密联系起来,可使次级代谢产物合成途径和调控机制的研究进入一个新时期。

微生物合成的次级代谢产物是由微生物代谢产生的一些中间产物,如碳水化合物降解形成的五碳(C_5)、四碳(C_4)、三碳(C_3)、二碳(C_2)化合物和一些初级代谢产物合成的。上述的一些物质可被菌体直接并入次级代谢产物分子中,而自身结构无明显改变,这样的物质称为前体。而有些物质(包括外源加入的)进入次级代谢途径被转化成1 种或多种不同物质,这些转化物经进一步代谢才能形成次级代谢途径的终产物,这样的物质称为次级代谢中间体。

Martin 等将与次级代谢产物生物合成相关的微生物初级代谢产物(即次级代谢产物生物合成的构建 4 单位)、代谢中间体分为下述几种类型:短链脂肪酸;异戊二烯单位(甲羟戊酸途径);氨基酸;糖与氨基糖;环己醇与氨基环己醇;脒基;嘌呤和嘧啶碱类;芳香中间体和芳香氨基酸;甲基。

(1)短链脂肪酸与聚酮体:许多次级代谢产物是由乙酸、丙酸、丁酸单位和某些短链脂肪酸通过聚酮体途径衍生来的,如大环内酯类抗生素的内酯环、四环素类抗生素的苯骈体、蒽环类抗生素的蒽醌环等。聚酮体合成的起始单位有乙酰辅酶 A(CoA)、丙酰CoA 和丁酰 CoA 等。而作为链的延长单位有丙二酰 CoA、甲基丙二酰 CoA、乙基丙二酰CoA 等,它们是 C_2、C_3 和 C_4 的供体。

已知乙酰 CoA 是葡萄糖(或脂肪酸)降解反应中的一种关键中间产物,它除直接作为次级代谢产物的前体外,还可在乙酰 CoA 羧化酶的作用下生成丙二酰 CoA。

$$乙酰\ CoA + ATP + CO_2 + H_2O \longrightarrow 丙二酰\ CoA + ADP + Pi$$

丙酸单位可由琥珀酰 CoA 转化、奇数碳脂肪酰降解、支链氨基酸降解等形成。

甲基丙二酰 CoA 生物合成过程有：

$$丙酰 CoA + ATP + CO_2 + H_2O \rightarrow 甲基丙二酰 CoA + ADP + Pi$$

$$丙酰 CoA + 草酰酸 \rightarrow 甲基丙二酰 CoA + 丙酮酸$$

丁酸单位通常由 1 个乙酰 CoA 与 1 个丙酰 CoA 缩合形成的，还可由亮氨酸经过 2-*O*-异己酸降解生成。

$$亮氨酸 \rightarrow 2-O-异己酸 \rightarrow 乙酰乙酸 \rightarrow 丁酸$$

聚酮体的形成有的是由单一种构建单位缩合形成的，有的是由几种构建单位经过交叉缩合形成的。聚酮体缩合反应不是在细胞质中以游离态进行的，而是附着于酶表面上完成的。

在聚酮体链形成多种结构衍生物的过程中，伴随着一系列的化学修饰作用，如引进 *O*-甲基、*C*-甲基、氯原子、氧原子等。这些修饰作用更增加了衍生物的多样性。由聚酮体形成的化合物以糖苷链与多种糖相连接，以酰胺键形式与某些氨基相连接。可以说聚酮体可与若干种其他物质(约 2000 种)结合形成新的化合物。

（2）甲羟戊酸：甲羟戊酸(mevalonic acid MVA,3-甲基-3,5-二羟基戊酸)是若干种次级代谢产物的构建单位，它是由乙酸缩合形成的，如图 2-5 所示。首先在两个乙酰 CoA 分子之间进行"头对尾"缩合(即 Claisen 型缩合)，接着进行"头对头"缩合(即醛醇缩合)，生成 3 羟-3-甲-戊二酰 CoA(HMG-CoA)，再经过两步不可逆的还原反应即生成甲羟戊酸。

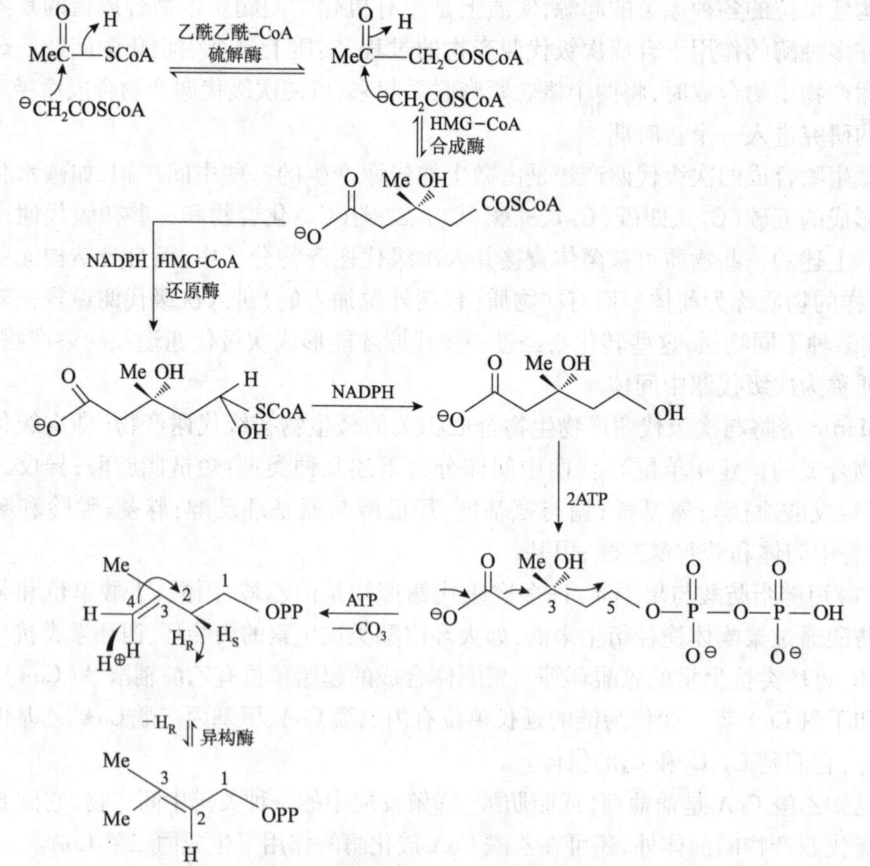

图 2-5　甲羟戊酸和异戊二烯焦磷酸的生物合成

甲羟戊酸被磷酸化后就生成了甲羟戊酸-5-焦磷酸,再经过脱羧和脱水作用后就形成具有生物活性的异戊二烯焦磷酸。亮氨酸经转氨等反应也可降解形成异戊二烯焦磷酸。这种活化的 C_5 单位几乎可以任何数量的单元相结合,生成自然界中形形色色的异戊二烯类或萜类次级代谢产物,如赤霉素、生物碱、夫西地酸,还能合成若干种生物体必需的产物,如甾醇、胡萝卜素等。

(3)糖类和氨基糖苷:次级代谢产物分子中含有的糖类比糖代谢的中间产物的数目还多。它们以 O-糖苷、N-糖苷、S-糖苷、C-糖苷等与次级代谢产物分子中的糖苷配基连接。葡萄糖和戊糖是这些糖类和氨基糖的前体。葡萄糖的碳架经过异构化、氨基化、脱氧、碳原子重排、氧化还原或脱羧等修饰后并入次级代谢产物的分子中。

一般来说,葡萄糖的化学修饰作用都发生于被二磷酸核苷活化状态,如链霉素分子中的双氢链霉糖的合成就是葡萄糖先形成活化型的脱氧腺苷-5-二磷酸葡萄糖(dTDP-D-葡萄糖)经过中间体修饰而形成的,详见图2-6。一般氨基糖的合成是活化的己酮糖经转氨作用将谷氨酸胺(或谷氨酸)的氨基转到己酮糖分子上形成的,如活化己酮糖 + 谷氨酰胺→氨基己糖 + 谷氨酸。

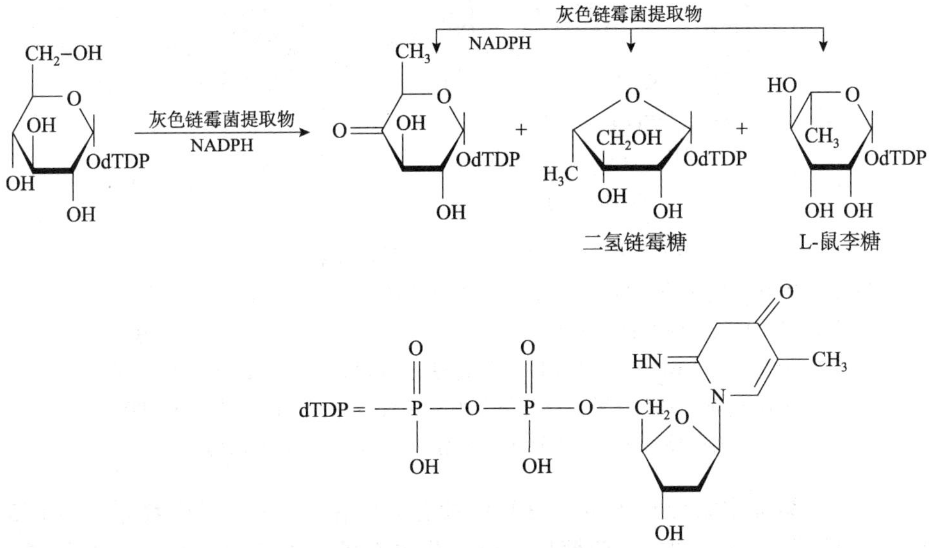

图2-6 链霉糖的生物合成

大环内酯类抗生素分子中的红霉糖胺、碳霉糖、碳霉糖胺等是由葡萄糖衍生来的。TDP-葡萄糖是各种糖类转化的重要中间体,合成过程见图2-7。合成的第一步反应是TDP-葡萄糖在依赖于 NAD^+ 的葡萄糖氧化还原酶的作用下转化成 TDP-4-氧-6-去氧-葡萄糖,再经过烯二醇式重排,在 C_3 位上形成 1 个酮基,得到 3-氧-6-去氧-D-核己糖(Ⅸ),再经过转氨反应将谷氨酸的氨基转到这种去氧糖分子上。所得到的 6-去氧-3-氨基糖衍生物再经逐步甲基化后,被转化成 D-碳霉糖胺(Ⅰ),D-碳霉糖也是从同一个4-酮糖衍生物经还原和甲基化衍生来的。脱氧二氨基己糖可能由 TDP-4-氧-6-去氧-D-葡萄糖被还原成岩藻糖(Ⅹ),再经脱水形成3-氧-4,6-双去氧衍生物,然后在 C_3 位氧上进行转氨反应,接着进行甲基化反应而形成的。在上述的转氨反应中的氨基一般源于谷氨酸。糖苷上的 O-甲基、C-甲基、N-甲基均源于蛋氨酸。

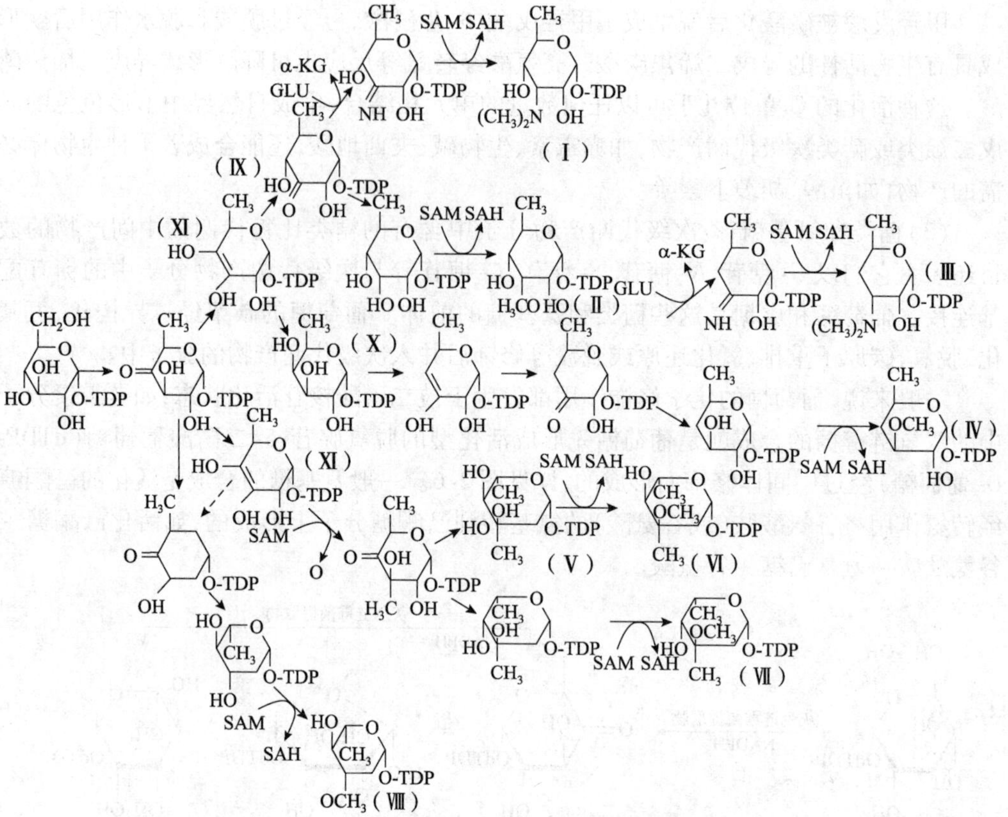

图 2-7　大环内酯类抗生素糖残基的生物合成途径

SAM:S-腺苷甲硫氨酸;SAH:S-腺苷高半胱氨酸;GLU:谷氨酸;α-KG:α-酮戊二酸;
(Ⅰ)TDP-D-碳霉糖胺;(Ⅱ)TDP-D-mycinose;(Ⅲ)TDP-D-脱氧二甲氨基己糖;
(Ⅳ)TDP-D-lankavose;(Ⅴ)TDP-L-碳霉糖;(Ⅵ)TDP-L-红霉糖;(Ⅶ)TDP-L-
Areanose;(Ⅷ)TDP-L-竹桃糖;(Ⅸ)TDP-3-氧-6-去氧-核己糖;(Ⅹ)TDP-
岩藻糖;(Ⅺ)TDP-D-3,4 烯醇式 4-氧-6-去氧葡萄糖

　　某些核苷类抗生素分子中常含有某些稀有的戊糖,如冬虫夏草素分子中的 3-脱
氧-D-红戊糖等。实验证明,葡萄糖是合成这些稀有戊糖的直接前体。也有的稀有戊
糖是在核苷合成之后直接对核糖部分进行修饰而形成的。

　　(4)非蛋白氨基酸:出现于蛋白质结构中的 20 种氨基酸都是 α-L-氨基酸(也称为
蛋白氨基酸)。它们的生物合成途径已有详细的论述。在次级代谢产物中发现 200 余
种非蛋白氨基酸,如 D-氨基酸、N-甲基氨基酸、脱氢的和 β-氨基酸、稀有的二氨基酸
(如二氨基丁酸);蛋白氨基酸合成途径中的含氨基中间产物如鸟氨酸、α-氨基己二酸
等。在多肽类次级代谢产物中非蛋白氨基酸占 50% 以上。对这些非蛋白氨基酸的生
物合成途径知道的甚少。认为 D-氨基酸可能由 L-氨基酸通过氨基酸消旋酶催化形成
的,这种消旋作用似乎发生在 L-氨基酸被并入到中间产物过程中,如青霉素合成中,只
有 L-缬氨酸才能被产生菌并入青霉素的 LLD 三肽中间体(L-α-氨基己二酰-L-半胱氨
酰-D-缬氨酸三肽)。认为青霉素前体中这种 D-缬氨酸是在三肽合成时,活化了的 L-
缬氨酸被消旋转化成 D-缬氨酸后结合到肽链上的。某些既可以用于合成初级代谢产
物,又可用于合成次级代谢产物的非蛋白氨基酸是由蛋白氨基酸生物合成途径合成的,

如 α- 氨基己二酸是合成头孢菌素的一个构建单位,它是真菌生物合成赖氨酸途径中的一种产物。次级代谢产物中出现的一些非蛋白氨基酸见表2-1。

表2-1 次级代谢产物中出现的一些非蛋白氨基酸

类别	氨基酸	次级代谢
D- 氨基酸	别- D- 羟脯氨酸	宜他霉素(etamycin)
	D- 别- 异亮氨酸	放线菌素、涂链霉素(stendomycin)
	D- 别- 苏氨酸	涂链霉素
	D- 苏氨酸	醌霉素(quinomycin)
	D- 缬氨酸	放线菌素、缬氨霉素、短杆菌肽
	D- 亮氨酸	短杆菌肽
	D- 鸟氨酸	杆菌肽
	D- 苯丙氨酸	多黏菌素 B
N- 甲基氨基酸	N- 甲基-L- 苏氨酸	涂链霉素
	N- 甲基-L- 别- 异亮氨酸	醌霉素 B
	N, γ- 二甲基-L- 别- 异亮氨酸	醌霉素 C
	N, β- 二甲基-L- 亮氨酸	宜他霉素,三骨菌素(triostin)
	肌氨酸	放线菌素、宜他霉素
	苯基氨酸	宜他霉素
C- 甲基氨基酸	3- 甲基- 色氨酸	远霉素(telomycin)
	3- 甲基- 苯丙氨酸	波卓霉素 A
	3- 甲基- 缬氨酸	波卓霉素 A
	3- 甲基- 脯氨酸	波卓霉素 A
	3- 甲基-L- 羊毛硫氨酸	乳链菌肽(nisin)、枯草菌素(subtilin)
β- 氨基酸	β- 赖氨酸	链丝菌素(streptothricin)
	L- β- 甲基天冬氨酸	天冬菌素(aspartocin)
	β- 苯丙氨酸	伊短菌素 D(edeine D)
	β- 丝氨酸	伊短菌素
	β- 酪氨酸	伊短菌素
亚氨基酸	顺-3- 羟基-L- 脯氨酸	远霉素
	反-3- 羟基-L- 脯氨酸	远霉素
	反-4- 羟基-L- 脯氨酸	放线菌素
	4- 氧-L- 脯氨酸	放线菌素
	D- 六氢吡啶羧酸	天冬菌素
	4- 氧-L- 六氢吡啶羧酸	春霉素(vernamycin)

续表

类别	氨基酸	次级代谢
S-氨基酸	L-羊毛硫氨酸	乳链菌肽
	2-噻唑-L-丙氨酸	波卓霉素
脱氢氨基酸	脱氢色氨酸	远霉素
	脱氢丙氨酸	乳链菌素
	3-脲基-双氢丙氨酸	紫霉素、结核放线菌素(tuberactinomycin)
	脱氢亮氨酸	白诺菌素(albonoarsin)
	脱氢苯丙氨酸	白诺菌素
	脱氢脯氨酸	蛎灰菌素A(ostreogrycin A)
复杂氨基酸	α,β-二氨基丙酸	伊短菌素
	2,6-二氨基-7-羟基壬二酸	伊短菌素
碱性氨基酸	L-鸟氨酸	短杆菌肽S
	L-2,4-二氨基丁酸	多黏菌素

(5)环多醇和氨基环多醇:环多醇是带有一些羟基的环碳化合物。氨基环多醇是环多醇分子中的1个或多个羟基被氨基取代的衍生物。在氨基环醇类抗生素(如链霉素、庆大霉素、卡那霉素等)的分子中最常见的环多醇部分是由葡萄糖衍生来的,如2-脱氧链霉胺、链霉胍都是葡萄糖经过磷酸化、环化等反应形成环多醇,继续经过氨基化等反应衍生来的,见图2-8。

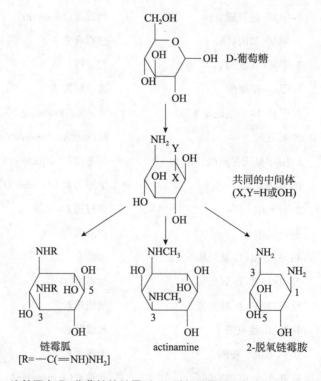

图2-8 比较源自D-葡萄糖的链霉胍、2-脱氧链霉胺和actinamine的标记模式

（6）非核酸的嘌呤碱和嘧啶碱的生物合成：在次级代谢产物中出现的非核酸嘌呤碱基与嘧啶碱基是由合成核酸用的嘌呤和嘧啶经过化学修饰而形成的。嘌呤霉素（3′-脱氧嘌呤核苷酸类抗生素）的生物合成过程中，腺嘌呤核苷酸直接被产生菌作为前体而并入嘌呤霉素分子中，而不是菌体先将腺嘌呤核苷酸水解成腺嘌呤和核糖后再用于抗生素的合成，C_1'的还原反应是在核苷酸还原酶催化下进行的。在嘧啶核苷酸类抗生素的生物合成中，胞嘧啶是这类抗生素分子中的嘧啶环的前体。

（7）芳香中间体：许多抗生素的芳香环结构部分是由莽草酸途径的中间体或终产物形成的。如氯胺苯醇和棒状杆菌素的生色团是由分枝酸衍生的，利福霉素的发色团（C_7N）来自奎宁酸或脱氢莽草酸，绿脓菌素的吩嗪骨架源自邻氨基苯甲酸，新生霉素和占托西林（xantocillin）的芳香部位衍生自酪氨酸，放线菌素、吲哚霉素、硝吡咯菌素的芳香环源自色氨酸。芳香氨基酸生物合成途径为放线菌和许多植物合成次级代谢产物提供芳香中间体，见图2-9。但是大多数真菌合成的含有芳香环结构的代谢产物，其芳香环部分是乙酸单位通过聚酮体途径合成的。

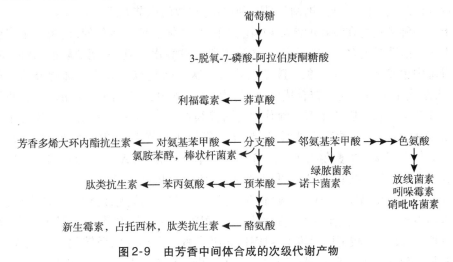

图2-9　由芳香中间体合成的次级代谢产物

（8）甲基：次级代谢产物生物合成中需要的甲基基团是经过甲基转移酶催化的转甲基化反应，将 S-腺苷蛋氨酸上的甲基转移至甲基受体上，形成带甲基的次级代谢产物。甲基的供体是蛋氨酸。蛋氨酸的生物合成过程、碳单位的形成与转运过程，以及 S-腺苷蛋氨酸的形成过程参阅生物化学教材中的相关内容。

3. 次级代谢产物生物合成的基本途径　各种次级代谢产物以不同的前体经过不同的途径合成，然后再经过一系列化学修饰衍生出各种结构相似的生理活性物质。这些物质的合成途径和修饰作用很不一致，主要取决于生产菌种的生理特性。在合成过程中存在很多酶，而且用于聚合的构建单位数量和种类也因菌种以及次级代谢产物的不同而不同，一般次级代谢产物合成的基本途径包括前体聚合、结构修饰和不同组分的装配。

（三）微生物生物合成的主要调节机制（初级代谢产物和次级代谢产物）

1. 初级代谢产物生物合成中的主要调控机制　微生物的生命活动过程中进行着复杂的代谢活动。在各种代谢过程中，根据细胞对能量及对合成某些产物的要求进行各种酶促反应，各种酶类的活性受到环境条件、基质种类和浓度、代谢中间产物以及它们在细胞总代谢中的作用的调节与控制。代谢调节的类型有酶的活性调节、酶的合成调节。在细胞内两种调节方式是协同进行的。

(1)酶活性的调节：酶活性的调节是通过改变已有酶的活性来调节代谢速率。包括酶的激活和抑制作用。

1)酶活性的激活：最常见的酶活性激活是前体激活，它多发生在分解代谢途径，即代谢途径中后面的反应可被该途径前面的一种代谢中间产物所促进。如粗糙链孢霉的异柠檬酸脱氢酶的活性受到柠檬酸的激活。

2)酶活性的抑制：酶活性的抑制包括竞争性抑制和反馈抑制。反馈抑制是指反应途径中某些中间产物或末端产物对该途径中前面酶促反应的影响。凡使反应加速的称为正反馈，凡使反应减速的称为负反馈。

3)酶结构的共价修饰调节：变构酶多肽链亚基上的某些基团在另一种酶的催化下可与特异性低分子量化合物(如磷酸或腺苷酸等)发生可逆的共价结合，从而导致酶分子变构而引起酶催化能力的改变(激活或抑制)，进而控制代谢途径的速度和方向。这种作用称作酶结构的共价修饰调节是一种快速、有效的调节方式。

上述两种形式是在特殊的激酶和磷酸酯酶的催化下相互转化的，使酶分子多肽链亚基上丝氨酸残基的羟基位置上进行磷酸化和去磷酸化反应，来调节酶的活性。在啤酒酵母菌中也发现了相似现象。腺苷酸化和去腺苷酸化也是共价修饰调节的一种形式，如大肠埃希菌的谷氨酰胺合成酶，它是由 12 个亚基组成的多肽链酶，也有两种形式——腺苷化型和去腺苷化型。腺苷化酶活性很低，对反馈抑制敏感。当环境中谷氨酰胺浓度高、α-酮戊二酸浓度低时，经腺苷转移酶和调节蛋白(P_{11})的催化，谷氨酰胺合成酶的每个亚基中的酪氨酸残基上连接 1 个单磷酸腺苷(AMP)，形成酪氨酸酚羟基的腺苷衍生物。当谷氨酰胺浓度低时，在腺苷转移酶和 P_{11}-UMP 的催化下，酶分子的每个亚基均释放出 AMP 后成为去磷腺苷化的谷氨酰胺合成酶，此时的酶活力最大，对反馈抑制不敏感。调节蛋白 P_{11} 转化成 P_{11}-UMP 是在尿苷腺转移酶催化下进行的。UTP、ATP、α-酮戊二酸可以促进 P_{11}-UMP 下切掉酶原中小段肽后转化成活性酶，如胰蛋白酶原的激活过程[从 N-端切去 1 个六肽(Val-ASP-ASP-ASP-ASP-Lys)]、溶纤维蛋白酶原的激活过程等都是典型的酶原激活调节型。

(2)酶合成的调节(酶量的调节)：酶合成的调节就是通过调节酶的合成数量来调节微生物的代谢速率。有诱导和阻遏调节。

1)酶合成的诱导：参加微生物代谢活动的酶有数千种，其中有些酶的合成不依赖于环境中物质的存在，如糖酵解途径中的各种酶，称为组成酶。另外一些酶只有在它们催化的底物(或底物的结构类似物)存在时才能合成，此种酶称为诱导酶。酶合成的诱导现象在分解代谢途径和合成代谢途径中都很普遍，如酵母菌和大肠埃希菌本来不能合成分解乳糖的酶，但若在培养基中加入乳糖，经过一段时间的诱导之后，菌体就利用乳糖合成了乳糖酶(包括透性酶、β-半乳糖苷酶和硫代半乳糖苷转乙酰酶)。再如亮白曲霉原来不能合成蔗糖，所以就不能利用蔗糖，但如果在培养基中加入蔗糖，经过一定时间的诱导，就可以合成蔗糖。一般情况下底物是酶合成的诱导物。但底物的结构类似物往往是很好的诱导物，它可以使酶的合成数量成倍或几十倍地增加，但它们不能被充作底物，如甲硫代半乳糖苷或异丙基硫代半乳糖苷不能被微生物作为碳源和能源，但可诱导半乳糖苷酶系的合成达千倍。

外源物质可作为诱导剂,而菌体代谢的某些中间产物也能诱导该途径中某些酶系的合成。如假单胞杆菌芳香族化合物降解途径中的酶诱导是内源诱导物的顺序诱导。

2)酶合成的阻遏:降解酶类通常是诱导作用和分解代谢产物来调节活性,而合成酶主要由反馈调节来控制的。反馈调节有反馈抑制和反馈阻遏两种形式,反馈阻遏又有终产物反馈阻遏和分解产物反馈阻遏。反馈阻遏指代谢的终产物达到一定浓度时,反馈阻遏该代谢途径中的 1 种酶或几种酶的生物合成。这种调节方式较普遍地存在于微生物的生物合成途径之中。有两种或两种以上末端产物的分支途径中,当分支途径中的几种末端产物同时过量就反馈阻遏其共同途径中的第一个酶的合成,仅 1 种产物过量无阻遏作用,称为多价阻遏。分解产物阻遏指的是被菌体迅速利用的底物或其分解产物对许多酶(降解酶、合成酶)合成的抑制作用。

(3)能荷调节:能荷指细胞中 ATP、ADP、AMP 系统中可供利用的高能磷酸键的量度。能荷调节(或称腺苷酸调节)指细胞通过改变 ATP、ADP、AMP 三者的比例来调节其代谢活动,它们所含能量依次递减。

ATP 和 NADPH(NADH)可视为糖分解代谢的末端产物,当 ATP 过量时就对糖分解代谢产生反馈抑制,当 ATP 降解为 ADP 时,表明能量释放于其他的生化反应,上述的反馈抑制就被解除。

2. 次级代谢产物生物合成的主要调控机制　在自然生态条件下,微生物具有合成次级代谢产物的能力,只是含量甚少,不易被发现。由于次级代谢产物在微生物生命活动中有一定的生理功能,所以次级代谢必然处于微生物的总体调节控制之中。但是次级代谢途径比初级代谢庞杂,它的生物合成途径的调控机制至今不如初级代谢的清楚,许多问题需要深入研究。

抗生素等次级代谢产物生物合成的调控机制,从现有的研究结果可将其调节方式概括为诱导调节、碳分解产物调节、氮分解产物调节、磷酸盐调节、反馈调节、生长速率调节等。各种调节方式的调节机制可能是调节参加次级代谢的关键酶的活性,也可能是调节酶的合成。某些调节机制难以准确地判断是调节酶的活性,还是调节酶的合成。

(1)酶合成的诱导调节:次级代谢途径中的某些酶是诱导酶,也是在底物(或底物的结构类似物)的作用下形成的,如卡那霉素乙酰转移酶是在 6-氨基葡萄糖-2-脱氧链霉胺(底物)的诱导下合成的。在头孢菌素 C 的生物合成中,蛋氨酸可使产生菌菌丝发生变化,形成大量的"节孢子",同时可诱导其合成途径中两种关键酶——异青霉素 N 合成酶(环化酶)、脱乙酰氧头孢菌素 C 合成酶(扩环酶)的合成,显著提高产量。

(2)反馈调节:在次级代谢产物的生物合成过程中,反馈抑制和反馈阻遏起着重要的调节作用。①次级代谢产物的自身反馈抑制:近年来发现青霉素、链霉素、卡那霉素、泰洛星、麦角碱等多种次级代谢产物能调节自身的生物合成。其反馈抑制机制只有少数品种清楚。如卡那霉素生物合成中,卡那霉素能反馈抑制合成途径中最后一步反应的酶 N-乙酰卡那霉素酰基转移酶的活性;嘌呤霉素、泰洛星反馈抑制其合成途径中最后一步反应的酶甲基转移酶的活性;麦角碱能反馈抑制合成途径中的二甲基丙烯色氨酸合成酶和裸麦角碱Ⅰ环化酶的活性。抑制抗生素自身合成需要的抗生素浓度与产生菌的生产能力呈正相关性,如若完全抑制青霉素高产菌株 E-15 合成青霉素,需要的青霉素浓度为 15mg/ml;抑制产黄青霉菌株 Q178(生产能力为 $420\mu g/ml$)为 2mg/ml;当浓度为 $200\mu g/ml$ 时就可使菌株 NRRL1951(生产能力为 $125\mu g/ml$)完全丧失合成青霉素的能力。②前体物质的自身反馈抑制：次级代谢产物均从初级代谢产物衍生来的，合成次级代谢产物的前体的自身反馈抑制，必然影响次级代谢产物的合成。③支路产物的反馈抑制：已知微生物代谢中产生的一些分叉中间体，既可用于合成初级代谢产物，又可用于合成次级代谢产物。在某些情况下，初级代谢的末端产物能反馈抑制共用途径某些酶的活性，从而影响次级代谢产物的生物合成。④次级代谢产物的自身反馈调节：许多次级代谢产物能够抑制或阻遏它们自身的生物合成酶（表2-2）。卡那霉素终产物的调节是通过阻遏其生物合成过程中的酰基转移酶的合成来实现；氯霉素终产物的调节是通过阻遏其生物合成过程中的第一个酶芳基胺合成酶的合成而使代谢朝着芳香族氨基酸的合成途径进行；吲哚霉素终产物的调节位点是抑制其生物合成途径中的第一个酶，而嘌呤霉素终产物的调节位点是抑制其生物合成途径中的最后一个酶6-甲基转移酶的活性；泰洛星抑制其最后一个酶的活性（SAM：macrocin，O-甲基转移酶）；四环素、金霉素和土霉素抑制四环素合成途径中的最后第二个酶，即脱水四环素氧化酶的活性。

表2-2　次级代谢过程中的反馈调节

次级代谢物	被调节的酶	调节机制
氯霉素	芳基胺合成酶	阻遏
放线菌酮	未知	未知
红霉素	SAM：红霉素 C O-甲基转移酶	抑制
吲哚霉素	第一个合成酶	抑制
卡那霉素	酰基转移酶	阻遏
嘌呤霉素	O-甲基转移酶	抑制
四环素	脱水四环素氧化酶	抑制
泰洛星	SAM：macrocin O-甲基转移酶	抑制

（3）磷酸盐的调节：在抗生素等多种次级代谢产物合成中，高浓度磷酸盐表现出较强的抑制作用，称为磷酸盐调节。磷是微生物生长繁殖的必需元素，浓度为 $0.3 \sim 300mmol/L$ 时，能支持微生物细胞的生长，但当浓度超过 $10mmol/L$ 时，就能抑制许多抗生素的生物合成，见表2-3。因此，磷酸盐是一些次级代谢产物生物合成的限制因素，由于微生物合成次级代谢产物途径的不同，磷酸盐表现的调节位点也不同。

表2-3　抗生素合成时的无机磷酸盐的正常浓度

抗生素	产生菌	无机磷酸盐允许浓度（mmol/L）
链霉素（streptomycin）	灰色链霉菌（S. griseus）	1.5 ~ 15
新生霉素（novobiocin）	雪白链霉菌（S. niveus）	9 ~ 40
金霉素（chlorotetracycline）	金霉素链霉菌（S. aureofaciens）	1 ~ 5

抗生素	产生菌	无机磷酸盐允许浓度（mmol/L）
万古霉素（vancomycin）	龟裂链霉菌（*S. rimosus*）	2～10
杆菌肽（bacitracin）	地衣芽孢杆菌（*B. licheniformis*）	1～7
放线菌素（actinomycin）	抗生素链霉菌（*S. antibioticus*）	1.4～17
四环素（tetracycline）	金霉素链霉菌（*S. aureofaciens*）	0.14～0.2
卡那霉素（kanamycin）	卡那霉素链霉菌（*S. kanamyceticus*）	2.2～5.7
短杆菌肽（gramicidinS）	短小芽孢杆菌（*B. pumilus*）	10～60
两性霉素B（amphotericin B）	结节链霉菌（*S. nodosus*）	1.5～2.2
杀假丝菌素（candicidin）	灰色链霉菌（*S. griseus*）	0.5～5
制霉菌素（nystatin）	诺尔斯链霉菌（*S. noursei*）	1.6～2.2

（4）碳分解产物的调节作用：碳分解产物的调节作用指的是易被菌体迅速利用的碳源及其降解产物对其他代谢途径的酶的调节作用。早期研究青霉素生产中的最适碳源时发现，葡萄糖利于菌体生长繁殖，而显著抑制青霉素的合成，乳糖利于青霉素的合成。当时称为"葡萄糖效应"。后来用产黄青霉的静息细胞在合成培养基中加入[14C]缬氨酸进行短时间的培养试验，分析青霉素合成中的中间产物的放射剂量。实验结果表明，葡萄糖达一定浓度能阻止[14C]缬氨酸并入青霉素分子中，即是阻止δ-L-氨基己二酰-L-半胱氨酰-D-缬氨酸三肽[LLD三肽]的合成。用上述同样的试验方法研究了葡萄糖对顶头孢霉合成头孢菌素C生物合成的影响，结果表明葡萄糖达一定浓度能阻止脱乙酰氧头孢菌素C合成酶（扩环酶）和异青霉素N异构酶的合成。在链霉素发酵时，发酵后期必须控制发酵液中葡萄糖浓度低于某一水平，就是为了解除葡萄糖对甘露糖苷链霉素酶合成的阻遏作用。相继许多科学家对抗生素等次级代谢产物发酵时的最适碳源研究中发现，产生菌首先利用葡萄糖，再利用其他的单糖或多糖的生理学特性是个较普遍的现象。次级代谢产物的生物合成一般是在葡萄糖等速效碳源消耗至一定浓度时才开始。

（5）氮分解产物的调控：近些年的研究表明，快速利用的氮源（如铵盐、硝酸盐、某些氨基酸）对许多种次级代谢产物的生物合成有较强烈的调节作用，如青霉素、头孢菌素、红霉素、吉他霉素、新生霉素、林可霉素、杀假丝菌素等。氮分解产物对次级代谢产物生物合成的调节作用，特别是NH_4^+的调节作用是多向性的。氮分解产物调节抗生素生物合成的酶学研究表明，既作用于抗生素合成酶，又作用于氮同化酶系统。

（6）生产菌生长速率的调节：在丰富培养基中进行的分批发酵动力学研究表明，大多数发酵过程都分为生长期和生产期。在生长期次级代谢产物合成酶受到阻抑作用，次级代谢产物不被合成。生产菌的生长速率是控制次级代谢的重要因素，对于那些限制营养是次级代谢产物合成的必备条件时，生长速率的调控起着特别重要的作用。用恒化器培养法研究短杆菌肽S合成酶的合成时发现，调节短杆菌肽S合成酶合成的是菌体的生长速率。当稀释率高时（0.45～0.5/h），合成的酶量很少，降低稀释率，酶量就增加。限制不同营养成分，出现最高酶活的稀释率是不同的。限制碳源时，酶的比活最高。由此提出调节次级代谢产物生物合成的因子是菌体的比生长速率，而不是某种营养物质。

（7）溶解氧的调节作用：已有的研究表明，溶解氧是一个调节次级代谢产物生物合成的重要因素。对小小链霉菌生物合成头霉素和灰黄链霉菌生物合成 colabomycin 的研究发现,在用富氧空气培养的条件下,这两种次级代谢产物的生物合成都被抑制,且发酵液中次级代谢物各有关组分的比例在氧浓度增加的条件下被改变。

点 滴 积 累

1. 学习菌种选育的方法主要掌握什么是自然选育和诱变育种,然后重点掌握诱变育种操作流程。

2. 菌种保藏的目的在于保持菌种的活力及其优良性能,菌种的性能质量与微生物制药生产水平的高低有直接关系。

3. 根据微生物不同要求,菌种保藏的方式多种多样,主要是根据微生物生理、生化特点,人工创造条件,使微生物的代谢处于不活泼、生长繁殖受抑制的休眠状态。

4. 微生物生物合成过程中产生初级代谢产物和次级代谢产物。

第三节 发酵工艺条件的确定

微生物发酵过程是有效利用微生物生长、代谢活动获取目的产物的过程。因此,微生物发酵的水平不仅取决于生产菌种自身的性能,而且要给予合适的环境条件,使菌种的生产能力充分表达出来。为了充分表达微生物细胞的生产能力,对于一定的微生物菌种而言,就是要通过各种研究方法了解其对环境条件的要求,如培养基、培养温度、pH、氧的需求等。还应深入了解生产菌的发育、生长和代谢等生物过程,为设计合理的生产工艺提供理论基础。同时,为了掌握菌种在生产过程中的代谢变化规律,通过不同检测手段获得相关参数,并根据代谢变化控制发酵条件,使生产菌的代谢沿着人们需要的方向进行,从而使生产菌种处于产物合成的优化环境中,达到预期的生产水平。

由于发酵过程的复杂性,控制其过程是比较困难的,特别是像次级代谢产物这类物质的发酵,就更为困难。即使同一菌种,在同一厂家,也会因生产设备、原材料来源等的差别,使菌种的生产能力不同。因此,针对具体的发酵过程,进行优化控制正是发酵工艺研究的目的所在。

一、培养基及其制备

培养基是专门用于提供微生物生长繁殖和生物合成各种代谢产物所需要的按一定比例配制的多种营养物质的混合物。培养基的组成与配比是否恰当对微生物的生长、产物的合成、工艺的选择、产品的质量和产量等都有很大的影响。

(一)培养基的成分

药物发酵培养基主要由碳源、氮源、无机盐类、生长因子和前体物等组成。

1. **碳源** 碳源是组成培养基的主要成分之一,其主要作用是供给菌生命活力所需要的能量,构成菌体细胞成分和代谢产物。在药物发酵生产中常用的碳源有糖类、脂肪、某些有机酸、醇或碳氢化合物。由于各种微生物的生理特性不同,每种微生物所利用碳源的品种也不完全相同。

葡萄糖、麦芽糖、乳糖、蔗糖和淀粉等是药物发酵生产中常用的碳源,也是真菌和放线菌容易利用的碳源。几乎所有的微生物都利用葡萄糖,因此葡萄糖常作为培养基的一种主要成分。但是,在发酵过程中过多的葡萄糖会加速菌体的呼吸,如果此时通风不足,致使培养基中溶解氧不能满足菌体的需要,会使一些酸性中间代谢物如乳酸、丙酮酸、乙酸等积累,使培养基 pH 降低,从而抑制微生物的生长和产物的合成。

淀粉分玉米淀粉、甘薯淀粉、土豆淀粉和小麦淀粉等多种,应用于不同的药物发酵生产时可以克服葡萄糖代谢过快的弊病,同时淀粉价格比较低廉,来源比较丰富。为节约药物发酵生产所用的大量食物,降低生产中原料成本,还可采用粗粮或粮食加工过程中的副产物等作为碳源,如玉米粉、土豆粉葡萄糖结晶母液等。

 知 识 链 接

其 他 碳 源

糖蜜是糖厂生产糖时的结晶母液,是蔗糖生产的副产物。糖蜜一般分甘蔗糖蜜和甜菜糖蜜,两者在糖的含量和无机盐的含量上都有所不同。药物发酵生产中以糖蜜为碳源,如果使用恰当,其效果与粮食原料相似。

油与脂肪也能被许多微生物用作碳源和能源。在药物发酵生产中加入油脂起消泡和补充碳源的双重作用。

 案 例 分 析

案例

碳源对地衣芽孢杆菌生长和生产 α- 淀粉酶的影响。

分析

碳源	细胞量	α- 淀粉酶
葡萄糖	4.2	0
蔗糖	4.02	0
糊精	3.06	38.2
淀粉	3.09	40.2

有机酸、醇在氨基酸、维生素、麦角碱和抗生素等的发酵生产中作为碳源或作为补充碳源使用。如嗜甲烷棒状杆菌(*Corynebacterium methanophilum*)以甲醇作碳源生产单细胞蛋白(SCP),在分批发酵的最佳条件下,该菌的甲醇转化率达 47.4%。再如用乳糖发酵短杆菌 3790(*Bacterium lactofermentum*)生产谷氨酸,以乙醇作碳源,其产量达 78g/L,对乙醇的转化率为 31%。乙醇在青霉素发酵中应用亦取得较好效果。甘油是很好的碳源,常用于抗生素和甾类转化的发酵。山梨醇是生产维生素 C 的重要原材料。

2. 氮源　氮源是指构成微生物细胞和代谢产物中的氮素来源的营养物质。其主要功能是构成微生物细胞和含氮的代谢产物,当培养基中碳源不足时,可作为补充碳源。常用的氮源有无机氮源和有机氮源两大类,分别归纳在表2-4中。

表 2-4　氮源的种类

无机氮源		有机氮源
铵盐	$(NH_4)_2SO_4$	合成产物:尿素
	NH_4Cl	天然原料
	NH_4NO_3	植物蛋白:黄豆饼粉、花生饼粉、棉籽饼粉、菜籽饼粉、玉米谷蛋白、豆酪蛋白、马铃薯蛋白
	$(NH_4)_3PO_4$	动物蛋白:鱼粉、蝉蛹粉、牛肉膏、蛋白胨、明胶等
硝酸盐	$NaNO_3$	微生物蛋白:干酵母、酵母膏、菌丝粉等
	KNO_3	植物浆水:玉米浆、黄浆水、淀粉浆水等
	NH_4NO_3	蒸馏废料:谷氨酸发酵废料等

无机氮源的特点是成分单一,质量较稳定;其次易被菌体吸收利用,微生物吸收利用铵盐和硝酸盐的能力强,NH_4^+被细胞吸收后可直接被利用,因而硫酸铵等铵盐一般被称为速效氮源,而NO_3^-被吸收后需进一步还原成NH_4^+后再被微生物利用;铵离子对多数产物合成有调节作用,应控制加入的浓度;再者无机氮源还能改变培养液的 pH,如以$(NH_4)_2SO_4$等铵盐为氮源时,由于NH_4^+被菌体吸收,会导致培养基 pH下降,而以硝酸盐(如NH_4NO_3)为氮源时,由于NO_3^-被菌体吸收利用,会导致培养基pH升高。因此把凡是代谢后能产生酸性物质的营养成分称为生理酸性物质,如硫酸铵;凡是代谢后能产生碱性物质的营养成分称为生理碱性物质,如硝酸钠、乙酸钠等。在培养基加入适量的生理酸性物质和生理碱性物质,可以调节发酵液的 pH。

有机氮源的特点成分比较复杂,因为有机氮源除含有丰富的蛋白质、肽类、游离的氨基酸以外,还含有少量的糖类,脂肪、无机盐和生长因子等。其次有机氮源被菌体利用的速度不同,如玉米浆中的氮源物质主要以较易吸收的蛋白质降解产物形式存在,而降解产物特别是氨基酸可以通过转氨作用直接被机体利用,有利于菌体生长,为速效氮源;而黄豆饼粉和花生饼粉等中的氮主要以大分子蛋白质形式存在,需进一步降解成小分子的肽和氨基酸后才被微生物吸收利用,其利用速度缓慢,有利于代谢产物的形成,为迟效氮源。在生产中,常控制速效氮源和迟效氮源的比例,以控制菌体生长期和代谢产物形成期的协调,达到提高产量的目的。

3. 无机盐和微量元素　工业发酵中应用的微生物在生长繁殖与产物合成中都需要无机盐和微量元素,如磷、硫、铁、镁、钙、锌、钴、钾、钠、锰、氯等。其中许多金属离子对微生物生理活性的作用与其浓度相关,低浓度时往往呈现刺激作用,高浓度却表现出抑制作用。最适浓度要依据菌种的生理特性和发酵工艺条件来确定。

磷是构成菌体核酸、核蛋白等细胞物质的组成成分,是许多辅酶和高能磷酸键的成分,又是氧化磷酸化反应的必需元素。作为缓冲系统可调节培养基 pH。磷酸盐既能促进菌体的基础代谢,又能影响许多代谢产物的生物合成。因此,磷酸盐是发酵生产中的一种限制性营养成分,如链霉素、四环素等的发酵生长中,产物的合成速率受到发酵液中磷酸盐浓度的调节。常用的磷酸盐有磷酸二氢钾、磷酸氢二钾及其钠盐。

硫是含硫氨基酸(半胱氨酸、甲硫氨酸等)维生素的成分,含硫的谷胱甘肽可调节胞内氧化还原电位。硫也是某些产物的组成元素。硫元素占青霉素分子量的9%,占头孢菌素 C 分子量的15%。常加入化合物的形式为 Na_2SO_4、$Na_2S_2O_3$、$MgSO_4$ 和 $(NH_4)_2SO_4$。

铁是菌体的细胞色素、细胞色素氧化酶和过氧化酶的组成元素,是菌体生命活动必需的元素之一。但在发酵培养基中铁离子的含量对多种代谢产物生物合成有较大的影响,如青霉素发酵中,发酵培养基中$[Fe^{2+}]$为$6\mu g/ml$ 时,青霉素产量下降30%;当$[Fe^{2+}]$达$300\mu g/ml$ 时,产量下降90%。在四环素、麦迪霉素等发酵中,高浓度 Fe^{2+} 都显示较强的抑制作用,抗生素产量显著下降。因此,铁制发酵罐在正式投产之前,需用稀硫酸铵或稀硫酸溶液预处理几次,再用未接种的培养基运转几批,进一步去除罐壁上铁离子,然后才能正式投入生产,常用化合物形式是 $FeSO_4$。

锌、镁、钴等是某些酶的辅酶或激活剂。微量的锌对青霉素发酵有促进作用,过量时呈现抑制作用。锌是链霉素发酵的必需元素,微量的锌能促进菌体生长和链霉素的生物合成。镁除能激活一些酶的活性之外,还能提高卡那霉素、新霉素、链霉素的产生菌对自身产物的耐受性。其机制是镁离子能促进结合于菌体上的抗生素向发酵液中的释放速度。钴是组成维生素 B_{12}的元素之一,维生素 B_{12}能促进微生物的一碳单位的代谢速度。许多产品生产时,培养基中都要加入一定量的钴($0.1\sim10\mu g/ml$),有刺激产物合成的作用。如庆大霉素发酵培养基中加入一定量的氯化钴($4\sim8\mu g/ml$),不仅能延长发酵周期,还能使抗生素的产量成倍地增加。常用的化合物形式是 $ZnSO_4$ 和 $CoCl_2$。

钠、钾、钙虽不是微生物细胞的构成成分,但仍是微生物代谢中不可缺少的无机元素。钠有维持细胞渗透压的功能,但含量高时对细胞生命活动有一定的影响。钾离子能影响细胞膜的透性。钙离子有调节细胞透性的作用,还能调节培养液中的磷酸盐含量。工业生产中应用的是轻质碳酸钙,它难溶于水,几乎呈中性,能调节发酵液中的pH。常用化合物形式为 $CaCl_2$、$CaCO_3$。

4. 水　水是菌体生长所必不可少的,它构成培养基的主要组成成分。水在细胞中的生理功能主要有:①起到溶剂与运输介质的作用,营养物质的吸收与代谢产物的分泌必须以水为介质才能完成;②参与细胞内一系列化学反应;③维持蛋白质、核酸等生物大分子稳定的天然构象;④因为水的比热高,是热的良好导体,能有效地吸收代谢过程中产生的热并及时地将热迅速散发出体外,进而有效地控制细胞内温度的变化;⑤保持充足的水分是细胞维持自身正常形态的重要因素;⑥微生物通过水合作用与脱水作用控制由多亚基组成的结构,如酶、微管、鞭毛及病毒颗粒的组装与解离。

生产中使用的水有深井水、自来水、地表水。水质要定期检测。

5. 前体　前体是指在产物的生物合成过程中,被菌体直接用于产物合成而自身结构无显著改变的物质。培养基加入前体后,可明显提高产品产量和主要组分含量。如青霉素发酵培养基中加入苯乙酸或苯乙酰胺,不仅可以提高青霉素 G 的含量比例(可达青霉素总产量的99%以上),还能提高青霉素的总产量。但是培养基中前体物质浓度超过一定量时,对菌体的生长显示毒副作用。注意控制前体的加入量和加入方式,或通过筛选抗前体及前体结构类似物突变株来解除前体的毒副作用。

前体分为内源性前体和外源性前体。内源性前体是指菌体自身能合成的物质，如合成青霉素分子的缬氨酸和半胱氨酸。外源性前体是指菌体不能合成或合成量很少，必须在发酵过程中加入的物质，如合成青霉素 G 的苯乙酸、合成青霉素 V 的苯氧乙酸、合成红霉素大环内酯环的丙酸盐等。这些外源性前体是培养基的组成成分之一。

（二）培养基的种类与选择

1. 培养基的种类　发酵工业中应用的培养基种类较多。按培养基的组成成分可分为合成培养基和复合培养基（亦称有机培养基或天然培养基）。由已知组成成分的各种营养物质组合的培养基为合成培养基，主要用于科学研究；由一些组成成分不完全明确的天然产物如黄豆（饼）粉等与一些无机盐组合的培养基为复合培养基（有时也称半合成培养基），用于工业生产。按培养基的形态可分为固体培养基、液体培养基和半固体培养基。大多数品种采用液体培养基用于发酵生产。建立在含固形物、黏度较大的液体培养基基础上发展起来的液体（固形成分液化）培养基，也可用于发酵生产。这种液体培养基无固形物、黏度小，利于氧的溶解和传递，对发酵温度等参数的控制十分有利。依据在生产中的用途（或作用），又可将大生产上应用的培养基分成孢子培养基、种子培养基和发酵培养基等。这里主要介绍对发酵生产影响较大的孢子培养基、种子培养基和发酵培养基。

（1）孢子培养基：孢子培养基是供制备孢子用的。要求此种培养基能使孢子迅速发芽和生长，能形成大量的优质孢子，但不引起菌种变异。一般地说，孢子培养基中的基质浓度（特别是有机氮源）要低些，否则影响孢子的形成，如链霉素产生菌灰色链霉菌在葡萄糖、盐类、硝酸盐的培养基上生长良好，并能形成丰富的孢子，如果加入 0.5%以上酵母膏或酪蛋白氨基酸，就完全不生长孢子。无机盐的浓度要适量，否则影响孢子的数量和质量。孢子培养基的组成因菌种不同而异。生产中常用的孢子培养基有麸皮培养基，大（小）米培养基，以及由葡萄糖（或淀粉）、无机盐、蛋白胨等配制的琼脂斜面培养基等。所选用的各种原材料的质量要稳定。

（2）种子培养基：种子培养基是供孢子发芽和菌体生长繁殖用的。营养成分应是易被菌体吸收利用的，同时要比较丰富与完整，其中氮源和维生素的含量应略高些，但总浓度以略稀薄为宜，以便菌体的生长繁殖。常用的原材料有葡萄糖、糊精、蛋白胨、玉米浆、酵母粉、硫酸铵、尿素、硫酸镁、磷酸盐等。培养基的组成随菌种而改变。发酵中种子质量对发酵水平的影响很大，为使培养的种子能较快地适应发酵罐内的环境，在设计种子培养基时要考虑与发酵培养基组成的内在联系。

（3）发酵培养基：发酵培养基是供菌体生长繁殖和合成大量代谢产物用的。要求此种培养基的组成应丰富完整，营养成分浓度和黏度适中，利于菌体的生长，进而合成大量的代谢产物。发酵培养基的组成要考虑局部菌体在发酵过程中的各种生化代谢的协调，在产物合成期，使发酵液 pH 不出现大的波动。采用的原材料质量相对稳定，同时应不影响产品的分离精制，不影响产品的质量。

2. 培养基的选择　培养基的组分（包括这些组分的来源和加工方法）、配比、缓冲液、黏度、消毒是否容易彻底、消毒后营养破坏程度及原料中杂质的含量都对菌体生长和产物形成有影响，因此，发酵培养基成分和配比的选择有重要意义。

药物生产所使用的培养基大多来源于实践研究和生产实践所取得的结果。目前还不能完全从生化反应的基本原理来推断和计算出某一菌种的培养基配方。在考虑培养基总体要求时,首先要注意快速利用的碳(氮)源和慢速利用的碳(氮)源的相互配合,发挥各自的优势,避其所短。其次选用适当的碳氮比。培养基中的碳氮比的影响十分明显。氮源过多,会使菌种生长过于旺盛,pH 偏高,不利于代谢产物的积累;氮源不足,则菌体繁殖少,从而影响产量。碳源过多,容易形成较低的 pH;碳源不足,易引起菌体衰老和自溶。确定了基础发酵培养配比后,还要进一步研究中间补料的成分和配比。

(三) 影响培养基质量的因素

在工业发酵过程中,常出现生产水平大幅度波动或菌体代谢异常等现象。产生这些现象的原因很多,如种子质量不稳定、发酵工艺条件控制得不严格、培养基质量变化等。引起培养基质量变化的因素也较多,如原材料品种和质量、培养基的配制工艺、灭菌操作等。

1. 原材料质量的影响　工业发酵中用于配制培养基的原材料品种较多,有化学成分单一的无机盐,有成分复杂、质量不太稳定的天然化合物,这些化合物的来源多样,有的是农牧业的副产品,有的是工业生产副产物。由于它们的来源广,加工方法不同,制备出来的培养基质量是不稳定的。培养基中应用的各种原材料,不管用量多少,只要是质量不符合生产要求的,都能影响生产水平。

 难 点 释 疑

有机氮源的原材料质量是引起生产水平波动的主要因素之一。

引起有机氮源质量变化的原因主要是加工用的原材料品种、产地、加工方法和贮存条件。如抗生素发酵中常用的黄豆饼粉,我国东北产的大豆加工制备的黄豆饼粉质量较好,这主要是此种大豆中硫氨基酸的含量较高,有的含量达 4.0% 以上。此外,黄豆饼粉质量还受到加工方法的影响,热榨黄豆饼粉和冷榨黄豆饼粉对发酵生产影响是不同的。生产中使用的棉籽饼粉是不含棉酚或含低量棉酚的氮源,是一种值得推广的有机氮源。

 案 例 分 析

案例

玉米浆。

分析

玉米浆是常用的有机氮源,对许多品种的发酵水平有显著影响。

玉米浆是用亚硫酸浸泡玉米的水经过浓缩加工制成的,呈鲜黄至暗褐色,为不透明的絮状悬浮物。由于玉米产地不同,浸渍工艺不同(特别是浸渍时各种微生物的发酵作用),玉米浆质量是不同的。玉米浆中磷含量(一般在 0.11%~0.40%)对某些抗生素发酵影响亦很大。

生产中对有机氮源的品种和质量必须十分重视,在质量检测中,要监测各种有机氮源中的蛋白质、磷、脂肪和水分的含量,注意酸价变化。同时重视它们的贮藏温度和时间,保证不发生霉变和虫蛀。

培养基常用的蛋白胨有肉胨、血胨、骨胨、鱼胨、植物胨等。由于制备蛋白胨使用的原材料和加工方法的不同,每种蛋白胨中所含的氨基酸品种和含量、磷含量都有较大差异,质量难以控制。

碳源对发酵的影响虽不如氮源的影响显著,但由于质量的差异也能引起发酵水平的波动。采用不同的原料、产地、加工方法制备的淀粉、葡萄糖和乳糖等产品,其质量是不同的。如不同产地的乳糖,其中的含氮化合物不同,能引起灰黄霉素发酵水平的波动。又如生产中常用的固形葡萄糖与淀粉葡萄糖(淀粉水解液)中糖的种类和杂质含量是不同的,见表2-5。若用蛋白质含量高(0.6%)的淀粉制备葡萄糖的结晶母液作碳源时,常出现发酵前期泡沫增多,通气效果下降,导致异常发酵。酸法制备葡萄糖的结晶母液中含有5-羟甲基糠醛等物质,它们对微生物代谢有毒副作用,其中含有的某些金属盐类也影响微生物的生长和产物的合成。

表2-5　两种葡萄糖的组成(%)

成分	固形葡萄糖	淀粉葡萄糖	成分	固形葡萄糖	淀粉葡萄糖
干物质	91.00	61.00	麦芽糖	0.0	10.00
糖类	100.00	99.00	糊精	0.0	22.00
葡萄糖(糖类的%)	100.00	65.00	灰分	0.02	1.00
D-果糖	0.0	3.00			

油脂的品种很多,用于工业发酵的有豆油、玉米油、米糠油和杂鱼油等。它们的质量差异较大,特别是杂鱼油的成分复杂。油脂贮藏的条件和时间常是影响其质量的因素,如果贮藏的温度高、时间长,就可能产生一些对微生物代谢有毒副作用的降解产物。

培养基中所使用的无机盐(如碳酸钙、磷酸盐)和前体物(如苯乙酸)等化学物质其组成明确,有一定的质量规格,较易控制。但有的化学物质,由于杂质含量变化,对生产水平也有影响,如碳酸钙中的氧化钙含量高时,就显著影响培养基的 pH 和磷酸盐的含量,对生产是不利的。

综上所述,各种原材料的质量都能影响培养基的质量。因此,在科研和工业生产中,为了稳定生产水平与提高产量和产品质量,对所采用的全部原材料的质量要按质量标准严格检测。在改换原材料品种时,必须先行小试,甚至中试,不符合质量标准或生产工艺要求的原材料不能随意用于生产。

2. 水质的影响　水是构成培养基的主要原材料之一。水的质量对许多产品的生产有较大的影响。大生产中使用的水有深井水、自来水、地表水和蒸馏水。水中含有的无机离子和有机物的含量是不同的。水中无机离子和其他杂质的含量与环境条件相关。深井水的水质因地质结构、井的深度、采水季节等的不同而异。地表水的水质与环境污染程度密切相关,同时受到季节的影响。所以,生产中对所采用的水的质量应定期检测,地表水应该经过适当的处理之后方可使用。

有的品种生产中,为了避免水质的影响,采用加入一定量的某些无机盐(如磷酸铵等)的蒸馏水配制孢子培养基。

3. 灭菌的影响　工业发酵中,都采用饱和蒸汽灭菌方法杀灭培养基中的有机体。在灭菌过程中,注意保证蒸汽质量和蒸汽压力。培养基在高温、高压条件下,其营养成分能产生降解或某些化学反应,蒸汽压力愈大或灭菌时间愈长,营养成分破坏得愈多,同时某些营养成分之间的化学反应愈强。这一系列作用均能使菌体需要的营养成分减少,同时产生某些对微生物代谢有毒副作用的物质,从而影响菌体的生长及某些代谢作用。

糖类在高温条件下易被破坏,特别是还原糖与氨基酸、肽类或蛋白质等有机氮源一起加热时,更容易产生化学反应,形成 5-羟甲基糖醛和棕色的类黑精。氨基酸在反应中起着催化作用,大大加速葡萄糖的降解反应速度。赖氨酸最容易与糖类产生化学反应,形成棕色物质。糖类还能与磷酸盐发生络合反应,形成棕色色素。上述的色素物质都是大分子化合物,轻者引起微生物代谢途径的改变,重者能影响菌体的生长繁殖。为了避免糖类与其他成分在灭菌过程中互相接触,在生产中将糖与其他成分分别灭菌,既可减少糖类的损失,又可大大减少有色物质的形成,保证培养基的灭菌质量。如青霉素发酵,将发酵培养基中的糖类与其他成分分别灭菌,获得的青霉素比糖与其他成分混合一起灭菌的培养基的产量平均提高 10%。这表明改进培养基的灭菌工艺可以保证培养基的灭菌质量,有利于产生菌的生长和代谢产物的生物合成。

灭菌过程中,培养基中的无机盐之间也可能产生化学反应。磷酸盐、碳酸盐与某些钙、镁、铁等阳离子结合形成难溶性复合物而产生沉淀,使培养基中的可溶性无机磷浓度降低、碳酸盐的缓冲作用及钙离子的浓度降低。可加入螯合剂,常用的螯合剂为乙二胺四乙酸(EDTA),或可以将含钙、镁、铁等离子的成分与磷酸盐、碳酸盐分别进行灭菌,然后再混合,避免形成沉淀。

在配制培养基过程中,泡沫的存在对灭菌处理极为不利。因为泡沫中的空气形成隔热层,使泡沫中的微生物难以被杀死。所以,在培养基中加入消沫剂以减少泡沫的产生,或采取适当提高灭菌温度、延长灭菌时间等措施,以保证培养基的灭菌质量。

原材料的颗粒度也影响培养基灭菌质量,颗粒度太大,会产生培养基灭菌不完全的现象。因此,工业生产上对原材料的颗粒度有要求。

4. pH 的影响　培养基的 pH 对微生物的生长和代谢产物的合成有较大的影响。在配制培养基时,为使培养基灭菌后的 pH 适于菌体生长,有时在灭菌前用酸或碱予以调整。如果培养基的配比不合适,出现 pH 偏低或偏高,在灭菌过程中有可能加速营养成分的破坏。因此,确定培养基 pH 时,应以改变营养物质的浓度比例,尤其是生理酸性物质或生理碱性物质的用量来调节培养基的 pH 为主,用酸碱调节为辅。

另外,在培养基中还可加入 pH 缓冲剂,如 K_2HPO_4 和 KH_2PO_4 组成的混合物、$CaCO_3$ 等来进行调节。培养基中存在的一些天然的缓冲系统,如氨基酸、肽、蛋白质都属于两性物质,也可起到缓冲剂的作用。

5. 其他影响因素　培养基的黏度对发酵水平有一定的影响。如果采用淀粉、黄豆饼粉、玉米粉、花生饼粉等物质配制的培养基,由于固形颗粒的存在,加上黏度的增加,都能影响其灭菌质量。另外,还对发酵参数控制和产品的分离精制都有影响。因此,培养基中固体成分液化,制成液体培养基,是保证培养基灭菌质量、提高生产水平的有效途径之一。

一些人为因素,如投错料、计算错误等均可导致培养基质量下降,影响生产。

上述介绍的影响培养基质量的因素也是要控制的因素。为了保证发酵过程中培养基的质量,应合理地控制原材料质量、灭菌质量、水的质量、pH、黏度等,并进行规范操作。

课 堂 活 动

1. 培养基有哪些主要成分? 各有什么作用?
2. 如何选择培养基?

二、灭菌操作技术

绝大多数工业发酵是需氧的纯种发酵,因此,所使用的培养基、发酵设备及其附属设备,以及通入罐内的空气均须彻底除菌,这是防止发酵过程染菌、确保正常生产的关键。灭菌是发酵生产极其重要的一个环节。如果发酵中污染了杂菌,不只是杂菌消耗了营养物质,更重要的是杂菌能产生分泌一些有毒副作用的物质和某些酶类,它们或抑制生产菌株生长,或严重改变培养液性质,或抑制产物生物合成,或破坏所需代谢产物等。轻者影响产量,重者导致"全军覆没"。所以工业发酵中杂菌污染是极大的威胁,我们必须认真做好培养基、发酵设备、管道与附属设备的灭菌、空气除菌,严格控制生产操作的各个环节,杜绝杂菌污染。

(一)灭菌原理和灭菌操作

灭菌是指用化学的或物理学的方法杀灭或除掉物料或设备中所有有生命的有机体的技术或工艺过程。工业生产中常用的灭菌方法可归纳为4种:化学物质灭菌、辐射灭菌、过滤介质除菌和热灭菌(包括干热灭菌和湿热灭菌)等。前3种方法在微生物学中已有详细论述,这里不再叙述。

湿热灭菌是指直接用蒸汽冷凝时释放大量潜热,并具有强大的穿透力,在高温和水存在时,微生物细胞中的蛋白质极易发生不可逆的凝固性变化,致使微生物在短期内死亡。由于湿热灭菌有经济和快速等特点,因此被广泛应用于工业生产中。

用湿热灭菌方法对培养基灭菌时,加热的温度与时间对微生物死亡和营养成分的破坏均有作用。试验结果表明,在高压加热的条件下,氨基酸和维生素等生长因子极易被破坏。因而选择一种既能达到灭菌要求又能减少营养成分被破坏的温度和受热时间,是研究培养基灭菌质量的重要内容。在湿热灭菌过程中由于微生物死亡的速度随着温度的升高较培养基成分破坏的速度更为显著,因此,在灭菌时选择较高的温度,采用较短的时间,以减少培养基的破坏,这就是通常所说的"高温快速灭菌法"。

目前生产用培养基和有关设备的灭菌仍较广泛地采用湿热灭菌的方式。灭菌的具体内容包括实罐灭菌(实消)、空罐灭菌(空消)、连续灭菌(连消)、空气过滤器灭菌、发酵罐附属设备及管路的灭菌。

知 识 链 接

湿热灭菌温度的选择是生产用培养基和有关设备灭菌的重要一环。

在湿热灭菌过程中微生物的死亡和培养基成分的破坏是同时出现,并且随温度上升而加剧,其中微生物死亡的加剧更为显著,而培养基的破坏速度增长较慢。因此,在灭菌时可以选择较高温度采用短的灭菌时间以减少培养基成分的破坏,这就是通常所说的"高温快速灭菌法"。

连续灭菌一般控制温度为 125～140℃,蒸汽压力需 $(4～5)×10^5Pa$(表压),时间 5～10 分钟;实罐灭菌一般控制温度 120～125℃,蒸汽压力需 $4×10^5Pa$(表压),时间 20～30 分钟。

(二) 无菌检查与染菌的处理

为了防止在种子培养或发酵过程中污染杂菌,在接种前后,种子培养过程及发酵过程中,应分别进行无菌检查,以便及时发现染菌后能够及时进行必要处理。

1. 无菌检查　染菌通常通过 3 个途径可以发现:无菌试验、发酵液直接镜检和发酵液的生化分析。其中无菌试验是判断染菌的主要依据。

2. 染菌的判断　以无菌试验中的酚红肉汤培养基和双碟培养的反应为主,以镜检为辅。每个无菌样品的无菌试验,至少用 2 只双碟同时取样培养。要定量或用接种环蘸取法取样,不宜从发酵罐直接取样。因取样量不同,会影响颜色反应和浑浊程度的观察,或双碟上连续 3 次取样时样品长出杂菌,即判断为染菌。有时酚红肉汤反应不明显,要结合镜检确认,连续 3 次取样时样品染菌,即判断为染菌。各级种子罐的染菌判断也参照上述规定。

对肉汤和无菌平板的观察及保存期的规定,发酵培养基灭菌应取无菌样,以后每隔 8 小时取无菌样 1 次,直至放罐。无菌试验的肉汤和双碟应保存观察至本批罐放罐后 12 小时,确认为无菌污染后方可弃去。无菌检查时间每隔 6 小时观察 1 次无菌试验样品,以便能及早发现染菌。为了加速杂菌的生长,特别是对中、小罐染菌情况的及时判断,可加入赤霉素、对氨基苯甲酸等生长促进剂,以促进杂菌的生长。

3. 染菌的防治技术

(1)污染杂菌的处理:种子罐染菌后,管内种子不能再接入发酵罐中。为了保证发酵罐按正常作业计划运转,可从备用种子中选择生长正常无染菌的种子移入发酵罐中。如无备用种子,则可选择一个适当培养龄的发酵罐内的培养物作为种子,移入新鲜培养基中,即生产上称为"倒种"。倒出罐培养龄的选择,要注意选择生产生菌的菌丝质量,以保证倒入罐的正常生产,同时也要考虑到对倒出罐是否有影响。

发酵染菌后,可根据具体情况采取措施。发酵前期染菌,污染的杂菌对产生菌的危害性很大,可通入蒸汽灭菌后放掉;如果危害性不大,可用重新灭菌、重新接种的方式处理,如果营养成分消耗较多,可放掉部分培养液,补入部分新培养基后进行灭菌,重新接种;如果污染的杂菌量少且生长缓慢,可以继续运转下去,但是时刻注意杂菌数量和代谢的变化。在发酵后期染菌,可加入适量的杀菌剂如呋喃西林或某些抗生素,以抑制杂菌的生长;也可降低培养温度或控制补料量来控制杂菌的生长速度。如果采用上述两种措施仍不见效,就要考虑提前放罐。当然最根本的还是严格管理为好。

染菌后的罐体用甲醛等化学物质处理,再用蒸汽灭菌。在再次投料之前,要彻底清洗罐体、附件,同时进行严格检查,以防渗漏。

(2)污染噬菌体的发现与处理:发酵生产中出现噬菌体往往会造成倒灌。一般噬菌体污染后往往出现发酵液突然变稀,泡沫增多,早期镜检发现菌体染色不均匀,在较短时间内菌体大量自溶,最后仅残存菌丝断片,平皿培养出现典型的噬菌斑,溶氧浓度回升提前,营养成分很少消耗,产物合成停止等现象。

发酵过程中污染噬菌体后,通常采用下列方法处理:发酵液经加热灭菌后再放罐,严格控制培养基液的流失;清理生产环境,清除噬菌体载体;生产环境用含氯石灰、苯扎溴铵等灭菌;调换生产菌种;暂时停产,断绝噬菌体繁殖的基础,车间可用甲醛消毒,停产时间生产环境以不再出现噬菌体为准;最积极的解决办法是选育抗噬菌体的新菌种,常常是用自然变异或强烈诱变因素处理,选育出具有抗噬菌体能力、而生产能力不低于原亲株的菌种。

上述噬菌现象是对烈性噬菌体而言。此外,还有一种噬菌体称为温和噬菌体,危害也很严重。

(3)防止染菌的措施:根据抗生素发酵染菌原因的统计资料可知,设备穿孔和渗漏等造成的染菌占第1位,空气净化系统也是导致染菌的主要因素。

防止净化系统带菌的主要措施有提高空气进口的空气洁净度,除尽压缩空气中夹带的油和水,保持过滤介质的除菌效率。要定期检查更换空气过滤器过滤介质,使用过程中要经常排放油水。

对设备的要求是发酵罐及其附属设备应做到无渗漏、无死角。凡与物料、空气、下水道连接的管件都应保证严密不漏,蛇形管和夹套应定期试漏。

另外,应重视蒸汽质量,严格控制蒸汽中的含水量,灭菌过程中蒸汽压力不可以大幅度地波动。

从工艺上看,发酵罐放罐后应进行全面检查和清洗。要清理罐内残渣,去除罐壁上的污垢,清除空气分布管、温度计套管等处堆积的污垢及罐内死角。空罐灭菌时应注意先将罐内空气排尽,灭菌时要保持蒸汽畅通,使有关阀门、管道彻底灭菌。要防止端面轴封漏气、注意搅拌填料箱等,蛇形管和夹套要按设计规定的压力定期试压。实罐灭菌时,配制培养基要注意防止原料结块。在配料罐出口处应装有筛板过滤器,以防止培养基中的块状物及异物进入罐内。连续灭菌设备要定期检查。灭菌时料液进入连消塔前必须先预热。灭菌中要确保料液的温度及其在维持罐中停留的时间都必须符合灭菌的要求。黏稠的培养基的连续灭菌,必须降低料液的输送速度及防止冷却时堵塞冷却管。在许可的条件下应尽量使用液体培养基或稀薄的培养基。发酵过程中加入发酵罐的物料一定要保证无菌才能进罐。种子培养基应严格按操作规程执行,认真进行无菌试验,严格卫生制度等。

三、微生物发酵的3种主要操作方式

微生物发酵过程一般有3种操作方式:分批发酵、补料分批发酵和连续发酵。

1. 分批发酵　分批发酵是一种准封闭式系统,种子接种到培养基后除了气体流通外发酵液始终留在反应器内。分批发酵对象的不同,掌握工艺的重点也不同。对产物

为细胞本身,可采用能支持最高生长量的培养条件;对产物为初级代谢产物,可设法延长与产物关联的对数生长期,对次级代谢物的生产,可缩短对数生长期,延长生产期,从而使次级代谢产物更早形成。

分批发酵在工业生产上仍有重要地位。采用分批发酵有技术和生物上的理由,即操作简单、周期短、染菌的机会少和生产过程、产品质量易掌握。但分批发酵不适合用于测定其过程动力学,存在基质抑制问题。如对基质浓度敏感的产物,或次级代谢物、抗生素,用分批发酵不适合,因其周期较短,一般在 1~2 天,产率较低。这主要是由于养分的耗竭,无法维持下去。据此,发展了补料分批发酵。

2. 补料分批发酵 补料分批发酵是在分批发酵过程中补入新鲜的料液,以克服由于养分的不足,导致发酵过早结束,由于只有料液的输入,没有输出,因此,发酵液的体积在增加。补料分批发酵比分批发酵具有更多的优越性,因而在实际的发酵生产过程中得到了广泛的应用。由于在分批补料发酵中,可以将基础培养基中的某些营养物质,特别是一些对产物合成有抑制或阻遏作用的营养物质的用量减少,而将减少的那部分营养物以补料的方式逐渐补入,因而就避免了高浓度营养物对代谢产物,特别是对次级代谢产物合成的抑制作用。此外,通过分批补料发酵还可以有效地控制菌体的浓度和黏度,延长发酵周期,提高溶解氧水平,进而有效地提高产物的发酵产量。

3. 连续发酵 连续发酵是发酵过程中一边补入新鲜的料液,一边以相近的流速放料,维持发酵液原来的体积。连续发酵在产率、生产的稳定性和易于实现自动化方面比分批发酵优越,但污染杂菌概率和菌种退化的可能性增加,故目前在实际生产中应用得还较少。

四、发酵过程中的主要参数及控制

在微生物发酵过程中,由于生物体的变化有着许多不确定性,并受着许多环境条件的影响,因而发酵过程是一个十分复杂的生物化学反应过程,其控制过程也比较困难,特别是对抗生素等次级代谢产物的发酵控制,就更为困难。在发酵过程中,微生物细胞内同时进行着上千种不同的生化反应,并受到各种各样的调控机制的影响,它们之间相互促进,又相互制约,如果某个反应受阻,就可能影响整个代谢变化。此时,营养因素及培养环境因素微小的变化都会改变微生物的代谢途径,使生产力受到明显的影响。为了使发酵生产能够得到最佳效果,需要采用不同的方法来测定与发酵条件和内在代谢变化有关的各种参数,以了解产生菌对环境条件的要求和菌体的代谢变化规律,并根据各个参数的变化情况,结合代谢调控的基础理论,有效地控制发酵,使产生菌的代谢变化沿着人们所需要的方向进行,以达到预期的生产水平。因此,我们必须了解与发酵有关的参数及其对发酵过程的影响,进而更好地对发酵过程加以调节和控制。

(一)发酵过程的主要控制参数

1. 温度(℃) 是指整个发酵过程或不同阶段中所维持的温度。它的高低与发酵过程中酶反应速率、氧在培养液中的溶解度和传递速率、菌体生长速率和产物合成速率等有密切关系。

2. 压力(Pa) 这是发酵过程中发酵罐维持的压力。罐内维持正压可以防止外界空气中的杂菌侵入,以保证纯种的培养。同时罐压的高低还与氧和 CO_2 在培养液中的溶解度有关,间接影响菌体的代谢。罐压一般维持在表压 0.02~0.05 MPa(0.2~0.5 个大气压)。

3. 空气流量[V/(V·min)]　是指每分钟内每单位体积发酵液通入空气的体积,它是需氧发酵中重要的控制参数之一。它的大小与氧的传递和其他控制参数有关。一般控制在0.5~1.5V/(V·min)范围。

4. 黏度(Pa·s)　黏度大小可以作为细胞生长或细胞形态的一项标志,也能反映发酵罐中菌丝分裂过程的情况。它的大小可影响氧传递的阻力,也可反映相对菌体浓度。

5. pH(酸碱度)　发酵液的pH是发酵过程中各种产酸和产碱的生化反应的综合结果。它是发酵工艺控制的重要参数之一。它的高低与菌体生长和产物合成有着重要的关系。

6. 基质浓度(g%或mg%)　是指发酵液中糖、氮磷等重要营养物质的浓度。它们的变化对产生菌的代谢产物量的生长和产物的合成有重要影响,也是提高代谢产物量的重要控制手段,因此,在发酵过程中必须定时测定糖(还原糖和总糖)、氮(氨基氮或胺氮)等基质的浓度。

7. 溶解氧浓度(mmol/L、mg/L、饱和度%)　溶解氧是需氧微生物发酵的必备条件,利用溶解氧的浓度变化,可了解产生菌对氧的利用规律,反映发酵的异常情况,也可作为发酵中间控制的参数及设备供氧能力的指标。溶氧浓度一般用绝对含量(mmol/L、mg/L)来表示,有时也用培养液中的溶氧浓度与在相同条件下未接种前培养基中饱和氧浓度比值的百分数(%)来表示。

8. 产物浓度(μg/ml)　这是发酵产物产量高低或生物合成代谢正常与否的重要参数,也是决定发酵周期长短的根据。

9. 菌体浓度　菌体浓度是控制微生物发酵过程的主要参数之一,特别是对抗生素等次级代谢产物的发酵控制。菌体量的大小和变化速度对菌体合成产物的生化反应都有重要的影响,因此测定菌体浓度具有重要意义。菌体浓度与培养液的表观黏度有关,间接影响发酵液的溶氧浓度。在生产上,常常根据菌体浓度来决定适合的补料量和供氧量,以保证生产达到预期的水平。

(二)基质对发酵的影响及补料的控制

微生物的生长发育和合成代谢产物需要吸收营养物质。发酵培养基中营养物质的种类与含量对发酵过程有着重要的影响。营养物质是产生菌代谢的物质基础,既涉及菌体的生长繁殖,又涉及代谢产物的形成。此外,它们还参与了许多代谢调控过程,因而也影响产物的形成。所以选择适当的基质(即营养物质)和控制适当的浓度,是提高发酵产物产量的重要途径。

1. 碳源的影响和控制　按被菌体利用的速度不同,碳源可分为迅速利用的碳源和缓慢利用的碳源。前者能较迅速地参与代谢、合成菌体和产生能量,并产生分解产物(如酮酸等),因此有利于菌体生长。但迅速利用的碳源对很多产物的生物合成(特别是抗生素等次级代谢产物)产生阻遏作用。缓慢利用的碳源多数为聚合物(也有例外),可被菌体缓慢利用,有利于延长代谢产物的合成,特别有利于抗生素分泌期的延长。例如,乳糖、蔗糖、麦芽糖、糊精、饴糖、豆油、水解淀粉等分别是青霉素、头孢菌素C、盐霉素、红霉素、核黄素等发酵的最适碳源。因此选择最适碳源对提高代谢产物产量是很重要的。

在工业上,发酵培养经常采用含迅速和缓慢利用的混合碳源,就是根据这个原理来控制菌体的生长和产物的合成。此外,碳源的浓度对发酵也有明显的影响。由于营养过于丰富所引起的菌体异常繁殖,对菌体的代谢、产物的合成及氧的传递都会产生不良的影响。若碳源的用量过大,则产物的合成会受到明显的抑制;反之,仅仅供给维持量的碳源,菌体生长和产物合成就都会停止。因此,控制适当的碳源浓度对工业发酵是很重要的。

控制碳源的浓度可采用经验性方法和动力学法。前者是在发酵过程中采用中间补料的方法来控制。这要根据不同代谢类型来确定补糖时间、补糖量和补糖方式。动力学方法是要根据菌体的比生长速率、糖比消耗速率及产物的比生产速率等动力学参数来控制。

2. 氮源的影响和控制 如前所述,氮源分无机氮源和有机氮源两大类,它们对菌体代谢都能产生明显的影响。不同的种类与浓度都能影响产物合成的方向和产量。如谷氨酸发酵,当 NH_4^+ 供应不足时,使谷氨酸合成减少,α-酮戊二酸积累;过量的 NH_4^+ 反而促使谷氨酸转变为谷氨酰胺。控制适当量的 NH_4^+ 浓度,才能使谷氨酸产量达到最大。

氮源像碳源一样,也有迅速利用的氮源和缓慢利用的氮源。前者指的是氨基(或铵)态的氮如氨基酸(或硫酸铵等)和玉米浆等,后者指的是一些需要经过微生物胞酶的消化才能释放出氨基酸或 NH_4^+ 的营养物质如黄豆饼粉、花生饼粉、棉籽饼粉等。它们各有自己的作用特点,速效氮源容易被菌体所利用,促进菌体生长,但对某些代谢产物的合成,特别是对某些抗生素的生物合成产生抑制或阻遏作用,降低产量。

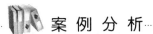 案 例 分 析

案例

竹桃霉素发酵。

分析

抗生素链霉菌的竹桃霉素发酵中,采用促进菌体生长的铵盐,能刺激菌丝生长,但抗生素产量明显下降。缓慢利用的氮源对延长次级代谢产物的分泌期,提高产物的产量是有好处的。但一次投入过多也容易促进菌体生长和养分过早耗尽,以致菌体过早衰老而自溶,从而缩短产物的分泌期。

综上所述,对微生物发酵来说,也要选择适当的氮源种类和浓度。

发酵培养基一般选用含有快速和慢速利用的混合氮源。如氨基酸发酵用铵盐(硫酸铵或乙酸铵)和黄豆饼粉水解物;链霉素发酵采用硫酸铵和黄豆饼粉。但也有的使用单一的铵盐或有机氮源(如黄豆饼粉),此时它们被利用的情况与快速或慢速利用的碳源情况相同。为了调节菌体生长和防止菌体衰老自溶,除了基础培养基中的氮源外,还要在发酵过程中补加氮源来控制其浓度。生产上采用的方法有:

(1)补加有机氮源:根据产生菌的代谢情况,可在发酵过程中添加某些具有调节生长代谢作用的有机氮源,如酵母粉、玉米浆、尿素等。如土霉素发酵中,补加玉米浆可提高发酵单位;青霉素发酵中,后期出现糖利用缓慢、菌浓降低、pH下降的现象,补加尿素

就可改善这种状况并可提高发酵单位;氨基酸发酵中,也可补加作为氮源和 pH 调节剂的尿素。

(2)补加无机氮源:补加氨水或硫酸铵是工业上常用的方法。氨水既可作为无机氮源,又可调节 pH。在抗生素发酵工业中,通氨是提高发酵产量的有效措施,如与其他条件相配合,有的抗生素的发酵单位可提高 50% 左右。当 pH 偏高而又需补氮时,就可补加生理酸性物质,如硫酸铵,以达到提高氮含量和调节 pH 的双重目的。还可补充其他无机氮源,但需根据发酵控制的要求来选择。

3. 磷酸盐的影响和控制 磷是微生物菌体生长繁殖所必需的成分,也是合成代谢产物所必需的。适合微生物生长的磷酸盐浓度为 0.3~300mmol,但适合次级代谢产物合成所需的浓度平均仅为 1.0mmol,提高到 10mmol 就明显地抑制其合成。相比之下,菌体生长所允许的浓度比次级代谢产物合成所允许的浓度就大得多,两者平均相差几十倍至几百倍。因此,控制磷酸盐浓度对微生物药物(特别是次级代谢产物)发酵来说是非常重要的。

磷酸盐浓度的控制主要是通过在基础培养基中采用适当的磷酸盐浓度。对于初级代谢产物发酵来说,其对磷酸盐浓度的要求不如次级代谢产物发酵那样严格。对抗生素发酵来说,常常采用生长亚适量(对菌体生长不是最适量但又是影响菌体生长的量)的磷酸盐浓度。其最适浓度取决于菌种特性条件、培养条件、培养基组成和来源等因素,即使同一种抗生素发酵,不同地区不同工厂所用的磷酸盐浓度也不一致,甚至相差很大。因此磷酸盐的最适浓度必须结合当地的具体条件和使用的原材料进行实验确定。培养基中的磷含量,还可能因配制方法和灭菌条件不同,引起磷含量的变化。

除上述主要基质外,还有其他的培养基成分影响发酵。如 Cu^{2+},在以乙酸盐为碳源的培养基中能促进谷氨酸产量的提高;Mn^{2+} 对芽孢杆菌合成肽等次级代谢产物具有特殊的作用,必须使用足够的浓度才能促进它们的合成。

(三)温度对发酵的影响及其控制

微生物的生长繁殖及合成代谢产物都需要在合适的温度下才能进行。发酵所用的菌体绝大多数是中温菌,如真菌、放线菌和一般细菌。它们的最适生长温度一般在 20~40℃。在发酵过程中,需要维持适当的温度,才能使菌体生长和代谢产物的生物合成顺利地进行。

1. 影响发酵温度变化的因素 在发酵过程中,由于整个发酵系统中不断有热能产生出来,同时又有热能的散失,因而引起发酵温度的变化。产热的因素有生物热和搅拌热;散热的因素有蒸发热、辐射热和湿热。这些就是发酵温度变化的主要因素。

2. 温度的控制 温度的变化对发酵过程的影响主要表现在两个方面:一方面影响各种酶反应的速率和蛋白质的性质。在一定范围内,随着温度的升高,酶反应速率也增加,但有一个最适温度,超过这个温度,酶的催化活力就下降。但温度对菌体生长的酶反应和代谢产物合成的酶反应的影响往往是不同的。

另一方面,温度还对发酵液的物理性质产生影响,如发酵液的黏度、基质和氧在发酵液中的溶解度与传递速率、某些基质的分解和吸收速率等,都受温度变化的影响,进而影响发酵的动力学特性和产物的生物合成。

最适发酵温度指的是既适合菌体的生长,又适合代谢产物合成的温度。但菌体生长的与产物合成的最适温度往往是不一致的。如初级代谢产物乳酸的发酵,乳酸链球菌的最适生长温度为34℃,而产酸最多的温度为30℃;次级代谢产物的发酵更是如此,如在2%乳糖、2%玉米浆和无机盐的培养基中对青霉素产生菌产黄青霉进行发酵研究,测得菌体的最适生长温度为30℃,而青霉素合成的最适温度仅为24.7℃。因此需要选择一个最适的发酵温度。

最适发酵温度还随菌种、培养基成分、培养条件和菌体生长阶段而改变。例如,在较差的通气条件下,由于氧的溶解度是随温度下降而升高的,因此降低发酵温度对发酵是有利的,因为低温可以提高氧的溶解度、降低菌体生长速率、减少氧的消耗量,从而可弥补通气条件差所带来的不足。培养基的成分和浓度对培养温度的确定也有影响,在使用易利用或较稀薄的培养基时,如果在高温发酵,营养物质往往代谢快,过早耗尽,最终导致菌体自溶,使代谢产物的产量下降。因此发酵温度的确定还与培养基的成分有密切的关系。

发酵温度的确定,从理论上讲整个发酵过程中不应只选一个培养温度,而应该根据发酵的不同阶段选择不同的培养温度。在生长阶段,应选择最适合菌体生长的温度;在产物合成阶段,应选择最适合产物合成的温度。这样的变温发酵所得产物的产量是比较理想的。

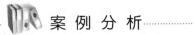 案 例 分 析

案例

变温发酵。

分析

试验青霉素变温发酵,其温度变化过程是起初 5 小时维持在 30℃,以后降到 25℃培养 35 小时,再降到 20℃培养 85 小时,最后又提高到 25℃培养 40 小时,放罐。在这样条件下所得青霉素产量比在 25℃恒温培养提高 14.7%。又如四环素发酵,在中、后期保持稍低的温度,可延长分泌期,放罐前的 24 小时培养温度提高 2~3℃,就能使最后这天的发酵单位增加率提高 50% 以上。这些都说明变温发酵产生的良好结果。

工业生产上,所用的大发酵罐在发酵过程中一般不需要加热,因发酵中释放了大量的发酵热,需要冷却的情况较多。利用自动控制或手动调整的阀门,将冷却水通入发酵罐的夹层或蛇形管中,通过热交换来降温,保持恒温发酵。如果气温较高(特别是我国南方的夏季气温),冷却水的温度又高,致使冷却效果很差,达不到预定的温度,就可采用冷冻盐水进行循环式降温,以迅速降到恒温。因此大的发酵厂需要建立冷冻站,以提高冷却能力,保证在正常温度下进行发酵。

(四) pH 对发酵的影响及其控制

1. pH 对发酵的影响　微生物菌体的生长、发育及代谢产物的合成不仅需要合适的温度,同时还需要在合适的 pH 条件下进行。发酵培养基的 pH 对微生物菌体的生长及产物的合成具有重要的影响,也是影响发酵过程中各种酶活性的重要因素。由于 pH 不当,可能严重影响菌体的生长和产物的合成。

在发酵过程中,影响发酵液 pH 变化的主要因素有菌种遗传特性、培养基的成分和培养条件。虽然菌体代谢过程中具有一定的调节周围 pH 的能力,但这种调节能力是有一定限度的。此外,培养基中营养物质的分解代谢也是引起 pH 变化的重要原因,发酵所用的碳源种类不同,pH 变化也不一样。

案例分析

案例

pH 对发酵的影响。

分析

在灰黄霉素发酵中,pH 的变化就与所用碳源种类有密切关系。如以乳糖为碳源,乳糖被缓慢利用,丙酮酸堆积很少,pH 维持在 6.0~7.0;如以葡萄糖为碳源,丙酮酸迅速积累,使 pH 下降到 3.6,发酵单位很低。此外,随着碳源物质浓度的增加,发酵液的 pH 有逐渐下降的趋势。如在庆大霉素的摇瓶发酵中,观察到随着发酵培养基中淀粉用量的增加,发酵终点的 pH 也逐渐下降。

2. 最适发酵 pH 的确定与 pH 控制　由于发酵液的 pH 变化乃是菌体产酸或产碱等生化代谢反应的综合结果,因此,对于同一菌种,生长最适 pH 可能与产物合成的最适 pH 是不一样的。如初级代谢产物丙酮丁醇发酵所采用的梭状芽孢杆菌,在 pH 中性时,菌种生长良好,但产物产量很低。实际发酵的最适 pH 为 5~6 时,代谢产物的产量才达到正常。次级代谢产物抗生素的发酵更是如此,链霉素产生菌生长的最适 pH 为 6.2~7.0,而合成链霉素的最适 pH 为 6.8~7.3。因此,应该按发酵过程的不同阶段分别控制不同的 pH 范围,使产物的产量达到最大。最适 pH 是根据实验结果来确定的,将发酵培养基调节成不同的出发 pH 进行发酵,在发酵过程中,定时测定和调节 pH,以分别维持出发 pH,或者利用缓冲液来配制培养基以维持一定 pH,到时观察菌体的生长情况,以菌体生长达到最大量的 pH 为菌体生长的最适 pH。以同样的方法,可测得产物合成的最适 pH。但同一产品的最适 pH,还与所用的菌种、培养基组成和培养条件有关。如合成青霉素的最适 pH,先后报道有 7.2~7.5、7.0 左右和 6.5~6.6 等不同 pH,产生这样的差异可能是由所用的菌株、培养基组成和发酵工艺不同引起的。在确定最适发酵 pH 时,还要考虑培养温度的影响,若温度提高或降低,最适 pH 也可能发生变动。

在确定了发酵各个阶段所需的最适 pH 之后,需要采用各种方法来控制,使发酵过程在预定的 pH 范围内进行。首先需要考虑和试验发酵培养基的基础配方,使它们有适当的配比,使发酵过程中的 pH 变化在合适的范围内。利用上述方法调节 pH 的能力是有限的,如果达不到要求,就可在发酵过程中直接补加酸、碱或补料的方式来控制,特别是补料效果比较明显。过去是直接加入酸(如 H_2SO_4)或碱(如 NaOH)来控制,但现在常用的是以生理酸性物质[如(NH_4)$_2SO_4$]或碱性物质氨水来控制。它们不仅可以调节 pH,还可以补充氮源。当发酵液的 pH 和氨氮含量都低时,补加氨水就可达到调节 pH 和补充氨氮的目的;反之,pH 较高,氨氮含量又低时,就应补加(NH_4)$_2SO_4$。

知 识 链 接

采用补料的方法来调节 pH

目前,已比较成功地采用补料的方法来调节 pH,如氨基酸发酵采用补加尿素的方法,特别是次级代谢产物抗生素发酵,更常用此法。这种方法既可以达到稳定 pH 的目的,又可以不断补充营养物质。特别是那些对产物合成有阻遏作用的营养物质,通过少量多次的补加可以避免它们对产物合成的阻遏作用,提高产物的产量。

(五)溶氧对发酵的影响及其控制

1. 溶氧对发酵的影响 工业发酵所用的微生物多数为需氧菌,少数为厌氧菌或兼性厌氧菌。对于需氧菌的发酵过程,发酵液中溶氧浓度的控制是重要的控制参数之一。氧在水中的溶解度很小,所以需要不断通气和搅拌才能满足溶氧的要求。

发酵液中溶解氧浓度的高低对菌体生长、产物的合成以及产物的性质都会产生不同的影响。如谷氨酸发酵,供氧不足时,谷氨酸积累就会明显降低,产生大量乳酸和琥珀酸;在天冬酰胺酶的发酵中,前期是好气培养,而后期转为厌气培养,酶的活力就能显著提高,掌握好转变时机,颇为重要。据实验研究,当溶氧浓度下降到 45%(相对饱和度)时,就从好气培养转为厌气培养,酶的活力可提高 6 倍,这就说明控制溶氧的重要性。对抗生素发酵来说,氧的供给就更为重要。如金霉素发酵,在菌体生长期短时间停止通气,就可能影响菌体在生产期的糖代谢途径,由 HMP 途径转向 EMP 途径,使金霉素合成的产量减少。金霉素 C_6 上的氧直接来源于溶解氧,所以溶解氧水平对菌体代谢和产物合成都有重要的影响。

从上所知,需氧发酵并不是溶氧愈高愈好。适当高的溶氧水平有利于菌体生长和产物合成;但溶氧太高有时反而抑制产物的形成。因此,为了正确控制溶解氧浓度,有必要考察每一种发酵产物的临界溶氧浓度和最适溶氧浓度,并使发酵过程保持在最适溶氧浓度。最适溶氧浓度的高低与菌种特性和产物合成的途径有关。

据报道,产黄青霉的青霉素发酵其临界溶氧浓度为 5%~10%,低于此值就会对青霉素合成带来不可逆的损失,时间愈长,损失愈大。而初级代谢的氨基酸发酵,需氧量的大小与氨基酸的合成途径密切相关。

2. 发酵过程的溶氧变化 发酵过程中,在一定的发酵条件下,每种产物发酵的溶氧浓度变化都有自身的规律。如谷氨酸和红霉素在发酵前期,产生菌大量繁殖,需氧量不断增加。此时的需氧量超过供氧量,使溶氧浓度迅速下降,出现一个低峰;产生菌的摄氧率同时出现一个高峰。过了生长阶段,进入产物合成期,需氧量有所减少,这个阶段溶氧水平相对比较稳定,但仍受发酵过程中补料、加消沫油等条件的影响。如补入糖后,发酵液的摄氧率就会增加,引起溶氧浓度下降,经过一段时间后又逐步回升并接近原来的溶解氧浓度;如继续补糖,又会继续下降,甚至降至临界溶氧浓度以下,而成为生产的限制因素。在发酵后期,由于菌体衰老,呼吸强度减弱,溶氧浓度也会逐步上升,一旦菌体自溶,溶氧浓度会更明显上升。在发酵过程中,有时出现溶氧浓度明显降低或明显升高的异常变化。其原因很多,但本质上都是由耗氧或供氧方面出现了变化所引起的氧的供需不平衡所致。

在发酵过程中引起溶氧异常下降可能有下列原因:①污染好气性杂菌,大量的溶氧被消耗掉,使溶氧在较短时间内下降到零附近,如果杂菌本身耗氧能力不强,溶氧变化就可能不明显;②菌体代谢发生异常现象,需氧要求增加,使溶氧下降;③某些设备或工艺控制发生故障或变化,也能引起溶氧下降,如搅拌功率消耗变小或搅拌速度变慢,影响供氧能力,使溶氧降低。又如消沫油因自动加油器失灵或人为加量过多,也会引起溶氧迅速下降。其他影响供氧的工艺操作,如停搅拌、闷罐(关闭排气阀)等,都会使溶氧发生异常变化。

引起溶氧异常升高的原因:在供氧条件没有发生变化的情况下,耗氧量的显著减少将导致溶氧异常升高。如菌体代谢出现异常,耗氧能力下降,使溶氧上升。特别是污染烈性噬菌体,影响最为明显,产生菌尚未裂解前呼吸已受到抑制,溶氧就明显上升;菌体破裂后完全失去呼吸能力,溶氧就直线上升。

由上可知,从发酵液中的溶解氧浓度的变化可以了解微生物生长代谢是否正常、工艺控制是否合理、设备供氧能力是否充足等问题,为查找发酵不正常的原因和控制好发酵生产提供依据。

3. 溶氧浓度的控制　发酵液中的溶氧浓度是由供氧和需氧两个方面所决定的。也就是说,在发酵过程中当供氧量大于需氧量时,溶氧浓度就上升;反之就下降。因此要控制好发酵液中的溶氧浓度,需从供氧和需氧这两个方面着手。

要提高供氧能力,主要是设法提高氧传递的推动力和液相体积氧传递系数 K_{La} 值。氧传递的推动力 $\Delta C(\Delta C = C^* - C_L)$ 主要受氧饱和度 C^* 的影响,而氧饱和度主要受温度、罐压及发酵液性质的影响。而这些参数在优化了的工艺条件下,已经很难改变。因此,提高 K_{La} 值主要靠改变与 K_{La} 有关的一些因素,如搅拌、通气及发酵液的黏度等。通过提高搅拌转速或通气流速,降低发酵液的黏度等来提高 K_{La} 值,从而提高供氧能力。但供氧量的大小还必须与需氧量相协调,也就是说要有适当的工艺条件来控制需氧量,使产生菌的需氧量不超过设备的供氧能力,从而使溶解氧浓度始终控制在临界溶氧浓度之上,使其不会成为产生菌生长和合成产物的限制因素。

 案 例 分 析

案例

青霉素发酵过程的控制。

分析

青霉素发酵过程中,就是通过控制补加葡萄糖的速率来控制菌体浓度,从而控制溶氧浓度。在自动化的青霉素发酵控制中,已利用敏感的溶氧电极来控制青霉素发酵,利用溶氧浓度的变化来自动控制补糖速率,并间接控制供氧速率和 pH,实现菌体生长、溶氧和 pH 三位一体的控制体系。

除控制补料速度外,在工业上还可采用调节发酵温度(降低培养温度可提高溶氧浓度)、液化培养基、中间补水、添加表面活性剂等工艺措施来改善溶氧水平。

(六)二氧化碳的影响及其控制

1. 二氧化碳对发酵的影响　在发酵过程中,微生物在吸入大量溶解氧的同时,还不断地排出 CO_2,所以 CO_2 是微生物在生长繁殖过程中产生的代谢产物,同时它也是合成某些代谢产物的基质。发酵液中 CO_2 的浓度对微生物生长和合成代谢产物具有刺激或抑制作用,如环状芽孢杆菌等的发芽孢子在开始生长(并非孢子发芽)时就需要 CO_2,人们将此现象称为 CO_2 效应。CO_2 还是大肠埃希菌和链孢霉变株的生长因子,有时需含30%的 CO_2 气体菌体才能生长。

通常,CO_2 对菌体生长有直接影响,用扫描电子显微镜观察 CO_2 对产黄青真菌生长形态的影响,发现菌丝形态随 CO_2 含量不同而改变,当 CO_2 含量在 $0 \sim 8\%$ 时菌丝主要呈丝状,上升到 $15\% \sim 22\%$ 时则呈膨胀、粗短的菌丝,CO_2 分压再提高到8kPa时,则出现球状或酵母状细胞,使青霉素合成受阻。

CO_2 对微生物发酵也有影响。如青霉素生产中,排气中 CO_2 浓度高于4%时,菌体的糖代谢和呼吸速率都下降。

2. CO_2 浓度的控制　CO_2 在发酵液中的浓度受到许多因素的影响,如菌体的呼吸强度、发酵液流变学特性、通气搅拌程度和外界压力大小等因素。设备规模大小也有影响,由于 CO_2 的溶解度随压力增加而增大,大发酵罐中的发酵液的静压可达 1×10^5 Pa以上,又处在正压发酵,致使罐底部压强可达 1.5×10^5 Pa,因此 CO_2 浓度增大,通气搅拌如不变,CO_2 就不易排出,在罐底形成碳酸,进而影响菌体的呼吸和产物的合成。为了控制 CO_2 的影响,必须考虑 CO_2 在培养液中的溶解度、温度和通气情况。在发酵过程中,如遇到泡沫上升而引起"逃液"时,采用增加罐压的方法来消泡,会增加 CO_2 的溶解度,对菌体生长是不利的。

控制 CO_2 浓度要根据它对发酵影响的情况而定,如果对产物合成有抑制作用,则应设法降低其浓度;若有促进作用,则应提高其浓度。通气和搅拌速率的大小,不但能调节发酵液中的溶解氧,还能调节 CO_2 的溶解度。在发酵罐中不断通入空气,既可保持溶解氧在临界值以上,又可随废气排出所产生的 CO_2,使之低于能产生抑制作用的浓度。因而通气搅拌也是控制 CO_2 浓度的一种方法。降低通气量和搅拌速率有利于增加 CO_2 在发酵液中的浓度,反之就会减小 CO_2 的浓度。

另外,CO_2 的产生还与补料工艺控制密切相关,如在青霉素发酵中,补料会增加排气中的 CO_2 浓度和降低培养液的 pH。因为补加的糖用于菌体生长、维持菌体代谢和青霉素合成3方面,它们都会产生 CO_2 使 CO_2 浓度增加。

(七)泡沫的影响及其控制

泡沫的控制是发酵控制中的一项重要内容。如果不能有效地控制发酵过程中产生的泡沫,将对生产造成严重的危害。

在大多数微生物发酵的过程中,由于培养基中有蛋白类表面活性剂存在,在通气条件下,培养液中就出现了泡沫。形成的泡沫有两种类型:一种是存在于发酵液表面上面的泡沫,也称为机械性泡沫。该泡沫气相所占的比例特别大,与液体有较明显的界限,如发酵前期的泡沫。另一种是发酵液中的泡沫,又称流态泡沫(fluid foam),分散在发酵液中,比较稳定,与液体之间无明显的界限。发酵过程中,起泡的方式一般认为有5种。

(1)整个发酵过程中,泡沫保持恒定的水平。

(2)发酵早期起泡后稳定地下降、以后保持恒定。

(3)发酵前期泡沫稍微降低后又开始回升。

(4)发酵开始起泡能力低,以后上升。

（5）以上类型的综合方式。

这些方式的出现与基质的种类、通气搅拌强度和灭菌条件等因素有关。其中基质中的有机氮源（如黄豆饼粉等）的种类与浓度是影响起泡的主要因素。

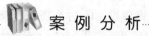 案 例 分 析

案例

培养基配比与原料组成对泡沫的影响。

分析

培养基营养丰富，黏度大，产生泡沫多而持久，前期难于搅拌。例：在50L罐中投料10L，成分为淀粉水解糖、豆饼水解液、玉米浆等，搅拌900r/min，通气，泡沫生成量为培养基的2倍。如培养基适当稀一些、接种量大一些、生长速度快些，前期就容易搅拌开。

起泡会给发酵带来许多不利影响，如发酵罐的装料系数减少、氧传递系数减小等。泡沫过多时，影响更为严重，造成大量"逃液"，发酵液从排气管路或轴封逃出而增加染菌机会等，严重时通气搅拌也无法进行，菌体呼吸受到阻碍，导致代谢异常或菌体自溶。所以，控制泡沫乃是保证正常发酵的基本条件。泡沫的控制可以用两种途径：一种是调整培养基的成分和改变某些发酵条件，如少加或缓加易起泡的培养基成分、改变某些培养条件（如pH、温度、通气搅拌）或改变发酵工艺（如采用分次投料）来控制，以减少泡沫形成的机会；另一种是消除已形成的泡沫，可以采用机械消泡或消泡剂消泡，这两类方法是消除泡沫公认的比较好的方法。此外，还可以采用菌种选育的方法，筛选不产生流态泡沫的菌种，来消除起泡的内在因素，已有报道用杂交方法选出来不产生泡沫的土霉素生产菌株。

1. 机械消泡　这是一种物理消泡的方法，利用机械强烈振动或压力变化而使泡沫破裂。如在发酵罐内安装消泡桨，靠其高速转动将泡沫打碎。该法的优点是节省原料，减少染菌机会。但消泡效果不理想，仅可作为消泡的辅助方法。

2. 消泡剂消泡　这是利用外界加入的消泡剂使泡沫破裂的方法。消泡剂可以降低泡沫液膜的机械强度或者降低液膜的表面黏度，或者兼有两者的作用，达到消除泡沫的目的。

常用的消泡剂主要有天然油脂类，高碳醇、脂肪酸或酯类，聚醚类，硅酮类四大类。其中以天然油酯类和聚醚类在微生物药物发酵中最为常用。

（八）发酵终点的确定

确定合适的微生物发酵终点对提高产物的生产能力和经济效益是很重要的。生产能力是指单位时间内单位罐体积所积累的产物量，其单位为g/（L·h）。生产不能只单纯追求高生产力，而不顾及产品的成本，必须把两者结合起来，既要高产量，又要低成本。

发酵过程中产物的生物合成是特定发酵阶段的微生物代谢活动，有的是随菌体生长而产生的，如初级代谢产物氨基酸等；有的代谢产物的产生与菌体生长无明显的关系，生长阶段不产生产物，直到生长末期才进入产物分泌期，如抗生素的合成就是如此。

但是无论是初级代谢产物还是次级代谢产物发酵,到了末期,菌体的分泌能力都要下降,使产物的生产能力下降或停止。有的产生菌在发酵末期,营养耗尽,菌体衰老而进入自溶,释放出的分解酶还可能破坏已经形成的产物。要确定一个合理的放罐时间,需要考虑下列几个因素:

1. 考虑经济因素 实际发酵时间的确定要考虑经济因素,也就是要以能最大限度地降低成本和最大限度地取得最大生产能力的发酵时间为最适发酵时间。在生产速率较小的情况下,单位体积发酵液每小时产物的增长量很小,如果继续延长发酵时间,则平均生产能力下降;而动力消耗、管理费用支出、设备消耗等费用仍在增加,因而使发酵成本增加。所以,要从经济学观点确定一个合理的放罐时间。

2. 考虑对产品质量的影响 发酵时间长短对后步提取工艺和产品质量有很大的影响。如果发酵时间太短,势必有过多的尚未代谢的营养物质(如可溶性蛋白、脂肪等)残留在发酵液中,这些物质对后处理过程如溶媒萃取或树脂交换等不利。因为可溶性蛋白质易于在萃取中产生乳化,也影响树脂交换容量。如果发酵时间太长,菌体会自溶,释放出菌体蛋白或体内的酶,又会显著改变发酵液的性质,增加过滤工序的难度。这不仅使过滤时间延长,甚至使一些不稳定的产物遭到破坏。所有这些影响,都可能使产物的质量下降,产物中杂质含量增加。所以,要考虑发酵周期长短对产物提取工序的影响。

3. 特殊因素 在特殊发酵情况下,还要考虑个别因素。对老品种的发酵来说放罐时间都已掌握,在正常情况下可根据作业计划按时放罐。但在异常情况下,如染菌、代谢异常(糖耗缓慢等),就应根据不同情况进行适当处理。为了能够得到尽可能多的产物,应该及时采取措施(如改变温度或补充营养等),并适当提前或推迟放罐时间。

合理的放罐时间是由实验来确定的,就是根据不同的发酵时间所得的产物产量计算出发酵罐的生产力和产品成本,采用生产力高而成本又低的发酵时间作为放罐时间。

确定放罐的指标有产物的产量、过滤速度、氨基氮的含量、菌丝形态、pH、发酵液的外观和黏度等,发酵终点的掌握就要综合考虑这些参数来确定。

(九) 异常发酵的处理

1. 种子异常的分析和处理 种子质量是种子直接发酵生产的关键之一,种子质量直接影响发酵产量的高低。由于生产菌种各异,影响因素复杂,可供分析的数据少,种子质量又易被忽视。生产过程中种子出现异常的现象通常有菌体生长缓慢、菌丝结团、代谢不正常、甚至染菌等。种子菌体生长缓慢比较常见,原因很多。培养基原材料质量不合格、灭菌条件控制不佳、培养条件不合适等均能影响或抑制菌体生长。有些真菌或放线菌在摇瓶或种子罐培养时易产生颗粒,大颗粒肉眼可见,小颗粒需要用显微镜才能看到。出现颗粒结团的原因多与通气不良有关,有的则是培养基的性质、成分或其他条件控制不当所致。种子培养过程中代谢不正常的情况也比较多见,如 pH 连续较长时间偏高或偏低,糖、氮利用缓慢等。这些现象有时与培养条件、培养基配比、培养基灭菌后质量等有关,原因比较复杂。有时罐温偏高,代谢加快,菌体容易衰老自溶。

有些由于种子变异,引起发酵过程中菌丝突然发生衰退和自溶,这类现象在放射菌中较常见。菌株一旦发生变异,往往很难恢复原状。防止菌株发生衰退的一般方法是定期进行自然分离、纯化和改进菌株保藏方法,避免因保藏不善引起的变异。

2. 异常发酵的处理　生产上遇到的异常现象主要有发酵液转稀、发酵液过浓、糖氮代谢缓慢、pH 不正常等。

发酵液转稀是指发酵尚未进入放罐阶段,发酵液异常变稀。产生原因有多种,有的是因为感染了噬菌体,造成菌体自溶。遇到这种情况有时可以补入抗噬菌体的种子液进行补救。有些变稀是因为长时间罐温偏高引起的。有的是因为泡沫多大量逃液,加消泡剂无效,被迫采取间歇停搅拌的方法,造成溶氧不足,菌体大量死亡。有时在刚变稀时及时补加适量氮源可促进菌体繁殖,使发酵恢复正常。有些品种补加碳源也可防止变稀。补加碳氮源后,由于改变了发酵液表面张力,泡沫上升的情况也有所改善。

发酵液过浓是由于氮源过多,造成菌体量过多,降低发酵液氧,影响发酵正常进行。这种情况下,可以补加大量的水,以稀释菌体浓度,降低发酵液黏度,从而改善发酵条件。

糖氮代谢缓慢出现原因有很多,有的是因为孢子或种子质量不好、培养基消毒质量不好或培养基磷酸盐浓度下降等。培养前期出现这类情况可以补加适量氮源或补充一些磷酸盐。培养中期氮源利用缓慢时,补加 $10\sim20mg/kg$ 无机磷会有一定效果。后期残糖太高时,可适量提高罐温、糖氮利用和发酵单位。有时与菌种性能有关,更换优良菌种后,可以恢复正常。

pH 不正常也是发酵中常见现象。pH 变化是发酵过程中全部代谢反应的综合结果。通常选用适当组成的培养基使发酵液的 pH 自然控制在合适的范围内。但是培养基灭菌的质量、原料的质量和水的 pH 都可以引起发酵液的 pH 产生变化。发酵过程控制不当也会引起 pH 波动,如通气量太大可以促使 pH 上升,加糖加油过多可以引起 pH 下降。当 pH 不正常时,可以加入酸或者碱来调节,也可以加入一些生理酸性或碱性物质调节。

质量差的种子液不能接种发酵罐,可改用正常发酵液来倒种或混种。如果质量差的种子液已经接入发酵罐可以放掉部分发酵液,重新补些种子,延迟降温,加大通气量,还可以补入适量尿素及硫代硫酸钠(如青霉素发酵),促进菌体生长。

以上仅列举了一些常见的异常发酵现象,对于发酵过程中出现的异常现象,必须根据具体情况加以分析,及时果断采取相应措施,往往可以从一定程度上减少一些损失。

点　滴　积　累

1. 学习灭菌操作技术时,必须知道灭菌的方法主要包括化学灭菌、辐射灭菌、热灭菌、过滤除菌等 4 种。同时要清楚各种灭菌方法的适用范围以及工业发酵培养基常用的灭菌方法。

2. 学习微生物发酵操作方式时要掌握发酵的 3 种方式,通过比较,理解分批发酵、分批补料发酵、连续发酵 3 种方式的优缺点。

3. 学习发酵过程的主要控制参数时,主要比较基质浓度、温度、pH、溶解氧、CO_2 泡沫等在发酵过程中的作用。要理解这些参数是如何影响发酵过程的、波动情况如何,同时还要利用这些参数控制对工艺进行优化。

目 标 检 测

一、选择题

（一）单项选择题

1. 菌种保存技术中,采用沙土管保存法一般可保存的时间为(　　)
   A. 3 个月　　　　　　　　　　　B. 6 个月
   C. 1 年　　　　　　　　　　　　D. 长期

2. 下列物质中哪一种不是培养基的有机氮源(　　)
   A. 氮气　　　　　　　　　　　　B. 氨基酸
   C. 尿素　　　　　　　　　　　　D. 花生粉

3. 下列哪一项不能作为判断放罐的指标(　　)
   A. 产物浓度　　　　　　　　　　B. 菌丝形态
   C. pH　　　　　　　　　　　　　D. 温度

4. 孢子培养基的作用是(　　)
   A. 供菌体繁殖孢子　　　　　　　B. 供孢子发芽
   C. 供菌种生长繁殖　　　　　　　D. 供菌种生长繁殖和产物合成

5. 用化学成分不清楚或不恒定的天然有机物配成的培养基称为(　　)
   A. 天然培养基　　　　　　　　　B. 半合成培养基
   C. 合成培养基　　　　　　　　　D. 加富培养基

6. 实验室常规高压蒸汽灭菌的条件是(　　)
   A. 135～140℃,5～15 秒　　　　B. 72℃,15 秒
   C. 121℃,20 分钟　　　　　　　D. 100℃,5 小时

7. 有关培养基的说法不正确的是(　　)
   A. 可分为孢子培养基、种子培养基、发酵培养基
   B. 种子培养基营养成分要容易吸收利用,且丰富完整,其中氮源和维生素的含量应略高
   C. 孢子培养基有机氮源要高,以促进孢子的产生
   D. 发酵培养基要求组成丰富完整,还需有合成产物所需的特定元素、前体和促进剂等

（二）多项选择题

1. 常用的灭菌方法有(　　)
   A. 化学灭菌　　　　B. 紫外线灭菌　　　　C. 干热灭菌
   D. 湿热灭菌　　　　E. 过滤除菌

2. 培养基的成分包括(　　)
   A. 碳源　　　　　　B. 无机盐　　　　　　C. 氮源
   D. 维生素　　　　　E. 前体物质

3. 下列哪些方法可以减少泡沫形成(　　)
   A. 加消泡剂　　　　B. 改变搅拌速度　　　C. 调整培养基结构

D. 提前放罐　　　　　　E. 菌种选育

4. 发酵过程中导致发酵液转稀的原因有(　　)

A. 罐温过低　　　　　B. 噬菌体污染　　　　C. 溶氧不足

D. 罐温偏高　　　　　E. 菌体自溶

二、问答题

1. 发酵过程中的主要参数有哪些？如何控制？

2. 异常发酵有哪几种现象？如何处理？

3. 简述影响培养基质量的因素。

4. 染菌如何防治？

5. 无菌检查的方法有哪些？

6. 试分析染菌的原因。

7. 泡沫的危害有哪些？如何控制？

8. 确定发酵终点要考虑哪些因素？

（陈电容　许丽丽）

实验一　细菌的液体培养及菌种的保存与复苏

【实验目的】

1. 熟练掌握细菌培养基的配制。

2. 熟练掌握灭菌技术和细菌的液体培养技术。

3. 学会菌种的保存与复苏方法和技术。

【实验内容】

1. 学习训练高压蒸汽灭菌的操作及注意事项。

2. 学习训练细菌的液体培养及其接种技术。

3. 学习训练菌种的保存与复苏操作技术。

【实验步骤】

（一）肉汤（LB）液体培养基的配制

配制每升培养基,应在900ml 去离子水中加入：

胰蛋白胨（bacto-tryptone）	10.0g
酵母提取物（bacto-yeast extract）	5.0g
NaCl	10.0g

磁力搅拌至溶质完全溶解,用5mol/L NaOH（约0.2ml）调节 pH 至7.0。定容至总体积为1L,6.8kg（15 磅,1.034×10^5 Pa）高压灭菌20 分钟。

若需进行选择性培养,则相应地加入抗生素或其他成分。

（二）细菌的液体培养

1. 少量培养

（1）取灭菌的 16 或 18mm 口径的培养管,用无菌吸管加入 3~5ml 肉汤液体培养基,再加入 50mg/ml 氨苄西林 3～5μl(如培养宿主菌,则不加抗生素)。

(2)用无菌牙签挑取单菌落,送入培养液中,或取菌液 5～10μl,转入培养液中,封好管口。

(3)37℃,100～200r/min 摇床培养至生长饱和,6～12 小时可培养过夜。

2. 大量培养 取 500ml 培养瓶,内装有已灭菌的 LB 液体培养基 100～200ml 及相应的氨苄西林。以 0.5%～1% 的浓度接种菌液,100～200r/min,37℃摇床培养至 OD_{600} 值为 0.6～0.8。

(三)菌种的保存与复苏

1. 保存 大多数大肠杆菌能在保存培养基中存活数年,若在 −70℃或液氮中冻存,则可长期保存。

菌种保存液可采用下述 2 种试剂:①甘油溶液(80% 或 100% 均可);②DMSO 溶液(5%)。

在保种瓶中加入 0.3ml 保存液、0.7ml 菌液,混合后储存于 −70℃或液氮中即可。注意,菌种保存液加入量为菌液的 30%。

2. 复苏 复苏菌种时,用接种环或无菌牙签挑取少许冻结的菌种到平皿上,37℃培养 8～12 小时即可。

切记,在接种过程中不得使保种瓶中的菌种化冰。

【实验提示】

1. 普通肉汤培养基为天然培养基,常用于培养细菌。这类培养基的化学成分很不恒定,也难以确定,但配制方便、营养丰富,所以常被采用。

2. 氨苄西林临床上主要用于敏感菌所致的呼吸道感染(如支气管炎、肺炎)、伤寒、泌尿道感染、皮肤软组织感染及胆管感染等。对引起小儿呼吸道、泌尿道感染的病原菌有高度抗菌活性,疗效比青霉素强。

3. 实验的仪器设备和药品、试剂

(1)仪器设备:磁力搅拌器、高压灭菌锅、恒温摇床、低温冰箱(或液氮罐)、无菌培养管(16 或 18mm,4 支)、无菌吸管(2 支)、微量进样器、无菌牙签。

(2)药品和试剂:胰蛋白胨、酵母提取物、NaCl、氨苄西林贮液(50mg/ml)、100% 甘油(或 80% 甘油溶液,或 5% DMSO 溶液)。

【实验思考】

1. 在培养基中加入氨苄西林的目的是什么?

2. 高压蒸汽灭菌时应注意哪些操作事项?

3. 接种时应注意的事项有哪些?

【实验测试】

1. 考核点 培养基的配制、配比;pH 适当;培养基灭菌温度、时间控制适当;细菌液体培养;菌种的保存过程;菌种的复苏过程。

2. 考核要求 操作正确与否。

3. 考核结果(优良、及格、不及格)。

考核点	考核要求	考核结果		
		优良	及格	不及格
培养基的配制、配比	操作步骤			
pH	操作步骤			
培养基灭菌温度、时间控制适当	操作正确			
细菌液体培养	操作正确			
菌种的保存过程	操作正确			
菌种的复苏过程	操作正确			

（陈电容　许丽丽）

第三章 基因工程制药技术

基因工程技术诞生于20世纪70年代。基因工程是将外源基因通过体外重组后导入受体细胞内,使这个基因能在受体细胞内复制、转录、翻译表达的操作过程。采用基因工程的技术方法,利用细菌、酵母或哺乳动物细胞作为活性宿主,进行生产的作为治疗、诊断等用途的多肽和蛋白质类药物称为基因工程药物。

第一节 概 述

一、基因工程制药

基因工程最成功的成就是用于生物治疗的新型生物药物的研究。一些内源性生理活性物质如胰岛素、人生长激素等作为药物已使用多年,但是许多在疾病诊断、预防和治疗中有重要价值的内源性生理活性物质(如激素、细胞因子、神经多肽、调节蛋白、酶类、凝血因子等人体活性多肽)以及某些疫苗,由于材料来源困难或制造技术问题而存在造价太高或供不应求的现象,另外还存在免疫抗原等限制,且在提取过程中有病毒感染的可能,因此可能会对患者造成严重后果。而应用基因工程技术,就可以从根本上解决上述问题。

基因工程技术的迅猛发展使人们已能够十分方便有效地生产许多以往难以大量获取的生物活性物质,甚至可以创造出自然界中不存在的全新物质。1982年第一个基因工程药物——人胰岛素在美国研究成功并投放市场,吸引和激励了大批科学家利用基因工程技术研制新药品。目前,世界上已投放市场的基因工程药物约有50种,近千种处于研发状态,产生了巨大的社会效益和经济效益。

 知 识 链 接

糖尿病与基因工程

糖尿病是由患者胰腺的胰岛细胞不能正常分泌胰岛素导致血糖过高而引起的。到目前为止,医学上一直采用能降低人体内血糖含量的胰岛素治疗糖尿病。但胰岛素以往主要靠从牛、猪等大牲畜的胰腺中提取,1头牛或1头猪的胰腺只能产生300U或30ml的胰岛素,而1个患者则每天需要40U或4ml的胰岛素,显然胰岛素产量远远不能满足需要。基因工程技术为解决这个问题提供了一条崭新的途径。人的胰岛素基因是一段有特定结构的DNA分子,它指导着胰岛素的合成。科学家们把人的胰岛素基因送到大肠埃希菌的细胞里,让胰岛素基因和大肠埃希菌的遗传物质相结合。人的胰岛素基因在大肠埃希菌的细胞里指挥着大肠埃希菌生产出了人的胰岛素。随着大肠埃希菌的繁殖,胰岛素基因也一代代地传了下去,后代的大肠埃希菌也能生产胰岛素了。这种带上了人工给予的新的遗传性状的细菌,被称为基因工程菌。

基因工程药物常分为4类(表3-1):激素和多肽类、酶、重组疫苗及单克隆抗体。

第一类基因工程药物主要针对因缺乏天然内源性蛋白所引起的疾病,应用基因工程技术可以在体外大量生产这类多肽、蛋白质,用于替代或补充体内对这类活性多肽、蛋白质的需要。这类药物主要以激素类为代表,如人胰岛素、人生长激素、降钙素等。还有一些属于细胞生长调节因子,以超正常浓度剂量供给人体后可以激发细胞的天然活性作为其治疗疾病的药理基础,如粒细胞集落刺激因子(G-CSF)、粒-巨噬细胞集落刺激因子(GM-CSF)等。

第二类基因工程药物是酶类,如组织型纤维蛋白溶酶原激活剂(t-PA)、尿激酶及链激酶等,都是利用它们能催化的特殊反应,如溶解血栓等,达到治疗的目的。

第三类基因工程药物是疫苗,用于防治由病毒引起的人或动物的传染性疾病,可分为基因工程亚单位疫苗、载体疫苗、核酸疫苗、基因缺少活疫苗及蛋白工程疫苗等。从微生物分类来看,又可分为基因工程病毒疫苗、基因工程菌苗、基因工程寄生虫疫苗等。

第四类产物单克隆抗体既能用于疾病诊断,又能用于治疗。单克隆抗体已成为研究和开发的新热点。

表3-1 已经商品化生产的部分基因工程药物

产物名称	用途
多肽和激素类产品(hormone and peptide factors)	
人胰岛素(human insulin)	糖尿病
血液因子Ⅷ-C(factor Ⅷ-C)	血友病
人生长激素(human growth Hormone)	生长缺陷
促红细胞生长素(erythropoietin)	贫血、慢性肾病
人表皮生长因子(human epidermal growth factor)	创伤愈合
心房肽(atrial peptide)	急性阻塞性心脏病
T-细胞调节肽(T-cell modulatory peptide)	自身免疫性疾病
干扰素-α2a(interferon-alpha 2a)	毛细胞白血病
干扰素-α2b(interferon-alpha 2b)	慢性骨髓性白血病
α干扰素(interferon-alpha)	疱疹、AIDS
β干扰素(interferon-beta)	癌症、细菌感染
γ干扰素(interferon-gamma)	癌症、性病、传染病
白细胞介素-2(interleukin-2)	癌症免疫疗法
集落刺激因子(colony stimulating factor)	化疗、AIDS

产物名称	用途
肿瘤坏死因子(tumor necrosis factor)	癌症
酶(enzyme)	
组织血纤维蛋白溶酶原激活剂(tissue plasminogen activator)	急性心肌炎
尿激酶(urokinase)	心脏病
超氧化物歧化酶(superoxide dismutase)	重灌注损伤、肾移植
疫苗(vaccines)	
乙型肝炎病毒(hepatitis B)	乙型肝炎
AIDS 病毒(AIDS)	AIDS
口蹄疫病毒(foot and mouth disease)	牛口蹄疫
白喉病毒(diphtheria toxin)	白喉
疟疾疫苗(malaria vaccine)	疟疾
单克隆抗体(monoclonal antibodies)	
for kidney transplant rejection	用于肾移植排斥
for septic shock	用于败血症
for bone marrow rejection	用于骨髓移植排斥
for colorectal cancer	用于结肠癌
for heart transplant rejection	用于心脏移植排斥
for liver transplant rejection	用于肝脏移植排斥
for lung and ovarian cancer	用于肺癌和卵巢癌

　　利用基因工程技术生产药品的优点在于：①利用基因工程技术可大量生产过去难以获得的生理活性蛋白和多肽(如胰岛素、干扰素、细胞因子等)，为临床使用提供有效的保障；②可以提供足够数量的生理活性物质，以便对其生理、生化和结构进行深入的研究，从而扩大这些物质的应用范围；③利用基因工程技术可以发现、挖掘更多的内源性生理活性物质；④内源性生理活性物质作为药物使用时存在的不足之处，可以通过基因工程和蛋白质工程进行改造和去除；⑤利用基因工程技术可获得新型化合物，扩大药物筛选来源。

课 堂 活 动

1. 什么是基因工程技术？
2. 查阅《中国药典》三部，谈谈你知道的基因工程药物及其应用。

二、基因工程制药的发展

自 20 世纪 70 年代基因工程诞生以来,在生物制药领域首先取得了巨大的成功,特别是用于生物治疗的新型生物药物的研制。

美国是应用现代生物技术研制新型药物最多的国家,多数基因工程药物首创于美国,目前美国在这方面的研究开发一直处于世界先进水平。自 1971 年第一家生物制药公司 Cetus 公司在美国成立,开始试生产生物药品至今,已有 1300 多家生物技术公司(占全世界生物技术公司的 2/3),生物技术市场资本总额超过 400 亿美元,年研究经费达 50 亿美元以上;正式投放市场的生物工程药物 40 多个,已成功地创造出 35 个重要的治疗药物。1982～1998 年年底的 16 年时间里,已有 53 种基因工程药物获美国食品药品监督管理局(FDA)批准上市,已广泛应用于治疗癌症、多发性硬化症、贫血、发育不良、糖尿病、肝炎、心力衰竭、血友病、囊性纤维变性及一些罕见的遗传性疾病。

三、我国基因工程药物的现状

我国基因工程药物研究和开发起步较晚,基础较差。20 世纪 70 年代末以来,我国开始应用 DNA 重组技术、淋巴细胞杂交瘤技术、细胞培养、克隆表达等技术开发新产品和改造传统制药工艺,在国家产业政策(特别是国家"863"高技术计划)的大力支持下发展迅速,逐步缩短了与先进国家的差距。1989 年,我国批准了第一个在我国生产的基因工程药物——重组人干扰素-α1b,标志着我国生产的基因工程药物实现了零的突破。重组人干扰素-α1b 是世界上第一个采用中国人基因克隆和表达的基因工程药物,也是到目前为止我国唯一的一个自主研制成功的拥有自主知识产权的基因工程一类新药。目前我国已有 15 种基因工程药物和若干种疫苗批准上市,另有十几种基因工程药物正在进行临床验证,还在研制中的约有数十种。国产基因工程药物的不断开发生产和上市,打破了国外生物制品长期垄断中国临床用药的局面。目前,国产 α 干扰素的销售市场占有率已经超过了进口产品。我国首创的一种新型重组人 γ 干扰素已具备向国外转让技术和承包工程的能力,新一代干扰素正在研制之中。

 知 识 链 接

重组人 γ 干扰素

重组人 γ 干扰素是上海生物制品研究所的研究人员研制成功的高科技基因工程产品。

γ 干扰素又称免疫干扰素,是由 T 淋巴细胞分泌的一种具有免疫调节作用的淋巴因子,其在结构上与 α 干扰素不同。它具有更强的抗肿瘤和免疫调节功能,增强免疫细胞抗原提呈功能,加快免疫复合物清除,提高抗体依赖性细胞毒反应,增强某些免疫活性细胞组织相容性抗原(HLA)-Ⅱ类抗原表达,抑制皮肤纤维细胞胶原合成及增殖活性,减少型Ⅰ和Ⅱ型胶原 mRNA 水平,故对免疫性疾病的治疗有非常显著的效果。

1. 基因工程是将外源基因通过体外重组后导入受体细胞内,使这个基因能在受体细胞内复制、转录、翻译表达的操作过程。

2. 基因工程药物常分为激素,多肽类、酶,重组疫苗及单克隆抗体4类。

第二节 重组 DNA 技术的基本过程

一、概述

重组 DNA 技术是指在体外将不同来源的 DNA 分子进行重新组合,并使它们在适当的宿主细胞中实现增殖表达的遗传操作。重组 DNA 技术的过程主要包括获得目的基因片段、连入合适载体、转入受体系统、筛选重组子和表达外源基因 5 个步骤(图3-1)。其特点是:第一,不受亲缘关系的限制,打破了物种的界限,把不同种类物种的遗传物质组合在一起;第二,可以定向地改变生物的遗传特性;第三,增加目的基因的含量,提高基因产物的水平。

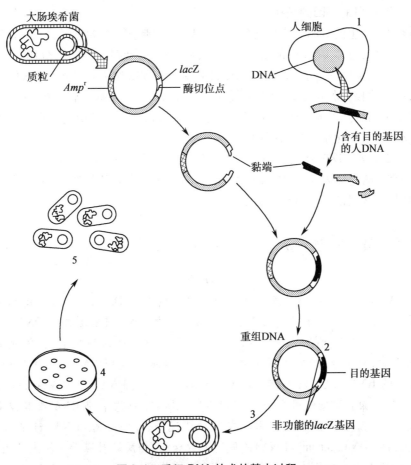

图3-1 重组 DNA 技术的基本过程

1:获得具有遗传信息的目的基因;2:选择基因载体获得重组 DNA;3:将重组 DNA 分子导入宿主细胞;
4:鉴定带有目的基因的克隆;5:目的基因的扩增及获得目的产物

　　基因工程药物的生产必须首先获得目的基因,然后用限制性内切酶和连接酶将所需目的基因插入适当的载体质粒或噬菌体中并转入大肠埃希菌或其他宿主菌(细胞),以便大量复制目的基因。对目的基因要进行限制性内切酶和核苷酸序列分析,目的基因获得后,最重要的就是使目的基因表达。基因的表达系统有原核生物系统和真核生物系统。选择基因表达系统主要考虑的是保证表达的蛋白的功能,其次要考虑的是表达量的多少和分离纯化的难易。将目的基因与表达载体重组,转入合适的表达系统,从而获得稳定高效表达的基因工程菌(细胞)。

二、目的基因的获得

(一)原核目的基因的获得

　　在原核生物中,结构基因通常会在基因组 DNA 上形成一个连续的编码区域,目的基因 DNA 在染色体 DNA 中的含量非常少。要克隆原核基因,首先要用限制性内切酶对细胞总 DNA 酶解。然后把这些酶解的 DNA 片段分别克隆进载体,再对带有外源 DNA 片段的重组克隆进行鉴定、分离,再培养和进一步鉴定。整个过程称为基因组文库的建立。因此,基因组文库就是指将基因组 DNA 通过限制性内切酶部分酶解后所产生的 DNA 片段随机地同相应的载体重组、克隆,所产生的克隆群体代表了基因组 DNA 的所有序列。

(二)真核目的基因的获得

　　真核细胞产生的基因工程药物的目的基因是不能进行直接分离的。真核细胞中单拷贝基因只是染色体 DNA 中的很小一部分,从染色体中直接分离纯化目的基因极为困难。另外,真核基因内一般都有内含子,如果以原核细胞作为表达系统,即使分离出真核基因,由于原核细胞缺乏 mRNA 的转录后加工系统,真核基因转录的 mRNA 也不能加工、拼接成为成熟的 mRNA,因此不能直接克隆真核基因。目前克隆真核基因常用的方法有反转录法和化学合成法两种。

　　1. 反转录法　反转录法就是先分离纯化目的基因的 mRNA,再反转录成 cDNA,然后进行 cDNA 的克隆表达。cDNA 序列只与基因的编码序列有关,而不含内含子。这是获得真核生物目的基因常用的方法。

 知 识 链 接

cDNA

　　cDNA 为具有与某 RNA 链互补的碱基序列的单链 DNA,即 complementary DNA 之缩写,或此 DNA 链与具有与之互补的碱基序列的 DNA 链所形成的 DNA 双链。与 RNA 链互补的单链 DNA,以其 RNA 为模板,在适当引物的存在下,由依赖 RNA 的 DNA 聚合酶(反转录酶)的作用而合成,并且在合成单链 cDNA 后,再用碱处理除去与其对应的 RNA 以后,以单链 cDNA 为模板,由依赖 DNA 的 DNA 聚合酶或依赖 RNA 的 DNA 聚合酶的作用合成双链 cDNA。真核生物的信使 RNA 或其他 RNA 的 cDNA,在遗传工程方面广为应用。在这种情况下,mRNA 的 cDNA,与原来基因的 DNA(基因组 DNA,genomic DNA)不同而无内含子;相反地对应于在原来基因中没有的而在 mRNA 存在的 3′末端的多 A 序列等的核苷序列上,与 exson 序列、先导序列以及后续序列等一起反映出 mRNA 结构。cDNA 同样可以被克隆。

2. 化学合成法　较小的蛋白质或多肽的编码基因可以用人工化学合成法合成。化学合成法首先必须知道目的基因的核苷酸排列顺序,或者知道目的蛋白的氨基酸顺序,再按相应的密码子推导出 DNA 的碱基序列。用化学方法分别合成目的基因 DNA 不同部位的两条互补链的寡核苷酸短片段,再退火成为两端形成黏性末端的 DNA 双链片段,然后将这些双链片段按正确的次序进行退火使连接成较长的 DNA 片段,再用连接酶连接成完整的基因。

人工化学合成基因的限制主要有:一是不能合成太长的基因。目前 DNA 合成仪所合成的寡核苷酸片段长度仅为 50~60bp,因此此方法只适用于克隆小分子肽的基因;二是人工合成基因时,遗传密码的简并会为选择密码子带来很大困难,如用氨基酸顺序推测核苷酸序列,得到的结果可能与天然基因不完全一致,易造成中性突变;三是费用较高。

 知 识 链 接

多聚酶链反应

多聚酶链反应(PCR)是体外酶促合成特异 DNA 片段的新方法,主要由高温变性、低温退火和适温延伸 3 个步骤反复的热循环构成。即在高温(95℃)下,待扩增的靶 DNA 双链受热变性成为两条单链 DNA 模板;而后在低温(37~55℃)情况下,两条人工合成的寡核苷酸引物与互补的单链 DNA 模板结合,形成部分双链;在 Taq 酶的最适温度(72℃)下,以引物 3′端为合成的起点,以单核苷酸为原料,沿模板以 5′→3′方向延伸,合成 DNA 新链。这样,每一双链的 DNA 模板,经过一次解链、退火、延伸 3 个步骤的热循环后就成了两条双链 DNA 分子。如此反复进行,每一次循环所产生的 DNA 均能成为下一次循环的模板,每一次循环都使两条人工合成的引物间的目的 DNA 区拷贝数扩增 1 倍,PCR 产物得以以 2^n 的指数形式迅速扩增,经过 25~30 个循环后,理论上可使基因扩增 10^9 倍以上,实际上一般可达 10^6~10^7 倍。

 课 堂 活 动

1. 举例说明基因工程操作的主要步骤。
2. 如何人工合成目的 DNA?在何条件下进行?

难 点 释 疑

PCR 技术

利用 DNA 双链复制的原料,将基因的核苷酸序列不断地加以复制使其数量呈指数形式增加;每次扩增时,温度都发生 90℃→55℃→72℃ 的变化;用扩增仪获取基因时,扩增仪内必须加入引物、原料和 DNA 聚合酶。

三、目的基因的表达

基因表达是指基因携带的遗传信息,经过极其复杂的生物化学反应,最终产生具有生物功能的蛋白质的过程。DNA 重组技术用于生物技术领域,首要目的之一就是将克隆的目的基因在一个选定的宿主系统中表达。用于基因表达的宿主细胞分为两大类，第一类为原核细胞，目前常用的有大肠埃希菌、枯草芽孢杆菌、链霉菌等；第二类为真核细胞，常用的有酵母、丝状真菌、哺乳动物细胞等。将克隆化基因插入合适载体后导入原核细胞用于表达大量蛋白的方法称为原核表达。将克隆基因插入合适载体在真核细胞中表达称为真核表达。基因工程中基因高效表达研究是指外源基因在某种细胞中的表达活动，即剪切一个外源基因片段，拼接到另一个基因表达体系中，使其能获得既有原生物活性又可高产的表达产物。

点 滴 积 累

重组 DNA 技术的基本过程：获得具有遗传信息的目的基因，选择基因载体获得重组 DNA，将重组 DNA 分子导入宿主细胞，鉴定带有目的基因的克隆、目的基因的扩增及获得目的产物。

第三节 基因工程工具酶和克隆载体

一、基因工程的常用酶

基因工程的操作依赖一些重要的酶作为工具对基因进行人工切割和拼接等操作。一般把这些切割 DNA 分子、进行 DNA 片段修饰和 DNA 片段连接等所需的酶称为工具酶。根据用途，工具酶可分为三大类：①限制性内切酶；②连接酶；③修饰酶。

（一）限制性内切酶

识别和切割双链 DNA 分子内特殊核苷酸顺序的 DNA 水解酶称为限制性内切酶，简称限制酶。从原核生物中已经发现了 400 多种限制酶，可分为 I 类、II 类和 III 类。

I 类与 III 类酶兼有切割和修饰 DNA 的作用且依赖于 ATP 的存在。II 类限制内切酶的主要作用是切割 DNA 分子，便于对含有特定基因的 DNA 片段进行分离和分析，是基因工程中使用的主要的工具酶（表 3-2）。II 类限制性内切酶有如下特点：①识别特定的核苷酸序列，其长度一般为 4～6 个核苷酸且呈二重对称；②具有特定的酶切位点，限制性内切酶在其识别序列的特定位点对双链 DNA 进行切割，产生特定的酶切末端；③没有甲基化修饰酶功能，不需要 ATP 和 SAM 作为辅助因子，一般只需要 Mg^{2+}。

表 3-2　一些常用的限制性内切酶及其识别位点

限制性内切酶	识别位点	产生的末端类型	限制性内切酶	识别位点	产生的末端类型
Bbu I	↓ G CATGC CGTAC G	3'突出	Not I	↓ GCGGCC GC CG CCGGCG	5'突出
Sfi I	GGCCNNNN NGGCC CCGGN NNNNCCGG	3'突出	Sau3A I	↓ GATC CTAG ↑	5'突出

限制性内切酶	识别位点	产生的末端类型	限制性内切酶	识别位点	产生的末端类型
_Eco_R Ⅰ	↓ G AATTC CTTAA G ↑	5′突出	_Alu_ Ⅰ	↓ AG CT TC GA ↑	平头末端
Hind Ⅲ	↓ A AGCTT TTAGA A ↑	5′突出	_Hpa_ Ⅰ	GTT AAC CAA TTG	平头末端

限制性内切酶在双链 DNA 分子上能识别的特定核苷酸序列称为识别序列或识别位点,它们对碱基序列有严格的专一性,被识别的碱基序列通常具有双轴对称性,即回文序列。从大肠埃希菌中分离鉴定的 _Eco_ R Ⅰ 是最早发现的一种Ⅱ类限制性内切酶,它的识别序列如图 3-2 所示,具有回文序列,能够特异地结合在一段含有这 6 个核苷酸的 DNA 区域里,在每一条链的鸟嘌呤和腺嘌呤间切断 DNA 链。DNA 链经 _Eco_ R Ⅰ 对称切割后产生两个单链末端,每个末端有 4 个核苷酸延伸出来,称为黏性末端。

…GAATT　　AATTC…

…CTTAA　　TTAAG…

图 3-2　_Eco_ R Ⅰ 的识别序列

案 例 分 析

案例

限制性内切酶 _Bam_ H Ⅰ 的制备。

分析

(1)菌株:_Bacillus amylotigue facians_ H(RUB$_{500}$)。

(2)菌株培养:37℃,6 小时。7000r/min 离心收集菌体。

(3)菌体破碎及抽提:在缓冲液中,加溶菌酶,用超声波发生器破碎,离心取上清液。

(4)过磷酸纤维色谱:1.5cm×20cm 柱床,0.8ml/min 速度上样,0.7~0.8ml/min 缓冲液洗脱,采用琼脂糖凝胶电泳法检测酶活性,透析法浓缩,冷冻干燥。

(二)连接酶

将两段乃至数段 DNA 片段拼接起来的酶称为连接酶。基因工程中最常用的连接酶是 T$_4$DNA 连接酶,它可将两段乃至数段 DNA 片段拼接起来,有分子"缝合"的作用。该酶是从 T$_4$噬菌体感染的 _E.coli_ 分子中分离得到的,分子质量为 68kD 的单链多肽酶,它可催化 DNA 片段的 5′磷酸基与 3′羟基之间形成磷酸二酯键,连接时需要 ATP 为辅助因子。T$_4$DNA 连接酶既可连接黏性末端,也可连接平头末端,最适反应温度为 37℃。但是为了增强两端 DNA 片段黏性末端互补碱基之间形成氢键的稳定性,实际反应温度一般为 4～15℃。

除 T₄DNA 连接酶外,还有大肠埃希菌的 DNA 连接酶,DNA 连接酶的连接反应需要辅酶 NAD⁺参与。

(三) 其他基因工程工具酶

基因工程的工具酶还有 DNA 聚合酶、反转录酶、T₄多核苷酸激酶和碱性磷酸酶等。

常用的 DNA 聚合酶有大肠埃希菌 DNA 聚合酶Ⅰ、大肠埃希菌 DNA 聚合酶Ⅰ大片段(klenow fragment)、T₄噬菌体 DNA 聚合酶、T₇噬菌体 DNA 聚合酶以及耐高温的 DNA 聚合酶等。

反转录酶是将 mRNA 转录形成互补 DNA(cDNA)的酶,又称为依赖 RNA 的 DNA 聚合酶。其主要用途是以真核 mRNA 为模板合成 cDNA,用以建立 cDNA 文库,并进而分离为特定蛋白编码的基因。

T₄多核苷酸激酶催化 ATP 的 γ-磷酸基团转移至 DNA 或 RNA 片段的 5′末端,在基因工程中主要用于标记 DNA 片段的 5′末端。

常用的磷酸酶有两种:来源于大肠埃希菌的细菌碱性磷酸酶(BAP)和来源于牛小肠的碱性磷酸酶(CIP)。碱性磷酸酶可用于除去 DNA 片段中的 5′磷酸,防止在重组中的自身环化,提高重组效率。CIP 的活性比 BAP 高出 10 倍以上,而且对热敏感,便于加热使其失活。

二、克隆载体

(一) 概述

外源基因必须先同某种传递者结合后才能进入细菌和动物受体细胞,这种能承载 DNA 片段(基因)并带入受体细胞的传递者称为基因工程载体。

作为 DNA 重组载体一般应具备以下基本条件:①能够进入宿主细胞;②载体可以在宿主细胞中独立复制,即本身是一个复制子,或者能够整合到宿主细胞的染色体中;③要有筛选标记;④对多种限制酶有单一或较少的酶切位点,最好是单一酶切位点。另外,载体不仅要具有上述最基本的要求,而且还需要符合特定的要求,如高拷贝数、具有强启动子和稳定的 mRNA、具有高的分离稳定性和结构稳定性、转化频率高、宿主范围广、插入外源基因容量大而且可以重新完整地切出及复制与转录应和宿主相匹配等。此外,载体在宿主不生长或低生长速率时应仍能高水平地表达目的基因。完全达到这些要求的载体很少,特别是动物细胞作为宿主细胞时,使用的载体主要是病毒,进入宿主的目的基因一般只能是 1 个基因,而以基因族或多个基因同时进行重组还有不少困难,需要进一步的研究和开发。

DNA 重组使用的载体可以分为三大类:①克隆载体,是以繁殖 DNA 片段为目的的载体;②穿梭载体,用于真核生物 DNA 片段在原核生物中增殖,然后再转入真核细胞宿主表达;③表达载体,用于目的基因的表达,分为胞内表达和分泌表达两种。

目前已构建应用的基因工程载体有质粒载体、噬菌体载体、病毒载体以及由它们互相组合或与其他基因组 DNA 组合成的载体。

(二) 克隆载体

克隆载体适用于将外源基因导入细胞中复制扩增。一个理想的克隆载体具备以下特性:分子量小,多拷贝,松弛性;具有多种常用的限制性内切酶的单切点,即多克隆位点;能插入较大的 DNA 片段;具有容易操作的检测表型,如抗性基因等。

1. 细菌质粒 细菌质粒是重组 DNA 技术中常用的载体。常用的细菌质粒有 F 因子、R 因子、大肠埃希菌菌素因子等。按复制方式质粒分为松弛型和严紧型质粒。松弛型质粒的复制不需要质粒编码的功能蛋白,而完全依赖于宿主提供的半衰期较长的酶来进行,在每个细胞中可以有 10~100 个拷贝。严紧型质粒的复制要求同时表达 1 个由质粒编码的蛋白,在每个细胞中只有 1~4 个拷贝。在基因工程中一般都使用松弛型质粒载体。

(1)质粒载体 pBR322:图 3-3 所示的质粒 pBR322 是人们研究最多、使用最广泛的载体。

pBR322 大小为 4363bp,有 1 个复制起点、1 个抗氨苄西林基因和 1 个抗四环素基因。质粒上有 36 个单一的限制性内切酶位点,包括 *Hind*Ⅲ、*Eco*RⅠ、*Bam*HⅠ、*Sal*Ⅰ、*Pst*Ⅰ、*Pvu*Ⅱ等常用酶切位点。而 *Bam*HⅠ、*Sal*Ⅰ、*Pst*Ⅰ分别处于四环素和氨苄西林抗性基因(*Amp*ʳ)中。应用该质粒的最大优点是将外源 DNA 片段在 *Bam*HⅠ、*Sal*Ⅰ、*Pst*Ⅰ位点插入后,可引起抗生素抗性基因失活而方便地筛选重组

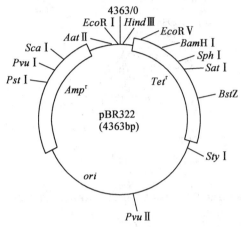

图 3-3 质粒 pBR322 的结构示意图

菌。如将一个外源 DNA 片段插入到 *Bam*HⅠ位点时,将使四环素抗性基因(*Tet*ʳ)失活,因此就可以通过 *Amp*ʳ、*Tet*ʳ来筛选重组体。

(2)质粒载体 pUC19:质粒 pBR322 的单一克隆位点比较少,筛选程序比较费时,因此人们在 pBR322 基础上发展了一些性能更优良的质粒载体,如质粒 pUC19,它的大小为 2686bp,带有 pBR322 的复制起始位点、1 个氨苄西林抗性基因、1 个大肠埃希菌乳糖操纵子 β-半乳糖苷酶基因(*lacZ*)的调节片段、1 个调节 *lacZ* 基因表达的阻遏蛋白(repressor)基因 *lac*Ⅰ。质粒 pUC19 的多克隆位点如图 3-4 所示。由于 pUC19 质粒含有 *Amp*ʳ抗性基因,可以通过颜色反应和 *Amp*ʳ抗性对转化体进行双重筛选。

筛选含 pUC19 质粒细胞的过程比较简单:如果细胞含有未插入目的 DNA 的 pUC19 质粒,在同时含有乳糖操纵子诱导物异丙基-β-D-硫代半乳糖苷(IPTG)和 X-gal(5-溴-4-氯-3-吲哚-α-D-半乳糖苷)底物的培养基上培养时将会形成蓝色菌落;如果细胞中含有已经插入目的 DNA 的 pUC19 质粒,在同样的培养基上培养将会形成白色菌落。因此,可以根据培养基上的颜色反应十分方便地筛选出重组子。

2. 噬菌体载体 质粒载体可以克隆的 DNA 最大片段一般在 10kb 左右,但要构建一个基因文库,往往需要克隆更大一些的 DNA 片段,以减少文库中克隆的数量。为此,人们将噬菌体发展成为一种克隆载体。

λ 噬菌体含双链线型 DNA,野生型 λ 噬菌体内含有太多的限制性酶切点,需要经过改造后才能成为可应用的载体。Charon 系列 λ 噬菌体有插入型和替换型两种,带有来自大肠埃希菌的 β-半乳糖苷酶基因 *lacZ*。M13 噬菌体是单链环状 DNA,改造后的 M13mpl 加入了大肠埃希菌的 *lac* 操纵子,常用于核酸测序。

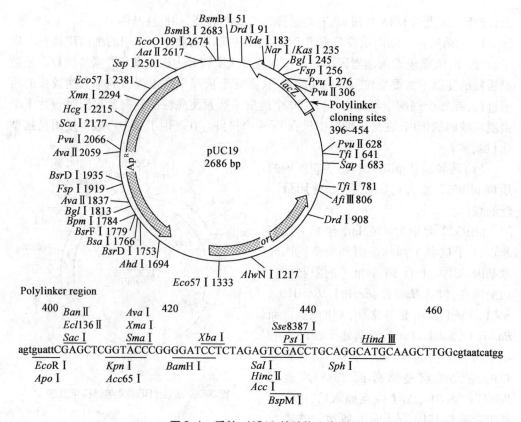

图 3-4　质粒 pUC19 的结构示意图

构建 λ 噬菌体载体的基本途径如下：①切去某种限制性内切酶在 λDNA 分子上的一些识别序列，只在非必需区保留 1~2 个识别序列，若只保留 1 个识别序列，可供外源 DNA 插入；若保留 2 个识别序列，则 2 个识别序列之间的区域可被外源 DNA 片段置换；②用合适的限制性内切酶切去部分非必需区，但是由此构建的 λDNA 载体不应小于 38kb；③在 λDNA 分子合适区域插入可供选择的标记基因。

λ 噬菌体作为构建基因克隆载体的特点是：①λ 噬菌体含有线性双链 DNA 分子，其长度为 48 502bp，两端各有由 12 个碱基组成的 5′端凸出的互补黏性末端，当 λDNA 进入宿主细胞后，互补黏性末端连接成为环状 DNA 分子，这种由黏性末端结合形成的序列称为 COS 位点；②λ 噬菌体为温和噬菌体，λDNA 可以整合到宿主细胞染色体 DNA 上，以溶原状态存在，随染色体的复制而复制；③λ 噬菌体能包装野生型 λ 噬菌体 DNA 长度的 75%~105%，为 38~54kb，即使不对 λDNA 进行改造，也允许承载 5kb 大小的外源 DNA 片段带入受体细胞；④λDNA 上的 D 基因和 E 基因对噬菌体的包装起决定性作用，缺少任何一种基因都将导致噬菌体不能包装；⑤λDNA 分子上有多种限制性内切酶的识别序列，便于用这些酶切割产生外源 DNA 片段的插入和置换。

3. 柯斯质粒　用于真核生物宿主的人工载体大多具有大肠埃希菌质粒的耐药性或噬菌体的强感染力，同时还应满足携带真核生物目的基因大片段 DNA 的要求。柯斯质粒是将 λ 噬菌体的黏性末端（COS 位点序列）和大肠埃希菌质粒的抗氨苄西林和抗四环素基因相连而获得的人工载体，含 1 个复制起点、1 个或多个限制酶切位点、1 个 COS 片段和抗药基因，能插入 40~50kb 的外源 DNA，常用于构建真核生物基因组文库。

 难 点 释 疑

基因表达载体的组成:目的基因 + 启动子 + 终止子 + 标记基因。

例:质粒 pUC19,带有 pBR322 的复制起始位点、1 个大肠埃希菌乳糖操纵子 β-半乳糖苷酶基因(*lac*Z)的调节片段、1 个调节 *lac*Z 基因表达的阻遏蛋白(repressor)基因 *lac* I 、1 个氨苄西林抗性基因。

三、表达系统

(一)原核表达体系

1. 大肠埃希菌表达系统

(1)特点:大肠埃希菌是基因工程开发最早的表达系统,遗传背景清楚,繁殖力极强,适于大规模培养,成本较低,外源基因表达水平高,下游技术成熟,容易控制。主要缺点是缺乏翻译后加工修饰系统,特别是缺少糖基化功能,含有内毒素、热原等不易除去,蛋白纯化有一定难度,蛋白不能正确折叠,复性较困难,产物多形成包涵体,提取较烦琐。

(2)大肠埃希菌的表达载体:为了使真核基因能够在大肠埃希菌中正常转录并翻译成相应的蛋白,需要构建有效的表达载体。典型的大肠埃希菌表达载体主要包括启动子、操纵位点序列、多克隆位点、转录及翻译信号、质粒复制起点及筛选标记基因等。

启动子(promotor)是与基因表达启动相关的顺式作用元件,与 RNA 聚合酶特异结合,是基因转录的起始部位。启动子一般分为两类:一类是 RNA 聚合酶能够直接识别的启动子,另一类在与 RNA 聚合酶结合时需蛋白辅助因子存在。大肠埃希菌常用的启动子有 *lac* 启动子(P*lac*)和 *lac* UV5 启动子(P*lac* UV5)、λ 噬菌体左臂启动子(λP$_L$)和右臂启动子(λP$_R$)、*trp* 启动子(P*trp*)、*tac* 启动子、T$_7$ 启动子(PT$_7$)。

转录终止子是 DNA 分子中决定 RNA 聚合酶终止转录的核苷酸序列。

核糖体结合位点(ribosome binding site,RBS):大肠埃希菌中翻译起始时,首先是核糖体 30S 小亚基识别并结合至 mRNA 5′端的翻译起始部位,该部位称为核糖体结合位点。

1)pSC101 质粒载体:它是 1973 年第一个用于将外源基因(非洲爪蟾核糖体基因)在大肠埃希菌成功表达的载体质粒,为严紧型复制控制的低拷贝质粒,每个宿主细胞平均为 1~2 个拷贝,分子质量为 5.8×10^6D。

2)ColE1 质粒载体:它属大肠埃希菌 Col 类质粒(细菌素质粒)的一种,是松弛型复制控制的多拷贝质粒,分子质量为 4.2×10^6D,可以克服 pSC101 质粒拷贝低、表达量低的缺点。

3)pBV220 系统:pBV220 系统是国内使用最多的一个载体系统,由中国预防医学科学院病毒学研究所构建。已成功地用于表达 IL-2、IL-3、IL-4、IL-6、IL-8、IFN-α、IFN-γ、TNF、G-CSF、GM-SCF 等多种细胞因子。

知 识 链 接

pBV220

pBV220 由 6 个部分组成：来源于 pUC8 的多克隆位点、核糖体 rrnB 基因终止信号、pBR322 第 4245~3735 位、pUC18 第 2066~680 位、λ 噬菌体 cIts857 抑制子基因及 P_R 启动子、pRC23 的 P_L 启动子及 SD 序列，共 3665bp。

pBV220 具有以下优点：①cIts857857 抑制子基因与 P_L 启动子同在一个载体上，可以转化任何菌株，以便选用蛋白酶活性较低的宿主细胞，使表达产物不易降解；②SD 序列后面紧跟多克隆位点，便于插入带起始密码子 ATG 的外源基因，可表达非融合蛋白；③强的转录终止信号可防止出现"通读"现象，有利于质粒-宿主系统的稳定；④整个质粒仅为 3.66kb，有利于增加其拷贝数及容量，可以插入较大片段的外源基因；⑤P_R 与 P_L 启动子串联，可以增强启动作用。

pBG-2 是由 pBV220 系统衍生的便于产物纯化的融合表达载体（图 3-4），该质粒在 P_R、P_L 启动子下游插入 protein G 的 IgG Fc 结合区基因片段 180 个碱基对，下游是多克隆位点，引入了剪切融合蛋白的切点，具有与 IgG 结合的活性，可方便地在分离中用固定化的 IgG 进行亲和层析，简化了下游处理工艺。质粒中有目的基因融合位点及蛋白剪切位点，使目的基因产物纯化后能恢复到天然状态。

4）pET 系统：pET 系统被认为是最有潜力的系统。克隆宿主可用大肠埃希菌 K12 系的 HB101、JM103 等，其在克隆宿主中不会因表达而造成细胞损伤；表达宿主为 BL21（FompTrb- mB- ）λDE30。产物以包涵体形式存在于细胞内，外源基因最大表达量可占细胞总蛋白的 50%。

5）穿梭质粒：它是人工构建具有两种不同复制起点和选择标记、能在两种不同宿主细胞存活复制的质粒。常用的有大肠埃希菌-枯草芽孢杆菌（如 pHV14）、大肠埃希菌-酵母（如 pPIC9K）、大肠埃希菌-动物细胞（如 pBPV-BV1）等穿梭质粒，在基因工程研究中发挥了极大的作用。

6）其他质粒载体：还有用于真核基因融合表达的质粒，融合表达即表达的真核蛋白肽链 N 端含原核生物肽段，将真核基因插入启动子后已证实能高效表达原核基因下游，目的基因以融合形式表达（图 3-5）。通常构建于质粒载体的原核蛋白有谷胱甘肽酶（GST）、蛋白 A 等。

真核基因和原核生物在遗传背景方面存在极大区别，为了达到高效表达的目的，必须考虑下列诸多因素：①真核基因编码区不能含有插入序列，因为原核载体不具备识别内含子、外显子的能力，多采用自 mRNA 转录获得的 cDNA，不直接用染色体的基因片段。此外，需去除真核蛋白自身的分泌信号肽序列；②要选择具有适当强启动子的表达载体，表达的外源基因需置于大肠埃希菌启动子的下游，由大肠埃希菌的 RNA 聚合酶识别启动子并进而转录；③转录获得的 mRNA 需具备有效的核糖体结合位点；④当根据蛋白结构设计 PCR 引物或合成基因时，需选择大肠埃希菌偏爱的密码子；⑤表达产物需比较稳定，不易被细胞内的蛋白修饰酶降解；⑥选择合适的大肠埃希菌菌株；防止表达产物对宿主菌的毒性；⑦优化工程菌的培养条件。

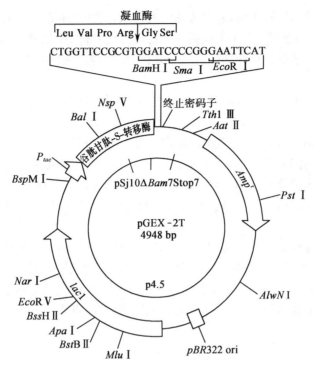

图 3-5 融合表达质粒载体 pGEX-2T 的结构示意图

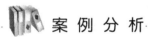 案 例 分 析

案例

外源基因在大肠杆菌中的表达。

分析

(1)通过 PCR 方法获得目的基因。

(2)构建重组表达载体。

(3)获得含重组表达质粒的表达菌种:重组载体的标志(抗 Amp),转化大肠埃希菌 DH5α。

(4)诱导表达:LB 培养基,37℃过夜培养;TM 表达用培养基培养,OD_{600} 为 0.6,IPTG(异丙基硫代-β-D-半乳糖苷)诱导,提取后做 SDS-PAGE 检测表达。

2. 芽孢杆菌 芽孢杆菌是重要的工业微生物之一,是工业酶的主要产生菌,其生产的酶占市场的 60%。枯草芽孢杆菌主要用于分泌型表达,表达产物容易被枯草杆菌分泌的蛋白酶水解,而且重组质粒在枯草杆菌中的稳定性较差。

芽孢杆菌的质粒载体有 pUB110、pE194、pC194、pTA1060、pHP13 等。载体中常用的抗药性标记主要有抗氯霉素、红霉素、新霉素、大观霉素及四环素等。还构建了大肠埃希菌-芽孢杆菌穿梭质粒 pHV1431、pMUTIN2mcs 等。

芽孢杆菌作为基因表达体系有很多优点:①采用天然感受态细胞容易进行转化;②枯草芽孢杆菌遗传学研究深入;③该菌在实验室易于进行操作;④枯草芽孢杆菌基因组序列测定已经完成;⑤已有许多有用的质粒载体;⑥能够将蛋白分泌至培养基;⑦具

有若干种有价值的信号肽序列;⑧有成熟的发酵工艺;⑨采用廉价的菌种保存方法菌种可有效生长。其不足点在于:①工业菌株不易被转化;②酶连接液的转化率低;③大多数异源蛋白分泌表达低且存在被降解的问题;④对发酵过程的有关遗传和生理过程缺乏了解。

已在芽孢杆菌中表达的外源基因有表皮生长因子、生长激素、白细胞介素-3、唾液淀粉酶等。

3. 链霉菌(streptomyces)　链霉菌培养方便,产物分泌能力强,常用于抗生素抗性基因和生物合成基因表达,能够产生大量具有工业和医用价值的代谢产物。在链霉菌中已克隆表达了大量原核生物蛋白,研究中多使用基因自身启动子,表明链霉菌能识别许多异源原核生物的启动子,在进行真核基因表达时需用链霉菌自身的启动子。不同启动子转录效率不同。

链霉菌中的载体系列的主要质粒有 pIJ101(图 3-6)、pJV1、pSG5 和 SLP1、pSAM2等,在此基础上还构建了大量的质粒载体。用于基因表达载体的质粒大多为 pIJ101 的衍生物(如 pIJ702),具有硫链丝菌素抗性基因(tsr)和酪蛋白酶基因,在酪蛋白酶基因调控区有 3 种限制性内切酶单一位点,外源基因插入后,可通过酶活性的丧失来确定重组子。

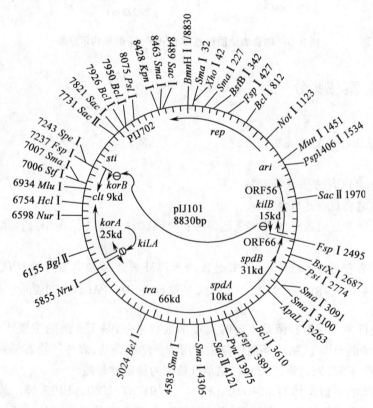

图 3-6　质粒 pIJ101 的结构示意图

链霉菌作为外源基因的新表达体系的优点在于:①对人、畜基本无致病性;②已发展了一大批具有实用价值的载体质粒;③天蓝色链霉菌的基因组序列测定已基本完成;④具有很强的外泌能力,有利于重组蛋白的分离纯化;⑤表达的蛋白基本能正确折叠,不形成包涵体;⑥变铅青链霉菌(*Streptomyces lividans*)是一种限制修饰作用弱的菌种,适于进行异源基因表达;⑦它是重要的工业微生物,下游技术成熟。其不足处在于:①对其分子生物学研究不如大肠埃希菌深入,尚需进一步加强;②对外源基因表达的影响因素,特别是分泌机制等还需进行系统研究。

已在链霉素中成功表达的外援基因有牛生长激素、α 干扰素、干扰素-α_1、干扰素-α_2、β 干扰素、白细胞介素-2 等。

(二) 真核生物表达体系

真核细胞基因表达调控要比原核细胞基因复杂得多,用于真核细胞的克隆和表达载体也不同于原核细胞。目前所用的真核载体大多是所谓的穿梭载体,这种载体可以在原核细胞中复制扩增,也可以在相应的真核细胞中扩增、表达。由于在原核体系中基因的复制、扩增、测序等易于进行,因此要利用穿梭载体先将要表达的基因装配好并大量复制后再转到真核细胞中去表达,为真核细胞基因工程操作提供了很大的方便。

用于真核生物基因表达的载体应具备如下条件:①含有原核基因的复制起始序列以及筛选标记,以便于 *E. coli* 细胞中进行扩增和筛选;②含有真核基因的复制起始序列以及真核细胞筛选标记;③含有有效的启动子序列,保证其下游的外源基因能启动有效的转录;④应包含 RNA 聚合酶Ⅱ所需的转录终止序列和 poly(A)加入的信号序列;⑤具有合适的供外源基因插入的限制性内切酶位点。

1. **酵母表达体系** 过去常采用酿酒酵母作为表达体系,近年来已基本被毕赤酵母所替代。毕赤酵母作为表达体系的主要优点是:①用于转录外源基因的启动子来自甲醇调节的毕赤酵母乙醇氧化酶Ⅰ基因(AOXⅠ),该强启动子受到甲醇的严格控制,可用以促使外源基因达到高效表达;②毕赤酵母更易于实现高密度培养,可使菌丝干重达到 100g/L 甚至更高;③是真核表达体系,对表达的蛋白可进行折叠和翻译后修饰;④表达量高,如明胶表达量可高达 14.8g/L;⑤较其他真核表达体系成本低,只需含盐的简单培养基;⑥适于高密度培养;⑦杂蛋白较少,产物纯化较易。

(1)载体:已构建的毕赤酵母载体均为大肠埃希菌-毕赤酵母穿梭质粒。目前最常用的非分泌载体有 pHIL-D2、pAO815、pPIC3K、pPICZ、pHWO10、pGAPZ;分泌型载体有 pHIL-S1、pPIC9K、pPICZa、pGAPZa(图 3-7,图 3-8)。

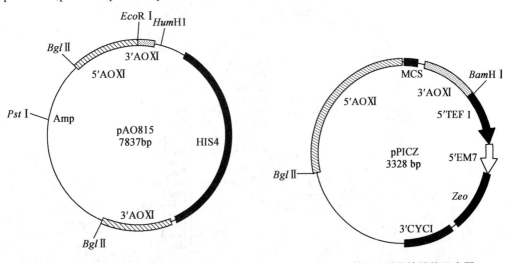

图 3-7 质粒 pAO815 的结构示意图　　　　图 3-8 质粒 pPICZ 的结构示意图

（2）表达条件

1）选择合适的载体：一般多选择分泌型载体，最常用的信号肽为 a-因子和酸性磷酸酶。

2）表达盒整合位点：重组载体酶切线性化后，含外源基因部分称表达盒，表达盒必须和受体菌染色体同源区发生重组，进而整合至染色体上外源基因才能稳定表达，表达盒中 AOXⅠ和 His 位点均可作为同源区参与整合，一般多选 AOXⅠ。

3）要注意选择表达菌株的表型。

4）一般情况下，外源基因整合的拷贝数越高则蛋白表达量越大。

5）外源蛋白对蛋白酶的耐受与否直接影响蛋白产量。其他如发酵培养基、通气量、甲醇量等均会对基因表达产物量造成重要影响。

2. 昆虫细胞表达体系　以昆虫细胞为表达宿主较多采用草地贪夜蛾细胞 sf9、sf21 等。此外也采用家蚕幼虫进行表达。该体系主要表达载体是昆虫杆状病毒载体，由苜蓿尺蠖核多角体病毒（AcNPV）和家蚕核型多角体病毒（BmNPV）的多角体蛋白基因强启动子构建获得。这类载体的优点为：①具有完整的感染性：昆虫病毒载体的重组区是基因组的非必需区，即使缺失也不会影响病毒的复制和表达，保持了昆虫杆状病毒载体的完整感染性；②容量大：由于昆虫杆状病毒的包涵体蛋白可以延伸，因此容纳外源 DNA 的能力大，可达 100kb；③标记显著：在包涵体蛋白基因区插入外源基因后，失去了包涵体蛋白的 O 空斑，较易辨认；④表达产物可以被分泌表达；⑤表达水平较高，外源基因置于多角病毒蛋白启动子控制下，由于启动子强，使外源蛋白表达量可达细胞总蛋白的50%，最高的可达几毫克/毫升；⑥能有效进行翻译后加工，可糖基化；⑦宿主严格，对脊椎动物和植物无害，安全性好；⑧细胞可连续传代，25～30℃培养，无需二氧化碳；⑨可悬浮培养，适于规模化，便于大量表达异源基因；⑩可用于有细胞毒的重组蛋白表达。

质粒载体 pTriEx-1（图 3-9）含有 p10 杆状病毒启动子，能在昆虫细胞进行表达，此外还含有 T7lac 启动子，所以可在大肠埃希菌表达，因此是昆虫细胞-大肠埃希菌的穿梭质粒，也可在哺乳动物细胞进行表达。

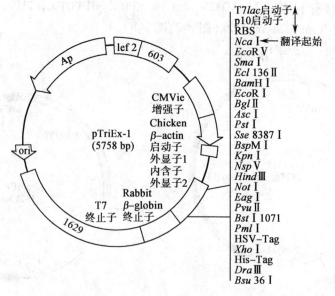

图 3-9　质粒 pTriEx-1 的结构示意图

3. 哺乳动物细胞表达体系

（1）特点：哺乳动物细胞表达外源基因的主要优点是能识别和剪切外源基因中的内含子并加工为成熟的 mRNA,具有很强的蛋白质合成后的修饰能力并能将表达产物分泌到胞外,可用于表达人类各种糖蛋白,但培养条件苛刻,成本较高,且易污染。目前常用的动物受体细胞有 L 细胞、HeLa 细胞、猴肾细胞和中国仓鼠卵巢细胞（CHO）等。

人工构建的哺乳动物细胞表达载体条件有：①含有原核基因序列,包括大肠埃希菌的复制子及抗生素抗性基因等,这样便于基因工程的操作;此外也应具有真核基因的选择性标记如酶、抗生素等,还可包括病毒的复制子等;②含有哺乳动物的启动子和增强子元件,使外源基因能有效转录;③含有终止信号及加 poly（A）信号,poly（A）位点上游11～30 个核苷酸处有一高度保守的 6 个核苷酸序列 AAUAAA,下游为富含 GU 或 U区;④若存在内含子不利于外源基因表达时,则以 cDNA 作为外源基因;当内含子的存在可提高表达率时,则载体需含可选择的剪切信号;⑤含有 1 个以上限制性内切酶的单一酶切位点。

（2）哺乳动物细胞主要载体

1）SV40 衍生载体：属乳多空病毒群,可使猴源细胞裂解感染,基因组呈共价闭合环状长 5.2kb,SV40 病毒内含双链环状 DNA,5243bp,只能插入 2.5kb 的外源 DNA,在非洲绿猴细胞中能正常复制。由于其具有致癌性,因此需进行改造。已经研究成功了两类改造后的 SV40 病毒载体：①取代型：外源 DNA 直接插入到缺陷型的病毒基因组中,为了弥补被取代的这部分 DNA 的功能,必须同时使用一种与之互补的辅助病毒;②病毒-质粒重组型：将病毒基因组中维持其在哺乳动物中复制的序列分离并和细菌质粒重组,这类质粒在大肠埃希菌和哺乳动物细胞中均可复制,属于穿梭载体。

2）反转录病毒载体：病毒基因编码在一条单链 RNA 分子上,进入细胞后反转录为双链 DNA 并整合在细胞染色体,以此为模板合成病毒基因及子代 RNA,再装配成病毒颗粒。载体设计分为两部分,一是携带目的基因、标记基因的载体,病毒的大部分序列gap、pol 和 env 被外源基因取代,仅保留包装信号 φ 及相关序列;二是以反式提供反转录病毒蛋白的包装细胞系,这种辅助细胞含顺式功能有缺陷的反转录病毒,其 RNA 不能被装配成病毒颗粒。但能表达所有病毒蛋白,反式补偿进入包装细胞载体所失去的功能,将重组反转录病毒载体导入包装细胞后,可产生有感染力的复制缺陷型病毒,病毒转染细胞使外源基因稳定插入靶细胞染色体。近年来采用组织特异性的启动子如CEA 特异启动子,构成靶向型载体,使目的基因靶向性表达于 CEA 阳性的肿瘤细胞。反转录病毒载体的不足在于只能感染分列细胞,此外可能导致插入突变,因此使用受一定限制。

3）腺病毒载体（AV）：该病毒为双链无包膜病毒,基因组 36kb,基因背景较清楚,其中 4、7 型 AV 在美国已使用多年,证明对人无害。AV 有较大的宿主范围,可感染非分裂细胞。由于 AV 感染细胞时其 DNA 不整合至宿主细胞染色体,因此无潜在致癌危险。AV 载体的构建多采用同源重组,由于 AV 载体可有效转染静息期细胞,因此将携带外源基因的重组病毒 AV 载体直接注入组织中,可原位感染细胞,表达时间较长。

4）腺相关病毒载体（AVV）：它是目前动物病毒中最简单的一类单链线状病毒，基因组仅5kb，包括3个启动子和两个基因（*rep*和*cap*），是缺损型病毒，需辅助病毒如腺病毒、痘苗病毒存在才能进行有效复制和产生溶源性细胞感染。载体构建采用反式互补原理，先在AVV基因组去除*rep*和*cap*，代以外源基因及调控序列，再与包装质粒共转染进入腺病毒感染的细胞。AVV最大的特点是可以定点整合。

5）痘苗病毒载体（VV）：它是结构最为复杂的一类DNA病毒，基因组是线性双链DNA，长180～200kb，其载体特点是容量大，可插入25～40kb的外源基因；能同时插入多个外源基因；能在多种细胞中生长繁殖；表达的外源基因为cDNA，因为痘苗病毒自身DNA序列是连续的，不具备对真核基因转录后剪切加工的能力。

pBacMam-2（图3-10）和pBacMam-3是两种用于哺乳动物细胞表达的质粒载体，该载体可在几乎所有的哺乳动物细胞中进行基因表达。

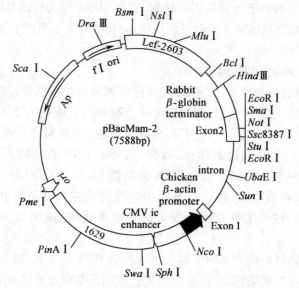

图3-10　质粒pBacMam-2的结构示意图

4. 植物细胞表达系统　随着现代生物技术的发展，植物体正在成为外源基因表达的重要体系。在植物细胞中使用的载体很有限。

（1）Ti质粒：土壤农杆菌通过植物伤口侵入植物后，土壤农杆菌中的Ti质粒的T区整合到植物染色体中，诱发植物肿瘤。根据Ti质粒能够进入植物细胞并能整合到植物染色体DNA分子中的功能，将外源基因装入到Ti质粒，形成杂合Ti质粒并转化到农杆菌中，然后以该农杆菌感染植物细胞，从而形成转基因植物。

天然的Ti质粒分子太大，而且其中的限制酶切点多，将导致宿主产生冠瘿瘤而成为不分化的不良植株，需要经过改造后才能更好地应用于植物基因工程。其中的一种方法是只选用Ti质粒的核心部分——T区，这样既能保持T区的DNA能自发整合到植物染色体DNA分子的功能，又解决了Ti质粒DNA分子太长的缺点；另一种方法是通过整合型法和双载体系统法对T区的抑制细胞分化的部分进行基因突变，使其失去诱发冠瘿瘤的能力，从而使得转基因植物能够正常生长发育。

1）整合型法：采用限制酶将完整Ti质粒中的T-DNA切去并分离出T-DNA，并用pBR322取代T-DNA中编码致癌的基因和冠瘿碱基因，再将目的DNA插入到这一重组 Ti 质粒中,由此获得杂化的 T-DNA;将杂化的 T-DNA 转入土壤农杆菌中,使杂化的 T-DNA 和完整的 Ti 质粒发生同源重组,结果杂化 T-DNA 取代了完整 Ti 质粒中原来的 T-DNA 区,这一过程称为整合。这种带有目的 DNA、选择标记和无致癌能力的 Ti 质粒通过土壤农杆菌再侵染宿主植物,最终使所需的 DNA 导入植物染色体 DNA 中。

2)双载体系统法:由两种分别含 T-DNA 和致病区的 Ti 突变质粒构成。第一种是将杂化的 T-DNA 插入到一种质粒中,这种质粒小,可提供单酶切位点;第二种除了不含 T-DNA 外,其余和完整 Ti 质粒相同。当这两种质粒共存于农杆菌时,由于功能互补(但并未取代),杂化的 T-DNA 仍能整合到植物细胞的染色体 DNA 分子中。

(2)植物 DNA 病毒和植物转座子:已知以 DNA 为遗传物质的植物病毒有花椰菜花叶病毒、雀麦条纹病毒和双生病毒。这些病毒因宿主范围窄、可插入片段短、易丢失、插入外源 DNA 后感染力下降等原因,至今很少使用。

(三)转基因植物

随着现代生物技术发展,植物体正在成为外源基因表达的重要体系,已有数十种药用蛋白在植物中获成功表达。

采用基因工程植物病毒作为载体,可以瞬时高效表达大量外源基因,病毒增殖快使外源基因伴随高水平表达,植物病毒基因组小易于进行遗传操作,植物病毒可侵染单子叶等农杆菌非寄生植物,因此扩大了基因工程适用范围。已有几十种植物病毒被改造成不同类型外源基因表达载体,如花椰菜花叶病毒(CaMV)、烟草花叶病毒(TMV)、豇豆花叶病毒(CPMV)等,其中采用 TMV 载体已成功表达了超过 150 种蛋白多肽。利用融合抗原表达方法已使如疟疾、口蹄疫、鼻病毒、人免疫缺陷性病毒(HIV)抗原决定簇的嵌合外壳蛋白等获成功表达,为疫苗生产提供了一种重要途径。转基因口服疫苗可避免或部分减少纯化的过程,成本低且安全性好,因此在未来疫苗的发展中植物将占有一席之地。

作为生产药用蛋白的生物反应器具有其独到的优点:可进行翻译后加工和糖基化、不含潜在的人类病原、价格低廉、成本低等。近来一些研究显示可将植物种子油脂体作为蛋白质及肽类的载体,外源蛋白多肽与植物结构性油脂体蛋白形成的融合蛋白已在油菜中成功表达,油脂蛋白的亲脂性将成为重组蛋白多肽纯化的有效手段。

已在植物中成功表达有乙肝病毒表面抗原、表皮生长因子、人血清白蛋白、人干扰素、疟疾抗原等药用蛋白。

(四)转基因动物

将人或哺乳动物的特定基因导入哺乳动物受精卵,该基因若能与受精卵染色体 DNA 整合,当细胞分裂时染色体倍增,基因随之倍增,从而使每个细胞都带有导入的基因且能稳定遗传,这种新个体称为转基因动物。基因表达最理想的部位是乳腺,因为乳汁不进入体内循环,不会影响转基因动物的生理过程,且从乳汁提取表达产物,量多易提纯,已进行必要的修饰加工,具生物活性。因此转基因动物可称为"动物乳腺生物反应器",此外也可将外源基因转至哺乳动物的膀胱进行表达以生产药用蛋白。

■■ 点 滴 积 累 ■

1. 根据用途,基因工程的工具酶可分为三大类:①限制性内切酶;②连接酶;③修饰酶。
2. 基因工程常用的克隆载体有细菌质粒、噬菌体载体、柯斯质粒。
3. 基因工程中常用的表达系统有原核表达体系、真核生物表达体系、转基因植物、转基因动物。

第四节　基因工程药物的生产

基因工程菌株(细胞)含有带外源基因的重组载体,其培养和发酵的工艺技术与单纯微生物细胞的有许多不同。基因工程菌株(细胞)培养与发酵的目的是希望其外源基因能够高水平表达,获得大量的外源基因产物。而外源目的基因的高效表达,与宿主、载体、克隆基因及所处的环境条件密切相关。

一、基因工程菌株的培养

基因工程菌(细胞)在培养传代过程中经常出现质粒不稳定的现象,质粒不稳定分为分裂不稳定和结构不稳定。质粒的分裂不稳定是指工程菌分裂时出现一定比例不含质粒子代菌的现象。质粒的结构不稳定是指外源基因从质粒上丢失或碱基重排、缺失所致工程菌性能的改变。这种菌与含质粒的菌相比具有一定的生长优势,因而能在培养中逐渐取代含质粒菌而成为优势菌,减少基因表达的产率。

为了提高工程菌培养中质粒的稳定性,工程菌的培养一般采用两阶段培养法,第一阶段先使菌体生长至一定密度,第二阶段诱导外源基因的表达。由于第一阶段外源基因未表达,从而减小了重组菌与质粒丢失菌的比生长速率的差别,增加了质粒的稳定性。在培养基中加入选择性压力如抗生素等,以抑制质粒丢失菌的生长,也是工程菌培养中提高质粒稳定性的常用方法。

采用适当的操作方式可使工程菌生长速率具有优势,并使工程菌和质粒丢失菌生长竞争趋于极端化。可调控的环境参数为温度、pH、培养基组分和溶解氧浓度。有些含质粒的菌对发酵环境的改变比不含质粒的菌反应慢,因而间歇改变培养条件以改变这两种菌的比生长速率,可以改善质粒的稳定性。通过间歇供氧和改变稀释速率都可以提高质粒的稳定性。

(一)培养基的组成

微生物在不同的培养基中进行不同的代谢活动。对基因工程菌来说,培养基组分可能通过各种途径影响着质粒的稳定遗传。

(二)培养温度

重组质粒引入细胞后,引起细胞发生一系列生理变化。含有重组质粒的克隆菌的比生长速率往往比宿主细胞小。通常情况下,低温往往有利于重组质粒稳定地遗传。对某些克隆菌而言,当培养温度低于50℃时,重组质粒非常稳定;而当温度高于50℃时,重组质粒在间隙培养的对数生长后期和连续培养时均表现出不稳定性。

(三)培养方式

1. 分批培养(batch culture)　分批培养是一种间歇的培养方式,除了进气、排气和补加酸碱调节 pH 外,在培养过程中与外界没有其他的物料交换。

2. 补料分批培养(fed-batch culture) 补料分批培养也是一种间歇的培养方式,与分批培养不同之处在于,在培养过程中需要往发酵液中补加新鲜的营养成分。

3. 连续培养(continuous culture) 连续培养是在连续流加培养基的同时连续放出发酵液。由于重组菌的不稳定性,很难进行连续培养。

4. 透析培养(dialysis culture) 该法是用物理方法把乙酸等代谢废物从培养基中除去。在补料分批培养中,大量乙酸在透析器中透过半透膜降低了培养基中乙酸的浓度,从而获得高菌体密度。

二、基因工程菌发酵条件

(一) 培养基

培养基的组成既要提高工程菌的生长速率,又要保持重组质粒的稳定性,使外源基因能够高效表达。常用的碳源有葡萄糖、甘油、乳糖、甘露糖、果糖等。常用的氮源有酵母提取物、蛋白胨、酪蛋白水解物、玉米浆和氨水、硫酸铵、硝酸铵、氯化铵等。另外,培养基中还应加一些无机盐、微量元素、维生素、生物素等。对营养缺陷型菌株还要补加相应的营养物质。

碳源对菌体生长和外源基因表达有较大的影响。使用葡萄糖和甘油作为碳源,菌体的比生长速率及呼吸强度相差不大;但以甘油为碳源,菌体得率较大;而以葡萄糖为碳源,菌体产生的副产物较多。葡萄糖对比 *lac* 启动子有阻遏作用,采用流加的方法,控制培养液中较低的葡萄糖浓度,可减弱或消除葡萄糖的阻遏作用。用甘露糖作碳源不产生乙酸,但比生长速率和呼吸强度较小。对比 *lac* 启动子来说,使用乳糖作碳源较为有利,乳糖同时还具有诱导作用。

在各种有机氮源中,酪蛋白水解物更有利于产物的合成与分泌。培养基中色氨酸对 *trp* 启动子控制的基因表达有影响。

无机磷在许多初级代谢的酶促反应中是一个效应因子,过量的无机磷会刺激葡萄糖的利用、菌体生长和氧的消耗。由于启动子只有在低磷酸盐时才被启动,因此必须控制磷酸盐的浓度。当菌体生长到一定密度,磷酸盐被消耗至较低浓度时,目的蛋白才开始表达。通常,起始磷酸盐浓度应控制在 0.015mol/L 左右,浓度过低影响细菌生长,浓度过高则影响外源基因表达。

(二) 接种量

接种量是指移入的种子液体积和培养液体积的比例。它的大小影响发酵的产量和发酵周期,接种量小,延长菌体延迟期,不利于外源基因的表达;采用大接种量,由于种子液中含有大量水解酶,有利于对基质的利用,可以缩短生长延迟期,并使生产菌能迅速占领整个培养环境,减少污染机会。但接种量过高往往又会使菌体生长过快,代谢产物积累过多,反而会抑制后期菌体的生长,所以接种量的大小取决于生产菌种在发酵中的生长繁殖速度。

(三) 温度

温度对基因表达的调控作用可发生在复制、转录、翻译或小分子调节分子的合成等水平上。在复制水平上,可通过调控复制来改变基因拷贝数,影响基因表达;在转录水平上,可通过影响 RNA 聚合酶的作用或修饰 RNA 聚合酶来调控基因表达;温度也可在

mRNA降解和翻译水平上影响基因表达,温度还可能通过细胞内小分子调节分子的量而影响基因表达,也可通过影响细胞内ppGpp量调控一系列基因表达。

温敏扩增型质粒升温后质粒拷贝数就处于失控状态,对菌体生长有很大影响。对含此类质粒的工程菌,通常要先在较低温度下培养,然后升温,以大量增加质粒拷贝数,诱导外源基因表达。

温度还影响蛋白质的活性和包涵体的形成。

(四)溶解氧

溶解氧是工程菌发酵培养过程中影响菌体代谢的一个重要参数,对菌体的生长和产物的生成影响很大。菌体在生长繁殖过程中,进行耗氧的氧化分解代谢,及时供给饱和氧是很重要的。发酵时,随溶解氧浓度的下降,细胞生长减慢,尤其在发酵后期,下降幅度更大。外源基因的高效转录和翻译需要大量的能量,促进了细胞的呼吸作用,提高了对氧的需求,因此只有维持较高水平的溶解氧浓度(≥40%)才能提高带有重组质粒细胞的生长,利于外源蛋白产物的形成。

采用调节搅拌转速的方法,可以改善培养过程中的氧供给,提高活菌产量。在发酵前期采用较低转速,满足菌体生长;在培养后期,提高搅拌转速以满足菌体继续生长的要求。

(五)pH

pH对细胞的正常生长和外源蛋白的高效表达都有影响,所以应根据工程菌的生长和代谢情况,对pH进行适当的调节。如采用两阶段培养工艺,培养前期着重于优化工程菌的最佳生长条件,培养后期着重于优化外源蛋白的表达条件。细胞生长期的最佳pH范围一般在6.8~7.4,外源蛋白表达的最佳pH为6.0~6.5。

案例分析

案例

HBsAg重组酵母 *Pichia pastoris* 的高密度培养。

分析

(1)菌株:*Pichia pastoris* GSll5(HBsAg),Mut⁻。

(2)培养条件:体积3L,分三相培养。

Ⅰ相:5%接种量,pH5.0,30℃。

Ⅱ相:补料生长。流加成分50%甘油+[CaSO₄ 0.93g/L;K₂SO₄ 18.2g/L;MgSO₄ 14.9g/L;KOH 4.13g/L],流加速率10~20ml/L,28小时后菌密度(干重)达到130g/L。如仅流加甘油菌密度(干重)只达到90g/L。

Ⅲ相:诱导相。流加甲醇起始1~3ml/(L·h),24小时后每隔24小时增加1ml/(L·h),并补加0.1%酪蛋白氨基酸,共196小时。加酪蛋白氨基酸使HBsAg的产量提高1倍,达到1g/L。

总之,工程菌发酵工艺对异源蛋白的表达关系重大,最佳化工艺是获得最快周期、最高产量、最好质量、最低消耗、最大安全性、最周全的废物处理效果、最佳速度与最低失败率等指标的保障。

📖 **课 堂 活 动**

1. 影响基因工程菌发酵的因素有哪些?
2. 谈谈 Ⅱ 类限制性内切酶的特性和应用。

三、基因工程药物的分离纯化

基因重组蛋白的分离和纯化主要分为两方面:①目标产物的初级分离,主要是在细胞培养后,将细胞从培养液中分离出来,然后再破碎细胞释放产物、溶解包涵体、复原蛋白以除去大部分杂质;②目标产物的纯化,是在分离的基础上,用各种具有高选择性的精密仪器,使产物按要求进行纯化。

基因工程产物的分离纯化过程有下列特点:①产物大多处于细胞内,提取前需将细胞破碎,环境组分复杂,增加了很多困难;②产物浓度较低、杂质多,而最后成品要求达到的纯度高,故提取较困难,且收率低,常需好几步操作并需采用高分辨力的精制方法;③产物都是大分子蛋白,通常不稳定,遇热、极端 pH、有机溶剂和剪切力等易引起失活。

(一)影响基因工程产物分离纯化工艺的主要因素

1. 产物活性、纯度和杂质 活性的测定可以指导和评价整个分离纯化工艺中各单元的操作,是分离纯化工作的前提。纯度和杂质分析可以评价分离纯化单元操作的效率,也是作为产品质量控制的要求,需要灵敏的分析手段,通常采用的方法为 SDS-PAGE、HPLC、毛细管电泳、等电点聚焦、肽谱分析和氨基酸分析等。

2. 产物表达形式和表达水平 不同宿主本身具有不同的蛋白质合成、转运和后加工机制,因此基因表达产物通常以不同形式存在。真菌和动、植物细胞一般以分泌的形式表达,产物表达水平在 1~100mg/L 之间,差别很大。*E. coli* 由于本身的特点,其表达基因产物的形式有胞内不溶性表达(包涵体)、胞内可溶性表达、细胞周质表达等多种。

3. 产物本身的分子特性 蛋白产物分子的理化参数和生物学特性包括分子量、等电点、溶解性、稳定性、疏水性、聚合性、特殊反应性和生物特异性等,对分离纯化工艺的设计分别具有各种不同的影响和意义。此外,真核表达系统中,糖基化可能会引起产物分子特性的改变,而糖基化程度的不同,则会引起分子理化性质的改变。

4. 产物的用途和需求量 产物的用途决定了产品所要达到的纯度,如体外诊断试剂允许存在一定量的杂质,一般要求纯度在 80% 以上,而用作体内治疗的产品应具有较高的纯度,一般应达到 98% 以上。因此,体外诊断试剂的纯化工艺较为简单,主要是分离去除影响蛋白产物保存期的蛋白水解酶杂质,而体内治疗产品的纯化工艺就较复杂,要求毒素、免疫原和其他残存的有害物质都应分离去除。最后,产品的需求量则决定了工艺应具有的规模。

(二)主要的分离技术

1. 离心 在大肠埃希菌或酵母菌中克隆表达的基因重组产物大多为胞内物质,必须先将细胞破碎使目标产物释放出来。离心是实现固液分离的重要手段,离心分离是在转子高速旋转所产生的离心力的驱动下,利用固体和液体间的密度差来进行悬浮液、乳浊液的分离。由于细胞、细胞碎片、包涵体和病毒粒子的密度都大于环境液体的密度,就可以用离心机将其分离开来。

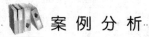 案例分析

案例

质粒 DNA 的分离与纯化。

分析

(1)细菌的培养:挑取活化的单菌落(DH₅a)接种到含有适量抗生素(Amp)的培养基(LB)中扩培,质粒 DNA 随细菌生长自主复制。

(2)细菌的收集和裂解:在对数生长后期(12 小时)收集菌体,离心(12 000r/min)收集,用生理盐水或 STE 悬浮,漂洗去残留的培养基。加入 NaOH-SDS(0.2mol/L NaOH,1% SDS)裂解。

(3)质粒 DNA 的分离和纯化:在恢复中性后使其在高盐(醋酸钾)存在下,染色体 DNA 交联成不溶性网状结构,与细胞碎片及蛋白质在 SDS 作用下形成混淀,通过离心去除,再用酚/三氯甲烷法纯化。

2. 沉淀 沉淀是利用蛋白质在不同条件下溶解度的不同,降低某一蛋白的溶解度,使它们在短时间内形成蛋白聚集体,再用低速离心方法将其与溶液中其他蛋白分离开来。常用的沉淀方法有等电点法、盐析法、有机溶剂沉淀法等。

3. 膜分离 膜分离技术是指用半透膜作为选择性障碍层,使溶液中某些组分通过,而阻止或截留其他组分的分离方法。它具有设备简单、无相变、无化学变化、费用较低及处理效率较高等特点。由于可在常温下操作,节省能源,特别适用于热敏性物质的分离。其次,使用膜分离法分离目标产物,产品的损失很少。

4. 双水相萃取 双水相法萃取蛋白是在水相中加入溶于水的高分子化合物(如聚乙二醇和葡聚糖),形成密度不同的两相体系。由于两相中均含有较多的水,故称为双水相。常见的双水相系统有聚乙二醇(PEG)/无机盐、PEG/葡聚糖等。当使用 PEG/无机盐提取胞内蛋白时,细胞碎片能全部加入下相(盐相),蛋白则留在上相(例如 PEG相)中;此时,再加入一定量的 PEG,进行第二次萃取,因多糖和核酸的亲水性较蛋白强,这样蛋白继续留在 PEG 相中,而多糖和核酸则加入盐相中;此时,再进行第三次萃取,使蛋白质加入盐相中,可使蛋白质与色素分离。由于萃取所使用的条件比较温和,有利于目的蛋白的活性保持,且所得产率高,并可到达一个较高的纯度。

影响双水相萃取分配平衡系数的因数有聚合物的分子量、无机盐的浓度、pH 及温度等。

5. 反胶束萃取 反胶束是两性表面活性剂在非极性溶剂中形成的、内含微小水滴的具有纳米尺度的集合型胶束。利用反胶束萃取蛋白质,是使蛋白质在水相或固体粉末状态下与反胶束溶液混合,在一定的条件下,使某种或几种蛋白有选择地进入到反胶束的微小水相中,从而达到分离和纯化蛋白质的目的。

反胶束的特性:①样品的分离和浓缩可同时进行,且操作过程简便;②能阻止蛋白质尤其是膜结合蛋白、胞内蛋白等在非生理环境中迅速失活、变性;③高萃取率及良好的选择性;④形成反胶束的表面活性剂往往具有破细胞壁的功能,使破壁和对胞内蛋白质或酶的萃取可一步完成。

影响反胶束物理化学特性的因素包括表面活性剂的浓度和反胶束中的含水率等。

（三）纯化方法

1. **离子交换层析** 离子交换层析是最常用的层析方法之一，它是利用蛋白质等电点的差异来达到分离和纯化的目的。离子交换所采用的分离介质是一类树脂骨架上固定有离子化基团的凝胶，由于不同蛋白质在某一特定的 pH 时所带的电荷不同，因而与这些基团的结合能力亦不同，在不同浓度的反离子溶液中被逐步洗脱下来。

2. **凝胶过滤层析** 凝胶过滤层析又称为分子筛层析，也称排阻层析，是生化分离中最常用的方法之一。其基本原理是根据生物大分子的大小来达到目标蛋白分离纯化的目的。

凝胶过滤主要用于脱盐、分级分离及分子量的测定。脱盐是将无机盐与生物大分子进行分离；分级分离则是将分子量大小相近的产物分开。在使用标准样品作对照时，凝胶过滤可以测定生物大分子的分子量。一般来说，凝胶过滤法对分子量大小差异较大的蛋白质之间的分离效果较好，而对那些分子大小差异较小的蛋白质只能达到粗分离的效果。

影响凝胶过滤分离效果的因素主要有凝胶类型、柱塔板数、上样量及流速等。对于分离不同分子量范围的样品，要采用不同类型的凝胶介质。

对于凝胶过滤，柱塔板数是影响分离效果的最关键因素，所以，一般凝胶过滤柱较长，体积较大。同时，凝胶过滤时的上样量受限制，上样体积过大，往往使分离的效果降低，通常上样体积为柱体积的 2% 左右，最多不能超过 5%（不包括 Sephadex G-25 脱盐柱，当多柱联合使用时，上样量可达柱体积的 30% 以上）。流速也对凝胶过滤层析的分离效果有一定影响，当流动相中含有高浓度的盐酸胍或尿素等变性剂时，应降低流速。凝胶过滤按其流动相的不同可分成两大类：一类是水相体系，所用的凝胶是亲水的，用于分离水溶性分子；另一类是有机相体系，所用的凝胶是疏水的，可用于分离疏水性强的蛋白质分子。

凝胶过滤法具有许多特性：①凝胶是不带电荷的惰性基质，不与溶质分子发生任何作用，因此蛋白质的回收率高，实验的重复性好；②分离蛋白质的分子量范围广，在几百到几百万之间；③凝胶介质可反复使用。

3. **反相层析** 反相层析是根据蛋白质分子疏水性的不同来实现分离的。反相层析最常用的基质是硅胶，用于分离蛋白质的硅胶必须是经过衍生化的带有脂肪族或芳香族配体的硅胶，常见的有 C_4、C_8 和 C_{18} 烷基，碳链越长则疏水性也越强。分离的目的蛋白质要溶于水，在水溶液中蛋白与介质通过疏水相互作用而被吸附，当逐渐增加流动相中有机溶剂（如乙腈、甲醇、异丙醇等）的浓度时，疏水性弱的蛋白质首先被洗脱下来，而疏水性强的蛋白被后洗脱下来。由于硅胶的耐压性能良好，分离可在高压下进行，一般采用的压力在几兆至几十兆帕的范围。

反相层析法在洗脱时需要使用有机溶剂，此类溶剂往往使蛋白质的三维结构发生变化。反相层析的优点是分离的速度和效果比疏水层析好。

反相层析所用的硅胶介质经过碱、加热和加压处理，使生成的硅胶的孔径在 $(75 \sim 1000) \times 10^{-10}$ m 之间。对于小分子物质，采用 $(75 \sim 125) \times 10^{-10}$ m 孔径硅胶的柱子比较合适；对于多肽和蛋白质分子，通常采用孔径为 300×10^{-10} m 的硅胶。硅胶用硅烷进行衍生处理后，使硅胶上形成有 $C_4 \sim C_{18}$ 长度的脂肪链。对于小分子的有机物，用 C_{18} 柱来分离效果最佳；但对分子量较大的蛋白质分子或疏水性很强的多肽，用 C_4 柱分离效果就相当不错了,此时如使用 C_{18} 柱,即使用比例很高的有机溶剂洗脱,也不能保证所需的目的蛋白质分子全部被洗脱下来,这将使样品的回收率大大降低。为了增加介质硅胶的稳定性,通常在流动相中加入 0.1% 左右的三氟乙酸(TFA),pH 为 2.1,使蛋白的分离过程在酸性条件下进行。在此系统中,碱性氨基酸比例较高的多肽和蛋白质将会过早被洗脱下来,从而影响分离效果。此时若采用不同的层析柱(如离子交换柱)或改变 pH 等,可收到较好的分离效果。

此外,反相层析柱的内径和长度也会影响分离效果,当样品量较大时,增加柱长可改善分离效果。流速对分离效果亦有明显的影响,适当降低流速,并减慢洗脱梯度,有时会大幅度提高分辨率。再者,柱子的内径与流速密切相关,直径 ≤1mm 的微型柱,流量可低至 $1 \sim 10\mu l/min$,适合于微量分析及液相-质谱联用检测方法。

4. 疏水层析 疏水层析是利用蛋白质在非变性状态下,其分子表面疏水性的差异来实现不同蛋白分子间的分离和纯化。疏水层析介质中所用的配体的疏水性较弱,配体的密度也较低。尽管蛋白质在天然状态下其疏水残基通常被埋藏在分子内部,但蛋白质表面仍然有一些小疏水区存在,它们能与介质上的疏水性配体相互作用而被吸附。增加盐的浓度就能增加表面的疏水相互作用,促使蛋白质与疏水配体结合,常用的盐浓度为 1mol/L 的硫酸铵或 2mol/L 的氯化钠。当降低盐浓度时,可选择性地将蛋白质解吸下来。但即使在很低的盐浓度下,仍可能有部分蛋白不能洗脱下来,对于这些蛋白必须向溶液中加入非极性溶剂才能解吸下来,但是这些非极性溶剂往往导致蛋白质的变性。

用于疏水层析的材料有两类,即芳香族类(如苯基琼脂糖)和烷基类(如丁基琼脂糖、辛基琼脂糖)。由于蛋白质分子在高盐浓度下易与疏水配体发生相互作用,因此用疏水层析法进行分离时,要大致估计一下目的蛋白在何种盐浓度下会发生沉淀,从而控制盐浓度,以提高分离效率。

5. 亲和层析 亲和层析的基础是生物分子之间的特异性相互作用。这些相互作用包括酶与激活剂、抑制剂、底物之间的诱导契合,抗原与抗体之间的特异性结合,激素或递质与受体之间的相互作用,以及蛋白质与 DNA、RNA 上某些特定区域之间的相互作用等。由于分子之间相互作用的特异性和专一性,用亲和层析技术进行分离,能使大多数目的蛋白在经过一次亲和柱后就达到很高的纯度。亲和层析主要包括下列 4 个步骤。

(1)亲和吸附阶段:配体与目的蛋白发生特异性结合,未与配体结合的其他杂质分子大部分直接透过层析柱,但仍有少部分杂质分子与配体发生非特异性的结合。

(2)洗涤阶段:用充分量的平衡缓冲液洗涤,以去除非特异性结合的杂质分子。

(3)洗脱解离阶段:在流动相中加入小分子亲和基、改变离子强度、改变 pH 等,使目的蛋白与配体解离。

(4)再生阶段:用大量的平衡缓冲液清洗层析柱,去除小分子亲和基,并使亲和层析凝胶恢复到原来的状态。某些凝胶再生时,如金属离子螯合层析,还需加入一定量的配体分子(如 Ni^{2+}),用以补偿在层析过程中丢失的金属离子。固相基质上的配体应该具有与目的蛋白结合的特异性,且有能形成稳定复合物的能力。当亲和力过低时,配体与目的蛋白的结合力较弱,选择性低,分离效果不理想;但若亲和力过高,洗脱条件必须十分强烈才能将蛋白洗脱下来,也就意味着有可能造成蛋白质的变性。因此,亲和层析时,选用恰当的亲和层析介质是分离成功与否的关键。

四、各种产物表达形式采用的分离纯化方法

(一) 细胞内不溶性表达产物——包涵体

大肠埃希菌表达系统表达的真核生物异体蛋白有些以不溶性形式产生并聚集形成蛋白质聚合物——包涵体。包涵体可以较容易地与胞内可溶性蛋白杂质分离,重组蛋白的纯化也较易完成。但是,包涵体中重组蛋白产物经过了一个变性复性过程,较易形成蛋白产物的错误折叠和聚合体。包涵体的分离及其中重组蛋白的纯化步骤通常包括细菌收集与破碎,包涵体的分离、洗涤与溶解,变性蛋白的纯化,重组蛋白的复性,天然蛋白的分离等。

1. 菌体细胞的收集与破碎　发酵完毕,离心收集的湿菌体细胞可采用物理、化学和酶学 3 种方法进行破碎,使包涵体释放出来。物理方法包括超声波破碎、高压匀浆和加砂研磨。前者适于中、小规模,后两者通常用于工业生产规模。化学方法最常用的是碱和表面活性剂。碱可有效地释放菌体中的蛋白质,但可引起目的蛋白的不可逆变性。表面活性剂包括离子型和非离子型,前者活性较强,在破菌的同时将包涵体一起溶解,不利于后期的纯化。酶解法常用溶菌酶溶解菌体细胞壁,适于中、小规模。破碎前菌体细胞可用酸或热处理,或暴露于非极性溶剂(苯酚、甲苯)中,有利于提高蛋白质的数量。

2. 包涵体的分离、洗涤与溶解　菌体细胞破碎后,包涵体释放出来,通过离心法进行液-固相分离,使包涵体与上清液中的碎片及杂蛋白分开。与包涵体一起被离心沉淀的杂质包括可溶性杂蛋白、RNA 聚合酶的 4 个亚基、细菌外膜蛋白、16S 和 23S rRNA、质粒 DNA 以及脂质、肽聚糖、脂多糖等。可先用 TE 缓冲液反复洗涤以除去可溶性蛋白、核酸及外加溶菌酶。在包涵体溶解前,为使其杂质含量降至最低水平,常用低浓度弱变性剂(如尿素)或温和的表面活性剂(如 Triton X-100)等处理,可去除其中的脂质和部分膜蛋白,使用浓度以不溶解包涵体中的目的蛋白为原则。此外硫酸链霉素沉淀和酚抽提可去除包涵体中部分核酸,从而降低包涵体溶解后抽提液的黏度,以利于色谱分离。

包涵体的溶解是在变性条件下进行的,目的是为了将蛋白产物变成一种可溶形式,以利于分离纯化。溶解包涵体需要打断包涵体中蛋白质分子内和分子间的非共价键、离子键和疏水作用,使多肽伸展。溶解包涵体的试剂包括尿素、盐酸胍、SDS、碱性溶剂和有机溶剂等。从保护蛋白质生物活性和安全性等方面考虑,一般很少使用碱性溶剂和有机溶剂。变性剂尿素和盐酸胍是通过离子间的相互作用使蛋白质变性并破坏高级结构,但分子内共价键和二硫键仍保持完整,而去污剂 SDS 主要是破坏蛋白质肽链之间的疏水作用。

此外,还有一种用离子交换树脂溶解包涵体的方法,溶解了的蛋白质能够折叠形成活性构象,然后选择合适的 pH 和盐浓度洗脱可清除 90% 左右吸附的菌体杂蛋白。

3. 变性蛋白的纯化　变性蛋白的纯度是影响复性效果的重要因素,虽然在洗涤和溶解包涵体时杂质已被大量去除,但要获得高纯度的重组变性蛋白,仍须对包涵体抽提物进一步分离纯化,通常可采用柱层析、凝胶过滤、离子交换层析和高效液相色谱(HPLC)等方法进行分离纯化。

4. **重组蛋白的复性**　采用适当的条件使伸展的变性重组蛋白重新折叠成为可溶性的具有生物活性的蛋白质,即为复性。为了获得高产率的复性蛋白,重折叠时应考虑下列因素:蛋白质浓度、杂质的含量、重折叠速度、氧化还原剂的用量和比例、重折叠配体的掺入以及温度、pH 和离子强度等。

（二）分泌型表达产物

分泌型表达产物通常体积大、浓度低,必须在纯化以前进行浓缩处理,以尽快缩小溶液体积。浓缩的方法包括沉淀和超滤等。沉淀包括中性盐、有机溶剂和高分子聚合物等方法。超滤是目前最常用的蛋白质溶液浓缩方法。其优点是不发生相变化,也不需要加入化学试剂,能耗低,目前已有多种截留不同分子量的膜供应。超滤中的横流过滤效率高,较适于数十升以上体积的较大规模使用。蛋白产物经过浓缩后便可进一步分离纯化。

（三）大肠埃希菌细胞内可溶性表达产物

某些基因能在大肠埃希菌胞内表达可溶性的融合蛋白,表达量占细胞总可溶蛋白的 5%~20%,有的高达 40%。这种表达方式可避免无活性的不可溶包涵体的形成,使外源蛋白在大肠埃希菌细胞中能正确折叠从而获得特定空间结构和生物功能,并以可溶性形式表达。同时,可大大简化纯化工艺,降低成本,获得高纯度高活性的目的蛋白。

经细胞破碎后的可溶性离心上清液,如果有可以利用的单克隆抗体或相对特异性的亲和配基,可选用亲和层析分离法。对处于极端等电点的蛋白质,采用离子交换分离能去除大部分杂质,也可获较好的纯化效果。

（四）大肠埃希菌细胞周质表达蛋白

周质表达蛋白是介于细胞内可溶性表达和分泌型表达之间的一种表达形式,它可以避开细胞内可溶性蛋白和培养基中蛋白类杂质,在一定程度上有利于蛋白产物的分离纯化。为了获取周质蛋白,大肠埃希菌细胞经低浓度溶菌酶处理后,一般用渗透压休克的方法获取。由于周质中的蛋白仅有为数不多的几种分泌蛋白,同时又无蛋白水解酶的污染,因此通常能够回收到高质量的蛋白产物。

 难 点 释 疑

重组 DNA 生产基因工程药物的过程。

剪切（分子剪刀:限制性内切酶）、拼接（分子缝合针:DNA 连接酶）、导入（分子运载车:载体）、表达（克隆载体:基因工程菌）、分离纯化（手段:膜过滤、各种层析等）。

五、基因工程药物的质量控制

基因工程药物与传统意义上的一般药品的生产有着许多不同之处。首先它是利用活的细胞作为表达系统来制备产品,所获得的蛋白质产品往往分子量较大,并具有复杂的分子结构;再者,许多基因工程药物（如细胞因子等）都可参与人体功能的精细调节,在极微量的情况下就会产生显著的效应,任何性质或数量上的偏差都可能延误病情甚至造成严重危害。因此,对基因工程药物产品进行严格的质量控制就显得十分必要。

基因工程药物质量控制主要包括以下几项要点:产品的鉴别、纯度、活性、安全性、稳定性和一致性。它需要综合生物化学、免疫学、微生物学、细胞生物学和分子生物学等多门学科的理论与技术,才能切实保证基因工程药品的安全有效。

点 滴 积 累

1. 基因工程菌的培养一般采用两阶段培养法,第一阶段先使菌体生长至一定密度,第二阶段诱导外源基因的表达。

2. 影响基因工程菌的发酵条件主要有培养基、接种量、温度、溶氧、pH 等。

3. 基因工程药物分离的主要方法有离心、沉淀、膜过滤、双水相萃取、反胶束萃取等,其纯化方法主要有离子交换层析、凝胶过滤层析、反相层析、疏水层析、亲和层析等。

目 标 检 测

一、选择题

(一) 单项选择题

1. 第一个基因工程药物是(　　)

　　A. 人胰岛素　　　　　　　　　　　B. 人生长激素

　　C. γ 干扰素　　　　　　　　　　　D. 重组人干扰素-α1b

2. 我国自主研制成功的拥有自主知识产权的基因工程一类新药是(　　)

　　A. 人胰岛素　　　　　　　　　　　B. 人生长激素

　　C. γ 干扰素　　　　　　　　　　　D. 重组人干扰素-α1b

3. 以下哪种方法不是控制乙酸的产生,减少抑制作用的措施(　　)

　　A. 分批培养中选用不同的碳源　　　B. 补料培养中控制补料速度

　　C. 连续培养中控制稀释速率　　　　D. 发酵过程中取出乙酸

4. 下面哪种不是基因工程载体(　　)

　　A. 质粒载体　　　　　　　　　　　B. 病毒载体

　　C. 噬菌体载体　　　　　　　　　　D. 细胞

5. 基因工程中常用的限制性内切酶是(　　)

　　A. Ⅰ类限制内切酶　　　　　　　　B. Ⅱ类限制内切酶

　　C. Ⅲ类限制内切酶　　　　　　　　D. DNA 聚合酶

6. 在基因工程中用来完成基因的剪切和拼接的工具是(　　)

　　A. 限制酶和连接酶　　　　　　　　B. 限制酶和水解酶

　　C. 限制酶和运载体　　　　　　　　D. 连接酶和运载体

7. 下列 DNA 片段中含有回文结构的是(　　)

　　A. GAAACTGCTTTGAC　　　　　　　B. GAAACTGGAAACTG

　　C. GAAACTGGTCAAAG　　　　　　　D. GAAACTGCAGTTTC

8. *Eco* R Ⅰ 的识别位点是(　　)

　　A. ⋯GCATGC⋯　　　　　　　　　　B. ⋯GTTAAC⋯

　　　　⋯CGTACG⋯　　　　　　　　　　⋯CAATTG⋯

C. …AAGCTT…　　　　　　　　　　　　D. …GAATTC…
　　…TTAGAA…　　　　　　　　　　　　　…CTTAAG…

9. 不属于 PCR 技术的 3 个步骤的是(　　　)

　　A. 变性　　　　　　B. 退火　　　　　　C. 翻译　　　　　　D. 延伸

10. 基因工程中最常用的表达系统是(　　　)

　　A. 大肠埃希菌表达系统　　　　　　　B. 酵母表达系统

　　C. 转基因动物　　　　　　　　　　　D. 转基因植物

(二)多项选择题

1. 基因工程药物常分为 4 类,包括(　　　)

　　A. 激素和多肽类　　　　B. 酶　　　　　　　C. 重组疫苗

　　D. 单克隆抗体　　　　　　E. 抗生素类

2. 基因工程工具酶可分为三大类,包括(　　　)

　　A. 限制性内切酶　　　　B. 连接酶　　　　　C. 修饰酶

　　D. 水解酶　　　　　　　E. 磷酸激酶

3. 基因工程药物常用的纯化方法有(　　　)

　　A. 离子交换层析　　　　B. 凝胶过滤层析　　C. 反向层析

　　D. 疏水层析　　　　　　E. 亲和层析

4. 影响基因工程菌发酵的因素有(　　　)

　　A. 培养基　　　　　　　B. 接种量　　　　　C. 温度

　　D. pH　　　　　　　　　E. 溶解氧

5. 影响基因工程产物分离纯化工艺的主要因素有(　　　)

　　A. 产物活性、纯度和杂质　　　　　　B. 产物表达形式和表达水平

　　C. 发酵条件　　　　　　　　　　　　D. 产物本身的分子特性

　　E. 产物的用途和需求量

6. 作为 DNA 重组载体一般应具备的基本条件为(　　　)

　　A. 能够进入宿主细胞　　　　　　　　B. 能够独立复制

　　C. 有筛选标记　　　　　　　　　　　D. 较少的酶切位点

　　E. 较少的拷贝数

7. 凝胶过滤法的特性有(　　　)

　　A. 蛋白质的回收率高　　　　　　　　B. 实验的重复性好

　　C. 分离蛋白质的分子量范围广　　　　D. 分子量小的分子先流出

　　E. 凝胶介质可反复使用

8. 基因工程药物常用的沉淀分离方法有(　　　)

　　A. 等电点法　　　　　　B. 盐析法　　　　　C. 有机溶剂沉淀法

　　D. 结晶法　　　　　　　E. 反相层析法

9. 在植物基因工程中经常使用的载体有(　　　)

　　A. Ti 质粒　　　　　　　B. Ri 质粒　　　　　C. F 因子质粒

　　D. R 因子质粒　　　　　E. pBR322 质粒

10. 亲和层析的主要操作步骤有(　　　)

　　A. 吸附　　　　　　　　B. 洗涤　　　　　　C. 萃取

D. 再生　　　　　　E. 解离

二、问答题

1. 简述基因工程制药的诞生和发展历程。
2. 简述基因工程菌的构建过程。
3. 简述基因工程制药的基本过程。
4. 简述影响基因工程菌发酵的因素。
5. 简述基因工程药物的分离、纯化方法。
6. 简述质粒载体 pBR322 的结构。
7. 简述 PCR 反应的基本原理及每个循环的步骤。
8. 简述获得目的基因常用的方法。
9. 常用的限制性核酸内切酶有哪几种类型？并简述其特性。
10. 简述基因工程中常用大肠埃希菌作为工程菌的优缺点。

三、实例分析

1. 艾滋病被称为"世纪瘟疫"，人类至今尚未找到医治这一顽症的理想方法。现在普遍采用的"鸡尾酒"疗法就是让患者服用抗反转录酶等抗病毒药物，以控制病情的进一步发展，但它无法完全杀灭病毒，而且还会产生毒副作用。用"治疗疫苗"抑制艾滋病毒是治疗新思路。艾滋病治疗性疫苗将大有可为，成功正离人类越来越近。

结合本章基因工程药物探讨分析艾滋病基因工程疫苗的制备思路。

2. 许多重要的药用植物除了利用植物细胞培养技术获得外，还可利用基因工程进行转基因药用植物获得，如人参、丹参、紫草等。利用基因工程技术改造次生代谢途径、提高有用次生代谢产物的含量等已成为中草药生物技术研究的热点之一。

试写出通过 Ti 或 Ri 质粒介导的遗传转化操作方案。

（陈电容　陈秀清）

第四章 细胞工程制药技术

细胞工程是生物工程的重要组成部分,它是应用细胞生物学和分子生物学等学科的理论和技术,按照人们的需要,有计划、大规模地培养生物组织和细胞以获得生物及其产品,或者通过改变细胞的遗传组成以产生新的种或品种,为社会和人类生活提供需要的综合科学技术。

第一节 概 述

细胞工程是生物学、细胞学、遗传学、生物化学、发酵工程等学科交叉渗透、互相促进而发展起来的。作为生物工程主体之一的细胞工程,是在细胞水平上改造生物的遗传物质,它在技术和仪器设备上的要求,不像基因工程那样复杂,也不需要昂贵的材料,投资少,有利于广泛开展研究和推广,有着更大的实践意义,正得到科学界的日益重视。结合目前我国国情,细胞工程有可能比基因工程开展得更广泛、更活跃,并有可能在较短时间内取得更大的经济效益。

细胞工程的研究范围十分广泛,采用的技术也多种多样,既有长期以来应用的动、植物细胞和组织培养技术,又有近年来发展起来的细胞融合和细胞器操作技术。更值得重视的是,细胞工程已逐渐与生物工程的核心技术 DNA 重组技术结合起来,创立了动、植物细胞遗传工程。从研究水平进行划分,细胞工程可以分为细胞水平、组织水平、细胞器水平和基因水平等几个不同的层次。目前,细胞工程所涉及的主要技术有:动、植物组织和细胞培养技术、细胞融合技术、细胞器移植和细胞重组技术、体外受精技术、染色体工程技术、DNA 重组技术等。

在生物制药领域中,利用各种微生物发酵生产蛋白质、配制剂、氨基酸、维生素、多糖、低聚糖等产品。为了使其高产优质,除了通过各种化学、物理方法诱变育种及基因工程育种外,采用细胞融合技术或原生质体融合技术也是一种有效的方法。同时,采用动物、植物细胞大量培养生产各种保健食品的有效成分及天然食用色素等都是生物工程领域的重要组成部分,在食品、医药及化工等领域得到广泛应用。

细胞工程(cell engineering)包括细胞融合技术、动物细胞工程和植物细胞工程等内容。

点 滴 积 累

细胞工程所涉及的主要技术有动、植物组织和细胞培养技术、细胞融合技术、细胞器移植和细胞重组技术、体外受精技术、染色体工程技术、DNA 重组技术等。

第二节　细胞融合技术

一、细胞融合技术的建立和发展

（一）细胞融合技术的涵义

细胞融合技术（cell fusion technology）是指两种不同亲株经酶法除去细胞壁得到两个球状原生质体（protoplast）或原生质体球（spheroplast），然后置于高渗溶液中，在以聚乙二醇（polyethylene glycol，简称 PEG）助融和 $CaCl_2$ 存在的条件下，促使两者互相凝集并发生细胞之间的融合，进而导致基因重组，获得新的菌株，这种融合又称为原生质体融合，其融合频率明显高于常规杂交育种数倍到几十倍。原生质体化后进行融合可克服天然性融合的屏障，并可进行遗传标记，可促进基因重组，对遗传育种，选育优良品系，以达到高产优质具有重要实践意义。

（二）细胞融合技术的建立和发展

早在 1912 年，Lamnbert 首次发现了多核细胞形成的过程。1938 年，Muller 观察到肿瘤多核细胞融合现象。1950 年，法国学者 Barski 研究观察到两种细胞混合培养自发产生细胞融合现象。1953 年，weibull 首次用溶菌酶制备得到巨大芽孢杆菌的原生质体。1958 年，日本冈田善雄（Okada）采用紫外光灭活仙台病毒（HVJ）在体外人工条件下诱导艾氏腹水癌细胞融合。1960 年，Cocking 用酶法制备原生质体成功。1970 年，Ruddle 等对细胞融合技术开展了系统的研究。1972 年，Carlson 等人将粉蓝烟草和郎氏烟草两个异体细胞融合成功。1974 年，高国楠发现聚乙二醇（PEG）在 Ca^{2+} 参与条件下能促进原生质体融合并可显著地提高其融合率，后来研究证明原核生物与真核细胞之间、动物细胞与植物细胞之间、人细胞与植物细胞之间均可进行细胞融合。1979 年，在匈牙利召开的第五届国际原生质体学术讨论会上认为"应用原生质体和发展操纵它们的方法已引起实验生物学的无声革命"。20 世纪 80 年代以来又发展了电融合法、电磁融合法、激光融合法等技术，使细胞融合技术进入成熟的发展阶段。

 知 识 链 接

仙台病毒是一类被膜病毒，属于副黏液病毒族，直径为 $50\sim600nm$，是由两层磷脂组成，外膜包裹着 RNA 和蛋白质的复合体。

仙台病毒感染细胞过程包括两步：①病毒颗粒结合到细胞表面受体；②病毒被膜与受体细胞的浆膜融合，同时将病毒壳包核酸注射到细胞内。实验证明，仙台病毒颗粒与细胞结合以及与细胞融合的活力部分即位于病毒颗粒的被膜。所以仙台病毒颗粒的被膜可提供作为泡囊，把外来 DNA 带入胞质内，即诱导细胞融合的不是仙台病毒内部的 RNA，而是它的外膜。

二、动物细胞融合和体细胞杂交

细胞融合一般是指在离体条件下用人工的方法把两个或两个以上的体细胞合并在

一起,它与两个性细胞的结合(受精)不同。精子、卵子的结合虽然也是一种融合,但它是有性的,而且必须是在体内进行的。不同生物的远缘杂交一般是要受到严格限制的。偶有远缘杂交出现,所产生的杂种子代也是不育的(如驴马杂交所生骡的例证)。体细胞的无性杂交才是真正意义上的细胞融合技术。另外,性细胞是单倍体,结合后形成二倍体细胞;而体细胞融合后可形成四倍体或多倍体细胞,由此形成的杂交细胞,其特性会有很大的变化。

现在已证明不仅是动物或植物的种内、种间或属间的体细胞,甚至动物和植物之间也可互相融合。因此,细胞融合技术对于研究不同细胞之间的相互作用,不同核质之间的相互作用,杂种细胞遗传特性的变异,以及根据杂交细胞中染色体物质的专一性排除现象研究人类及动、植物的基因图谱,在设计遗传工程中的基因选择等方面都是很有用的。

(一)促进细胞融合的方法

根据细胞融合技术研究进展和研究内容,促进细胞融合的方法有如下几种:

1. 生物学法　采用病毒促进细胞融合,如仙台病毒、疱疹病毒、天花病毒、副流感型病毒、副黏液病毒一些致癌病毒等均能诱导细胞融合。其中仙台病毒(HVJ)是最早应用于动物细胞融合的融合剂。仙台病毒具有毒力低,对人危害小,而且容易被紫外线或 β-丙炔内酯所灭活等优点,这是生物学法最常用的细胞融合剂。

2. 化学融合剂法　20 世纪 70 年代以来,采用的化学融合剂包括 PEG、二甲亚砜(dimethylsulfoxide,简称 DMSO)、甘油乙酸酯、油酸盐及磷脂酰丝氨酸等脂类化合物。在 Ca^{2+} 存在下皆可促进细胞融合。其中 PEG 的应用更为广泛,因为 PEG 作为融合剂比病毒更容易制备和控制;作为表面活性剂,其活性稳定,使用方便,同时促进细胞融合的能力比较强。由于 PEG 与水分子以氢键结合,使自由水消失,导致高度脱水的原生质凝集融合。融合时必须有 Ca^{2+} 参与,因为 Ca^{2+} 和磷酸根离子结合形成不溶于水的络合物作为"钙桥",由此引起融合。

有研究报道,PEG 与 DMSO 并用时融合效果更佳。由于体外培养的细胞很少会发生自发融合(融合频率在 $10^{-4} \sim 10^{-6}$ 之间),因此,要采用生物、化学或物理的方法人为地促使细胞融合。

 知 识 链 接

聚乙二醇为一种多聚化合物,分子式 $H(OCH_2 \cdot CH_2)_n OH$,商品名卡波蜡(carbowax),实验室用的 PEG 平均相对分子质量在 200 ~ 20 000,一般 1000 以下者为液体,1000 以上者为固体。这种多聚化合物靠醚键的联结使其分子末端带有弱电荷。

3. 电处理融合法　1973 年,研究发现在高频电场脉冲条件下,细胞透性增加,这种效应称为可逆电降解。20 世纪 80 年代初,Zimmermann 等发展了电诱导原生质体融合技术。发生细胞降解所需的膜电压为 1V 以上,4μm 球状细胞压强为 3kV/cm,如果两极之间距离为 200μm,要达到 3 kV/cm 强度所需电压为 60V,操作温度为 4℃。当细胞处于电场中,细胞壁两面产生电势,其数值与外加电场的强度以及细胞的半径成正比。

由于细胞膜两面相对电荷正负相吸,使细胞膜变薄,随着外加电场强度升高,膜电场增强,当膜电势增强到临界电势时,细胞膜处于临界膜厚度,导致发生局部不稳定和降解,从而形成微孔。形成的微孔寿命与所处温度有关,4℃时膜微孔寿命可达 30 分钟,若 37℃ 则其寿命仅为几秒或几分钟。为了使原生质体间更紧密接触,采用双向电泳技术,使其受到一个非均匀交流电场(kHz 到 MHz)的作用,泳动的一个一个细胞靠拢形成链状排列,电融合原理见图 4-1。

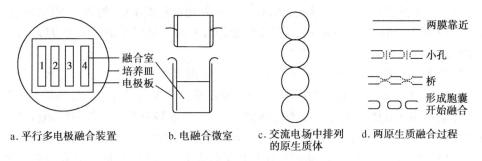

a.平行多电极融合装置　　b.电融合微室　　c.交流电场中排列　　d.两原生质融合过程
　　　　　　　　　　　　　　　　　　　　　的原生质体

图 4-1　电融合诱导法原理示意图

上述方法属非专一性融合法,存在着双亲自体融合的问题。近年来,又发展了电融合技术的种种改进方法。

(1)细胞物理聚集电融合法:此法包括磁-电融合法(magneto-electro fusion)和超声-电融合法(acoustic-electro fusion)。Vienken 等研究用 1.0MHz 的超声波(波长 1mm),其优点是不必对细胞进行预处理。

(2)细胞化学聚集电融合法:此法采用低浓度的 PEG、植物血球凝集素 PHA(phyto-haemagglutinin)、伴刀豆蛋白 A(ConA)等粘连剂促进细胞聚集接触,然后加电脉冲诱导融合,洗去粘连剂后再培养细胞。

(3)特异性电融合法:此法采用特异性接触,以实现特异性融合。Lo 等首先在单抗制备中利用生物素、抗生物质、抗原-抗体的特异亲和力,使得骨髓瘤细胞只与具有特异性抗体的 B 细胞配对接触。用此法来制备 ACE 酶(angiotensin-converting enzyme)的单抗,所获得的杂交液 100% 都分泌单抗 ACE 抗体。胡强华等用 SPDP 双功能试剂直接将抗原标记在骨髓瘤细胞上,利用抗原抗体的特异结合造成特异配对,用此法制备转铁蛋白的单抗,获得 100% 特异抗体阳性率。

(二)杂交瘤技术

1. 杂交瘤技术概况　当两个细胞紧密地接触的时候,其细胞膜可能融合在一起,而融合的细胞含有两个不同的细胞核,称为异核体(heterokaryon),在适当的条件下,它们可以融合在一起,产生具有原来两个细胞基因信息的单个核细胞,称为杂交细胞(hybrid cell)。多年来,在进行体细胞融合过程中,常常发现杂交细胞染色体丢失,只保留亲代细胞的某一种特性。

1975 年,Kohler 和 Milstein 应用小鼠骨髓瘤细胞和绵羊细胞致敏的小鼠脾细胞融合,得到的一部分融合杂交细胞既能继续生长,又能分泌抗羊红细胞抗体,将这种杂交细胞系统称为杂交瘤,应用这种方法可制备单一抗原决定簇的单克隆抗体。事实上在此之前,1970 年 Sinkovics 等已经报道过产生特异性病毒抗体的淋巴细胞和由病毒引起的肿瘤细胞可以自然地在体内形成杂交瘤分泌特异性抗体。1973 年 Schwaber 与

Coken 首次报道了鼠-人杂交瘤的成功。1974 年 Bloom 与 Nakamura 首次应用人的 B 细胞与人的骨髓瘤细胞融合产生淋巴因子。以后于 1980 年 Luben 与 Molle 证明,在体外培养 10 天的小鼠胸腺细胞能够产生淋巴因子,并能代替在体外培养中产生初次免疫(primary immunization,也称原发性免疫)反应所需要的免疫 T 细胞。他们应用这种胸腺细胞培养液(称为条件培养液)加到小鼠脾细胞培养物中,并加入抗原(淋巴因子-破骨细胞激活因子)刺激脾细胞产生免疫反应,随后用这种细胞与鼠骨髓瘤细胞杂交而产生破骨细胞激活因子的单克隆抗体,建立了体外初次免疫反应,缩短了在体内免疫的时间。1978 年 Miller 与 Lipman 应用 EB 病毒转形人的 B 淋巴细胞产生单克隆抗体,使杂交瘤单克隆抗体技术向前迈进了一步。

2. B 淋巴细胞杂交瘤技术和单克隆抗体　应用 B 淋巴细胞杂交瘤技术大量制备单克隆抗体,是当今生命科学领域中可以和 DNA 重组技术相提并论的又一重大成就。

在动物的脾脏里有上百万 B 淋巴细胞,每一个 B 细胞及其分化的浆细胞就是一个克隆,因此,担负产生抗体的 B 淋巴细胞有 100 万左右的克隆。而抗原性物质通常具有多个不同结构的抗原决定簇,能刺激多个 B 细胞克隆产生反应,每一个 B 细胞克隆只能产生针对单一抗原决定簇的复数个抗体,但这些抗体对同一抗原决定簇又有着不同的亲和性。即使抗原含有单一决定簇,仍能刺激多个 B 细胞克隆产生反应。由此不难看出,用某种抗原使动物免疫而得到的抗血清,其所含的抗体是来自多克隆的,是针对抗原的不同决定簇的,是高度复杂的混合物。在使用这样的抗血清进行研究时,既有需要的抗体也有不需要的,其中不需要的可能对免疫鉴定产生干扰,致使研究得不到明确的结果。可是,要由上述混合抗体的抗血清中分离、精制某特定的单一抗体是极其困难的,甚至几乎是不可能的。

抗体由 B 淋巴细胞产生,为了得到能产生单一抗体的淋巴细胞,并且要求这种淋巴细胞既能在一般的体外培养条件下进行正常的生长繁殖(可惜目前正常淋巴细胞在体外还无法培养成功),而且还要能持久地产生这种单一抗体。Kohler 和 Milstein 发现,存在于多发性骨髓瘤疾病中的 B 细胞肿瘤,由于在浆细胞中发生了成瘤转化而能产生免疫球蛋白,而且这种细胞能在体外生长易被克隆。受到这种天然肿瘤 B 淋巴细胞能产生抗体的启发,他们利用骨髓瘤细胞与淋巴细胞融合成杂交瘤制造各种单克隆抗体,使之成为一种成型的生产单克隆抗体的杂交瘤技术。

骨髓瘤细胞可以在体外培养生长,而且比正常细胞生长繁殖速度要快。此种细胞可以从患骨髓瘤的小鼠体中获得,只是这种细胞不会产生抗体。用特定的抗原刺激正常小鼠脾脏 B 淋巴细胞,B 淋巴细胞就会产生相应单一的特异性抗体,但这种 B 淋巴细胞却难以在体外培养。杂交瘤技术就是将这两种各具功能的细胞融合在一起,培养成既能产生单一抗体,又能在体外快速生长的杂交瘤细胞。此种杂交瘤细胞群持续分泌的成分单一有特异性的抗体,我们称之为单克隆抗体(monoclonal antibody,McAb)。

在骨髓瘤细胞与淋巴细胞融合成功后,混合物中共有三种细胞存在,即没融合的两种细胞和杂交瘤细胞。为了分离出纯的有用的杂交瘤细胞,在融合之前一定要采取有效的措施加以保证。由于淋巴细胞本来就不适于在体外生长,因此,没融合的淋巴细胞在培养的过程中经过 6~10 天便会自行死亡,从而不会影响杂交瘤细胞的生长。没融合的骨髓细胞却因其生长速度快而排挤杂交瘤细胞的生长,不利于杂交瘤细胞的分离。

(1)单克隆抗体的特点:采用杂交瘤细胞技术制备的单克隆抗体与常规免疫所获

得的多克隆抗体有很大的不同。首先单克隆抗体是针对单一抗原决定簇的化学结构完全相同的单一抗体,其特异性强,与其对应抗原的亲和力高度均一。制备时无需使抗原纯化,适于由未纯化的抗原大量制备。杂种瘤细胞株可冷冻于液氮中长期保存,所以单克隆抗体可以重复、稳定地制备,不会因批号不同而产生差异,只要使用来自同样杂交瘤的单克隆抗体,就能够以同一标准比较各研究室的数据。产生单克隆抗体的杂交瘤株可在体外扩大培养,亦可由被接种小鼠的腹水及循环血中获得,因而一旦获得稳定的杂交瘤株,单克隆抗体的生产是很方便的。此外,用动物免疫难以制取的抗体,也可由本法简便地获得。

(2)B 淋巴细胞杂交瘤技术过程:目前用以生成各种单克隆抗体为目的的 B 细胞杂交瘤,主要是由小白鼠的骨髓瘤细胞和免疫小鼠的脾细胞融合而成。主要过程包括细胞融合及杂交瘤细胞的选育和克隆化,如图 4-2 所示。

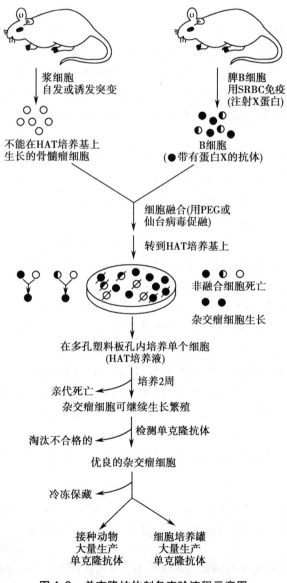

图 4-2 单克隆抗体制备实验流程示意图

1）骨髓瘤细胞株：首先，骨髓瘤细胞本身不能分泌抗体，不然杂交瘤细胞将会产生多种混合抗体影响单抗的产生；第二要选择 HGPRT⁻ 或者 TK⁻ 骨髓瘤细胞作融合亲本。在已经建立融合用的瘤细胞株中，最常用的细胞是纯系小白鼠的腹水型浆细胞（如 NS-1 株和 Sp2/O 等细胞株）。

瘤细胞株在融合前一周移种在含 10% 小牛血清（FCS）的 RPMI1640 培养基或 DMEM（Dulbecco's modified Eagles medium）内传代（2～3 代），融合的前一天换液培养，融合时使用对数生长期的细胞（活细胞数在 95% 以上）制备细胞悬液。

2）免疫脾细胞：是经特定抗原免疫能产生目的抗体的动物淋巴细胞，并且免疫动物种系要与骨髓瘤细胞系一致或有相近亲源关系。如 BALB/c 系小白鼠的淋巴细胞与同品种白鼠的骨髓瘤细胞融合，所得杂交瘤细胞的染色体稳定，也能较理想地分泌目的抗体。而人鼠或兔鼠所得的杂交瘤细胞染色体很不稳定，分泌单抗的能力也很快丧失。

免疫动物使用 BALB/c 小鼠（8～12 周龄）3～5 只，免疫期间不超过 4 周。最末次免疫后 3 日放血杀死，在无菌条件下取鼠脾脏放入有培养液的平皿中，并用注射针头向脾内数处刺入。用含 10% FCS 的 1640 的培养液灌流脾脏，使脾细胞流出，用尼龙网（200～400 目，经高压灭菌后使用）过滤后离心收集细胞。再经 NH₄Cl 溶血液* 在 0℃ 下处理 5～10 分钟除去红细胞，最后制备成脾细胞悬浮液（含单核细胞约 95%）备用。

3）融合：①培养后的骨髓瘤细胞（NS-1 株）和脾细胞悬液，分别用无血清 1640 培养基洗两次后，计数活细胞数；②在室温条件下按 $2\times10^8:2\times10^7$（脾细胞：NS-1 细胞数）在离心管内混合两种细胞，然后离心（1000r/min）10 分钟；③去上清液，轻轻叩振离心管使细胞沉渣散开，用吸管滴入融合剂（45% 的 PEG 液**）0.5ml，旋转离心管或用吸管尖轻轻搅拌；④加入 PEG 后每间隔 0.5～1 分钟，滴加无血清培养液（先在水浴 37℃ 预温）1ml，每次都旋转或轻搅拌，尽可能增加细胞暴露接触 PEG 的机会，把细胞沉渣变成均质的悬液；⑤连续滴加 10 次无血清培养液后（融合过程不超过 6～7 分钟），离心去上清，再加 20ml 含 10% 的 FCS1640 培养液悬浮，离心 10 分钟；⑥去上清的细胞沉渣，用 10% FCS1640 培养液洗两次后再悬浮，并在 37℃ CO₂ 培养箱内培养过夜，以后进行杂交瘤细胞的选育分离。

4）杂交瘤细胞的选育：①将上述培养过夜的细胞混合物，1000r/min 离心 10 分钟，去上清；②沉下的细胞用 20ml（对 10^8 个融合脾细胞）的 HAT-10% FCS1640 培养液（HAT 培养基***）悬浮；③分注于 96 孔培养板的每个孔内（0.2ml/孔），37℃ CO₂ 培养箱内培养；④第一周每三日，第二周每二日换液（HAT 培养液）一次，如果培养后第二日培养液变黄，立即换液；⑤从第三周起改换 HT-10% FCS 的 PMI1640 培养液，

注：* NH₄Cl 溶血液：NH₄Cl 155mmol/L，Na₂EDTA 1mmol/L，KHCO₃ 10mmol/L，pH7.0；

　　** 45% PEG 溶液：PEG4000　1g，RPMI 1640 培养液 0.9ml，DMSO（dimethyl sulfoxide）0.3ml；

　　*** HAT 培养基：

HAT 培养基：100ml 10% FCS RPMI 1640 培养基内加入氨基蝶呤（A）、次黄嘌呤（H）、胸腺嘧啶（T）等的 100×浓缩液各 1ml。

至第四周起换 10% FC1640 培养液;⑥用酶联免疫技术(ELISA)检测各孔培养上清液,发现目的抗体阳性孔时,则将细胞从 96 孔培养板移至 24 孔培养板继续扩大培养。

5)杂交细胞克隆化:融合细胞在选育培养过程中,如果上清液内检出了目的抗体,立即进行细胞的克隆化,克隆方法有两种:即软琼脂法和有限稀释法。

软琼脂法:①将 1ml 的 2.4% 琼脂(2.4g 琼脂加 100ml 0.9% NaCl 高压灭菌)和 9ml 质量分数为 10% 的 FCS640 培养液混合;②将①制备成的 0.24% 琼脂 5ml 注入平皿(直径 60mm),待凝固成底层琼脂;③将待克隆化的杂交瘤细胞 100 ~ 1000 个与 1 ~ 1.5ml 的 0.24% 琼脂混合,并流注于底层琼脂上待凝固;④在 CO_2 培养箱内 37℃继续培养 7 ~ 10 天,出现肉眼可见细胞集落;⑤在显微镜下用吸管将集落移种入培养板孔内;⑥细胞增殖达到一定数量后,检查培养上清中的抗体;⑦从有抗体活性的细胞克隆中选出 4 ~ 6 个在液氮中冷冻保存。

有限稀释法:当目的杂交细胞克隆率低(在 10^{-3} 以下),或被克隆化的细胞不能稳定培养下去时,多用有限稀释法,为了使细胞很好地繁殖,必须加饲养细胞,能使有限稀释的克隆效率几乎达 100%,饲养细胞用脾细胞、胸腺细胞或用腹腔细胞。①采集脾细胞(或胸腺细胞)2×10^8 或腹腔细胞 4×10^6,悬浮于 40ml 的 10% FCS 1640 培养液中作为饲养细胞;②向饲养细胞中混加欲克隆化的杂交瘤细胞;③向两个 96 孔培养板的每个孔中加入 0.2ml 进行培养;④每 3 日换液一次;⑤待细胞增殖至一定数量时,检测培养上清液的抗体活性;⑥选有抗体活性的克隆 4 ~ 6 个用液氮冷冻保存。

杂交瘤细胞已经克隆化后,再通过细胞培养取细胞培养上清液;或将细胞注入小鼠腹腔内增殖,然后采集腹水,提取单克隆抗体。将这些单克隆抗体进行分析、鉴定并精制成制剂后使用。

三、植物原生质体融合和体细胞杂交

自 20 世纪 70 年代中期以来,植物组织培养技术已扩展到培养不具细胞壁的原生质体。从高等植物细胞经酶法去壁分离出的原生质体,由于既排除了原有坚硬的细胞壁,又还保持着植物细胞具有全能性的特点,能从原生质体再生成完整植株,已成为近代实验生物学方面的一种极好材料。它对于基础理论研究,如细胞的生理、质膜的运输特性、细胞壁的重建等研究提供了有利条件。原生质体没有细胞壁,但在一定培养条件下可以再生细胞壁,这就提供了唯一的活系统以探讨细胞壁在质膜表面的组装。此外,无细胞壁的原生质体也有利于研究细胞分裂。

(一)原生质体的制备

1. 材料与酶液的准备

(1)材料的选择:现在虽然几乎从植物的每一部分都可以分离出原生质体,最常用的材料还是植物的叶片。原生质体可从培养的单细胞、愈伤组织和植物器官(叶、下胚轴等)获得。从所获得原生质体的遗传一致性出发,一般认为由叶肉组织分离的原生质体遗传性较为一致。从培养的单细胞或愈伤组织来源的原生质体发现,由于受到培养条件和继代培养时间的影响,致使细胞间发生遗传和生理差异。因此,单细胞和愈伤组织不是获得原生质体十分理想的材料。

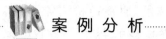 **案 例 分 析**

案例

小麦、大麦作原生质体培养时宜选取 3~7 天的第一片嫩叶;烟草宜取叶龄 60~100 天的叶片。

分析

用叶片做材料时,注意植物的生长环境、叶片的年龄及其生理状态。

至今,从原生质体培养而再生植株的有 20 种以上,如番茄、芹菜、胡萝卜、甘蓝、青菜、油菜、石刁柏、土豆、黄瓜、玉米、烟草、大麦、燕麦、大豆、矮牵牛、百合、柑橘、甘蔗、红豆等。

(2)材料的消毒:除用在无菌条件下培养的愈伤组织或悬浮培养的细胞为材料时无需消毒外,叶片等一般材料都要进行表面消毒。使用的药剂通常是乙醇、升汞或次氯酸钠溶液等。小麦、大麦与烟草的叶片可以先用稀肥皂水略加清洗,并用清水冲洗,再在无菌条件下先在 70% 的乙醇溶液中浸 3~4 秒,随即移入 0.1% 升汞溶液中浸 4~5 分钟或在 3% 次氯酸钠溶液中浸 10~15 分钟,最后用无菌蒸馏水洗涤 4~5 次。

(3)酶液的制备:制备酶液时应注意酶的种类、酶液的浓度、酶液的组成成分以及酶液的 pH,酶液是否合适不仅直接关系到去壁的效果,而且对原生质体的产量、质量和细胞分裂都有影响。

常用的酶有纤维素酶、半纤维素酶和果胶酶。我国由 EA₃867 菌株生产的纤维素酶,由于本身就是一个复合酶,使用时,一般可以不加半纤维素酶与果胶酶。

用国产纤维素酶配制酶液时,一般可将酶粉按 1%~4% 的质量浓度溶解于 0.4~0.8mol/L 的甘露醇溶液中,pH 为 5.4~5.8。为了提高原生质体的稳定性与活性,可在酶液中加入适量的氯化钙、磷酸二氢钙或磷酸二氢钾以及葡聚糖硫酸钾,甚至有将酶粉直接溶解于无激素的整个培养液中来配制酶液。溶解后的酶液先在 10 000r/min 的离心机离心约 20 分钟,而后将上清液通过安装有 0.45μm 微孔滤膜的无菌过滤器,得到的无菌酶液可贮存于冰箱中供用。

2. 原生质体的分离 小麦、大麦的嫩叶可用含 1%~1.5% 国产纤维素酶的 0.6~0.65mol/L 甘露醇溶液分离。烟草的叶片可用含 1%~1.5% 国产纤维素酶的 0.5mol/L 甘露醇溶液分离。

将小麦、大麦或烟草经过消毒的叶片,在无菌条件下撕去下表皮,而后将去掉下表皮的一面向下,平铺于培养皿内无菌酶液的液面上,随即盖上培养皿盖,以防蒸发。一般 1g 重量的叶片约需 10ml 酶液,在 25~28℃ 下静置 2~3 小时。最后轻微摇动即可见原生质体大量释放出。再将此悬浮有原生质体的酶液在无菌条件下用孔径 40~100μm 的不锈钢网过滤除去残渣,然后低速离心(500r/min)4~5 分钟,原生质体便沉积于离心管底部,吸去上清液,沉积的原生质体用不含酶的上述甘露醇溶液洗涤二次,再用培养液洗一次,即可进行培养。

从愈伤组织分离原生质体时,程序大致相同,但酶液中酶的浓度应稍高,酶处理的时间应适当延长,有时还需要稍加振荡。

（二）原生质体的活力鉴定

制得的原生质体是否有活力,是原生质体培养成败的决定性因素,一般对原生质体活性的检查,凭形态即可识别,如把形态上完整、含有饱满的细胞质的原生质体放入略为降低渗透压的洗涤液或培养基中,即可见到分离时缩小的原生质体又恢复原态,那些正常膨大的都是有活力的原生质体。

（三）原生质体的培养

原生质体培养与细胞培养相似,有两个重要环节。

1. 诱导细胞分裂与形成愈伤组织　有活力的原生质体,在适宜的培养基上很快就开始细胞壁再生和细胞分裂过程,由于细胞持续分裂,1~2 个月后在培养基上出现肉眼可见的细胞团。细胞团长到 2~4mm,即可转移到分化培养基上,诱导分化芽和根,长成完整植株。至今诱导成苗的已有十多种植物的原生质体。

（1）培养方法:一般可分液体培养和固体培养。液体培养的优点是通气条件好,排泄物扩散好,易于加入新的培养液,易于转移,生长速度一般较固体培养快;但不易定点观察,原生质体易黏聚成团。固体培养的优点是可以定点观察一个原生质体的生长与分裂,但生长速度较慢。

1）液体培养:按培养液用量的多少可分为浅层液体培养与微滴或悬滴培养。

浅层液体培养:通常是将洗去酶液的原生质体重新悬浮于培养液中,使原生质体在培养液中的密度达 $10^4 \sim 10^5$ 个原生质体/ml,而后接种于直径 6~7cm 的培养皿或 50ml 三角瓶中,使原生质体悬浮液在培养皿或三角瓶中呈厚度 2~3mm 的一薄层液体。随即用胶带封口,在 25℃ 左右静置培养,并提供一定的光照,照度从 100lx 烛光到 3000lx 不等,视不同的植物而异,当原生质体已再生壁,并开始细胞分裂后（几天甚至十天以上）,即可加入适当降低了渗透压的新鲜培养液,有时宜适当增加这种培养液中蔗糖的含量并减少甘露醇的含量。发现已形成小细胞团时,就可将此悬浮液与同样也降低了渗透浓度、含琼脂 1%~2% 的琼脂培养基（40℃融化）迅速等量混合,进行平板培养,直到形成肉眼可见的愈伤组织。

微滴与悬滴培养的方法较多,比较简便的操作如下:将原生质体悬浮液用移液管在小培养瓶或培养皿中滴 50μl 左右的微滴,随即密封培养,或于密封后将滴成 20~40μl 大小微滴的培养瓶或培养皿底部翻转向上,使微滴成为悬滴,进行悬滴培养,为了保持湿度,防止水分蒸发,除应将培养瓶或皿放在湿度较高的条件下进行培养外,最好在瓶（皿）内适当多滴一些微滴,并注意及时加液或注意转移培养物;或是在已悬有悬滴的培养皿的底部,先加入适当的培养液,而后再密封进行培养。

2）固体培养:将原生质体悬液与含琼脂 1.2% 的相同培养液（40℃融化）迅速等量混合。原生质体的密度可与液体培养的密度相似或较小,随即密封平板培养。

（2）培养基:培养原生质体的培养基一般与其细胞培养时所需的培养基相似。有时可适当降低其中的某些营养成分的浓度。有人认为培养基中的铁、锌、铵态氮等的用量也应适当降低,但钙的含量却相反地应提高到细胞培养时用量的 2~3 倍。

糖作为渗透稳定剂与碳源,在培养基中起着主要作用。常用的有甘露醇、山梨醇、葡萄糖与蔗糖,有时还加微量的核糖等其他糖类。培养原生质体所需要的维生素一般与细胞培养时所需的维生素相同。最常用的有维生素 B_1、烟酸、肌醇等。激素方面,从原生质体诱导细胞分裂与植株再生,都需要生长素与细胞分裂素。常用的生长素有 2,4-D、萘乙酸,有时也用吲哚乙酸。常用的细胞分裂素有激动素、6-苄基腺嘌呤等。

有时培养基中加一些水解酪蛋白或水解乳蛋白、谷氨酰胺或其他氨基酸以及椰子汁,对原生质体的生长是有好处的。

培养基的渗透浓度与 pH 对原生质体的培养能否成功影响也很大。一般培养基的渗透浓度变动于 0.37~0.7mol/L,而 pH 则一般以 5.5~5.8 为宜,有时 pH6 也可以。

2. 诱导愈伤组织分化　当培养皿中肉眼可见的愈伤组织直径达 1~2mm 时,就可转移到诱导分化的固体培养基上继续培养,分化培养基一般可采用原有的培养基,或改用 MS 培养基及其他培养基。更重要的是应适当改变原有激素的组合,并降低生长素的浓度。如以萘乙酸、吲哚乙酸代替强生长素 2,4-D 或完全去掉培养基中的生长素,仅加入适量的细胞分裂素等。待分化出芽与根后,便可移栽到盆土中。

此外,在整个培养期间,培养的环境条件如温度、光照、湿度等,对原生质体的存活与分裂影响很大。不同植物的原生质体对培养条件,主要是对温度与光照的要求不同,总的来说,培养初期一般可在 22~28℃,低光照强度下或黑暗条件下进行培养,并注意保持培养室或培养箱中的湿度。当形成小细胞团或小愈伤组织后,就应适当加强光照强度,直到分化出小植株。

(四)原生质体融合

在植物原生质体融合研究中,常把融合现象分成自发融合与诱导融合两类。开始用自发融合一词是指在动物细胞培养时不加入失活病毒等物质诱导也能发生细胞杂交的现象。以后植物原生质体融合研究也借用此词,但含义有所不同。植物的自发融合体是用酶法分解细胞壁后才形成的,因此一定是种内融合;而动物细胞融合中所述的自发融合,可以是种内的也可以是种间的。植物的许多组织如燕麦根尖、蚕豆叶肉、蚕豆根尖、烟草叶肉、大豆愈伤组织等,在制备原生质体时都曾报道过自发融合现象,对于自发融合的发生问题,可能性的机制也有些探讨,但是更引人注意的还是诱导融合。诱导融合是指将植物原生质体制备出来以后,加入诱导剂或用其他方法促使两亲本原生质体融合。因此诱导融合可以是种内的也可以是种间的,甚至属间或属间以上的。从理论和实际的角度来看,异种诱导融合的意义要大得多,也比较困难,成为植物原生质体融合的主攻方向。

1. 诱导剂和诱导方法　不同来源原生质体的融合必须经过诱导,必须给予一种处理使原生质体膜之间建立紧密的接触。诱导融合剂最好具有这样一些特性:它能使种或种间以上的各种类型以及各种类型中不同分化程度的细胞原生质体集聚和融合,同时还能保持原生质体的活力。

有几种诱导剂如抗体、伴刀豆球蛋白 A、多聚 L-赖氨酸等能有效地使原生质体集聚,但不能使其融合,Kuster 在最早的原生质体融合实验里用了 $NaNO_3$,利用硝酸盐和盐类混合物融合不同种原生质体获得一定程度的成功,但融合率是低的。

Keller 和 Melchers 用碱性和高钙的方法有效地融合了植物原生质体。1973 年应用烟草叶肉细胞原生质体的融合,并经过选择培养,培育出了体细胞杂种植株。这里应当指出的是所谓高 pH(碱性)和高 Ca^{2+} 法是沿用术语,具体的数值范围应根据所用的材料通过实验来确定。

案 例 分 析

案例

烟草叶肉原生质体的融合常在 0.4mol/L 甘露醇（内有 0.05mol/L $CaCl_2 \cdot 2H_2O$）、pH9.5、温度37℃处理一定时间使进行融合，然后用甘露醇溶液或培养基洗涤并保温培养。

分析

对烟草叶肉细胞原生质体的融合来讲，经过不同 pH 和不同 Ca^{2+} 浓度等试验，得出的结果是：pH 的影响不是太大，pH8.5~9 即有融合，适宜的是 9.5~10.5，而大于11则不好；Ca^{2+} 浓度比较重要，Ca^{2+} 可以使原生质体较稳定，有利于融合，没有 Ca^{2+} 的融合率低，小于 0.03mol/L 的也很少集聚和融合，其他如渗透压、温度等也影响集聚和融合。

聚乙二醇（PEG）对植物原生质体融合也是有效的促融剂。1974年开始用于野豌豆与豌豆、大麦与大豆、大麦与豌豆原生质体的融合，得到10%左右的异种融合率。

以后又将聚乙二醇诱导与用高 pH 高 Ca^{2+} 溶液洗涤相结合，可以显著提高融合率，有的可高达30%~40%。应用此法，不论是种内或种间以及很远缘的植物都能得到融合体，目前已知的有几十对。有的融合体经培养得到细胞团，并看到异质核有同步分裂或接近同步的现象，也有用此法诱导融合并培育出烟草种内（品种间）杂种的。

2. **体细胞杂交** 由于阻止杂交的不亲和性因子的作用，通过正常的授粉程序来获得某些种内和种间杂种植物是很困难的。用分离的植物原生质体进行这个工作的最主要目的，就是希望通过体细胞杂交产生这种植物。很明显，如果这个目的实现，就有可能把有用的基因（抗病基因、固氮基因、快速生长基因、蛋白质质量以及抗寒基因等）从一个种转到另一个种去。这样就扩大了植物育种的遗传背景。这对农业经济的巨大影响是不言而喻的。目前已设计出一个进行此项工作的工作程序：①从合适的植物种分离原生质体；②用不同的种进行细胞融合，产生活的异核体（细胞含有不同来源的核）；③异核体细胞再生细胞壁；④异核体内发生核的融合，产生杂种细胞；⑤杂种细胞分裂，产生细胞团；⑥选择理想的杂种细胞团；⑦对杂种细胞团诱导器官再生；⑧从再生的苗或胚状体培养成成熟的植物。

虽然目前在实践上仍有很多困难，但在许多不同种的原生质体之间已经完成了原生质体融合，如大豆和小麦、水稻和小麦、马铃薯和番茄等，得到了新的植物品种。

四、微生物原生质体融合

（一）标记菌种筛选和稳定性鉴定

在原生质体融合过程中，首先对所用亲本菌种必须有遗传标记，才能进一步作融合效果的分析。一般借助于营养缺陷型菌株作为融合的亲本。营养缺陷型是指经过诱变所产生的并在营养学上表现某些缺陷的突变型。只有在培养基里添加某些营养物质，才能使突变型菌株维持正常的生长。营养缺陷型菌株与另一种细胞融合，然后使用选择性培养基分离杂种细胞。为了使其具有一定的稳定性，往往把杂种细胞置于高渗溶液中保存。

（二）原生质体制备与再生

把细胞壁破除后剩余的原生质体球，包括细胞核和细胞质中的线粒体、微粒体等一切亚细胞结构物质统称为原生质体。制备原生质体的方法有超声波破碎法和酶法。第二种方法可保持完整的原生质体球。有的采用酶法加上 EDTA 一起作用,如细菌和放线菌可用溶菌酶处理。革兰阳性菌(G^+菌)易被溶菌酶除去壁,但革兰阴性菌(G^-菌)由于其成分及结构较复杂,必须采用溶菌酶和 EDTA 一起处理,一般溶菌酶用量为 $100 \sim 1000U/ml$。酵母菌则用蜗牛酶,它是由蜗牛胃液制备而得名,其商品名为"Helicase"。丝状真菌常用纤维素酶或纤维素酶与蜗牛酶配合使用,真菌则往往添加壳聚糖酶或其他酶互相配合,从而达到细胞原生质体化的目的。

原生质体制备之前,微生物细胞需经过种子培养、振荡培养到一定的对数生长期,其菌量约为菌悬浮液中 $4 \times 10^8/ml$($OD_{570} = 2$)时为宜,然后加溶菌酶在 42℃ 轻轻振荡 45 分钟,即形成原生质体。取 0.1ml 在琼脂培养基上涂布培养,由于渗透休克很少形成菌落,菌落越少说明原生质体化效果愈好。

原生质体化后能否复原再生显得特别重要,如果不能再生则失去其实用意义。因此,必须创造适宜条件,使原生质体再生成完整细胞,再生效率的高、低将直接影响原生质体融合育种的重组效果。其再生的操作为:复原再生培养基 DPA 加 1ml 原生质体悬浮液,再加 0.1% 琼脂的高渗培养基混合重组在基础培养上,在 30℃ 培养 $3 \sim 4$ 天,可获得 $1\% \sim 10\%$ 的复原再生菌落。其中 DPA 培养基为:水解酪蛋白 5g;K_2HPO_4 3.5g;KH_2PO_4 1.5g;葡萄糖 5g;色氨酸 0.1g;马岛血清 5ml,琼脂 2%;0.5mol/L 琥珀酸钠;20mol/L $MgCl_2 \cdot 6H_2O$,pH7.3。

$$原生质体再生率 = \frac{原生质平板培养菌落总数 - 经酶处理后剩余菌数}{原生质体制备液血球计数} \times 100\%$$

(三)原生质体融合

将 A 株和 B 株原生质体悬浮液混合一起,离心(4000r/min)去上清液,沉渣置于 0.2ml 高渗稳定液 SMM 中,加 40% PEG(用 SMM 稀释),搅拌(20℃),在 0℃ 静置 1 分钟再用 SMM 稀释,取少量最后稀释液涂布在复原再生平板上,保温培养后检查其重组菌株。

$$融合率 = \frac{融合子率}{CM 平板上再生原生质体数} \times 100\%$$

式中,原生质体数 = A – B。

A:未经渗透冲击的原生质体是以高渗透稳定液作为稀释液涂布于再生平板所长出的菌落,即为原生质体与未去壁细胞的总和。

B:将原生质体制备液涂布于再生平板之前,利用原生质体对渗透压敏感的特性,以水作为稀释液,经渗透休克而使原生质体破裂失活,然后再涂布平板,所长出的菌落即为未破壁的菌体细胞数。

原生质高渗稳定液一般由非电解质的糖或糖醇及无机盐组成,如表 4-1 所示。

表 4-1　几种常用的微生物原生质体稳定液及再生培养基主要成分

微生物	原生质体稳定液主要成分(mol/L)	再生培养基主要成分(mol/L)
枯草杆菌	SMM: 蔗糖　0.5 马来酸　0.02 $MgCl_2 \cdot 6H_2O$　0.02	DPA: 琥珀酸钠　0.55 $MgCl_2 \cdot 6H_2O$　0.02

微生物	原生质体稳定液主要成分(mol/L)	再生培养基主要成分(mol/L)
链霉菌	P：	R2：
	蔗糖 0.3	蔗糖 0.3～0.5
	$MgCl_2 \cdot 6H_2O$ 0.01	$MgCl_2 \cdot 6H_2O$ 0.05
	$CaCl_2 \cdot 2H_2O$ 0.025	$CaCl_2 \cdot 2H_2O$ 0.025
	磷酸盐,无机离子	磷酸盐及无机离子
	P3：	R3：
	蔗糖 0.5	琥珀酸钠 0.55
	$MgCl_2 \cdot 6H_2O$ 0.005	$MgCl_2 \cdot 6H_2O$ 0.01
	$CaCl_2 \cdot 2H_2O$ 0.005	$CaCl_2 \cdot 2H_2O$ 0.15
真菌	KCl 0.4～0.8	KCl 0.4～0.8
	NaCl 0.3～1.0	NaCl 0.3～1.0
酵母	多种糖及糖醇	多种糖及糖醇

融合重组体的检出有直接法和间接法两种。

1. 直接法 将融合液涂布于不补充两亲株生长所需的营养物质或补充有两种药物的再生平板上,直接筛选出原养型或具有双重抗药性的重组菌株。

2. 间接法 将融合液涂布于营养丰富的再生平板上,使未融合的亲本菌株和已融合的重组菌株都能再生,然后用影印接种法接种在选择培养基上并检出重组菌株,进一步选出高产菌株。

原生质体融合技术不但冲破了生物种、属的界限,而且越过了动物、植物、微生物界的鸿沟,细胞融合、细胞拆合技术和基因工程的汇合使生物工程进入了崭新的发展阶段。

点 滴 积 累

1. 细胞融合是指在离体条件下用人工的方法把两个或两个以上的体细胞合并在一起的技术。

2. 促进细胞融合的方法有:生物学法、化学融合剂法、电处理融合法等。

第三节 动物细胞培养技术

一、动物细胞培养概论

活细胞是构成所有活的有机体的基本单位。对其结构、功能、生命活动以及在机体内不同细胞间构成的细胞社会、各种细胞与细胞周围环境间的关系等方面的研究,可帮助人类揭开生、老、病、死的规律,探索优生、抗衰老、防治疾病的手段或途径,人为地诱导细胞遗传性状的改变,使其向更有利于人类和自然界的方向发展。因此,对活细胞的研究仍是当前生命科学的中心问题之一。

　　由于组织培养在医学研究中的应用,如抗病毒疫苗的生产等到近代已逐渐发展成为一门成熟的精细技术。许多细胞株、系的建成,尤其是以人的肿瘤组织为材料建立的各种细胞系,如 HeLa 细胞系(Gay 等,1952 年),可用于进行一系列研究,更加促进组织培养技术的发展。此后,国际上陆续建成了各种细胞株,包括突变株、转化株、杂交细胞株等,这些体外培养细胞不但应用于基础理论研究,而且通过大规模培养可以大量生产生物活性物质。近 30 年来,由于大规模细胞培养技术的研究和开发,以及一些有分泌能力的细胞所表现出的独有优越性,使动物细胞培养在生化药品、遗传病治疗以及癌症的研究和治疗上备受人们的重视,并已开始走上产业化的道路。

　　组织培养就其本意来讲,是从机体中取出组织或细胞,模拟机体内生理条件在体外进行培养,使之生存和生长。习惯上,人们又常用作泛指体外培养的统称,其实际内容可概括为 3 个不同概念,即包括 3 种主要方法:①器官培养,培养物保持全部或部分体内组织结构,培养于液体气体的交界处;②组织培养,将一小块组织放在玻璃或塑料培养器皿与液体的交界处,待组织块黏着后,沿底平面移动生长;③细胞培养,将原代外植块运用机械法或酶法分离,做成细胞悬液,再培养于固体基质上,成单层细胞生长,或在培养液中呈悬浮状态培养。选择哪一种组织培养类型,则依实验所需要解答的问题、实验材料的特性和现有实验条件所决定。3 种方法虽可互相交叉使用,但分别代表的是细胞水平、组织水平或器官水平的培养。

　　原代培养物吸收营养成分不是通过血管,而是依靠培养物与培养液的直接接触。原代培养物经过一段时间的适应后,逐步生长。生长到一定程度,培养液中营养成分减少,或生长的培养物与培养液的接触面积减少。培养物由于吸收不到营养成分或营养不足而停止生长,或生长减慢,甚至在培养物中央出现坏死现象。此时,即使更换新鲜培养液也不能起促生长作用。因此,必须进行再培养,也就是把生长的大组织块切成小块再培养,或将生长茂密的细胞分瓶再培养。原代培养物再培养成为细胞系。

　　组织培养技术的优点有:①理化环境是可控制的,培养液可根据实验目的要求而补充已知成分;②经多次传代再培养形成的细胞系,细胞呈均质或是均匀的,特征基本相同,经克隆化后筛选得的细胞株,细胞类型单一,对外界影响的反应更加一致;③培养物可直接暴露在预测的试剂中,预测样品用量少,并可直接观测反应;④通过大量繁殖,可提供大量均匀的细胞,以比较分析不同因素或同一因素的不同剂量对同一细胞株的作用;⑤可人工筛选具有一定特征变异的突变株或细胞融合体,有利于进行基因功能的研究;⑥组织培养结合缩时摄影技术,可直接观察活细胞的活动和对外界作用的反应。

二、体外细胞培养

(一) 动物细胞在体内、外的差异

　　组成人体的细胞具有极其复杂的结构和功能。在个体发生过程中,细胞通过不断的生长和繁殖,数量增多,并发生着分化。所谓分化,即细胞在形态和功能上由一般发展到特殊的过程。由于分化的结果,形成了各种组织和器官。

　　当前模拟体内环境的技术已经很高,细胞在人工培养条件下不仅能很好地生存、生长和繁殖,在一定程度上,还能按人们的意志发展。但现时我们毕竟还没有洞悉人体一切生命活动的内在联系,所以模拟的培养条件与体内实际情况仍有很大差异。这样,当

细胞被置于体外培养后,失去了神经体液的调节和细胞间的相互影响,生活在缺乏动态平衡的相对稳定环境中,日久天长,即易发生如下变化:分化现象减弱或不显,形态和功能趋于单一化;或生存一定时间后衰退死亡,或发生转化而获不死性,变成有无限生长能力的连续细胞系或恶性细胞系。

任何细胞置于体外培养后,对新的生存环境都有一个适应过程,表现在细胞形态和功能发生一定的改变,如腺细胞分泌功能丧失、肌细胞纤维细胞化等。因此,可把组织培养条件下的细胞看作一种生长在特定条件下的细胞群体,它们既保持着体内细胞相同的基本结构和功能,也有一些不同于体内细胞的性状。实际上,细胞或组织一旦被置于体外培养后,这种差异就开始发生了。

综上所述,体外培养似难以反映体内细胞的情况,从而是否可以得出结论:认为利用组织培养细胞所进行的研究失去了意义。对此,人们持有两种不全面的看法,一种是对存在的差异忽略不计;另一种则是过分强调这些差异,认为利用培养细胞无助于解决体内问题。培养细胞和体内细胞的差异是客观存在的,问题在于如何理解和解释。只有从细胞遗传学角度考虑,才可得到恰当的答案。

事实是,即使细胞离体培养后,它们仍然携带着全套二倍体基因,即具有全部遗传潜能。但当细胞被置于人工条件下培养以后,可能导致很多基因发生关闭;细胞在培养中的一些表现,如分化停止、特殊功能的丧失等,只不过是相应基因关闭引起的现象。现在看来这并非是绝对的缺欠,恰恰相反,在组织培养中细胞某些特定功能的丧失,可为研究该基因的表达和调控提供线索。因此,我们不仅可利用组织培养细胞研究基因识控和细胞分化,从理论上讲,还可研究体内任何正常和异常的生命活动。

(二)动物细胞的特点

动物细胞属于真核细胞,与细菌等原核细胞比较,其进化程度更高,结构和成分更复杂,功能也更全面。由真核细胞组成的动物分为单细胞动物和多细胞动物两类。前者主要指原生动物如鞭毛虫、阿米巴虫等。普通光学显微镜下观察到的真核动物细胞由 3 部分组成,即细胞膜、细胞质(包括各种细胞器)、细胞核。而在亚显微水平(分辨率小于 $0.21\mu m$)又可将真核细胞分为 3 类基本结构。①膜囊结构:细胞质膜、细胞核膜、内膜系统等;②纤维结构:染色质、细胞骨架系统等;③颗粒结构:核糖体等。

这三类基本结构构成了细胞内的各种细胞器,而组成细胞器的化学成分主要是两大类的分子。

(1)有机分子:蛋白质类(结构蛋白、分泌蛋白、酶等);脂类(磷脂、卵磷脂、脑磷脂、心磷脂等);多糖类(糖脂、糖蛋白等);核酸类(DNA、RNA 等);固醇类(胆固醇等)。

(2)无机分子:水(结合水、游离水);无机离子(Na^+、K^+、H^+、Mg^{2+} 等)。

动物细胞之间的连接形式要比植物细胞复杂得多,主要有以下 5 种形式。

(1)紧密连接:两细胞间黏着牢固,无间隙。一般长度为 50~100nm,上皮细胞多以此方式连接,物质不易透过。在平滑肌和神经细胞中,紧密连接是低阻抗的通道。

(2)间隙连接:两质膜间有 2~3nm 的间隙,连接区域较长。

(3)隔壁连接:20~30nm 的间隔。中间有梯子一样的横隔。

(4)中间连接:两膜间为一层无横隔的透明区,间隔 20~30nm。

(5)桥粒连接:在间隙连接的某些位点上密集一些纤维,形成特别结构,使细胞间连接更牢固。

以上几种细胞连接方式中,以紧密连接、间隙连接、桥粒连接为多见,隔壁连接仅见于无脊椎动物细胞,中间连接仅见于脊椎动物细胞。

（三）体外培养动物细胞类型

体外培养动物细胞其生长的自然状态有两种,一种是要附着于固体上面,即贴壁生长,称为贴附型;一种是漂浮在悬液中悬浮生长,称为悬浮型。

1. 贴附型　这类细胞在培养时能贴附在支持物上生长,绝大多数细胞在培养时皆呈贴附型。细胞贴附生长后,常失去原有形态,形态上一般单一化,大致有以下几种,如图4-3所示。

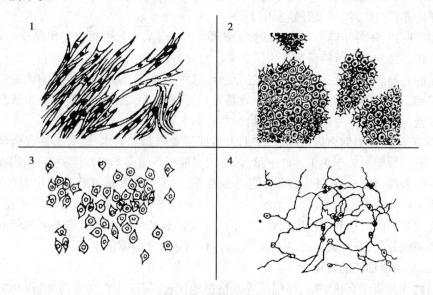

图4-3　培养细胞类型
1. 成纤维细胞型　2. 上皮细胞型　3. 游走细胞型　4. 多形细胞型

2. 悬浮型　有的细胞在培养时不是贴附于支持物上,而是呈悬浮状态生长。如某些癌细胞、血液中的白细胞即呈悬浮型。悬浮型细胞胞体呈圆形。

三、动物细胞培养液

（一）培养液的成分及性质

早期组织培养工作大多采用完全天然成分,如血清、血浆、胚胎浸出液等作为培养液。其组成虽然接近体内状态,但是由于组成复杂,未知因素比较多,所以实验结果难以分析。人们力图提供一些成分明确的培养液——人工培养液。

使动物细胞有可能在体外培养的基本条件之一,是提供尽可能与体内生活条件相接近的培养环境。这个培养环境包括 10 个因素:①温度;②渗透压;③氢离子浓度;④其他有机离子;⑤主要的代谢物;⑥补充的代谢物;⑦激素;⑧影响细胞代谢的其他因子;⑨细胞生长的基质(matrix);⑩各因素间的相互作用。对于大多数哺乳类细胞的生长,最适 pH 范围是 7.2~7.4,多数细胞不能超过 pH 6.8~7.6。最适温度是 37℃±5℃。其他因素则因细胞株(系)的特性和要求而有所不同。

1. 培养液的成分

(1)氨基酸类:必需氨基酸是体内不能合成而又是体外培养细胞所需的,它们是异亮氨酸、亮氨酸、赖氨酸、蛋氨酸、苯丙氨酸、苏氨酸、色氨酸和缬氨酸。非必需氨基酸是某些特殊细胞所需要又不能自制的,或易在培养过程中丢失的。氨基酸浓度与细胞生长密度间的平衡程度往往会影响细胞的存活和生长率。谷氨酰胺是多数细胞所需求的,但有些细胞系则利用谷氨酸。

(2)维生素类:有的人工培养液中仅有 B 类维生素,有的只有 C 类维生素。一般维生素大多来自血清。减少培养液中血清含量,需要在培养液中增加维生素的种类和含量。

(3)盐类:主要包括 Na^+、K^+、Mg^{2+}、Ca^{2+}、Cl^-、SO_4^{2-}、PO_4^{3-} 和 HCO_3^-,是调节培养液渗透压的主要成分。

(4)葡萄糖:各种培养液中大多数都含有葡萄糖,作为提供能量的原料。但在培养液中,尤其是培养胚胎性和转化细胞的培养液中易聚集乳酸。这表明体外培养细胞的三羧酸循环功效未必与体内完全相同。相反,有证据说明培养细胞的能量和碳源来自谷氨酰胺。

(5)缓冲系统:大多数平衡盐溶液采用磷酸盐缓冲系统。如采用非密封口的培养容器时,可通入 CO_2,使 CO_2 与 HCO_3^- 间达到平衡。Hepes(N'-2-hydroxy-ehylpiperazine-N'-ethanesul-fonic acid)现被广泛用作缓冲系统,一般采用 25mmol/L Hepes。如浓度高于 50mmol/L,则对有些细胞类型有毒性。Hepes 不是起维持 pH 恒定的作用,而是具有稳定和抵抗快速 pH 变化的作用。HCO_3^- 是大多数培养细胞所必需的成分,但 HCO_3^- 的存在易引起培养液 pH 的明显改变。所以当在培养液中加入 Hepes 时,HCO_3^- 的浓度范围可以大一些。培养液中的氨基酸由于浓度很低,缓冲效能甚微。如果提高培养液的氨基酸浓度,则可提高缓冲作用。

(6)矿物类:细胞所需求的多种矿物类是由血清提供的,所以当在培养液中补充加入血清时,一般不需额外加入矿物类;在低血清或无血清培养液中,则需补充 Fe、Cu、Zn 和其他稀有元素。

(7)有机补充物:如核苷类、三羧酸循环中间产物、丙酮酸盐及类脂化合物等,在低血清培养基中是必需的成分,有助于细胞克隆和特化细胞的培养。

(8)激素类:不同的激素对细胞存活与生长表现出不同的效果。胰岛素可促进葡萄糖和氨基酸的吸收。生长激素存在于血清中,尤其在胚胎血清中。当生长激素与促生长因子结合后,有促进有丝分裂的效应。氢化可的松也存在于血清中,可促使细胞黏着和细胞增殖。但在某些情况下,如细胞密度比较高时,氢化可的松可能是细胞抑制剂,并能诱导细胞分化。

(9)生长因子类:血液自然凝固产生的血清,比用物理方法制备的血清更能促进细胞增殖,这可能是由于血液凝固过程中从血小板释放出来的多肽所致。这类血小板衍生出的生长因子(PDGF)是多肽类中的一族,能促进有丝分裂活性,可能是血清中的主要生长因子。其他如成纤维细胞生长因子(FGF)、表皮生长因子(EGF)、内皮生长因子以及增殖刺激活性因子(MsA),均具有不同程度的特异性,它们或者来源于组织,或者来源于血清。一些生长因子现已提纯并商品化。

2. 培养液的物理性质

(1)pH:大多数细胞系在 pH 7.4 中生长最好。有的细胞系的生长最适 pH 略有不同,但一般不能超过 pH 6.8~7.6。个别的细胞系如表皮细胞可以在 pH 5.5 中维持存活。一般用酚红作常用指示剂,根据酚红指示剂颜色的变化检验培养液的 pH 变化。

（2）渗透性：多数细胞能耐受相当大的渗透压。培养液的渗透压一般为 260 ~ 320mOsm/kg，能为多数细胞所耐受。可用渗透测量仪测量渗透压，特别是工作人员自己配制培养液或改变培养液的成分时尤为必要。Hepes 的加入、药物的溶解，以及酸碱中和等作用，均会影响渗透压。

（3）温度：温度除直接影响细胞生长外，与培养基的 pH 也有关。温度低时，CO_2 的溶解性增加，从而影响 pH。最理想的做法是把配有血清的培养液置于 36.5℃ 中过夜，然后再用于培养。

（4）黏度：培养液中血清的存在，直接影响培养液的黏度。黏度对细胞生长影响较小，但是在细胞悬浮培养或用胰蛋白酶处理时，为了尽量减少细胞受损伤，可通过提高培养液的黏度来克服。在培养液中加羧甲基纤维素或聚乙烯吡咯烷酮可增加培养液的黏度，这对于低血清或无血清培养液更为重要。

（5）表面张力和泡沫：培养液的表面张力有利于培养物黏着于底物上面。在悬浮培养中，由于空气中含有 5%（体积分数）的 CO_2，通过培养液中的血清形成气泡。加入防泡沫硅后，可减少表面张力，使之不产生泡沫。

（二）培养液的类型

培养液一般分为 3 类：平衡盐溶液，天然培养基，合成培养基。BSS 又称为生理盐水或盐溶液。本身具有维持渗透压，控制酸碱的平衡作用，同时也能供给细胞生存所需的能量和无机离子成分，主要用作冲洗组织和细胞及配制各种培养用液的基础溶液。天然培养基使用最早，营养价值高，也最有效。但成分复杂，个体差异较大，来源也有一定的限制。合成培养基是根据天然培养基的成分，用化学物质模拟合成的，具有一定的组成，是一种理想的培养基。

1. 平衡盐溶液（BSS）　组织培养中所用的各种平衡盐溶液主要有 3 种功效：①作为稀释和灌注的液体，维持细胞渗透压；②提供缓冲系统，使培养液的酸碱度维持在培养细胞生理范围内；③提供细胞正常代谢所需的水分和无机离子。要达到以上几点，平衡盐溶液的组成和含量：①要与培养物来源的动物血清相近似；②呈溶液状态，有利于物质的传递和扩散；③是等渗的，否则会引起细胞的收缩（高渗透压）和膨胀（低渗透压）。一般可通过间接法即蒸气压，沸点或冰点的测量法来测定。

BSS 主要由无机盐和葡萄糖组成，无机离子不仅是细胞生命所需成分，而且在维持渗透压，缓冲和调节溶液的酸碱度方面起着重要作用。0.001% ~ 0.005% 的酚红作酸碱指示剂。pH 7.4 为红色，pH 7.0 为橙色，pH 6.5 为黄色，pH 7.6 为略呈蓝红色，pH 7.8 则为紫色。

表 4-2 是几种常用 BSS 的成分，它们差别不大，主要区别是缓冲系统不同，常用的 Hanks 液缓冲能力较弱，宜利用空气平衡；Earle 液含有高浓度的 $NaHCO_3$，缓冲能力较强，需 5% 的 CO_2 气体平衡。Ca^{2+}、Mg^{2+} 是细胞膜的重要组成成分，它们有使细胞凝聚的作用，因而配制分散细胞的消化液和特殊用途的细胞洗涤液时，需采用 Ca^{2+}、Mg^{2+} 含量低和无 Ca^{2+}、Mg^{2+} 的平衡液，如 Dulbecco 液和 D-Hanks 液。

2. 天然培养液

（1）血浆：血浆能提供较完备的营养，细胞在其中能存活并缓慢生长增殖相当长的时间。最常用的是鸡血浆，适用于如下目的：①为培养细胞提供具有营养的支持结构；②铺于玻璃表面，有利于细胞黏着；③在换培养液和再移植培养过程中起保护作用，避免培养细胞不适应和受损;④使细胞周围能形成局部集中的适应性培养液。缺点是易液化。制备时选用生长 1 年左右的健康雄鸡,从鸡翼血管处抽取血液,在有肝素液存在时离心(3000r/min,10 分钟),取上清液分装入若干小瓶,低温冰箱保存备用,全过程必须无菌操作。

表 4-2 几种常用的 BSS(g/L)

	Ringer	PBS	Earle	Hanks	Dulbecco	D-Hanks
NaCl	9.00	8.00	6.80	8.00	8.00	8.00
KCl	0.42	0.20	0.40	0.40	0.20	0.40
$CaCl_2$	0.25	—	0.20	0.14	0.10	—
$MgCl_2 \cdot 6H_2O$	0.20	0.20	—	—	0.10	—
$Na_2HPO_4 \cdot H_2O$	—	1.56	—	0.06	—	0.06
$Na_2HPO_4 \cdot 2H_2O$	—	—	0.14	—	1.42	—
KH_2PO_4	—	0.20	—	0.06	0.20	0.06
$NaHCO_3$	—	—	2.20	0.35	—	0.35
葡萄糖	—	—	1.00	1.00	—	—
酚红	—	—	0.02	0.02	0.02	0.02

(2)血清:血浆除去纤维蛋白原后得到血清。作为液相培养液成分,血清质量好坏是实验成败的关键。常用血清有胎牛血清、新生牛血清、小牛血清、人 AB 血清、兔血清等。其中以胎牛血清质量最好,但来源困难,价格较贵,实验室常用小牛血清。血清中含有:①多种蛋白质(白蛋白、球蛋白、铁蛋白、酶等)和核酸;②多种金属离子(K^+、Na^+、Mg^{2+}、Cu^{2+}、Ca^{2+} 等);③激素;④促贴附物质,如纤粘蛋白、冷析球蛋白等。血清为细胞提供激素、生长因子、转移蛋白、基膜成分等,但血清成分个体差异大,常影响实验结果,且来源又受限制。此外,血清也是污染细胞的一个途径,它还是分离细胞代谢产物的一种障碍。

 知 识 链 接

小牛血清的制备是从出生 1 周以内的小牛颈动脉采血,每头小牛可放血 1500～2000ml。取血瓶内预先放置 30ml 生理盐水,以便于血凝块和瓶壁的分离。采血后,血瓶倾斜放置 2～4 小时(室温),待血液充分凝结后移入 4℃冰箱过夜,让血清析出。次日吸取上清,以 4000r/min 离心 30 分钟,收集血清。血清用蔡氏滤器过滤除菌,分装,细菌培养检查无菌后于低温冰箱保存。使用前需经 56℃水浴内放置 30 分钟灭活,以消除补体活性。

(3)胚胎浸出液:胚胎浸液能促进细胞生长繁殖。常用鸡胚和牛胚浸液,将 9～11 天胚龄的鸡胚磨碎,加等量缓冲液,离心收集上清液,即为鸡胚浸液,于 −70～−20℃保存。

3. 合成培养液　合成培养基是根据细胞生存所需物质的种类和数量,用人工方法模拟合成的。目前已设计出许多种培养基,如:TCl99、MEM、RPMI-1640、DMEM 等。这些培养基设计时各有其特定的目的,但实际上适用于多种细胞的培养。合成培养基主要成分是氨基酸、维生素、碳水化合物、无机盐和其他一些辅助物质。

（1）氨基酸:氨基酸是组成蛋白质的基本单位。不同种类的细胞要求各异,但有几种氨基酸细胞自身不能合成,必须依靠培养液供给,这几种氨基酸称为必需氨基酸,其余氨基酸称为非必需氨基酸,细胞可以自己合成,或通过转氨作用由其他物质转化而来。培养液中都含有必需氨基酸。

几乎所有的细胞对谷氨酰胺有较高的要求,细胞需要谷氨酰胺合成核酸和蛋白质。在缺少谷氨酰胺时,细胞会生长不良而死亡。所以各种培养液中都含有较大量的谷氨酰胺。谷氨酰胺在溶液中很不稳定,应置 $-20℃$ 冷冻保存。用前加入培养液内,加有谷氨酰胺的培养液在 $4℃$ 冰箱贮存两周以上时,应重新加入原来的谷氨酰胺。

细胞所能利用的氨基酸是 L 型同分异构体,D 型氨基酸不能被利用。虽然 D 型对细胞无毒性,但在配制时应尽量采用 L 型,尤其是几种必需氨基酸。如果没有 L 型自氨基酸,只好使用 DL 混合型代替,所用的量应是 L 型的双倍。

（2）维生素:维生素是维持细胞生长的一种生物活性物质,它们在细胞中大多形成酶的辅基或辅酶,对细胞代谢有重大影响。维生素分水溶性和脂溶性两大类。水溶性维生素有硫胺素、核黄素、泛酸、烟酸、烟酰胺、吡哆醇、吡哆醛、叶酸、氰钴胺素(VB_{12})生物素、对氨苯甲酸、胆碱和肌醇等。脂溶性维生素有维生素 A、维生素 D、维生素 E、维生素 K 等。

（3）碳水化合物:碳水化合物是细胞生命的能量来源,有的是合成蛋白质和核酸的成分。主要有葡萄糖、核糖、脱氧核糖、丙酮酸钠和乙酸钠等。

（4）无机离子:无机离子是细胞的重要组成部分,它们积极参与细胞的代谢活动,除平衡盐溶液成分外,有的培养液中还含一些微量元素,如 Fe^{2+}、Zn^{2+}、Cu^{2+} 离子等。

（5）其他成分:在较为复杂的培养液中还包括核酸降解物,如嘌呤和嘧啶类,以及氧化还原剂,如抗坏血酸、谷胱甘肽等。

4. 无血清培养基　目前,大多数动物细胞的体外培养,都不同程度地依赖血清等天然培养基成分。血清除了供给细胞营养成分外,还能促使细胞开始合成 DNA,对细胞的增殖有很大的作用。实验证明,提高血清的浓度,细胞生长的最大密度也随之增加。最近一些研究表明,血清在体外培养细胞中的作用,主要是提供了细胞增殖所必需的生长因子。但是,由于血清的成分复杂,特别是在一些基础理论研究中,往往影响实验结果。同时,血清中也含有一定的细胞毒性物质和抑制物质,对细胞有去分化作用,影响细胞功能的表达。因此,许多实验要求培养基内不应含有血清和其他天然培养基成分,特别是细胞生长因子、单克隆抗体的制备以及细胞分泌产物的研究,都希望用无血清培养基来培养细胞。无血清培养技术日益受到人们的重视。

📖 课堂活动

1. 血清属于什么类型的培养基,它对于动物细胞的培养有什么利、弊?
2. 试讨论要获取遗传性状单一的细胞群应选用哪种类型的培养基,为什么?

（三）其他常用液

1. 消化液

（1）胰蛋白酶液：胰蛋白酶（trysin）是一种黄白色粉末，来自牛或猪的胰脏。当其水解蛋白质时，作用于与赖氨酸或精氨酸相连接的肽键，除去细胞间黏蛋白及糖蛋白，影响细胞骨架，从而使细胞分离。胰蛋白酶的活力是用解离酪蛋白的能力表示的，常用的有 1:125 和 1:250 两种，即 1 份胰蛋白酶能解离 125 份或 250 份酪蛋白。胰蛋白酶适用于消化细胞间质较少的软组织。胰蛋白酶对细胞的分离作用与细胞的类型和性质有密切关系。

（2）Na_2EDTA 溶液：Na_2EDTA 是一种化学螯合剂，它对细胞有一定的解离作用，并且毒性小，使用方便。常用 D-Hanks 液配成 0.2% EDTA 工作液，高压灭菌后使用。胰蛋白酶和 EDTA 混合使用可提高消化效率。EDTA 只用于消化传代细胞。EDTA 作用不受血清抑制，故消化后需彻底去除，否则会影响细胞生长。

（3）胶原蛋白酶液：胶原酶的主要作用是使细胞间质的脯氨酸多肽水解，从而使细胞离散。胶原酶消化的不是细胞表面，而是细胞间质。该酶不同批号或同一批号不同生产日期都有质量差异。目前国内多数实验室使用的胶原酶大多是从芽孢杆菌中提取出来的。

2. pH 调整液

（1）$NaHCO_3$ 溶液：常用的浓度有 7.4%、5.6%、3.7% 三种。配制时用 37℃ 三蒸水溶解后通过滤膜过滤除菌，分装于安瓿瓶中，4℃ 冰箱保存。每支一次用完。使用时，$NaHCO_3$ 液要逐滴加入，并不时搅动培养液，以防 pH 过高。

（2）10% 乙酸溶液：高压灭菌，分装，4℃ 冰箱保存。使用方法和要求同 $NaHCO_3$ 液。

（3）Hepes 液：是一种氢离子缓冲剂，它可以长时间保持较强的缓冲作用，维持恒定的 pH，20mmol/L 的浓度对细胞无毒性，多数细胞都能适用。

3. L-谷氨酰胺 L-谷氨酰胺 2.922 2g（$Mr = 146.15$），加适量 50℃ 三蒸水溶解，定容至 100ml，滤过除菌，每安瓿 1ml，-20℃ 保存。使用时 1ml 培养基中加 1ml 谷氨酰胺溶液。

4. 抗生素液 在组织培养准备工作中，虽然进行了大量的消毒和灭菌工作，操作过程中又尽可能做到无菌操作，但是仍不能说已完全没有了污染途径。所以，培养液中常常需要补充加入抗生素，抑制可能存在的真菌或细菌的生长，而又不影响细胞生长。需要加入哪一种抗生素，剂量多少，何时加入适宜等，与污染来源、抗生素专一性、抗生素的抗菌菌谱范围、抗生素的稳定性等有密切关系。现在通用的是青霉素和链霉素的合并使用。青霉素的用量为每毫升培养液加 50～100U；链霉素为每毫升培养液加 50～100μg。青霉素相当不稳定，应该在使用时加到培养液中；链霉素在培养液中能较长时期保存活力。对不同细胞系所应用的抗生素浓度也略有不同。过量的抗生素也会抑制细胞的生长。

除青霉素和链霉素外，市场上还有其他抗生素商品，如 Fungizone（两性霉素）、Mycostatin（制霉菌素）等。

5. 肝素抗凝剂

（1）肝素注射液 1 支（12 500U），溶于 25ml 生理盐水，即成 500U/ml 使用液。使用浓度为 1ml 营养液含 10～20U。

（2）称量0.2g肝素,溶于100ml生理盐水中,经0.05MPa 15分钟高压蒸汽灭菌,使用时1ml营养液内加0.01~0.02ml。

四、动物细胞及组织培养

根据研究进展情况,动物细胞培养方法主要有灌注悬浮培养法、贴壁细胞培养法和固定细胞培养法等3种。

（一）灌注悬浮培养

灌注悬浮培养的特点是连续灌注新的培养基,同时连续排出旧的培养液,使细胞在一个相对稳定的环境中生长和增殖,可提高细胞密度10倍以上。这个系统采用磁力驱动旋转尼龙丝桨叶搅拌器,流出物通过旋转滤器分离出不带细胞的培养液,pH、溶解氧、温度等均可控制。以鼠肿瘤细胞为例,灌注培养细胞密度可达到2.5×10^7cells/ml,而一般悬浮培养细胞密度则为2.0×10^5cells/ml。目前,灌注培养细胞密度已达到10^5cells/ml的水平。

（二）贴壁细胞培养

由于大部分动物细胞无细胞壁,进行细胞培养时必须附在固体或半固体表面上培养,在固体载体表面上生长,并扩成一单层,称为单层培养法或微载体系统培养法。荷兰van Wezel首先使用微载体系统(microcarriers system, MCS)用于动物细胞大规模培养。载体包括DEAE-sephades A50、塑料、明胶、玻璃、纤维载体等五大类。近年国外开发的微载体尚有液体微载体、大孔明胶、甲壳质、藻酸盐凝胶和磁性微载体等,均应用于疫苗、干扰素及生长素的生产,而且能确保产品质量。批式微载体系统培养的细胞密度可达到$(5\sim6) \times 10^6$cells/ml。目前生产规模已达到几千升甚至上万升,此法兼具有中层和悬浮培养的优点,而且呈均相培养,有较高的表面积与体积比,培养条件易控制,可连续化、自动化大规模培养。

（三）固定化细胞培养

此法与贴壁培养所不同的是不形成单层培养,而是采用载体使整个细胞固定化。在较温和的固定化过程中,被固定化的细胞仍可生长、增殖。这样即可克服动物细胞的脆弱性,提高细胞培养密度和产物浓度。Lim的研究"采用海藻酸钠为载体固定化活细胞悬浮液,在$CaCl_2$溶液中形成微珠,再在微珠的表面涂上一层多溶素从而形成半透膜"。Damon Biotech已安装10个100L规模的固定化细胞反应器,年生产能力为2kg单克隆抗体产品。Nillson用琼脂糖包埋动物细胞连续生产单克隆抗体,细胞培养密度达到10^8cells/ml,其反应器采用气升式或搅拌式反应器。另外,尚有中空纤维培养系统等方法连续培养生产单克隆抗体。

点 滴 积 累

动物细胞培养方法主要有灌注悬浮培养法、贴壁细胞培养法和固定细胞培养法等3种。

第四节　植物细胞培养技术

植物细胞培养技术是一种将植物的组织、器官或细胞在适当的培养基上进行无菌培养的技术。最常见的植物细胞培养技术有愈伤组织培养、悬浮细胞培养、器官培养、茎尖分生组织培养、原生质体培养和固定化细胞培养几大类型。

一、植物细胞培养的研究进展

从 1902 年 Haberlandt 发表了关于植物叶肉细胞培养的研究起,迄今植物细胞培养已有 80 多年的历史了。但在起初几十年,该技术发展缓慢,直到 20 世纪 30 年代,美国 White 等从烟草愈伤组织的培养中发现了出芽繁殖,成功地提出了"细胞全能性"的假设,才奠定了植物细胞培养的理论基础。50 年代,已有人利用"看护技术"获得了完整的烟草单细胞株;60 年代,通过子房或胚珠的培养进行试管授粉成功;70 年代开始了植物原生质体培养和体细胞杂交的研究工作,而且进展很快;80 年代,利用植物细胞培养技术工业化生产各种生物制品已陆续投放市场。尽管植物细胞培养技术仍处于发展初期,但积累起来的广泛资料和经验已为植物细胞培养工艺的发展奠定了基础。

植物细胞培养的理论依据主要有两点:一是 19 世纪施莱登(Schleiden)和施旺(Schwann)提出的细胞学说,即细胞是生物有机体的基本结构单位这一细胞学理论,使人们想到并试图应用无菌技术培养方法来培养植物的离体部分,如器官、组织或细胞,在以上控制条件下研究其生长、发育和分化的规律。二是细胞具有潜在的"全能性",即离体的植物细胞或性细胞,在一定培养条件下能诱导发生器官分化,而且再生的植物具有与母体植株基本相同的全部遗传信息。"细胞全能性"观点为植物细胞培养提供了依据。

目前,已知的天然化合物有 30 000 多种,其中 80% 以上来自植物。这些天然物质由于结构复杂,大部分无法用人工方法来合成。而植物细胞培养正是从天然资源中发展营养食品成分和药物的有效途径。采用植物细胞培养技术不受环境因素如气候、季节、土壤和病虫害的影响,可在任何地方与任何时候进行生产,同时还可以人工控制防止有毒药物的扩散和滥用。尤其重要的是植物组织培养可以实行工业化生产而无需占用耕地,培养物生长迅速,周期短,能够在人工控制的条件下,采用科学方法提高产量和质量。

 知 识 链 接

十几年来,已经研究过的 200 余种植物的细胞可以培养使人们感兴趣的成分,其中包括不少临床上广泛应用的重要药物如长春碱、地高辛、东莨菪碱、山莨菪碱、小檗碱和奎宁等。许多重要药用植物包括人参、西洋参、长春花、紫草和黄连等植物的细胞培养都十分成功。

植物细胞培养发酵生产天然代谢物的技术具有相当的发展潜力,它与微生物发酵一样具有广阔的发展前景,近几年来发展速度很快。但是,细胞如何特化呈现特定的功能;细胞如何对特定的培养基或生长期及细胞在培养基中稳定性问题等,有待于进一步深入研究和探讨。在我国,上海植物生理研究所、武汉植物研究所、华南植物研究所、华南农业大学、山东大学、兰州大学、中国药科大学以及华南理工大学生物工程研究所等单位,在植物组织和细胞培养方面做了大量的工作,在植物良种选育等方面取得了可喜的成果。然而,植物细胞培养发酵生产天然产物的研究与国外先进水平相比,差距较大。我国人多地少,野生植物资源越来越少,栽培条件又受到限制,不少植物资源出现供不应求的趋势。因此,通过植物细胞工程发酵生产天然产物具有较大的发展潜力。

二、植物细胞培养的特性与营养

(一) 植物细胞的特性

植物细胞培养是 20 世纪 80 年代迅速发展起来的一个新领域。虽然微生物培养中的许多技术可以用于植物细胞培养,但是,由于植物细胞本身的许多特性,例如:细胞的大小、胞块的形状、培养液的黏度等,因此,要建立一套适合于植物细胞培养的技术和装置,需要了解植物细胞的有关性质。

1. 细胞的形态特征 植物细胞比微生物细胞大得多,一般在低倍光学显微镜下可以很容易地观察到它的形态。在细胞培养过程中,其细胞形态有明显的变化,如在间歇培养初期,多半是比较大的游离细胞,接着便开始分裂,原来较大的细胞就分裂成较小的细胞。同时,较小的细胞就聚集成细胞块。在生长停止后,细胞便伸长、长大,块状细胞就游离分散。

2. 植物细胞培养液的性质 正如前面所述,植物细胞要比微生物细胞大得多。其细胞大小要比微生物细胞大 50~100 倍,细胞体积要膨大 10^5~10^6 倍,细胞在培养液中所占的容积可高达 40%~50%。因此,植物细胞培养液的黏度和微生物发酵液显然不同,它随细胞浓度的增加而上升,如烟草细胞对数生长期培养液黏度约为培养初期的30 倍。若以旋转黏度计转子的转数 W 表示剪切速率,以转矩 θ 表示剪切应力,则剪切应力和剪切速率之间的关系可用下式表示:

$$\theta = aKW^n$$

式中,K 为黏度系数;a 为常数;W 为旋转黏度计转子的转速;n 为流动指数。

加藤等用微生物培养用的30L 发酵罐(装液量 22L),在50r/min,通气量为 17L/min 的条件下培养烟草细胞,定时取样测定培养液的黏度。测定结果表明,n 值在0.67~0.74 波动。因此,可以认为,该培养液为非牛顿型流体,属拟塑性流体。K 值随培养过程缓慢增加,但其增加量不一定与细胞量成正比。

3. 植物细胞培养中的传递状态 在微生物好氧培养中,为了供给必要的氧,必须进行通气和搅拌,这在工业规模的生产中成本是很高的。因此,氧传递的研究对于产物的有效生产和降低成本是息息相关的。植物细胞的深层培养同样也有类似的问题。

烟草培养细胞比增殖速度(μ)和氧消耗比速度(Q_{O_2})之间存在一定关系,研究结果表明,Q_{O_2} 的最大值为 0.6mmol/(g 细胞·h)。而一种植物(*Morinda Citfrifolia*)在悬浮培养中培养细胞的最大需氧量为 1mg/(L·min)。微生物深层培养时,虽然微生物种类各不相同,但它的氧消耗速度一般都在 50~250mg/(g 细胞·h)。与此相比,植物培养细胞的需氧量要低得多。

在通气搅拌罐中,氧传递效率一般用液膜的容量系数 K_{La} 来表示。用 15L 和 60L的发酵罐在通气搅拌的条件下研究 K_{La} 对烟草培养细胞生长的影响,结果如图 4-4所示。从图 4-4 中看出,K_{La} 值为 $10h^{-1}$,这样与一般微生物培养的 K_{La} 值相比要低很多。

从图 4-4 和其他有关研究中都发现,K_{La} 过大对细胞增殖未必有好处。因此,如果

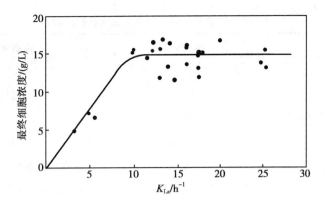

图4-4 起始 K_{La} 和细胞浓度的关系（培养144h）

在 K_{La} 值高的操作条件下通入一定量的 CO_2，对细胞量的增加是有效的。现在人们正在研究植物细胞培养中的所谓过剩通气（overgassing）问题，以确定一般植物细胞培养中 K_{La} 值的最适范围。

 案 例 分 析

案例

长春花（*Catharanthus roseus*）培养细胞的增殖速率与蔗糖转化率、通气速度、K_{La} 之间的关系见表4-3。

表4-3 长春花（*Catharanthus roseus*）培养细胞的增殖特性

生物量	蔗糖转化率（%）	通气速度（L/min）	生长速度（d）	K_{La}（h^{-1}）
12.4g/（L/8d）	56	1.0	0.34	20.5
11.4g/（L/9d）	51	1.5	0.41	25.2
9.5g/（L/9d）	42	1.5	0.33	5.1
9.5g/（L/11d）	42	2.0	0.33	27.3
7.8g/（L/7d）	33	2.0	0.38	6.4

分析

由表4-3可以看出 K_{La} 过大对细胞增殖未必有好处。因为 K_{La} 值过大时，氧传递效率过高，使培养细胞的主要挥发性代谢物如 CO_2 被强制除去而降低了细胞的增殖速率，从而导致细胞浓度的降低。

植物细胞培养与微生物培养有许多不同之处，见表4-4（Fowler，1984年），植物细胞远大于微生物，且常生长成一撮，生长分裂速度也较微生物慢，培养的植物细胞常见单倍、双倍及多倍染色体，需氧量亦较少；植物细胞形成的二级代谢物在液泡内堆积，而不是排出细胞外。因此，如何取得液泡内的二级代谢物成为目前植物细胞培养的关键。

表 4-4　植物细胞培养与微生物培养的比较

特性	微生物	植物细胞
大小	$2\mu m^3$	$>10^5\mu m^3$
单一细胞	经常	一般以群体发育
由单细胞生长成细胞群	是	少有
加成时间	大于 1 小时	日
接种浓度	低	细胞在培养液中浓度为 5%~20%
染色体数目	单或双倍体	单、双、多及不定倍体混合生长
剪切力	不敏感	敏感
单一培养的变异	稳定	变异很大
发育	可形成孢子或假菌丝	形成器官或胚
通气需求	高,$1 \sim 2\mu l/min$	低,$0.2 \sim 0.3\mu l/min$
产物形成	进入菌丝	进入液泡

（二）细胞的营养成分及其培养基

培养基对于植物细胞培养来说也是相当重要的,根据培养细胞的目的不同而各有差异,有初级代谢产物生产和次级代谢产物生产,有的则是以种苗生产为目的。不少研究者以植物体成分分析为基础,提出了许多用于植物细胞培养的培养基。1962 年,研究者研制成功用于烟草细胞培养的"RM-1962"完全合成培养基(表 4-5)。这一类培养基不仅适于烟草,也可用于其他植物愈伤组织的培养或植物细胞的悬浮培养。增加培养基中蔗糖、硫胺素或磷酸的浓度,对细胞繁殖有促进效果。

表 4-5　"RM-1962"培养基

成分	用量（mg/L）	成分	用量（mg/L）
NH_4NO_3	1650	$FeSO_4 \cdot 7H_2O$	27.8
KNO_3	1900	$Na_2 - EDTA$	37.2
KH_2PO_4	170	肌醇	100
H_3BO_3	6.2	烟碱	0.5
$MnSO_4 \cdot 4H_2O$	22.3	盐酸吡哆醇	0.5
$ZnSO_4 \cdot 4H_2O$	8.6	盐酸硫胺素	0.1
KI	0.83	甘氨酸	2.0
$Na_2MoO_4 \cdot 2H_2O$	0.25	吲哚乙酸	1 ~ 30
$CuSO_4 \cdot 5H_2O$	0.025	激动素	0.04 ~ 10
$CoCl_2 \cdot 6H_2O$	0.025	蔗糖	30g/L
$CaCl_2 \cdot 2H_2O$	440	琼脂	10g/L
$MgSO_4 \cdot 7H_2O$	370		

案例分析

案例

Zenk 为提高锦紫苏(*Coleus blmei*)培养细胞在液体培养中产迷迭香酸的能力,选择生产培养基采用下列步骤。

首先,从植物细胞培养常用的 15 种培养基中筛选出迷迭香酸生产能力高的 B5 培养基,然后,再从作为植物生长激素的侧链各不相同的 35 种苯氧乙酸衍生物中选出效果显著的 2,4-二甲基苯氧乙酸。使用含有这种成分的 B5 培养基,迷迭香酸的生产能力可提高 40%。作为碳源的蔗糖,在一般培养基中都使用 2%。试验从 1.25%~10% 的蔗糖浓度范围内的产酸效果,发现使用 7% 的浓度时,产率比 2% 时要高 13%。作为迷迭香酸合成的前体物质都用 L-苯丙氨酸,若添加 500mg/L 的 L-苯丙氨酸,迷迭香酸的生产能力可明显提高,积累量可达细胞量的 13%~15%。

分析

选择适宜的培养基,无论对于以增加细胞量为目的的植物细胞培养还是以提高代谢产物量为目的的植物细胞培养,都是相当重要的。

一般在植物细胞培养中所用的培养基多数采用适于细胞生长的培养基。但是,这类培养基对二次代谢产物的生产不一定适宜。

1. 培养基的营养成分 植物细胞培养过程中,外植体生长所必需的营养和生长因子,主要是由培养基供应的。因此,培养基应包括植物生长所必需的 16 种营养元素和某些生理活性物质。这些物质可概括为 5 大类。

(1)无机营养物:植物所必需的元素包括氮(N)、钾(K)、钙(Ca)、镁(Mg)、硫(S)、铁(Fe)、硼(B)、锰(Mn)、铜(Cu)、锌(Zn)、钼(Mo)、氯(Cl)等。前 6 种属大量元素。培养基的各种盐类均含有上述这些元素。碘虽然不是植物生长的必需元素,但几乎所有组织培养基中均含有碘。有些培养基还加入钴(Co)、镍(Ni)、钛(Ti)、铍(Be),甚至铝(Al)等。

无机氮可以两种形式供应,即硝酸态氮和铵态氮。有些培养基以硝酸态氮为主,有些以铵态氮为主,多数为两者兼有。

铁以无机铁供应,如 $FeSO_4$。为了防止其沉淀,目前皆用螯合铁即硫酸亚铁加乙二酸钠(Na_2-EDTA)配成。

(2)有机物质:主要有两类。一类为有机营养物质,为植物细胞提供碳(C)、氢(H)、氧(O)和氮(N)等元素,如糖类(蔗糖、葡萄糖和果糖)、氨基酸及其酰胺类(如甘氨酸、天冬酰胺、谷氨酰胺);另一类是一些生理活性物质,它在植物代谢中起一定作用,如硫胺素(维生素 B_1)、吡哆醇(维生素 B_6)、烟酸、生物素、肌醇、单核苷酸及其碱基(如腺嘌呤等)。

(3)植物生长刺激物质:主要为天然激素及其人工合成的类似生长激素物质,如生长素中常用的有吲哚乙酸(IAA)、萘乙酸(NAA)、2,4-二氯苯氧乙酸(2,4-D)、吲哚丁酸(IBA);细胞分裂素中常用的有激动素(6-呋喃氨基嘌呤、KT、KN、KIN)、6-苄基氨基嘌呤(BA、BAP)、玉米素(ZT、ZN、ZEN);赤霉素类(GA)中常用的有赤霉(GA_3);脱落素类中常用的有脱落酸(ABA);乙烯类中常用的有乙烯和乙烯利。

（4）其他附加物:这些物质不是植物细胞生长所必需的,但对细胞生长有益。如琼脂是固体培养基的必要成分,活性炭可以降低组织培养物的有害代谢物浓度,对细胞生长有利。液体培养基中加入聚蔗糖(ficoll)和琼脂糖(agarose),可改善培养细胞的供氧状况。

（5）其他对生长有益的未知复合成分　常用的为植物的天然汁液,如椰乳、酵母抽提物、西瓜汁、苹果汁、生梨汁等。它们的作用是供给一些必要的微量营养成分、生理活性物质和生长激素物质等。

2. 培养基的种类　在植物组织培养中,选择好培养基是组织培养成功的关键,因此,在组织培养中首先考虑的是采用什么培养基,附加什么成分。自 1973 年 White 建立第一个植物培养的综合培养基以来,许多研究者报道了适于各种植物细胞培养的综合培养基,其数目无法统计,常用的培养基也有几十种,如 MS、B_5、HE、SH、ER、Nitsch、Miller、NT、KM-8P、White、N_6、C_{17}、Knop、LS、RM、H、T、C、DBMH、Rangsaswamy、Morstog、Blagdes、Hilderandt、Gautheret、DB Ⅰ、DB Ⅱ、DB Ⅲ、BM、Nikell 和 Maretki、Veliky 和 Martin、Morel、Kocsonis、Murashige、Nielsen、Hoagland、CPW、D 等,其中以 MS、B_5 等 5 种培养基应用最为广泛。

3. 常用培养基的特点

（1）MS 培养基:它是 1962 年由 Murashige 和 Skoog 为培养烟草细胞而设计的,无机盐和离子浓度较高,为较稳定的离子平衡溶液。其营养成分(钾、铵)的含量较其他培养基为高,广泛用于植物的器官、花药、细胞和原生质体培养,效果良好。LS 和 RM 培养基是由它演变而来的。

（2）B_5培养基:它是 1968 年由 Gamborg 等为培养大豆根细胞而设计的,其主要特点是含有较低的铵,这个成分可能对不少培养物的生长有抑制作用。从实践中得知,有些植物在 B_5 培养基上生长更为适宜,如双子叶植物特别是木本植物。

（3）White 培养基:它是 1934 年由 White 为培养番茄而设计的,1963 年又作了改良,提高了 $MgSO_4$ 的浓度和增加了硼微量元素。该培养基的特点是无机盐数量较低,适于生根的培养。

（4）NT 培养基:它是 1970 年为培养原生质体而设计的,适于烟草叶肉原生质体的培养。

（5）KM-8P 培养基:它是 1974 年为原生质体培养而设计的。其特点是有机成分较复杂,它包括了所有的单糖和维生素及呼吸代谢中的主要有机酸。广泛应用于原生质体和融合体的培养。

（6）N6 培养基:它是 1974 年朱至清等为水稻等禾谷类作物花药培养而设计的。其特点是成分较简单,且 HNO_3 和 $(NH_4)_2SO_4$ 的含量高。在我国,已广泛应用于小麦、水稻及其他植物的花药培养和组织培养。

4. 培养基配制　植物细胞培养基组成成分较多,各成分性质与用量也不同,对配制方法有一定要求。其配制过程分母液配制、配合、稀释、pH 调节、分装、包扎及灭菌等步骤。

（1）培养基母液的配制:在实验中可将常用的培养基中的各种成分配成 10 倍、100 倍的母液,放入冰箱中保存,用时可按比例稀释。配制母液有两个好处:一是可减少每次配制称量药品的麻烦;二是减少极微量药品在每次称量时造成的误差。母液可以配成单一化合物母液,但一般都配成以下4种不同混合母液。

1)大量元素混合母液:即含 N、P、K、Ca、Mg、S 等 6 种盐类的混合溶液,可配成 10 倍母液,使用时配 1000ml 取 100ml 母液。但要注意以下几点:各化合物必须充分溶解后才能混合;混合时注意先后顺序,特别要将钙离子(Ca^{2+})与硫酸根离子(SO_4^{2-})、磷酸根离子(PO_4^{3-})分开配制,以免产生硫酸钙、磷酸钙等不溶性化合物沉淀;混合时要边搅拌边混合。

2)微量元素混合母液:即含有除 Fe 以外的 B、Mn、Cu、Zn、Mo、Cl 等盐类的混合溶液。因其含量低,一般配成 100 倍甚至 1000 倍的溶液,用时每配制 1000ml 培养基取 10ml 或 1ml。配制时要注意顺次溶解后再混合,以免产生沉淀。

3)铁盐母液:铁盐必须单独配制,若与其他无机元素混合配成母液,易造成沉淀。过去铁盐都采用硫酸亚铁($FeSO_4$)、柠檬酸铁、酒石酸铁等,目前采用螯合铁,即硫酸亚铁和 Na_2-EDTA 的混合物。配制方法是将 5.57g $FeSO_4 \cdot 7H_2O$ 和 7.45g Na_2-EDTA 溶于水中,用时每配制 1000ml 培养基取 5ml。

4)有机化合物母液:主要是维生素和氨基酸类物质,这些物质不能配成混合母液,一定要分别配成单独的母液,其浓度分别为化合物 0.1、0.5、1.0、10mg/ml,用时根据所需浓度适当取用。

5)植物激素:每种激素必须单独配成母液,浓度分别为激素 0.1、0.5、1.0mg/ml,用时根据需要取用。由于多数激素难溶于水,它们的配制方法如下:①IAA、IBA、GA₃先溶于少量 95% 乙醇中,再加水定容到一定浓度;②NAA 可溶于热水或少量 95% 乙醇中,再加水定容到一定浓度;②2,4-D 不溶于水,可用 1mol/L 的 NaOH 溶液溶解后,再加水定容到一定浓度;④KIN 和 BA 先溶于少量 1mol/L 的 HCl 溶液中,再加水定容到一定浓度;⑤玉米素先溶于少量 1mol/L NaOH 溶液中,再加水定容到一定浓度。

激素浓度的表示法有两种,一种是 mg/kg,另一种是 mol/L,两者有一定的换算关系。

(2)培养基的配制

1)混合培养基中的各成分:先量取大量元素混合母液,再依次加入微量元素混合母液、铁盐母液、有机成分,然后加入植物激素及其他附加成分,最后用蒸馏水定容至所需配制的培养基体积的一半。

2)溶化琼脂:称取应加入的琼脂和蔗糖,加蒸馏水至所需配制的培养基体积之一半。在壁上做一液面记号,放置 0.5~1 小时,待蔗糖溶解、琼脂发胀后,加热烧开熔化琼脂。若失水,则加蒸馏水至液面记号处。

3)把 1)和 2)混合在一起,搅匀。

4)用 pH 计或 pH 试纸测 pH,以 0.1mol/L 的 NaOH 溶液或 HCl 溶液调至 pH 为 5.8。

5)分装:将配好的培养基分于培养容器内,分装时注意不要把培养基倒在瓶口上,以防引起污染,然后用棉塞或硫酸纸封好瓶口。

6)灭菌:用高温、高压灭菌,一般用 107.8kPa 压力,在 121℃ 下灭菌 15~20 分钟。时间短易引起污染;时间长会引起培养基有机成分分解。

7)放置备用:待冷却后,及时取出,置于同培养室接近的温度下。固体培养基应放平,以免形成斜面。

三、植物细胞悬浮培养与固化培养技术

在一定条件下,通过人工供给营养物质和生长因子,令离体植物细胞生长繁殖的方法称为植物细胞培养技术。

自 1902 年 Haberlandt 提出分离单细胞并把它培养成植株以来,随着培养基和培养技术的发展,不仅能通过细胞继代培养,使细胞无限增殖,而且已能使高等植物的单个细胞在离体培养条件下,通过诱发细胞分裂形成细胞团,经再分化成具根芽的完整植株,并建立了细胞培养的多种专门技术。

(一)植物细胞悬浮培养技术

悬浮细胞培养技术是指把离体的植物细胞悬浮在液体培养基中进行的无菌培养。它是从愈伤组织的液体培养技术基础上发展起来的一种新的培养技术。其基本过程是将愈伤组织、无菌苗、吸涨胚胎或外植体芽尖、根尖及叶肉组织,经匀浆器破碎、纱布或不锈钢网过滤,得单细胞滤液作为接种材料,接种于试管或培养瓶等器皿中振荡培养。此项技术发展很快,目前已发展到全自动控制的大容积发酵罐的大规模工业化生产的连续培养。

这项培养技术不仅为研究细胞的生长和分化提供了一个独特的实验系统,而且因为这些细胞较为均匀一致,细胞增殖速度快,适于进行大规模培养,具有巨大的应用潜力。

1. 悬浮细胞的起始培养 在悬浮细胞培养中,要建立一种细胞增殖速度快、有效成分含量高、分散程度大的游离细胞悬浮物。因此,在进行大规模生产之前,必须先使愈伤组织的细胞最大限度地分散,再从中筛选出增殖速度快和有效成分高的细胞株。

(1)起始悬浮培养:悬浮培养是把已建立的愈伤组织转到液体培养基中起始培养,并须在培养过程中不断进行较强烈的搅拌或振动,使愈伤组织块上的细胞被剥落到液体培养基中,增加细胞的分散程度。同时在选用起始愈伤组织时,最好选用疏松脆弱、生长快的愈伤组织进行起始培养。如果愈伤组织十分紧密,其细胞不易分散,那么可采用:①增加生长激素的浓度,加快细胞分裂和生长速度;②用果胶酶催化分解细胞间的连接,使其成游离细胞。

实际上,在植物悬浮细胞培养中,即使是由单个细胞的起始悬浮培养所得到的悬浮培养物,也不是完全由单个细胞组成的,常常是细胞和小细胞团的混合体。因为植物细胞具有聚积成块的固有特性,这种特性给悬浮培养及其应用于研究细胞生长发育带来不利影响,这些块状的小细胞团的内部细胞和外部细胞,在悬浮培养中所处的微环境是不同的,即所得到的养分、空气和生长物质不同,那么就产生了细胞的大小、形状、代谢和生长的不均一性,这正是细胞悬浮培养物的特征和缺陷。

不均一性是实现高等植物同步培养和研究细胞发育的一个严重障碍,人们一直在努力克服这一障碍,但收效甚微。起始培养用的液体培养基,对某一特定种而言,适合愈伤组织生长的培养基,也可用于悬浮培养,可作为悬浮起始培养基。但是悬浮培养往往比固体培养要求更为严格,如生长激素和 pH 的变动等。

(2)细胞株的筛选:在细胞悬浮培养中,采用生长快、有效成分含量高、适合悬浮培养的细胞株进行培养,是取得成功的关键。因此,在起始培养中,首先要筛选到适于悬

浮培养的细胞株。筛选细胞株的方法如下：①从已建立的愈伤组织中挑选出外观疏松、生长快的浅色愈伤组织；②用振荡或酶法，游离出单个细胞或小细胞团；③接种在固体培养基上，培养约2周；④挑选生长快的细胞株并继代培养；⑤取各细胞系的培养物，进行有效成分的测定胞株。

2. 植物细胞悬浮培养方法　植物细胞悬浮培养方法虽然繁多，但概括起来主要有分批培养法、半连续培养法和连续培养法3种。下面就这些方法的特点作一简要说明，并介绍一些具体实例。

（1）分批培养法：所谓分批培养法是指在新鲜的培养基中加入少量的细胞，在培养过程中既不从培养系统中放出培养液，也不从外界向培养系统中补加培养基的一种培养细胞的方法。其特征是，培养基的基质浓度是随培养时间而下降，细胞浓度和产物则随培养时间的增长而增加（图4-5）。由于它操作简便，因此广泛用于实验室和生产中。

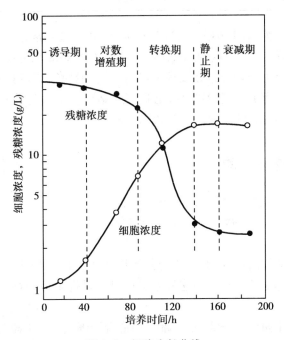

图4-5　细胞生长曲线

正如图4-5所示，在分批培养中，细胞生长一般为S形曲线，也和微生物培养一样，经历诱导期、对数增殖期、转换期、静止期和衰减期。可是，与细菌和酵母之类的微生物相比，植物生长速度比较缓慢，即使是烟草细胞，分批培养的时间也要6天。

细胞生长的比增殖速率μ一般都用下式表示，即：

$$\mu = \frac{1}{\rho} \cdot \frac{\mathrm{d}\rho}{\mathrm{d}t}$$

式中，ρ为细胞浓度（g/L），t为时间（h）。如果以细胞增殖至2倍所需的时间作为平均世代时间t_{d}，则

$$t_{\mathrm{d}} = \frac{\ln 2}{\mu} = \frac{0.693}{\mu}$$

由上式可知，比增殖速率小，平均世代时间就长。有人曾把烟草细胞、番茄细胞、胡

萝卜细胞的比增殖速率 μ 和平均世代时间与某些微生物细胞作比较,结果如表 4-6 所示。从表 4-6 中可以看出,植物细胞分批培养时生长最快的烟草细胞,其 ρ 值为 0.044h^{-1},平均世代时间 t_d 为 15.8 小时。但与酵母相比,μ 值还不及酵母的 1/10。正因为植物细胞的比增殖速率小,平均世代时间长,因此,必须建立适应于植物细胞培养的无菌培养技术。

表 4-6　植物细胞与微生物细胞生长的比较

细胞名称	比增殖速率 μ(h^{-1})	平均世代时间 t_d(h)
烟草培养细胞	0.032 ~ 0.044	21.7 ~ 17.3
番茄培养细胞	0.014 ~ 0.026	49.5 ~ 26.7
胡萝卜培养细胞	0.021	33.0
酿酒酵母	0.5 ~ 0.65	1.39 ~ 1.07
Monascus sp.	0.125	5.54

分批培养方法广为采用,小至实验规模,大至 20m³ 的培养罐。日本专卖会社在对植物细胞培养装置深入研究的基础上,研制并建立了以 20m³ 培养罐为主体的植物细胞培养中间工厂。这个大型培养罐在设计上具有一定的特色,它的搅拌叶直径是罐体直径的 1/2,且采用大型角度的副型叶片,低通气量运转。空气过滤器是用双重过滤器,即 PVA 过滤器上再加膜过滤,因此无菌状态较好。

 课 堂 活 动

1. 植物细胞与微生物细胞培养的比较,有哪些异、同?
2. 试比较植物细胞与微生物细胞生长有何不同?

人们针对不同的使用目的,对一般的分批培养法进行了改进,建立了二段培养法。它实际上是分批培养法的变种。用这种方法可以明显提高植物培养细胞产生小檗碱、烟碱等的能力。

二段培养法是用两个培养罐,第一罐是用适合于细胞生长的培养基来繁殖细胞,第二罐是用不同成分培养细胞,产生有用物质。据报道,用二段培养法来生产紫草素时,在第二个罐中用 Cu^{2+} 含量稍高的培养基来培养植物细胞,培养液中的紫草素含量可达 1.5g/L。这是用植物细胞培养方法来生产有用物质并达到商品化的一个引入注目的实例。

分批培养的特点如下。

1)细胞生长在固定体积的培养基中,直至培养基中的养分为细胞耗尽为止。

2)用适当搅拌的方法增加和维持游离细胞和细胞团在培养基中的均匀分布。

3)在成批培养的整个过程中,细胞数目会发生不断变化,呈现出从培养开始起,到细胞增殖停止为止的细胞生长周期。在整个生长周期中,细胞数的增加大致呈 S 形曲线:初期增殖缓慢,称延迟期,特点是细胞很少分裂,细胞数增加不多;中期生长最快,称对数生长期,特点是细胞数目迅速增加,增殖速率保持不变;随后细胞增殖逐渐减慢,称减慢期,特点是由于养分供应差和代谢物积累,环境恶化,细胞分裂生长缓慢,最后细胞

增殖趋于完全停止,直至开始死亡。

4)成批培养除空气和挥发性代谢物可以同外界完全交换外,一切都在一个封闭系统中进行。

5)成批培养结束后,若要进行下一批培养,必须另外进行继代培养,其方法是用注射器吸取一定量的含单细胞和小细胞团的悬浮培养物,并移到含有新鲜培养基的培养瓶中,继续进行培养。

分批培养方法,根据培养基在容器中的运动方式来区分,有以下 4 种方法。

1)旋转培养:培养瓶呈 360°缓慢旋转移动,使细胞培养物保持均匀分布和保证空气供应,维持 1~5r/min。

2)往返振荡培养:机器带动培养瓶在一直线方向往返振荡。

3)旋转振荡培养:机器带动培养瓶在平行面上作旋转振动。

4)搅动培养:利用搅拌棒不断地转动,使培养基被搅动。

(2)半连续培养法:在反应器中投料和接种培养一段时间后,将部分培养液和新鲜培养液进行交换的培养方法谓之半连续培养法。反应过程通常以一定时间间隔进行数次反复操作以达培养细胞与生产有效物质的目的。此法可不断补充培养液中营养成分,减少接种次数,使培养细胞所处环境与分批培养法一样,随时间而变化。工业生产中为简化操作过程,确保细胞增殖量,常采用半连续培养法。

(3)连续培养法:连续培养是指在培养过程中,不断抽取悬浮培养物并注入等量新鲜培养基,使培养物不断得到养分补充和保持其恒定体积的培养方法。

连续培养的特点如下:①连续培养由于不断加入新鲜培养基,保证了养分的充分供应,不会出现悬浮培养物发生营养不良的现象;②连续培养可在培养期间使细胞长久地保持在对数生长期;③连续培养适于大规模工业化生产。

连续培养的种类如下。①封闭式连续培养:新鲜培养液和老培养液以等量进出,并把排出的细胞收集入培养系统中继续培养,所以培养系统中的细胞数目不断增加;②开放式连续培养:在连续培养期间,新鲜培养液的注入速度等于细胞悬浮液的排出速度,细胞也随悬浮液一起排出,当细胞生长达到稳定状态时,流出的细胞数相当于培养系统中新细胞的增加数,因此,培养系统中的细胞密度保持恒定。

开放式连续培养有下述两种方法。

1)浊度恒定法:这是根据悬浮液浑浊度的提高来注入新鲜培养液的开放式连续培养。人为地选定一种细胞密度,用浑浊度法控制细胞的密度。此法灵敏度高,当培养系统中细胞密度超过此限时,其超过的细胞就会随排出液一起自动排出,从而能保持培养系统中细胞密度的恒定。

浊度恒定法的特点是,在一定限度内,细胞增殖速率不受细胞密度的制约,增殖速率取决于培养环境的理化因子和细胞内代谢的速度,而不受任何培养物质的不良影响,因此是研究细胞代谢调节的良好培养系统。它可以在细胞增殖速率不受主要营养物质限制的条件下,研究环境因子(如光线和温度)、特殊的代谢物质、抗代谢物质以及内在的遗传因子对细胞代谢的影响。

2)化学恒定法:这是按照某种固定速度,随培养液一起加入对细胞增殖起限制作用的某种营养物质,使细胞增殖速率和细胞密度保持恒定的一种开放式连续培养法。

化学恒定法的最大特点是通过限制营养物质的浓度来控制细胞的增殖速率,而细胞生殖速率与细胞特殊代谢产物,如蛋白质、有用药物等有关。因此,这一方法对大规模细胞培养的工业化生产有较大的应用潜力。

连续培养和分批培养、半连续培养不同,细胞生长的环境可以长时间维持恒定。因此,可以利用这一特征来研究培养细胞的生理和代谢。

以单罐连续培养为例,若以一定的速度连续采集细胞培养液供给新鲜培养基,则细胞生产的物质平衡可以用下式来表示,即:

$$V\frac{\mathrm{d}\rho}{\mathrm{d}t} = V\left(\frac{\mathrm{d}\rho}{\mathrm{d}t}\right)_{生长} - q_V\rho$$

式中,V 为培养基液量(L);t 为培养时间(h);q_v 为培养基的供给速度(L/h)。

细胞的比增殖速率 μ 一般以分式 $\frac{1}{X}\left(\frac{\mathrm{d}X}{\mathrm{d}t}\right)_{生长}$ 来表示,稀释率 D 定义为 F/V,则上式就转换为:

$$\frac{\mathrm{d}X}{\mathrm{d}t} = X(\mu - D)$$

式中,X 为细胞浓度(g/L)。

因此,对于细胞浓度没有变化的稳定状态来说,$\mu = D$,此时的细胞增殖速率用 D_ρ 表示。日本的加藤等人曾用 1300L 的通气培养罐进行烟草细胞的连续培养,测得 $D_\rho = 3.82\mathrm{g}/(\mathrm{L}\cdot\mathrm{d})$。畦地等人曾用 $20\mathrm{m}^3$ 的培养罐进行烟草 BY-2 细胞最大规模的连续培养。

一般来说,连续培养法的细胞生产能力要比分批培养法高。可是,由于植物细胞生长极为缓慢,培养时间长,要长时间维持培养系统的无菌状态,在技术上要求是相当苛刻的。另外,在培养含有特定成分的细胞或者生产二次代谢产物时,单罐连续培养不是个合适的方法。因此有人提出了二段连续培养法,即双罐连续培养法,流程如图 4-6 所示。

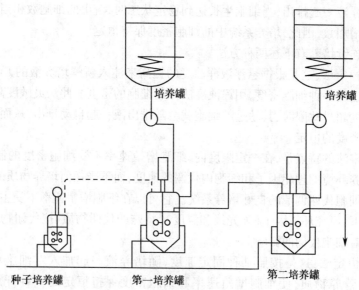

培养罐 培养罐

种子培养罐 第一培养罐 第二培养罐

图 4-6 二段连续培养流程图

知 识 链 接

日本专卖会社曾采用一种流程生产烟草细胞。它们曾试图用烟草培养细胞作香烟的原料,但这种烟草细胞具有蛋白质的臭味,用作香烟原料,对香烟的质量是有影响的。为了克服这一缺点,他们采用了二段连续培养法,即在第一罐中加入适合细胞增殖的培养基,向第二罐中供给降低氮源的培养基,培养开始后,分别从不同的培养基贮罐向相应的培养罐内以各自不同的速度加入罐中。第一罐与第二罐由管道串联而成。用二段连续培养法培养的细胞其质量要比单罐连续培养法的好。每罐的细胞生产速率可高达 6.3g/(L·h)。

3. 植物细胞培养的条件及技术难点　植物细胞培养大都是在缓慢振荡与缓和搅拌条件下进行的。用三角瓶培养烟草细胞时,往复振荡培养器的频率是 110 次/分,振幅为 3.5cm。而用旋转摇床时,摇床的转速是 110r/min,旋转半径是 3.5cm。在用小发酵罐培养时,通气比(体积比)约为 1∶0.5/min,搅拌速度 50～100r/min。当然,振荡条件、搅拌速度的具体数值随植物的种类不同而不同,随细胞的状态而异,但与微生物相比要缓和得多。培养温度由植物细胞的特定条件和植物细胞的培养目的来确定。烟草细胞的培养是在 28～30℃,当然也有随个体的差异而不同,一般可在 25～35℃的范围内培养。此外,对于不同的细胞、不同的产物,培养的光照条件也是一个非常重要的因素。

目前,尽管植物细胞培养在技术上得到很大的发展,但植物细胞要进行大规模培养,实行工业化生产仍存在相当大的困难,主要需解决以下几个技术难题。

(1)缩短生产周期、降低生产成本:由于植物细胞生长速度远比微生物慢,微生物生产周期一般只有 3 天左右,而植物细胞生产周期一般为 25～35 天,生产效率低,设备周转慢,能源、劳动力消耗多,因而成本高。

(2)提高培养细胞中的有效成分含量:实践证明,培养细胞中的有效成分往往比原来植物细胞的含量低,因此,应筛选出有效成分高的细胞株进行培养。

(3)防止细胞聚集成块:植物细胞在培养过程中容易聚集成细胞团,它不但使细胞增殖速率变慢,而且各细胞的性质有差异,其有效成分的含量也不一样,影响产品的质量和产量。可选用松散的易分散的起始材料,培养过程中随时除去细胞团块,提高生长素的浓度,向培养基中加入 EDTA-Na 螯合剂和果胶酶等以防止细胞集聚成块。

(4)防止细胞株退化和变异:作为原种的植物细胞株的保存,是依靠定期继代培养方法实现的,这不仅手续麻烦,且易产生突变,引起种性退化。近年来正在研究长期保存的方法,经几个月后,细胞仍有活力。

(二)植物细胞固定化培养技术

对所分离的植物细胞,可以像微生物细胞一样在摇瓶中或发酵罐中培养。植物细胞的培养物在生产有用的化学品方面的应用潜力早已为人们所认识。在已知的植物细胞,90% 以上都可以在高等植物中发现。人工培养的植物细胞是全能的,即细胞的全部遗传信息都能够表达。因此,在一种植物体中产生的任何一种化合物都可以在这种植物的细胞培养中产生。目前,人们已从种植的和野生的植物体中分离提取出许多有重要用途的物质。

这些物质被用于制药、食品和香料工业。它们都具有复杂的化学结构,因而很难利用其他的方法合成,这就造成这类物质的供应不足,为此,寻找和开发这类物质的新来源就显得越来越重要。

由于细胞培养和固定化技术的发展,使得应用固定化植物细胞(immobilized plant cells)进行某些重要物质生物合成和生物转化的实验成为可能。与液体培养细胞相比,固定化细胞有以下优点:①高度保持反应槽内的细胞(生物体催化剂)量,能提高反应效率;②固定化使反应活性稳定,能够长期连续地运行;③产物易于和作为催化剂的细胞分离;④柱式或槽式有可能连续运转,易于控制生产中最适宜的环境条件、基质浓度等,能使生产稳定;⑤某些重要物质的生产大多利用处于稳定增殖期的细胞,由于固定化可抑制其生长发育,因此应考虑尽可能模拟稳定期等。

因此,自 1979 年首次报道固定化植物细胞的研究结果以来,许多科学家在这个领域内进行了有意义的探索,使该技术向实用化方向迈进了一大步,发展成为植物生物技术的一个新的组成部分。

1. 包埋技术　植物细胞体积约为微生物的 10 倍,而且易于成为细胞团块,受机械的刺激弱,另一方面,固定化以后还保持其生物活性。固定化方法是在缓和条件下进行。

目前一般用藻酸钙来固定化,但是角叉胶、琼脂、琼脂糖和聚尿烷(polyurethane)也能将细胞在正常状态下固定化。此外,不论采用何种细胞,以直径在 1mm 以下的细小细胞团块的液体培养细胞最为适宜。

(1)海藻酸盐的应用:海藻酸钙已被广泛应用于各种类型的细胞固定化,它也可以用于包埋各种植物细胞。由于海藻酸钙包埋法是很温和的,而且固定化作用可以通过加入钙的络合剂(如 EDTA 或柠檬酸盐)逆转,同时这种高聚物又能耐受高温消毒,所以选用这种多聚物对各种细胞进行包埋固定处理(图 4-7)。

用海藻酸盐固定化细胞的方法如下。

将过滤收集或离心分离获得的细胞(2~10g 鲜重,细胞体积 2~10ml)原封不动或制成细胞悬浮液(1~5g/10ml)后,与藻酸钠水溶液(30~50g/L,10ml)相混合,均匀悬浮后用具有安全球的吸管(komagome pipette)滴入 50~100mmol/L 氯化钙溶液 200~500ml。放置 30~60 分钟,凝胶化结束即充分用水洗涤。这一方法可制备成直径 3~5mm 的小珠状凝胶。若需要小的小珠状凝胶可用细的注射针来制备。制备大量小珠的装置,可参照 Brodelius 等的方法,如图 4-8 所示。

藻酸钙凝胶是 1mol/L 磷酸缓冲液(pH 6.5~7.0)和柠檬酸缓冲液的螯合物(1 滴 1~2ml),1 小时左右即可溶化,从而易于比较固定化细胞和游离细胞的活力。为使凝胶稳定,在反应液中可加入 5~20mmol/L $CaCl_2$ 溶液。

(2)κ-角叉菜胶的应用:κ-角叉菜胶是一种含有硫酸酯的多糖(20% 以上的糖残基都被硫酸酯化)。它在冷水中不溶,但是能溶于热水。在热水中溶解的角叉菜冷却后便形成胶体。对于固定化较敏感的植物细胞来说,NJAL798 型 κ-角叉菜胶是特别适宜的。

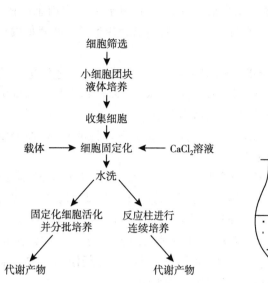

图 4-7　用海藻酸钙使植物细胞固定化和
固定化细胞进行物质生产的流程

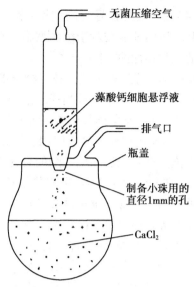

图 4-8　藻酸钙凝胶的大量制备

 案 例 分 析

案例

用角叉菜胶固定化细胞的方法如下：

将培养细胞(5g 鲜重)悬浮于 5g 角叉菜胶水溶液(30g/L,50℃)中,直接滴入 0.3mol/L CaCl₂ 溶液中,静置 1 小时后水洗备用。此外,将角叉菜胶和细胞的混合物通过小孔直径为 1~2mm 的聚四氟乙烯纤维(teflon)所制的板,取出由于温度下降而固定化的圆柱状凝胶,也能在 CaCl₂ 溶液中稳定化。

分析

为了大量制备均匀的小珠(珠状凝胶),开发了将细胞和角叉菜胶的混合物滴入豆油和石蜡油等疏水剂中,制备圆柱状凝胶和珠状凝胶的方法。也可共同使用琼脂和琼脂糖(agarose)。

此外,用六亚甲基二胺(hexamethylene diamine)和戊二醛(glutaraldehyde)处理凝胶,虽能提高凝胶的机械强度,但会使植物细胞的活性受损,因而是不适宜的。

(3)琼脂及琼脂糖的应用:热的琼脂和琼脂糖溶液在冷却时便会形成凝胶。琼脂糖经过化学修饰(例如引入羟乙基)之后,可以在较低温度下凝结成胶。用于固定植物细胞的琼脂糖的凝结温度是 25~30℃。

琼脂糖的优点是其稳定性不需要相反离子的存在。在相同的凝胶浓度下,与海藻酸钙和角叉菜胶相比较,琼脂糖凝胶的机械强度较低,其价格也较其他两种多糖高。

在 50℃ 的 4% 琼脂溶液(5g)或 40℃ 的 4%~10% 琼脂糖溶液(5g)中,将 5g 细胞充分悬浮后冷却到 20℃,获得凝胶。与上述用角叉菜胶同样的方法制备均匀的珠状或圆柱状凝胶。

（4）聚丙烯酰胺凝胶的应用：聚丙烯酰胺凝胶广泛应用于微生物细胞的固定化。虽然其单体丙烯酰胺对于植物细胞是有毒的，但是，目前已经找到了一些降低丙烯酰胺和其他试剂毒性的方法。

Rosevear 等还采用了另外一种降低丙烯酰胺毒性的固定化技术，他们把要固定的细胞在固定化之前用一种黏稠的溶液（海藻酸钠或黄原胶）混合，接着加入丙烯酰胺的单体溶液，使之聚合便得到具有活力的固定化植物细胞。

（5）其他包埋载体的应用：此外，植物细胞也可以固定在其他的载体，如聚氨基甲酸乙酯泡沫塑料和氨基酸乙酯的聚合物中。

（6）膜包埋固定化：各种膜状结构均可以用于包埋植物细胞，如中空纤维反应器。管状的纤维如乙酸纤维聚碳酸硅在反应器内集成平行束，纤维膜具有渗透性，循环的培养液中营养物质及特殊的次生产物前体通过纤维膜渗透入反应器内细胞中。由于细胞不论分散均匀与否，均可直接放置在反应器内，并且植物细胞不会与纤维膜粘连，易于清洗，所以纤维膜可再次使用，因此它是近年来使用较广泛的一种固定化方法。目前用此法已成功地固定培养了大豆、野胡萝卜和碧冬茄等细胞。

2. 吸附技术　将细胞吸附在固定支持物上的细胞固定化技术是一种很温和的方法。将 2,6-二甲基酚（2,6-dimethylphenol）聚合获得聚亚苯基氧化物（polyphenylene oxide，系多孔性聚合物，孔径 250μm，表面积 600m²/g）10g 悬浮于 5% 戊二醛（100ml）中，搅拌 48 小时。活性化结束后，加入 2,4-二硝基苯肼（2,4-dinitrophenyl hydrazine）至检查不出戊二醛为止，进行水洗。将活性化的载体用含 0.75mol/L CaCl₂ 的 50mmol/L 磷酸缓冲液（pH5.7，300ml）平衡后，用 6g 载体加入 50ml 的细胞悬浮液（约 10³/ml），在 20℃ 下搅拌 30 分钟，重复两次，此后在 4℃ 下静置 48 小时。将固定细胞的载体悬浮于 50mmol/L 磷酸缓冲液（pH5.7，500ml）中，除去未吸附的细胞，重复 5 次后备用。反应柱运转 270 小时，载体的性状和柱的流速并无变化。

3. 共价结合技术　将微生物细胞与固定化载体通过共价键结合的方法也可以用于植物细胞的固定化。例如，已有人将澳洲茄的细胞用这种方法固定在聚氧苯撑构成的载体上。在固定时，首先用戊二醛使载体活化，去除过量的醛后，将凝胶加入到植物细胞的悬浮液中。用这种方法制备的固定化细胞装入柱形反应器中，可以连续地生产类固醇糖苷类化合物达 11 天之久。

四、植物细胞培养实验室设备与生物反应器

（一）植物细胞培养实验室设备

1. 无菌操作的工具　用于无菌操作的工具有酒精灯、贮存乙醇（70%）棉球的广口瓶及各种镊子、接种钩（或铲）、剪刀等。如图 4-9 所示。

2. 培养容器　根据研究目的与培养方式不同，可以采用不同类型的培养容器，如图 4-10 所示。

试管　是组织培养中最常用的一种容器，特别适于用少量培养基及试验各种不同配方时用，在茎尖培养及移苗时有利于小苗向上生长。试管有平底和圆底两种，一般大小以 Φ20mm×150mm 为宜，过长的试管不利于操作。不过，进行器官培养，或从培养组织产生茎叶，或进行花芽形成等试验时，则往往需口径更大更长的试管。试管塞多为棉塞，亦可用铝箔等。进行转动培养时，可用医用生理盐水瓶的双层橡皮塞。

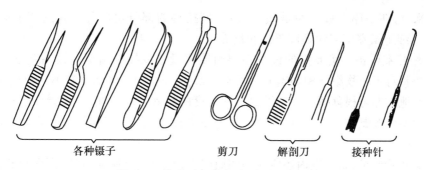

图 4-9　接种时用的各种刀、剪及镊子

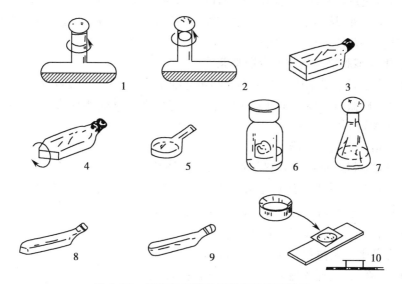

图 4-10　植物组织培养用的各种玻璃器皿

1. T 形管　2. L 形管　3. 三角形培养瓶　4. 长方形培养瓶　5. 圆形扁瓶　6. 圆形培养瓶
7. 三角瓶　8. 平型有角试管　9. 平型无角试管　10. 细胞室培养工具

L 形管和 T 形管　多在进行液体培养时使用,便于液体流动。在管子转动时,管内培养的材料能轮流交替地处于培养液和空气之中,这样,通气良好,有利培养组织的生长。

长方形扁瓶及圆形扁瓶　前者可以用来离心,使所需材料沉积于尖的底部。后者多用于细胞培养及生长点培养,可以在瓶外直接用显微镜观察细胞分裂相生长情况及进行摄影。

角形培养瓶和圆形培养瓶　角形培养瓶用于静置培养,圆形培养瓶用于胚的培养。

三角瓶　这也是组织培养中最常用的容器,适于作各种材料的培养。通常有50ml 和 100ml 两种,口径均为 25mm。三角瓶放置方便,亦可用于静置培养或振荡培养。

培养皿　多用于固体平板培养,一船多用 Φ60mm 的小培养皿。培养皿的底和盖要上下密切吻合,使用前要进行选择。

平型有角试管和无角试管　用于液体转动培养,由于试管的上下部是平面,所以也适于在显微镜下观察和摄影。

细胞微室培养的器皿　微室培养也是能在显微镜下观察细胞生长过程的好方法。制作方法是;把硬质玻璃管切成小环,将小环放在载玻片上,基部用凡士林和石蜡(1:3)

固封起来,可在小环上放一块盖玻片,对它们接触的部分也用凡士林封闭加固,使成"微室"。细胞微室培养法多用于悬滴培养。

3. 培养室设备 培养室的设备主要由照明设备及控制温湿度设备两部分组成。温度的控制对于植物组织和细胞的生长十分重要,不同材料对温度有不同要求。所以,有条件的地方亦可根据研究需要设置不同温度的培养空间。在一般的情况下,大多数培养室的温度控制在 25～28℃。为了使全室温度保持一致与恒定,需安装自动调温装置。

根据实验要求,培养室内还应有照明或暗室设备(进行暗培养)。照明可通过在培养架上安装日光灯来解决。光源既可安置在培养物的侧面,亦可垂直吊于培养物之上。

除培养架之外,培养室内还可以放置摇床、转床等各种培养装置,其式样和大小可因培养室的大小及使用目的而定。

(二)植物细胞培养生物反应器类型

植物细胞培养主要采用悬浮培养和固定化细胞反应器系统。悬浮培养所用的生物反应器主要有机械搅拌罐和非机械搅拌罐。固定化细胞反应器有填充床反应器、流化床反应器和膜反应器等类型。

1. 悬浮培养生物反应器

(1)机械搅拌罐:此罐采用机械搅拌器使溶质均匀混合(图4-11)。其主要优点是能获得较高的 K_{La} 值($>100h^{-1}$)。而植物细胞培养所需的 K_{La} 值,一般为 $5～20h^{-1}$ 。在较低的 K_{La} 值时,机械搅拌罐单位体积消耗的功率比非机械搅拌罐高。Tanaka 认为,对于特定的 K_{La} 值,机械搅拌罐具有较高的切变力,此外,穿过反应器的搅拌轴也给无菌密封带来困难。尽管机械搅拌罐已成功地用于植物细胞培养,但一般不适合于次生产物的生产。Wagner 和 Volgelmann 报道,海巴戟细胞在机械搅拌罐中生长与非机械搅拌罐中相似,但蒽醌的产量较低,原因是搅拌叶轮周围的切变力高和离叶轮远的区域形成滞流区。但 Speiler 等研究了机械搅拌罐中产量较高的原因,认为可能是其混合效果较好的缘故。

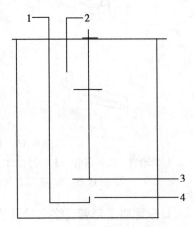

图4-11 机械搅拌罐示意图
1—空气入口 2—空气出口
3—搅拌器 4—空气喷雾

(2)非机械搅拌罐:也称为气动式反应器,是一种利用通入的空气作通气和搅拌的生物反应器,主要有鼓泡反应器和气升式反应器。气升式反应器又分为外循环和内循环两种形式(图4-12)。对于氧气需要量较低的系统,气动式反应器的氧传递效率比机械搅拌罐更高,这是由于此类反应器一般较高,其底部的气泡所受的流体静压较高,使氧的溶解度增加而提高传氧速率。但 Smart 等认为,由于植物细胞往往因 CO_2 的排除会使生长下降而降低气体成分的传质系数。另外,没有搅拌轴虽更易保持无菌,但往往因搅拌强度较低而使培养物混合不均匀。气动式反应器中鼓泡反应器与气升式反应器的氧传递效率和混合性能很不相同,Bello 等证明,鼓泡柱式反应器的氧传递一般较高,而气升式反应器因流体不断循环而混合效果较佳。Fowler 等报道,气升环流式反应器因混合效果较好,可使长春花细胞浓度高达 30g/L。Alfermann 等在 200L 气升式反应器中培养洋地黄细胞,13 天后获得的 4-甲基异羟基洋地黄毒苷的产量高达 430g/L。一般认为气动式反应器因结构简单、传氧效率高以及切变力低而更适合于植物细胞的培养。

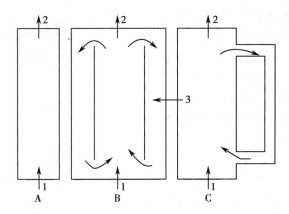

图 4-12　气升式反应器
A. 鼓泡式反应器　B. 内循环气升式反应器　C. 外循环气升式反应器
1—空气入口　2—空气出口　3—导流筒

2. **固定化细胞生物反应器**　固定化细胞系统比悬浮培养更适合于植物细胞团的培养;另外,固定化细胞包埋于支持物内,可以消除或极大地减弱流质流动引起的切变力;此外,还便于连续操作。固定化细胞反应器已用于胡萝卜、长春花、洋地黄等植物细胞的培养。

(1)填充床反应器:在此反应器中,细胞固定于支持物表面或内部,支持物颗粒堆叠成床,培养基在床层间流动(图 4-13)。填充床中单位体积细胞较多,由于混合效果不好,常使床内氧的传递、气体的排出、温度和 pH 的控制较困难。如果支持物颗粒破碎还易使填充床阻塞。

Crocomo 等在填充床反应器中进行了固定化胡萝卜细胞的半连续培养,结果发现其呼吸速率和生物转化能力与游离细胞相似。Davies 报道填充床反应器中固定化长春花细胞的生物碱产量高于悬浮培养物,并认为填充床改善了细胞间的接触和相互作用。

(2)流化床反应器:反应器中利用流质的能量使支持物颗粒处于悬浮状态(图 4-13),混合效果较好,但流体的切变力和固

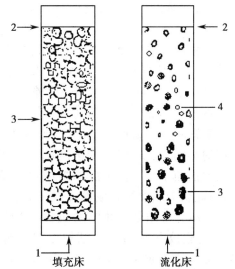

图 4-13　填充床和流化床反应器示意图
1—培养基或空气入口　2—培养基或空气出口　3—固定化细胞　4—气泡

定化颗粒的碰撞常使支持物颗粒破损。另外,流质动力学复杂,使其放大困难。Brodelius 等研究了流化床反应器中固定化胡萝卜细胞的转化酶活力,结果产酶量很高,但由蔗糖到葡萄糖的转化率比游离细胞培养的低,这可能是藻酸盐凝胶的扩散

限制作用所致。

（3）膜反应器：膜固定化是采用具有一定孔径和选择透性的膜固定植物细胞，营养物质可以通过膜渗透到细胞中，细胞产生的次生产物通过膜释放到培养液中。膜反应器主要有中空纤维反应器和螺旋卷绕反应器（图4-14）。中空纤维反应器中，细胞保留在装有中空纤维的管中。Shuler 首次报道了利用中空纤维固定烟草细胞生产酚类物质，结果表明，酚类物质的生产率 $[17\mu g/(mg \cdot h)]$ 显著高于成批或连续培养系统，并维持此水平达 312 小时。Jones 等利用中空纤维反应器进行胡萝卜和矮牵牛细胞的固定化培养，4 天后酚类物质的含量从开始的 0.31mg/L 增到 0.90mg/L，并维持此水平达 20 天。螺旋卷绕反应器是将固定有细胞的膜卷绕成圆柱状。与海藻酸盐凝胶固定化相比，膜反应器的操作压下降较小，流质动力学易于控制，易于放大，而且能提供更均匀的环境条件，同时还可以进行产物分离以解除产物的反馈抑制。但构建膜反应器的成本较高。

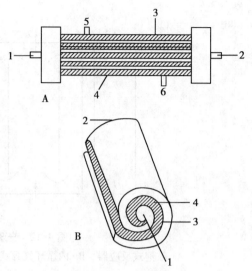

图 4-14 膜反应器示意图
A. 中空纤维反应器 B. 螺旋卷绕反应器
1—营养物入口 2—营养物出口 3—细胞
4—中空纤维或膜 5—细胞接种口 6—取样口

生物反应器的放大：放大的目标是在大规模培养中能获得小规模条件下的产物产率。但放大过程中，常常由于物理或化学条件的改变而引起产物生产率的下降。在不同培养规模下，要使各个操作变量不变几乎是不可能的。因为通气和搅拌不仅随操作规模不同，而且在反应器内的不同部位也不均一，但可溶性成分的控制则相对容易些。Evans 等研究了反应器放大对长春花细胞悬浮培养利血平合成的影响，发现在 7L,30L,80L 三种不同体积的气升式反应器中，利血平的合成量均比摇瓶中低。由于反应器中培养基组成、起始 pH 和温度等条件与摇瓶中相同，因此认为利血平合成量降低可能与反应器中切变力增大、通气的改变或代谢有关。Forrest 等用带平叶轮的机械搅拌罐培养长春花细胞，从 25、70、300、500 和 750L 直到放大为 5000L，结果发现细胞生长并未降低，但产生的生物碱极少。当降低搅拌速率或使用不同搅拌器以减小切变力时，细胞的生产率仍明显低于气升式反应器，这表明搅拌强度大不利于生物碱的合成。Tanaka 报道，紫草细胞在气升式、改良机械搅拌式和转鼓反应器中，以起始 K_{La} 值相同（$10h^{-1}$）从 25L 放大到 1000L 时，气升式反应器中紫草宁产量比另两种反应器中低。改良机械搅拌罐中紫草宁产量随体积增大仅略有降低，且与转鼓反应器中的一样高。微生物发酵中，通常以相同的 K_{La} 值为依据进行放大。植物细胞培养中，也许还应考虑合适的搅拌强度。

难 点 释 疑

植物细胞全能性。

植物的每个细胞都包含着该物种的全部遗传信息，从而具备发育成完整植株的遗传能力。在适宜条件下，任何一个细胞都可以发育成一个新个体。

点 滴 积 累

1. 悬浮细胞培养技术是指把离体的植物细胞悬浮在液体培养基中进行的无菌培养。它是从愈伤组织的液体培养技术基础上发展起来的一种新的培养技术。

2. 植物细胞悬浮培养的生物反应器主要有机械搅拌罐和非机械搅拌罐，固定化细胞反应器有填充床反应器、流化床反应器和膜反应器等类型。

目 标 检 测

一、选择题

（一）单项选择题

1. 下列关于促进细胞融合的方法说法错误的是（　　　）

　　A. 仙台病毒是最早用于动物细胞融合的融合剂，它的毒力低度，对人危害小

　　B. 盐类融合法的优点是融合频率高，缺点是对原生质体活力破坏大

　　C. 使用 PEG 作促融剂时必须有 Ca^{2+}，且与 DMSO 并用效果更佳

　　D. 电融合法与 PEG 法比较具有融合率高、重复性强、对原生质体危害小、简单等优点

2. 不能人工诱导原生质体融合的方法是（　　　）

　　A. HVJ　　　　　　　　　　　　B. 电刺激

　　C. PEG 试剂　　　　　　　　　　D. 搅拌

3. 关于原生质体说法正确的是（　　　）

　　A. 原生质体是指去掉整个细胞膜的球状体

　　B. 酶解去壁得到的原生质体应具有再生能力，但影响原生质体化的因素往往不影响原生质体的再生

　　C. 大多数研究表明，原生质体化与再生最适菌龄为对数生长期

　　D. 革兰阳性与革兰阴性菌的细胞壁很容易为溶菌酶除去，较易制备出原生质体

4. 下列关于单克隆抗体说法错误的是（　　　）

　　A. 单克隆抗体制备过程中，采用不经免疫的 B 淋巴细胞与骨髓瘤细胞融合，从而获得杂交瘤细胞

　　B. 单克隆抗体是针对单一抗原决定簇的化学结构完全相同的单一抗体，特异性强，与其对应抗原的亲和力高度均一

C. 制备时需要使抗原纯化,不适于由未纯化的抗原大量制备

D. 产生单克隆抗体的杂交瘤株可在体外扩大培养,也可由被接种小鼠的腹水及循环血中获得

5. 关于单克隆抗体的不正确叙述是(　　　)

    A. 化学结构相同　　　　　　　　　　B. 用有性繁殖获得

    C. 特异性强　　　　　　　　　　　　D. 可用于治病、防病

6. 下列关于动物细胞培养的叙述中,正确的是(　　　)

    A. 动物细胞培养选用的培养材料大多是动物的受精卵细胞

    B. 动物细胞培养液中通常含有葡萄糖、氨基酸、无机盐、生长素和动物血浆等

    C. 血清是天然培养液,成分复杂,其中含有适合所有细胞生长所需物质

    D. 大多数动物细胞系培养液的 pH7.4 中生长最好,一般不超过 pH6.8 ~ 7.6

7. 下列不是动物细胞培养方法的是(　　　)

    A. 贴壁细胞培养　　　　　　　　　　B. 灌注悬浮培养

    C. 固定化细胞培养　　　　　　　　　D. 振动培养法

8. 下列关于动物细胞培养液平衡盐溶液(BSS)的叙述中,错误的是(　　　)

    A. BSS 作为稀释和灌注的液体,维持细胞渗透压

    B. BSS 提供酸碱缓冲系统及细胞正常代谢所需的水分和无机离子

    C. BSS 主要由无机盐和葡萄糖组成,浓度宜高方能满足细胞生命所必需成分

    D. BSS 成分一般要求与培养物来源的动物血清相近似,且要求等渗

9. 关于组织培养的优点不正确的是(　　　)

    A. 理化环境是可控制的

    B. 培养物可直接暴露在预测的试剂中,预测样品少,且可直接观测反应

    C. 不可以人工筛选具有一定特征变异的突变株或细胞融合体

    D. 通过大量繁殖,可提供大量细胞

10. 关于体外细胞培养正确的是(　　　)

    A. 当前模拟体内环境的技术已经很高,细胞在人工培养条件与体内环境没什么差别

    B. 培养细胞与体内细胞存在差异,因此使得用组织培养细胞的研究失去了意义

    C. 细胞离体培养仍带有全套二倍体基因,即具有全部遗传潜能

    D. 因体外环境影响因素多,时间一长细胞分化会出现形态、功能多样化

11. 下列选项属动物细胞体外培养环境因素的是(　　　)

    A. 温度、渗透压、$[H^+]$

    B. 有机离子、主要代谢物、激素

    C. 影响细胞代谢的其他因子、细胞生长的基质、各因素间的相互作用

    D. 以上三项

12. 下列选项不属于动物细胞培养液类型的是(　　　)

    A. BSS　　　　　　　　　　　　　　B. 天然培养基

    C. 合成培养基　　　　　　　　　　　D. N6 培养基

13. 血清作为液相培养基说法错误的是(　　　)

A. 含复杂的微量成分,并且其作用还不清楚

B. 常受病毒污染

C. 成本低

D. 产物纯化的主要障碍,甚至难以使产物形成医药产品

14. 关于细胞工程的说法不正确的是( )

A. 培养动物细胞和植物细胞的重要区别在于培养基的不同

B. 单克隆抗体与血清抗体相比,前者特异性强、灵敏度高,产量大

C. 动物细胞培养不需要在无菌条件下进行,而植物细胞培养则需要在无菌条件下进行

D. 在生物体内细胞没有表现出全能性,与基因表达的选择性密切相关

15. 下列关于细胞工程的叙述中,正确的是( )

A. 克隆羊"多莉"的培育技术主要包括核移植和胚胎移植两方面

B. 植物细胞工程中,融合叶肉细胞时,应先去掉细胞膜,制备原生质体

C. 植物细胞工程中,叶肉细胞经再分化过程可形成愈伤组织

D. 单克隆抗体制备过程中,采用不经免疫的 B 淋巴细胞与骨髓瘤细胞融合,从而获得杂交瘤细胞

16. 对比植物体细胞杂交和动物细胞融合,以下论述完全正确的是( )

A. 两者都必须经过人工诱导,但方式不同

B. 两者细胞融合的基本原理都是细胞的全能性

C. 两者都必须用灭活的病毒进行诱导

D. 两者的用途都是为了培养新品种

17. 用植物组织培养技术,可以培养或生产出( )

A. 食品添加剂   B. 无病毒植物

C. 人工种子   D. 前三项都是

18. 动物细胞工程常用的技术手段中,最基础的是( )

A. 动物细胞培养   B. 动物细胞融合

C. 单克隆抗体   D. 胚胎、核移植

19. 细胞株的特点是( )

A. 遗传物质没有改变,可以无限传代

B. 遗传物质发生改变,不可无限传代

C. 遗传物质没有改变,不可无限传代

D. 遗传物质发生改变,且有癌变特点,可以无限传代

20. 关于杂交瘤细胞的不正确叙述是( )

A. 有双亲细胞的遗传物质   B. 不能无限增殖

C. 可分泌特异性抗体   D. 体外培养条件下可大量增殖

21. 生物膜化学组成的表述最全面的是( )

A. 蛋白质,糖类,类脂   B. 糖蛋白,类脂

C. 蛋白质,糖类,脂类   D. 糖蛋白,脂类

22. 动物细胞融合技术最重要的用途是( )

A. 克服远源杂交不亲和   B. 制备单克隆抗体

C. 培育新品种　　　　　　　　　　D. 生产杂种细胞

23. 只能使动物细胞融合的常用诱导方法是(　　)
    A. PEG　　　　　　　　　　　　B. 灭活的病毒
    C. 电刺激　　　　　　　　　　　D. 离心

24. 植物组织培养是指(　　)
    A. 离体的植物器官或细胞培育成愈伤组织
    B. 愈伤组织培育成植株
    C. 离体的植物器官、组织或细胞培养成完整植物体
    D. 愈伤组织形成高度液泡化组织

25. 植物体细胞杂交要先去除细胞壁的原因是(　　)
    A. 植物体细胞的结构组成中不包括细胞壁
    B. 细胞壁使原生质体失去活力
    C. 细胞壁阻碍了原生质体的融合
    D. 细胞壁不是原生质的组成部分

26. 植物体细胞杂交的目的中错误的是(　　)
    A. 把两个植物体的优良性状集中在杂种植株上
    B. 获得杂种植株
    C. 克服远源杂交不亲和的障碍
    D. 实现原生质体的融合

27. 在动物细胞培养的有关叙述中正确的是(　　)
    A. 动物细胞培养的目的是获得大量的细胞分泌蛋白
    B. 动物细胞培养前要用胰蛋白酶使细胞分散
    C. 细胞遗传物质的改变发生于原代培养过程中
    D. 培养至50代后能继续传代的传代细胞叫细胞株

28. 关于分批培养的特点正确的是(　　)
    A. 细胞生长在固定体积的培养基中,直至培养基中的养分为细胞耗尽为止
    B. 用适当搅拌的方法增加和维持游离细胞与细胞团在培养基中的均匀分布
    C. 在成批培养的整个过程中,细胞数目会发生不断变化,呈现出从培养开始起,到细胞增殖停止为止的细胞生长周期
    D. 分批培养方法局限于实验规模

29. 关于连续培养说法不正确的是(　　)
    A. 指在培养过程中,不断抽取悬浮培养物并注入等量新鲜培养基,使培养物不断得到养分补充和保持其恒定体积的培养方法
    B. 会出现悬浮培养物发生营养不良的现象
    C. 连续培养可在培养期间使细胞长久地保持在对数生长期
    D. 连续培养适于大规模工业化生产

30. 植物细胞培养基的组成不包括(　　)
    A. 无机营养物、维生素、激素　　　B. 碳源和能源
    C. 抗菌素液　　　　　　　　　　　D. 氨基酸和有机添加物

（二）多项选择题

1. 下列属于促进细胞融合的方法是（ ）
    A. 用仙台病毒（HVJ）促进法   B. 用氯化钠作为融合剂
    C. 可逆电降解   D. 双向电泳
    E. PEG 化学融合法

2. 下列选项中动物细胞培养液的成分中属必需氨基酸的有（ ）
    A. 异亮氨酸   B. 赖氨酸
    C. 苯丙氨酸   D. 色氨酸和缬氨酸
    E. 谷氨酸

3. 关于血清作为动物细胞培养基的说法正确的是（ ）
    A. 血清所含大量天然成分除供给细胞营养外,还能促进细胞合成 DNA
    B. 提高血清浓度,细胞生长浓度也随之增加
    C. 血清在细胞体外培养中的作用主要是提供细胞增殖所必需的生长因子
    D. 血清中含有一定的细胞毒性物质和抑制物质对细胞有去分化作用
    E. 常用血清中以小牛的血清质量最好

4. 对于动物细胞培养方式的类型,说法正确的是（ ）
    A. 分批式培养即一次性将细胞与培养液投入反应器中,在培养过程中不再加入营养物
    B. 流加式培养能适当地调整营养成分的浓度,保持细胞在一个较平衡的营养环境下生长
    C. 半连续培养是经一段分批培养后,取出部分反应物再补充等量新的营养成分继续培养
    D. 连续培养是在反应体系中不断取出反应物又不断加入新营养物
    E. 连续培养法因不断加入新营养物所以反应体积大,给反应器体积设计带来困难

5. 与液体培养细胞相比,固定化细胞有哪几项优点（ ）
    A. 高度保持反应槽内的细胞（生物体催化剂）量,能提高反应效率
    B. 固定化使反应活性稳定,能够长期连续地运行
    C. 产物易于和作为催化剂的细胞分离
    D. 柱式或槽式有可能连续运转,易于控制生产中最适宜的环境条件、基质浓度等,能使生产稳定
    E. 某些重要物质的生产大多利用处于稳定增殖期的细胞,由于固定化可抑制其生长发育,因此应考虑尽可能模拟稳定期等

二、问答题

1. 在细胞工程中,进行体细胞杂交工作程序有哪几个步骤?
2. 血清在动物细胞培养中的利、弊有哪些?
3. 植物体外培养所需要的生长调节类物质有哪些?
4. 植物细胞培养所用培养基配制时为什么要配制母液,一般配制的混合母液有哪几种?

5. 与液体培养细胞相比,固定化细胞有哪些优点?

三、实例分析

在全国的发病率居肿瘤之首,小细胞肺癌是恶性程度最高的一种。上海肺瘤研究所细胞与分子免疫研究室在国内率先研制出一种名叫"2F7"的靶向生物导弹。这种生物导弹是一种专门对小细胞肺癌产生特定靶向性的特异性单克隆抗体。注入静脉后,会"直扑"小细胞肺癌病灶,使其携带的肿瘤化疗药物能"集中火力"抑制、杀灭肿瘤细胞。这预示着化疗药物有望弥补"良莠不分"、损害全身免疫力的缺陷。

(1)制备单克隆抗体的原理是什么?

(2)制备单克隆抗体用到的动物细胞工程技术手段有哪几种?

(3)试述单克隆抗体的特点。

(毛小环　陈秀清　陈电容)

第五章 酶工程制药技术

酶（enzyme）是生物体内具有生物催化活性的生物大分子，包括蛋白质和核酸等。绝大多数酶的本质是蛋白质或蛋白质与辅酶的复合体。生物体内一切化学反应几乎都是在酶的催化作用下进行的，酶量及酶活性的改变会引起细胞代谢异常甚至生命活动的终止。

第一节 概　　述

一、酶的特性

酶作为生物催化剂，具备一般催化剂的特性：即参与化学反应过程时能加快反应速度；降低反应的活化能；不改变反应性质即不改变反应的平衡点；反应前后其数量和性质不变。酶除具有一般催化剂的共性外，还具有其独自的特点：①催化效率高；②专一性强；③反应条件温和；④酶的催化活性受到调节和控制。

依据国际酶学委员会（IEC）规定，按酶的催化反应类型可将酶分为以下 6 大类。①氧化还原酶类：催化氧化还原反应；②转移酶类：催化功能基团的转移；③水解酶类：催化水解反应；④裂合酶类：催化水、氨或二氧化碳的去除或加入；⑤异构酶类：催化各种类型的异构作用；⑥合成酶类（ligases）：催化消耗 ATP 的成键反应。

二、酶工程的研究内容

酶工程（enzyme engineering）是酶学和工程学相互渗透结合、发展而形成的一门新的技术科学。它是从应用的目的出发，研究酶、应用酶的特异性催化功能，并通过工程化将相应原料转化成有用物质的技术。

1971 年，第一届国际酶工程会议提出的酶工程的内容主要是：酶的生产、分离纯化、酶的固定化、酶及固定化酶的反应器、酶与固定化酶的应用等。近年来，由于酶在工业、农业、医药和食品等领域中应用的迅速发展，酶工程也不断地增添新内容。从现代观点来看，酶工程主要有以下几方面的研究内容：①酶的分离、提纯、大批量生产及新酶和酶的应用开发；②酶和细胞的固定化及酶反应器的研究（包括酶传感器、反应检测等）；③酶生产中基因工程技术的应用及遗传修饰酶（突变酶）的研究；④酶的分子改造与化学修饰，以及酶的结构与功能之间关系的研究；⑤有机相中酶反应的研究；⑥酶的抑制剂、激活剂的开发及应用研究；⑦抗体酶、核酸酶的研究；⑧模拟酶、合成酶及酶分子的人工设计、合成的研究。酶工程技术和应用研究的深入，使其在工业、农业、医药和食品等方面发挥着极其重要的作用。

 知 识 链 接

核酸类酶(ribozyme)是一类具有生物催化功能的核糖核酸(RNA)分子。它可以催化本身 RNA 的剪切或剪接作用,还可以催化其他 RNA、DNA、多糖、酯类等分子进行反应。

核酸类酶具有抑制人体细胞某些不良基因和某些病毒基因的复制和表达等功能。据报道,一种发夹型核酸类酶,可使艾滋病病毒(HIV)在受感染细胞中的复制率降低 90%,在牛血清病毒(BLV)感染的蝙蝠肺细胞中也观察到核酸类酶抑制病毒复制的结果。这些结果表明,适宜的核酸类酶或人工改造的核酸类酶可以阻断某些不良基因的表达,从而用于基因治疗或进行艾滋病等病毒性疾病的治疗。

三、酶工程的研究进展及应用

(一)酶工程的研究进展

随着现代科学技术的发展,酶工程的内容不断扩大和充实,酶工程研究的水平也逐渐提高。本节将重点讨论酶工程在以下几方面的研究进展:酶的化学修饰、酶的人工模拟、有机相的酶反应和基因工程酶的构建。

1. **酶的化学修饰** 酶作为生物催化剂,其高效性和专一性是其他催化剂所无法比拟的。因此,愈来愈多的酶制剂已用于医药、食品、化工和农业生产以及环保、基因工程等领域。但是,酶作为蛋白质,其异体蛋白的抗原性、受蛋白水解酶水解和抑制剂作用、在体内半衰期短等缺点而严重影响医用酶的使用效果,甚至无法使用。工业用酶常常由于酶蛋白抗酸、碱、有机溶剂变性及抗热失活能力差;容易受产物和抑制剂的抑制;工业反应要求的 pH 和温度不总是在酶反应的最适 pH 和最适温度范围内;底物不溶于水或酶的 K_M 值过高等弱点而限制了酶制剂的应用范围。提高酶的稳定性、解除酶的抗原性、改变酶学性质(最适 pH、最适温度、K_M 值、催化活性和专一性等)、扩大酶的应用范围的研究越来越引起人们的重视。通过酶的分子改造可克服上述应用中的缺点,使酶发挥更大的催化功效,以扩大其在科研和生产中的应用范围。

酶的化学修饰就是对酶在分子水平上用化学方法进行改造,即在体外将酶分子通过人工方法与一些化学基团,特别是具有生物相容性的大分子进行共价连接,从而改变酶分子的酶学性质的技术。在酶工程中,酶的化学修饰的主要目的在于提高酶的稳定性。对于医学上的治疗用酶,还有一个目的就是要降低或消除酶分子的免疫原性。在基础酶学研究中,化学修饰法也是研究酶的活性中心性质的重要手段。

2. **酶的人工模拟** 根据酶的作用原理,用人工方法合成的具有活性中心和催化作用的非蛋白质结构的化合物叫人工模拟酶(enzymes of artificial imitation),简称人工酶或模拟酶。它们一般具有高效和高适应性的特点,在结构上相对天然酶简单。美国化学家 D. J. Cram、C. J. Pederson 和法国化学家 J. M. Lehn 相互发展了对方的经验,他们的工作为实现人们长期寻求合成与天然蛋白质功能一样的有机化合物这一目标起了开拓性的作用。他们提出的主-客体化学(host-guest chemistry)和超分子化学(supramolecular chemistry),已经成为酶的人工模拟的重要理论基础。其目的就在主体分子或接受体的制备上,根据酶催化反应机制,如果合成出既能识别酶底物又具有酶活性部位催化基团的主体分子,同时底物能与主体分子发生多种分子相互作用,那就能有效地模拟酶分子的催化过程。

迄今,在酶的人工模拟方面已有一些成功的例子。丝氨酸蛋白水解酶已可用小分子化合物来模拟;能同时结合两个底物分子的反应模板也已被设计并合成出来;在合成的聚乙烯亚胺上引入十二烷基和咪唑基,所形成的芳香硫酸酯酶比天然酶活力高100倍。

模拟酶工作研究较多的是环糊精(cyclodextrin)。它是一种优良的模拟酶,可提供一个疏水的结合部位,并能与一些无机和有机分子形成包结络合物,以此影响和催化一些反应,因此引起人们越来越大的兴趣。

 知 识 链 接

在模拟酶方面,固氮酶的模拟最令人瞩目。人们从天然固氮酶由铁蛋白和铁钼蛋白两种成分组成得到启发,提出了多种固氮酶模型。如过渡金属(铁、钴、镍等)的氮络合物,过渡金属(钒、钛等)的氮化物,石墨络合物,过渡金属的氨基酸络合物等。此外,利用铜、铁、钴等金属络合物,可以模拟过氧化氢酶等。

近来,国际上已发展起来一种分子压印(molecular imprinting)技术,又称为生物压印(bioimprinting)技术。该技术可以借助模板在高分子物质上形成特异的识别位点和催化位点。目前,此项技术已经获得广泛的应用。例如,模拟酶可以用于催化反应,分子压印的聚合物可用作生物传感器的识别单元等。

3. 有机相的酶反应 有机相酶反应是指酶在具有有机溶剂存在的介质中所进行的催化反应。这是一种在极端条件(逆性环境)下进行的酶反应,它可以改变某些酶的性质,如某些水解酶在逆性环境下具有催化合成反应的能力——蛋白水解酶在有机溶剂中可以催化氨基酸合成肽的反应。大量的研究结果表明,有机相中酶催化反应除了具有酶在水中所具有的特点外,还具有其独特的优点:①增加疏水性底物或产物的溶解度;②热力学平衡向合成方向移动,如酯合成、肽合成等;③可抑制有水参与的副反应,如酸酐的水解等;④酶不溶于有机介质,易于回收再利用;⑤容易从低沸点的溶剂中分离纯化产物;⑥酶的热稳定性提高,pH 的适应性扩大;⑦无微生物污染;⑧能测定某些在水介质中不能测定的常数;⑨固定化酶方法简单,可以只沉积在载体表面。

由于在有机相中酶催化反应具有上述优点,因而使有机相的酶学研究拓宽到了生物化学、有机化学、无机化学、高分子化学、物理化学及生物工程等多种学科交叉的领域。

4. 基因工程酶的构建 基因工程技术的问世,对酶学的发展起到了巨大的推动和变革作用。基因工程酶是酶学和以基因重组技术为主的现代分子生物学相结合的产物。基因工程酶的构建主要包括 3 方面:酶基因的克隆和表达,用基因工程菌大量生产酶;修饰酶基因和产生遗传修饰酶(突变酶);酶的遗传设计,合成自然界没有的新酶。

(1)酶基因的克隆和表达:重组 DNA 技术的建立,使人们在很大程度上摆脱了对天然酶的依赖。特别是在天然酶的材料来源极其困难时,重组 DNA 技术更显示出其独特的优越性。应用基因工程技术可以克隆各种天然酶的基因,并使其在微生物中表达。筛选出高效表达的菌株后,就可以通过发酵大量生产所需要的酶。在医学上有重要应用价值的一些酶来源困难,生产成本高,如治疗溶酶体缺陷病的酶必须由人胎盘制备,治疗脑血栓的尿激酶制备复杂,对于这些酶可用基因工程技术来生产。目前已有许多酶基因克隆成功,如尿激酶基因、凝乳酶基因等,并已投入生产。

(2)酶基因的遗传修饰:酶基因的遗传修饰是指人为地将酶基因中个别核苷酸加以修饰或更换,从而改变酶蛋白分子中某个或几个氨基酸。这种方法不仅可以改变酶的结构,也可以改变酶的催化活力、专一性及稳定性。

酶基因的遗传修饰有自然遗传修饰和选择性遗传修饰两种。前者是用化学诱变剂或物理诱变因素作用于活细胞,使其基因发生突变,再从各种突变体中筛选所需要的突变体,这种方法具有随机性。选择性遗传修饰则是具有目的性和预见性的现代酶工程方法,先了解清楚酶的结构,再选定突变部位,然后在体外构建具有功能活性的基因结构(重组 DNA),即通过核苷酸的置换、插入或删除,获得突变酶基因,将其引入表达载体,则可获得遗传修饰酶或突变酶。这种新酶的结构与原酶只有一个或几个氨基酸残基的差别,但新酶的某些特性与原酶相比却大有不同。如用定点突变与体内随机突变相结合的方法,可使枯草杆菌蛋白酶的稳定性大为增加。

(3)酶的遗传设计:酶的遗传设计是指人为设计具有优良性状的新酶基因。充分掌握酶的空间结构和结构与功能的关系是优质新酶遗传设计的重要基础。目前许多分子生物学、物理学和计算机工作者都在尝试根据蛋白质的氨基酸排列顺序来推测其三维结构,提出从氨基酸序列的同源性预测三维构象的目标。用概率和统计的方法从已知构象的蛋白质中寻找经验规律,预测某些已知氨基酸顺列的三维构象;或用计算机模拟蛋白质的构象等。只要有合理的基因设计,就可以通过基因工程技术获得具有优良性状的新酶。但这一工作难度很大,需要多学科的交叉配合。

(二)酶工程在医药工业中的应用

酶促反应的专一性强,反应条件温和。酶工程的优点是工艺简单、效率高、生产成本低、环境污染小,而且产品收率高、纯度好,还可制造出化学法无法生产的产品。酶工程技术在医药工业中具有可观的发展前景和极大的应用价值。

固定化酶在工业、医学、分析工作及基础研究等方面有广泛用途。现仅着重介绍与医药有关的几方面。

1. 药物生产中的应用　医药工业是固定化酶用得比较成功的一个领域,并已显示巨大的优越性。如酶法水解 RNA 制取 5′-核苷酸,5′-磷酸二酯酶制成固定化酶用于水解 RNA 制备 5′-核苷酸,比用液相酶效果提高 15 倍。此外,青霉素酰化酶、谷氨酸脱羧酶、延胡索酸酶 L-门冬氨酸酶、L-门冬氨酸 β-脱羧酶等都已制成固定化酶用于药物生产。

(1)固定化细胞法生产 6-氨基青霉烷酸:青霉素 G(或 V)经青霉素酰化酶作用,水解除去侧链后的产物称为 6-氨基青霉烷酸(6-APA),也称无侧链青霉素。6-APA 是生产半合成青霉素的最基本原料。目前为止,以 6-APA 为原料已合成近 3 万种衍生物,并已筛选出数十种耐酸、低毒及具有广谱抗菌作用的半合成青霉素。

(2)固定化酶法生产 5′-复合单核苷酸:4 种 5′-复合单核苷酸注射液可用于治疗白细胞计数下降、血小板减少及肝功能失调等疾病。核糖核酸(RNA)经 5′-磷酸二酯酶作用可分解为腺苷、胞苷、尿苷及鸟苷的一磷酸化合物,即 AMP、CMP、UMP 及 GMP。5′-磷酸二酯酶存在于桔青霉细胞、谷氨酸发酵菌细胞及麦芽根等生物材料中。本法以麦芽根为材料制取 5′-磷酸二酯酶,并使其固定化后用于水解酵母 RNA,以生产 5′-复合单核苷酸注射液。

(3)固定化酶法生产 L-氨基酸:目前氨基酸在医药、食品以及工农业生产中的应用越来越广。以适当比例配成的混合液可以直接注射到人体内,用于补充营养。各种必需氨基酸对人体的正常发育有保健作用,有些氨基酸还可以作为药物,治疗某些特殊疾病;氨基酸可用作增味剂,增加香味,促进食欲,可用作禽畜的饲料,还可用来制造人造纤维、塑料等。因此氨基酸的生产对人类的生活具有重要意义。

工业上生产 L-氨基酸的一种方法是化学合成法。但是由化学合成法得到的氨基酸都是无光学活性的 DL-外消旋混合物,所以必须将它进行光学拆分,以获得 L-氨基酸。外消旋氨基酸拆分的方法有物理化学法、酶法等,其中以酶法最为有效,能够产生纯度较高的 L-氨基酸。

2. 亲和层析中的应用　亲和层析是利用生物大分子能与其相应的专一分子可逆结合的特性而发展的一种层析方法。如抗体和抗原、酶和底物或抑制剂、核糖核酸与其互补的脱氧核糖核酸间都存在专一的亲和力,若将其一方固定化在载体上,就可根据它们间的专一结合力而将被分离的大分子物质吸附于载体上,洗去杂质后再将它解离,就可得到纯的物质。

3. 医疗上的应用　制造新型的人工肾,这种人工肾是由微胶囊的脲酶和微胶囊的离子交换树脂的吸附剂组成。前者水解尿素产生氨,后者吸附除去产生的氨,以降低患者血液中过高的非蛋白氮。

点 滴 积 累

1. 酶作为生物催化剂的特性主要有:①催化效率高;②专一性强;③反应条件温和;④酶的催化活性受到调节和控制。

2. 酶工程的研究进展主要体现在以下几方面:酶的化学修饰、酶的人工模拟、有机相的酶反应和基因工程酶的构建。

第二节　工程制药酶

一、工程制药酶的来源

酶作为生物催化剂,普遍存在于动物、植物和微生物中,可直接从生物体中分离提纯。从理论上讲,酶与其他蛋白质一样,也可以通过化学合成法来制得。现在已有了一整套固相合成肽的自动化技术,大大加快了合成速度。但从实际应用上讲,由于试剂、设备和经济条件等多种因素的限制,通过人工合成的方法来进行酶的生产还需要相当长的一段时间,因此酶的生产只适宜直接从生物体中抽提分离。

早期酶的生产多以动、植物为主要原料,有些酶的生产至今还应用此法。如从猪颌下腺中提取激肽释放酶,从菠萝中制取菠萝蛋白酶,从木瓜汁液中制取木瓜蛋白酶等。但随着酶制剂应用范围的日益扩大,单纯依赖动、植物来源的酶已不能满足需求,而且动、植物原料的生长周期长、来源有限,又受地理、气候和季节等因素的影响,不适于大规模生产。近10多年来,动、植物组织和细胞培养技术取得了很大的进步,但因其周期长、成本高,因而还有一系列问题待解决,估计在不久的将来会出现利用动、植物细胞培养的方法来生产酶的新技术工业。所以工业生产一般都以微生物为主要来源,目前在千余种被使用的商品酶中,大多数都是利用微生物生产的。

利用微生物生产酶制剂,突出的优点是:①微生物种类繁多,凡是动、植物体内存在的酶,几乎都能从微生物中得到;②微生物繁殖快、生产周期短、培养简便,并可以通过控制培养条件来提高酶的产量;③微生物具有较强的适应性,通过各种遗传变异的手段,能培育出新的高产菌株。

所以,目前工业上应用的酶大多采用微生物发酵法来生产。

二、影响工程制药酶活性的因素

一切有关酶活性研究,均以测定酶反应的速度为依据。酶反应的速度受很多因素的影响。这些因素主要有底物浓度、酶浓度、pH、温度、激活剂和抑制剂等。当研究某一因素对酶反应速度的影响时,必须使酶反应体系中的其他因素维持不变,而单独变动所要研究的因素。酶反应速度是指酶促反应开始时的速度,简称初速。因为只有初速才与酶浓度成正比,而且反应产物及其他因素对酶促反应速度的影响也最小。研究影响酶促反应速度的各种因素,对阐明酶作用的机制和建立酶的定量方法都是重要的。

(一) 底物浓度的影响

当底物浓度很低时,增加底物浓度后反应速度随之迅速增加,反应速度与底物浓度成正比,称为一级反应。当底物浓度较高时,增加底物浓度反应速度也随之增加,但增加的程度不如底物浓度低时那样明显,反应速度与底物浓度不再成正比,称为混合级反应。当底物增高至一定浓度时,反应速度趋于恒定,继续增加底物浓度后反应速度也不再增加,称为零级反应。

反应速度与底物浓度 S 之间的这种关系,反映了酶促反应中有酶-底物复合物 ES 的存在。若以产物 P 生成的速度表示反应速度,显然 P 生成的速度与酶-底物复合物浓度成正比,底物浓度很低时,酶的活性中心没有全部与底物结合,此时增加底物的浓度,ES 的形成与 P 的生成都成正比例地增加。当底物增高至一定浓度时,全部酶都已变为 ES,此时再增加底物浓度也不会增加 ES 浓度,反应速度趋于恒定。

(二) 酶浓度的影响

在酶促反应体系中,底物浓度足以使酶饱和的情况下,酶促反应的速度与酶浓度成正比。但当酶的浓度增加到一定程度,以致底物浓度已不足以使酶饱和时,再继续增加酶的浓度,反应速度也不再成正比例地增加。

案例分析

案例

使用加酶洗衣粉洗涤衣物时,为何要先用40℃左右的温水把洗衣粉溶解均匀,将衣物在加酶洗衣粉的水溶液中预浸一段时间后,然后再按正常方法洗涤衣物,这样的洗涤效果才会有很大提高。

分析

加酶洗衣粉在配方中加入了多种碱性蛋白酶制剂,目前使用的共有4种:蛋白酶、脂肪酶、淀粉酶、纤维素酶。酶实际上是一种生物催化剂,它能够分解破坏奶渍、血渍等多种蛋白质污垢中的蛋白质结构,使其成为易溶于水的小分子肽,从而达到清除衣物上脂质污垢的目的。

酶的作用较慢,在水温40℃左右时,能充分发挥洗涤作用;水温太高,碱性蛋白酶失去活力;水温太低,酶的活性迅速下降,影响洗涤效果。因此,加酶洗衣粉的最佳洗涤温度是40℃左右。

加酶洗衣粉不伤衣物,对人体没有毒害作用,并且这些酶制剂及其分解产物能够被微生物分解,不会污染环境。所以,加酶洗衣粉受到了人们的普遍欢迎。

(三)温度的影响

低温时酶的活性非常微弱,随着温度逐步升高,酶的活性也逐步增加,但超过一定温度范围后,酶的活性反而下降。当温度升至50~60℃或以上时,酶的活性可迅速下降,甚至丧失活性,此时即使再降温也多不能恢复其活性。可见只是在某一温度范围时酶促反应速度最大,此温度称为酶作用的最适温度。人体内的酶最适温度多在37℃左右。最适温度不是酶的特征性常数,它与酶作用时间长短等因素有关。酶作用时间较短时,最适温度较高;酶作用时间较长时,最适温度较低。酶在低温下活性微弱但不易变性,当温度回升时酶活性立即恢复。低温能大大延缓酶变性的速度。所以酶制剂和标本(如血清)应放在冰箱中保存。

 案例分析

案例

临床上进行手术治疗时,常采用低温麻醉。

分析

温度对酶促反应有双重影响:①酶促反应与一般化学反应一样,升高温度能加速反应的进行;②酶是蛋白质,升高温度能加速酶的变性而使酶失去活性。升高温度对酶促反应的这两种相反的影响是同时存在的。在较低温度时(0~40℃)前一种影响大,所以酶促反应速度随温度上升而加快;随着温度不断上升,酶的变性逐渐成为主要矛盾,在50~60℃或以上时酶变性速度显著增加,酶活性迅速下降。80℃以上酶几乎完全变性而失去活性。临床上低温麻醉就是利用酶的这一性质以减慢组织细胞代谢速度,提高机体对氧和营养物质缺乏的耐受体,有利于进行手术治疗。

（四）pH 的影响

溶液的 pH 对酶活性影响很大。在一定的 pH 范围内酶表现为催化活性。在某一 pH 时酶的催化活性最大,此 pH 称为酶作用的最适 pH。偏离酶的最适 pH 愈远,酶的活性愈小,过酸或过碱则可使酶完全失去活性。各种酶的最适 pH 不同,人体内大多数酶的最适 pH 为 7.35～7.45,但并不是所有都如此,如胃蛋白酶最适 pH 为 1.5～2.5。同一种酶的最适 pH 可因底物的种类及浓度不同,或所用的缓冲剂不同而稍有改变,所以最适 pH 也不是酶的特征性常数。

（五）激活剂和抑制剂

酶的催化活性在某些物质影响下可以增高或降低。凡能增高酶活性的物质,称为酶的激活剂(activator),凡能降低或抑制酶活性但并不使酶变性的物质称为酶的抑制剂(inhibitor)。同一种物质对不同的酶作用可能不同。如氰化物是细胞色素氧化酶的抑制剂,却是木瓜蛋白酶的激活剂。

1. 酶的激活剂　酶的激活剂大都是金属离子,正离子较多,有 K^+、Na^+、Mg^{2+}、Mn^{2+}、Ca^{2+}、Zn^{2+}、Cu^{2+}(Cu^+)、Fe^{2+}(Fe^{3+})等,如 Mg^{2+} 是 RNA 酶的激活剂;负离子有 Cl^-、HPO_4^{2-} 等,如 Cl^- 是唾液淀粉酶的激活剂。酶的激活不同于酶原的激活。酶原激活是指无活性的酶原变成有活性的酶,且伴有抑制肽的水解;酶的激活是酶的活性由低到高,不伴有一级结构的改变。酶的激活剂又称酶的激动剂。

2. 酶的抑制剂

(1)可逆性抑制:抑制剂与酶非共价结合,可以用透析、超滤等简单物理方法除去抑制剂来恢复酶的活性,因此是可逆的。根据抑制剂在酶分子上结合位置的不同,又分为竞争性和非竞争性抑制。

1)竞争性抑制:抑制剂 I 与底物 S 的化学结构相似,在酶促反应中,抑制剂与底物相互竞争酶的活性中心,当抑制剂与酶结合形成 EI 复合物后,酶则不能再与底物结合,从而抑制了酶的活性,这种抑制称为竞争性抑制。

例如丙二酸与琥珀酸的结构相似,是琥珀酸脱氢酶的竞争性抑制剂。许多抗代谢物和抗癌药物,也都是利用竞争性抑制的原理。

2)非竞争性抑制:抑制剂与底物结构并不相似,也不与底物抢占酶的活性中心,而是通过与活性中心以外的必需基团结合来抑制酶的活性,这种抑制称非竞争性抑制。非竞争性抑制剂与底物并无竞争关系。

例如:EDTA 结合某些酶活性中心外的—SH 基,氰化物(—CN)结合细胞色素氧化酶的辅基铁卟啉,均属非竞争性抑制。

(2)不可逆性抑制:抑制剂与酶共价结合,不能用透析、超滤等简单物理方法解除抑制来恢复酶的活性,因此是不可逆的,必须用特殊的化学方法才能解除抑制。

1)巯基酶的抑制:巯基酶是指含有巯基(-SH)为必需基团的一类酶。某些重金属离子(Hg^{2+}、Ag^+、Pb^{2+})及 As^{3+} 可与酶分子的巯基进行不可逆结合,使酶活性被抑制。化学毒剂路易士气就是一种砷化合物,能抑制体内巯基酶。巯基酶中毒可用二巯丙醇(BAL)解毒。BAL 含有多个—SH 基,在体内达一定浓度后可与毒剂结合,使酶恢复活性。

2)羟基酶的抑制:羟基酶是指含有羟基(—OH)为必需基团的一类酶。有机磷杀虫剂(敌百虫、敌敌畏、对硫磷等)能特异地与酶活性中心上的羟基结合,使酶的活性受抑制。

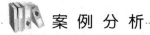 案 例 分 析

案例

一天急诊室送来一位患者,主要表现为恶心、呕吐、腹痛、腹泻;瞳孔缩小,大量出汗及流涎,肺水肿;呼吸困难,血压上升;面部小肌肉群震颤、抽搐、肌张力减退等。护送患者的人员反映说患者发病前在田间喷洒农药。医生用阿托品、解磷定进行急救。

分析

有机磷杀虫剂能专一作用于胆碱酯酶活性中心的丝氨酸残基,使其磷酰化而不可逆抑制酶的活性。胆碱酯酶是催化乙酰胆碱水解的羟基酶,有机磷农药中毒时,此酶活性受到抑制,造成乙酰胆碱在体内堆积,后者引起胆碱能神经兴奋性增强,表现出一系列中毒症状。医生诊断为有机磷化合物中毒,用阿托品、解磷定进行急救。解磷定能夺取已经和胆碱酯酶结合的磷酰基,解除有机磷对酶的抑制作用,使酶复活,阿托品为特效拮抗物。

点 滴 积 累

1. 目前工业上应用的酶大多采用微生物发酵法来生产。

2. 影响工程制药酶活性的因素是:底物浓度、酶浓度、pH、温度、激活剂和抑制剂等。

第三节 药物的酶法生产

酶在药物制造方面的应用是利用酶的催化作用将前体物质转变为药物。这方面的应用日益增多。现已有不少药物包括一些贵重药物都是由酶法生产的。例如,用青霉素酰化酶合成各种新型的 β-内酰胺抗生素,包括青霉素和头孢霉素;用 β-酪氨酸酶生产多巴(DOPA);用蛋白酶生产各种氨基酸和蛋白质水解液;用核糖核酸酶生产核苷酸类物质;用核苷磷酸酶生产阿拉伯糖腺嘌呤核苷(阿糖腺苷);用多核苷酸磷酸化酶生产聚肌苷酸、聚胞苷酸、聚肌胞;用蛋白酶和羧肽酶将猪胰岛素转化为人胰岛素;用 β-葡萄糖苷酶制造具有抗肿瘤功效的人参皂苷等。

 难 点 释 疑

酶转化法亦称为酶工程技术,实际上是在特定酶的作用下使某些化合物转化成相应氨基酸的技术,基本过程是利用化学合成、生物合成或天然存在的氨基酸前体为原料,同时培养具有相应酶的微生物、植物或动物细胞,然后将酶或细胞进行固定化处理,再将固定化酶或细胞装填于适当反应器中制成所谓"生物反应堆",加入相应底物合成特定氨基酸,反应液经分离纯化即得相应氨基酸成品。

酶工程法与直接发酵法生产氨基酸的反应本质相同,皆属酶转化反应,但前者为

单酶或多酶的高密度转化,而后者为多酶低密度转化。两者相比,酶工程技术工艺简单,产物浓度高,转化率及生产效率较高,副产物少,固定化酶或细胞可进行连续操作,节省能源和劳务,并可长期反复使用。如聚丙烯酰胺凝胶包埋的精氨酸脱亚胺酶用于生产 L - 瓜氨酸,37℃反应半衰期为 140 天,可连续使用 300 天。

一、酶的选择

当一个催化反应的工业过程被确定之后,如何选择合适的酶一般要考虑下列因素。

1. 底物特异性　对于任何一个反应,不同来源和类型的酶在底物特异性上都有一些小的差别。例如糖化酶,既有高度特异性的酶(如阿拉伯糖或乳糖水解酶);也有广泛作用的酶(如淀粉糖化酶,β- 葡萄糖苷酶)。因此,首要问题是必须根据特定的反应过程来确定所使用的酶。

2. pH　工业生产中酶作用的 pH 范围非常重要。酶在不同的 pH 条件下,它的活力、特异性或热敏感性会发生改变。

3. 温度　温度对酶反应速度的影响很大。当反应温度变化 10℃时,反应速度提高或降低约一个数量级。高温时反应进行的速度将会更快,反应体系被杂菌污染的程度降低,但是高温会促使热敏感性酶失活。因此必须选择合适的反应温度,既有利于反应的快速进行,又有利于酶保持长久的活力。

4. 激活剂和抑制剂　对于特定酶而言,激活剂和抑制剂是非常重要的。如果体系中含有酶的激活剂或抑制剂对于反应的成本能够有大幅度提高或降低,则必须考虑添加或消除它们。

5. 价格因素　从经济方面考虑,这是一个非常重要的因素,并且受到许多方面的影响,如国家政策,地域优势以及酶工程技术的发展和更新等。

二、酶的反应条件

酶反应的速度受很多因素的影响。这些因素主要有底物浓度、酶浓度、pH、温度、激活剂和抑制剂等。

1. 底物浓度对反应速度的影响　在底物浓度很低时,反应速度随底物浓度的增加而急骤加快,两者呈正比关系,表现为一级反应。随着底物浓度的升高,反应速度不再呈正比例加快,反应速度增加的幅度不断下降。如果继续加大底物浓度,反应速度不再增加,表现为零级反应。此时,无论底物浓度增加多大,反应速度也不再增加,说明酶已被底物所饱和。所有的酶都有饱和现象,只是达到饱和时所需底物浓度各不相同而已。

2. 酶浓度对反应速度的影响　在一定的温度和 pH 条件下,当底物浓度大大超过酶的浓度时,酶的浓度与反应速度呈正比关系。

3. pH 对反应速度的影响　酶反应介质的 pH 可影响酶分子,特别是活性中心上必需基团的解离程度和催化基团中质子供体或质子受体所需的离子化状态,也可影响底物和辅酶的解离程度,从而影响酶与底物的结合。只有在特定的 pH 条件下,酶、底物和辅酶的解离情况,最适宜于它们互相结合,并发生催化作用,使酶促反应速度达最大值,即最适 pH(optimum pH)。它和酶的最稳定 pH 不一定相同,和体内环境的 pH 也未必相同。

4. 温度对反应速度的影响 化学反应的速度随温度增高而加快。但酶是蛋白质，可随温度的升高而变性。在温度较低时，前一影响较大，反应速度随温度升高而加快，但温度超过一定数值后，酶受热变性的因素占优势，反应速度反而随温度上升而减缓。

5. 激活剂和抑制剂 凡能增高酶活性的物质，称为酶的激活剂；凡能降低或抑制酶活性但并不使酶变性的物质称为酶的抑制剂。激活剂、抑制剂可增高或降低酶的催化活性，从而影响反应速度。

三、酶和细胞的固定化技术

酶反应几乎都是在水溶液中进行的，属于均相反应。均相酶反应系统自然简便，但也有许多缺点，如溶液中的游离酶只能一次性使用，不仅造成酶的浪费，而且会增加产品分离的难度和费用，影响产品的质量；另外，溶液酶很不稳定，容易变性和失活。如能将酶制剂制成既能保持其原有的催化活性、性能稳定、又不溶于水的固形物，即固定化酶（immobilized enzyme），则可像一般固定催化剂那样使用和处理，就可以大大提高酶的利用率。与固定化酶类似，细胞也能固定化。生物细胞虽属固相催化剂，但因其颗粒微小而难以截留或定位，也需固定化。固定化细胞既有细胞特性和生物催化的功能，也具有固相催化剂的特点。

（一）固定化酶的制备

1. 固定化酶的定义 固定化酶是 20 世纪 60 年代开始发展起来的一项新技术。最初主要是将水溶性酶与不溶性载体结合起来，成为不溶于水的酶的衍生物，所以也曾叫过水不溶酶（water- insoluble enzyme）和固相酶（solid phase enzyme）。但是后来发现，也可以将酶包埋在凝胶内或置于超滤装置中，高分子底物与酶在超滤膜一边，而反应产物可以透过膜逸出，在这种情况下，酶本身仍是可溶的，只不过被固定在一个有限的空间内不再自由流动罢了。因此，用水不溶酶或固相酶的名称就不恰当了。在 1971 年第一届国际酶工程会议上，正式建议采用固定化酶（immobilized enzyme）的名称。所谓固定化酶，是指限制或固定于特定空间位置的酶，具体来说，是指经物理或化学方法处理，使酶变成不易随水流失即运动受到限制，而又能发挥催化作用的酶制剂。制备固定化酶的过程称为酶的固定化。固定化所采用的酶，可以是经提取分离后得到的有一定纯度的酶，也可以是结合在菌体（死细胞）或细胞碎片上的酶或酶系。

2. 固定化酶的特点 酶类可粗分为天然酶和修饰酶，固定化酶属于修饰酶。在修饰酶中，除固定化酶外，还包括经过化学修饰的酶和用分子生物学方法在分子水平上进行改良的酶等。固定化酶的最大特点是既具有生物催化剂的功能，又具有固相催化剂的特性。与天然酶相比，固定化酶具有下列优点：①可以多次使用，而且在多数情况下，酶的稳定性提高。如固定化的葡萄糖异构酶，可以在 60~65℃ 条件下连续使用超过 1000 小时；固定化黄色短杆菌的延胡索酸酶用于生产 L- 苹果酸，连续反应 1 年，其活力仍保持不变；②反应后，酶与底物和产物易于分开，产物中无残留酶，易于纯化，产品质量高；③反应条件易于控制，可实现转化反应的连续化和自动控制；④酶的利用效率高，单位酶催化的底物量增加，用酶量减少；⑤比水溶性酶更适合于多酶反应。

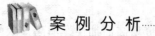 案 例 分 析

案例

固定化的葡萄糖异构酶,可以在 60～65℃ 条件下连续使用超过 1000 小时;固定化黄色短杆菌的延胡索酸酶用于生产 L-苹果酸,连续反应 1 年,其活力仍保持不变。

分析

天然酶经过固定化成为固定化酶后,就可以多次使用,而且在多数情况下,酶的稳定性提高。

3. 酶和细胞的固定化方法 自 20 世纪 60 年代以来,科学家们一直就对酶和细胞的固定化技术进行研究,虽然具体的固定化方法达百种以上,但迄今为止,几乎没有一种固定化技术能普遍适用于每一种酶,所以要根据酶的应用目的和特性来选择其固定化方法。目前已建立的各种各样的固定化方法,按所用的载体和操作方法的差异,一般可分为载体结合法、包埋法及交联法 3 类,此外细胞固定化还有选择性热变性(热处理)方法。酶和细胞的固定化方法的分类如图 5-1 所示。酶和细胞的固定化方法见图 5-2。

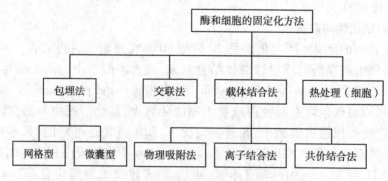

图 5-1 酶和细胞的固定化方法的分类

(1)载体结合法:载体结合法是将酶结合于不溶性载体上的一种固定化方法。根据结合形式的不同,可分为物理吸附法、离子结合法和共价结合法等 3 种。

1)物理吸附法:物理吸附法是用物理方法将酶吸附于不溶性载体上的一种固定化方法。此类载体很多,无机载体有活性炭、多孔玻璃、酸性白土、漂白土、高岭石、氧化铝、硅胶、膨润土、羟基磷灰石、磷酸钙、金属氧化物等;天然高分子载体有淀粉、谷蛋白等;大孔型合成树脂、陶瓷等载体近来也已被应用;此外还有具有疏水基的载体(丁基或己基-葡聚糖凝胶),它可以疏水性地吸附酶,以及以鞣质作为配基的纤维素衍生物等载体。物理吸附法的优点在于操作简单,可选用不同电荷和不同形状的载体,固定化的同时可与纯化过程同时实现,酶失活后载体仍可再生,若能找到合适的载体,这是很好的方法;物理吸附法的缺点在于最适吸附酶量无规律可循,不同载体和不同酶其吸附条件也不同,吸附量与酶活力不一定呈平行关系,同时酶与载体之间结合力不强,酶易于脱落,导致酶活力下降并污染产物。物理吸附法也能固定细胞,并有可能在研究此法中开发出固定化细胞的优良载体。

2)离子结合法:离子结合法是酶通过离子键结合于具有离子交换基的水不溶性载

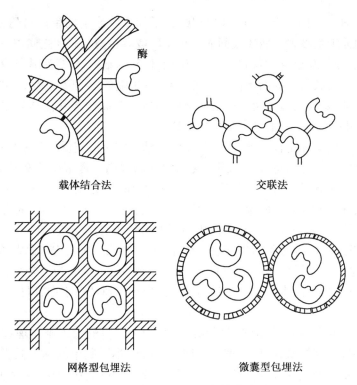

载体结合法　　　　　　　　　交联法

网格型包埋法　　　　　　　　微囊型包埋法

图 5-2　酶和细胞固定化的模式图

体上的固定化方法。此法的载体有多糖类离子交换剂和合成高分子离子交换树脂,如 DEAE-纤维素、Amberlite CG-50、XE-97、IR-45 和 Dowex-50 等。离子结合法操作简单,处理条件温和,酶的高级结构和活性中心的氨基酸残基不易被破坏,能得到酶活回收率较高的固定化酶。但是载体和酶的结合力比较弱,容易受缓冲液种类或 pH 的影响,在离子强度高的条件下进行反应时,往往会发生酶从载体上脱落的现象。离子结合法也能用于微生物细胞的固定化,但是由于微生物在使用中会发生自溶,故用此法要得到稳定的固定化微生物较为困难。

3)共价结合法:共价结合法是酶以共价键结合于载体上的固定化方法,也就是将酶分子上非活性部位功能团与载体表面反应基团进行共价结合的方法。它是研究最广泛、内容最丰富的固定化方法,其原理是酶分子上的功能团,如氨基、羧基、羟基、咪唑基、巯基等和载体表面的反应基团之间形成共价键,因而将酶固定在载体上。共价结合法有数十种,如重氮化、叠氮化、酸酐活化法、酰氯法、异硫氰酸酯法、缩合剂法、溴化氰活化法、烷基化及硅烷化法等。在共价结合法中,必须首先使载体活化,即使载体获得能与酶分子的某一特定基团发生特异反应的活泼基团;另外要考虑到酶蛋白上提供共价结合的功能团不能影响酶的催化活性;反应条件尽可能温和。

共价结合法与离子结合法和物理吸附法相比,反应条件苛刻,操作复杂,而且由于采用了比较强烈的反应条件,会引起酶蛋白高级结构的变化,破坏部分活性中心,因此往往不能得到比活高的固定化酶,甚至酶的底物专一性等性质也会发生变化。但是酶与载体结合牢固,一般不会因底物浓度高或存在盐类等原因而轻易脱落。

(2)交联法:交联法是用双功能或多功能试剂使酶与酶或微生物的细胞与细胞之间交联的固定化方法。交联法又可分为交联酶法、酶与辅助蛋白交联法、吸附交联法及载体交联法 4 种。其内容有酶分子内交联、分子间交联或辅助蛋白与酶分子间交联；也可以先将酶或细胞吸附于载体表面而后再交联或者在酶与载体之间进行交联。常用的交联剂有戊二醛、双重氮联苯胺-2,2-二磺酸、1,5-二氟-2,4-二硝基苯及己二酰亚胺二甲酯等。参与交联反应的酶蛋白的功能团有 N-末端的 α-氨基、赖氨酸的 ε-氨基、酪氨酸的酚基、半胱氨酸的巯基及组氨酸的咪唑基等。交联法与共价结合法一样也是利用共价键固定酶的，所不同的是它不使用载体。

交联法的反应条件比较强烈，固定化酶的酶活回收一般较低，但是尽可能降低交联剂的浓度和缩短反应时间将有利于固定化酶比活的提高。最常用的交联剂是戊二醛，它的两个醛基与酶分子的游离氨基反应形成 Schiff 碱，彼此交联。

一般用交联法所得到的固定化酶颗粒小、结构性能差、酶活性低，故常与吸附法或包埋法联合使用。如先使用明胶（蛋白质）包埋，再用戊二醛交联；或先用尼龙（聚酰胺类）膜或活性炭、Fe_2O_3 等吸附后再交联。由于酶的功能团，如氨基、酚基、羧基、巯基等参与了反应，会引起酶活性中心结构的改变，导致酶活性下降。为了避免和减少这种影响，常在被交联的酶溶液中添加一定量的辅助蛋白如牛血清白蛋白，以提高固定化酶的稳定性。

（3）包埋法：包埋法可分为网格型和微囊型两种。将酶或细胞包埋在高分子凝胶细微网格中的称为网格型；将酶或细胞包埋在高分子半透膜中的称为微囊型。包埋法一般不需要酶蛋白的氨基酸残基参与反应，很少改变酶的高级结构，酶活回收率较高，因此可以应用于很多酶、微生物细胞和细胞器的固定化。但是在发生化学聚合反应时包埋酶容易失活，因此必须合理设计反应条件。包埋法只适合作用于小分子底物和产物的酶，对于那些作用于大分子底物和产物的酶是不适合的。因为只有小分子才能通过高分子凝胶的网格进行扩散，另外这种扩散阻力会导致固定化酶动力学行为的改变，降低酶活力。

1）网格型：将酶或细胞包埋在高分子凝胶细微网格中的称为网格型。用于此法的高分子化合物有聚丙烯酰胺、聚乙烯醇和光敏树脂等合成高分子化合物，以及淀粉、明胶、胶原、海藻胶和角叉菜胶等天然高分子化合物。应用合成高分子化合物时，采用合成高分子的单体或预聚物在酶或微生物细胞存在下聚合的方法；而应用天然高分子化合物时，常采用溶胶状天然高分子物质在酶或微生物细胞存在下凝胶化的方法。网格型包埋法是固定化细胞中用得最多、最有效的方法。

2）微囊型：将酶或细胞包埋在高分子半透膜中的称为微囊型。由包埋法制得的微囊型固定化酶通常为直径几微米到几百微米的球状体，颗粒比网格型要小得多，比较有利于底物与产物的扩散，但是反应条件要求高，制备成本也高。

（4）选择性热变性法：此法专用于细胞固定化，是将细胞在适当温度下处理，使细胞膜蛋白变性但不使酶变性而使酶固定于细胞内的方法。

课堂活动

1. 总结酶和细胞的固定化方法各自的优、缺点。
2. 举例说明日常生活中有哪些具体事例是运用温度来影响酶的活性。

4. 固定化酶的制备技术

（1）吸附法制备固定化酶技术：如前所述，吸附法是利用载体表面性质作用将酶吸附于其表面的固定化方法，又分为物理吸附法和离子交换吸附法。物理吸附法是将酶的水溶液与具有高度吸附能力的载体混合，然后洗去杂质和未吸附的酶即得固定化酶。物理吸附法中蛋白质与载体结合力较弱，而且酶容易从载体上脱落，活力下降，故此法不常用；离子交换吸附法是将解离状态的酶溶液与离子交换剂混合后，洗去未吸附的酶和杂质即得固定化酶，本方法中离子交换剂的结合蛋白质能力较强，常被采用。

影响载体吸附的因素较多，如溶液的 pH、离子强度、温度、蛋白质浓度及载体的比表面积等。pH 的影响在于蛋白质与载体电荷量的改变，除少数情况外，蛋白质通常在等电点时吸附量最大；离子强度对吸附作用的影响是复杂的，通常在低离子强度下吸附能力增强；温度对蛋白质的吸附影响是温度升高吸附力增强，但温度太高会造成酶的失活；蛋白质浓度与其吸附量有关系，在一定范围内，单位重量吸附剂对蛋白质的吸附量随蛋白质浓度的增加而增加；此外，蛋白质吸附量与载体的比表面积和多孔性有关。当载体孔径适当时，载体颗粒越小，比表面积就越大，因此吸附量越大；同时载体的预处理有时对某些酶的吸附也很重要，为保证有效吸附，载体需用缓冲液处理。

（2）包埋法制备固定化酶技术：包埋法又分为凝胶包埋法和微囊化包埋法两类。凝胶包埋法是将酶或细胞限制于高聚物网格中的技术；微囊化法是将酶或细胞定位于不同构型的膜外壳内的技术。

凝胶包埋技术的基本过程是先将凝胶材料（如卡拉胶、海藻胶、琼脂及明胶等）与水混合，加热使之溶解，再降至其凝固点以下的温度，然后加入预保温的酶液，混合均匀，最后冷却凝固成型和破碎即成固定化酶；此外，也可以在聚合单体的产物聚合反应的同时实现包埋法固定化（如聚丙烯酰胺包埋法），其过程是向酶、混合单体及交联剂缓冲液中加入催化剂，在单体产生聚合反应形成凝胶的同时，将酶限制于网格中，经破碎后即成为固定化酶。

用合成和天然高聚物凝胶包埋时，可以通过调节凝胶材料的浓度来改变包埋率和固定化酶的机械强度，高聚物浓度越大，包埋率越高，固定化酶的机械强度就越大。为防止酶或细胞从固定化酶颗粒中渗漏，可以在包埋后再用交联法使酶更牢固地保留于网格中。

案例分析

案例

假单胞菌体固定的方法如下：取湿菌体 20kg，加生理盐水搅匀并稀释至 40L，另取溶于生理盐水的 5% 角叉菜胶溶液 85L，两液均保温至 45℃ 后混合，冷却至 5℃ 成胶。浸于 600L 2% KCl 和 0.2mol/L 己二胺的 0.5mol/L pH7.0 的磷酸缓冲液中，5℃下搅拌 10 分钟，加戊二醛至 0.6mol/L 的浓度，5℃ 搅拌 30 分钟，取出切成 3～5mm 的立方小块，用 2% KCl 溶液充分洗涤后，滤去洗涤液，即得含 L-门冬氨酸-β-脱羧酶的固定化细胞。请分析：在此过程中运用了哪些方法进行细胞固定？

分析

先用角叉菜胶进行包埋，使固定化酶具有较高的酶活回收率，然后再用戊二醛交联，提高酶的稳定性，使酶更牢固地保留于网格中。

微囊化包埋技术是将酶定位于具有半透性膜的微小囊内的技术,包有酶的微囊半透膜厚约 20nm,膜孔径 40nm 左右,其表面积与体积比很大,包埋酶量也多。其基本制备方法有界面沉降法及界面聚合法两类。

1)界面沉降法:本法是物理法,是利用某些在水相和有机相界面上溶解度极低的高聚物成膜的过程将酶包埋的方法。其基本过程是将酶液在与水不混溶的、沸点比水低的有机相中乳化,使用油溶性表面活性剂形成油包水的微滴,再将溶于有机溶剂的高聚物加入搅拌下的乳化液中,然后再加入另一种不能溶解高聚物的有机溶剂,使高聚物在油水界面上沉淀、析出及成膜。最后在乳化剂作用下使微囊从有机相中转移至水相,即成为固定化酶。用于制备微囊的高聚物材料有硝酸纤维素、聚苯乙烯及聚甲基丙烯酸甲酯等。微囊化的条件温和,制备过程不致引起酶的变性,但要完全除去半透膜上残留的有机溶剂却不容易。

2)界面聚合法:本法是化学制备法,其基本原理是利用不溶于水的高聚物单体在油-水界面上聚合成膜的过程制备微囊。成膜的高聚物有尼龙、聚酰胺及聚脲等。

此外,近年来正在研究一种利用脂质体的包埋方法,它是由表面活性剂和磷脂酰胆碱等形成液膜包埋酶的方法,其特征是底物或产物的膜透性不依赖于膜孔径的大小,而只依赖于对膜成分的溶解度。

纤维包埋法是将可形成纤维的高聚物溶于与水不混溶的有机溶剂中,再与酶溶液混合并乳化,然后将乳化液经喷头挤入促凝剂(如甲苯及石油醚等)中形成纤维,即成为固定化酶,也称为酶纤维。可以将酶纤维装成酶柱或组成酶布使用。酶纤维的比表面积大,酶的包埋量也大,每克聚合物可以包埋 1.5g 转化酶,并且酶的稳定性较好。但在操作过程中使用有机溶剂容易引起酶的失活。

包埋法制备固定化酶的条件温和,不改变酶的结构,操作时保护剂及稳定剂均不影响酶的包埋率,适用于多种酶、粗酶制剂、细胞器和细胞的固定化。但包埋的固定化酶只适用于小分子底物及小分子产物的转化反应,不适用于催化大分子底物或产物的反应,而且扩散阻力会导致酶的动力学行为发生改变而降低其活力。

(3)交联法制备固定化酶技术:交联酶法是向酶液中加入多功能试剂,在一定的条件下使酶分子内或分子间彼此连接成网络结构而形成固定化酶的技术。反应速度与酶的浓度、试剂的浓度、pH、离子强度、温度和反应时间有关。酶晶体也可以用交联法实现固定化,但在交联过程中酶容易失活。

酶-辅助蛋白交联法是指在酶溶液中加入辅助蛋白的交联过程。辅助蛋白可以是明胶、胶原和动物血清蛋白等。此法可以制成酶膜或在混合后经低温处理和预热制成泡沫状的共聚物,也可以制成多孔颗粒。酶-辅助蛋白交联法的酶的活力回收率和机械强度都比交联酶法高。

吸附交联法是吸附与交联相结合的技术,其过程是先将酶吸附于载体上,再与交联剂反应。吸附交联法所制得的固定化酶称为壳状固定化酶。此法兼有吸附与交联的双重优点,既提高了固定化酶的机械强度,又提高了酶与载体的结合能力,且酶分布于载体表面,与底物接触较容易。

载体交联法是指同一多功能试剂分子的一些化学基团与载体偶联而另一些化学基团与酶分子偶联的方法。其过程是多功能试剂(如戊二醛)先与载体(氨乙基纤维素、部分水解的尼龙或其他含伯氨基的载体)偶联,洗去多余的试剂后再与酶偶联,如将葡萄糖氧化酶、丁烯-3,4-氧化物和丙烯酰胺共聚偶联即可得到固定化的葡萄糖氧化酶。微囊包埋的酶也可以用戊二醛交联使之稳定化。另外,交联酶也可以再用包埋法来提高其稳定性并防止酶的脱落。

(4)共价结合法制备固定化酶的技术:共价结合法是通过酶分子的非活性基团与载体表面的活泼基团之间发生化学反应而形成共价键的连接法。共价结合法制备固定化酶的优点是酶与载体结合牢固,稳定性好;缺点是载体需要活化,固定化操作复杂,反应条件比较剧烈,酶容易失活和产生空间位阻效应。因此,在进行共价结合之前应先了解所用酶的有关性质,选择适当的化学试剂,并严格控制反应条件,提高固定化酶的活力回收率和相对活力。在共价结合法中,载体的活化是个重要问题。目前用于载体活化的方法有酰基化、芳基化、烷基化及氨甲酰化等,反应机制及具体方法可参阅有关专著。尽管共价结合法制备固定化酶的研究比较多,但因固定化操作烦琐,酶的损失大,起始投资也大,所以在医药工业中应用的例子很少。

(二)固定化细胞的制备

1. 固定化细胞的定义 将细胞限制或定位于特定空间位置的方法称为细胞固定化技术。被限制或定位于特定空间位置的细胞称为固定化细胞,它与固定化酶同被称为固定化生物催化剂。细胞固定化技术是酶固定化技术的发展,因此固定化细胞也称为第二代固定化酶。固定化细胞主要是利用细胞内酶和酶系,它的应用比固定化酶更为普遍。现今该技术已扩展至动、植物细胞,甚至线粒体、叶绿体及微粒体等细胞器的固定化。细胞固定化技术的应用比固定化酶更为普遍,已在医药、食品、化工、医疗诊断、农业、分析、环保、能源开发及理论研究的应用中取得了举世瞩目的成就。

2. 固定化细胞的特点 生物细胞虽属固相催化剂,但因其颗粒小、难以截流或定位,也需固定化。固定化细胞既有细胞特性,也有生物催化剂功能,又具有固相催化剂特点。其优点在于:①无须进行酶的分离纯化;②细胞保持酶的原始状态,固定化过程中酶的回收率高;③细胞内酶比固定化酶稳定性更高;④细胞内酶的辅因子可以自动再生;⑤细胞本身含多酶体系,可催化一系列反应;⑥抗污染能力强。

由于固定化细胞除具有固定化酶的特点外,还有其自身的优点,应用更为普遍,对传统发酵工艺的技术改造具有重要影响。目前工业上已应用的固定化细胞有很多种,如固定化 *E. coli* 生产 L-门冬氨酸或 6-氨基青霉烷酸,固定化黄色短杆菌生产 L-苹果酸,固定化假单胞杆菌生产 L-丙氨酸等。

3. 固定化细胞的制备技术 细胞的固定化技术是酶的固定化技术的延伸,但细胞的固定化主要适用于胞内酶,要求底物和产物容易透过细胞膜,细胞内不存在产物分解系统及其他副反应;若存在副反应,应具有相应的消除措施。固定化细胞的制备方法有载体结合法、包埋法、交联法及无载体法等。

(1)载体结合法:载体结合法是将细胞悬浮液直接与水不溶性的载体相结合的固定化方法。本法与吸附法制备固定化酶的原理基本相同,所用的载体主要为阴离子交换树脂、阴离子交换纤维素、多孔砖及聚氯乙烯等。其优点是操作简单,符合细胞的生理条件,不影响细胞的生长及其酶活性。缺点是吸附容量小,结合强度低。目前虽有采用有机材料与无机材料构成杂交结构的载体,或将吸附的细胞通过交联及共价结合来提高细胞与载体的结合强度,但吸附法在工业上尚未得到推广应用。

(2)包埋法:将细胞定位于凝胶网格内的技术称为包埋法,这是固定化细胞中应用最多的方法。常用的载体有卡拉胶、聚乙烯醇、琼脂、明胶及海藻胶等。包埋细胞的操作方法与包埋酶法相同。优点在于细胞容量大,操作简便,酶的活力回收率高。缺点是扩散阻力大,容易改变酶的动力学行为,不适于催化大分子底物与产物的转化反应。目前已有凝胶包埋的 *E. coli*、黄色短杆菌及玫瑰暗黄链霉菌等多种固定化细胞,并已实现6-APA、L-门冬氨酸、L-苹果酸及果葡糖的工业化生产。

(3)交联法:用多功能试剂对细胞进行交联的固定化方法称为交联法。由于交联法所用的化学试剂的毒性能引起细胞破坏而损害细胞活性,如用戊二醛交联的 *E. coli* 细胞,其门冬氨酸酶的活力仅为原细胞活力的34.2%,故交联法的应用较少。

(4)无载体法:靠细胞自身的絮凝作用制备固定化细胞的技术称为无载体法。本法是通过助凝剂或选择性热变性的方法实现细胞的固定化,如含葡萄糖异构酶的链霉菌细胞经柠檬酸处理,使酶保留于细胞内,再加絮凝剂脱乙酰甲壳素,获得的菌体干燥后即为固定化细胞,也可以在60℃对链霉菌加热10分钟,即得固定化细胞。无载体法的优点是可以获得高密度的细胞,固定化条件温和;缺点是机械强度差。

 案 例 分 析

案例

制备含葡萄糖异构酶的链霉菌细胞的固定化细胞时,常采用的方法是先将细胞经柠檬酸处理,再加絮凝剂,或者在60℃对链霉菌加热10分钟。

分析

这是采用无载体法来制备固定化细胞,主要是利用细胞自身的絮凝作用或选择性热变性的方法实现细胞的固定化。含葡萄糖异构酶的链霉菌细胞经柠檬酸处理,使酶保留于细胞内,再加絮凝剂脱乙酰甲壳素,获得的菌体干燥后即为固定化细胞,也可以在60℃对链霉菌加热10分钟,即得固定化细胞固定化的葡萄糖异构酶。

点 滴 积 累

1. 酶和细胞的固定化方法一般可分为载体结合法、包埋法及交联法3类,此外细胞固定化还有选择性热变性(热处理)方法。其中,载体结合法可分为物理吸附法、离子结合法和共价结合法等3种,包埋法可分为网格型和微囊型两种。

2. 固定化酶的制备技术主要有吸附法、包埋法、交联法、共价结合法等。吸附法中常采用离子交换吸附法。包埋法主要有凝胶包埋法和微囊化包埋法两类,此外还有脂质体包埋法、纤维包埋法。微囊化包埋技术的基本制备方法有界面沉降法及界面聚合法两类。交联法包括酶-辅助蛋白交联法、吸附交联法、载体交联法。共价结合法应用较少。

3. 固定化细胞的制备技术主要有载体结合法、包埋法、交联法及无载体法等。载体结合法因吸附容量小,结合强度低而应用较少,交联法因化学试剂的毒性也应用较少,包埋法是固定化细胞中应用最多的方法。

目 标 检 测

一、选择题

（一）单项选择题

1. 交联法中最常用的交联剂是（　　　）
    A. 活性炭
    B. 戊二醛
    C. 明胶
    D. 聚丙烯酰胺

2. 固定化细胞中用得最多、最有效的方法是（　　　）
    A. 吸附法
    B. 交联法
    C. 网格型包埋法
    D. 选择性热变性法

3. 下面哪种固定化方法只适合作用于小分子底物和产物的酶（　　　）
    A. 吸附法
    B. 交联法
    C. 包埋法
    D. 选择性热变性法

4. 下面哪种方法不是酶的固定化方法（　　　）
    A. 吸附法
    B. 交联法
    C. 网格型包埋法
    D. 选择性热变性法

5. 人体内大多数酶的最适 pH 在（　　　）
    A. 7.35～7.45
    B. 1.55～2.55
    C. 5.55～6.55
    D. 8.55～9.55

6. 活性炭属于哪种类型载体（　　　）
    A. 天然高分子
    B. 大孔树脂
    C. 离子交换树脂
    D. 无机载体

（二）多项选择题

1. 酶作为催化剂所具有的特性是（　　　）
    A. 催化效率高
    B. 反应条件温和
    C. 催化活性可调
    D. 能加速反应的进行
    E. 专一性强

2. 影响酶催化活性的因素有（　　　）
    A. 酶浓度
    B. 底物浓度
    C. 价格因素
    D. 温度
    E. 激活剂和抑制剂

3. 酶和细胞的固定化方法有（　　　）
    A. 交联法
    B. 载体结合法
    C. 包埋法
    D. 热处理
    E. 微球法

4. 下面哪些方法是利用共价键来固定酶的（　　　）
    A. 离子结合法
    B. 交联法
    C. 共价结合法
    D. 物理吸附法
    E. 包埋法

5. 与天然酶相比,固定化酶具有哪些优点（　　　）
    A. 酶的稳定性提高
    B. 酶和底物易于分开
    C. 产物纯度高,质量好
    D. 酶的利用率高

E. 适合于多酶反应

6. 包埋法具有哪些优点( )
　　A. 酶和载体结合牢固　　　　　　B. 反应条件苛刻
　　C. 酶一般不参加化学反应　　　　D. 载体需要活化
　　E. 酶的高级结构较少改变

二、问答题

1. 固定化酶具有哪些优点？
2. 酶和细胞的固定化方法各有哪些优、缺点？

三、实例分析

0.2%的木瓜蛋白酶和0.3%的戊二醛在pH5.2~7.2,0℃以下,24小时即完成酶的固定化反应,反应速度随温度的升高而增大。若pH<4.0,即使长时间反应也不能实现酶的固定化。

（李　平）

实验二　固定化酶技术实验

【实验目的】

1. 掌握海藻酸钙包埋法固定化酶的操作技术。
2. 熟悉固定化淀粉酶催化淀粉水解的原理和方法

【实验内容】

1. 学习包埋法固定化酶的操作方法。
2. 学习训练酶活力测定技术。
3. 学习训练试剂的配制。

【实验原理】

所谓固定化酶,系指在一定空间内呈闭锁状态存在的酶,能连续地进行反应,反应后的酶可以回收重复使用。

包埋法以其方法简单而广为应用,包埋法中,海藻酸钠是最常用的载体,它是一种从海藻中提取来的天然高分子。

$(n+m)p=100$ 左右

把海藻酸钠溶液滴入含有高价离子如 Ca^{2+}、Co^{2+}、Zn^{2+}、Mn^{2+}、Ba^{2+}、Al^{3+}、Fe^{2+} 等

的溶液中形成颗粒状凝胶,如果上述海藻酸钠溶液中含有细胞或酶,则成胶后就成为固定化细胞或固定化酶,海藻酸钙凝胶由于具有良好的物料通透性和机械强度,因而在细胞和酶的固定化中有广泛的应用。

【实验步骤】

（一）实验材料与仪器

淀粉酶:市售淀粉酶。

试剂:海藻酸钠、$CaCl_2$、KI、I_2。

器材与装置:1ml 和 5ml 移液管各 3 支、50ml 注射器 1 只,500ml 烧杯 2 只、三角玻璃漏斗（15cm）1 只,滤纸（9cm）2 张,试管 6 支（18mm×180mm）、电炉 1 台、磁力搅拌器,可见分光光度计等。

（二）试剂的配制

1. α-淀粉酶　1g/L。

2. 2.0% 的 $CaCl_2$ 溶液　称取 4.0g $CaCl_2$,用 200ml 水溶解备用。

3. 可溶性淀粉溶液　称取可溶性淀粉 2.0g,用水调成浆状物,在搅动下缓慢倾入 70ml 沸水中.然后以 30ml 水并入其中,加热至完全透明,冷却,定容至 100ml。此溶液需当天配制。

4. 碘液　称取碘 11g,碘化钾 22g,用少量水使碘完全溶解,然后定容至 500ml,贮于棕色瓶中作为原碘液。使用时,吸取原碘液 2.0ml,加碘化钾 20g,用水溶解并定容至 500ml,配制成稀碘液,贮于棕色瓶中。

（三）酶的固定化

称 2.0g 海藻酸钠于装有 60ml 蒸馏水的烧杯中,加热至沸腾,待完全溶解后,渐冷却至 40℃左右,加入预先制备好的淀粉酶 40ml,搅拌均匀。

用注射器抽取海藻酸钠-酶混合物（注射器不装针头）,将混合物缓慢滴入 2.0% 的 $CaCl_2$ 溶液（200ml）中,装 $CaCl_2$ 溶液的烧杯于磁力搅拌器上搅拌,滴完后硬化 20 分钟,倾去 $CaCl_2$ 溶液,用适量蒸馏水洗涤 2~3 次,制备得到固定化的淀粉酶。

（四）酶活力的测定

吸取可溶性淀粉液 5ml 于试管中,加入 Tris-HCl 缓冲液（0.05mol/L,pH7.1）1ml,摇匀后,于 60℃±0.2℃恒温水浴中预热 5 分钟。

加入酶液 1ml（或者相当数量的固定化酶）,立即计时,摇匀,准确反应 5 分钟。

立即吸取反应液 1.0ml 于 5ml 碘液中,摇匀,并以碘液作空白,于 660nm 波长下,迅速测定其吸光度（记录游离酶液为 A_1,固定化酶为 A_2）。

用同样方法测定空白值（A_0）,不加酶液,而代之以 1.0ml 的蒸馏水。

酶活定义:淀粉酶活力单位定义为在上述测定条件下,反应 1 分钟使 2% 可溶性淀粉溶液的显蓝强度降低 1% 所需的酶量为 1 单位。即

$$酶活 = (A_0 - A) \times 100 / (A_0 \times t) \times 稀释倍数$$

式中,A_0 为空白值吸光度;A 为样品值吸光度;100 为系数（%）;t 为反应时间（min）。

（五）结果与分析

$$酶活力回收率（\%） = 固定化酶活力 / 游离酶活力 \times 100$$

$$= (A_0 - A_2)/(A_0 - A_1) \times 100$$

酶活力回收率(%)大小表明:固定化后酶活力损失大小,可评价固定化方法的优劣。

【实验思考】

1. 什么是固定化酶?
2. 常用的固定酶的方法有哪些?

【实验测试】

考核点	考核要求	考核结果		
		优良	及格	不及格
试剂的配制	称量操作、配液操作、含量、碘的溶解操作正确			
酶的固定化	海藻酸钠溶解、酶固定化操作正确			
酶活力测定	酶催化反应温度、时间控制适当,含量测定方法正确			

（许丽丽　陈电容）

第六章 生物制药分离纯化技术

第一节 概 述

生物药物是指综合运用微生物学、化学、生物化学、生物技术、药学等学科的原理和方法，从生物体、生物组织、细胞、体液等制备出的用于预防、治疗和诊断的制品，包括生物技术药物和原生物制品药物。

生物药物来源于微生物、人体、动物、植物、海洋生物、转基因微生物、转基因动物等天然或生物工程材料，是生物体内部产生的各种与生物体代谢紧密相关的调控物质，如蛋白质、酶、核酸、激素、抗体、细胞因子等。其特点是药理活性高、针对性强、稳定性差、多采用注射给药、易发生免疫反应和过敏反应。

从动植物器官与组织、细胞培养液、细胞发酵液中提取、分离、精制有关生物药物的过程称为生物制药制备的下游技术。生物制药的材料含有细胞组织液、代谢产物、剩余培养基等多组分，黏度大，杂质多，浓度低，且生物药物纯度要求高，其分离和精制困难，其设备投入占整个工厂投资的 60% 左右，因此下游技术是生物制药必须重视的重要环节。

一、生物药物制备的一般过程

（一）生物药物原料的选择、预处理与保存方法

1. 原料选择原则　原料有效成分含量高、来源丰富、产地较近、杂质含量少、成本低。

2. 预处理与保存

（1）预处理：原料采集后，就地去除结缔组织、脂肪组织等不用的部分，将有用的保鲜处理。收集微生物原料时，应及时将菌体与培养液分开，进行保鲜处理。

（2）保存方法

1）冷冻法：适用于所有生物原料，−40℃。

2）有机溶剂脱水法：丙酮，适用于原料少、价值高，有机溶剂对原料生物活性无影响。

3）防腐剂保鲜：常用乙醇、苯酚等，适用于液体原料，如发酵液、提取液。

（二）生物药物的提取

1. 组织与细胞的破碎

（1）机械破碎法：采用组织捣碎机、胶体磨、匀浆器、球磨机对组织或细胞进行破碎。

（2）压力法：采用法兰西压釜加压和减压对组织或细胞进行破碎。

（3）反复冻融法：采用超声波振荡破碎组织或细胞。

（4）自溶法：利用细胞溶酶体的水解酶，将自己细胞壁溶解。

（5）酶解法：利用生物酶水解特定的某种物质，以去除组织或细胞液中的蛋白质、多糖、果胶等。

2. 提取　根据具体对象选择提取试剂，常用的溶剂有水、缓冲溶液、盐溶液、乙醇、三氯甲烷、丙酮等。

（三）生物药物的分离提取方法

生物药物常用的分离提取方法：盐析、有机溶剂、超滤、透析、层析、离心、离子交换、亲和层析法等。

二、生物药物分离、纯化、精制的基本原理

利用生物药物的理化性质和生物学性质，采用相应的提取、分离、纯化技术以获取目标药物。

1. 根据分子形状和大小不同，可采用差速离心与超速离心、膜分离（透析，电渗析）、超滤、凝胶过滤等技术进行分离。

2. 根据分子极性大小及溶解度不同，可采用溶剂提取、逆流分配、分配层析、盐析、等电点沉淀及有机溶剂分级沉淀等技术进行分离。

3. 根据分子电离性质的差异，可采用离子交换、电泳、等电聚焦等技术进行分离。

4. 根据配体特异，可采用亲和层析技术进行分离。

5. 根据物质吸附不同，可采用选择性吸附与吸附层析等技术进行分离。

三、生物药物与原材料

（一）生物药物的存在形式

生物药物的存在形式分为细胞内和细胞外，即其活性成分累积在细胞内而不分泌至细胞外，或活性成分分泌至细胞外的培养基或培养液中。

> **课堂活动**
>
> 1. 结合上游部分知识，简单说明发酵液的组成。
> 2. 说说你所知道的分离纯化常用方法。

（二）原材料的来源

分离纯化的原材料主要有动、植物器官与组织、细胞及微生物发酵培养产物等。

1. 微生物发酵培养产物　微生物资源非常丰富，广布于土壤、水和空气中，尤以土壤中为最多。有的微生物从自然界中分离出来就能够被利用，有的需要对分离到的野生菌株进行人工诱变，获得突变株才能被利用。微生物发酵所用菌种的总趋势是从野生菌转向变异菌，从自然选育转向代谢控制育种，从诱发基因突变转向基因

重组的定向育种。常用的微生物主要是细菌、放线菌、酵母菌和真菌,由于微生物发酵的发展以及遗传工程的介入,藻类、担子菌、病毒等也正在逐步地变为生物制药的微生物。

2. 细胞培养产物　动物细胞及其基因工程重组宿主细胞的培养产物已广泛用于生物制药的生产,植物细胞培养产物也是生物制药的一个发展方向。

3. 动、植物器官与组织　猪、牛、羊等动物的肝脏、胰脏、脑下垂体、脑组织以及鸡胚胎等器官,海洋生物器官与组织,转基因动、植物器官与组织,植物的根、茎、叶、果实与种子等都是生物制药原材料的重要来源。

 知 识 链 接

　　胰岛素是由人或动物胰岛 B 细胞受内源性或外源性物质如葡萄糖、乳糖、核糖、精氨酸、胰高血糖素等的刺激而分泌的一种蛋白质激素。胰岛素是机体内唯一降低血糖的激素,同时促进糖原、脂肪、蛋白质合成。

　　猪胰岛素的 B 链第 30 位上的氨基酸是丙氨酸,而人胰岛素是苏氨酸,其疗效比牛胰岛素好,副作用也比牛胰岛素少。牛胰岛素的分子结构有 3 个氨基酸与人胰岛素不同,疗效稍差,容易发生过敏或胰岛素抵抗。

4. 昆虫细胞培养产物　昆虫细胞适于重组杆状病毒的扩增复制,可用作多种外源药物基因表达的宿主细胞体系。

5. 其他　人和动物的血液、尿液和乳汁,动物脏器分泌物也是生物技术药物的原材料来源。

四、生物制药下游技术的特点

从动、植物器官与组织、细胞培养液、细胞发酵液中分离生物药物的难度较大,其分离、纯化、精制的特点如下。

1. 动、植物器官与组织、培养液或发酵液中所含欲分离的生物药物浓度很低,杂质含量高,常需多步分离操作。

2. 待分离的生物药物一般稳定性差,加热、pH、有机溶剂等可引起失活或分解,特别是蛋白质、核酸药物,应尽量减少分离操作步骤。

3. 发酵或培养是分批操作,生物变异性大,各批发酵液不尽相同,因此分离应有一定的弹性。

4. 对于基因工程产品应注意生物安全问题,即应防止菌体扩散,在密封环境下操作。

点 滴 积 累

1. 从动、植物器官与组织、培养液或发酵液中提取、分离、精制有关生物药物的过程称为生物制药制备的下游技术。利用生物药物的理化性质和生物学性质,采用相应的提取、分离、纯化技术获取目标药物分子。

2. 生物制药用于分离纯化的原材料主要有动、植物器官与组织、细胞培养产物及微生物发酵产物等,这些材料中所含生物药物低,要求较高的分离、纯化、精制技术。

第二节　生物药物的分离纯化原则

生物药物主要来源于宿主生物活细胞或其分泌产物,与活细胞或其分泌产物中其他众多复杂成分混合在一起,因此生物药物的分离纯化过程较为复杂。在分离纯化的设计中需要考虑以下因素。

1. 抑制宿主细胞或分泌产物中相应的酶活性,防止其消化降解待提纯产物。

2. 发酵液或培养液中的非目标成分对人体常常是有害的,如外源蛋白和多肽可引起过敏反应,应尽量去除细胞或分泌产物中非目标成分,使目标成分有较高的纯度。

3. 注意每个生产环节的时效性,对每一步骤的质量应进行监控,以保证生物药物的安全、有效。

4. 尽可能优化分离纯化工艺,减少分离步骤,降低生产成本。

在生产过程中,应根据原材料来源确定目的物的特点及含量,明确主要混杂物的性质及分离步骤,有针对性地设计分离、纯化、精制方法,以达到保护、浓缩目的物及破坏、去除非目的物的目的,各工序所得的目的物含量应符合要求。

第三节　生物药物的分离纯化

生物药物的分离纯化方法多样,即使是同一药物,不同的技术路线或生产线可有不同的分离纯化工艺。生物药物的分离纯化都需进行组织细胞破碎、药物成分释放溶出、提取物的浓缩与稀释、沉淀、吸附、离心等加工处理。

一、溶剂与试剂

水和相应溶剂是纯化工艺处理液的基础,在生物制药中生产用水的控制十分严格,特别是注射用药物的原料用水。另外,沉淀用的溶剂、试剂均应符合国家或行业制定的相关标准。

二、pH

pH 的变化常常影响纯化工艺的结果,如盐析、沉淀处理中 pH 接近生物大分子等电点时,生物大分子易于聚合析出,而 pH 偏离生物大分子等电点时,溶解度增大。另外,不同生物大分子对环境酸碱度的耐受性存在差异。

pH 的变化对生物活性大分子的稳定性和活性有一定影响。在生物酶促反应中一般伴随着质子的利用与释放,使环境 pH 发生改变,从而影响生化反应。在纯化过程中,生物大分子的性状与工艺处理溶液的酸碱度也具有相互影响。一般情况下,工艺处理溶液是缓冲盐溶液,通过缓冲液中的酸根和对应盐之间释放与结合质子,使溶液的 pH 在一定范围内不受稀释或加入其他物质的干扰。表 6-1 为常用的缓冲系统及其 pK_a 值。

表 6-1 常用的缓冲系统及其 pK_a值

缓冲系统	pK_a
乳酸	3.86
乙酸	4.76
嘧啶	5.23
N-吗啉代乙烷磺酸(MES)	6.15
Bi-tris	6.5
咪唑	6.95
磷酸	7.2
N-吗啉代丙烷磺酸(MOPS)	7.2
N-2-羟基乙烷基哌嗪-N-2-乙烷	7.48
N-2-羟乙基哌嗪-N-2-乙烷磺酸(HEPES)	7.47
N-2-羟乙基哌嗪-N-2-乙磷酸(HEPEB)	7.47
N,N-双(2-乙磺酸)哌嗪(PIPES)	6.76
三乙醇胺(triethanolamine)	7.75
三羟甲基氨基甲烷(Tris)	8.06
N-三(羟甲基)甲基甘氨酸(tricine)	8.15
二乙醇胺(diethanolamine)	8.9
氨水	9.25
硼酸	9.23
乙醇胺(ethanolamine)	9.5
甘氨酸	9.8
碳酸	10.3
六氢吡啶(piperidine)	11.12

三、添加物

(一) 酶抑制剂

在提取初期,生物原材料中存在多种酶类且含量较高。在细胞破碎处理中,细胞中包含的溶酶体等细胞器同时被破碎,使得各种酶类及其他生物大分子一同被释放,从而对目的药物成分的生物活性产生一定的破坏作用,如蛋白水解酶对蛋白质药物分子的水解作用,可破坏蛋白质药物。因此,在组织破碎时,应加入酶抑制剂,以避免药物成分被破坏。

(二) 防腐剂

生物药物含有大量的蛋白质、多糖等成分,分离、纯化加工周期长时,应加入适当的防腐剂,以抑制微生物的生长。常用的防腐剂有 0.001mol/L 的叠氮钠、0.005% 的硫柳汞、0.5% 的三氯甲烷、适宜浓度的醇类、甲醛以及苯酚等。

(三) 金属螯合剂

重金属离子的存在可增强分子氧对蛋白质巯基的氧化作用,同时可与蛋白质等生物大分子的一些基团结合而改变其生物活性。常用的螯合剂主要是乙二醇四乙酸二钠（Na_2-EDTA），对钙离子有较强的螯合作用，同时还是金属活化蛋白酶的活性抑制剂和缓冲剂。一般 Na_2-EDTA 的使用浓度范围在 $10 \sim 25mmol/L$，加入 Na_2-EDTA 后再调节生物材料的 pH。

（四）去垢剂

去垢剂可防止生物活性分子聚合、阻止目的药物成分与其他杂质成分结合以及将其从分离介质上洗脱下来等，因此，在分离、纯化过程中应加入去垢剂。常用的去垢剂有曲拉通 X-100、芦布若尔 PX、吐温 80、十二烷基硫酸钠等。

四、生化药物分离纯化前的准备

生化药物的分离都是在液相中或液相与固相转换中进行，分离纯化工艺需使用多种溶液，在组织细胞破碎、药物成分释放溶出、提取物的浓缩与稀释、沉淀、吸附、离心等加工处理一般都在液相中进行，因此在生化药物分离纯化前应进行相关的准备。

（一）设备与器具

设备与器具应不与动植物组织液、细菌发酵液或细胞培养液发生化学反应，常用的材料有不锈钢、玻璃、钛等。所用设备与器具在使用前均需按规范进行洗涤、干燥、灭菌、除热原等处理。

（二）原料的取用

按配方和程序量取原料，用适当溶剂溶解，必要时还需进行过滤、调节温度与酸碱度等处理。

（三）除菌

对于含热敏感生物药物的溶液处理，常选用 0.22 或 $0.45\mu m$ 孔径的滤膜滤器过滤进行除菌处理。在滤器使用前后应做起泡点试验来检测滤膜的完整性。

对于含耐热生物药物溶液的处理，可选用蒸汽湿热灭菌法消毒灭菌，通入高温纯净蒸汽，使被消毒溶液升温至 121℃，并保持适当的时间以达到消毒的目的。

（四）质量检测与贮存

分离纯化前的溶液在制备完成后还需进行质量检测，合格后方可投入纯化工艺。对于不立即使用的溶液，需在规定条件下储存以备用。

点 滴 积 累

1. 生物药物的分离纯化方法多样，不同的技术路线或生产线对同一药物可有不同的分离纯化工艺。

2. 生物药物的分离纯化都需进行组织细胞破碎、药物成分释放溶出、提取物的浓缩与稀释、沉淀、吸附、离心等加工处理。

第四节 分离纯化的基本工艺流程

一、分离纯化的工艺流程与单元操作

生物药物的分离纯化一般工艺流程的基本模式如图 6-1 所示。动物脏器分离纯化的一般工艺见图6-2。

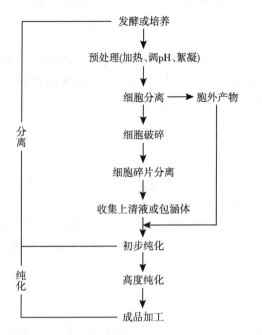

图6-1　发酵液分离纯化的一般工艺流程

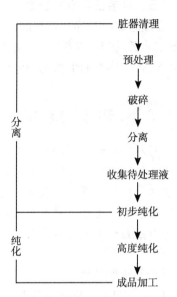

图6-2　动物脏器分离纯化的
一般工艺流程

（一）预处理

预处理的目的是将目的成分从起始组织、器官或细胞等中释放出来,初步去除杂质,浓缩目的成分,利于提高分离效率。

发酵液或培养液通过调节 pH、加入絮凝剂、加热等处理,降低溶液的黏度,使细胞或溶解的大分子凝结成较大的颗粒,再采用过滤、离心分离、沉降及倾析等去除固体杂质。

动物材料必须选择有效成分含量丰富的脏器组织为原材料,采用高速组织捣碎机或匀浆器进行绞碎,经脱脂等处理。对预处理好的材料,若不立即使用,应冷冻保存。

（二）细胞破碎与碎片处理

宿主细胞中属于非分泌型的药物成分必须在纯化以前先将细胞破碎,即破坏细胞壁和细胞膜,使胞内产物获得最大程度的释放。真菌、细菌具有细胞壁的结构,破碎难度较大,动物细胞因不存在细胞壁结构而较易破碎。

细胞破碎的方法有机械、化学、物理、酶解和干燥等各种方法。化学破碎法有酸碱法、脂溶法及酶解法等,物理破碎法主要有渗透法、超声波法等。大规模生产中常采用高压匀浆机和高速球磨机等机械破碎法。高压匀浆机使高浓度细胞悬液高速通过细小空隙,利用液相剪切力和与固定表面撞击所产生的应力(可达 50～70MPa)破坏细胞。高速球磨机主要依靠研磨作用破坏细胞。

一般待提取的溶液里常存在大量的细胞碎片,需对碎片进行处理。由于待提取的溶液含有大量蛋白质、多糖等物质,液体黏度大,只能进行粗滤,除去较大的细胞碎片,需进行进一步处理。离心可除去细胞碎片,但不能除去提取液中等密度的不溶性细胞碎片,采用双水相萃取法,可使细胞碎片集中分配在下相,从而除去中等密度的细胞碎片。

(三)可溶性杂质的去除

经细胞破碎与碎片处理的提取液中仍存在各种可溶性杂质,这些杂质主要是多肽与蛋白质类、脂类、多糖类、多酚类、核酸类、脂多糖、盐类及去垢剂等,需采用适宜的方法去除,否则将影响生物药物的分离纯化。

 知 识 链 接

包涵体即表达外源基因的宿主细胞,可以是原核细胞,如大肠埃希菌;也可以是真核细胞,如酵母细胞、哺乳动物细胞等。包涵体是病毒在增殖的过程中,常使寄主细胞内形成一种蛋白质性质的病变结构,在光学显微镜下可见。多为圆形、卵圆形或无定形。一般是由完整的病毒颗粒或尚未装配的病毒亚基聚集而成;少数则是宿主细胞对病毒感染的反应产物,不含病毒粒子。

(四)萃取技术

1. 溶剂萃取 溶剂萃取是用一种溶剂将目的药物从另一种溶剂中提取出来的方法。当生物活性物质以不同的化学状态存在时,在水及与水不相溶的溶液中有不同的溶解度。

例如青霉素在酸性条件下为游离酸,在乙酸丁酯中的溶解度较大,可从水相转移到乙酸丁酯相中;而青霉素在中性条件下成盐,在水中溶解度较大,能从乙酸丁酯转移到水相,这样反复萃取可达到浓缩和纯化的目的。

溶剂萃取法对热敏物质破坏少,采用多级萃取时,溶质浓缩倍数和纯化度高,生产周期短,便于连续生产,但溶剂消耗较大,设备和安全要求较高。

 知 识 链 接

液-液萃取在分液漏斗中进行。先将溶液与萃取溶剂由分液漏斗的上口倒入,盖好盖子,把分液漏斗倾斜,漏斗的上口略朝下,进行振荡。振荡后,保持漏斗倾斜,旋开旋塞,放出气体,使内外压力平衡。振荡数次后,将分液漏斗静置,待混合液体分层。振荡有时会形成稳定的乳浊液,可加入食盐至溶液饱和,破坏乳浊液的稳定性。也可轻轻地旋转漏斗,使其加速分层。长时间静置分液漏斗,也可达到使乳浊液分层的目的。

当液体分成清晰的两层后,旋转上口盖子,使盖子上的凹缝对准漏斗上口的小孔,使其与大气相通,再旋开旋塞,让下层的液体缓慢流下。当液面分界接近旋塞时,关闭旋塞,静置片刻,待下层液体汇集不再增多时,小心地全部放出。然后把上层液体从上口倒入另一个容器里。

2. 双水相萃取 双水相萃取是利用一定条件下不同高聚物之间在水溶液里表现出的"不相溶性",如高聚物-高聚物与高聚物-低分子物质形成互不混合的两相现象来分离生物大分子,适用于从细胞匀浆中提取胞内蛋白质分子。

3. 超临界流体萃取 超临界流体是物质在某一温度与压力时,两相差别消失,合并成一相,具有良好的溶解特性和传质特性。超临界流体萃取是利用超临界流体的良好溶解特性和传质特性,通过改变温度和压力来改变萃取能力,达到选择性萃取某物质的目的。常用超临界流体萃取剂为二氧化碳,因其临界压力较低,操作较安全、无毒,适用于萃取非极性物质。

4. 沉淀分离法 沉淀分离法是采取适当的措施改变溶液的理化参数,控制溶液中各种成分的溶解度,从而将溶液中的目的药物成分和其他成分分开。早期沉淀技术的目的是浓缩物料、去除杂质、提取粗品。现在沉淀技术的主要用途是分离纯化溶液中的成分,或作为提取粗品、便于保存及进一步精加工的手段。

沉淀分离法通常是加入一些无机、有机物质,与生物药物形成不溶解的盐或复合物,从待提取液中沉淀出来。如四环类抗生素在碱性条件下能与钙、镁等重金属离子或与溴代十五烷基吡啶形成沉淀,新霉素可与强酸性的表面活性剂形成沉淀。

典型的分级沉淀是在避开目标药物分子等电点的条件下,加入不同浓度的沉淀剂(如硫酸铵、聚乙二醇、乙醇、丙酮等),将细胞碎片和其他大分子可溶性杂质沉淀出来,再调整上清液 pH 至目标药物分子等电点,将目标药物成分沉淀下来,去除上清液,沉淀可再进一步精制。

课堂活动

将四环素粗品溶于 pH = 2 的水中,用氨水调 pH 到 4.5 ~ 4.6,28 ~ 30℃ 保温,即有四环素沉淀结晶析出。这是应用了什么方法?

5. 吸附分离法 吸附分离法是利用吸附剂与生物活性物质之间的分子引力而将生物活性物质吸附在吸附剂上,再用适当的洗脱剂洗脱下来。主要的吸附剂有活性炭、白土、氧化铝、各种离子交换树脂等。其中活性炭应用较多,但存在性能不稳定、选择性不高、可逆性较差、劳动强度较大、不能连续操作等缺点。

6. 离子交换法 离子交换法是利用离子交换树脂和生物活性物质之间的化学亲和力,有选择性地吸附生物活性物质,然后以较少的洗脱剂将其洗脱,达到浓缩和提纯的目的。一般情况下,利用此法的生物活性物质应是极性化合物,即在溶液中能形成离子的化合物。如抗生素为碱性,可用酸性离子交换树脂提取;而抗生素为酸性时,则需选用碱性离子交换树脂提取。

知识链接

吸附技术可以从成分复杂的原料中快速高效地捕获目的分子而达到初步纯化的效果,流化床与扩张床作为新的吸附技术,主要的优点是可直接处理含细胞或细胞碎片等颗粒性杂质和黏稠度较高的粗提取液,节省了时间,同时也减少了相关工序。

流化床实现了连续加工,且对吸附剂和设备结构设计的要求相对较低,介质、加工物、加工处理液和产物的连续输入和排除操作较易实现。但流化床类固相与液相的反向混合剧烈,吸附剂的利用效率比固定床和扩张床低。

扩张床技术是在流化床和固定床技术基础上发展起来的,该技术可以直接加工粗提液,省去了对粗提液进行澄清处理的过程,从而简化了操作步骤,缩短了纯化时间,使纯化产物的收率大幅提高,具有广阔的发展前景。

7. 膜分离法　膜分离法(超滤法包括微滤、超滤、反渗透法)是利用一定截流分子量的超滤膜进行组分的分离或浓缩。以特制超滤膜质材料为分离介质,利用滤膜的筛分性能,以超滤膜两侧压差作为传质推动力,提取液通过滤膜时,将直径大于滤膜孔径的分子截流在高压侧。不同规格超滤器的孔径一般在 1~10nm 范围内,适用分离浓缩相对分子质量在 1000~300 000、分子直径 1~50nm 范围的生物大分子。

膜分离法为纯物理截流和滤过作用,工艺条件温和,对生物大分子活性损伤小。根据目标药物分子量的不同,利用大于和小于目标药物分子量截流值的超滤器进行超滤,可除去两个截流值界限外的杂质分子,为层析或超速离心等的深加工打下基础。

膜分离法的主要缺点是浓差极化、通量低、膜易污染、膜寿命较短等。

二、分离纯化单元操作的特点

分离纯化单元操作是指对原料进行的以实现其各组分分离及纯化为目的的一系列基本操作。其特点是:①各种技术相互交叉,新型的分离纯化方法不断涌现,如沉淀技术与亲和技术结合形成亲和沉淀技术,超滤和亲和技术相结合形成亲和超滤技术,萃取与载体膜结合形成液膜载体萃取法等;②注重新材料的研制,如膜分离介质、层析介质、亲和配基等的发展较为迅速;③分离纯化设备推陈出新,发展迅速。

三、分离纯化方法选择

提取是分离纯化目的物的第一步,所选的溶剂应对目的物具有最大的溶解度,并尽量减少杂质进入提取液。

分离纯化是生化制药的核心,对于不同的分离纯化阶段,需要选用适当的方法处理。

(一) 初步分离纯化方法的选择

最初的提取液中成分复杂,目的物浓度较稀,与目的物理化性质相似的杂质多,不宜选择分辨率较高的纯化方法。通常在分离纯化的初期多采用萃取、沉淀、吸附等一些分辨率低的方法,这些方法负荷能力大,分离量多,兼有分离提纯和浓缩的作用,可为进一步分离纯化创造良好的基础。

(二) 多种分离纯化方法交替使用

生物药物的分离大多在液相中进行,分离主要依据物质的分配系数、分子量大小、离子电荷性质及数量和外加环境条件的差别等条件,设计分离纯化方法。由于每种分离纯化方法仅在特定条件下发挥作用,因此在相同或相似条件下连续使用同一种分离方法就不太适宜。对于某未知物,可通过多种方法的交替应用,达到纯化目的物的目的。

四、分离纯化方法步骤优劣的综合评价

每一个分离纯化步骤的好坏,除了从分辨率和重现性两方面考虑,还要注意方法本身的回收率,特别是制备某些含量很少的物质时,回收率的高低十分重要。

对每一步骤方法的优劣,体现在所得药物的重量与活性平衡关系上。例如酶的分离纯化,每一步骤产物重量与活性关系,可通过测定酶的比活力及溶液中蛋白质浓度的比例来确定。

纯化工艺的总成本也是需要考虑的一方面。在纯化工艺流程中,纯化加工的成本一般是随着工艺流程的增加而递增的。例如在整合整个工艺流程时,应将涉及制品处理体积大、加工成本低的工序尽量前置,而层析介质较为昂贵,层析精制纯化工序宜放在工艺流程的后段,进入层析工段的在制品体积应尽量可能小,以减少层析介质的使用量。事实上在药物沿工艺流程被加工过程中,其中杂质成分随工艺递进而逐级减少,而有效药物纯度则越来越高,体积渐次缩小。

点 滴 积 累

1. 发酵液分离纯化一般工艺流程为:预处理→细胞分离→细胞破碎→细胞碎片分离→收集上清液或包涵体→初步纯化→高度纯化→成品加工。

2. 分离纯化是生化制药的核心,对于不同的分离纯化阶段需要选用适当的方法处理。

目 标 检 测

一、选择题

(一) 单项选择题

1. 以下可用于生物大分子与杂质分离并纯化的方法有(　　)
　　A. 蒸馏　　　　　　　　　　　　B. 冷冻干燥
　　C. 气相色谱法　　　　　　　　　D. 超滤

2. 分离纯化早期,由于提取液中成分复杂,目的物浓度稀,因而易采用(　　)
　　A. 分离量大、分辨率低的方法
　　B. 分离量小、分辨率低的方法
　　C. 分离量小、分辨率高的方法
　　D. 各种方法都试验一下,根据试验结果确定

3. 如果想要从生物材料中提取辅酶 Q_{10},应该选取动物的哪一种脏器(　　)
　　A. 胰脏　　　　　B. 肝脏　　　　　C. 小肠　　　　　D. 心脏

4. 蛋白质类物质的分离纯化往往是多步骤的,其前期处理手段多采用下列哪类方法(　　)
　　A. 分辨率高　　　　　　　　　　B. 负载量大

C. 操作简便   D. 价廉

5. 能够除去发酵液中钙、镁、铁离子的方法是（   ）

     A. 过滤   B. 萃取

     C. 离子交换   D. 蒸馏

6. 由于目的蛋白质和杂蛋白相对分子质量差别较大，拟根据相对分子质量大小分离纯化并获得目的蛋白质，可采用（   ）

     A. SDS 凝胶电泳   B. 盐析法

     C. 凝胶过滤   D. 吸附层析

7. 分离纯化早期，由于提取液中成分复杂，目的物浓度稀，因而易采用（   ）

     A. 分离量大、分辨率低的方法

     B. 分离量小、分辨率低的方法

     C. 分离量小、分辨率高的方法

     D. 各种方法都试验一下，根据试验结果确定

8. 生物技术下游加工过程的特点中没有（   ）

     A. 发酵液等为复杂多相系统，属非牛顿性液体，成分复杂，固液分离困难

     B. 产物起始浓度低（发酵液起始浓度较低而杂质又较多），常需多步纯化操作

     C. 产物（生物物质）通常很不稳定，遇热、极端 pH、有机溶剂会引起失活或分解

     D. 发酵液可以久存，不需尽快提取

9. 在生物产品分离中（   ）技术可代替或改善离心和过滤方法，富集或除去发酵液中的细胞或细胞碎片。

     A. 凝聚   B. 双水相萃取

     C. 絮凝   D. 色谱

（二）多选题

1. 从生物材料中提取天然大分子药物时，常采用的措施有（   ）

     A. 采用缓冲系统   B. 添加保护剂   C. 抑制水解酶作用

     D. 添加防腐剂   E. 添加去垢剂

2. 生物制药分离纯化的原材料来源有（   ）

     A. 动、植物器官与组织   B. 细胞培养产物

     C. 微生物发酵培养产物   D. 昆虫细胞培养产物

     E. 人和动物的血液

3. 分离纯化的前期准备工作有（   ）

     A. 在试验研究和工艺开发阶段，应起草书面的纯化步骤

     B. 中试生产需要准备各种操作指令

     C. 生产中进行操作的人员需参加相关技能的培训并通过考核

     D. 常规生产需要准备操作程序等技术内容

     E. 工艺处理液的准备

4. 根据分子大小轻重设计的生化物质的分离纯化方法有（   ）

     A. 离心分离法   B. 筛膜分离法   C. 凝胶过滤法

     D. 萃取法   E. 滤膜法

5. 常用的细胞破碎方法有（   ）

A. 机械破碎法　　　　　B. 反复冻融法　　　　C. 磨切法

D. 声波振荡破碎法　　　E. 压力法

6. 按生产过程划分,下游技术大致分为(　　　)

A. 预处理(发酵液或培养液的预处理和固液分离)

B. 提取(初步分离)

C. 精制(高度纯化)

D. 成品加工(最后纯化)

E. 分离(纯化)

7. 优良的萃取溶剂具有的特点有(　　　)

A. 经济、安全　　　　　B. 化学性质活泼　　　C. 萃取容量大、选择性好

D. 易回收和再生　　　　E. 易挥发

二、问答题

1. 生物药物分离制备的基本特点有哪些?

2. 简述生物活性物质分离纯化的主要原理。

3. 试述生物技术下游加工过程的特点及应遵循的原则。

(朱照静)

第七章　预处理、细胞破碎及固-液分离技术

发酵或培养产品系通过微生物发酵或细胞培养获得的代谢产物,无论目标产物属于胞外分泌型或存在于细胞内,发酵液都是复杂的多相系统。除含有细胞、代谢产物和未用完的培养基,还有未被微生物完全利用的糖类、无机盐、蛋白质,以及微生物或细胞的各种代谢产物,黏度大,将目标产物直接分离出来非常困难;同时,目标物质浓度通常很低(如胰岛素在胰脏中的含量为 0.02%),杂质较多,生物物质一般又极不稳定,增加了分离难度;发酵或培养都是分批操作、生物变异性大,各批发酵或培养液不尽相同,要求分离方法应有一定的弹性。因此,在进行分离纯化之前,应对发酵或培养液进行预处理、细胞破碎及固-液分离操作,去除大部分杂质、降低发酵或培养液黏度,以利于进一步分离纯化处理。本章以发酵液处理为例,讲解生物制药的预处理、细胞破碎及固-液分离技术。

第一节　发酵液预处理

发酵液中杂质种类很多,其中对提纯影响最大的是高价态的金属离子(如 Ca^{2+}、Mg^{2+}、Fe^{3+} 等)和杂蛋白等胶状物质。金属离子的存在不仅会影响成品质量而且使离子交换树脂对微生物药的交换减少。杂蛋白、核酸等胶状物质以及不溶性多糖的存在不仅使发酵液粘度增高,降低固-液分离速度,而且对提取影响更大。如离子交换法提取时,影响树脂的交换容量;溶剂萃取法提取时,易产生乳化现象,使水相和溶剂相不易分离;采用膜过滤法提取时,可使滤速降低,易污染膜等。随意发酵液预处理的目的主要是除去金属离子和杂蛋白以改变发酵液的流变学特性,利于固-液分离。

一、确定预处理方法的依据

(一)生物活性物质的存在方式

生物活性物质分为"胞外分泌型"或"胞内"两种形式。多数微生物酶如淀粉酶、蛋白质水解酶、糖化酶常大量存在于胞外培养液中;而合成酶类、代谢酶类、遗传物质和代谢中间产物则存在于细胞内,如 DNA 聚合酶、细胞色素 C 等。细胞内的的生物活性物质,有些游离在胞浆内,有些结合于质膜或器膜上,或存在于细胞器内。对于胞内物质的提取要先破碎细胞,对于膜上物质则要选择适当的溶剂使其从膜上溶解下来。有少数的抗生素如制霉菌素、两性霉素和曲古霉素产生后累积于菌丝体内,且水溶性很小,提取时需要获得其菌体滤饼,再用其他溶剂萃取。

(二)后续操作的要求

经预处理和固-液分离后,一般要求得到的 pH 适中、目标产物有一定浓度的澄清

滤液,但不同的提取工艺路线,对滤液的质量要求不完全相同,预处理也需采用不同方法。如后续处理采用溶剂萃取法,要求蛋白质含量较低,以减轻乳化现象;如后续工艺采用离子交换法,则对滤液中的无机离子、灰分含量、澄清度方面要求比较严格。四环素类抗生素目前采用直接沉淀分离提纯,故对滤液质量要求更高,其发酵液除了加草酸外还需加入净化剂,滤液还需复滤,结晶前滤液还要经过脱色处理。

(三)目的物的稳定性

生物材料在分离纯化过程中,其有效成分的生理活性在不断变化,在分离纯化的整个过程中都要防止目的物的失活。如青霉素稳定性差,发酵液酸化 pH 须控制在 4.8 ~ 5.2,且在低温下操作;蛋白质和多肽类药物要防止其高级结构被破坏,操作时应避免高热、强酸、强碱、剧烈搅拌等;但对一些相对稳定的生物活性物质,则可通过较剧烈变性和处理条件,使杂蛋白变性沉淀,如链霉素稳定性高,可经 pH2.8 ~ 3.2,75℃加热处理,提高过滤速度。

二、发酵液过滤特性的改变

微生物发酵液与固-液分离相关的特性有:①发酵产物浓度较低,大多为 1% ~ 10%,悬浮液中大部分是水,处理体积量大;②悬浮物颗粒小,相对密度与液相相差不大;③细胞含水量大,可压缩性大,压缩时可引起变形;④流变特性复杂,液相黏度大,大多为非牛顿型流体,易吸附在滤布上;⑤性质不稳定,易受空气氧化、微生物污染、蛋白酶水解等作用影响。这些特性使发酵液的固-液分离相当困难。

三、发酵液的预处理

发酵液预处理的目的:①改变发酵液的物理性质,促进从悬浮液中分离固形物的速度,提高固-液分离效率;②分离菌体和其他悬浮颗粒,除去部分可溶性杂质和改变滤液的性质,以利于提取和精制后继各工序的顺利进行。

发酵液预处理的主要内容有:改变发酵液的过滤特性和相对纯化目标物质。

(一)改变发酵液的过滤特性

发酵液在过滤时,其滤饼的过滤速度可表示为:

$$\frac{\mathrm{d}Q}{\mathrm{d}t} = \frac{A\Delta p}{\mu_{\mathrm{L}}(R_{\mathrm{m}} + R_{\mathrm{c}})} \qquad 式(7\text{-}1)$$

式(7-1)中,A 为过滤面积;Δp 为操作压力;μ_{L} 为滤液黏度;R_{m} 为介质阻力;R_{c} 为滤饼阻力。

由式(7-1)可知,通过对发酵液进行适当的预处理,改善其流体性能,减少滤液黏度,降低滤饼阻力,可提高过滤与分离的速率。改善发酵液过滤特性的方法有调节 pH、调节等电点、热处理、电解质处理、添加凝聚剂、添加表面活性物质、添加反应剂、冷冻-解冻及添加助滤剂等。

1. 降低液体黏度　根据流体力学原理,滤液通过滤饼的速率与液体的黏度呈反比,降低液体黏度可有效提高过滤速率。降低液体黏度的方法有以下几种。

(1)加水稀释法:向发酵液中加入适量的水能降低液体黏度,但同时会增加悬浮液的体积,加大后续过程的处理量。单从过滤操作看,稀释后过滤速率提高的百分比必须大于加水比才有效,即若加水 1 倍,稀释后液体黏度必须下降 50%以上才能有效提高过滤速率。

（2）升高温度：能有效降低液体黏度，提高过滤速率。同时，在适当温度和受热时间下可使蛋白质凝聚，形成较大颗粒的凝聚物，进一步改善发酵液的过滤特性，但需严格控制加热温度与时间，以免胞内物质外溢，增加发酵液的复杂性和生物药物的活性。

课堂活动

1. 生活中我们通常采取什么手段降低液体黏度？举例分析。
2. 液体黏度太大对过滤有什么影响？

2. 调节 pH　pH 直接影响发酵液中某些物质的电离度和电荷性质，调节 pH 可改善其过滤特性，为发酵液预处理较常用的方法之一。如将溶液 pH 调至某些蛋白质等电点，可将这些蛋白质沉淀除去。在过滤时，发酵液中的大分子物质易与膜发生吸附，调节 pH 可改变易吸附分子的电荷性质，减少膜的堵塞和污染。

3. 凝聚与絮凝　凝聚是指在电解质作用下，由于胶粒之间双电层电排斥作用降低，电位下降，胶体粒子间因相互碰撞而产生凝集（1mm 左右）的现象。絮凝是指在某些高分子絮凝剂存在下，基于桥架作用，当一个高分子聚合物的许多链节分别吸附在不同的胶粒表面上，产生桥架联结时，形成粗大的絮凝团（10mm）的过程，是一种以物理集合为主的过程。采用凝聚和絮凝可有效改变细胞、细胞碎片及溶解大分子的分散状态，使其聚结成较大的颗粒，便于提高过滤速率。同时还可有效去除杂蛋白和固体杂质，提高滤液质量。因此，凝聚和絮凝是目前工业上最常用的预处理方法之一，常用于菌体细小且黏度大的发酵液的预处理。

（1）凝聚：常用的凝聚电解质有硫酸铝（明矾）、氯化铝、三氯化铁、硫酸亚铁、石灰、硫酸锌、碳酸镁等。阳离子对带负电荷胶粒的凝聚能力依次为 $Al^{3+} > Fe^{3+} > H^+ > Ca^{2+} > Mg^{2+} > K^+ > Na^+ > Li^+$。

（2）絮凝：发酵液中的细胞、菌体或蛋白质等胶体粒子双电层的结构使胶粒之间不易聚集而保持稳定的分散状态。采用絮凝法可形成粗大的絮凝体，使发酵液较易分离。

加入的絮凝剂是能溶于水的高分子聚合物，其相对分子质量可高达数万至一千万以上，长链状结构，其链节上含有许多活性官能团（如—COOH、—NH$_2$ 等）。这些基团通过静电引力、范德华引力或氢键的作用，强烈地吸附在胶粒的表面。当一个高分子聚合物的许多链节分别吸附在不同的胶粒表面上，产生桥架联结时，就形成了较大的絮团，产生絮凝作用。

根据其活性基团在水中解离情况的不同，絮凝剂可分为非离子型、阴离子型（含有羧基）和阳离子型（含有铵基）3 类。目前最常使用的絮凝剂为有机合成的聚丙烯酰胺（polyacrylamide）类衍生物，其絮凝作用具有以下特点：用量少，一般以 mg/L 计量；絮凝体粗大，分离效果好；絮凝速度快；种类多，适用范围广等优点。但它们存在一定的毒性，特别是阳离子型聚丙烯酰胺，使用时应谨慎。

（3）混凝：对于非离子型和阴离子型高分子絮凝剂，具有凝聚和絮凝双重机制称为混凝，可提高过滤效果。

（4）影响絮凝效果的因素

1）絮凝剂的相对分子质量：絮凝剂的相对分子量越大，链越长，吸附架桥效果越明显，但随分子量增大，絮凝剂在水中的溶解度降低，因此应选择分子量适当的絮凝剂。

2）絮凝剂的用量：絮凝剂浓度较低时，增加用量有助于架桥，提高絮凝效果；但用量过多反而会导致吸附饱和，覆盖在胶粒表面，失去与其他胶粒架桥的作用，增加了胶粒的稳定性，降低了絮凝效果。

3）溶液的 pH：溶液 pH 的变化常会影响离子型絮凝剂中功能团的电离度，从而影响分子链的伸展形态。电离度增大，链节上相邻离子基团间的电排斥作用随即增大，从而使分子链从卷曲状态变为伸展状态，所以架桥能力提高。

4）搅拌转速和时间：加入絮凝剂时，搅拌能使絮凝剂迅速分散，但是絮凝团形成后，高速搅拌形成的剪切力会打碎絮凝团。因此，操作时应注意控制搅拌速度和时间。

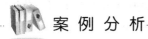 课 堂 活 动

1. 凝聚和絮凝的区别？
2. 谈谈生活中有关凝聚和絮凝的现象及应用。

4. 加入助滤剂 助滤剂是一种不可压缩的多孔微粒，它能使滤饼疏松，吸附胶体，扩大过滤面积，增大滤过速率。常用的助滤剂有硅藻土、纤维素、石棉粉、珍珠岩、炭粒等，其中最常用的是硅藻土。使用硅藻土时，通常细粒用量为 $500g/m^3$；中等粒度用量为 $700g/m^3$；粗粒用量为 $700 \sim 1000g/m^3$。

助滤剂的使用方法有两种：一种是在过滤介质表面预涂助滤剂（$1 \sim 2mm$），该方法会使滤速降低，但滤液透明度增加；另一种是直接加入发酵液中（助滤剂用量等于悬浮液中固体含量时，滤速最快）。两种方法也可同时兼用。

5. 加入反应剂 利用反应剂和某些可溶性盐类发生反应生成不溶性沉淀，如 $CaSO_4$、Al_3PO_4 等。生成的沉淀能防止菌丝体黏结，使菌丝具有块状结构，沉淀本身可作为助滤剂，且能使胶状物和悬浮物凝固，改善过滤性能。如环丝氨酸发酵液用氧化钙和磷酸处理，生成磷酸钙沉淀，能使悬浮物凝固。

6. 添加酶制剂 添加酶制剂可分解相应的蛋白质，减少溶液的黏度。

案 例 分 析

案例

万古霉素用淀粉作培养基，发酵液过滤前加入 0.025% 的淀粉酶，搅拌 30 分钟后，再加 2.5% 硅藻土，可提高过滤效率 5 倍。

分析

万古霉素发酵液中有残余的淀粉培养基，过滤前加入淀粉酶，可以分解淀粉，减少溶液的黏度。在过滤操作中加入硅藻土作为助滤剂，能使滤饼疏松，吸附胶体，扩大过滤面积，增大滤过速率。

（二）发酵液的相对纯化

发酵液中杂质多且成分复杂,其中对纯化影响最大的是高价无机离子和杂质蛋白质等。在预处理时,应尽量除去这些物质。

1. 高价无机离子的去除 高价无机离子(Ca^{2+}、Mg^{2+}、Fe^{3+}等)会影响树脂对生化物质的交换容量。因此,应除去高价无机离子后再进行树脂处理。

(1)去除 Ca^{2+}:通常使用草酸。但由于草酸溶解度较小,用量较大的情况不适合使用,可用其可溶性盐。草酸价格昂贵,注意回收。

(2)去除 Mg^{2+}:加入三聚磷酸钠,与镁离子形成络合物。采用磷酸盐处理,可大大降低钙离子和镁离子的浓度。

$$Na_5P_3O_{10} + Mg^{2+} =\!=\!= MgNa_3P_3O_{10} + 2Na^+$$

此法可用于环丝氨酸的提取。

(3)去除 Fe^{3+},可加入黄血盐,使其形成普鲁士蓝沉淀而除去。

$$3K_4Fe(CN)_6 + 4Fe^{3+} =\!=\!= Fe_4[Fe(CN)_6]_3\!\downarrow + 12K^+$$

(4)离子交换法:滤液通过阳离子交换树脂,可除去某些离子。如将土霉素、四环素的发酵滤液通过 122 树脂,可除去部分 Fe^{3+},同时也吸附了色素,提高了滤液质量。头孢菌素 C 发酵滤液通过 S×14 阳离子 H 型树脂,一方面除去部分阳离子,同时释放出 H^+,从而分解滤液中头孢菌素 N,便于后续提纯操作。

2. 杂质蛋白质的除去 可溶性杂质蛋白质的存在可降低离子交换和吸附法提取时交换容量和吸附能力;在有机溶剂法或双水相萃取时,易产生乳化现象,影响两相分离;在常规过滤或膜过滤时,易使过滤介质堵塞或受污染,过滤速率下降。因此必须除去杂蛋白。除去杂蛋白的方法有以下几种。

(1)沉淀法:蛋白质在等电点时溶解度最小,环境 pH 调至蛋白质等电点附近时,即可产生沉淀,但仅调节等电点尚不能使大部分蛋白质产生沉淀。蛋白质在酸性溶液中能与一些阴离子,如三氯乙酸盐、水杨酸盐、钨酸盐、苦味酸盐、鞣酸盐、过氯酸盐等形成沉淀;在碱性溶液中,能与一些阳离子如 Ag^+、Cu^{2+}、Zn^{2+}、Fe^{3+} 和 Pb^{2+} 等形成沉淀。沉淀法操作时,可采用两种方法合并进行,增加沉淀效果。

(2)吸附法:加入某些吸附剂或沉淀剂可吸附杂蛋白而除去。如在枯草芽孢杆菌发酵液中,加入氯化钙和磷酸氢二钠,两者生成凝胶,将蛋白质、菌体及其他不溶性粒子吸附并包裹在其中而除去,从而可加快过滤速率。又如四环素生产中,采用黄血盐和硫酸锌的协同作用,生成亚铁氰化钾的胶状沉淀来吸附蛋白。利用吸附作用常能有效地取出杂蛋白。

(3)变性法:天然蛋白质受到某些物理因素如加热、紫外线照射、高压和表面张力等或化学因素如有机溶剂、酸、碱、脲、胍等的影响时,会出现丧失生物活性,溶解度降低,不对称性增高以及其他的物理化学常数发生改变的现象,这种现象称为蛋白质的变性。在极端条件下使蛋白变性、溶解度减小而沉淀除去的方法为变性法。最常用的是加热法,它不仅能使蛋白变性,还可降低液体黏度,提高过滤速率。其他采用大幅度调节 pH,加乙醇、丙酮等有机溶剂或表面活性剂等方法,也可使蛋白变性。如在抗生素生产中,常将发酵液 pH 调至偏酸性范围(pH2~3)或较碱性范围(pH8~9)使蛋白质凝固除去。变性法存在一定的局限,如加热法只适用于对热较稳定的目的产物;极端 pH 也会导致某些目的产物失活,且需消耗大量酸碱,而有机溶剂法通常只适用于所处理的液体数量较少的场合。

3. 多糖的去除 当发酵液中含有较多多糖时,发酵液黏度增大,固-液分离困难,可用酶将其转化为单糖以提高滤速。在真菌或放线菌发酵时,培养基中常以淀粉作碳源,发酵终止时,培养基中常残留未消耗完的淀粉,加入淀粉酶将它水解成单糖,可降低发酵液黏度,提高滤速。黏多糖能与一些阳离子表面活性剂如十六烷基氯化吡啶(CPC)和十六烷基三甲基溴化铵(CTAB)等形成季铵盐络合物而沉淀,故可通过向培养液汇总引入这些物质使多糖沉淀去除。

点 滴 积 累

改善发酵液过滤特性的方法有调 pH、调等电点、热处理、电解质处理、添加凝聚剂、添加表面活性物质、添加反应剂、冷冻-解冻及添加助滤剂等。

第二节 细胞破碎技术

细胞破碎技术是利用外力破坏细胞膜和细胞壁,使细胞内容物包括目标产物释放出来。生物制药的目标产物有的分泌于细胞或组织之外,如抗生素、酶等称为胞外产物;有的存在于细胞内,如大肠埃希菌表达的基因工程产品、碱性磷酸酯酶等称为胞内产物。对胞外产物只需直接将发酵液预处理及过滤,即可获得澄清的滤液,作为进一步纯化的原液;而存在于细胞内的目标产物,需先在不破坏其生物活性的基础上将细胞和组织破碎,使目标产物转入液相,再进行细胞碎片的分离。

一、细胞破碎方法分类

根据作用原理可将细胞破碎方法分为两类:机械破碎方法和非机械破碎方法。液相物料的机械破碎方法有:超声波法、机械搅拌法、压力法。固相物料的机械破碎方法有:研磨法和压力法。非机械破碎法分脱水(空气干燥、真空干燥、冷冻干燥和有机溶剂干燥)和裂解(物理法、化学法和酶法)两类。裂解法又分为渗透压突变法、冷冻和解冻法等。化学法有阴阳离子表面活性剂处理法、抗生素处理法和甘氨酸处理法。酶法可用溶菌酶等有关的酶制剂处理,或用噬菌体裂解、抗生素处理等。下面将进行详细叙述。

 知 识 链 接

细胞壁的结构和成分

细胞壁(cell wall)是包在细胞质膜表面的非常坚韧和复杂的结构,植物、真菌、藻类和原核生物均有细胞壁,破碎难度较大。

细菌细胞壁坚韧而富有弹性。革兰阳性菌细胞壁仅 $20 \sim 80nm$ 厚,化学组成以肽聚糖为主,占细胞壁物质总量的 $40\% \sim 90\%$,还结合有磷壁酸。革兰阴性菌细胞壁比阳性菌薄,可分为内壁层和外壁层。内壁层紧贴细胞膜,厚 $2 \sim 3nm$,由肽聚糖组成,占细胞壁干重的 $5\% \sim 10\%$。外壁层 $8 \sim 10nm$,主要由脂多糖和外膜蛋白组成,含量约为细胞干重的 80%。酵母细胞壁厚度为 $0.1 \sim 0.3\mu m$,重量占细胞干重的 $18\% \sim 30\%$,主要由 D-葡聚糖和 D-甘露聚糖两类多糖组成,含有少量的蛋白质、脂肪、矿物质。真菌细胞壁较厚,为100~250nm,由几丁质和葡聚糖组成。酵母细胞壁外层为甘露聚糖,中间层是一层蛋白质分子,内层为葡聚糖。

哺乳动物细胞和嗜盐菌不具有坚硬的细胞壁,支原体没有细胞壁,它们均较易破碎。

(一) 机械法

机械法主要是通过机械切力的作用使组织细胞破碎的方法。

1. 组织匀浆器 组织匀浆器由一内壁磨砂的玻璃管和一根一端为球状(表面磨砂)的杆组成。操作时,先把绞碎的组织置于管内,再插入研杆来回研磨,或把杆装在电动搅拌器上,用手握住玻璃管上下移动,即可将组织细胞研碎。匀浆器的内杆球体与管壁之间只有十分之几毫米,组织破碎程度高,机械切力对生物大分子破坏较少。制造匀浆器的材料除玻璃外,也可用不锈钢、硬质塑料等。大多数情况下,用这种方法可切碎较薄的动物组织膜,但不易打碎植物和细菌的细胞。

2. 研磨 用研钵和研杆进行,对细菌及植物材料应用较多,它适用于细胞器的制备,如线粒体、溶酶体、微粒体等。一些难以破碎的细胞或微生物菌体则可加一些研磨剂,如玻璃粉、石英砂、氧化铝、硅藻土等,破壁效果更好。

3. 高速组织捣碎机 捣碎机由调速器、支架、马达、旋转刀叶、有机玻璃筒等部分组成。操作时,先将材料配成稀糊状液,置于筒体中约占1/3体积,盖上盖子。开动马达后,逐步加速至所需速度,转速最高可达10 000r/min。操作时温度会迅速升高,需在圆筒周围放冰冷却。高速组织捣碎机适于动物内脏组织、植物肉质组织、柔嫩的叶和芽等材料的破碎。

4. 高压匀浆器 高压匀浆器是大规模破碎细胞的常用设备,它由可产生高压的正向排带泵和针型阀组成,图7-1为针型阀的结构图。其破碎机制:利用高压使细胞悬液通过针型阀的小孔,通过猛烈撞击阀杆,以高速与撞击环发生碰撞,流向低压区,由于突然减压和高速冲击作用,造成细胞破碎。高压匀浆器处理量大,常在工业生产中应用。

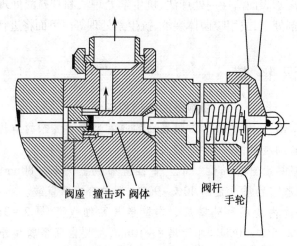

阀座　撞击环　阀体　　　阀杆　手轮

图7-1 高压匀浆器针型阀结构图

高压匀浆器的操作参数较为简单,主要为操作压力、温度、细胞浓度以及通过高压匀浆器的次数。压力是影响匀浆破碎效果的重要影响因素。一般来说,压力越高,破碎效果越好。有报道称当压力达到175MPa时,细胞破碎率可达100%。而通常操作压力为55MPa时,菌悬液一次通过匀浆器的细胞破碎率在12%~67%,若90%以上的细胞破碎,需将菌悬液通过匀浆器两次。对于一些破碎较困难的细胞,如酵母菌、小球菌和链球菌等,常需多次循环破碎,才可达到较高的破碎率。重复破碎虽然可使破碎率增加,但会造成仪器磨损、破碎时间增加、温度增高、目标产物生物活性降低、细胞碎片变小、后续分离操作难度加大。

温度升高会削弱细胞破碎效果,引起蛋白变性等,因此高压匀浆器常配有冷却系统。细胞破碎前,细胞悬液应冷却到2~8℃,可有效防止蛋白质类药物降解。实验证实,30℃以下操作不会对酶活性产生影响。细胞破碎时(湿重/体积)浓度应该在60%~80%,否则将降低破碎效果。

高压匀浆器可适用于酵母菌、大肠杆菌、假单胞菌、杆菌及黑曲霉菌等多种微生物细胞的破碎,但不适用于丝状菌的破碎。

难 点 释 疑

高压匀浆器不适用于丝状菌的破碎。

高压匀浆器针型阀的小孔孔径较小,丝状菌或团状菌容易造成堵塞,破坏匀浆阀,另外较小的革兰阳性菌以及质地坚硬、易损伤匀浆阀的亚细胞器,也不适合用该法处理。

5. 高速珠磨机　高速珠磨机是另一种常用的细胞破碎机械,最适合酵母菌和胶束状微生物菌体的破碎。其原理是将细胞悬浮液与玻璃小珠、钢珠或陶瓷珠一起快速搅拌或研磨,带动玻璃小珠等撞击细胞,作用于细胞壁的撞击作用和剪切力使细胞得以破碎。其结构见图7-2:高速珠磨机的主要结构为一个磨室,中心有一个旋转轴,轴上等距安装圆形搅拌盘。使用时,水平位置磨室内放置玻璃小珠,装在同心轴上的圆形搅拌盘高速旋转,使细胞悬液和玻璃小珠相互搅动,在出料口,旋转圆盘和出口平板之间的狭缝很小,可阻挡玻

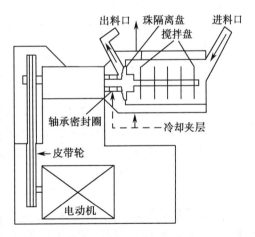

图7-2　高速珠磨机结构图

璃小珠,确保在连续操作时将研磨珠保持在仓内。由于操作过程中会产生热量,为防止目标产物降解,在磨室外还装有冷却夹层,以控制温度。影响高速珠磨机破碎效率的主要因素有搅拌速度、料液的循环速度、温度和细胞悬液的浓度,玻璃小珠的大小及装量等。

搅拌速度是决定细胞所受碰撞及剪切力的大小,增加搅拌速度可提高破碎率,通常

选用的搅拌速度为700～1450r/min,具体应根据破碎细胞种类决定。增加进料速度可减少研磨时间,降低细胞在磨室的停留时间,降低细胞破碎率。因此进料速度维持在50～500L/h为宜。

细胞浓度对珠磨机的影响效果不大,最佳细胞浓度为30%～50%。细胞破碎温度一般在5～40℃,以防止蛋白变性,在实际操作中应先将细胞悬液预冷。

一般来说,小的研磨珠破碎速度较快。但选用研磨珠的大小是根据细胞大小和目标物质在细胞内的位置来确定。0.1mm研磨珠对细菌菌体的破碎最有效,而0.5mm的研磨珠适合酵母菌细胞的破碎,位于细胞质中的蛋白质可选用大直径的研磨珠,研磨珠的装量通常占磨室体积的80%～90%。装量太低,提供的碰撞率和剪切力不够,破碎率低;增加装量虽能提高破碎率,但会增加研磨珠相互干扰和磨损,同时产生很高的温度,增大能耗。实际应用时应综合考虑能耗、温度控制和破碎率。

案 例 分 析

案例

高速搅拌珠研磨法破碎酿酒酵母。

(1)安装珠磨机(带300ml研磨仓)并确保密封完好。

(2)加入80%仓体积的干研磨玻璃珠(0.45～0.5mm)至研磨仓,选择搅拌速度为6000r/min。

(3)开始(-20℃)冷却研磨仓(50%乙醇),加入溶于10mmol/L硫酸钾缓冲液(pH7.0)的45%新鲜酿酒酵母细胞悬浮液,留取样品以备对照。

(4)每次运行15秒,以避免温度上升。1～2分钟后可得到最大蛋白质释放量。

(5)12 000r/min、4℃离心细胞破碎液30分钟,以去掉细胞碎片。

(6)将上清液稀释,用双缩脲法检测蛋白质含量。

分析

酿酒酵母是研究真核生物的模式生物,在人体中重要的蛋白质很多都是在酵母中先被发现其同源物的,如有关细胞周期的蛋白、信号蛋白和蛋白质加工酶。在分离蛋白前必须首先破碎细胞。酵母细胞壁主要由D-葡聚糖和D-甘露聚糖两类多糖组成,可采用高速珠磨机研磨破碎(研磨珠直径为0.45～0.5mm,装量为80%)。但研磨过程产生大量的热能,而蛋白质不耐高温,操作过程中采用冷却研磨仓、间隔操作以保护蛋白质不受破坏。

6. 超声波振荡法 超声波振荡法即为利用超声波(10～15kHz)的机械振动而使细胞破碎的一种方法,是实验室规模最适合的细胞破碎方法。其原理为:超声波发生时,产生空化作用使液体局部产生低压区,引起液体内部流动,漩涡生成与消失时,在细胞表面造成很大的剪切力,从而使细胞破碎。影响超声波破碎的主要因素有超声波探头的性质,超声波的声强、频率,被处理液体的温度、体积、黏度和破碎时间。

使用时,超声波发射的能量密度应位于0.2～3.0W/ml,频率为15～25kHz,功率在100～250W范围,细胞浓度应在20%左右,处理样品的体积<400ml。

超声波使用时的最大问题是产生大量的热,这也是限制超声波在工业中应用的最主要原因。因此,超声波振荡需在冰浴中进行,并采用间歇式处理,即超声 0.5~1 分钟,停止 0.5~1 分钟,以便维持样品处于低温状态。

超声波破碎细胞的效果还与细菌种类有关系,通常杆菌比球菌易破碎,革兰阴性菌比阳性菌容易破碎,对酵母菌破碎效果较差。

📖 课 堂 活 动

1. 谈谈超声波在生活中有什么实际应用?
2. 谈谈 B 超的原理。

(二) 非机械法

适用于破碎细胞的非机械法有物理法、化学法和酶解法等。

1. 物理法

(1)反复冻融法:将细胞放在低温下冷冻(-30~-15℃)后,再在室温融化,如此反复多次就能达到细胞破壁的效果。反复冻融法的原理有两方面:一是冷冻过程削弱了疏水键,增加了细胞的亲水性能;而是冷冻时细胞内形成冰粒,增加盐浓度从而引起细胞溶胀、破裂。该法适用于细胞壁较脆弱的新鲜细胞。不足之处是蛋白释放量不足,仅为 10% 左右,且反复冻融可能会使一些蛋白变性,影响活性生物物质的收率。

(2)冷热交替法:将细胞投入到沸水中,90℃左右维持数分钟,立即置于冰浴中使之迅速冷却,可破碎绝大部分细胞。从细菌或病毒中提取蛋白质和核酸时可使用这种方法。

(3)渗透压冲击法:渗透压冲击法是先将细胞置于高渗溶液(如甘油溶液)中一段时间,由于渗透压的作用,细胞内的水分向外渗出,细胞发生皱缩;再突然将细胞转入低渗缓冲液中,由于渗透压的变化,胞外的水分迅速渗入细胞内,致使细胞因快速膨胀而破碎的方法。渗透压冲击法主要适用于不具有细胞壁、细胞壁较脆弱、细胞壁预先用酶处理或细胞壁合成受到抑制的细胞的破碎。此法对革兰阳性菌、真菌、植物细胞不适用。

(4)干燥法:把微生物细胞干燥后,细胞膜的渗透性会发生变化,同时部分菌体会产生自溶现象,再经丙酮或缓冲液等溶剂处理时,细胞内的物质就会释放出来。干燥的操作方法可分为空气干燥、真空干燥、喷雾干燥和冷冻干燥等。空气干燥主要适用于酵母菌,操作温度在 25~30℃。真空干燥适用于细菌,而冷冻干燥适用于较不稳定的生化物质。干燥法的缺点是条件变化较剧烈,容易引起蛋白质或其他组织变性。

2. 化学法　应用化学试剂处理微生物细胞可以溶解细胞或细胞壁某些成分,从而使细胞释放内容物,达到破碎细胞的目的。

(1)丙酮、三氯甲烷、甲苯等脂溶性溶剂可以溶解细胞膜上的脂质化合物,从而使细胞结构受到破坏,而乙醇和尿素等可以削弱疏水分子间的相互作用,增加膜的通透性,可有效地使内容物有选择性地渗透出来。但是有机溶剂使用时容易引起蛋白变性,并且存在回收溶剂等问题,因此并不适合工业大规模生产。

（2）在适当的 pH、温度及低离子强度的条件下，表面活性剂形成微胶束，疏水基团将细胞膜的脂蛋白包在中心，使膜的渗透性改变或使之溶解，从而将细胞破碎。常用的表面活性剂有十二烷基磺酸钠、氯化十二烷基吡啶、去氧胆酸等。

（3）应用碱处理细胞，可以溶解除去细胞壁以外的大部分组分，促进内容物释放。大规模破碎中，先将碱（如 NaOH）加入细胞悬液，将 pH 提高到 12.0 或更高，待细胞溶解后加酸中和。其优点是费用便宜；且对各种体积的细胞都适用；酸碱调节溶液的 pH，改变细胞所处外环境，从而改变蛋白质的电荷性质，使蛋白质之间或蛋白质与其他物质之间作用力降低，便于后续分离操作的进行。该技术还有一个优点是能保证没有活的细菌残留在制品中，适合用于制备无菌制品。但使用碱破碎细胞必须要求所提取的成分耐受高 pH（10~13）30 分钟以上。

（4）EDTA 等金属离子螯合剂可以螯合细胞膜上的二价金属离子，使革兰阴性菌失去 Mg^{2+} 和 Ca^{2+}，增加细胞通透性，便于内容物释放。但通常不单独使用螯合剂，常与其他溶解法联合使用，以增强效果。

案例分析

案例

用噬菌体感染的大肠杆菌细胞制备 DNA 时，采用 pH8.0、0.1mol/L Tris（三羟甲基氨基甲烷）加 0.01mol/L EDTA 制成每毫升含 2×10^8 个细胞左右的细胞悬液，然后加入 0.1~1mg 的溶菌酶，37℃、pH 的条件下保温 10 分钟，细胞壁即被破坏。

分析

大肠杆菌细胞悬液中加入 EDTA 后，可螯合细胞膜上的二价金属离子，使革兰阴性菌失去 Mg^{2+} 和 Ca^{2+}，增加细胞通透性，便于内容物释放。大肠杆菌是革兰阴性菌，具有主要成分为肽聚糖的细胞壁。溶菌酶能有效地水解细菌细胞壁的肽聚糖，其水解位点是 N-乙酰胞壁酸和 N-乙酰葡萄糖胺之间的 β-1,4-糖苷键，导致细胞壁破裂、内容物溢出而使细菌溶解。两种方法联合使用，提高了破壁效果。

3. 酶解法　酶解法利用酶反应分解破坏细胞壁上的特殊化学键，从而破坏细胞壁结构，达到破壁的目的。酶解法的优点有：专一性强，酶解条件温和，收率高，产品破坏少，不残留细胞碎片。但费用较高，只适用于小规模实验室研究。酶解法又分为自溶法和外加酶法。

（1）自溶法：自溶法即将待破碎的新鲜细胞放在一定的 pH 和适当的温度条件下，利用细胞自身的酶将细胞破坏，产生自溶现象，从而使细胞内含物释放出来。影响自溶过程的因素有温度、时间、pH、缓冲液浓度、细胞代谢途径等。动物材料自溶温度常选在 0~4℃，微生物材料则多在室温下进行。自溶时，需加少量防腐剂防止外界细菌的污染。自溶法不适用于制备具有活性的核酸或活性蛋白质。

（2）外加酶法：破碎微生物细胞常用的酶为溶菌酶，它能专一地分解细胞壁上糖蛋白分子的 β-1,4-糖苷键，使脂多糖解离，经溶菌酶处理后的细胞移至低渗溶液中使细胞破裂。除用溶菌酶外还可选择蛋白酶、脂肪酶、透明质酸酶和核酸酶等。反应的重要控制条件是 pH 和温度。

 案 例 分 析

案例

酶解法破碎假单胞菌时,2.5g 湿重细胞制成 10ml 细胞悬液后需加入 50μl 0.2mol/L EDTA、2mg 溶菌酶及 300～500U 脱氧核糖核酸酶,方能取得较好效果。

分析

试剂中所用 EDTA 能降低离子浓度,而高浓度离子对溶菌酶有抑制作用。假单胞菌属革兰染色阴性杆菌,溶菌酶对其破坏力有限,因此需和脱氧核糖核酸酶同时作用,才可达到较好的破碎效果。

对于单一酶不易降解的细胞壁,需要采用两种以上的酶类(如细胞壁溶解蛋白酶和 β-1,3-葡萄糖酶)。必要时还可对细胞进行其他处理,如反复冻融、加金属离子螯合剂 EDTA、渗透压冲击等,增加酶反应的效率。如酶解法破碎革兰阴性菌细胞壁时,除加溶菌酶外,还需加螯合剂 EDTA。

 知 识 链 接

常用的微生物细胞壁降解酶:

细菌:糖苷酶、N-乙酰胞壁酰-1-丙氨酸酰胺酶、多肽酶;

真菌、酵母:β-1,3-葡萄糖酶、β-1,6-葡萄糖酶、甘露聚糖酶、甲壳素酶、蛋白酶;

藻类:纤维素酶。

(三) 包涵体的破碎

包涵体是指异源的重组蛋白在宿主细胞(如原核细胞、酵母或真核系统)中高水平表达所生成的无定形蛋白质聚集体。它不具生物活性,但其一级结构是正确的。与可溶形式的蛋白质产物相比,包涵体蛋白具有一定的优势,包括产物浓度高(可占细胞总蛋白质的 50% 以上),不易被宿主的蛋白酶降解,对宿主细胞的毒性较低等。从包涵体中分离有活性的重组蛋白一般步骤如下。

1. 细胞破碎 最有效的细胞破碎方法是水解处理和高压破碎。

2. 分离包涵体 细胞破碎后,包涵体经低速离心即可沉淀。

3. 溶解包涵体 包涵体难溶于水中,加入变性剂溶液(如盐酸胍、脲)才可溶解,溶解的蛋白质呈变性状态,即所有的氢键、疏水键全被破坏,疏水侧链完全暴露,但一级结构和共价键不被破坏。

4. 复性 为了得到有活性的目标产物,需将蛋白复性。蛋白复性是指当除去变性剂时,一部分蛋白质可自动折叠成具有活性的正确构型的目标产物的过程。

复性操作有两种方法:①将溶液稀释,导致变性剂的浓度降低,也降低了蛋白浓度,使聚集减少,于是蛋白质复性。此法很简单,只需加入大量的水或缓冲液,缺点是增大了加工的液体量,降低了蛋白质的浓度。②用透析、超滤或电渗析除去变性剂。其中透析法最常用,此法不增加液体体积,不降低蛋白质浓度,但时间较长,易形成蛋白质沉

淀。超滤或电渗析比透析速度快,但均容易使蛋白失活。

复性的效果取决于蛋白质聚集和正确折叠的竞争。若制备包涵体时,污染了易聚集的蛋白质,失活的重组蛋白也容易聚集。复性通常在低蛋白浓度下进行,浓度范围 $10 \sim 100\mu g/ml$,以避免蛋白聚集。复性时加入分子伴侣和折叠酶可提高复性率。

二、破碎效果的评价

(一)细胞破碎率的测定

细胞破碎率是指被破碎的细胞数量与原始细胞数量的比值。即

$$Y = \frac{(N_0 - N)}{N_0} \times 100\% \qquad\qquad 式(7\text{-}2)$$

式(7-2)中,Y 为细胞破碎率;N_0 为原始细胞数量;N 为经破碎操作后保存下来的未损害细胞。

1. 显微镜法评价细胞破碎率　最常用的计算破碎率的方法是经显微镜直接观察,计算细胞破碎率。大的细胞、活细胞与死细胞和破碎的细胞非常容易辨认,活细胞呈一亮点,死细胞和破碎细胞呈现为黑影。但对于小的细胞则不易辨别,一般采用染料(如亚甲蓝)染色,使其易于辨别,再进行计数。

2. 离心法评价细胞破碎率　采用离心细胞破碎液也可确定细胞破碎率,完整的细胞要比细胞碎片先沉淀下来,显示不同的颜色和纹理,两相对比,可以算出细胞破碎率。

3. 测定化合物含量评价细胞破碎率　采用测定细胞破碎后上清液中释放出来的化合物含量,评估细胞的破碎程度。

4. 测定导电率评价细胞破碎率　当细胞内含物释放到水相时,会引起导电率的变化,随破碎率的增加而增加,且存在线性关系。

(二)各种细胞破碎方法的对比

破碎细胞的方法有多种,其作用机制和适用范围见表7-1。

表7-1　各种细胞破碎方法的作用机制和适用范围

分类		作用机制	适用范围
机械法	组织匀浆器	固体剪切作用	用于破碎较薄的动物组织膜,但不易打碎植物和细菌的细胞
	研钵	固体剪切作用	细菌及植物材料应用较多,适用于细胞器的制备
	高速组织捣碎机	固体剪切作用	操作时温度会迅速升高,适于动物内脏组织、植物肉质组织、柔嫩的叶和芽等材料的破碎
	高压匀浆器	液体剪切作用	大规模破碎细胞常用设备,可达较高破碎率,对多种微生物细胞均适用,不适合丝状菌和革兰阳性菌
	高速珠磨机	固体剪切作用	可达较高破碎率,可较大规模操作,大分子目的产物易失活,浆液分离困难
	超声波振荡法	液体剪切作用	最适合实验室规模细胞破碎。对酵母菌效果差,破碎过程升温剧烈,不适合大规模操作

分类		作用机制	适用范围
非机械法	反复冻融法	反复冻结-融化	破碎率较低,适用于细胞壁较脆弱的新鲜细胞。不适合对冷冻敏感的目的产物,蛋白释放量不足
	冷热交替法	温度剧烈变化	适用于从细菌或病毒中提取蛋白质和核酸
	渗透压冲击法	渗透压剧烈改变	破碎率较低,常与其他方法结合使用。主要适用于不具有细胞壁、细胞壁较脆弱、细胞壁预先用酶处理或细胞壁合成受到抑制的细胞的破碎。对革兰阳性菌、真菌、植物细胞不适用
	干燥法	改变细胞膜渗透性	条件变化剧烈,易引起蛋白质或其他组织变性。空气干燥适用于酵母菌,真空干燥适用于细菌,而冷冻干燥适用于较不稳定的生化物质
	化学法	改变细胞膜渗透性	有一定选择性,浆液易分离,但释放率较低,通用性差
	酶溶法	酶分解作用	专一性强,酶解条件温和,浆液易分离,收率高,产品破坏少,不残留细胞碎片。费用较高,通用性差。常用于实验室研究

(三)细胞破碎方法的选择

不同生物体或同一生物体不同的组织,其细胞破碎难易不一,方法各异。选择破碎方法时应根据细胞性质选择适宜的破碎方法。动物细胞无细胞壁,外层为细胞膜,比较容易破碎。如动物胰脏、肝脏组织一般比较柔软,用普通匀浆器磨研即可;肌肉及心脏组织较韧,需预先绞碎再做成匀浆。植物和微生物细胞有坚韧的细胞壁,破碎较困难,需采取特殊的细胞破碎方法。如植物肉质组织用一般研磨方法,含纤维较多的组织则必须在高速捣碎器内破碎或加砂研磨。许多微生物常用自溶、冷热交替、加砂研磨、超声波和加压处理等方法破碎。

选择合适的破碎方法还需要考虑下列因素:细胞的数量;所需要的产物对破碎条件(温度、化学试剂、酶等)的敏感性;需达到的破碎程度及破碎所必要的速度;尽可能采用最温和的方法;具有大规模应用潜力的生化产品应选择适合于放大的破碎技术。

细胞破碎的一般原则:提取的物质在细胞质内,采用机械方法;在细胞膜附近,采用非机械法;提取产物若与细胞膜或细胞壁结合时,采用机械法和化学法相结合的方法。适宜的细胞破碎条件应该从高产物释放率、低能耗和便于后步分离与提取这三方面进行权衡。

▨▨ 点 滴 积 累 ▨▨

1. 细胞破碎方法分为两类:机械破碎方法和非机械破碎方法。根据所要破碎的细胞壁结构、破碎难易程度、目标产物稳定性和生产规模等综合因素,选择细胞破碎方法。

2. 细胞破碎的一般原则:提取的物质在细胞质内,采用机械方法;在细胞膜附近采用非机械法;提取产物若与细胞膜或细胞壁结合时,采用机械法和化学法相结合的方法。适宜的细胞破碎条件应该从高产物释放率、低能耗和便于后步分离与提取这三方面进行权衡。

第三节　固-液分离

固-液分离是将发酵液中的固体和液体分离的过程,在生物活性活性物质的分离纯化过程中不可避免的要用到固-液分离技术。固-液分离的方法主要是离心分离和过滤。不同性状的发酵液应选择不同的固-液分离方法。

一、过滤及过滤分离技术

过滤(filtration)是借助于一种能将固体物截留而让流体通过的多孔介质,将固体物从液体或气体中分离出来的一种化工单元操作过程。过滤技术常用于生物制药行业中对组织、细胞匀浆及粗制提取液的澄清,以及工艺处理溶液、在制品、半成品乃至成品等液体的除菌。

(一)过滤原理与分类

 知 识 链 接

过滤行业中,常用微米(μm)作为微孔滤膜孔径的计量单位。$1\mu m$ 等于 $10^{-3}mm$,等于 $10^{-6}m$。为了更客观说明微米的大小,特列出下列物质的尺寸以供参考。

物质	尺寸	物质	尺寸
人发直径	$70\sim80\mu m$	酵母菌	$3\mu m$
裸眼可见最小颗粒	$40\mu m$	假单胞菌	$0.3\mu m$
金属颗粒	$5\mu m$	小 RNA 病毒	$0.03\mu m$

如图 7-3 所示:过滤是利用某种多孔介质对悬浮液进行分离的操作。工作时,在外力作用下,悬浮液中的液体通过介质的孔道流出,固体颗粒被截留,从而实现分离。一般将待过滤的悬浮液称为滤浆;所采用的多孔介质称为过滤介质;通过介质孔道的液体称为滤液;被截留的固体物称为滤饼或滤渣。过滤操作的推动力是过滤介质上下游两侧的压力差,产生压力差的方法有以下几种:①利用滤浆自身的压头;②在滤浆表面加压;③在过滤介质的下游一侧抽真空;④利用惯性离心力。

过滤操作根据作用原理可分为两类。

1. 滤饼过滤(cake filtration)　过滤介质的孔目数小于固体颗粒的直径,依靠筛析作用将固体颗粒从悬浮液中除去。筛析过滤在过滤初期细小颗粒流出,滤液比较浑浊。随着饼层的形成和加厚,滤液逐渐变清。由于筛孔逐渐受堵,过滤速度呈降低趋势。过滤过程当中当滤饼层形成,筛析作用便由饼层产生,过滤介质失去筛析作用,只起支撑饼层的作用,称饼层过滤(图 7-4)。

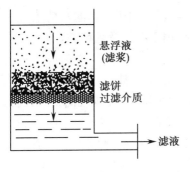

图7-3 过滤操作

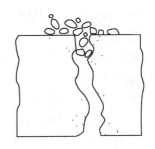

图7-4 滤饼过滤

2. 深层过滤(deep bed filtration) 过滤介质的网孔目数大于固体颗粒的直径,固体颗粒进入过滤介质孔道后被介质表面所吸附,颗粒间由于惯性碰撞、重力、扩散等作用而迅速发生"架桥现象",而被截留在滤材内部深层从而分离的作用(图7-5)。

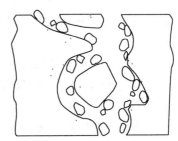

图7-5 深层过滤

实际生产中,筛析和吸附同时作用,吸附过滤介质截留较大颗粒;筛析过滤介质饼层可以吸附较小颗粒。

悬浮液通过过滤介质时,根据其目的,可将过滤操作分为过滤澄清和过滤除菌两种。

1. 过滤澄清是指用物理阻留的方法去除细胞组织匀浆或粗制提取液中的细胞碎片等各种颗粒性杂质。

2. 过滤除菌则能除去溶液中的微生物,且不影响溶液中药物成分的活性。生物药品中的血液制剂、免疫血清、细胞营养液及基因工程纯化产品等不耐高温的液体只有通过过滤才能达到除菌目的。近年来,过滤除菌方法在生物制药行业正逐渐代替高压蒸汽灭菌法。过滤除菌方法还是发酵罐细胞供氧、管道化的压缩空气除菌的有效手段,过滤除菌技术目前已广泛应用于生物技术制药的许多领域。

课 堂 活 动

1. 化学实验室过滤常用什么滤器?
2. 常采用什么方法加快过滤速度?

(二)过滤介质

过滤介质的主要作用是支撑滤饼,须具有多孔结构、足够的机械强度和尽可能小的流动阻力、耐腐蚀性。常用的过滤介质有以下类型。

1. 织物介质 为最常用的过滤介质,如工业滤布、金属丝网等,可截留的最小颗粒直径为 5~65μm。

2. 粒状介质 如珍珠岩粉、纤维素、硅藻土等,作为助滤剂预涂于织物介质表面使用,用于粗滤,能截留 1~3μm 的微小颗粒。

3. 固体纸板　如脱色木质纸板、合成纤维板等,用于半精滤及精滤。

4. 过滤膜　由纤维素和其他聚合物构成,用于精滤及超精滤。

（三）助滤剂

将某些坚硬的粒状物预涂于过滤介质表面或加入滤浆中,可形成较为坚硬而松散的滤饼,使滤液能够顺利通过,这种粒状物称为助滤剂。添加助滤剂可以防止过滤介质孔道堵塞,或降低滤饼的过滤阻力。助滤剂应具有以下特点:为坚硬、疏松结构的粉状或纤维状的固体,能形助滤剂应能较好地悬浮于料液中,颗粒大小合适,不含可溶于滤液的物质。常用的助滤剂有硅藻土、纤维素等。

硅藻土为较纯二氧化硅矿石,其化学性能稳定,具有极大的吸附和渗透能力,是良好的介质和助滤剂。使用方法如下。

1. 作为深层过滤介质,可以过滤含少量(< 0.1%)悬浮固形物的液体。硅藻土不规则粒子间形成许多曲折的毛细孔道,筛分和吸附作用可除去悬浮液中的固体粒子。

2. 在滤布表面上预涂硅藻土薄层,保护滤布的毛细孔道在较长时间内不被悬浮液中的固体粒子所堵塞,从而提高和稳定过滤速率,用量为 $500g/m^2$ 左右,2 ~ 4mm 厚。

3. 将适当的硅藻土分散在待过滤的悬浮液中,使形成的滤饼具有多孔隙性,降低滤饼可压缩性,以提高过滤速率和延长过滤操作的周期,用量为 0.1% 左右。

案例分析

案例

木瓜蛋白酶水解猪血。向 100kg 新鲜猪血中加入 1kg 浓度为 3% 的枸橼酸钠溶液抗凝。搅拌下向 100kg 水中加入 200g 木瓜蛋白酶,加热至 50 ~ 60℃,将猪血分批倒入水中,保温酶解 8 ~ 12 小时。加入 1kg NaOH,在 90 ~ 100℃ 碱解 1 ~ 3 小时。用酪蛋白或 HCl 中和至 pH 5 ~ 6,浓缩,用 2% 硅藻土和活性炭过滤。烘干或喷雾干燥后即可得到蛋白质水解物,产物中氨基酸含量超过 70mg/g。

分析

木瓜蛋白酶属巯基蛋白酶,具有较宽的底物特异性,作用于蛋白质中 L-精氨酸、L-赖氨酸、甘氨酸和 L-瓜氨酸残基羧基参与形成的肽键,在酸性、中性、碱性环境下均能分解蛋白质。我国生猪养殖为世界之最,猪血来源丰富。猪血含有 18 种氨基酸,包括人体不能合成的 8 种必需氨基酸(赖氨酸、色氨酸等),且含量占总氨基酸的 39.18%。利用木瓜蛋白酶水解猪血,可获得大量氨基酸。水解后,以硅藻土为助滤剂,活性炭为脱色剂过滤,可除去细胞残渣,得到氨基酸澄清溶液。

（四）影响过滤的因素

1. 生物体的体积　细菌菌体较小,发酵液如不经絮凝等预处理,很难用常规过滤设备过滤去除;真菌菌丝体较粗大,质量比阻小,发酵液不需经特殊处理就很容易过滤。但放线菌菌丝极细而具有分支,交织成网格状,质量比阻大,较难过滤,发酵液需经预处理,凝固蛋白质等胶体物质,才能提高过滤速度。

2. 滤浆的黏度　黏度越大,过滤阻力越大,过滤速度越小。有很多因素可影响发酵液的黏度。①菌体种类不同,浓度不同,发酵液黏度有很大差别。②不同的培养基组成也会影响黏度,如黄豆饼粉、花生饼粉会增加溶液黏度。③正确的发酵终点和放罐时间。在菌体自溶前放罐,可防止因菌体自溶释放出的代谢产物增加发酵液黏度。而在发酵后期需少补料,并加消泡剂,防止未反应的料液增加发酵液的黏度。④染菌也会增加发酵液黏度,因此,应防止发酵液染菌。

3. 滤饼厚度　滤饼厚度越大,阻力越大,过滤速度越小。当厚度达到一定程度会使过滤终止。

4. 滤饼性质　滤饼性质如颗粒形状、大小、粒度分布及有无压缩性能均可影响过滤速率。不可压缩滤饼的颗粒坚硬,滤液通过的流道不会因压力的增大而变小,阻力基本保持不变,或随过滤时间的持续阻力增加很慢,过滤速度基本随压力的升高按比例增大;可压缩滤饼的颗粒在较大压力作用下,颗粒的形状和颗粒间空隙发生明显变化,单位滤饼层厚度的流体阻力不断增大。而小颗粒滤饼在较大压力下会堵塞孔道,故过滤初期压力不能太大,避免流道过早地堵塞。当滤饼厚度增加或过滤压强差增大时,过滤压差随时间的持续呈直线增长。

5. 过滤推动力　过滤推动力是指滤饼和过滤介质两侧的压力差。此压力差可以是重力或人为压差。增加过滤压力差,可以加快过滤速度,常用方法如下。

(1)增加悬浮液本身的液柱压力,一般不超过 $50kN/m^2$,称为重力过滤。

(2)增加悬浮液液面的压力,一般可达 $500kN/m^2$,称为加压过滤。

(3)在过滤介质下面抽真空,通常不超过真空度 $86.6kN/m^2$,称为真空过滤。

(4)过滤推动力还可以用离心力来增大,称为离心过滤。

发酵液的 pH、温度和加热时间均可影响过滤速度。增加助滤剂可改善分离速度。

(五) 常用过滤设备

1. 玻璃过滤器　玻璃过滤器根据形状可分为垂熔玻璃漏斗、滤球及滤棒 3 种,按孔径分为 G1-G6 号。生产厂家不同,代号也有差异。垂熔玻璃滤器主要用于注射剂的精滤或膜滤前的预滤用。一般来说,1、2 号用于滤除溶液中的大颗粒和澄清液体,3 号用于常压过滤,4、5 号用于加压或减压过滤,6 号孔径为 0.2μm 左右,多用作除菌过滤。玻璃过滤器性质稳定,除强酸与氢氟酸外,一般不受药液影响,不改变药液的 pH;过滤时不掉渣,吸附性低;滤器可热压灭菌和用于加压过滤;但价格贵,质脆易破碎,滤后处理也较麻烦。垂熔玻璃滤器用后需用水抽洗,并用 12% 硝酸钠-硫酸溶液浸泡处理。

2. 板框压滤机　板框压滤机是一种广泛使用的间歇操作加压过滤设备,主要由尾板,多块交替排列的滤板和板框、头板、主梁、压紧装置组成。板框两侧装有滤布,框架与滤布围成容纳滤浆和滤饼的空间。滤板两侧表面凹凸不平,凸者支撑滤布,凹者为滤液通道,其下部有滤液出口,滤板又分洗涤板和非洗涤板。板框和滤板的两个角端均开有一个小孔,组合后分别构成滤浆和洗涤水两条通道。其操作一般包括装合、过滤、洗涤、卸渣、整理 5 个过程。

板框式压滤机对滤浆适应性强,可用于颗粒较小、黏性较大以及易形成可压缩滤饼等许多难以处理的滤浆的过滤,对于颗粒含量小的滤浆尤其适用,还可用于温度较高或近饱和液体的过滤。其结构简单、经济耐用、操作压力较高、滤材可任意选择、过滤面积大、截留固体多而占地面积小,且可根据生产需要增减滤板的数量,调节滤过能力,但其生产效率低、劳动强度大、清洁麻烦,现在已出现了自动板框压滤机。

3. 水平圆盘式硅藻土过滤机　水平圆盘式硅藻土过滤机过滤原理为在机壳所形成的密封腔(滤室)内装着过滤元件滤盘。滤盘水平地安装在一根空心轴上,相互间用隔圈相隔。滤网与托盘间形成的间隙与空心轴相通。过滤时,滤渣沉积于过滤面表面,滤液经空心轴及阀流出。其特点为:①过滤面水平向上,助滤剂层易于敷设,不易脱落;②可在过滤过程中陆续地加入助滤剂,过滤持续的时间长;③自动排渣及清洗,节省人力和时间;④结构复杂,造价高;⑤各种阀门较多,操作需特别留意。

4. 转筒真空过滤机　转筒真空过滤机是一种连续操作的过滤机械,设备的主体是一个能转动的水平圆筒,其表面有一层金属网,网上覆盖滤布,筒的下部浸入滤浆中。圆筒沿径向分隔成若干扇形格,每格都有单独的孔道通至分配头上。圆筒转动时,凭借分配头的作用使这些孔道依次分别与真空管及压缩空气管相通,因而在回转一周的过程中每个扇形格表面即可顺序进行过滤、洗涤、吸干、吹松、卸饼等项操作。它具有以下优点:①连续式操作,效率高,劳动强度小;②能够在过滤过程中刮除滤渣,减小滤层堵塞,因而能适用于稠厚物料的过滤;③过滤面在大气压一侧,便于检查维修。但是它也存在不足,如:物料在空气中接触的面积大,时间长,易氧化及污染;结构复杂,造价高;体积大,占地面积大。

5. 柱式深层过滤器　柱式深层过滤器依靠膜的厚度截留,适用于对较大的微米级颗粒分离和液体的预过滤。滤柱有很强的污物捕获能力,成本较低。过滤时,压差变化小,孔径分布宽,一般采用低压操作,否则会使截留率下降。与折叠膜过滤联合使用可达到一次性过滤除菌的目的。

6. 柱式折叠膜过滤器　柱式折叠膜过滤器将膜通过折叠,把表面积增大几十到几百倍,因此,处理量大,适用于大容量液体的过滤。采用柱式折叠膜过滤器将会大大增加处理量,提高生产效率,从而降低生产成本。且滤膜经高压处理后可多次利用。

7. 圆盘式过滤器　常用传统过滤器组件成本低,能在同一个滤器中同时使用深层滤膜和表面滤膜。加工容量有限,其处理量小,常用于小批量液体的过滤,不能满足大规模生产的需求。

8. 离心分离机　利用悬浮液在高速回转时产生的惯性离心力进行分离,实现这种分离操作的机械称为离心分离机。按其分离因数大小可分为常速离心机,高速离心机和超高速离心机。按其作用原理可分为两种。①过滤式离心机:借离心力实现过滤的离心机;②沉降式离心机:借离心力实现沉降的离心机。澄清悬浮液用的碟式离心沉降机,只适用于固体颗粒含量很少的悬浮液。

（六）过滤器材的选择

1. 过滤器精度选择　在操作中应按工艺需求确定过滤器的过滤精度,如除菌则选择$\leq 0.2\mu m$孔径的过滤器,如除去氢氧化铝佐剂产品中的大颗粒,即裸眼看得见的聚合物,可用$20\sim30\mu m$孔径的滤器等。

2. 选择合适的滤材　过滤除菌液体除需选择亲水滤膜外,还需考虑过滤物,如过滤的液体是基因工程产品,则需采用低吸附滤材;如需将滤芯重复使用,需考虑滤材处理中对化学物品的兼容性和蒸汽高压灭菌次数;如过滤的液体是一般性成本不高的缓冲液、生理盐水、注射用水等工艺处理溶液,则可选择价格低廉的滤材。

3. 过滤器的壳体材料 过滤器的壳体材料应该是卫生级外壳,一般有以下要求:少用或不用带螺纹的部件;无死角;易于清洗;内外表面镜面抛光;采用卫生级阀门、压力表;硅橡胶 O 形圈或密封圈。

4. 过滤器的大小及容量 过滤器大小应根据有效压差、初装压差、过滤加工液体体积以及操作方式等选择。如除菌过滤器连续操作,则一般初装压差为有效压差的10% 左右,间歇操作则为有效压差的30% 左右。压差与滤材的有效过滤面积是分不开的,初装压差与流量的关系从过滤器产品说明书中查阅,但一般都是以水为标准的数据,实际溶液还需考虑黏度及温度等的影响。

5. 预过滤器的选择 使用预过滤器的目的主要是延长终端过滤器的寿命和提高产量,降低成本。如果预过滤之前的溶液已经很澄清或已经过离心沉淀等处理得比较好,终端过滤器又比较经济,可省去预过滤加工。预过滤器主要有两种类型供选择。其一是深层预过滤器:容污力大,初装压差低,过滤过程中压差变化小,孔径分布宽,成本低。但过滤污染严重,可用于低价值液体的过滤。其二是膜式过滤器:容污力小,初装压差低,但过滤过程中压差变化大,孔径分布窄,成本高。其优点是洁净度高,适用于过滤高价值液体且初装压差要求低时选用。

（七）使用过滤技术中应注意的问题

应用过滤技术中应注意以下几个问题:

1. 滤芯重复使用清洁时,需正向冲洗,不宜反向冲洗。反向冲洗易损坏滤芯,清洗效果不好。若蛋白质等物质堵塞滤芯时,可用碱溶液处理后再行清洗。

2. 浑浊、黏度大、颗粒多的液体或高负荷的混悬液,应采用稀释、离心、加热等办法,必要时通过纸板进行粗滤,以减轻过滤阻力。

3. 注意控制过滤压力。

4. 预过滤时,为防止滤板表面附着的纤维落入滤液中,可用绢布或绸布垫于出口处,或用灭菌注射用水冲洗,除去易脱落纤维。

5. 反复高压灭菌可致滤器中的胶垫和胶圈老化、变硬,影响密封。需经常更换,最好用耐高温、耐高压的硅胶垫圈。

6. 凡出现下列情况时应更换滤芯,如过滤流量太小、达到有效压差、达到累积消毒时间、达到化学兼容性要求时间、不能通过完整性测试。

二、离心分离技术

离心技术(centrifugal technique)是根据颗粒在作匀速圆周运动时受到一个外向离心力的行为而发展起来的一种分离技术。自 1924 年瑞典人 Theodor Svedberg 制造出世界上第一台可产生相当于 5000 倍地心引力的离心机后,人们便开始利用离心技术研究大分子物质的离心沉淀规律。1926 年,他利用离心机测定了马血红蛋白的分子量,并证明蛋白质具有高分子性质,Svedberg 也因为离心机的发明和应用而在同年获得诺贝尔化学奖。

离心技术应用范围很广,可用于核工业、酿造工业、石油化工行业等各方面的物质分离。随着离心技术的不断发展,在生物制药研究及生产中的应用也逐渐增多,如从培养液中分离收集细胞、去除细胞碎片、收集沉淀物,从含蛋白质的液体中除去蛋白质吸附剂、超速离心分离溶解的大分子等。

（一）基本原理

1. 离心力　离心作用是根据在一定角度速度下作圆周运动的任何物体都受到一个向外的离心力进行的。离心力（centrifugal force，Fc）的大小等于离心加速度 $\omega^2 X$ 与颗粒质量 m 的乘积，即：

$$F_c = m\omega^2 X \qquad\qquad 式（7-3）$$

式（7-3）中，ω 是旋转角速度，以弧度/秒（rad/s）为单位；X 是颗粒离开旋转中心的距离，以厘米（cm）为单位；m 是质量，以克（g）为单位。

2. 相对离心力　由于各种离心机转子的半径或者离心管至旋转轴中心的距离不同，离心力因而受变化，因此在文献中常用"相对离心力（relative centrifugal force，RCF）"或"数字×g"表示离心力，只要 RCF 值不变，一个样品可以在不同的离心机上获得相同的结果。RCF 就是实际离心场转化为重力加速度的倍数。

$$RCF = \frac{F_{离心力}}{F_{重力}} = \frac{m\omega^2 X}{mg} = 11.18 \cdot \left(\frac{n}{1000}\right)^2 \cdot X \qquad\qquad 式（7-4）$$

式（7-4）中，X 为离心转子的半径距离，以 cm 为单位；g 为地球重力加速度（$980cm/s^2$）；n 为转子每分钟的转数（r/min）。

3. 沉降系数　根据 1924 年 Svedberg 对沉降系数（sedimentation coefficient，S）下的定义：颗粒在单位离心力场中粒子移动的速度。

$$S = \frac{dx/dt}{\omega^2 X} = \frac{1}{\omega^2 dt} \cdot \frac{dx}{X} \qquad\qquad 式（7-5）$$

式 7-5 积分得 $S = 2.303 \cdot \dfrac{\lg X_2 - \lg X_1}{\omega^2(t_2 - t_1)}$ 　　　　　　　　式（7-6）

若将 ω 用 $2\pi n/60$ 表示，则：

$$S = \frac{2.1 \times 10^2 (\lg X_2/\lg X_1)}{n^2(t_2 - t_1)} \qquad\qquad 式（7-7）$$

式（7-6）、（7-7）中，X_1 为离心前粒子离旋转轴的距离；X_2 为离心后粒子离旋转轴的距离。S 实际上时常在 10^{-13}s 左右，故把沉降系数 10^{-13}s 称为一个 Svedberg 单位，简写 S，量纲为秒（s）。图 7-6 为不同的细胞器、大分子和病毒的密度及相应的沉降系数。

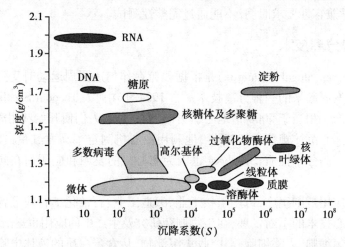

图 7-6　不同的细胞器、大分子和病毒的密度及相应的沉降系数

4. 沉降速度　沉降速度(sedimentation velocity)是指在强大离心力作用下,单位时间内物质运动的距离。

$$\frac{\mathrm{d}x}{\mathrm{d}t} = \frac{2r^2}{9\eta} \cdot \omega^2 X = \frac{d(\rho_p - \rho_m)}{18\eta} \cdot \omega^2 X \qquad \text{式(7-8)}$$

式(7-8)中,r 为球形粒子半径;d 为球形粒子直径;η 为流体介质的黏度;ρ_p 为粒子的密度;ρ_m 为介质的密度。

从(7-8)可知,粒子的沉降速度与粒子直径的平方、粒子的密度和介质密度之差成正比;离心力场增大,粒子的沉降速度也增加;而与溶剂液体黏度的 18 倍成反比。将式(7-8)代入上项沉降系数公式中,则 S 也可表示为:

$$S = \frac{\mathrm{d}x/\mathrm{d}t}{\omega^2 X} = \frac{d^2}{18} \frac{(\rho_p - \rho_m)}{\eta} \qquad \text{式(7-9)}$$

从式(7-9)中可看出,①当 $\rho_P > \rho_m$,则 $S > 0$,粒子顺着离心方向沉降。②当 $\rho_P = \rho_m$,则 $S = 0$,粒子到达某一位置后达到平衡。③当 $\rho_P < \rho_m$,则 $S < 0$,粒子逆着离心方向上浮。

5. 沉降时间(sedimentation time,T_s)　在实际工作中,常常遇到要求在已有的离心机上把某一种溶质从溶液中全部沉降分离出来的问题,这就必须首先知道用多大转速与多长时间可达到目的。如果转速已知,则需解决沉降时间来确定分离某粒子所需的时间。

样品粒子完全沉降到底管内壁的时间($t_2 - t_1$)用 T_s 表示则为:

$$T_s = \frac{1}{S} \cdot \frac{\ln X_{max} - \ln X_{min}}{\omega^2} \qquad \text{式(7-10)}$$

式(7-10)中 T_s 以小时为单位,S 以 Svedberg 为单位。

6. K 系数　K 系数(K factor)是用来描述在一个转子中将粒子沉降下来的效率。也就是溶液恢复成澄清程度的一个指数,所以也叫"cleaning factor"。原则上,K 系数愈小的,愈容易,也愈快将粒子沉降。

$$K = \frac{2.53 \times 10^{11} \ln(R_{max}/R_{min})}{(\mathrm{rpm})^2} \qquad \text{式(7-11)}$$

式(7-11)中,R_{max} 为转子最大半径;R_{min} 为转子最小半径。由其公式可知,K 系数与离心转速及粒子沉降的路径有关。所以 K 系数通常是一个变数,离心机的转子说明书中提供的 K 系数,都是根据最大路径及在最大转速下所计算出来的数值。

（二）常用离心方法

除经典式沉降平衡离心法应用于对生物大分子分子量的测定、纯度估计、构象变化外,目前应用最多的离心方法还有以下 3 类。

1. 差速离心法　它利用不同的粒子在离心力场中沉降的差别,在同一离心条件下,沉降速度不同,通过不断增加相对离心力,使一个非均匀混合液内的大小、形状不同的粒子分步沉淀(如图 7-7 所示)。操作过程中一般是在离心后用倾倒的办法把上清液与沉淀分开,然后将上清液加高转速离心,分离出第二部分沉淀,如此往复加高转速,逐级分离出所需要的物质。

由于差速离心的分辨率不高,沉淀系数在同一个数量级内的各种粒子不容易分开,实际操作中,常用于其他分离手段之前的粗制品提取,以相对纯化待分离物质。如用差速离心法分离已破碎的细胞各组分。见图 7-8。

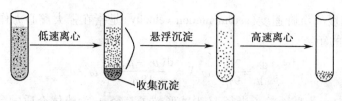

图 7-7　差速离心法示意图

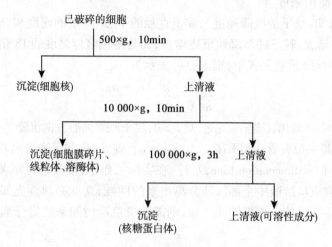

图 7-8　差速离心法分离已破碎的细胞组分

速度离心时,被分离的分子越小,需要的离心速度越高。但是,离心机中影响速度高低的是转子的半径。一般根据离心力和离心机转子的半径决定离心速度。常见细胞器离心沉淀所需的离心力列于表 7-2。

表 7-2　常见细胞器离心沉淀所需的离心力

结构	离心力
细胞核	$(800 \sim 1000) \times g$
线粒体	$(20\,000 \sim 30\,000) \times g$
叶绿体	$(20\,000 \sim 30\,000) \times g$
溶酶体	$(20\,000 \sim 30\,000) \times g$
微体	$(20\,000 \sim 30\,000) \times g$
粗面内质网	$(50\,000 \sim 80\,000) \times g$
质膜和光面内质网	$(80\,000 \sim 100\,000) \times g$
游离核糖体、病毒粒子	$(150\,000 \sim 300\,000) \times g$

2. 速率区带离心法　这种方法是根据分离的粒子在梯度液中沉降速度的不同,使具有不同沉降速度的粒子处于不同的密度梯度层内分成一系列区带,达到彼此分离的目的。操作时,离心前先在离心管内装入密度梯度介质(如蔗糖、甘油、KBr、CsCl 等),再将待分离的样品铺在梯度液的顶部、离心管底部或梯度层中间,最后一起离心。离心后在近旋转轴处的介质密度最小,离旋转轴最远处介质的密度最大,但最大介质密度必须小于样品中粒子的最小密度,即 $\rho_{P} > \rho_{m}$。梯度液在离心过程中以及离心完毕后,取样

时起着支持介质和稳定剂的作用,避免因机械振动而引起已分层的粒子再混合。速率区带离心法过程如图7-9所示。

由于 $\rho_P > \rho_m$ 可知 $S > 0$,粒子顺着离心方向沉降,因此该离心法的离心时间需严格控制,既有足够的时间使各种粒子在介质梯度中形成区带,又需控制在任一粒子达到沉淀前。如果离心时间过长,所有的样品可沉淀到达离心管底部;离心时间不足,样品还没有分离。由于此法是一种不完全的沉降,沉降受物质本身大小的影响较大,一般是应用在物质大小相异而密度相同的情况。常用的梯度液有 Ficoll、Percoll 及蔗糖。

3. 等密度离心法　等密度离心法是在离心前预先配制介质的密度梯度,此种密度梯度液包含了被分离样品中所有粒子的密度,待分离的样品铺在梯度液顶上或和梯度液先混合,离心开始后,当梯度液因离心力的作用,逐渐形成管底较浓而顶端较稀的密度梯度,与此同时原来分布均匀的粒子也发生重新分布,等密度离心法示意图见图7-10。当管底介质的密度大于粒子的密度,即 $\rho_m > \rho_P$ 时粒子上浮;在管顶处 $\rho_P > \rho_m$ 时,则粒子沉降,最后粒子进入到一个它本身的密度位置即 $\rho_P = \rho_m$,此时 dx/dt 为零,粒子不再移动,粒子形成纯组分的区带(见图7-10),与样品粒子的密度有关,而与粒子的大小和其他参数无关,因此只要转速、温度不变,则延长离心时间也不能改变这些粒子的成带位置。

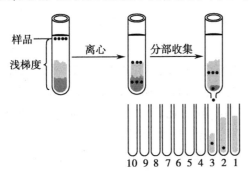

图 7-9　速率区带离心法示意图

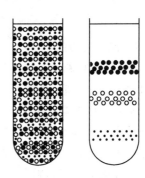

图 7-10　等密度离心法示意图

此法一般应用于物质的大小相近而密度差异较大时;若离心分离密度大于 1.3g/cm^3 的样品(如 DNA、RNA)时,需要使用密度比蔗糖和甘油大的介质。重金属盐氯化铯(CsCl)是目前使用的最好的离心介质,它在离心场中可自行调节形成浓度梯度,并能保持稳定。

 案例分析

案例

离心法在血源乙型肝炎疫苗生产中的应用。

(1)采集富含乙肝表面抗原的人血浆,经 2500r/min 15 分钟离心分离血浆。

(2)血浆加入 0.3% 氯化钙搅拌 20 分钟后置 37℃ 2 小时,然后以 4000r/min 离心 25 分钟,弃沉淀。

(3)脱纤维血浆搅拌加入固体硫酸铵至质量浓度为 25%;置室温 20～25℃ 15 小时。再以 4000r/min 离心 25 分钟,弃上清液。以 1/2 原料量半饱和硫酸铵溶液溶解沉淀,4000r/min 离心 25 分钟,弃上清液。再以 10% 原料量 KBr 溶液溶解沉淀,4000r/min 离心 25 分钟,弃上清液。沉淀以 7% 原料量 KBr 溶液溶解,4000r/min 离心 25 分钟,弃沉淀。(KBr 溶液中含 0.01mol/L EDTA、1mol/L NaCl,溶液密度 1.28)。再进行 KBr 等密度区带离心,30 000r/min 离心 20 小时,离心收获液经超滤脱盐浓缩。

(4)蔗糖速率区带 25 000r/min 离心 15 小时,超滤脱糖浓缩。

(5)再经胃酶消化、尿素处理、甲醛溶液灭活、除菌过滤后加佐剂,即可分装产品。

分析

HBsAg 的离心分离纯化是生产中关系疫苗生产质量和工效的关键环节。HBsAg 的离心分离纯化先用等密度区带离心,而后进行速率区带离心。等密度离心是将 KBr 配成不同密度的梯度液,将药品放在高密度区,即在相对密度为 1.32,再设相对密度为 1.28、1.04 梯度,经过 25 000r/min 离心后,梯度扩散为线性,HBsAg 漂浮至相应位置。经过两次等密度离心后即可得到 HBsAg。HBsAg 与其他病毒颗粒抗原含有相近的大小及密度,在密度梯度离心分离纯化时,沉降富集在相近位置,血浆中其他杂蛋白多漂在上部被分离。蔗糖速率区带离心则选择性地把 HBsAg 与高密度脂蛋白分离。

4. 梯度溶液的制备

(1)梯度材料的选择原则:理想的梯度材料应符合以下几点要求:①与被分离的生物材料不发生反应,易与所分离的生物粒子分开。②可达到要求的密度范围,且在所要求的密度范围内黏度低,渗透压低,离子强度和 pH 变化较小。③不会对离心设备发生腐蚀作用。④容易纯化,价格便宜或容易回收。⑤浓度便于测定,如具有折光率。⑥对于超速离心分析工作来说,它的物理性质、热力学性质是已知的。但是几乎没有完全符合每种性能的梯度材料。

常用的梯度材料有以下几种。①糖类:蔗糖、甘油、聚蔗糖(商品名 Ficoll)、右旋糖酐、糖原。②无机盐类:CsCl(氯化铯)、RbCl(氯化铷)、NaCl、KBr 等。③有机碘化物:三碘苯甲酰葡萄糖胺(matrizamide)等。④硅溶胶:如 Percoll。⑤蛋白质:如牛血清白蛋白。⑥重水。⑦非水溶性有机物:如氟代碳等。

(2)梯度材料的应用范围

1)蔗糖:水溶性大,性质稳定,渗透压较高,最高密度可达 1.33g/ml,价格低、易制备,是实验室常用于细胞器、病毒、RNA 分离的梯度材料,但由于有较大的渗透压,不宜用于细胞的分离。

2)聚蔗糖:商品名 Ficoll,常用相对分子重量为 400 000,Ficoll 渗透压低,但黏度高,常与泛影葡胺混合使用以降低黏度。主要用于分离各种细胞包括血细胞、成纤维细胞、肿瘤细胞、鼠肝细胞等。

3)氯化铯:是离子性介质,水溶性大,最高密度可达 1.91g/ml。在离心时形成的梯度有较好的分辨率,广泛地用于 DNA、质粒、病毒和脂蛋白的分离,但价格较贵。

4)卤化盐类:KBr 和 NaCl 可用于脂蛋白分离,KI 和 NaI 可用于 RNA 分离,其分辨率高于铯盐。NaCl 梯度也可用于分离脂蛋白,NaI 梯度可分离天然或变性的 DNA。

5)Percoll:是商品名,它是一种 SiO_2 胶体外面包了一层聚乙烯吡咯酮(PVP),渗透压低,对生物材料的影响小,且颗粒稳定,但其黏度高,在酸性 pH 和高离子强度下不稳定。可用于细胞、细胞器和病毒的分离。

(三)影响物质颗粒沉降的因素

1. 固相颗粒大小及其与液相的密度差(表7-3)

表7-3 生物制药中典型的固体粒子大小(单位:mm × mm)

类型	细胞碎片	细菌	酵母	哺乳动物细胞	植物细胞	真菌或丝状菌	絮凝物
尺寸	<0.4 ×0.4	1 ×2	7 ×10	40 ×40	100 ×100	1-10 丝网状	100 ×100

　　固体粒子越大,重量增加,其离心力越大,粒子越易沉淀;但若此时粒子颗粒的密度小于液相的密度,则离子不易沉淀,反而漂浮在液体上方。离心分离中,液相因分离纯化可能需要不断增加某些物质,使固相颗粒与液相密度差发生变化,如密度梯度离心时梯度液密度的变化。

　　2. 固相颗粒形状和浓度　分子量相同、形状不同的固相颗粒离心时,可能有不同的沉降速率。由于物质颗粒的对称性、直径和形状不同,有些不对称性的物质颗粒浓度变化,可对其沉降速度造成很大影响。此外,料液浓度增加至一定程度时,物质颗粒的沉降还会出现浓度阻滞,减小沉降系数,分离纯化效果下降。

　　3. 液体黏度和离心工作温度　在离心过程中,液体黏度是产生摩擦阻力的主要因素,其变化既受液体中溶质特性及含量的影响,也受环境温度的影响。物质含量对液体黏度的影响程度随物质浓度增加而递增。温度则对水的黏度产生很大影响,在生物物质稳定性范围内,温度越高,液体黏度越低,分离效果越好,一般控制在4℃左右。

　　4. 液相中影响沉降的其他因素　液相物质离心分离受液相化学环境因素影响很大,如包括 pH、盐种类及浓度、有机化合物种类及浓度、金属离子浓度等。

(四)常用离心设备

1. 常用离心设备

(1)碟片式离心机:碟片式离心机按卸料方式的不同,又分为:人工卸料、自动间歇排料和喷嘴连续排料 3 种。前两种适合于悬浮液固形颗粒含量较少的场合。间歇式操作固相干度较好;而连续操作固相含液量较大,固相仍然具有流动性。碟片式离心机适用于细菌、酵母菌、放线菌等多种微生物细胞悬浮液及细胞碎片悬浮液的分离。它的生产能力较大,最大允许处理量达 300m³/h,一般用于大规模的分离过程。

(2)管式离心机:它是一种沉降式离心机,可用于液-液分离和固-液分离。当用于液-液分离时为连续操作,用于固-液分离时则为间歇操作,操作一段时间后,需将沉积在转鼓壁上的固体定期人工卸除。管式离心机特别适合于一般离心机难以分离而固形物含量 <1% 的发酵液的分离。其设备简单,操作稳定,分离效率高。但其生产能力较小,一般转速相对较低的管式离心机最大处理量为 10m³/h,且不适用于固形物含量较高的发酵液。

(3)倾析式离心机:它靠离心力和螺旋的推进作用自动连续排渣,因而也称为螺旋卸料沉降离心机。其优点为:具有操作连续、适应性强、应用范围广、结构紧凑和维修方便等优点,特别适合于分离含固形物较多的悬浮液,但不适合细菌、酵母菌等微小微生物悬浮液的分离。此外,液相的澄清度也相对较差。

2. 离心设备的选择 实际应用中应根据料液的性质、待分离的物质性质,外加物质等条件,选择合适的离心设备。表 7-4 为各离心设备的性能比较。

表 7-4 各种离心设备性能比较

	碟片式		管式	倾析式
	间隙排渣	连续排渣		
固体含量	0.1~5(%)	1~10(%)	0.01~0.2(%)	5~50(%)
微粒直径	0.5~15(10^{-6}m)	0.5~15(10^{-6}m)	0.01~1(10^{-6}m)	>2(10^{-6}m)
排渣方式	间歇排渣	连续排渣	间歇或连续排渣	连续排渣
滤渣状况	糊膏状	糊膏状	团块	较干
分离因素	10^3~$2×10^4$(g)	10^3~$2×10^4$(g)	10^4~$6×10^5$(g)	10^3~10^4(g)
最大处理量	200(m^3/h)	300(m^3/h)	10(m^3/h)	200(m^3/h)
适用范围	悬浮液固形颗粒含量较少的场合,大规模的分离过程	固相含液量较大,大规模的分离过程	一般离心机难以分离而固形物含量<1%的发酵液的分离	含固形物较多的悬浮液

点 滴 积 累

1. 过滤是利用某种多孔介质对悬浮液进行分离的操作。

2. 过滤操作根据作用原理可分为滤饼过滤和深层过滤两类,根据过滤液的性质、生产规模,结合影响过滤速度的因素,采取必要的手段(助滤剂、加压过滤等),选择适宜的过滤设备。

3. 离心作用是根据在一定角度速度下作圆周运动的任何物体都受到一个向外的离心力进行的。离心力(F_c)的大小等于离心加速度 $\omega^2 X$ 与颗粒质量 m 的乘积。

4. 常用离心方法包括经典式沉降平衡离心法、差速离心法、速度区带离心法和等密度离心法,需要结合发酵液的沉降特性,选择合适的离心方法和离心设备。

第四节 预处理的综合运用

本章主要介绍了发酵液的预处理技术、细胞破碎技术和固-液分离方法。但在实际工作中,常将多种分离手段综合运用,以达到分离纯化的目的。为了便于理解,现将一些生物制药中的预处理工艺简单介绍。

一、胰岛素的提取

胰岛素是一种蛋白质类激素,体内胰岛素是由胰岛 B 细胞分泌的,于 1921 年由加拿大人 F. G. 班廷和 C. H. 贝斯特首先发现。1922 年开始用于临床,使过去不治的糖尿病患者得到救治。至今用于临床的胰岛素几乎都是从猪、牛胰脏中提取的。胰岛素具有蛋白质的各种性质,是两性物质,等电点 pI 5.35~5.45。盐析法可形成沉淀,也可被有机酸沉淀。胰岛素还易与锌离子结合。利用这些特点,设计的预处理工艺如下(图 7-11)。

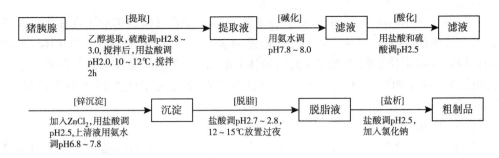

图 7-11　胰岛素预处理工艺流程

知 识 链 接

糖尿病和胰岛素抵抗

　　糖尿病是由遗传和环境因素相互作用而引起的一种常见病,临床以高血糖为主要标志,常见症状有多饮、多尿、多食以及消瘦("三多一少")等。糖尿病分1型糖尿病和2型糖尿病。1型糖尿病多发于青少年,其胰岛素分泌缺乏,必须依赖胰岛素治疗维持生命。2型糖尿病多见于30岁以后中、老年人,其胰岛素的分泌量并不低甚至还偏高,病因主要是机体对胰岛素不敏感(即胰岛素抵抗)。

　　胰岛素是人体胰腺B细胞分泌的身体内唯一的降血糖激素。研究发现胰岛素抵抗在2型糖尿病患者中占90%以上,可能是2型糖尿病的主要发病因素。因此,应针对其病因对糖尿病进行药物治疗:1型注射补充胰岛素;2型注重改善胰岛素抵抗,选用能改善胰岛素抵抗的药物——胰岛素增敏剂。胰岛素增敏剂可增加机体对自身胰岛素的敏感性,增强骨骼肌、脂肪组织对葡萄糖的摄取并减轻胰岛素的抵抗,降低肝糖原的分解,改善胰岛细胞对胰岛素的分泌反应,改善B细胞功能,改善糖代谢。目前临床上常用的胰岛素增敏剂主要有罗格列酮和吡格列酮两大类。

二、重组人粒细胞-巨噬细胞集落刺激因子

　　人粒细胞-巨噬细胞集落刺激因子(human granulocyte macrophage colony stimulating factor,GM-CSF)是一种可由体内多种细胞(如激活的 T、B 淋巴细胞、成纤维细胞等)产生的细胞因子,可促进造血干细胞的增生、分化、形成中性粒细胞和巨噬细胞群,同时还能刺激嗜酸性粒细胞、巨核细胞和早期红细胞的形成和增生。目前临床上所用产品为重组人粒细胞-巨噬细胞集落刺激因子(rhGM-CSF),主要用于各种原因引起的白细胞或粒细胞减少症。如治疗骨髓衰竭病人的白细胞低下,再生障碍性贫血,也可预防白细胞减少时可能潜在的感染并发症等。

课 堂 活 动

1. 谈谈你对再生障碍性贫血的了解。
2. 人粒细胞-巨噬细胞集落刺激因子的作用机制是什么?

工业生产中 rhGM-CSF 常用发酵法制备,rhGM-CSF 以包涵体形式存在于菌体细胞内,它由蛋白质组成,其中大部分是克隆基因表达产物,因无正确折叠的立体结构而没有活性。rhGM-CSF 的预处理即为包涵体的制备,主要包括菌体细胞的破碎和包涵体的洗涤与收集两步。从包涵体中获得活性蛋白需要先变性再使重组蛋白复性。rhGM-CSF 预处理过程如下。

(一)收集菌体细胞

发酵后的工程菌以 7000r/min 离心 3 分钟,用 50mmol/L Tris-盐酸缓冲液反复洗涤、离心 3 次,去上清液。

(二)细胞破碎与包涵体的收集

上步所得沉淀加 4 倍体积 20mol/L 磷酸盐缓冲液(含 5mol/L EDTA),冷浴搅匀,置超声破碎器中破碎,每次 30 秒,间隔 30 秒,反复破碎至革兰染色镜检无完整的菌体为止。5000r/min 离心 30 分钟,去上清液,沉淀即含有包涵体。

(三)包涵体的洗涤

上述沉淀加入 9 倍体积 20mol/L 磷酸盐缓冲液(含 0.5% TritonX-100),5000r/min 离心 30 分钟,去上清液。沉淀再加 9 倍体积 20mol/L 磷酸盐缓冲液(含 0.5mol/L 脲),5000r/min 离心 30 分钟,去上清液。最后再向沉淀中加入 6 倍体积 20mol/L 磷酸盐缓冲液(含 0.5%mol/L EDTA),10 000r/min 离心 30 分钟,去上清液,收集沉淀。

(四)包涵体的变性与复性

上步收集的沉淀中加入 8mol/L 脲溶液,振摇 12 小时,40 000r/min 离心 30 分钟,去沉淀,留上清液。用逐步稀释法将上清液脲浓度稀释为 0.1mol/L,复性 24 小时,以 17 000r/min 离心 30 分钟,上清液即为复性的 rhGM-CSF 粗产品。

此后可采用色谱法纯化 rhGM-CSF,得到高纯度的产品。

三、血源性乙型肝炎疫苗

乙肝是乙型病毒性肝炎的简称,是由乙肝病毒引起的、通过血液与体液传播的、以肝脏损害为主的传染病。我国为乙肝高发区,乙肝病毒携带者 1.2 亿左右,约占世界乙肝病毒携带者的 1/3。1990-2004 年,全国乙肝的发病率呈持续上升趋势,报告病例数从 1990 年的 24.3 万例上升到 2004 年的 91.6 万例,占传染病的 28%,每年约有 35 万人死于与乙肝相关的疾病(如肝硬化、肝癌等)。中国疾病预防控制中心免疫规划中心的专家指出,"由于感染乙肝后至今医学界尚无根治的良药,疫苗接种是预防乙肝病毒最经济、最有效的方法,也是降低乙肝危害的根本措施"。目前临床上所用的疫苗有 3 种:血源性乙肝疫苗、基因工程疫苗、含前 S 蛋白的乙肝疫苗。

现介绍血源性乙型肝炎疫苗的预处理。血源性乙型肝炎疫苗的原材料是采自无症状的 HBsAg 携带者献血人员的血浆。

制备工艺为:先使冷冻血浆融化,加入 $CaCl_2$ 脱去纤维蛋白,加入固体硫酸铵或饱和硫酸铵溶液,沉淀 HBsAg,弃去上清液。将沉淀溶解,以 KBr 为密度梯度介质,进行密度区带超速离心 2~3 次,分部收集,合并密度梯度离心液中 HBsAg 富集峰,用超滤器脱去 KBr,并以蔗糖为介质进行速率区带超速离心 1~2 次,分部收集合并密度梯度离心液中 HBsAg 富集峰。加入适量胃蛋白酶于 35~37℃保温 4~5 小时,超滤除去胃蛋白酶,加入尿素至终浓度为 4~8mol/L,37℃处理 4~5 小时,超滤除去尿素,在经除菌过滤。按 1:4000 加入甲醛,于 37℃ 保温 72～96 小时即制得半成品。

本工艺中结合运用了硫酸铵沉淀法、密度梯度离心法、酶法、超滤法等预处理方法,达到了较好的结果。

四、金霉素的生产工艺流程

金霉素又称氯四环素,属四环类广谱抗生素,抗菌谱同四环素,对耐青霉素、金黄色葡萄球菌的疗效比四环素稍强。但由于其胃肠道反应比四环素大,目前主要用于治疗结膜炎,沙眼。金霉素是从金色链霉菌培养液中提取纯化而制备的。其预处理工艺如图 7-12 所示。

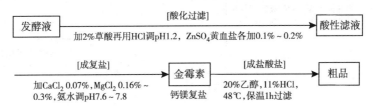

图 7-12 金霉素预处理工艺流程

五、胎盘丙种球蛋白和胎盘白蛋白的制备工艺

胎盘丙种球蛋白和胎盘白蛋白都是从健康产妇的胎盘中提取制成的蛋白类制剂。其中,胎盘丙种球蛋白可增强人体抵抗疾病的能力,属于人工被动免疫制剂。它对麻疹、脊髓灰质炎、肝炎等有一定效果。而胎盘白蛋白主要用作血容量扩充剂,补充机体白蛋白,常用于失血性休克、严重烧伤、脑水肿及肝、肾疾病所致的低白蛋白血症。由于两者的原料为健康人胎盘,因此来源有限,在制备时需尽可能提高其收率,减少成本。它们的工艺如图 7-13 所示。

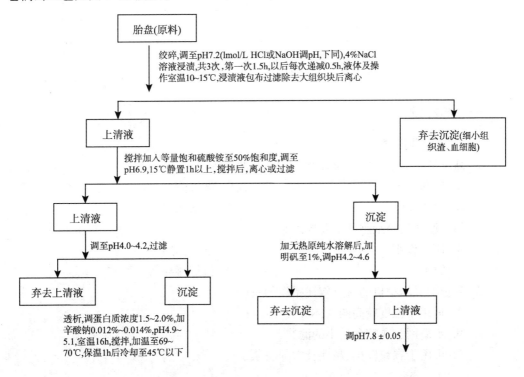

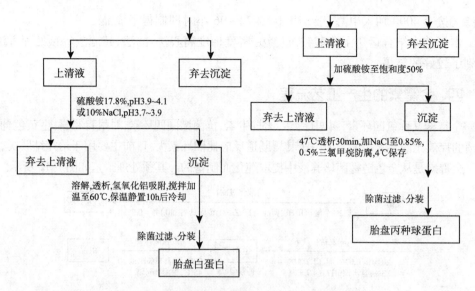

图7-13　胎盘丙种球蛋白和胎盘白蛋白的制备工艺

　　以上制备工艺仅是一些例子,实际工作中还有许多充分运用破碎、过滤、沉淀、离心等多种预处理手段处置发酵液的经典方法。有时一种成分还可以采用多种方法来制备。具体选择方法时,应根据制备规模、发酵液性质、产物特性等因素,并结合经济效益、环保效益等方面充分评估。

点 滴 积 累

　　预处理工艺可根据制备规模、发酵液性质、产物特性等因素,结合经济效益、环保效益,采用包括细胞破碎、离心、沉淀、过滤等多种分离手段,对发酵液进行预处理和固-液分离。

目 标 检 测

一、选择题

(一) 单项选择题

1. 高压匀浆器不适用于哪种微生物细胞的破碎(　　)
    A. 黑曲霉菌　　　　　　　　　　B. 酵母菌
    C. 大肠杆菌　　　　　　　　　　D. 丝状菌

2. 超声波法破碎细胞的主要原理是(　　)
    A. 研磨作用　　　　　　　　　　B. 空化作用
    C. 脱水　　　　　　　　　　　　D. 机械碰撞

3. 对板框式压滤机的特点叙述错误的是(　　)
    A. 适用于温度较高的液体
    B. 不适用于颗粒含量小的滤浆
    C. 可用于颗粒较小、黏性较大的滤浆

D. 适用于近饱和的液体

4. 欲对某溶液进行除菌操作,应选择过滤器的孔径为(　　)

    A. $\leqslant 0.2\mu m$ B. $\leqslant 2\mu m$

    C. $\geqslant 2\mu m$ D. $\geqslant 0.2\mu m$

5. 常用于分离血细胞的梯度材料为(　　)

    A. 卤化盐类   B. 氯化铯

    C. 聚蔗糖   D. 蔗糖

6. 絮凝剂对絮凝效果的影响,叙述正确的是(　　)

    A. 量越多越好   B. 量越少越好

    C. 分子量越大越好   D. Al^{3+} 效果强于 Ca^{2+}

7. 在离心分离过程中,若离心机的转速为 4000r/min,离心半径为 1cm,则相对离心力为(　　)

    A. $1789 \times g$ B. $4000 \times g$

    C. $8000 \times g$ D. $2000 \times g$

(二)多项选择题

1. 影响絮凝效果的因素有(　　)

    A. 搅拌时间   B. 絮凝剂的用量

    C. 溶液的 pH   D. 搅拌转速

    E. 絮凝剂的相对分子质量

2. 适用于破碎细胞的非机械法有(　　)

    A. 反复冻融法   B. 高速珠磨机   C. 自溶法

    D. 渗透压冲击法   E. 研磨

3. 欲增加过滤速度,可采取哪些方法(　　)

    A. 在过滤介质下面抽真空   B. 增加悬浮液本身的液柱压力

    C. 增加悬浮液液面的压力   D. 减小悬浮液液面的压力

    E. 减小悬浮液本身的液柱压力

4. 关于差速离心,下列哪种说法是正确的(　　)

    A. 被分离的分子越小,需要的离心速度越高

    B. 被分离的分子越大,需要的离心速度越高

    C. 被分离的分子越小,需要的离心速度越低

    D. 被分离的分子越大,需要的离心速度越低

    E. 常用的梯度液有 Ficoll、Percoll 及蔗糖

5. 对超声波破碎描述正确的是(　　)

    A. 适合大规模的细胞破碎   B. 超声波振荡需在冰浴中进行

    C. 超声波振荡应采用间歇式处理   D. 对酵母菌破碎效果较好

    E. 适合实验室规模的细胞破碎

6. 除去高价无机离子时,应采用的方法为(　　)

    A. 通常使用草酸去除 Ca^{2+} B. 用三聚磷酸钠去除 Mg^{2+}

    C. 可加入黄血盐去除 Fe^{3+} D. 可用草酸去除 Fe^{3+}

    E. 可加入黄血盐去除 Mg^{2+}

7. 确定生物材料的预处理方法的依据是( )

 A. 生物活性物质存在方式与特点　　B. 后续操作的要求

 C. 目的物稳定性　　　　　　　　　　D. 目的物化学式

 E. 目的物的形态

8. 常用的细胞破碎方法为( )

 A. 机械法　　　　　　 B. 物理法　　　　　　 C. 化学法

 D. 生物法　　　　　　 E. 微生物法

二、问答题

1. 影响过滤速度的因素有哪些？

2. 何为包涵体？从包涵体中分离有活性的重组蛋白一般步骤是什么？

3. 影响物质颗粒沉降的因素有哪些？

4. 简述影响固-液分离的因素。

5. 简述错流过滤的优点及其原因。

6. 简述离心分离法的优缺点。

7. 简述细胞及蛋白质的预处理方式。

三、实例分析

发酵法制备 rhGM-CSF 时，rhGM-CSF 是以包涵体形式存在于菌体细胞内的。试写出提取 rhGM-CSF 包涵体的工艺路线。

（朱照静　林凤云）

第八章 萃 取 技 术

第一节 概 述

经过选材、预处理后,得到的生物活性物质通常存在于液体或悬浮于破碎细胞液中,需要使用诸如离心、萃取、吸附以及沉淀分离等手段将其分离纯化出来。与化工生产不同,生物工程中经常遇到的一个问题是,生物活性物质在体系中含量很少,往往需要从浓度很稀的水溶液中除去大部分的水,而且反应溶液中存在多种副产物和杂质,在分离提取产物的同时,也往往使物理化学性质类似的杂质浓集,因而使产物的提取精制费用增加。而对于活性蛋白类药物来说,其在处理过程中如何保证其活性和相对高的产率则是非常重要的。

知 识 链 接

细胞内典型的离子强度为 $0.15\sim0.2mmol/L$,在此条件下,细胞本身的胞内蛋白质和其他物质呈溶解状态。因此,常使用离子强度和 pH 接近生理条件下的缓冲溶液来提取胞内蛋白或其他生理活性物质,典型的有:$0.01\sim0.05mol/L$ Tris-HCl,$0.15mol/L$ NaCl,pH =7.5;$20\sim50mmol/L$ PBS,pH7.0~7.5;含有少量缓冲溶液的 $0.1mol/L$ KCl 溶液。缓冲体系还可以维持 pH,防止提取过程中某些基团或亚基的解离,但这类体系很容易引入杂质。根据目标产物情况,还可利用有机溶剂、盐酸胍等体系以降低引入杂质的概率。对于由动物组织生产蛋白质的过程,则一些脂类物质会悬浮于溶液的表面,可通过滤纸、玻璃棉或丝棉束除去;而悬浮的细胞器、细胞膜可在 $10\,000r/min$ 离心力下离心除去。值得一提的是,对于 pH 敏感的活性物质,要注意检查细胞破碎后缓冲液 pH 的变化。多数情况下 pH 会降低,如新鲜的骨骼组织在匀浆时,它所含的糖原迅速地转化为乳酸,匀浆 $30\sim60$ 分钟即可使 pH 从 7 降到 6(包括离心在内)。在这种情况下,可加入糖原水解抑制剂来抑制水解。

相对而言,膜蛋白的分离纯化要复杂得多。膜蛋白按其在膜上的状态,大体可分为外周蛋白和固定蛋白两种类型。外周蛋白通过次级键和外膜脂质的极性头部结合在一起,可以选择适当离子强度及 pH 的 EDTA 缓冲液将它们提取出来,外周膜蛋白被提取后,膜一般仍保持完整的双层结构。固定蛋白嵌合在双层中,它通过疏水作用与膜内部脂质层的疏水性尾部相结合,埋在双层中的部分具有-螺旋结构。提取固定蛋白质时,既要削弱它与膜脂的疏水性结合,又要使它仍保持疏水基暴露在外的天然状态,这一过程通常称为增溶作用。提取过程中,还常加入络合剂如 $(1\sim3)\times10^{-4}mol/L$ 的 EDTA 以消除重金属离子可能的影响。

萃取和吸附不仅是将目标物质分离出来,也可以用于将杂质等非目标物质用相同的原理将其排出体系,萃取和吸附主要用于目标物质的净化或精制过程。

　　本节将对萃取分离原理、萃取分离的影响因素、固体浸取、固相萃取、反应萃取及近年来在生化物质提取分离中使用广泛的超临界流体萃取、双水相萃取及反相胶束萃取等几种特殊的萃取方法作一介绍。此外,由于液膜分离技术中所使用的膜并不是通常意义上的以孔径分布作为分离特征的膜,而是一种由于液体之间的不相溶所形成的液态膜,因此这里也作为萃取的一部分进行介绍。

一、萃取分离原理

　　萃取过程是根据在两个不相混溶的相中各种组分(包括目的产物)的溶解度或分配比不同,利用适当的溶剂和方法,从原料中把有效成分分离出来的过程。经过处理和破碎的细胞等原材料中的有效成分,可用缓冲液或稀酸、稀碱、有机溶剂、超临界流体等进行萃取。

 案 例 分 析

案例

　　将乙酸戊酯加到 pH5.5 的发酵液,可提取青霉素。

分析

　　在 pH5.5 时,青霉素在乙酸戊酯中的溶解度比在水中高,因而,可用乙酸戊酯加到 pH5.5 的青霉素发酵液中并使两者充分接触,从而使青霉素被萃取浓集到乙酸戊酯中,达到分离提取青霉素的目的。

　　从萃取机制来讲,可分为两种萃取方式:①利用溶剂对待分离组分有较高的溶解能力而进行的萃取,分离过程纯属物理过程的物理萃取;②溶剂首先有选择性地与溶质化合或络合,从而在两相中重新分配而达到分离的化学萃取。

　　通常,待处理溶液中被萃取的物质称为溶质,其他部分则为原溶剂,加入的第三组分被称作萃取剂。选取萃取剂的基本条件是对体系中的溶质有尽可能大的溶解度,而与原溶剂则互不相溶或微溶。当萃取剂加入到料液中混合静置后分成两液相:一相以萃取剂(含溶质)为主,称之为萃取相;另一相以原溶剂为主,称为萃余相。

　　在研究萃取过程时,常用分配系数(或分配比)表示平衡的两个共存相中溶质浓度的关系。对互不混溶的两液相系统,分配系数 K 为

$$K = C_l/C_h$$

式中,C_l 为平衡时溶质在轻相中的浓度;C_h 为平衡时溶质在重相中的浓度。

　　在发酵工业生产中,通常萃取相是有机溶剂,称轻相,用 l 表示;萃余相是水,称重相,用 h 表示。通常在溶质浓度较稀时,对给定的一组溶剂,尽管溶质浓度变化,但 K 是常数(也可以 K_D 来表示分配系数),且可通过实验测定。但是,对于溶质在两相中有不同存在形式的情况,则可通过分配比(D)来描述溶质在两相中的关系。

二、萃取体系

　　萃取体系的选择是至关重要的,要考虑到溶质的稳定性、生物活性等因素。在萃取

过程中,酸碱度、金属离子、溶质的浓度和极性等因子,对生物活性成分的质和量都有重要的影响,都是需要仔细考虑的因素,当然也可通过改变这些因素以获得最佳的萃取分离效果。萃取根据其使用的萃取方式、规模、复杂程度、质量要求等情况选择合适的萃取系统,主要有液-液萃取(又分单级萃取、多级萃取、微分萃取、带静止相的萃取)、固体浸取、固相萃取、超临界流体萃取等。

根据料液和溶剂的接触及流动情况,可以将萃取操作过程分成单级萃取操作过程和多级萃取操作过程,后者又可分为错流接触和逆流接触萃取过程。根据操作方式不同,萃取操作又可分成间歇萃取操作和连续萃取操作。

(一)液-液萃取

1. 单级萃取 单级萃取操作是使含某溶质的料液(h)与萃取剂(l)接触混合,静置后分成两层。对生物分离过程,通常料液是水溶液,萃取剂是有机溶剂。分层后,有机溶剂在上层,为萃取相(l);下层为萃余相(h),是水相。

2. 多级逆流萃取 多级逆流萃取过程具有分离效率高、产品回收率高、溶剂用量少等优点,是工业生产中最常用的萃取流程。多级逆流萃取是一种动态分离手段,其将含活性物质的溶液与萃取剂相向运行,并在不同的相互串联的萃取器中进行混合,每一个萃取器就相当于一个单级萃取器材,最后一级的萃余相作为废液排走。

3. 微分萃取 微分萃取就是在一个柱式或塔式容器中,互不混溶的两液相分别从顶部和底部进入并相向流过萃取设备,目的产物(溶质)则从一相传递到另一相,以实现产物分离的目的。其特点是两液相连续相向流过设备,没有沉降分离时间,因而传质未达平衡状态。微分萃取操作只适用于两液相有较大的密度差的场合。

4. 带静止相的萃取 又名"克雷格萃取",或"逆流分配萃取",是一种分离和提纯物质的重要方法,该分离操作需在逆流分配仪上进行。其结构可参阅相关文献。

(二)固体浸取

固体浸取或固-液萃取是用溶剂将固体原料中的可溶组分提取出来的操作。进行浸取的原料,多数情况下是溶质与不溶性固体所组成的混合物。溶质是浸取所需的可溶组分,一般在溶剂中不溶解的固体,称为载体或惰性物质。

 知 识 链 接

为了使固体原料中的溶质能够很快地接触溶剂,载体的物理性质对于决定是否要进行预处理是非常重要的。预处理包括粉碎、研磨和切片。

动、植物中的溶质存在于细胞中,对于有细胞壁的细胞,如果细胞壁没有破裂,浸取作用是靠溶质通过细胞壁的渗透行径来进行的,因此细胞壁产生的阻力会使浸取速率变慢。但是,如果为了将溶质提取出来而磨碎破坏全部细胞壁,这也是不实际的,因为这样将会使一些分子量比较大的组分也被浸取出来,造成了溶质精制的困难。通常工业上是将这类物质加工成一定的形状,如在甜菜提取中加工成的甜菜丝,或在植物籽的提取中将其压制加工成薄片等。在固-液萃取中,近似地考查溶质、载体和溶剂三元体系的情况,溶质一般不是单一的物质,往往是多组分的混合物,载体也是混合物为多,其在溶剂中几乎是不溶解的。

(三) 固相萃取

固相萃取与固体浸取正好相反,其主要是通过溶质在固体萃取剂表面与在溶液体系中的分配比或作用特性不同,将所需活性物质由体系中转移至固体表面,再通过适当的洗脱手段回收固体表面的活性物质,也可以通过固相萃取的方法,将在固相萃取剂表面分配比或作用力强的杂质吸附至固相萃取剂的表面,而净化含生物活性物质的溶液。目前有很多商品化的固相萃取材料出售,根据固相萃取剂表面特性的不同,有以下几种萃取柱:极性表面的(如正相硅胶萃取柱)、非极性表面的(如表面键合了十八烷基的硅胶反相萃取柱)以及中等极性表面的(如键合了—CN 基的硅胶萃取柱)等 3 种。

点 滴 积 累

1. 萃取过程是根据在两个不相混溶的相中各种组分(包括目的产物)的溶解度或分配比不同,利用适当的溶剂和方法,从原料中把有效成分分离出来的过程。

2. 萃取根据其使用的萃取方式、规模、复杂程度、质量要求等情况选择合适的萃取系统,主要有液-液萃取(又分单级萃取、多级萃取、微分萃取、带静止相的萃取)、固体浸取、固相萃取、超临界流体萃取等。

3. 多级逆流萃取是一种动态分离手段,其将含活性物质的溶液与萃取剂相向运行并在不同的相互串联的萃取器中进行混合,每一个萃取器就相当于一个单级萃取器材,最后一级的萃余相作为废液被排走。

第二节　选择萃取分离体系的注意事项

一、萃取剂的选择

萃取操作的基本依据是被分离的溶质在萃取相(轻相)和萃余相(重相)中具有不同的溶解度,因此选择在两种已知溶解度参数值的萃取剂-溶剂,对溶质进行萃取操作,是极其重要的,也是分离成功与否的关键。那么在萃取剂的选择上,就必须依据以下原则:萃取剂与体系中使用的溶剂不互溶或互溶性极小;溶质在萃取剂和溶剂间的分配比差别足够大;萃取剂对溶质的破坏作用小,对杂质不溶解或溶解度很小;萃取剂来源广泛,价格低廉,操作安全等。

二、使溶质发生变化

改变萃取剂的办法可使分配系数 K 改变,以改进萃取分离。而实际生产中,有些萃取剂价格高、易挥发、易燃或有生物毒性,因此难以采用。在这种情况下,可用改变溶质的方法以改善萃取操作。使溶质发生变化的具体方法主要有两种:①使溶质形成易于被所选择萃取剂提取的形式(如形成离子对);②改变萃取系统的 pH。两者的原则是即使溶质发生化学变化,其反应也应是可逆的,且溶质生物活性易于恢复,在天然产物分离萃取中这两种方法常会用到。

1. 如果溶质可以溶解,则设法使其离子对发生改变。因为在水中,溶质离解后成一对离子,其正、负电荷相等而总带电量为零。例如,用三氯甲烷从水溶液中萃取氯化正丁铵,测定正丁铵离子 $N(C_4H_9)_4^+$ 在三氯甲烷和水中的分配系数 $K_D = 1.3$,加入乙酸钠后,其分配系数升至 132,上升 100 倍。即可在稀的氯化正丁铵水溶液中,用三氯甲烷萃取得到浓的乙酸正丁铵,即 $CH_3COO^- N(C_4H_9)_4^+$。

要使可溶离子对提高分配系数可行,关键是确定可溶于萃取剂(通常为有机溶剂)的离子对。能生成有用的离子对,并可改进萃取操作的盐有:乙酸盐、丁酸盐、正丁铵盐、亚油酸盐、胆酸盐、十二酸盐和十六烷基三丁胺盐等。

2. 由于待分离的溶质(产物)很多是弱酸或弱碱,故可通过改变萃取溶液 pH 的方法来提高分配系数。现用一弱酸性溶质为例加以说明。

由于在水相中,弱酸部分电离,而在有机溶剂中几乎不离解,故在有机溶剂-水组成的系统中,表观分配系数可用式(8-1)表达。

$$K = \frac{[RCOOH]_l}{[RCOOH]_h + [RCOO^-]_h} \qquad 式(8-1)$$

$[RCOOH]_l$——弱酸在有机相(l)中的浓度;

$[RCOOH]_h$——弱酸在水相(h)中的浓度;

$[RCOO^-]_h$——酸根阴离子在水相(h)中的浓度;

水相中弱酸的电离平衡常数为:

$$K_a = \frac{[RCOO^-]_h[H^+]_h}{[RCOOH]_h} \qquad 式(8-2)$$

结合式(8-1)和式(8-2)可得式(8-3):

$$K = \frac{K_i}{1 + K_a[H^+]_h} \qquad 式(8-3)$$

式(8-3)中 K_i 为内部分配系数,即:

$$K_i = \frac{[RCOOH]_l}{[RCOOH]_h} \qquad 式(8-4)$$

结合式(8-3)和式(8-4),可导出式(8-5):

$$\log(K_i/K - 1) = pH - pK_a \qquad 式(8-5)$$

同理,对弱碱,有式(8-6):

$$\log(K_i/K - 1) = pK_b - pH \qquad 式(8-6)$$

通过上述公式可以看出,提高弱酸或弱碱溶质的分配系数可通过改变水溶液的 pH 来实现。也就是说,可采用改变溶液 pH 的方法来改善萃取操作,以利于弱酸及弱碱性物质的分离。有关物质的 K_a 值可查阅相关工具书或文献。在一般天然药物化学中,分离提取的步骤也适用于生物药物或活性物质的萃取分离,其中提取弱酸和弱碱的一般方法见图 8-1。还可以根据活性物质的极性大小、疏水及亲水情况,选择与之性质接近的萃取剂进行萃取操作。

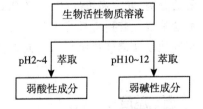

图 8-1 天然药物化学中提取弱酸和弱碱的一般程序

三、pH

pH 在萃取分离中扮演着重要角色,既可通过调节 pH 来增加对生物活性物质的萃取效率和选择性,也可通过调节 pH 达到从体系中剔除杂质或其他非目标物质的目的。对蛋白质或酶等具有等电点的两性电解质物质,一般选择被萃取体系的 pH 应在偏离等电点的稳定范围内。通常碱性蛋白质选用低 pH 的溶液抽提,酸性蛋白质选用高 pH 的溶液抽提,或者用调至一定 pH 的有机溶剂萃取。在控制 pH 时,要对被提取物质的 pH 稳定范围有一定的了解,否则需要通过实验得到相关 pH 稳定性数据,以便指导萃取过程中的酸碱度控制。

 难 点 释 疑

> 萃取法提取肝素时,采用 pH10.5~11 的高碱性溶液萃取效果较好。
>
> 肝素在酸性 pH 范围内易受破坏,且不易与脂蛋白分开,而在碱性 pH 范围内,绝大部分蛋白质带负电荷,不能与带强负电荷的肝素形成离子键而解离。故采用 pH10.5~11 的高碱性溶液萃取效果较好。

四、溶剂的极性和离子强度

有些生物活性物质在极性大、离子强度高的溶液中稳定;有些则在极性小、离子强度低的溶液中稳定。例如提取伴刀豆球蛋白 A 时,用 0.15mol/L 甚至更高浓度的 NaCl 溶液,都可使其从刀豆粉中溶解出来并稳定。而提取脾磷酸二酯酶时,则需用 0.2mol/L 蔗糖水溶液即可达到抽提目的。

通常降低极性的方法是在水溶液中增加蔗糖或甘油的浓度。若用二甲亚砜或二甲基甲酰胺代替蔗糖或甘油时,会使溶液的极性大大降低。在水溶液中加入中性盐如 KCl、NaCl、NH_4Cl 和 $(NH_4)_2SO_4$ 能提高溶液的离子强度。一般来说,离子强度较低的中性盐溶液有促进蛋白质溶解,保护蛋白质活性的作用。离子强度过高则会引起蛋白质发生盐析作用。常用的盐溶液是 NaCl 溶液,一般浓度以 0.15mol/L 为宜。

 知 识 链 接

> 在提取核蛋白或与细胞器结合的蛋白质时,为促使蛋白质与核酸、蛋白质与细胞器的分离,宜用高浓度(0.5~2.0mol/L)的盐溶液。黏多糖类物质也溶于高离子强度的盐溶液。若用有机溶剂抽提蛋白质等物质时,加入少量的中性盐也可使其稳定。用高浓度盐溶液的抽提物上色谱柱前,应除去其中的盐。

五、温度

一般认为蛋白质或酶制品在低温(如0℃左右)时最稳定。例如在生产人绒毛膜促性腺激素(human chorionic gonadotropin,HCG)制品时,一定要在低温下进行。当温度低于 8℃时,从 200kg 孕妇尿中可提取约 100g HCG 粗品(活力为 160U/mg);当温度高于 20℃时,从 400kg 孕妇尿中都提取不到 100g 粗品,而且活力很低。再者是,高温下制备的 HCG 粗品很难进一步纯化至 3500U/mg。原因是高温会使 HCG(一种糖蛋白物质)

受到微生物和(或)糖苷酶的破坏。但是,有些情况却与此不同。例如,从鸟肝中分离出的丙酮酸羧化酶对低温敏感,25℃时才稳定。究竟什么温度对提取什么物质有利,这就需要从实践中摸索探讨,切忌生搬硬套。

六、其他注意事项

(一)搅拌

搅拌能促使待分离物质与抽提液的接触而促进其溶解。但是,一般宜采用温和的搅拌方法,速度太快时容易产生泡沫,导致某些酶类失活。

(二)氧化

一般蛋白质都含有相当数量的巯基,该基团是酶和蛋白质的必需基团,若抽提液中存在氧化剂或氧分子时,会使巯基形成分子内或分子间的二硫键,导致酶(或蛋白质)失活(或变性),若在抽提液中加入2-巯基乙醇(1~5mmol/L)或半胱氨酸(5~20mmol/L)、还原型谷胱甘肽和巯基乙酸盐(1~5mmol/L)等还原剂时,就可以防止巯基发生氧化作用,或者延缓某些酶活性的丧失。

另外,在有些植物组织或微生物细胞中含有很多酚类化合物。当细胞破裂时,酚类化合物可在多酚氧化酶的作用(需有氧分子参加)下转变为醌类物质,使抽提液的颜色变为棕褐色,严重影响了有效成分的提取。若在抽提液中加10%苯基硫脲或3×10^{-3}mmol/L聚乙烯吡咯烷酮,或者是上述提到的还原剂,即可防止这一现象的发生。

(三)金属离子

蛋白质的巯基除易受氧化剂的作用外,还能和金属离子(如铅、铁或铜)作用,产生沉淀复合物。这些金属离子主要来源于制备缓冲液的试剂中,解决的办法有:①用无离子水或重蒸水配制试剂;②在配制的试剂中加入1~3mmol/L EDTA(金属离子络合剂)。

(四)水解酶

在抽提、纯化蛋白质或核酸时,其效果常受到本身存在的水解酶的影响。这些酶在与欲抽提的蛋白质或核酸接触时,一旦条件适宜,就会发生反应,导致蛋白质或核酸分解,而使实验失败。为了防止这种情况的产生,必须小心地通过改变抽提液的pH、离子强度或极性等方法,使这些酶失活。

 案 例 分 析

案例

胰岛素是胰脏中 B 细胞分泌的一种蛋白质激素,它与胰脏中胰蛋白酶共存于同一组织内,胰蛋白酶一旦活化便水解破坏胰岛素。在抽提、纯化胰岛素时,为阻止胰蛋白酶活化,通过采用 68% 的乙醇溶液(pH2.5~3.0,用草酸调节),在 13~15℃抽提 3 小时的程序,可得到满意的结果。

分析

因为 68% 的乙醇溶液可使胰蛋白酶暂时失活,草酸可除去蛋白酶的激活剂 Ca^{2+} 离子,加之酸性条件又不适合胰蛋白酶活化。而胰岛素在低于 80% 的酸性乙醇或丙酮溶液中则呈溶解状态,且稳定性较好。反之,如用高于 pH8.0 的碱性溶液抽提时,则胰岛素极不稳定。

在进行蛋白质分离或样品制备工作时,通常会使用一些蛋白酶抑制剂以防止所需蛋白质遭到破坏,下面是几种常用的蛋白酶抑制剂及使用情况。

1. 苯甲基磺酰氟化物(phenylmethylsulfonyl fluoride,PMSF)　溶于异丙醇、乙醇、甲醇和1,2-丙二醇,溶解度大于10mg/ml。在水溶液中不稳定,在pH7以上溶解度随着pH增加,其半衰期迅速减小,温度增加也会导致其迅速分解。在100%异丙醇内,25℃至少9个月内稳定;抑制丝氨酸蛋白酶,也抑制半胱氨酸蛋白酶,不抑制金属蛋白酶及大部分半胱氨酸蛋白酶和天冬氨酸蛋白酶,使用浓度17~170μg/ml。

2. 抑胃肽(pepstatin)　在甲醇内溶解度1mg/ml,也可溶于乙醇或6mol/L乙酸(约300μg/ml)。不溶于水,4℃至少1周内稳定;抑制天冬氨酸蛋白酶,如胃蛋白酶、肾素、组织蛋白酶D、凝乳酶和很多微生物的酸性蛋白酶,使用浓度为0.7μg/ml。

3. 二乙胺四乙酸钠(EDTA-Na$_2$)　溶于pH8~9的水中,约0.5mol/L,4℃至少6个月稳定;抑制金属蛋白酶,使用浓度0.2~0.5mg/ml。

4. Cystatin　500μg溶于含20%甘油的重蒸水中, -20℃冷冻,至少两个月内稳定;抑制半胱氨酸蛋白酶,如木瓜蛋白酶、无花果蛋白酶、组织蛋白酶B和dipeptidyl peptidase 1,使用浓度为250μg/ml。

(五)抽提液与抽提物的比例

在抽提时,抽提液与抽提物的比例要适当,一般以5: 1为宜。如抽提液过多,则有利于有效成分的提取,但不利于浓缩及纯化工序的进行。

■点　滴　积　累

1. 影响萃取的因素包括:萃取剂的选择、pH、溶剂的极性和离子强度、温度等,萃取中应结合药物的性质,选择合适的萃取条件。

2. 溶质的稳定性、生物活性等受到溶液的酸碱度、金属离子、溶质的浓度和极性等影响,通过调节这些因素,可获得较佳的萃取分离效果。除普通的液-液萃取、固体浸取外,还可以采用固相萃取以及超临界流体萃取等手段。

第三节　液-液萃取设备选择原则

根据液-液萃取设备接触方式的不同,可分为逐级接触式和微分接触式两类。因为各种萃取设备具有不同的特性,而且萃取过程及萃取物系中各种因素的影响也是错综复杂的,因此,对于某一种新的液-液萃取过程,选择适当的萃取设备是十分重要的。萃取设备的选择,主要从以下几方面考虑:①物系的稳定性和萃取设备中的停留时间;②溶剂物系的澄清特性;③需要的理论级数;④设备投资费和维修费;⑤设备装置所占的场地面积和建筑高度;⑥处理量和通量;⑦各种萃取设备的特性;⑧系统的物理性质。

系统的物理性质对设备的选择比较重要。在无外能输入的萃取设备中,液滴的大小及其运动情况和界面张力σ与两相密度差Δρ的比值(σ/Δρ)有关。若σ/Δρ大,液滴较大,两相接触界面减少,降低了传质系数。因此,无外能输入的设备只适用于σ/Δρ较小,即界面张力小、密度差较大的系统。当σ/Δρ较大时,应选用有外能输入的设备使液滴尺寸变小,提高传质系数。对密度差很小的系统,离心萃取设备比较适用。对于强腐蚀性的物系,宜选取结构简单的填料塔或采用内衬或内涂耐腐蚀金属或非金属材料(如塑料、玻璃钢)的萃取设备。如果物系有固体悬浮物存在,为避免设备填塞,一般可选用转盘塔或混合澄清器。

对某一液-液萃取过程,当所需的理论级数为2~3级时,各种萃取设备均可选用。当所需的理论级数为4~5级时,一般可选择转盘塔、往复振动筛板塔和脉冲塔。当需要的理论级数更多时,一般只能采用混合澄清设备。

根据生产任务的要求,如果所需设备的处理量较小时,可用填料塔、脉冲塔;如处理量较大时,可选用筛板塔、转盘塔以及混合澄清设备。

在选择设备时,物系的稳定性和停留时间也要考虑,例如,在抗生素的生产中,由于稳定性的要求,物料在萃取设备中要求停留时间短,这时离心萃取设备是合适的;若萃取物系中伴有慢的化学反应,并要求有足够的停留时间时,选用混合澄清设备较为有利。

对于工业装置,在选择萃取设备时,应考虑设备的负荷流量范围、两相流量比变化时设备内的流动情况,以及对污染的敏感度、最大理论级数、防腐、建筑高度与面积等因素。

点 滴 积 累

1. 在液-液萃取时,对萃取设备考虑:物系的稳定性和萃取设备中的停留时间;溶剂物系的澄清特性;需要的理论级数;设备投资费和维修费;设备装置所占的场地面积和建筑高度;处理量和通量;各种萃取设备的特性;系统的物理性质。

2. 萃取设备选择需要考虑萃取系统的稳定性和停留时间、溶剂物系的澄清特性,需要的理论级数、处理量和通量等因素。

第四节　几种萃取技术介绍

一、超临界萃取

超临界萃取具有低能耗、无污染和适合处理易受热分解的高沸点物质等特性,因此在化学、能源、食品和医药等工业中应用广泛。

超临界萃取作为一种分离工艺的开发和应用的根据是,一种溶剂对固体和液体的萃取能力与选择性在其超临界状态下较之在其常温常压条件下可获得极大的提高。

在食品加工和药物制备等方面,传统的有机溶剂萃取工艺其不利之处是显而易见的,如过去一直用二氯乙烷萃取啤酒花和用正己烷萃取豆油等。对健康无害的无腐蚀的超临界萃取工艺在食品和药物工业上的潜在应用市场,是目前最吸引人的地方。

一种流体(气体或液体)当处在高于其临界点的温度和压力下,则被称之为超临界流体。用它作为萃取溶剂时,常表现出十几倍,甚至几十倍于通常条件下流体的萃取能力和良好的选择性。除此以外,它所具有的某些传递性质,也使之成为比较理想的萃取溶剂。

超临界流体的密度接近于液体,这使它具有与液体相当的萃取能力;超临界流体的黏度和扩散系数又与气体相近似,而溶剂的低黏度和高扩散系数的性质是有利于传质的。由于超临界流体也能溶解于液相,从而也降低了与之相平衡的液相黏度和表面张力,并且提高了平衡液相的扩散系数。超临界流体的这些性质都有利于流体萃取,尤其有利于传质占主导地位的分离过程。典型的超临界流体、液体和气体的特性见表8-1。

表8-1 典型的超临界流体、液体和气体的特性

相	密度/(g/cm^3)	黏度/($Pa \cdot s$)	扩散系数/(cm^2/s)
气体	10^{-3}	10^{-5}	10^{-1}
超临界流体	$0.1 \sim 0.5$	$10^{-4} \sim 10^{-5}$	10^{-3}
液体	1	10^{-3}	10^{-5}

普遍认为,超临界流体的萃取能力作为一级近似,与溶剂在临界区的密度有关。超临界萃取的基本思想就是利用超临界流体的特殊性质,使之在高压条件下与待分离的固-液混合物相接触,萃取出目的产物,然后通过降压或升温的办法,降低超临界流体的密度,从而使萃取物得到分离。

被用作超临界萃取的溶剂可以分为非极性溶剂和极性溶剂两种,CO_2、水、乙烯、丙烷及氩气等都可以作为超临界萃取剂。随着人们对环境、产品纯度、质量等要求的提高,超临界萃取的用途正被不断地拓展。

CO_2临界温度为31.1℃,临界压力为7.2MPa,临界条件容易达到,而且其化学性质稳定,不易燃烧,无色、无味、无毒。由于易于达到合适的临界条件,又对健康无害、不燃烧、不腐蚀、价格便宜和易于处理等优点,因此CO_2是最常用的超临界萃取剂。

在分离过程中,精馏工艺是利用各组分的挥发度差别而达到分离目的的,而液相萃取则借助于萃取剂与被萃取组分分子间存在的亲和力将萃取组分从混合物中分开。超临界萃取则是在某种程度上综合了精馏与液相萃取的特征,形成了一个独特的分离工艺。由于分离过程需要辅助剂(萃取剂)来进行,所以超临界萃取工艺更像液相萃取。实际上,超临界萃取是经典液相萃取工艺的延伸和扩展。超临界萃取工艺具有如下特点。

1. 超临界萃取同时具有精馏和液相萃取的特点,即在萃取过程中由于被分离物质间挥发度的差异和它们分子间亲和力的不同,这两种因素同时发生作用而产生相际分离效果。如烷烃被超临界乙烯带走的先后是以它们沸点高低为序;超临界二氧化碳对咖啡因和芳香素具有不同的选择性等。

2. 超临界萃取具有的独一无二的优点是它的萃取能力大小取决于流体的密度,而流体密度很容易通过调节温度和压力来加以控制。

3. 超临界萃取的溶剂回收,方法简单并且大大节省能源。被萃取物可通过等温降压或等压升温的办法使其与萃取剂分离;而萃取剂只需再经压缩便可循环使用。

4. 高沸点物质往往能大量地、有选择性地溶解于超临界流体中而形成超临界流体相。由于超临界萃取工艺不一定需要在高温下操作,故特别适合于分离受热易分解的物质。

超临界萃取也有其不利的因素,它的主要缺点是:为了获得相当高压力的超临界条件,设备投资将花费很大。事实上,由于高昂的设备投资,超临界萃取工艺只有在精馏和液相萃取应用不利的情况下才予以考虑。

对于萃取有很高经济价值的中小规模的工艺生产,超临界萃取由于具有上述种种

优点,将是一项很有发展前途的分离工艺。如常采用超临界流体萃取咖啡因、啤酒花、植物油、药物以及各种香料等。随着人们对超临界流体性质及其混合物相平衡热力学的深入了解,超临界萃取工艺将会得到更为广泛的应用。

 知 识 链 接

　　超临界萃取还可用于污水处理。由于许多工业污水含有大量有毒物质,目前处理污水的方法大致有两种:陆基贮存和分解。深井灌注和湖塘贮留(包括表面蒸发)属于前者,这受到地理位置、环境和空气污染等的局限,虽然费用较低,但若考虑到需将污水从产生地区运输到处理地区的费用,这一方法也会受到经济上的限制。分解方法是将有害成分通过氧化反应分解成无毒害物质,包括活性炭处理、焚烧、湿法氧化以及超临界水氧化。活性炭法适合于处理浓度极稀的污水(含有机物低于1%);而焚烧法则相反,限于处理浓度较高的污水,产生高温条件(900~1100℃)的热量来源于污水中有机物的燃烧值。如污水中有机物浓度低于20%,则需另外补充燃料,这样将使费用大大增加。

　　对于有机物含量在1%~20%的污水,湿法氧化和超临界水氧化提供了比活性炭法和焚烧法更加经济的条件。在湿法氧化过程中,污水里的有机物在150~300℃和10~15MPa范围内进行液相氧化,除去其中50%~95%的有机物,其氧化时间需0.5~2小时。湿法氧化虽较经济,但亦有如下缺点:氧在水中的溶解度远低于有机物完全氧化所需要的量;为提供必要的反应时间,需要较大的反应器容积,因为反应器须贮存气液两相;氧化不完全,离开反应器的尾气还需作进一步处理。

　　目前为止,CO_2是药物制备工业中最重要的超临界流体萃取剂,我国在20世纪90年代开始将这一技术进行了产业化。

二、双水相萃取

(一) 概述

1. 基本原理　早在1896年,Beijerinck发现,当明胶与琼脂或明胶与可溶性淀粉溶液相混时,得到一种浑浊、不透明的溶液,随之分为两相,上相含有大部分水,下相含有大部分琼脂(或淀粉),两相的主要成分都是水。这种现象被称为聚合物的不相溶性,并由此而产生了双水相萃取。由此可知,双水相萃取法(aqueous two-phase extraction)的原理与水-有机相萃取一样,也是利用物质在互不相溶的两相之间分配系数K的差异来进行萃取分离的,不同的是双水相萃取中物质的分配是在两互不相溶的水相之间进行的。

　　不同的高分子溶液相互混合可产生两相或多相系统,如葡聚糖(dextran)与聚乙二醇(PEG)按一定比例与水混合,溶液浑浊,静置平衡后,分成互不相溶的两相,上相富含PEG,下相富含葡聚糖,见图8-2。许多高分子混合物的水溶液都可以形成多相系统。

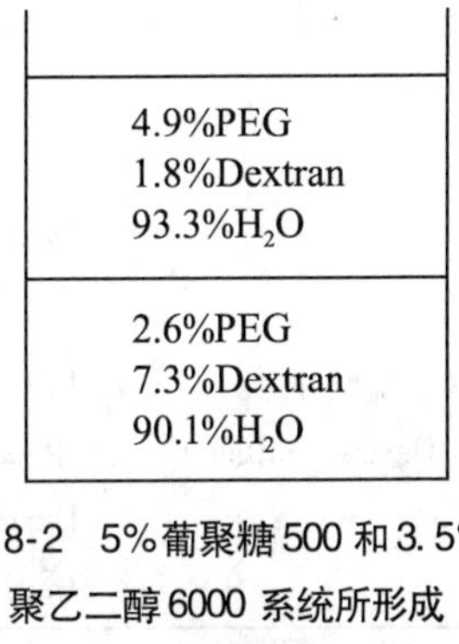

　　当两种高聚物水溶液相互混合时,它们之间的相互作用可以分为3类:①互不相溶(incompatibility),形

4.9%PEG 1.8%Dextran 93.3%H_2O
2.6%PEG 7.3%Dextran 90.1%H_2O

图8-2　5%葡聚糖500和3.5%
聚乙二醇6000系统所形成
的双水相的组成(W/V)

成两个水相,两种高聚物分别富集于上、下两相;②复合凝聚(complex coacervation),也形成两个水相,但两种高聚物都分配于一相,另一相几乎全部为溶剂水;③完全互溶(complete miscibility),形成均相的高聚物水溶液。

离子型高聚物和非离子型高聚物都能形成双水相系统。根据高聚物之间的作用方式不同,两种高聚物可以产生相互斥力而分别富集于上、下两相,即互不相溶;或者产生相互引力而聚集于同一相,即复合凝聚。

高聚物与低相对分子质量化合物之间也可以形成双水相系统,如聚乙二醇与硫酸镁水溶液系统,上相富含聚乙二醇,下相富含无机盐。

2. 特点　双水相体系萃取具有如下特点:①由于是亲水性高分子在水中的分配,因此其含水量取决于形成稳定的互不相溶的两相所需要的高分子量以及所需要的萃取分配系数是否比较合适,一般含水量在70%~90%,所选萃取条件接近生理环境的温度和体系,因此不会引起生物活性物质活性丧失;②分相时间短,自然分相时间一般为5~15分钟;③界面张力小(10^{-7}~10^{-4}mN/m),有助于强化相际间的质量传递;④不存在有机溶剂残留问题;⑤大量杂质能与所有固体物质一同除去,使分离过程更经济;⑥易于工程放大和连续操作。

由于双水相萃取具有上述优点,而且在双水相萃取过程中,由于物质的萃取采用的是在生物相容性好的亲水性高分子所造成的双水相中进行,因此双水相萃取除了在微生物、有机化合物和金属螯合物的分离、纯化及预富集中有相当好的应用,也特别适用于生物大分子和细胞粒子的分离纯化。自20世纪50年代以来,双水相萃取已逐渐应用于不同物质的分离纯化,如动植物细胞、微生物细胞、病毒、叶绿体、线粒体、细胞膜、蛋白质、核酸等。

3. 双水相萃取体系　表8-2和表8-3列出了一系列高聚物与高聚物、高聚物与低相对分子质量化合物之间形成的双水相系统。

表 8-2　高聚物-高聚物-水系统

高聚物(P)	高聚物(Q)	高聚物(P)	高聚物(Q)
PEG	Dextran FiColl	羧甲基葡聚糖钠	PEG NaCl
			甲基纤维素 NaCl
聚丙二醇	PEG	羧甲基纤维素钠	PEG NaCl
	Dextran		甲基纤维素 NaCl
			聚乙烯醇 NaCl
聚乙烯醇	甲基纤维素 Dextran	DEAE 葡聚糖盐酸盐	PEG Li$_2$SO$_4$
		(DEAE Dextran HCl)	甲基纤维素
FiColl	Dextran	Na Dextran sulfate	羧甲基葡聚糖钠
			羧甲基纤维素钠
葡聚糖硫酸钠	PEG NaCl	羧甲基葡聚糖钠	羧甲基纤维素钠
(Na Dextran Sulfate)	甲基纤维素 NaCl	(Na Dextran sulfate)	DEAE Dextran
	Dextran NaCl		HCl NaCl
	聚丙二醇		

表 8-3 高聚物-低相对分子质量化合物-水系统

高聚物	低相对分子质量化合物	高聚物	低相对分子质量化合物
聚丙二醇	磷酸盐	聚丙二醇	葡萄糖
甲氧基聚乙二醇	磷酸盐		甘油
PEG	磷酸盐	葡聚糖硫酸钠	NaCl(0℃)

两种高聚物之间形成的双水相系统并不一定是液相,其中一相可以或多或少地成固体或凝胶状,如 PEG 的相对分子质量小于 1000 时,葡聚糖可形成固态凝胶相。

多种互不相溶的高聚物水溶液按一定比例混合时,可形成多相系统,见表 8-4。

表 8-4 多相系统

三相	Dextran(6)-HPD(6)-PEG(6)
	Dextran(8)-FiColl(8)-PEG(4)
	Dextran(7.5)-HPD(7)-FiColl(11)
	Dextran-PEG-PPG
四相	Dextran(5.5)-HPD(6)-FiColl(10.5)-PEG(5.5)
	Dextran(5)-HPD;A(5)-HPD;B(5)-HPD;C(5)-HPD
五相	DS-Dextran-FiColl-HPD-PEG
	Dextan(4)-HPD;a(4)-HPD;b(4)HPD;c(4)-HPD;d(4)-HPD
十八相	Dextran sulfate(10)-Dextran(2)-HPD$_a$(2)-HPD$_b$(2)-HPD$_c$(2)-HPD$_d$(2)

溶质在两水相间的分配主要由其表面性质所决定,通过在两相间的选择性分配而得到分离,分配能力的大小可用分配系数 K 来表示:

$$K = \frac{c_t}{c_b}$$

式中,c_t、c_b 为被萃取物质在上相、下相中的浓度,单位:mol/L。

分配系数 K 与溶质的浓度和相体积比无关,它主要取决于相系统的性质、被萃取物质的表面性质和温度。

在双水相萃取系统中,悬浮粒子与其周围物质具有复杂的相互作用,如氢键、离子键、疏水作用等,同时,还包括一些其他较弱的作用力,很难预计哪一种作用占优势。但是,在两水相之间,净作用力一般会存在差异。将一种粒子从相 2 移到相 1 所需的能量为 $\triangle E$,则当系统达到平衡时,萃取的分配系数可用式(8-7)表示

$$\frac{c_1}{c_2} = e^{\frac{\Delta E}{KT}} \qquad 式(8-7)$$

式中,K 为波尔兹曼常数;T 为绝对温度(K);c_1 为溶质在相 1 中的浓度(mol/L);c_2 为溶质在相 2 中的浓度(mol/L)。

显然,ΔE 与被分配粒子的大小有关,粒子越大,暴露于外界的粒子数越多,与其周围相系统的作用力也越大。故 ΔE 可看作与粒子的表面积 A 或相对分子质量 M 成正比,见式(8-8)和式(8-9)。

$$\frac{c_1}{c_2} = e^{\frac{\lambda A}{KT}} \qquad 式(8-8)$$

$$\frac{c_1}{c_2} = e^{\frac{\lambda M}{KT}} \qquad \text{式（8-9）}$$

式中，λ 为表征粒子性能的参数（与表面积或分子量无关）。

如果粒子所带的净电荷为 Z，则在两相间存在电位差 $U_1 - U_2$ 时，$\triangle E$ 中应包括电能项 $Z(U_1 - U_2)$，即有式（8-10）

$$\frac{c_1}{c_2} = \exp\frac{\lambda_1 A + Z(U_1 - U_2)}{KT} \qquad \text{式（8-10）}$$

式中，λ_1 与粒子大小的净电荷无关，而决定于其他性质的常数。

由上可以看出，分配系统由多种因素决定，如粒子大小、疏水性、表面电荷、粒子或大分子的构象等。这些因素微小的变化可导致分配系数较大的变化，因而双水相萃取有较好的选择性。当两种高聚物的水溶液形成两相时，其相图可以由实验来测定。

（二）影响双水相萃取的因素

双水相萃取受许多因素的制约，被分配的物质与各种相组分之间存在着复杂的相互作用，作用力包括氢键、电荷力、范德华力、疏水作用和构象效应等。因此，形成相系统的高聚物的相对分子质量和化学性质、被分配物质的大小和化学性质对双水相萃取都有直接影响，粒子的表面暴露在外，与相组分相互接触，因而它的分配行为主要依赖其表面性质。盐离子在两相间具有不同的亲和力，由此形成的道南电位对带电分子或粒子的分配具有很大的影响。

影响双水相萃取的因素很多，对影响萃取效果的不同参数可以分别进行研究，也可将各种参数综合考虑，以获得满意的分离效果。

分配系数 K 的对数可分解成下列各项

$$\ln K = \ln K^\circ + \ln K_{el} + \ln K_{hfob} + \ln K_{biosp} + \ln K_{size} + \ln K_{conf}$$

式中 el、hfob、biosp、size 和 conf 分别表示电化学电位、疏水反应、生物亲和力、粒子大小和构象效应对分配系数的贡献，而 K° 包括其他一些影响因素。另外，各种影响因素也相互关联，相互作用。下面对双水相萃取的影响因素作一简单介绍。

1. 成相高聚物浓度——界面张力　一般来说，双水相萃取时，如果相系统组成位于临界点附近，则蛋白质等大分子的分配系数接近于 1。高聚物浓度增加，系统组成偏离临界点，蛋白质的分配系数也偏离 1，即 $K > 1$ 或 $K < 1$，但也有例外情况，如高聚物浓度增大，分配系数首先增大，达到最大值后便逐渐降低，这说明，在上、下相中，两种高聚物的浓度对蛋白质活度系数有不同的影响。

对于位于临界点附近的相系统，细胞粒子可完全分配于上相或下相，此时不存在界面吸附。高聚物浓度增大，界面吸附增强，例如接近临界点时，细胞粒子如位于上相，则当高聚物浓度增大时，细胞粒子向界面转移，也有可能完全转移到下相，这主要依赖于细胞粒子的表面性质。成相高聚物浓度增加时，两相界面张力也相应增大。

2. 成相高聚物的相对分子质量　高聚物的相对分子质量对分配的影响符合下列一般原则。对于给定的相系统，如果一种高聚物被低相对分子质量的同种高聚物所代替，被萃取的大分子物质，如蛋白质、核酸、细胞粒子等，将有利于在低相对分子质量高聚物一侧分配。举例来说，PEG- Dextran 系统中，PEG 相对分子质量降低或 Dextran 相对分子质量增大，蛋白质分配系数将增大；相反，如果 PEG 相对分子质量增大或 Dextran 相对分子质量降低，蛋白质分配系数则减小。也就是说，当成相高聚物浓度、盐浓度、温度等其他条件保持不变时,被分配的蛋白质易被相系统中低相对分子质量高聚物所吸引,而易被高相对分子质量高聚物所排斥。这一原则适用于不同类型的高聚物相系统。

上述结论表明了分配系数变化的方向。但是,分配系数变化的大小主要由被分配物质的相对分子质量决定。小分子物质,如氨基酸、小分子蛋白质,它们的分配系数受高聚物相对分子质量的影响并不像大分子蛋白质那样显著。

以 Dextran500(M_W500 000)代替 Dextran40(M_W40 000),增大下相成相高聚物的相对分子质量,被萃取的低相对分子质量物质,如细胞色素 C 的分配系数的增大并不显著,然而,被萃取的大相对分子质量物质,如过氧化氢酶、藻红朊,它们的分配系数可增大到原来的6~7倍。

选择相系统时,可改变成相高聚物的相对分子质量以获得所需的分配系数,特别是当所采用的相系统离子组分必须恒定时,改变高聚物相对分子质量更加适用。根据这一原理,不同相对分子质量的蛋白质可以获得较好的分离效果。

3. 电化学分配(electrochemical partition) 双水相萃取时,盐对带电大分子的分配影响很大。如 DNA 萃取时,离子组分微小的变化可使 DNA 从一相几乎完全转移到另一相。生物大分子的分配主要决定于离子的种类和各种离子之间的比例,而离子强度在此显得并不重要,这一点可以从离子在上相、下相不均等分配时形成的电位来解释。各种盐的分配系数存在着微小的差异,正是这种微小的不均等分配产生了相间电位。盐离解出来的两种离子,在两相间的亲和力差别越大,界面电位差也越大。

对大多数蛋白质来说,由于所带电荷 Z 值较大,所以相间电位差 $U_2 - U_1$ 对蛋白质分配系数影响十分显著,分配系数与 Z 成指数关系。盐离子对双水相萃取的影响适用于所有带电大分子和带电细胞粒子。

值得一提的是,界面电位几乎与离子强度无关,而且在含一定的盐时,离子浓度在0.005~0.1mol/L 范围内,蛋白质的分配系数受离子强度的影响很小。也就是说,对一定的盐来说,蛋白质的有效净电荷与离子强度无关。

4. 疏水效应 选择适当的盐组成,相系统的电位差可以消失。排除了电化学效应后,决定分配系数的其他因素,如粒子的表面疏水性能即可占主要地位。成相高聚的末端偶联上疏水性基团后,疏水效应会更加明显,此时,如果被分配的蛋白质具有疏水性的表面,则它的分配系数会发生改变。可以利用这种疏水亲和分配来研究蛋白质和细胞粒子的疏水性质,也可用于分离具有不同疏水性能的分子或粒子。

5. 生物亲和分配 成相高聚物偶联生物亲和配基后,它对生物大分子的分配系数影响是很显著的。但是在双水相萃取过程中,与亲和色谱相比,生物大分子分配系数的变化并不显著,这是因为在双水相萃取体系中,由于亲和作用所形成的复合物会影响到高聚物本身的分配以及所要萃取的活性物质与各相的接触表面,这些因素会导致分配系数减小。此外,成相高聚物自身的聚合作用也会降低亲和分配的效果。但不管怎样,亲和分配为双水相萃取提供了一种快速、有效、选择性高且易于放大的途径。

6. 温度及其他因素 温度在双水相分配中是一个重要的参数。但是,温度的影响是间接的,它主要影响相的高聚物组成,只有当相系统组成位于临界点附近时,温度对分配系数才具有较明显的作用。

界面电位为零时,蛋白质分配系数与其所带净电荷无关,即 K 与 pH 无关。但也有例外情况。如血清白蛋白在 pH 较低时其构象要随 pH 而变化,溶菌酶分子可形成二聚体,因而这些蛋白质的 K 值随 pH 而变化。所以,可以选择零电位相系统来研究它们的构象变化。

淀粉、纤维素等高聚物具有光学活性,它们应该可以辨别分子的 D、L 型。因此,对映体分子在上述高聚物相系统中具有不同的分配特征。同样,一种蛋白质对 D 型或 L 型能选择性地结合而富集于一相中,可将此用于手性分配。例如,在含血清白蛋白的相系统中,D 型、L 型色氨酸可获得分离。

（三）双水相萃取的应用

双水相萃取技术可应用于蛋白质、酶、核酸、人生长激素、干扰素等的分离纯化,它将传统的离心、沉淀等液-固分离转为液-液分离,工业化的高效液-液分离设备为此奠定了基础。双水相系统平衡时间短,含水量高,界面张力低,为生物活性物质提供了温和的分离环境。双水相萃取操作简便、经济省时,易于放大,如系统可从 10ml 直接放大到 $1m^3$ 规模(10^5 倍),而各种试验参数均可按比例放大,产物收率并不降低,这种易于放大的优点在工程中是罕见的。

双水相萃取时,如果分配系数较大,一步萃取即可满足需要。分配系数较低时,根据物质的稳定性,可进行多步萃取或多级萃取。分配系数分别为 K_1、K_2 的两种物质 K_1/K_2 越大,分离因素越大,分离效率越高,同时要考虑相体积之间的比例,这与普通的液-液萃取一样,相体积之比也会影响物质分离效果。

在生物工程领域中,活性物质一般以稀溶液的形式存在,在进行分离纯化时,首先要进行浓缩,双水相萃取可满足这一要求。

1. 分离和提取各种蛋白质(酶) 葡聚糖组成的双水相体系在蛋白质分离提取中占有重要的地位。双水相体系萃取胞内酶时,PEG-Dextran 系统特别适用于从细胞匀浆液中除去核酸和细胞碎片。系统中加入 0.1mol/L NaCl 可使核酸和细胞碎片转移到下相(Dextran 相),产物酶位于上相,分配系数为 0.1~1.0。选择适当的盐组分,经一步或多步萃取,可获得满意的分离效果。如果 NaCl 浓度增大到 2~5mol/L,几乎所有的蛋白质、酶都转移到上相,下相富含核酸。将上相收集后透析,加入到 PEG-硫酸铵双水相系统中进行第二步萃取,产物酶位于下相(硫酸铵相),进一步纯化即可获得所需的产品。

 知 识 链 接

葡聚糖还可以与其他亲水性高分子一起组成相应的双水相体系,如 Wiegel 等通过对化学修饰低密度脂蛋白(LDL)在 PEG—葡聚糖双水相体系中的分配进行研究认为,由于 LDL 只带微弱的电荷,粒子几乎为中性,因此在聚合物和粒子间的范德华力相对静电作用来说起支配作用,从而导致 LDL 在富集 PEG 的上相易沉积。

根据双水相萃取原理,用水凝胶可对蛋白质进行吸附和回收。选择 PEG—葡聚糖凝胶双水相体系,凝胶分配系数随 PEG 分子量和浓度的增加而增大,随葡聚糖浓度的增加而减小。在缓冲溶液中加入 PEG,得到的分配系数比仅在缓冲溶液或缓冲溶液与盐的体系中得到的高一个数量级。若同时加入 PEG 和盐,则得到的分配系数高两个数量级。血清蛋白的分配系数可达 80,蛋白质回收率在 90% 以上。同时,在葡聚糖中,卵清蛋白的吸附能力可达每克吸附 350mg 干聚物。

在含疏水基葡聚糖中,对蛋白质和类囊体薄膜泡囊的分配研究表明,苯甲酰基葡聚糖和戊酰基葡聚糖具有疏水性。疏水基影响氨基酸、蛋白质和薄膜泡囊在双水相体系中的分配,在只有磷酸盐缓冲溶液的 PEG8000/葡聚糖双水相体系中,大部分 β-半乳糖苷酶被分配在上相,但在下相中加入少量的苯甲酰基葡聚糖(取代程度为 0.054)或戊酰基葡聚糖(取代程度为 0.12)时,β-半乳糖苷酶的分配系数就降低了 100 倍。在对牛血清蛋白、溶菌酶、脂肪酶和 β-乳球蛋白的分配进行的观察中也发现相似的现象。类囊体薄膜泡囊的分配受疏水基的影响特别大,薄膜泡囊被分配在含有疏水基的一相中。

 知 识 链 接

由于 PEG 本身具有极好的生物相容性,其与无机盐所组成的双水相体系也可以对某些蛋白质或酶进行有效的萃取分离。Harris 研究了牛血清蛋白、牛酪蛋白、β-乳球蛋白在 PEG-磷酸盐体系中的分配以及 PEG 相对分子质量、pH 和盐的加入对 3 种蛋白分配的影响。结果发现,当增加 NaCl 浓度时,可提高分配系数,最佳 pH 为 5,对 OSA 和牛酪蛋白,可得到更高的分配系数。Miyuki 在 PEG-K$_3$PO$_4$ 双水相体系中用两步法对葡萄糖淀粉酶进行了萃取纯化。用第一步萃取后含有酶的下相和 PEG 组成双水相作为第二步萃取体系,称作两步法。葡萄糖淀粉酶的最佳分配条件是 PEG4000(第一步)、PEG1500(第二步),pH = 7,纯化系数提高了 3 倍。此外,对双水相萃取脂肪酶的研究也发现,用 PEG 1000(14%~16%)和(NH$_4$)$_2$SO$_4$(12%~14%),NaCl 含量为零所组成的双水相体系,在室温下对脂肪酶的提取率达 71%,分配系数为 1.7,提纯倍数为 1。

用 PEG-羟丙基淀粉酶(Reppal PEG)体系,经两步法可从黄豆中分离磷酸甘油酸激酶(PGK)和磷酸甘油醛脱氢酶(GAPDH)。在黄豆匀浆中加入 PEG 4000,可絮凝细胞碎片及大部分杂蛋白,在上清液中加入 PEG4000(12%)-Reppal PES(40%),PGK 在上相、GAPDH 在下相的收率均在 80% 以上。萃取过程的放大采用离心倾析机连续处理匀浆液,用离心萃取器完成双水相体系的两相分离,整个工艺具有处理量大、接触时间短、酶收率高的特点。用 PEG-(NH$_4$)$_2$SO$_4$ 双水相体系,经一次萃取从 α-淀粉酶发酵液中分离提取 α-淀粉酶和蛋白酶,萃取最适宜条件为 PEG1000(15%)-(NH$_4$)$_2$SO$_4$(20%),pH = 8,α-淀粉酶收率为 90%,分配系数为 19.6,蛋白酶的分离系数高达 15.1,比活率为原发酵液的 1.5 倍,蛋白酶在水相中的收率高于 60%。通过向萃取相(上相)中加适当浓度的(NH$_4$)$_2$SO$_4$ 可达到反萃取的效果,随着(NH$_4$)$_2$SO$_4$ 浓度的增加,双水相体系两相间固体物析出量也增加,固体沉淀物既可干燥后生产工业级酶制剂,也可将固体物加水溶解后,用有机溶剂沉淀法制造食品级酶制剂。

2. 双水相萃取核酸 在 PEG-Dextran 双水相系统中,离子组分的变化可使不同的核酸从一相转移到另一相,核酸的萃取也符合一般的大分子分配规律。如,单链和双链 DNA 具有不同的分配系数 K,经一步或多步萃取可获得分离纯化,采用一步萃取已成功地从含大量变性 DNA 的样品中分离出了不可逆的交联变性 DNA 分子。在 PEG-Dextran 系统中,环状质粒 DNA 可从澄清的大肠杆菌酶解液中分离出来。

3. 提取抗生素和分离生物粒子　用双水相技术直接从发酵液中将丙酰螺旋霉素与菌体分离后进行提取，可实现全发酵液萃取操作。采用 PEG-Na_2HPO_4 体系，最佳萃取条件是 pH8.0~8.5，PEG2000（14%）-Na_2HPO_4（18%），小试收率达 69.2%，对照的乙酸丁酯萃取工艺的收率为 53.4%。PEG 不同相对分子质量，对双水相提取丙酰螺旋霉素的影响不同，适当选择小的相对分子质量的 PEG 有利于减小高聚物分子间的排斥作用，并能降低体系黏度，有利于抗生素分离。

 知 识 链 接

　　采用双水相技术，可直接处理发酵液，且基本消除了乳化现象，在一定程度上提高了萃取收率，加快了实验进程，但引起的纯度下降问题，需要进一步研究和改进。Simon 建立了用于从微生物全细胞组织匀浆中分离小包涵体（IBs）的双水相，调节体系 pH 在目标产物等电点以上，以避免碎片絮凝。最佳的双水相体系是 PEG8000（10%）-磷酸盐（10%），加入 0.4mol/L NaCl，pH=9.4，IBs 收率达 87%，该体系还可对生物粒子（病毒、蛋白质微粒疫苗等）进行回收和纯化。

　　双水相体系在生物分离中有重要的应用，还可与电泳方法、表面活性剂等结合用于生物分子的分离与纯化。

三、反相胶束萃取

　　1977 年，瑞士 Luisi 等首先发现胰凝乳蛋白酶可以溶解在含有表面活性剂的有机溶剂里，并且并没有引起其变性，首次提出了用反胶束萃取蛋白质的方法，到 20 世纪 80 年代，这种技术得到了重视并被迅速应用到很多领域中。

（一）反相胶束的形成及特性

　　反相胶束（reversed micelle，或称 inverse micelle）是表面活性剂在非极性有机溶剂（或亲脂性溶剂）中形成的一种微小聚集体（aggregate）。通常表面活性剂分子由亲水憎油的极性头和亲油憎水的非极性尾两部分组成。将表面活性剂溶于水中，并使其浓度超过临界胶束浓度（critical micelle concentration，CMC）时，表面活性剂就会因为聚集而在水溶液中形成分散、稳定、核心亲脂（或称亲油）的微聚集体，这种分散而稳定的聚集体，称为正相胶束（normal micelle）。在某些情况下，聚集体也可以为双脂层（bilayer）、脂质体（liposome）等。而如果将表面活性剂溶于非极性（亲脂性）的有机溶剂中，并使其浓度超过临界胶束浓度，便会在有机溶剂内形成核心亲水表面亲脂（或亲油）的微聚集体，这种微聚集体称为反相胶束。在反相胶束中，表面活性剂的非极性尾在外与非极性的有机溶剂接触，而极性头则排列在内形成一个极性核。此核具有溶解极性物质的能力，极性核溶解了水后，就形成了"水池"。这样，当蛋白从水相（萃余相）中进入反胶束，再连同反胶束一起进入油相（萃取相）中时，由于周围水层和极性头的保护，蛋白质不会与有机溶剂接触，从而不会造成失活，因此该方法比较适于酶的提取纯化。但是，在反相胶束过程中需要考虑到水在反胶束中以两种形式存在：自由水（free water）和结合水（bound water），后者由于受到双亲分子极性头基的束缚，具有与主体水（普通水）不同的物化性质，如黏度增大、介电常数减小、氢键形成的空间网络结构遭到破坏等。反胶束溶液应是稳定的热力学体系,对于表面活性剂的 CMC、反胶束的大小等研究有很多方法,可以根据实验条件进行选择。

阳离子型(如三辛基甲基氯化铵,TOMAC;二辛基二甲基氯化铵,DODMAC)、阴离子型[主要为二(2-乙基己基)琥珀酸酯磺酸钠,AOT]、非离子型(如脂肪醇聚氧乙烯醚,Brij 30)以及两性表面活性剂(如卵磷脂)都可用于制备反相胶束,但用于反相胶束萃取的则主要是阴离子型、阳离子型的表面活性剂。反相胶束的形状通常为球形,也有椭球形或棒形的,直径介于 10~200nm。通常认为这样小的反相胶束是单分散的(monodispered)。阴离子表面活性剂形成的反胶束的集聚数(即每个反胶束中所包含的表面活性剂分子数)为 50~100,阳离子型的一般低于 50。

反相胶束的大小取决于反相胶束的含水量 W_o。W_o 的定义为反相胶束中水分子数与表面活性剂分子数之比。因表面活性剂基本上都参与形成反相胶束,因而含水量(W_o)约等于溶剂中水的量与表面活性剂的量的比值,即有机溶剂中水的摩尔浓度与表面活性剂的摩尔浓度之比。阴离子表面活性剂形成的胶束 W_o 20~115,阳离子型 W_o 一般小于 3。在存在水相与有机相平衡的情况下,W_o 取决于表面活性剂和溶剂的种类、助表面活性剂、水相中盐的种类和盐的浓度等。不同有机溶剂与 AOT 形成的反胶束中,己烷、异辛烷和辛烷的 W_o 值(75~115)比十二烷、环己烷、二甲苯、三氯甲烷和四氯化碳的 W_o(5~20)高。随离子强度的增大,形成反胶束内表面活性剂极性头之间的斥力减弱,胶束变小。温度升高,有机相中的含水量明显增加,胶束增大。

(二)反相胶束过程的影响因素

反胶束萃取过程中,萃取物的性质、溶液的性质、表面活性剂的性质等都会影响反相萃取的效率和萃取物质的量。待萃取物分子的大小、特性,都会影响反胶束体系的稳定性,如蛋白质或其他生物分子进入反胶束中后,也必然会引起反相胶束的结构(如大小、聚集数和 W_o 等发生变化)。如是大分子蛋白,则我们可能会希望较大的 W_o,还要求蛋白质在反胶束过程中不会变性,并根据该蛋白的表面特性及结构特征,选择表面活性剂。通常蛋白与表面活性剂的作用是静电作用,控制溶液的 pH,使蛋白带有较多的与表面活性剂相反的电荷将有利于蛋白萃取。尽管如此,有时需要对蛋白质与表面活性剂之间所具有的疏水相互作用及亲和作用等因素进行考虑,有时待提取物的生物活性要求胶束内水相 pH 范围控制得当,以免活性丧失。由于反胶束的内部亲水核有一定的大小,因此当蛋白分子过大时萃取效果不好,一般来说,反胶束萃取不适合过大分子量的蛋白质。对反相胶束萃取在生物分子分离方面的进展介绍参见文献。图 8-3 为反相胶束萃取蛋白质的一个典型图示。

此外,溶液中的离子会与蛋白竞争结合表面活性剂,因此,对溶液的离子强度应加以控制。当离子强度过大时,反胶束内

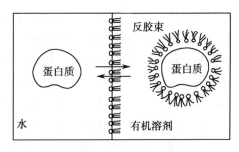

图 8-3 反相胶束萃取蛋白质

表面的双电层变薄,减弱了蛋白质与反胶束内表面的静电力,降低蛋白在胶束内部的溶解度,同时使反胶束变小,所产生的盐析作用也导致蛋白质萃取效率降低。但是在某些反相胶束萃取过程中,由于疏水相互作用的存在,高离子强度可能并不影响蛋白的提取。

(三) 反萃取过程

在蛋白质等生物活性物质进入反胶束内部的"水池"后,需要再通过适当的手段将蛋白质从"水池"中释放出来,该过程称为反萃取过程。反萃取过程相对于一般的液-液萃取过程来说是非常慢的,这主要是由于在质量转移过程中存在较大的传质阻力。通过改变第二水相的 pH、增加离子强度和(或)增加反胶束溶液中助溶剂的浓度,可以实现反萃取过程。当以上反萃取过程并不奏效时,可通过采用加入乙酸乙酯破坏反胶束体系、通入气体(如乙烯、二氧化碳)、加入反离子表面活性剂等手段来实现蛋白质的释放;此外,也有利用硅胶吸附反胶束溶液中的蛋白质,再进行洗脱回收蛋白质的报道,但值得注意的是,未经过处理的硅胶其表面的酸性硅羟基对蛋白质的非特异性吸附同样会使蛋白质变性而难以从硅胶上洗脱下来;分子筛还可用来沉淀 AOT-异辛烷反胶束溶液中的 α-胰凝乳蛋白酶、细胞色素和色氨酸。

(四) 反相胶束的应用及进展

在反相胶束萃取的早期研究中多用季铵盐,目前研究中用得最多的是 AOT,一是因为 AOT 所形成的反相胶束较大,有利于相对较大的蛋白分子;二是因为 AOT 形成反相胶束时不需要加助表面活性剂(cosurfactant)。当表面活性剂为 AOT 时,最常使用的有机溶剂为异辛烷。但是,使用 AOT 体系的反萃取效率低,不能萃取分子量大的蛋白质,相分离时间长,在萃取酶时由于强静电相互作用而导致酶易失活,因此萃取的选择性降低。通过改进了的 AOT 混合反胶束方法可以弥补其不足,采用非离子表面活性剂反胶束并引入亲和配基,可以提高萃取率和选择性。

其他类型的表面活性剂如使用嵌合共聚高分子[PEO-PPO-PEO 和 PPO-PEO-PPO,注:亲水性 PEO 为 poly(ethylene oxide);疏水性 PPO 为 poly(propylene oxide)]表面活性剂形成高分子型反相胶束,用于进行生物分子的萃取分离。用于蛋白分离纯化的表面活性剂还可以是 Triton X-100(辛基苯氧基聚乙氧乙醇,X-100 为十聚体)、SDS(十二烷基磺酸钠)。还有一些新型的表面活性剂被专门设计用于蛋白类分子的反相胶束萃取,如二油酰磷酸(DOLPA)、二亚油酰磷酸(DLIPA)等。但是,能够替代 AOT 的突出优点的反相胶束体系并不多。

 知 识 链 接

不是所有的蛋白质都适于反相胶束萃取,现在已知的可以通过反相胶束溶于有机溶剂的蛋白质有:细胞色素 C(cytochrome-C)、α-胰凝乳蛋白酶(α-chymotrypsin)、胰蛋白酶(trypsin)、胃蛋白酶(pepsin)、磷脂酶 A₂(phospholipase A₂)、乙醇脱氢酶(alcohol dehydrogenase)、核糖核酸酶(ribonuclease)、溶菌酶(lysozyme)、过氧化氢酶(peroxidase)、α-淀粉酶(α-amylase)、羟类固醇脱氢酶(hydrosysteroid dehydrogenase)等。

此外,反胶束萃取分离法还在其他生物活性物质的分离纯化中得到了应用与重视,如抗生素(包括糖肽类激素)、氨基酸、油脂、核酸等。

反胶束萃取技术可与其他技术结合,如与超临界流体(如 CO_2、乙烷、丙烷、丁烷)技术结合,可用于 BSA 等蛋白的萃取以及用于物料的干洗,染料的分离,活性炭或其他催化剂的再生以及除去印刷电路板、聚合物、泡沫胶、多孔陶瓷、光学仪器中的极性吸附物,萃取食品中的脂类胆固醇等。

四、液膜分离技术

1968年,美籍华人黎念之博士首先提出液膜分离技术的概念,像每一种新技术出现一样,该技术也得到了研究者们极大的兴趣,目前液膜分离技术已经在湿法冶金、石油化工、稀土元素的分离浓缩、环保、医药、生物等领域的应用研究方面得到了很好的发展,但由于比起常规液-液萃取、固相萃取、吸附分离等机制简单、易于设计相关设备的技术来说,其优势尚需经过进一步探讨,例如如何减少乳状液膜法中破乳所需的投资是一个不得不考虑的问题。由此方法采用大量表面活性剂及有机物质可知,其难以摆脱有机溶剂萃取中的缺点,可能该方法最终只在元素、抗生素、氨基酸等小分子物质的萃取中有一定的应用前景。

(一)液膜的基本概念

液膜通常由膜溶剂、表面活性剂、流动载体和膜增强添加剂组成。膜溶剂是成膜的基体物质,一般为水或有机溶剂(如煤油等),选择的依据是液膜的稳定性、对溶质的溶解性以及溶质在膜内外的分配比。表面活性剂的选择除其本身具有降低液体的表面张力或两相的界面张力作用外,还需在液膜的稳定性、渗透速度、分离效率和膜的重复使用方面予以考虑。流动载体的作用是选择性迁移指定的溶质(或离子),关键是其在内相和外相之间结合和释放指定溶质(或离子)的能力。膜增强添加剂用于增加膜的稳定性,既要求液膜在分离操作时不会过早破裂,在破乳工序中又容易被破碎。

按形态和操作方式的不同,液膜分为乳状液膜和支撑液膜两类。乳状液膜是先将互不相溶的内相与膜相充分乳化制成乳液,再在搅拌条件下将其分散在外相制成。根据成膜材料即水膜和油膜的不同,将上述多重乳液分为O/W/O型和W/O/W型。支撑液膜是将溶解了载体的膜相溶液附着于多孔支撑体的微孔中制成,由于表面张力和毛细管力的综合作用,形成相对稳定的分离界面。无论是水膜还是油膜,其关键是形成的O/W或W/O型乳液在第三相中分散时是否遭到外力作用的破坏以及其稳定性。

(二)液膜的分离机制

1. 单纯迁移 膜中不含流动载体,内外相不含与待分离物质发生化学反应的试剂,待分离组分的分离原理是由于各组分之间在膜中溶解度和扩散系数不同,因而在膜中渗透速度亦不同,而实现分离。

2. Ⅰ型促进迁移 Ⅰ型促进迁移是指在接受相内(也就是萃取相)添加与溶质发生不可逆化学反应的试剂,使待迁移的溶质(即待萃取的组分)与该试剂生成不能逆扩散透过膜的产物,从而使得溶质迁移并富集在接受相中而与其他组分分离。当然也可逆向操作,即接受相富集的是不需要的组分,而另一相是需要的组分,更简单的情况是仅有两种组分,此时理论上讲,如果两者都是待分离组分的话,则可以一次将两者进行分离。

3. Ⅱ型促进迁移 在制乳时加入流动载体,载体分子先在外相选择性地与某种溶质发生化学反应,生成中间产物,然后这种中间产物扩散到膜的另一侧,与液膜内相中的试剂作用,并把该溶质释放到内相,而流动载体又扩散到外相侧,这个过程相当于反应萃取过程,只不过中间有液膜存在。整个过程中,流动载体没有被消耗,相当于细胞膜内转运载体的作用,被消耗的只是内相中的试剂。这种含流动载体的液膜在选择性、渗透性和定向性3方面更类似于生物细胞膜的功能,使分离和浓缩同时完成。

 知 识 链 接

除前面所述的相关萃取技术外,还有诸如反应萃取法和凝胶萃取法等萃取技术。

（一）反应萃取法

反应萃取法是指通过在液-液萃取过程中引入选择性的化学反应,这类萃取也称为化学萃取。根据溶质与萃取剂之间发生的化学反应机制,反应萃取主要有络合反应萃取、加合反应萃取(也称协同萃取)、离子交换反应萃取、离子缔合反应萃取及协同反应萃取等5种类型。

反应萃取在一些发酵产品的生产(如抗生素的提取方面)也得到了研究。如青霉素在低pH范围不稳定,为了减少萃取过程的破坏,以N-十二烷基-N-三烷基胺和二异十三胺作萃取剂,以乙酸丁酯作稀释剂来进行青霉素的反应萃取。由于青霉素能与这些胺类形成能溶于有机溶剂的络合物,在pH4.0~5.0时可进行萃取,萃取率可达99%;pH7.0~9.0时进行反萃取,萃取率可达98%,萃取过程中萃取剂不消耗,青霉素损失减至1%以下。而在pH5.0左右单用乙酸丁酯萃取时,青霉素的萃取率只有17%~19%。显然,利用反应萃取可在较温和的pH条件下进行,提高了青霉素的稳定性和萃取率。又如头孢菌素C(CPC)为两性化合物,亲水性很强,工业化生产上多用大孔吸附树脂来提取,而利用三辛基甲基铵氯化物和碳酸盐作萃取剂与缓冲剂,以乙酸丁酯作溶剂,可实现CPC的反应萃取。溶剂相中的CPC再用乙酸盐缓冲液进行反萃取,在反萃取中CPC与乙酸盐之间发生阴离子交换反应,由于条件温和,在萃取与反萃取过程中CPC均未产生分解。

（二）凝胶萃取法

凝胶可分为亲水性有机凝胶、疏水性有机凝胶及无机凝胶3种类型。凝胶萃取所使用的凝胶基本上可分为温度敏感型凝胶和pH敏感型凝胶。温度敏感型凝胶是指在一定的温度下凝胶吸水,并对不同大小的分子进行选择性吸收,当温度改变时又将吸入的水及小分子放出,实现凝胶的再生。由于凝胶有很强的吸水能力,在去除无机杂质的同时还能有效地将目蛋白加以浓缩。pH敏感型凝胶是指在一定的pH时,凝胶可以吸收数倍于自身体积的水而不吸收蛋白分子,将吸水后的凝胶取出后得到的便是蛋白浓缩液。将吸水的凝胶放入合适pH的溶液中,凝胶又放出水分,得到再生。

点 滴 积 累

萃取技术由于生产需要和新技术、新理念的发展,基于不同分离模式的萃取技术在现代制药工艺中得到了应用,如利用超临界流体萃取、双水相萃取、反相胶束萃取以及液膜分离技术等。

目 标 检 测

一、选择题

（一）单项选择题

1. 关于萃取,以下说法正确的是(　　)
    A. 萃取是指利用有机溶剂将溶质从水相中转移至有机相的过程
    B. 萃取是指利用水将溶质从有机相中转移至水相的过程
    C. 萃取是指利用水或有机溶剂将待分离物质由固体如破碎的组织或细胞中转移到溶液中的过程
    D. 萃取是根据在两个不相混溶的相中(包括目的产物)的溶解度或分配比不同,利用适当的溶剂和方法,从原料中把有效成分分离出来的过程

2. 关于萃取机制,以下说法错误的是(　　)
    A. 根据萃取机制,萃取分为纯属物理过程的物理萃取和涉及化合或络合的化学萃取
    B. 纯属物理过程的萃取方式中,萃取能力主要取决于溶质在两相中的溶解能力差
    C. 涉及化合或络合的化学萃取过程,萃取能力主要取决于反应物在两相中的分配比
    D. 涉及化合或络合的化学萃取过程,萃取能力主要取决于生成物在两相中的分配比

3. 关于萃取过程,以下说法正确的是(　　)
    A. 萃取过程通常是将待分离物由水相转移至有机相的过程
    B. 萃取过程通常是待分离物在互不相溶的两相间分配比较大的情况下进行的
    C. 固体浸取过程是在加热情况下进行的化学过程
    D. 固相萃取过程是物理萃取过程

4. 关于固相萃取以下说法正确的是(　　)
    A. 固相萃取是利用溶剂将固体原料中的可溶组分提取出来的操作
    B. 固相萃取的原料中其他成分基本不影响溶质由固体向溶剂中转移
    C. 固相萃取可以通过溶质在固体萃取剂表面与在溶液体系中的分配比或作用特性不同,将所需活性物质由体系中转移至固体表面,再通过适当的洗脱手段回收固体表面的活性物质
    D. 固相萃取体系是表面吸附过程

5. 关于萃取剂的选择,以下说法错误的是(　　)
    A. 萃取剂必须与体系中使用的溶剂不互溶或互溶性极小
    B. 溶质在萃取剂和溶剂间的分配比差别足够大
    C. 萃取剂对溶质没有破坏作用或可以忽略
    D. 萃取剂必须是惰性的,不可与溶质产生反应

6. 实际生产中,有时改变溶质可以改善萃取操作,以下说法错误的是(　　)

A. 可以将溶质形成易于被所选择萃取剂提取的形式如形成离子对

B. 改变体系的 pH,从而改变溶质的解离特性

C. 改变体系的温度,从而改变溶质的分配比

D. 使溶质发生化合或络合,使生成物在两相间的分配比加大

7. 溶剂的极性和水相中的离子强度对萃取有影响,以下说法正确的是(　　)

A. 生物活性物质在极性大、离子强度高的溶液中稳定

B. 生物活性物质在极性小、离子强度低的溶液中稳定

C. 一般来说,离子强度较低的中性盐溶液有促进蛋白质溶解,保护蛋白质活性的作用

D. 用高浓度盐溶液的提取物可以直接进入色谱系统进行测定

8. 萃取体系确定后,操作需要考虑溶质的物化性质,以下说法正确的是(　　)

A. 搅拌促进溶质与抽提液的接触,并可促进溶解,尤其是酶类药物需要快速搅拌

B. 含巯基蛋白质类药物在抽提时,可以在抽提液中加入半胱氨酸以防止巯基氧化

C. 含巯基的蛋白分子,可以和金属离子形成沉淀复合物,因此有利于蛋白质的萃取

D. 抽提细胞中的蛋白质时,体系中金属离子会抑制胞内水解酶,促进萃取顺利进行

9. 萃取设备的选择至关重要,不需要考虑的因素是(　　)

A. 物系的稳定性和在萃取设备中停留的时间

B. 溶剂物系的澄清特性

C. 处理量和通量

D. 大气压力

10. 以下关于超临界萃取不正确的是(　　)

A. 超临界萃取具有低能耗、无污染和适合处理易受热分解的高沸点物质

B. 超临界萃取常用的超临界流体是 CO_2

C. 超临界流体的密度接近于液体,因此其具有与液体相当的萃取能力

D. 超临界流体在萃取时密度小于萃取物分离时超临界流体的密度

11. 超临界流体萃取工艺具有如下特点(　　)

A. 萃取过程因被分离物质间挥发度差异不大,分子间亲和力不同而产生相际分离效果

B. 超临界萃取的萃取能力大小与流体密度无关,因此温度和压力对萃取无影响

C. 溶剂回收简单,被萃取物可通过等温降压或等压升温的办法与萃取剂分离

D. 超临界萃取工艺必须在高温高压下操作,仅适用于耐高温不易氧化的物质

12. 关于双水相萃取,以下说法正确的是(　　)

A. 聚合物的不相溶性使同样在水相但由于含有聚合物组成不同而呈现两个不相溶的水相,溶质在两水相之间的分配比不同而可以得到分离

B. 互不相溶的两水相分别含有不同的聚合物

C. 不同的高分子溶液相互混合仅仅能形成两水相系统

D. 在互不相溶的双水相都必须含有一定量的高分子

13. 关于反相胶束萃取,以下说法正确的是(　　)

A. 反相胶束是表面活性剂在非极性有机溶剂中形成的一种微小聚集体

B. 反相胶束形成的微聚集体其内表面亲脂而外表面亲水

C. 反相胶束微聚集体外表面亲水,因此容易与蛋白质、酶等相溶,而内表面会将影响蛋白质和酶稳定的有机分子包裹在微聚集体内部

D. 随离子强度的增大,形成反胶束内表面活性剂极性头之间的斥力增大,胶束会变大

14. 在反相胶束萃取过程中,(　　)

A. 蛋白质等生物活性物质进入反胶束亲水性内部后,需要将蛋白质从其内部反萃取出来

B. 反萃取过程在质量转移过程中的传质阻力较小,因此萃取过程较快

C. 在反萃取比较困难时,分子筛是唯一可用于分离蛋白质等生物分子的吸附剂

D. AOT 所形成的反相胶束较大,不需要加助表面活性剂,因此反萃取效率高,相分离时间短

15. 关于液膜分离技术,以下说法正确的是(　　)

A. 相比其他萃取分离技术,其投资少,体系易于设计

B. 液膜的稳定性、对溶质的溶解性以及溶质在膜内外的分配比是膜溶剂的选择依据

C. 表面活性剂的选择必须可以降低液体的表面张力,成膜的重复性必须重点考虑,而分离效率、渗透速度可以忽略

D. 溶质在液膜分离中主要有单纯迁移、Ⅰ型促进迁移和Ⅱ型促进迁移 3 种模式,单纯迁移过程中,需要流动载体的辅助才能进行

(二)多项选择题

1. 在萃取过程中,对活性成分质量有重要影响的因素有哪些(　　)

    A. 酸碱度　　　　　　　　B. 金属离子　　　　　　C. 溶质的极性

    D. 溶质的浓度　　　　　　E. 萃取剂的极性

2. 可以作为固相萃取剂的有(　　)

    A. 涂布于硅胶颗粒表面的萘　　　　　　B. 涂布于硅胶颗粒表面上的菲

    C. ODS 小柱　　　　　　　　　　　　D. 硅胶小柱

    E. 惰性担体上承载的难挥发性极性液体

3. 萃取体系的选择中,以下哪些因素是考虑的对象(　　)

    A. 萃取剂的物化特性　　　　　　　　　B. 溶质的物化特性

    C. 萃取体系中水相的 pH　　　　　　　D. 温度

    E. 乳化的可能性

4. 在从动植物组织或细胞中萃取分离蛋白质时,有时需要用到蛋白酶抑制剂以阻止蛋白质被水解破坏,下面哪些可以作为蛋白酶抑制剂(　　)

    A. PMSF　　　　　　　　　　B. 抑胃肽　　　　　　　C. EDTA-Na$_2$

D. 重金属离子　　　　　　　E. 丙酮

5. 关于超临界流体萃取正确的叙述有(　　)

　　A. 超临界流体可以是 CO_2,其中可以加入调节剂如水、乙醇等一些极性溶剂

　　B. 超临界流体可以是水,在超临界条件下,其传质速率极快

　　C. 超临界萃取同时具有精馏和液-液萃取的特点

　　D. 超临界流体的萃取能力大小取决于流体的密度,可以很容易调节温度和压力加以控制

　　E. 超临界 CO_2 在与萃取物分离后,只需要经压缩后便可循环使用

6. 双水相萃取时,下面哪些因素是需要考虑的(　　)

　　A. 成相高聚物浓度和界面张力　　　　B. 成相高聚物的相对分子质量

　　C. 离子强度　　　　　　　　　　　　D. 粒子表面的疏水性

　　E. 温度

7. 关于反相胶束萃取,以下说法正确的(　　)

　　A. 反相胶束是表面活性剂在非极性或脂溶性溶剂中形成的一种微小聚集体

　　B. 反相胶束是在水溶液中形成的分散、稳定、核心亲脂的微聚集体

　　C. 反相胶束是在亲脂性溶剂中形成的核心亲水表面的微聚集体

　　D. 反相胶束首先通过亲水核心将蛋白质等生物分子萃取进来,再分散进亲脂性溶剂中,在胶束的保护下,其核心不暴露在有机相中,因此不会轻易失活

　　E. 反相胶束萃取的缺点是不能轻易将反相胶束中的蛋白质等有活性的释放出来

8. 常用的萃取方法有(　　)

　　A. 单级萃取　　　　　　　B. 多级错流萃取　　　　　C. 多级逆流萃取

　　D. 液-液萃取　　　　　　　E. 有机溶剂萃取

二、问答题

1. 什么是萃取?

2. 萃取过程需要考虑哪些因素?

3. 何为固相萃取,其优点如何?

4. 什么是双水相萃取,其有什么应用?

5. 反相胶束萃取中的胶束有什么特点?

6. 简述溶剂萃取法的优点。

7. 简述选择萃取溶剂应遵守的原则。

三、实例分析

在含有疏水基葡聚糖中,对蛋白质和类囊体薄膜泡囊的分配研究表明,苯甲酰基葡聚糖和戊酰基葡聚糖具有疏水性。疏水基影响氨基酸、蛋白质和薄膜泡囊在双水相体系中的分配,在只有磷酸盐缓冲溶液的 PEG8000-葡聚糖双水相体系中,大部分 β-半乳糖苷酶被分配在上相,但在下相中加入少量的苯甲酰基葡聚糖(取代程度为 0.054)或戊酰基葡聚糖(取代程度为 0.12)时,β-半乳糖苷酶的分配系数就降低了 100 倍。在对牛血清蛋白、溶菌酶、脂肪酶和 β-乳球蛋白的分配进行的观察中也发现相似的现象。

类囊体薄膜泡囊的分配受疏水基的影响特别大,薄膜泡囊被分配在含有疏水基的一相中。

由于 PEG 本身具有极好的生物相容性,其与无机盐所组成的双水相体系也可以对某些蛋白质或酶进行有效的萃取分离。Harris 研究了牛血清蛋白、牛酪蛋白、β-乳球蛋白在 PEG-磷酸盐体系中的分配以及 PEG 相对分子质量、pH 和盐的加入对 3 种蛋白分配的影响。结果发现,当增加 NaCl 浓度时,可提高分配系数,最佳 pH 为 5,对 OSA 和牛酪蛋白可得到更高的分配系数。Miyuki 在 PEG-K_3PO_4双水相体系中用两步法对葡萄糖淀粉酶进行了萃取纯化。用第一步萃取后含有酶的下相和 PEG 组成双水相作为第二步萃取体系,称作两步法。葡萄糖淀粉酶的最佳分配条件是 PEG4000(第一步)、PEG1500(第二步),pH =7,纯化系数提高了 3 倍。此外对双水相萃取脂肪酶的研究也发现,用 PEG1000(14%~ 16%)和(NH4)$_2$SO$_4$(12%~ 14%),NaCl 含量为零所组成的双水相体系,在室温下对脂肪酶的提取率达71% ,分配系数为 1.7,提纯倍数为 1。

分析:(1)疏水性在双水相萃取中影响生物分子的分配,为什么?

(2)生物相溶性在双水相萃取蛋白质等生物大分子时很重要,为什么?

(3)从双水相萃取相关影响因素的考察中,分析相似相溶原理在萃取中的重要性。

(喻　昕　刘碧林)

第九章 膜分离技术

膜分离技术是利用具有一定孔径、化学特性及物理结构的膜,对相关特性的生物大分子或小分子进行分离的方法;其分离过程是以选择透过性膜作为分离介质,通过在膜两侧施加某种推动力(如渗透压差、压力差、蒸气分压差、浓度差、电位差等),使得待分离体系中相关组分有选择性地透过膜,从而达到分离、提纯和浓缩的目的。膜分离操作属于速率控制的传质过程,其具有设备简单,可在室温或低温下操作、无相变、处理效率高、节能等特点,在生物医药分离中得到了广泛的应用。

 知 识 链 接

膜分离的目的主要为浓缩和渗滤两种,可以仅以渗透压或浓度差作为推动力,也可以膜两侧的压力差或电位差为推动力,前者主要操作模式为透析,后者主要包括超滤(UF)、微滤(MF)、纳滤(NF)、电渗析(EO)及反渗透(RO)等。近年来,基于膜的色谱过程也得到了大量研究,如基于离子交换、亲和、疏水相互作用、反相、吸附等色谱模式的膜分离材料都有研究,将在本节作简要介绍。

早期使用的膜主要来源于动物,如禽类嗉囊、膀胱等,不仅来源有限,且分离效果也不理想,往往只能用于透析。20世纪30年代初,硝化纤维素膜的制备改变了这种现状,后来Craig等对赛珞玢透析管进行了细致的研究,用各种理化方法改变赛珞玢的孔径,克服了再生能力低、流速慢等缺点,并对透析装置进行了改进,使透析技术前进了一步。近来膜技术的发展使得膜已经不仅仅用于普通的透析,不同性能的膜有其不同的使用环境和使用特点,如超滤膜、微孔滤膜、离子交换膜以及反渗透膜等,分别对应超滤、微滤、电渗析及反渗透等。

膜分离中的关键技术在于膜的制备技术,如今已有很多材料被用于各种类型膜的制备,而实践中的要求又反过来推动膜技术的发展。在以压力差为推动力的膜分离技术中,其重要参数是与膜孔径相关联的截留分子量,由于孔径的不同,膜能分离的分子量范围也不同,通常将膜阻留率达90%以上的最小被截留物质的分子量称为截留分子量。

第一节 透 析

透析法一般用于分离两类分子量差别较大的物质,起初透析法用的是由动物体获得的半透膜,随着膜技术的发展,新型的膜被开发出来,如硝化纤维素薄膜、铜仿膜(Cu膜)、聚砜膜(PS膜)、聚甲基丙烯酸甲酯膜(PMMA膜)以及各种为不同使用目的而制作的膜等,用于制作透析膜的高聚物应具有以下特点:①在使用的溶剂介质中能形成具有一定孔径的分子筛样薄膜;②在化学特性上惰性,不具有与溶质、溶剂起作用的基团,在分离介质中能抵抗盐、稀酸、稀碱或某些有机溶剂,而不发生化学变化或溶解现象;③有良好的物理性能,包括一定的强度和柔韧性,不易破裂,有良好的再生性能,便于多次重复使用。

课 堂 活 动

　　1. 你知道肾衰竭、尿毒症吗? 除药物外,它们还有什么治疗手段?
　　2. 结合常识,简述血液透析的基本原理。

　　高聚物膜的化学特性、孔径分布及其他物化特性可在制备过程中予以控制的特点,极大地扩展了膜在生物医药中的应用。日常使用的透析膜可以从市售的玻璃纸中进行筛选,也可以用硝酸纤维或醋酸纤维自制,透析膜可以根据需要制备成合适的形状以便于实际应用,有些具有特殊用途的透析设备,如血液透析器费森尤斯聚砜膜 Haemodia 滤过器,其具有极高的血液相容性、高性能、独一无二的流动蒸汽消毒、广泛的产品范围等特点。

知 识 链 接

　　市场上销售的透析膜有时可以进行适当处理而改变其孔径大小,如 Union carbide 透析管其乙酰化作用可以减小孔径至阻止甲醇分子通过,而用 64% $ZnCl_2$ 浸泡时,膜的孔径增大到允许相对分子质量 135 000 的分子通过;机械作用也可对膜孔径产生影响,作用方向不同对膜会产生不同的影响,一般线性膨胀可使孔径减小 50% 左右。
　　透析法不仅用于大分子溶液中小分子物质的去除,还常用于对溶液中小分子成分进行缓慢的改变,如可以通过透析液中的盐缓慢改变透析袋内部的盐浓度,直到透析袋内的大分子结晶。

　　如今,透析法还被微型化,制作成微透析(microdialysis,MD)探针,膜孔径的大小决定了截留分子量,通常是将大分子截留在透析膜外。商品探针的截留分子量一般在5000~50 000,常用 9000~18 000。分子量越大,穿膜效率越低。常用的膜管材料有再生纤维素、聚丙烯腈和聚碳酸酯,此类物质有较好的生物相容性和稳定性,不会与体内成分发生反应。膜孔径需均匀一致。除探针外还需配备恒流注射泵,再加上连接管线和手术器械,便可满足最基本的微透析取样要求。透析过程及几种不同用途的探针见图 9-1 和图 9-2。
　　可以看出,微透析探针既可以作为取样手段,从组织或体液中获得具有重要功能的小于膜截留分子量的分子,也可以作为给药手段,对特定部位进行给药。微透析技术已经用于基础研究如中枢神经系统、给药、内分泌、生理学、代谢、神经病理学、药理学及毒理学研究等领域,还可用于临床研究,如神经外科学、重症监护、糖尿病监护等领域。

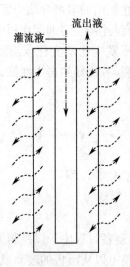

图 9-1　同心型探针透析示意图

注:中间箭头为灌流液,其流速极小,一般为 50nl/min,在灌流液通过膜与探针周围介质发生物质交换的同时,灌流液可以其初始流速自动流出,也可通过将灌流液引出,用于相关测定。

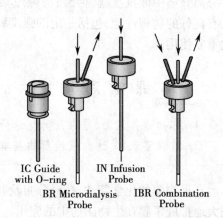

图 9-2　CMA 公司几种不同的同心型探针

注:IC Guide with O-ring 是探针导轨;BR Microdialysis Probe 是脑部微透析探针;IN Infusion Probe 是一种单向微量输注探针;IBR Combination Probe 是一种同时具有前两者功能的探针。

 知 识 链 接

　　商品透析管膜常涂甘油以防破裂,并常含有极其微量的重金属、硫化物和一些具有紫外吸收的杂质,可先用 50% 乙醇慢慢煮沸 1 小时,再分别用 50% 乙醇、0.01mol/L 碳酸氢钠溶液、0.001mol/L EDTA 溶液依次洗涤,最后用蒸馏水浸洗 3 次。用 50% 乙醇处理对除去具有紫外吸收的物质很有效。

　　已处理好的管膜如不用,可于 4℃ 蒸馏水内暂时贮存,长期贮存则需加 NaN_3、三氯甲烷以防止细菌侵蚀。

点 滴 积 累

　　1. 膜分离技术是利用具有一定孔径、化学特性及物理结构的膜,对相关特性的大分子或小分子进行分离的方法,其分离过程是以选择透过性膜作为分离介质,通过在膜两侧施加推动力,如渗透压差、压力差、蒸气压差、浓度差、电位差等,使得待分离体系中相关组分有选择性地透过膜,从而达到分离、提纯和浓缩的目的。

　　2. 膜分离操作属于速率控制的传质过程,无相变。

第二节　超　　滤

一、超滤的特征和用途

超滤技术是一项分子级薄膜分离手段,它以特殊的超滤膜为分离介质,以膜两侧的压力差为推动力,将不同分子量的物质进行选择性分离。超滤膜规格采用截留相对分子质量(molecular weight cut-off,MWCO)作为通用指标,而不是膜孔径。

超滤膜的孔径一般在 2~20nm,可分离相对分子质量为数千至数百万的物质,在生物医药等工程中可用来分离蛋白质、多肽、酶、胶体、热原、核酸、多糖、抗生素、病毒等。超滤膜的孔径曾经被划分为 1~10nm,随着膜分离技术的进展,发现孔径在 1~2nm 的各种特性的膜可以用于 200~1000 的低分子量物质分离,如抗生素、氨基酸、小肽、寡糖等,而水、无机盐、小分子有机物等可以自由通过,因此将以压力差为推动力、孔径为 1~2nm 的膜分离称为纳滤,而孔径为 2~20nm、压力推动的膜分离技术称为超滤。反渗透中膜的孔结构比纳滤膜更加致密,可以对离子实现有效截留,而仅允许溶剂水分子通过,可用于海水脱盐、纯水制造以及小分子产品的浓缩等。

超滤过程中没有相的转移,无须添加任何强烈化学物质,可以在低温下操作,超滤具有速度较快,便于做无菌处理等优点。这些优点可使分离操作简化,避免了生物活性物质的活性损失和变性。因此超滤技术可用于:①大分子物质的脱盐和浓缩;②小分子物质的纯化;③大分子物质的分级分离;④生化制剂或其他制剂的除菌和去热原处理。

二、超滤膜

(一)超滤膜的构造

膜是超滤的关键器材,为了提高滤液的透过速度,膜表面单位面积上能穿过某种分子的"孔穴"应该多,而孔隙的长度应该小。这样就产生了流速和膜强度之间的矛盾。

早期的膜是所谓"各向同性膜",膜的厚度较大,孔隙为一定直径的圆柱形。这种膜流速低,易堵塞。为了解决透过速度和机械强度之间的矛盾,最好的办法是制备在厚度方向上物质结构和性质不同的膜,即所谓"各向异性膜"。该类膜正反两面的结构不一致,其中一面是各向异性扩散膜,膜质分为两层,其"功能层"是具有一定孔径的多孔"皮肤层",厚度为 0.1~1mm;另一层是孔隙大得多的"海绵层",或称"支持层",厚度约 1mm。"皮肤层"决定了膜的选择透过性质,而"海绵层"增大了它的机械强度,这种膜不易堵塞,流速要比各向同性膜快数十倍,目前超滤所用的膜基本上都是各向异性扩散膜。

另一类各向异性膜是所谓"喇叭口滤膜",孔隙呈梯形圆台形;此外根据使用要求,超滤膜可制成不同的形状和组合件,如平面膜、中空纤维膜、螺旋卷膜、组合式板膜、管状膜等。

(二)超滤膜的制造

制造超滤膜的材料有纤维素硝酸酯(或醋酸酯)、芳香酰胺纤维(尼龙)、芳香聚砜、丙烯腈-氯乙烯共聚物、聚砜、聚乙烯-乙烯醇等。这些材料制备成的膜都应用于水溶性物质的分离。

　　制造膜的方法:有入水凝冻法,喷涂法或通过敷贴功能薄膜于微孔基膜上的方法,还有以无电极辉光放电法在微孔基膜上将膜材料聚合成一层超薄滤膜而制备复合膜。若膜质为无机材料,则用烧结法或黏结法与多孔膜基结合成复合膜。

　　用哪种方法,选择什么样的材料制造适合于目标物质或其所在体系的膜,以及如何有效地得到性能优良的膜分离系统,需要从以下几方面进行考虑:①根据分离体系和待分离目标物质的要求,选择合适的成膜材料;②根据成膜材料寻找适宜的制膜溶胶体系,即溶解膜基的溶剂、添加剂及成膜材料、溶剂和添加剂的相对比例、膜胶液黏度等;③探索适宜的成膜条件,包括刮膜的温度、湿度、蒸发时间、冷却的温度和时间等;④需要什么样的膜表面性质,如表面可修饰基团(—OH、—NH$_2$、—CHO)的有无及多寡。

　　一般来说:①增加添加剂与成膜材料的比例或添加剂与溶剂的比例,可使膜表面孔径增大,而增加溶剂的比例会使膜表面孔径减小。②降低刮膜温度,或减少刮好的膜在空气中的蒸发时间,会使膜表面孔径增大;相反,升高刮膜温度或延长膜蒸发时间,可使膜孔径减小。③随甲酰胺量的增加,膜的孔径增大。如甲酰胺和丙酮之比为50/60(V/V)时,可获得截留分子量35 000的膜。当甲酰胺与丙酮之比为35/65(V/V)时,可获得截留分子量23 000的膜。④根据使用的膜材料的不同,可以得到不同表面性质的膜,如利用带环氧基的成膜材料可以得到膜表面含有环氧基团的膜,并可进一步修饰。其他的膜也是如此,可以通过适当的选材,得到不同的膜表面,而不是单纯仅仅控制膜孔径的大小。通过对上述条件的控制,可以获得适当孔径、表面积、表面特性及机械强度的膜。

知识链接

　　随着工业上超滤和微滤技术的发展,可以金属、陶瓷、多孔硅铝等材料制成相应的无机膜。如20世纪80年代,美国UCC公司以多孔碳为载体,外涂一层陶瓷氧化铝所得的无机膜可用作超滤膜管,美国Alcoa/SCT公司开发的商品名为Membralox的陶瓷膜管,可承受反冲,可采用错流(cross-flow)操作以消除浓差极化。与有机膜相比,无机膜进行微滤和超滤操作,要更经济有效,目前所用的无机膜几乎全部为多孔陶瓷膜或以多孔陶瓷为支撑体的复合膜。随着粉体技术的发展,很多质优价廉的烧结金属微孔管投入市场,它具有易于和金属构件组合、加工等优点。

　　近年来,国外还有人在烧结不锈钢微孔管内壁烧结孔径为0.1nm的TiO$_2$薄层,构成Scepter不锈钢膜。不仅有无机复合膜,还有以无机材料和高分子材料复合而制作成的膜。

(三)超滤膜的选择

商品超滤膜的选择必须注意以下几点。

　　1. 截留分子量　超滤膜的孔径一般在2~20nm,分子量截留值是指阻留率达90%以上的最小被截留物质的分子量。

　　2. 流动速率　通常用在一定压力下每分钟通过单位面积膜的液体量来表示。实验室中多用ml/(cm^2·min)表示。膜的流速和膜的孔径大小以及膜的结构类别有关。

　　3. 其他需要注意的事项　使用超滤技术时除需考虑分子量截留值和流速外,还需要了解各种超滤膜的性质和使用条件。

（四）超滤过程特点及相应装置选用

 知 识 链 接

超滤膜选择还需要注意以下事项。

1. 操作温度　不同的膜基材料对温度的耐受能力差异很大。

2. 化学耐受性　不同型号的超滤膜与各种溶剂或药物的作用也存在很大差异。使用前需要查明膜的化学组成，了解其化学耐受性。

3. 膜的吸附性质　不同特性的膜，都会或多或少依据离子间作用力、氢键力、疏水作用力等与待分离体系中的相应组分产生相互作用而产生吸附作用，而有些分离则可利用这些作用实现，在实际应用中要加以注意。

4. 膜的无菌处理　要依据膜的物化特性，选择适当的灭菌方式，能耐高热的则可以高热灭菌，能耐化学溶解或侵蚀的则可采用化学灭菌，其常用试剂为 70% 乙醇、5% 甲醛、20% 的环氧乙烷等。

由于无机膜以及相关复合膜具有耐冲击力、耐有机溶剂、表面易于处理等特性，因此有时膜的选择及贮存变得相对容易。

1. 浓差极化现象　超滤是在外压作用下进行的。外源压力迫使分子量较小的溶质通过薄膜，而大分子被截留于膜表面，并逐渐形成浓度梯度，这就是浓差极化现象。当沉积层达到临界值时，流速会不升反降，此时沉积层又称为边界层，其阻力往往超过膜本身的阻力，好像又增加了一层次级膜。

 难 点 释 疑

浓差极化与膜污染的区别和联系。

外源压力迫使分子量较小的溶质通过薄膜，而大分子被截留于膜表面，并逐渐形成浓度梯度，即为浓差极化现象。在浓度梯度作用下，溶质由膜面向本体溶液扩散，形成边界层，使流体阻力与局部渗透压增加，从而导致溶剂通量下降。

膜污染是指处理物料中的微粒、胶体粒子或溶质分子与膜发生物理化学相互作用，或浓差极化使某些溶质在膜表面浓度超过其溶解度及机械作用而引起的在膜表面或膜孔内吸附、沉积造成膜孔径变小或堵塞，使膜产生透过流量与分离特性的不可逆变化现象。

浓差极化与膜污染均可导致膜通量减小，但通常浓差极化是可逆的，可改变设计和操作参数来降低和消除；膜污染通常是一个不可逆过程，可用加强预处理等手段来缓解，一旦污染，只能靠清洗来恢复部分膜性能。

解决浓差极化的主要措施有振动、搅拌、错流、切流等技术。剧烈的搅动有时会导致蛋白质分子变性失活，没有通用性，只适用于一些特殊情况。一般来说，能够用于超滤的溶液一般都要经过离心、沉淀或微孔滤膜等手段处理，或本身溶液体系成分不复杂,因此所形成的沉积层比较容易消除,膜通量可以得到较大程度的恢复。通过提高搅拌速度和料液温度,调节操作压力和料液的流动方式,可以防止浓差极化现象的发生,而且膜的清洗也较容易。管萍等关于多肽和氨基酸纳滤膜分离中的污染及应对方法综述中所提到的情况及解决方法,也同样适用于超滤膜。

2. 超滤装置 在实验室及工业生产上,超滤都是极有用途的分离手段,根据目标分离体系的量、目标分离物质的物理化学性质选择适当的超滤装置,浓缩少量稀溶液时可使用普通的无搅拌式超滤装置,根据物质在体系中的氧化还原稳定性情况,可使用瓶装高纯氮气提供的压力在低温下操作,以防止物质变性。

现在市场上销售的一般是配备带搅拌或振荡的超滤装置,可有效地防止浓差极化现象,视体系的压力耐受情况及流速,保持一定的压力,通常工作压力为294~490kPa。

中空纤维系统超滤器是具有与超滤膜类似结构的中空纤维丝,每根纤维丝即为一个微型管状超滤膜,纤维丝横切面内壁的表层细密,向外逐渐疏松,为各向异性微孔膜管结构。中空纤维的内径比较细,一般为0.2mm,表面积与体积的比率极大,还可以根据体系要求而使用不同孔径和纤维丝的直径,如中空纤维的内径可以在1mm,孔径可以超过20nm,根据过滤体系中分子动力学直径的大小可以达到200nm,因此滤速较高,使其非常适用于工业规模使用。随着膜技术的发展,中空纤维膜超滤技术得到了较广泛的应用。

相对于实验室用超滤设备来说,工业用超滤设备要求处理能力要强,因此要求其装置要大、强度要求高,多使用连续操作。对超滤系统的一般要求主要是:①具有尽可能大的有效过滤面积;②为膜提供可靠的支撑装置;③提供引出滤过液的路径;④尽可能清除或减弱浓差极化现象。

目前工业上使用较多的膜装置形式有板式、管式、螺旋卷式和中空纤维式,均有相应的市售品可以购买或请专业人员进行设计。

三、影响超滤透过率和选择性的因素

超滤的透过率和选择性是由溶质分子特性、膜的物化性质以及膜装置和超滤操作条件等因素决定的。

(一)溶质分子性质和浓度

包括溶质分子大小、形状和带电性质。相对密度比较大的纤维状分子扩散性差,对流率影响比较大。在一定压力下浓缩到一定程度时,大溶质分子很容易在膜的表面达到极限浓度而形成半固体状的凝胶层,使流率达不到极限水平。而且随凝胶层的不断加厚,原先能透过膜的小分子溶质和溶剂也受阻碍,流率越来越慢,直至降到最低点。反之,相对密度较小的球形分子则较易扩散,不易形成凝胶层。此外,溶液浓度对流率也有一定的影响,浓度高,则流率较小,反之,则较快。

(二)超滤膜的性质

主要是指膜的孔结构、吸附性质等物化性能。各向异性膜不易被分子大小与孔径相当的溶质颗粒所阻塞,便于提高分辨率和流速;各种膜的化学组成不同,对各种溶液分子的吸附情况是不同的。一般原则是选择对溶质吸附小的,可

根据膜的表面荷电量、亲/疏水、极性大小等特性,通过缓冲液体系的改变或添加适量的有机溶剂来减弱吸附作用,以减少溶质的损失和保证超滤时滤液的正常流速。

(三)超滤装置和操作条件

包括膜或组合膜的构造、超滤器的结构以及操作压力、搅拌情况和液体物料的温度、黏度、pH、离子强度等因素;设备方面须考虑有效过滤面积、防止极化的措施、操作压力和压力损失以及设备对物料黏度的限制等;根据溶质分子的扩散性能和溶液的浓度调节操作压力;可通过搅拌或形成湍流或切流的方法消除极化现象;实践中应选择适当的温度,在有利于黏度降低或物料扩散的同时,要注意不引起体系中蛋白类分子的变性;此外溶液的 pH、离子强度及溶剂性质等因素也会对流率产生一定影响,通过这些因素的优化使体系向有利于增加流率方向转变。

在超滤技术发展的前期,大部分使用的是平板式的结构,为了防止浓差极化的产生,反向施加周期性压力(backpulsing)被用于排除膜表面结垢的现象。中空纤维技术具有很好的工业价值,但是同样存在浓差极化的问题,可采用与平板式超滤技术中类似的解决方法来解决这个问题。

知 识 链 接

backpulsing 技术可解决中空纤维错流微滤法纯化蛋白质-多糖偶合物所出现的膜结垢而导致的透过流速以及筛分效果变差的问题(装置示意见图 9-3)。

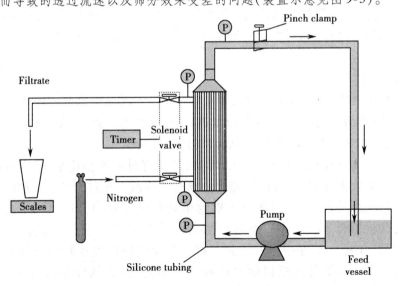

图 9-3   使用 backpulsing 技术的中空纤维仪器装置示意图

传统的剪切流过滤只能分离尺寸相差 10 倍以上的物质,如分离细胞与蛋白质、病毒与蛋白质、蛋白质与缓冲剂等。而 Christy 等报道的高效剪切流过滤(high performance tangential flow filtration,HPTFF)技术,是一种充分利用生物分子间尺寸和电荷差异的二维纯化技术,可根据膜和生物分子的作用特性分离具有相同分子量的生物分子,甚至可能截留分子量小的生物分子,而让分子量大的生物分子透过膜。高效剪切流过滤在强调高选择性的同时,还保留了传统超滤高通量、高收率的特点,可用于纯化蛋白质和核苷酸。

四、超滤操作

（一）超滤膜和超滤器的处理

超滤膜、超滤器使用前需根据附送的说明书进行操作,此外也可根据本人的需要进行适当处理,并使之适应所使用的环境。因此,了解所用膜的物化特性是非常重要的。

超滤装置使用后须充分洗涤并选用适当的溶剂进行净化,常用的有盐水($1\sim2$mol/L NaCl)、稀酸碱(0.1mol/L HCl 或 0.1mol/L NaOH)、稀氧化剂(万分之二以下的次氯酸钠)。若膜被生物大分子如蛋白质等污染,可用变性剂(如尿素 $6\sim8$mol/L)、蛋白酶等处理,如用1%的胰蛋白酶液浸泡过夜,洗涤即可。

超滤膜在正确操作下,可用 $1\sim2$ 年,还可于 30% 甘油、$2\%\sim3\%$ 甲醛、0.2% 叠氮化钠等溶液中保存。而对于无机膜及相关复合膜来说,再生和处理均较方便,而且耐受剧烈条件的能力明显增强。

（二）超滤操作

生化制药中,超滤多用于过滤蛋白质、核酸、多糖等大分子溶液。一般操作压力为 $0.05\sim0.5$MPa,对于切向流过滤的膜装置,操作压力为进口压力与出口压力的平均值。一般超滤装置的产品说明书中会注明操作压、消毒条件、流量等参数。当然,超滤的优点不仅在于其能用于浓缩以上所提到的生物分子,其同样可用于除去体系中的细胞碎片、细胞器以及膜截留分子量以上的生物分子或其他类型的干扰分子。

（三）应用

1. 浓缩和脱盐　浓缩的效果随具体样品而异,蛋白质最终浓度可达 40%~50%。

可采用①稀释超滤法:稀释法是分批进行的;②渗滤法脱盐:此法是连续进行的。在整个过程中大分子浓度始终不变,对保持稳定性有利。

2. 分级分离与纯化　特殊设计的超滤装置,有时可能会比采用振荡或搅拌超滤装置的分离效果好,甚至可以将超滤分离与相应的生化过程联用,使生化过程中的产品及时从对其活性、产量等有影响的生化反应体系中分离出来。此外,用吸附、交联、共价键合等方法可以将各种酶做成单酶或多酶膜,将其用于生化分析及食品、医药工业。如在中空纤维膜上进行相应的修饰以达到相应的分离目的,Anne-Sophie Pirlet 等就通过以组氨酸修饰的聚乙烯-乙烯醇空心纤维膜对乙酰化的寡葡聚糖选择性的差异来进行分离。不仅是超滤膜技术可以通过膜修饰进行选择性分离,在其他的膜技术中也同样可以运用膜表面特性进行相应的修饰来达到亲和、配位、离子交换等不同特性的膜分离,用于不同要求的生物分子分离体系。

正如前面所提到的,超滤在蛋白质分离会遇到诸如浓差极化等问题,需要在实践中根据所用的体系来探索解决。

点 滴 积 累

1. 透析一般使用半透膜分离分子量差别较大的物质,现在多用高聚物膜。

2. 超滤是以孔径分布为 2～20nm,以压力差推动,分离相对分子质量数千至数百万的物质。以孔径 1～2nm 为特征的膜分离称为纳滤;超滤膜的构造及制造需要考虑膜的耐溶剂、耐冲击力、是否易于处理等。

第三节　微孔膜过滤技术

微孔膜过滤技术简称为微滤,又叫精密过滤,微滤用于截留直径为 0.02～10μm 的微粒、细菌等,是目前应用最广泛的一种分离分析微细颗粒和超净除菌的手段,也可用于超滤的预处理过程。表 9-1 是不同孔径微孔滤膜的应用特征。

微孔膜过滤的优点是:①设备简单,只需膜和过滤装置即可工作;②操作简便、快速,可同时处理多个样品;③分离效率高,重现性好;④可选择具有特异结合生物大分子的膜,建立相应的结合度分析方法,在基因工程等许多领域有所应用。

表 9-1　不同孔径微孔滤膜的应用特征

孔径（μm）	可截留或分离的物质
0.01～0.05	噬菌体、较大病毒、大的胶体颗粒,可用于病毒分离
0.1	试剂的超净、分离沉淀和胶体悬液,可用于模拟生物膜
0.2	高纯水制备、制剂除菌、细菌计数、空气病毒定量测定等
0.45	水超净化、汽油超净、电子工业超净、注射液无菌检查、放射免疫测定等

一、微孔滤膜

（一）微孔滤膜的种类及特性

微孔滤膜的种类主要有如下几种。

1. 再生纤维素膜　天然纤维素经化学处理后重新成型,其化学本质仍为纤维素。其耐热压灭菌的高温,可经受有机溶剂的处理,但不能在水介质中使用,当以乙醇抽紧后,也可在含少许水的滤液中使用。

2. 纤维素酯膜　其特点是性能优良,成本较低,且其耐受热压灭菌;亲水性强;孔径均匀。最常见的是醋酸纤维素膜,其突出优点是不吸附蛋白质、核酸等生物分子,滤速好,产品回收率高,膜的贮藏和使用安全。

3. 硝酸纤维素膜　其特点是可耐受各种烃类、高级醇、氯化烃(除氯甲烷以外)的处理。在中等离子强度的条件下能结合单链 DNA,此性质在基因工程中得到使用。

4. 混合纤维素酯膜　其是醋酸纤维素膜和硝酸纤维素膜的混合膜,能耐受稀酸、稀碱、醚类、醇类、烃类及非极性氯代烃等，还可过滤 - 200℃的超低温液体，但不能在冰乙酸、乙酸乙酯及丙酮中操作。该类膜可结合 DNA 双链及蛋白质与 DNA 的复合物。

5. 聚四氟乙烯膜　其应用范围广泛，工作温度范围大（- 180~250℃）。属于强憎水性膜。

6. 聚氯乙烯膜　操作温度不能超过 65℃。消毒只能用乙醇、2%~3% 甲醛、0.1% 硫柳汞等。

7. 超细玻璃纤维滤膜　由玻璃纤维、玻璃粉经聚丙烯酸胶黏剂黏结而成，一般厚度为 0.25~1.0mm，实为深层型滤膜，多用于气体介质。除氢氟酸及强碱外，能耐受各种化学试剂和有机溶剂，不吸收空气中的水分，自身稳定性好，光学透过性亦佳。

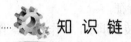 知 识 链 接

　　超细玻璃纤维滤膜的流速比一般微孔滤膜大，对颗粒的截留量也比微孔滤膜大，可以阻留 98% 以上比定额截留值大的颗粒。但其截留分辨率不如微孔滤膜，故常与微孔滤膜配合使用，作为它的预过滤材料，以提高过滤效率并延长微孔滤膜的使用寿命。

　　超细玻璃纤维在净化空气方面使用广泛，主要有制药车间、手术室、病房、精密仪表车间、电子工业及原子能、同位素实验室的空气净化等应用。为了特殊需要，已研制出低萃取物滤膜、结合测定滤膜、预灭菌滤膜、憎水和特薄滤膜。

（二）微孔滤膜的制备

　　微孔滤膜的制造方法与其他滤膜相似，即先以适当的溶剂及添加剂将膜基材料制成溶胶液，然后铺成薄膜，最终移去溶剂（相转移）形成多孔的固体滤膜。因为相转移的方法不同，分以下几种：①自然蒸发凝结法。如将纤维素酯用丙酮或冰醋酸溶解，加入溶胀剂及成孔溶剂搅拌制成胶液，然后过滤去杂质，静置或减压抽去小气泡，在洁净的金属板、塑料板或玻璃板上铺成薄胶层，溶剂蒸发后即形成微孔滤膜。调节膜基材料与溶剂及添加剂的比例或者溶剂的蒸发速度，可以制备成不同孔径的微孔滤膜。②急速凝冻法。制备方法与超滤膜相同，即将膜基材料用溶剂溶解并加入添加剂制成溶胶液，在平面支持物上展成胶膜，溶剂少量挥发后立即投入凝固液中凝冻成膜。该法制得的微孔滤膜也是各向异性膜，上层膜面致密，孔径小，下层为疏松的支持层。

（三）微孔滤膜的性质和检测

1. 孔径　孔径大小以及孔径分布的均一度是衡量滤膜分离效果的重要指征。微孔滤膜的孔径分布一般来说是非常均一的，如孔径为 0.45μm 的微孔滤膜其孔径变化范围仅为 0.45μm ± 0.02μm。因此其对除菌过滤、微粒检测等十分可靠，常作为保证手段，故其也被称为"绝对过滤介质"。

知 识 链 接

　　商品用微孔滤膜的孔隙常用平均孔径、公称孔径及最大孔径等指标表示孔径规格。检查膜孔径的方法有气泡压力法、液体流速法、汞压入法、电镜法、颗粒过滤法、细菌过滤法等,这里重点介绍检查膜孔径中细菌过滤法:一般选用灵杆菌[0.5×(1~5)μm]检查孔径为 0.45μm 的膜,用铜绿假单胞菌[0.3×(1~3)μm]检查孔径为 0.22μm 的膜。

　　操作时以无菌蒸馏水和细菌悬液配制含菌数为 10^6/ml 的供试菌液,在无菌条件下分别用 0.45μm 及 0.22μm 孔径的滤膜过滤。滤出液加培养基于 25℃ 培养 72 小时,或 35℃ 培养 48 小时,如培养液不浑浊则为合格。

　　2. 孔隙率及水萃取率　微孔滤膜孔隙总体积与滤膜总体积之比称作孔隙率。微孔滤膜的孔隙率一般很高,可达 80%~90%,每平方厘米的孔隙数可高达 10^7 个。滤膜的孔隙率可由其干重和湿重计算:

$$孔隙率(e) = (湿重 - 干重)/膜体积$$

　　因制造微孔滤膜时使用甘油等添加剂,故含少量可溶性部分,通过水提除去,用水萃取率表示。

　　3. 厚度和重量　厚度一般为 120~150μm,可用螺旋测微器测定,微孔滤膜的结构疏松,孔隙率高,所以相对密度很小,按面积计算仅为 5mg/cm²。

　　4. 阻力和流速　微孔滤膜由于厚度小、孔隙率高和膜结构的特殊性,其过滤的阻力一般也较小。液体流量是测定在 25℃,700mmHg(或 500mmHg)压力下,每平方厘米滤膜每分钟滤过的蒸馏水的毫升数;气体流量是测定 20℃ 时,每平方厘米每分钟滤过的空气升数。

　　5. 其他理化性质　吸附性能,一般对生物活性物质吸附较少。使用温度范围 -20~80℃,除聚氯乙烯膜温度耐受性差外,其余类型的膜多能耐受热压灭菌;制膜后残留的添加剂等成分可在使用前除去,另外膜应是可燃的,燃烧残余物应在 0.5% 以下。

二、微孔滤膜过滤设备和操作

(一) 设备

　　过滤设备主要由滤器及其他附件组成;滤器是核心设备,它是由滤膜及其他附件构成的膜组件,如注射器式滤器、玻璃滤器、平板滤器、筒式滤器及多歧管式滤器等。

　　构成滤器的材料有不锈钢、有机玻璃、塑料及聚四氟乙烯等。

　　平板滤器是由输入输出端、圆形垫圈、滤膜及多孔支持网等构成,两端由螺丝固定。主要用于生理盐水、葡萄糖注射液及营养剂等的除菌、除微粒,属于工业用滤器,筒式也用作工业滤器。

　　注射器式滤器有丢弃式与可拆式之分。

　　以上几类设备均有商品出售。

（二）过滤操作与注意事项

1. 滤膜的支持与滤器的密封 因为超滤体系是在一定压力下进行的,因此在压力传递方向上必须有滤膜的支持体,以防滤膜由于压力作用而遭受破坏,另外在压力作用下,密封对于超滤来说是很重要的,否则会造成体系压力不够或由于渗漏而造成目标物质的损失。

2. 过滤系统严密性的检查 严密性检查是保证过滤质量的关键操作,可用气泡点法(气泡-压力法)进行检查。

3. 滤膜的润湿 必须保证滤膜始终是润湿的,否则会由于滤膜过于干燥而造成在体系能承受的压力范围内难以使过滤进行下去。

4. 过滤速度 为防止堵塞,一般需经过预滤或其他预处理,通常先将样液用深层超细玻璃纤维滤膜预滤;还要考虑滤膜的有效面积、膜两侧压力差、孔径大小与均匀性、孔隙率、黏度、温度等因素;加压的方式中,正压比负压优越,且可防止空气中细菌及杂质进入滤液造成污染。

5. 过滤系统的清洗和消毒 凡是与滤液接触之处以及设备接口处皆应拆除清洗,清洗后进行消毒,除热压消毒外,一些醋酸纤维酯膜及再生纤维膜可于180℃干热消毒2小时。对不宜加热或不便加热的滤器及滤膜可用化学方法消毒。

6. 串滤技术 又称叠滤技术,液体通过孔径自大至小相串接滤膜的过程称为串滤。

三、微孔膜过滤的应用

（一）在生物化学中的应用

1. 绝对过滤收集沉淀 不同孔径的微孔膜可用于过滤收集沉淀,在收集细胞和细胞器的研究工作中,一般称为绝对过滤,实际也受到许多因素影响而不可能是绝对的。

2. 结合测定 经研究发现,在一定条件下硝酸纤维素酯滤膜及 MF-(混合)纤维素酯滤膜能结合蛋白质和单链 DNA,但滤膜对蛋白质的结合与离子强度无关,而结合单链 DNA 与离子强度有关。

 知 识 链 接

根据特定条件下硝酸纤维素酯滤膜及 MF-(混合)纤维素酯滤膜的结合特性,可用于纯化许多物质及测定酶活性。

1. 蛋白质-DNA 络合物的测定及纯化受体的测定。在适宜条件下,蛋白质混合物与放射性双链 DNA 能形成特殊的蛋白质-DNA 络合物,络合了的 DNA 也随蛋白质一起结合于膜上。

2. mRNA 的测定与纯化。将含特定单链 DNA 的溶液通过滤膜并真空干燥。在适当条件下,在放射性 RNA 和已吸附单链 DNA 的滤膜置容器中,形成 DNA-RNA 杂交分子。通过吸滤及洗涤除去游离 RNA,并用胰核糖核酸酶(不水解结合的 RNA)除去残留 RNA,即能测出专一结合的 RNA,再加热到"熔融"温度,可释放出专一结合的 RNA。

3. 环状 DNA 的纯化。线状 DNA 经碱处理可解旋并分开为单链。而环状 DNA 经碱处理虽变性,但两链仍缠集在一起,一旦 pH 调至中性或稍升温,则迅速恢复原状。若环状 DNA 分子两条链中一条有中断部位,则在处理过程中分离成一个线状单链和一个环状单链。此时若使它们处于中等离子强度下,用硝酸纤维素酯滤膜过滤,则单链 DNA 分子结合于膜上,仅有环状 DNA 分子通过滤膜并得以纯化。若需要大量制备,可用硝酸纤维素粉柱层析。

(二) 其他应用

1. 蛋白质含量测定　采用膜过滤的方法除去干扰物后,收集膜截留的蛋白质沉淀,即可用双缩脲法或 Folin 酚法进行测定。

2 核酸的测定　核酸的含量可以像蛋白质一样,经过预处理后进行测定。

3. 放射性标记物的超净　放射性标记物在贮存过程中可能产生放射性杂质,它们可能被滤膜截留或吸附于沉淀上而引起高空白。使用微孔滤膜预滤可除去潜在的干扰物。

(三) 在制药工业中的应用

根据膜的性能,其可以进行药液中微粒及细菌的滤除、抗生素的无菌检验等应用,用微孔滤膜过滤进行无菌检验比常规法采样容量大、简便、快速、灵敏度高,并可避免抗生素本身的抑菌作用。

点　滴　积　累

微孔膜过滤技术主要是用于截留直径为 $0.02 \sim 10 \mu m$ 的微粒、细菌等,是目前应用最广泛的一种分离分析微细颗粒和超净除菌的手段;微孔滤膜有再生纤维素膜、纤维素酯膜、硝酸纤维素膜、混合纤维素酯膜、聚四氟乙烯膜、聚氯乙烯膜以及超细玻璃纤维膜等。

第四节　纳　　滤

一、纳滤膜的种类和特性

纳滤膜(nanofiltration membranes)用于分离溶液中相对分子质量为 200~2000 的低分子量物质,如抗生素、氨基酸等,允许水、无机盐、小分子有机物等透过,膜孔径 1~2nm,其分离性能介于超滤与反渗透之间。

目前国外已经商品化的纳滤膜大多是通过界面缩聚及缩合法在微孔基膜上复合一层具有纳米级孔径的超薄分离层,根据制备材料及条件的不同,有些纳滤膜还可以根据需要带一定的电荷。纳滤膜可以是高分子复合膜,也可以是无机陶瓷膜,绝大多数是复合膜,其表面分离层由聚电解质构成,因而对无机盐具有一定的截留率。用于生物分离的纳滤膜主要分为有机膜、无机膜及复合材料膜等 3 类。

知 识 链 接

　　无机膜材料有二氧化锆、三氧化二铝、二氧化硅、二氧化钛等。

　　有机膜材料有芳香酰胺、醋酸纤维素、壳聚糖、聚酰亚胺、聚乙烯醇、聚苯并咪唑酮、磺化聚砜、磺化聚醚砜等。聚砜和聚醚砜具有优良的机械和化学性能,热稳定性好,广泛用于膜的制备。

　　除上述膜材料外,复合膜也得到了较大的发展。大部分为高分子复合膜,也可以无机材料制备纳滤膜及其复合膜,如无机陶瓷膜以及其有机分子修饰产物等。

　　纳滤膜分离过程与微滤、超滤、反渗透等膜分离过程一样,是一个不可逆过程,膜内传递现象通常用非平衡热力学模型来表征。如今,纳滤分离技术已越来越广泛地应用于食品、医药、生化行业的各种分离、精制和浓缩过程。

二、纳滤膜的应用

　　在实际应用中,由于纳滤的截留分子量可在 200~2000,因此其在分离小分子化合物方面具有巨大的优势,如温度可调节范围宽、待分离物质的物化性质较易于保持、可选择不同特性的膜(如离子选择性等)、可将分子量相近的分子分辨开来等。

 案 例 分 析

　　案例

　　通过蔗糖的酶化反应来制备低聚糖时(2~20 个单糖组成的碳水化合物),采用纳滤膜技术比高效液相色谱法(HPLC)处理成本低。

　　分析

　　通过蔗糖的酶化反应来制备低聚糖时,低聚糖和原料蔗糖分子量相差很小,很难分开,通常采用 HPLC 分离精制,但是 HPLC 法处理量小、耗资大、后续浓缩能耗很高,而采用纳滤膜技术来处理不仅可以达到 HPLC 法相似的处理效果,而且可在很高的浓度区域实现三糖以上的低聚糖同葡萄糖、蔗糖的分离和精制,因而大大节约了成本。

　　此外,可利用有些纳滤膜的荷电特性,对某些荷电小分子进行有效分离。离子与荷电膜之间存在道南(Donnan)效应,即相同电荷排斥而相反电荷吸引的作用。氨基酸、多肽等两性小分子,当体系中 pH 高于或低于等电点时带正电荷或负电荷。因此,当氨基酸或多肽带有与膜相同性质的电荷时,其离子与膜之间产生静电排斥(即道南效应),从而以较高的截留率被截留,而当氨基酸或多肽处于等电点时,纳滤膜仅按照孔径大小或其截留分子量进行截留,此时纳滤膜对氨基酸或小于截留分子量的多肽的截留几乎为零。高分子复合膜和无机陶瓷膜都可用于分离氨基酸,其分离性能与氨基酸混合体系和操作条件有关。

知识链接

　　纳滤还常与超滤、反渗透联用于生物医药的分离、浓缩及精制过程,如 Matsubara 等在从大豆废水中提取低聚糖时,通过超滤法除去体系中大分子蛋白,再以反渗透除盐和纳滤精制法分离低聚糖,从而极大地提高了经济效益。在抗生素的生产中,纳滤技术得到了很大重视。抗生素多采用发酵法生产,纳滤可以用于对抗生素进行脱盐、去除大分子及浓缩等处理,还可将纳滤技术单独或与其他膜分离手段结合起来用于抗生素的分离纯化。

　　随着膜科学技术的发展,以膜为基础的分离,既可以按照分子的大小进行分离,同时由于很多可以进行表面修饰的膜的出现,将膜的孔特征与其表面的化学特征完美地结合起来,因此还可以通过各种修饰手段得到具有亲和、离子交换、电荷排斥等特性的膜,用于各种吸附过程或膜色谱过程。

三、纳滤膜污染的处理

　　纳滤与其他形式的膜分离一样,同样会产生膜污染以及由于浓差极化而导致膜通量变小等情况,在超滤中用于克服浓差极化及防止膜污染的技术同样也适用于纳滤。管萍等对多肽和氨基酸纳滤膜分离中的膜污染及防治进行了介绍,既可以通过控制溶液的物化条件如 pH、离子强度等来控制一些容易污染的物质对膜的吸附污染,也可以通过膜的改性来改善膜的污染。

 知识链接

　　无机膜材料如二氧化锆、三氧化二铝、二氧化硅、二氧化钛等,具有极性表面,可以通过适当处理得到亲水的表面,因此较不易发生污染;有机膜材质较易于受到污染,这可能是由于有机材料表面的疏水性与待分离生物分子之间的疏水相互作用造成的。选用亲水性好的膜材料如芳香酰胺、醋酸纤维素、聚酰亚胺、聚乙烯醇、聚苯并咪唑酮、磺化聚砜、磺化聚醚砜等可以减少膜的污染。

　　聚砜和聚醚砜具有优良的机械和化学性能,热稳定性好,广泛用于膜的制备,但由于其表面具有一定的疏水性,因此会导致氨基酸、多肽和蛋白质等生物分子的吸附污染。在其中引入磺酸基是广泛应用的修饰方法,磺化聚砜和聚醚砜膜具有高的水通量和盐截留率以及耐污染性能,既可以提高材料的亲水性,也可以使材料带上电荷,因此分离过程主要受 Donnan 效应控制,不仅选择性提高,而且对溶液中带同种电荷的多肽和氨基酸的吸附作用降低;将聚砜或聚醚砜与其他荷电或无机膜材料共混获得的膜,其生物相溶性及抗污染能力均较强。

　　聚乙烯醇和壳聚糖本身都是较好的膜材料,而且可以通过自身结构修饰或与其他成膜材料共混而得到性能更好的膜,具有较好的耐污染能力。

知 识 链 接

　　膜色谱为以膜为基础的色谱分离,实际上是一种基于膜本身及经过修饰的膜的孔特征、表面性质,单层或多层组合起来用于生化物质分离的色谱模式,已经不属于粗分的一种方法,包括前面介绍的修饰纳滤膜分离技术,均可用于生物活性物质的纯化精制。

　　膜作为色谱基质的最大优势是其可以控制的孔特征。在膜色谱过程中,生物活性分子通过对流传输到膜上的相应作用位点,如基于染料亲和色谱的染料位点、基于疏水相互作用的疏水位点、基于离子交换的离子交换位点等,这个过程可以通过控制膜的孔特征如大小、分布等而控制传质速度。前面提到的膜材料及其修饰材料,均可作为色谱用膜。

点 滴 积 累

　　1. 纳滤膜孔径 1～2nm,其分离性能介于超滤与反渗透之间。用于生物分离的纳滤膜主要有无机膜、有机膜和复合材料 3 类,与微滤、超滤以及反渗透等膜分离过程一样,是一个不可逆过程。

　　2. 浓差极化现象是许多膜分离过程中的现象,需要通过改进分离手段如搅拌、振荡等来消除这种现象。

目 标 检 测

一、选择题

（一）单项选择题

1. 关于膜分离技术说法正确的是(　　　)
    A. 膜分离技术是基于所选膜的孔径大小以及膜表面的物理化学特性
    B. 膜分离技术仅仅根据膜上孔的大小来分离一定分子量范围的分子
    C. 膜分离技术一般是以膜孔径作为通用指标
    D. 膜分离技术按照膜孔径大小又分为超滤、微滤、纳滤、电渗析、反渗透和透析等
2. 透析法一般用于分离(　　　)
    A. 两类分子量差别较大的物质　　　　　B. 抗生素、氨基酸、小肽、多糖等
    C. 胶体、热原、核酸、病毒　　　　　　D. 直径为 $0.02\sim10\mu m$ 的微粒、细菌等
3. 以下关于透析膜,说法错误的是(　　　)
    A. 透析膜可以是来源于动物的半透膜
    B. 透析膜可以是人工合成的高分子膜
    C. 透析膜可以是无机材料构成的膜

D. 透析膜一般不是由无机材料制作的

4. 关于超滤技术,以下叙述错误的是(　　)

  A. 超滤技术是一项分子级薄膜分离手段

  B. 超滤以特殊的超滤膜作为分离介质,以膜两侧的压力差为推动力,将分子量不同的物质进行选择性分离

  C. 超滤膜规格是采用膜孔径作为通用指标的

  D. 超滤膜规格采用截留相对分子质量作为通用指标

5. 关于超滤操作,以下哪种说法不正确(　　)

  A. 超滤过程没有相的转移,无须添加任何强烈化学物质

  B. 超滤可以在低温下操作

  C. 超滤可用于大分子物质脱盐和浓缩、小分子物质的纯化以及大分子物质的分级分离

  D. 超滤技术中膜的孔结构允许其用于海水脱盐

6. 关于超滤膜,以下说法错误的是(　　)

  A. 超滤膜的材料可以是有机材料、无机材料以及无机-有机复合材料

  B. 可以通过在超滤膜表面修饰以相关基团,获得具有一定表面特性的膜

  C. 超滤膜操作过程由于是采用压力差作为推动力,因此不存在浓差极化现象

  D. 超滤膜的截留分子量是指阻留率达到90%以上的最小被截留物质的分子量

7. 关于微孔膜过滤技术,以下说法错误的是(　　)

  A. 微孔膜过滤技术主要用于截留直径为 $0.02\sim10\mu m$ 的微粒、细菌等

  B. 微滤膜的通用指标通常用截留分子量来表示

  C. 微孔滤膜由于厚度小、孔隙率高,一般其过滤的阻力较小

  D. 微孔滤膜的厚度一般为 $120\sim150\mu m$,孔径分布非常均一,因此除菌过滤、微粒检测等十分可靠

8. 关于纳滤,以下说法错误的是(　　)

  A. 纳滤主要用于分离溶液中相对分子质量为 $200\sim2000$ 的低分子量物质

  B. 纳滤膜的孔径 $1\sim2nm$

  C. 有些纳滤膜可以根据需要带一定的电荷

  D. 纳滤膜主要是有机膜

9. 透析是膜分离技术的一种,通常利用透析技术进行(　　)

  A. 脱脂　　　　B. 脱盐　　　　C. 除菌　　　　D. 除热原

10. 在超滤过程中,主要的推动力是(　　)

  A. 浓度差　　　B. 电势差　　　C. 压力　　　D. 重力

(二)多项选择题

1. 膜分离技术可以利用膜的哪些特性进行分离(　　)

  A. 利用膜上孔径分布范围窄的孔　　B. 根据膜的化学稳定性

  C. 根据膜的物理稳定性　　　　　　D. 根据膜表面的荷电特性

  E. 依据膜的制作材料

2. 纳滤可用于分离(　　)

A. 抗生素   B. 氨基酸   C. 大分子量蛋白质

D. 小分子量多肽   E. DNA

3. 微孔膜过滤可用于( )

   A. 收集细胞和细胞器   B. 蛋白质-DNA 络合物的测定

   C. mRNA 的测定和纯化   D. 氨基酸的分离纯化

   E. 抗生素的分离纯化

4. 超滤可用于( )

   A. 浓缩和脱盐   B. 生物大分子的分级分离和纯化

   C. 除溶剂   D. 除细菌

   E. 除病毒

5. 微孔滤膜孔径检测方法有( )

   A. 气泡压力法   B. 细菌过滤法   C. 水流量法

   D. 空气压力法   E. 细菌培养法

6. 常用超滤器的类型( )

   A. 无搅拌式装置   B. 搅拌或振动式装置

   C. 小棒超滤器   D. 浅道系统超滤装置(中空纤维系统超滤器)

   E. 超声振荡超滤器

二、问答题

1. 膜分离技术的核心是什么?

2. 透析、微滤、超滤以及纳滤所使用膜的物化特性有什么差异?

3. 何为反渗透?

4. 简述超滤的特点和用途。

5. 透析、微滤、超滤以及纳滤对膜制备有什么要求?

6. 简述膜分离的优点。

7. 透析过程中应注意哪些事项?

8. 影响超滤流速和选择性的因素有哪些?

三、实例分析

在纳滤技术中,可利用有些纳滤膜的荷电特性,对某些荷电小分子进行有效分离。离子与荷电膜之间存在道南(Donnan)效应,即相同电荷排斥而相反电荷吸引的作用。氨基酸、多肽等两性小分子,当体系中 pH 高于或低于等电点时带正电荷或负电荷,因此当氨基酸或多肽带有与膜相同性质的电荷时,其离子与膜之间产生静电排斥(即道南效应),从而以较高的截留率被截留,而当氨基酸或多肽处于等电点时,纳滤膜仅按照孔径大小或其截留分子量进行截留,此时纳滤膜对氨基酸或小于截留分子量的多肽的截留几乎为零。高分子复合膜和无机陶瓷膜都可用于分离氨基酸,其分离性能与氨基酸混合体系和操作条件有关。Garem 等采用 ZrO_2 膜表面接枝交联 PEI 的有机-无机复合纳滤膜(膜的等电点为10.8),分别研究了酸性、碱性和中性氨基酸混合物及多肽混合物的膜分离实验。结果,不同等电点的氨基酸或多肽在不同的 pH 条件下显示了不同的截留或透过率。不仅如此,还可以通过此种方法对分子量相近而等电点不同的氨基酸或多肽进行有效分离。

纳滤还常与超滤、反渗透联用于生物医药的分离、浓缩及精制过程,如 Matsubara 等在从大豆废水中提取低聚糖时,通过超滤法除去体系中大分子蛋白,再以反渗透除盐和纳滤精制法分离低聚糖,从而极大地提高了经济效益。在抗生素的生产中纳滤技术得到了很大的重视,将纳滤技术单独或与其他膜分离手段结合起来。抗生素的相对分子质量大都在 300~1200,多采用发酵法生产,纳滤可以用于对抗生素进行脱盐、去除大分子及浓缩等处理。

纳滤还与其他膜分离手段一起用于果汁的浓缩,如 Nabetani 等研究了用反渗透膜和纳滤膜串联起来进行果汁浓缩的方法,从而获得了更高浓度的浓缩果汁。

随着膜科学技术的发展,以膜为基础的分离,既可以按照分子的大小进行分离,同时由于很多可以进行表面修饰的膜的出现,将膜的孔特征与其表面的化学特征完美地结合起来,因此还可以通过各种修饰手段得到具有亲和、离子交换、电荷排斥等特性的膜,用于各种吸附过程或膜色谱过程。

分析:(1)膜材料的选择对于膜分离技术有什么影响?

(2)膜制备技术使膜分离技术的应用范围拓展。

(喻　昕　刘碧林)

第十章 色谱技术

第一节 色谱技术概述

色谱(chromatography)技术又被称为层析技术,最初也称色层分析,1903—1906年俄国植物学家 M. Tswett 首先提出来色层分析的概念,其将叶绿素的石油醚溶液通过碳酸钙(CaCO$_3$)管柱,并继续以石油醚淋洗,由于 CaCO$_3$ 对叶绿素中各种色素的吸附能力不同,色素被逐渐分离,并在管柱中出现了不同颜色的色带,故称其为色层分析法,所得到的色带也可称为色谱图(chromatogram)。如今的色层分析法已不局限于可见光下可见的有色物质,已超越了颜色的特殊含义,但色谱法或色层分析法这一名字仍保留下来沿用。

一、色谱法分类

色谱法根据不同的标准可以分为多种类型。

1. 根据固定相基质的形式分类,色谱可以分为纸色谱、薄层色谱和柱色谱。

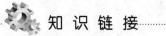 知 识 链 接

纸色谱和薄层色谱都是利用流动相(展开剂)在毛细拉力或扩散的作用下使得溶质分子在纸或薄层固定相上沿扩散方向移动的色谱形式,纸色谱是以滤纸作为固定相,薄层色谱是以微粒硅胶、氧化铝或其修饰产品等在玻璃或塑料等光滑表面铺成的一薄层作为固定相;柱色谱则是指将固体基质填装于一定长径比的管中,溶质在该柱中填充的固定相上实现色谱分离。纸色谱和薄层色谱主要适用于小分子物质的快速检测分析和少量分离制备,通常为一次性使用,而柱色谱是常用的色谱形式,适用于样品分析、分离。

2. 根据流动相的形式分类,色谱可以分为气相色谱、液相色谱和超临界流体色谱。

 知 识 链 接

气相色谱是指流动相为气体的色谱,而液相色谱指流动相为液体的色谱。气相色谱测定样品时需要气化,大大限制了其在生化领域的应用,主要用于氨基酸、核酸、小分子糖类、脂肪酸等小分子的分析鉴定。而液相色谱是生物领域最常用的色谱形式,适于生物样品的分离、分析;在小分子分离中,还有一类重要的色谱形式,其流动相为超临界流体,称为超临界流体色谱。

3. 根据分离的原理不同分类,色谱主要可以分为吸附色谱、分配色谱、体积排阻色谱、离子交换色谱和亲和色谱等。

 知 识 链 接

吸附色谱是以吸附剂为固定相,根据待分离物与吸附剂之间吸附力不同而达到分离目的的一种色谱技术;分配色谱是根据在一个有两相同时存在的溶剂系统中,不同物质的分配系数不同而达到分离目的的一种色谱技术;凝胶过滤色谱是以具有网状结构的凝胶颗粒作为固定相,根据物质的分子大小进行分离的一种色谱技术;离子交换色谱是以离子交换剂为固定相,根据物质的带电性质不同而进行分离的一种色谱技术;亲和色谱是指利用生物分子间的特异性亲和力(如酶及其抑制剂、抗体和抗原、激素和受体等),将某种生物分子作为配体连接在特定载体(如硅胶、多糖类等)上作为固定相,对能与该配体产生特异性相互作用的生物分子进行分离的一种色谱技术。

二、基本概念

(一)概述

液相色谱主要通过目标组分或待分离物在两相间分配能力或作用力不同而使目标组分得以分离,其中一相保持不动,称为固定相,而另一相移动,被称为流动相。待分离组分通过在固定相以及流动相之间各种作用力的矢量和差异而得到分离,这些作用有色散力、氢键、离子键、亲水作用、疏水作用、静电相互作用、分子扩散、亲和、络合、共价键修饰或交换等。

开管柱色谱的柱通常是由玻璃材料制备而成,洗脱液依靠重力流下,可以分部收集流出液,然后对不同馏分进行检测。也可以通过蠕动泵以恒定的流速将洗脱液从贮液瓶中输送入柱中。经典的开管柱色谱见图10-1。

高效液相色谱(high performance liquid chromatography,HPLC)的柱通常由不锈钢材料制备,洗脱液通过输液泵输入色谱柱中,待分离物质可在其上快速分离并可能得到很高的柱效。高效液相色谱系统见图10-2。

图 10-1 经典的开管柱色谱

注:灰色的部分是填充的固定相,通常以湿法装柱,可以是各种树脂、凝胶、硅胶、三氧化二铝等,根据待分离样品选择适当的洗脱液,洗脱液经过分段收集并通过相应手段测定后,可以以时间—信号值,也可以体积—信号值作图得到洗脱曲线。通常经典色谱得到的组分都是被洗脱液不同程度的稀释,可能需要进行进一步的浓缩等(如乙醇沉淀)处理

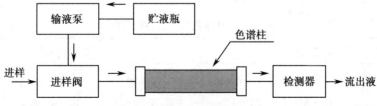

图 10-2 高效液相色谱系统

注:灰色部分是经过适当方式填充的色谱固定相,通过一个泵将洗脱液从贮液瓶中输送进柱中并流向检测器进行检测或收集目标组分。进样时,进样阀转向进样位置,以适当的注射器将样品注入进样阀的样品装载线圈中,再转向注射位置,样品被洗脱液推入柱中得到分离。

知 识 链 接

现代色谱分离系统有以下几个核心部分:①固定相。有时也称为介质或柱填料,固定相有可控的颗粒大小、形态、孔径以及表面特性等物化性质。②容纳固定相的中空柱子。③流动相。由一定化学组成的溶剂组成,其不仅在泵的驱动下作为载体将样品带入色谱柱中,而且还起着溶解以及提供相应的作用力以使样品中不同的组分得以分离。大多数色谱模式中所使用的流动相由2~3种溶剂以恒定的比例或以线性或非线性梯度的方式进行等梯度或梯度洗脱,在蛋白质、多肽等生物分子的分离中常常也需要盐的梯度变化。④色谱设备:有精密的输液泵(微量注射泵可以精确到50nl/min甚至更低)、精确的梯度混合器、精密的载样环及进样阀、精密而灵敏的检测器,最后是整个系统配合的严谨性;还可以利用电渗流驱动输送流动相,主要应用于在毛细管电色谱。⑤软件控制或色谱工作站,对色谱设备中诸如梯度、流动相流速、检测器、系统的完整性测试等进行控制。

(二) 固定相

固定相,也称为柱填料,是液相色谱的核心部件。固定相的骨架材料又称为色谱基质,通常为刚性固体、硬凝胶或软凝胶所构成的球形和不规则形状颗粒,根据基质上的孔结构又分为多孔颗粒和薄壳型表面多孔颗粒。利用化学或其他方法将相应特性的分子键合至色谱基质表面,构成键合固定相,也称为键合相色谱填料。

1. 色谱基质 可用作色谱基质材料的有:①无机材料,如多孔硅胶、可控孔径玻璃、羟基磷灰石、氧化铝及氧化锆等;②有机高分子,如聚苯乙烯-二乙烯苯、聚甲基丙烯酸酯、纤维素、葡聚糖及其修饰产物等。

作为色谱基质,必须具备:①合适的机械及化学稳定性;②可控的颗粒以及孔结构;③容易对表面进行功能化。有些基质基于其特殊的表面活性,可直接用于特殊的色谱过程,如活性炭、碳酸钙等。

2. 粒径和结构 经典的 LC 其使用的颗粒通常是粒径为 $0.1 \sim 0.25 \mu m$ 的大颗粒,柱子通常是靠重力填充,颗粒之间填充疏松、孔隙大,颗粒内部孔的液体扩散速度慢。现代高效液相色谱利用机械强度高、颗粒和孔径分布均匀的小颗粒填料填充于一密闭柱体系中,在施加比较大的压力下,液体在颗粒及其内部孔之间的传质变得相对一致而较快,表现出高的柱效(窄的峰形、快速的洗脱和良好的分辨率)。色谱基质颗粒在不同色谱类型中的典型粒径范围见表 10-1。

表 10-1 液相色谱基质粒径范围

LC 应用	粒径(μm)
分析型	3~10
制备型	10~40
低压/大规模制备型	40~150
极大规模制备型	~300

3. 填料孔径 色谱基质的孔径一般必须是待纯化的溶质分子大小的 5 倍,以有利于它们通过分子扩散进入所有的孔。

 知 识 链 接

根据孔径,色谱填料可分为:①孔径范围在 1000~10 000nm 的大孔填料;②孔径范围 180~500nm,介于微孔和大孔之间的中孔填料,也称为宽孔填料;③孔径范围在 60~120nm 的微孔填料。

4. 键合相 键合相是共价键合或通过吸附、涂敷等附着于色谱基质表面上的提供与流动相中溶质分子产生相互作用的分子。以硅胶为基质的键合相通常是以带有适当反应基团的硅烷与表面硅羟基反应而得到的(图 10-3)。对于以聚苯乙烯为刚性基体的 LC 填料,键合相化学涉及的过程为首先进行吸附,然后含相应功能团(含疏水和羟基基团)的单体交联共聚于聚苯乙烯的表面。可以通过衍生化将表面羟基衍生成不同的键合相(图 10-4)。

图 10-3 硅胶表面键合反应

注:其中 X 可以是—Cl、$CH_3O—$、CH_3-$CH_2O—$等基团,R^1、R^2、R^3 可以相同也可以不同,而且也可以是相应的反应功能团,如—Cl、$CH_3O—$及含有环氧基、末端氨基等活性基团的碳链

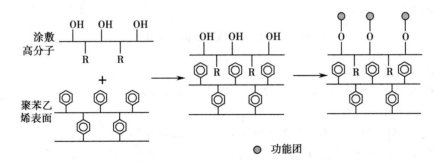

图 10-4 聚苯乙烯表面吸附含相应功能团的高分子,再进行修饰得到目标表面

键合相的理化特性决定了其色谱运作模式和其选择性,如以生物分子特异相互作用为基础的键合相则为亲和色谱固定相,以分子对映异构体或以分子结构的手性识别作用为基础的键合相则为手性色谱固定相,以分子表面电荷为基础的键合相则为离子交换色谱固定相,以分子疏水性、亲水性差异为基础的键合相为反相、正相或疏水相互作用色谱固定相等。

三、色谱效率

这里以反相色谱中的等梯度洗脱为例,对色谱评价的主要指标进行简要介绍。混合物中每一种成分在通过柱子时都有一定的带宽,各种成分之间是否能够分离开,主要是看各种成分之间在柱中的差异移动情况。移动主要受 3 个因素影响。①流动相的组成:主要是离子强度、pH、有机调节剂的浓度;②固定相组成;③分离体系的温度。

(一) 基本保留原理

图 10-5 是两种溶质在经过色谱过程后,得到的洗脱体积/时间-信号响应色谱图,以图示的各项参数,可以计算相关色谱参数。

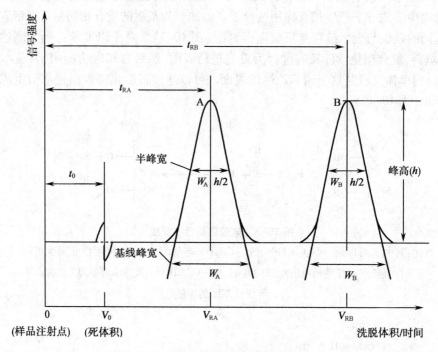

图 10-5 典型的色谱图及相关参数含义

相应参数的计算:

保留因子或容量因子:$k = (t_R - t_0)/t_0 = (V_R - V_0)/V_0$

选择因子:$\alpha = k_B/k_A$

柱效(以理论塔板数表示):$N = 16(t_R/W)^2 = 5.54(t_R/W_{h/2})^2$

分辨率:$R_s = 2(t_{RB} - t_{RA})/(W_A + W_B)$

其中,t_R 是指溶质分子的保留时间,指溶质进入柱到出柱消耗的时间;t_0 是死时间,指未保留物质从进柱到出柱消耗的时间;V_R 是保留体积,指溶质进入柱到出柱消耗的流动相体积;V_0 是死体积,指不保留物质从进柱到出柱消耗的流动相体积;W 是以时间表示的色谱峰的峰宽,$W_{h/2}$ 是指峰高 1/2 处的峰宽。

k 越大,则表明该溶质在特定条件下与固定相的作用力越强,对应于保留时间来说,其保留时间较长;反之,则保留时间较短。选择因子 α 越大,则表明 A 和 B 两种成分于特定条件下在该柱子上越容易被分离开来。

柱子效率越高则表明特定条件下固定相对某溶质的分离效果越好,而 R_s 值越大,两种组分分离的效果越好。当 $R_s = 1$ 时,两组分具有较好的分离,互相沾染约 2%,即每种组分的纯度约为 98%。当 $R_s = 1.5$ 时,两组分基本完全分开,每种组分的纯度可达到 99.8%。

如图 10-6 所示,峰不对称因子(peak asymmetry factor)是指沿峰顶至横轴的垂直线将 10% 峰高处峰宽分割后 b 与 a 的比值,可以 A_s 表示,主要是反映固定相与组分之间的作用力强弱情况,如果 A_s 越大,则表明组分与固定相在特定洗脱条件下相互作用力越大,产生拖尾现象。

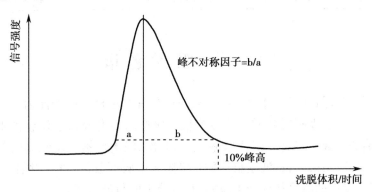

图 10-6 色谱峰不对称性因子的计算

(二)柱效

依据塔板理论,塔板数越高,表明溶质分子在柱子上的分离效率越高。在知道理论塔板高度时,柱效可通过柱子的长度(L)与理论塔板高度(H)之间的比值进行计算,即 $N = L/H$。通常,小粒径色谱填料、低流动相流速和不太黏稠的流动相有利于减小 H 值。H 值小,则柱效高,此时峰展宽也小,反之则柱效会降低,峰展宽也可能较严重。

(三)样品负载量

样品负载量也称为柱容量,是指可以注入色谱系统而又不会使柱过载的最大可进样品量,通常以每克柱填料对应的最大进样量来表示。样品负载量对于制备色谱来说是一个关键的参数,因为它显示了柱的大小和其对应的样品处理能力,对于分析性色谱来说,样品负载量决定了动态的分析范围。样品负载量的两种计算方法:①以非装柱的形式,通过样品与对应数量的柱填料之间的平衡,确定最大样品负载量;②以装柱的形式,在柱色谱中,当进样量达到柱子的饱和负载量时,洗脱液中样品的浓度等于注入样品的浓度。

不同的色谱模式,流动相的选择是不同的,将在后续相关色谱技术中分别介绍。

点 滴 积 累

1. 色谱技术的核心是色谱柱,色谱固定相性能的不同以及流动相的选择决定了色谱分离模式,流动相可以是气体也可以是液体或超临界流体,因此根据流动相的不同可以将色谱分为气相色谱、液相色谱和超临界流体色谱。

2. 色谱固定相的骨架材料称为色谱基质,可以是刚性材料、硬胶或软胶,色谱基质可以是球形颗粒也可以是无定形的颗粒,小粒径色谱基质常用于分析色谱(也可用于制备色谱),大粒径色谱基质常用于制备色谱。根据色谱基质所拥有孔的大小,又分为大孔、中孔和小孔填料;色谱基质内外表面键合基团或功能团的不同特性,造就了丰富多彩的色谱模式,流动相的选择根据实际分离过程而有所不同。

3. 在生物制药工艺中,色谱技术对目标药物的分离纯化有时可能必不可少。对动植物组织、细胞或微生物细胞进行预处理后,分离纯化目标药物,常用的色谱技术有反相高效液相色谱、吸附色谱、体积排阻色谱、离子交换色谱和亲和色谱等。

第二节 吸 附 色 谱

吸附是利用吸附剂对液体或气体中某一组分具有选择吸附的能力,使其富集在吸附剂表面的过程,被吸附的物质称为吸附质。典型的吸附分离过程包含 4 个步骤:首先,将待分离的料液(或气体)通入吸附剂中;其次,吸附质被吸附到吸附剂表面,此时吸附是有选择性的;第三,料液流出;第四,吸附质解吸回收后,将吸附剂再生。还可以将吸附剂置入相应器具如柱子中,将含有待分离的料液或气体以一定速率通过该器具,吸附质被吸附到吸附剂表面,将料液从该器具中洗涤干净,再以另一种洗脱剂(气体或液体)将吸附质解吸回收。

吸附过程条件温和,不易造成蛋白质变性、酶活力降低或失活,因此适用于蛋白质、酶等生物分子的分离纯化。

课 堂 活 动

1. 家庭装修时为减少甲醛等有毒气体的污染,常采取哪些措施?
2. 结合生活常识列举几种常用的吸附剂。

一、吸附类型

根据吸附剂与吸附质之间存在吸附力性质的不同,可将吸附分成物理吸附、化学吸附和交换吸附 3 种类型。

(一)物理吸附

吸附剂和吸附质之间的作用力是分子间引力(范德华力),这类吸附称为物理吸附。由于分子间引力普遍存在于吸附剂与吸附质之间,所以整个自由界面都起吸附作用,故物理吸附无选择性。因吸附剂与吸附质的种类不同,分子间引力大小各异,因此吸附量可由物系不同而相差很多。物理吸附不需要较高活化能,故在低温下也可进行。在物理吸附中,吸附质在固体表面上可以是单分子层也可是多分子层。此外,物理吸附类似于凝聚现象。因此吸附速度和解吸速度都较快,易达到吸附平衡状态。但有时吸附速度很慢,这是由于吸附剂颗粒在孔隙中的扩散速度被控制所致。

（二）化学吸附

由于固体表面未完全被相邻原子所饱和，还有剩余的成键能力，在吸附剂与吸附质之间有电子转移，生成化学键。因此化学吸附需要较高的活化能，需要在较高温度下进行。化学吸附放出热量很大，与化学反应相近。由于化学吸附生成化学键，因而只能是单分子层吸附，且不易吸附和解吸，平衡慢。化学吸附的选择性较强，即一种吸附剂只对某种或特定几种物质有吸附作用。

（三）交换吸附

吸附剂表面如为极性分子或离子所组成，则它会吸引溶液中带相反电荷的离子形成双电层，这种吸附称为极性吸附。同时吸附剂与溶液发生离子交换，即吸附剂吸附离子后，同时要放出相应摩尔数的离子于溶液中。离子的电荷是交换吸附的决定因素，离子所带电荷越多，它在吸附剂表面的相反电荷点上的吸附力就越强。

必须指出，各种类型的吸附之间不可能有明确的界限，有时几种吸附同时发生，很难区别。因此，溶液中的吸附现象较为复杂。

二、常用吸附剂

吸附是表面现象，一般固体都有或强或弱的吸附能力，在选择吸附剂时，要求吸附剂具备以下特性：①对被分离的物质具有很强的吸附能力，即平衡吸附量大；②有较高的吸附选择性；③有一定的机械强度，再生容易；④性能稳定、价廉易得。

（一）活性炭

活性炭按照粒径大小可分为粉末活性炭、颗粒活性炭以及基于粉末活性炭制备的颗粒型活性炭。由于活性炭生产原料和制备方法不同，吸附力不同，在生产上常因采用不同来源或不同批号的活性炭而得到不同的结果。

 知 识 链 接

在提取分离过程中，应根据所分离物质的特性，选择适当吸附力的活性炭。当欲分离的物质不易被活性炭吸附时，要选择吸附力强的活性炭；当欲分离的物质很容易被活性炭吸附时，则要选择吸附力弱的活性炭；在首次分离料液时，一般先选用颗粒状活性炭；如待分离的物质不能被吸附，则改用粉末状活性炭，但尽量避免应用粉末状活性炭，因其颗粒极细，吸附力过强，许多物质吸附后较难洗脱。

活性炭是非极性吸附剂，一定条件下，对不同物质的吸附一般具有如下规律。

（1）对极性基团（—COOH，—NH$_2$，—OH 等）多的化合物的吸附力大于极性基团少的化合物。例如，活性炭对酸性氨基酸和碱性氨基酸的吸附力大于中性氨基酸，这是因为酸性氨基酸中的羧基比中性氨基酸多，碱性氨基酸中的氨基（或其他碱性基团）比中性氨基酸多。又如，活性炭对羟基脯氨酸的吸附力大于脯氨酸，因为羟基脯氨酸比脯氨酸多 1 个羟基。

（2）对芳香族化合物的吸附力大于脂肪族化合物。可借此性质将芳香族氨基酸与脂肪族氨基酸分开。

（3）活性炭对相对分子质量大的化合物的吸附力大于相对分子质量小的化合物。例如，对肽的吸附力大于氨基酸，对多糖的吸附力大于单糖。

（4）发酵液的 pH 与活性炭的吸附效率有关，一般碱性抗生素在中性条件下吸附，酸性条件下解吸；酸性抗生素在中性情况下吸附，碱性条件下解吸。

（5）活性炭吸附溶质的量在未达到平衡前一般随温度提高而增加，但在提高温度时应考虑到溶质对热的稳定性，如对热稳定性较差的药物，温度高会破坏平衡。

（二）大孔网状聚合物吸附剂

大孔网状聚合物在合成过程中没有引入离子交换功能团，只有成孔的骨架，其性质和活性炭、硅胶等吸附剂相似，所以简称大网格吸附剂（俗称大孔树脂吸附剂或吸附树脂）。大孔网状聚合物吸附剂脱色除臭力与活性炭相当，对有机物质具有良好的选择性；吸附树脂的物理化学性质稳定，机械强度好，经久耐用，吸附树脂品种多；吸附树脂吸附速度快，易解吸，易再生，吸附树脂一般直径为 0.2~0.8mm，不污染环境，使用方便。该类吸附剂的缺点是价格昂贵，吸附效果易受流速和溶质浓度等因素影响。

1. 大孔网状聚合物吸附剂类型和结构　大孔网状聚合物吸附剂按骨架极性强弱，可分为非极性、中等极性和极性吸附剂 3 类，其性能见表 10-2。

表 10-2　amberlite 系列大孔网状聚合物吸附性能表

吸附剂名称	树脂结构	极性	比表面（m^2/g）	孔径×10^{-10}m	孔度（%）	骨架密度（g/ml）	交联剂
XAD-1			100	200	37	1.07	
XAD-2			330	90	42	1.07	
XAD-3	苯乙烯	非极性	526	44	38		二乙烯苯
XAD-4			750	50	51	1.08	
XAD-5			415	68	43		
XAD-6	丙烯酸酯		63	498	49		
XAD-7	α-甲基丙烯酸甲酯	中极性	450	80	55	1.24	双 α-甲基丙烯酸二乙醇酯
XAD-8	α-甲基丙烯酸甲酯		140	250	52	1.25	
XAD-9	亚砜	极性	250	80	45	1.26	
XAD-10	丙烯酰胺	极性	69	352			
XAD-11	氧化氮类	强极性	170	210	41	1.18	
XAD-12	氧化氮类	强极性	25	1300	45	1.17	

注：除 amberlite 系列外，还有一些公司生产类似的产品。

非极性吸附树脂以苯乙烯为单体、二乙烯苯为交联剂聚合而成，故称芳香族吸附剂；中等极性吸附树脂是以甲基丙烯酸酯作为单体和交联剂聚合而成，也称为脂肪族吸附剂，而含有硫氧、酰胺、氮氧等基团的为极性吸附剂。

2. 大孔网状聚合物吸附剂吸附机制　大孔网状聚合物是一种非离子型共聚物，其吸附能力不但与树脂的化学结构和物理性能有关，而且与溶质及溶液的性质有关。一般非极性吸附剂适于从极性溶剂（如水）中吸附非极性物质。相反，高极性吸附剂适于从非极性溶剂中吸附极性物质。而中等极性的吸附剂则对上述两种情况都具有吸附能力,在非极性溶剂中吸附时,溶质分子以亲水性部分吸着在吸附剂上,而当它在极性溶媒中可同时吸附溶质分子的极性和非极性部分。

由于是分子吸附,而且大孔网状聚合物吸附剂对有机物质的吸附能力一般低于活性炭,所以解吸比较容易,通常解吸有下列几种方法。

(1)最常用的是以低级醇、酮或其水溶液解吸。所选用的溶剂应符合两种要求:一种要求是溶剂应能使大孔网状聚合物吸附剂溶胀,这样可减弱溶质与吸附剂之间的吸附力;另一种要求是所选用的溶剂应容易溶解吸附物,因为解吸时不仅必须克服吸附力,而且当溶剂分子扩散到吸附中心后,应能使溶质很快溶解。

(2)对弱酸性溶质可用碱来解吸。如 XAD-4 吸附酚后,可用氢氧化钠溶液解吸,此时由于酚转变为酚钠,亲水性较强,因而吸附较差。氢氧化钠最适浓度为 0.2%~0.4%,如超过此浓度时由于盐析作用,对解吸反而不利。

(3)对弱碱性物质可用酸来解吸。

(4)如吸附是在高浓度盐类溶液中进行时,则常常用水洗就能解吸下来。

和离子交换不同,无机盐类对这类吸附剂吸附不仅没有影响,反而会使吸附量增大。因此用大网格吸附剂提取有机物时,不必考虑盐类的存在,这也是大网格吸附剂的优点之一。

选择适合的孔径也很重要。溶质分子要通过孔道到达吸附剂内部表面。因此,吸附有机大分子时,孔径必须足够大,但孔径增大,吸附表面积就要减小。研究表明,孔径等于溶质分子直径的 6 倍时比较合适。因此,宜根据吸附质的分子大小,选择具有适当极性、孔径和表面的吸附剂。例如:吸附酚等分子较小的物质,宜选用孔径小、表面积大的 XAD-4,而对吸附烷基苯磺酸钠,则宜用孔径较大、表面积较小的 XAD-2 吸附剂。

除活性炭和大孔吸附树脂外,很多色谱基质如硅胶、氧化铝、白陶土以及相关修饰产品均可以用作吸附剂。

三、影响吸附的因素

固体在溶液中的吸附比较复杂,影响因素也较多,主要有吸附剂、吸附质、溶剂的性质以及吸附过程的具体操作条件等。现将主要因素简述如下:

(一) 吸附剂的性质

吸附剂的结构决定其理化性质,理化性质对吸附的影响很大,一般要求吸附容量大,吸附速度快和机械强度好。吸附容量除外界条件外,主要与比表面积有关,比表面积越大,空隙度越高,吸附容量越大。吸附速度主要与颗粒度和孔径分布有关,颗粒度越小,吸附速度就越快。孔径适当,有利于吸附物向空隙中扩散,所以要吸附相对分子质量大的物质时,就应该选择孔径大的吸附剂,要吸附相对分子质量小的物质,则需选择比表面积大及孔径较小的吸附剂;而极性化合物,需选择极性吸附剂;非极性化合物,应选择非极性吸附剂。

(二) 吸附质的性质

根据吸附质的性质可以预测相对吸附量的大小,预测相对吸附量有以下规律:①能使表面张力降低的物质,易为表面所吸附,也就是说固体的表面张力越小,液体被固体吸附得越多;②溶质从较易溶解的溶剂中被吸附时,吸附量较小;③极性吸附剂易吸附极性物质,非极性吸附剂易吸附非极性物质,因而极性吸附剂适宜从非极性溶剂中吸附极性物质,而非极性吸附剂适宜从极性溶剂中吸附非极性物质;④对于同系列物质,吸附量的变化是有规律的。排序越后的物质,极性越差,越容易为非极性吸附剂所吸附,如,活性炭是非极性的,在水溶液中是一些有机化合物的良好吸附剂;硅胶是极性的,其在有机溶剂中吸附极性物质较为适宜。

在实际生产中,脱色和除热原一般用活性炭,去过敏物质常用白陶土。在制备酶类等药物时,要求吸附剂选择性较强,须选择多种吸附剂进行实验才能确定。

(三)温度

吸附一般是放热的,所以只要达到了吸附平衡,升高温度会使吸附量降低。但在低温时,有些吸附过程往往在短时间达不到平衡,而升高温度会使吸附速度加快,并出现吸附量增加的情况。

 知 识 链 接

对蛋白质或酶类的分子进行吸附时,被吸附的高分子是处于伸展状态的,因此这类吸附是一个吸热过程,在这种情况下,温度升高,会增加吸附量。

生化物质吸附温度的选择,还要考虑它的热稳定性。对酶来说,如果是热不稳定的,一般在0℃左右进行吸附;如果比较稳定,则可在室温操作。

(四)溶液 pH

溶液的 pH 往往会影响吸附剂或吸附质解离情况,进而影响吸附量,对蛋白质或酶类等两性物质,一般在等电点附近吸附量最大。各种溶质吸附的最佳 pH 需通过实验确定。一般来说有机酸在酸性下,胺类在碱性下较易为非极性吸附剂所吸附。

(五)盐的浓度

盐类对吸附作用的影响比较复杂,有些情况下盐能阻止吸附,在低浓度盐溶液中吸附的蛋白质或酶,常用高浓度盐溶液进行洗脱。但在另一些情况下盐能促进吸附,甚至有的吸附剂一定要在盐的存在下,才能对某种吸附物进行吸附。因此,盐的浓度对于选择性吸附很重要,在生产工艺中也要靠实验来确定合适的盐浓度。

(六)吸附物浓度与吸附剂用量

在吸附达到平衡时,吸附质的浓度称为平衡浓度。普遍的规律是:吸附质的平衡浓度愈大,吸附量也愈大。用活性炭脱色和去热原时,为了避免对有效成分的吸附,往往将料液适当稀释后进行。在用吸附法对蛋白质或酶进行分离时,常要求其浓度在1%以下,以增强吸附剂对吸附质的选择性。

从分离提纯的角度考虑,还应考虑吸附剂的用量。若吸附剂用量过多,会导致成本增高、吸附选择性差及有效成分的损失等。所以吸附剂的用量,应综合各种因素,用实验来确定。

点 滴 积 累

吸附色谱是利用吸附剂对液体或气体中的某一组分选择性吸附的特性并使之富集于吸附剂表面的过程,根据吸附质的不同选择相应的吸附剂,在生物制药工艺中常用的吸附剂有活性炭或大孔吸附树脂两类。

第三节　基于疏水作用的高效液相色谱

以疏水作用为基础的液相色谱分离技术主要是反相高效色谱（reversed-phase high performance liquid chromatography，RP-HPLC）和疏水相互作用色谱（hydrophobic interaction chromatography，HIC）。

一、反相高效液相色谱

（一）概述

RP-HPLC 是指固定相具有由疏水性功能团构成的表面，在高效分离模式中，流动相的极性一般比固定相强，因此称之为反相高效液相色谱，在药物制备分离与分析中得到了广泛的应用，在生物分离中还可用于脱盐，其脱盐过程与分离纯化过程可以在 RP-HPLC 上一次完成。

案 例 分 析

案例

Rivier 等利用 RP-HPLC 有效地分离了人与兔胰岛素。

分析

人与兔胰岛素，两者仅相差 1 个甲基：兔胰岛素有 1 个苏氨酸，而人胰岛素是丝氨酸。RP-HPLC 具有高的分辨率和易于与其他技术联用的特点。在蛋白质和多肽的分离与分析中，如果条件选择适当的话，即使相差 1 个氨基酸残基也可以得到有效分离。

RP-HPLC 在分离小分子时的机制是基于小分子在固定相和流动相之间的分配平衡，而对于分子量相对较大的分子如多肽、蛋白质及多糖等，其可能更多是利用固定相上疏水性的碳链与溶质分子之间的疏水相互作用、色散力及生物分子疏水区或基团的疏溶剂作用，通过吸附和解吸，同时包括分配平衡等多种机制达到有效分离。

RP-HPLC 的填料主要为修饰硅胶，也使用高分子（以聚苯乙烯-二乙烯苯共聚物为主），键合相主要是烃基链（如 C_4、C_8、C_{18} 等）、苯基等。在生物分子尤其是生物大分子的分离中，经常需要采用大孔径的反相色谱填料，多数色谱供应商或代理商供应孔径大于 300nm 的硅胶、修饰硅胶、高分子以及无孔基质材料。

（二）流动相选择

相对于反相色谱而言，流动相极性小于固定相极性的色谱模式，称为正相色谱，因此这里对正相色谱固定相情况及流动相选择也作一介绍。

1. 反相色谱　一般而言，反相色谱是指流动相极性大于固定相极性的色谱模式，常用的流动相为甲醇、乙腈等 0~100% 水溶液，在分离生物分子如多肽时，可以使用 pH 2~8 的缓冲液，注意使用完毕后以大量的水进行冲洗，以免盐析出，造成进样阀、泵的磨损。在分离蛋白质、多肽等生物分子时，除需要缓冲液外，常常加入离子对试剂如 0.1% 的三氟乙酸等，增加蛋白质、多肽等生物分子的疏水特性，使得这类分子高效地分离。但有研究表明,三氟乙酸会对 Si—O—Si—R 中的 Si—R 键有破坏作用,因此长期使用会造成键合相的脱落,造成硅胶表面非特异吸附作用的增强。除非对硅胶为基质的反相柱有特殊说明,比如键合相可以耐较强的酸或碱性溶液,已经过特殊的小分子封端处理等,否则,在使用三氟乙酸等强酸时必须谨慎。现在很多公司提供可以在强酸性或强碱性环境使用的色谱材料,某些以高分子为基质的色谱填料可以在 pH 1~14 范围内使用。

流动相的选择可以根据相似相溶原理,当溶质分子疏水性强时,这类分子与反相键合相如 C_8、C_{18} 长链的作用力也较强,因此在保证溶质分子与其他组分基线分离的情况下,尽量增强流动相的洗脱能力,一般可以通过增加有机相的比例来增强流动相的洗脱能力,还可以更换洗脱能力更强的洗脱剂。

洗脱能力强弱一般为四氢呋喃 > 乙腈 > 甲醇,常用的为乙腈和甲醇,为增强洗脱能力,通常更换为乙腈水溶液,或在流动相中添加适量的四氢呋喃。当然,还可以根据待分离组分的情况,添加其他调节剂,以改变流动相的洗脱能力。

反相色谱中可以采用形成离子对的方法,改善溶质分子的疏水特性,使溶质分子有效得以分离,如前面提到的分离多肽和蛋白质类分子时使用三氟乙酸,一方面三氟乙酸可以与氨基酸残基上的氨基反应,形成离子对;另一方面,三氟乙酸可以抑制氨基酸残基上羧基的解离。以疏水相互作用为基础的疏水相互作用色谱,也可以参照反相色谱的流动相选择方法。

2. 正相色谱　正相色谱固定相可以是未经修饰的硅胶、氧化铝、二氧化锆等,也可以是经过表面修饰后的色谱填料,如修饰以—CN、—C_6H_5、环氧基等。

正相色谱中,流动相的选择同样是基于溶质分子与流动相及固定相表面的相互作用情况,在保证溶质分子与其他组分基线分离的情况下,可以采用相对较强的洗脱剂。在正相色谱模式中,一般很少使用含水溶剂,在个别情况下,如以硅胶作为固定相时,水可以极微量的形式存在于饱和硅胶表面上的活性较强的硅羟基位点。根据所使用的固定相情况,正相色谱流动相可以是石油醚、环己烷、苯、甲苯、乙醇等。

二、疏水相互作用色谱

HIC 主要应用于蛋白质或多肽类的分离中。HIC 是一种基于蛋白质和固定相非极性区域相互作用的分离过程,它是 IEC 和 SEC 的补充,三者在生化分离中都具有重要的作用,而 RP-HPLC 则可以与上述方法联用在以上色谱过程中的最后步骤,进行进一步分离纯化和脱盐。

在蛋白或多肽的分离中,HIC 与 RP-HPLC 都是基于蛋白质或多肽上面的疏水基团与固定相疏水区域的疏水相互作用。RP-HPLC 中流动相和有机调节剂会导致蛋白质空间结构的改变,而疏水相互作用色谱有两个因素可以保证蛋白质和多肽维持它们的原始空间结构:①固定相的设计中,其键合相中的碳链较短,如苯基和辛基等,且在其链中含有亲水性基团如二醇基、羧基等,增加了键合相表面的生物相容性,同时提供了一定的疏水作用区,在 HIC 中采用的键合链密度较低,典型的密度约是 RP-HPLC 填料的1/10;②所使用的操作条件可以允许其保持蛋白质或多肽的原始构象,如合适的盐浓度、不含有机溶剂等。

HIC 分离蛋白质通常是在中性条件下以线性递减的盐梯度进行洗脱。典型的起始硫酸铵缓冲的盐浓度在 1.5~2.0mol/L,随着盐浓度的减小,吸附不强的蛋白质首先被洗脱下来。相比之下,RP-HPLC 是依赖蛋白质本身的疏水性,在蛋白质上几乎所有疏水基团都暴露于固定相的变性条件下进行分离的。HIC 可以保持蛋白质或多肽的生物活性而又可有效对其进行分离的特性,使得 HIC 获得了广泛的研究。HIC 所选用的基质材料通常为硅胶、聚甲基丙烯酸酯、琼脂糖以及其他相关高分子,粒径可以在 5~200μm 范围内选择,在 HIC 色谱模式中,所使用的基质材料只有很少部分是硅胶,绝大部分是高分子,键合相一般是短烃链(如丁基、辛基等)、寡聚乙二醇、苯基以及二醇基。

点 滴 积 累

1. 基于疏水相互作用的色谱模式主要有 RPLC 和 HIC。

2. RPLC 常用的色谱柱是硅胶为基质的 C_{18} 固定相,在分离蛋白质或多肽时常使用大孔色谱填料,洗脱液通常是不含或少含有机溶剂的缓冲液,有时加入三氟乙酸作为离子对试剂来增加多肽的疏水性。

3. HIC 是 RP-HPLC 的重要补充,其利用生物分子上的疏水基与 HIC 固定相上的疏水相互作用进行分离,可以有效保护蛋白质等生物分子的构象而不致变性。

第四节 体积排阻色谱

体积排阻色谱(size exclusion chromatography,SEC)是将分子按照其大小进行分离的色谱技术,根据固定相和使用环境的不同,主要有两种类型,凝胶过滤色谱(gel filtration chromatography,GFC)和凝胶渗透色谱(gel permeation chromatography,GPC)。

 知 识 链 接

与其他色谱模式相比,SEC 具有较明显的优点:①严格按照分子流体力学体积进行分离;②大分子可以测定其分子量和分子量分布;③固定相相对于淋洗体系是惰性的,不与体系中的物质发生强相互作用和化学反应,因此不需要进行梯度洗脱;且杂质一般不会滞留于柱上,柱寿命也因此较长;④凝胶过滤色谱固定相具有较好的生物相容性,因此对于生物大分子来说具有较高的活性回收率;⑤柱负载量可以通过固定相的量来控制,利于制备分离。

体积排阻色谱的缺点是分辨率一般较低,只适用于分子大小且差别较大的体系,其峰容量相对于其他色谱模式来说,也比较低。

一、分离机制

SEC 过程是利用固定相的孔径分布,使分子按照其流体力学体积在固定相的孔及流动相之间不断进行分配而最终分离的。溶剂分子由于相对于固定相的孔径来说通常是非常小的,可以自由出入固定相内各种孔径的孔,而溶质分子一般仅扩散至孔径比自己大的孔中,大于固定相最大可允许进入其孔的大分子,一般只是在构成色谱柱的颗粒之间进行分配。

理想情况下,SEC色谱基质表面与体系中的所有物质都不产生吸附作用,可直接将待分离溶液注入SEC柱中,但实际操作中,须采取一些措施才能达到这一点,如在GFC过程中,为抑制基质材料对体系中待分离分子吸附的影响,可以向流动相中加中性盐。

SEC的分离范围一般是指标定曲线的线性范围,通常SEC分离时,其标定曲线在靠近排阻极限时会偏离线性。

 知 识 链 接

一般而言,完全排阻的分子会在V_o(void volume)首先流出色谱柱。V_o代表柱内颗粒之间的体积(基质或支持介质外的体积),可由较大分子的色谱过程测定出来。可以自由并彻底进入孔中的分子,孔内的体积称为内孔体积V_i,如果以V_t表示完全外孔体积和内孔体积的总和,则这种分子的洗脱体积就可以表示为:

$$V_t = V_i + V_o$$

当一个分子并不是完全被排出在颗粒之外,那么它对应的一个洗脱体积V_e,就将在极限体积V_o和V_t之间,设K_d为这个分子在内孔体积的扩散系数,那么$K_d \cdot V_i$就是其在内孔的扩散体积,因此,其洗脱体积为:

$$V_e = V_o + K_d \cdot V_i$$

因此可以计算出扩散系数为:

$$K_d = (V_e - V_o)/V_i$$

而V_i可以通过实验得到,$V_i = V_t - V_o$

因此

$$K_d = (V_e - V_o)/(V_t - V_o)$$

SEC的一个重要应用之一是由分子的K_d值估计它们的分子量,通常是通过$K_d - \log M_w$曲线测量得到。因为K_d与V_e成正比,因此V_e对分子量的log对数曲线也用于估计分子量,缺点是V_e取决于柱的尺寸。

体积排阻色谱的排阻极限一般以具有不同的分子量且分子量分布极窄的聚苯乙烯来标定凝胶渗透色谱,以具有不同分子量的葡聚糖、聚乙二醇,或以蛋白质标准样品的分子量来标定凝胶过滤色谱。在凝胶过滤色谱过程中,应注意蛋白质在普通水溶液中常呈球形,而聚乙二醇和葡聚糖则是线形分子,要注意根据自己的样品选择适当的标准或对照品。

二、凝胶过滤色谱

凝胶过滤色谱(gel filtration chromatography,GFC)方法是在水相淋洗体系中,对于水溶性大分子化合物按其分子尺寸大小进行分离的一种液相色谱技术。水溶性物质尤其是高分子量水溶性化合物的分离。在溶质分子量相差较大的情况下,GFC 方法是目前最简便的一种分离手段,GFC 可用于初级分离、缓冲液交换、有机溶剂纯化,用于高分辨和高效快速分离以及分子量的测定等。

 知 识 链 接

以无机材料为基质的体积排阻色谱可用于非水溶剂体系进行 GPC 分离,也可用于水相淋洗体系进行 GFC 分离。其中最重要的一类是以硅胶为基质的体积排阻色谱柱,在以硅胶为基质的 SEC 中,常常需要使用向流动相中添加中性盐的方法以抑制硅胶表面硅羟基的离子交换功能,如加入 0.15mol/L NaCl 就可起到明显的效果。

当硅胶作为 GPC 的基质时,因为主要是分离一些疏水性的大分子,硅胶表面的极性不会对分离产生影响,可以视需要选择未经表面改性或改性的硅胶。当用于 GFC 时,一般选择其表面键合有二醇基基团的填料,以使大分子与硅胶基质的作用不是太强,其中硅胶表面部分强致变性位点被掩盖。

(一) 多糖型 GFC 填料

表 10-3 列出部分常见的可用作 GFC 填料的多糖型凝胶性能指标。大部分凝胶的颗粒分布范围比较窄,它们普遍具有良好的机械强度和化学稳定性,既可以在适当压力和较高流速下进行操作,也能够经受酸碱溶液清洗和在广泛 pH 范围内使用。

表 10-3 部分常见的多糖型凝胶过滤色谱填料性能指标

产品	分离范围（分子量）	粒径（μm）	耐压（MPa）	最高流速（cm/h）	应用特性
Superdex 75 prep grade	$3000 \sim 70\,000$	$22 \sim 44$	0.3	90	重组蛋白、细胞色素
Superose 6 prep grade	$5000 \sim 5 \times 10^6$	$22 \sim 40$	0.4	40	肽类蛋白、多糖、寡核苷酸、病毒
Sephacyl S-200 HR	$5000 \sim 250\,000$	$25 \sim 75$	0.2	60	白蛋白、血液抗体、单抗
Sephacyl S-1000 HR	葡聚糖 $5 \times 10^5 \sim 1 \times 10^8$	$40 \sim 105$	0.1	300	巨大多糖分子;小颗粒分子如膜结合囊(300~400nm 直径)或病毒
Sephrose 6 Fast Flow	$10\,000 \sim 4 \times 10^6$	$45 \sim 165$	0.1	250	巨大分子如质粒 DNA、病毒等
Sephrose CL-6B	$10\,000 \sim 4 \times 10^6$	$45 \sim 65$	0.02	30	蛋白、肽类、多糖

知 识 链 接

　　Superdex Peptide 凝胶是专为分子量 10 000 以下的肽类或小蛋白的分析及小量制备而设计的。该类凝胶作为高效的 GFC 填料,对于分子量 100~7000 的样品具有相当高的分辨率,甚至相差一两个氨基酸的肽分子亦可得以分离。此外还可以自由选择pH1~14 的任何淋洗液,包括 70% 甲酸、乙腈/TFA、6mol/L 盐酸胍、8mol/L 尿素、有机溶液、中性及碱性缓冲液等来进行分离。Superose 6HR 与 12HR 凝胶具有很宽的分离范围,适合于蛋白、肽类、寡核苷酸、核酸、多糖等多种生物分子的分离与分析。

(二) 高聚物型 GFC 填料

　　合成多孔高聚物 GFC 填料,一般要比多糖型凝胶的机械强度更好一些,可以经受高压和高流速度且粒度分布范围也更窄些,甚至可达到颗粒单分散水平,大都属于高效填料,适于在 HPLC 系统中使用。合成高聚物为基质的 GFC 填料,按其类型主要包括:带有亲水性基因的多孔交联聚甲基丙烯酸酯类树脂、交联聚乙烯醇树脂、被亲水化处理的交联聚苯乙烯树脂、羟基化聚醚类亲水性树脂等。表 10-4 列出了部分高聚物型 GFC填料的性能指标。

表 10-4　部分高聚物基质凝胶过滤色谱填料性能指标

名称	基质材料	粒度(μm)	排阻极限或分离范围
Ionpak S-801	磺化 PS-DVB		1000(多糖)
Ionpak S-806	磺化 PS-DVB		5×10^7(多糖)
Ohpak Q-801	聚乙烯醇		700(PEG),1800(多糖)
Ohpak Q-806	GMA 共聚物		1×10^7(PEG),2.5×10^7(多糖)
Toyopearl 系列	聚乙烯醇	分不同等级	$7 \times 10^3 \sim 1 \times 10^7$(多糖)
TSK-GEL DNA-PW	亲水性高聚物	10	$4 \times 10^4 \sim 8 \times 10^6$(PEG)

　　这些产品普遍具有小而均匀的粒度,颇高的机械强度,适宜的孔径大小与分布,良好的亲水性和化学稳定性,所以适于生物大分子和水溶性高分子的分离。

 知 识 链 接

　　OH pak 和 Ion pak 两个系列产品,是日本 Shodex 公司为分离水溶性高分子而发展出的具有多种分离范围的亲水性高效 SEC 填料。Ion pak 属于以 PS-DVB 微球为基质的强酸性阳离子交换剂,可用于不含离子化基团的诸如多糖和寡糖之类化合物的分离,阳离子化合物能被吸附,而阴离子化合物则被排除。

　　羟基化聚醚树脂 TSK-GEL PW 系列作为 GFC 填料,其产品型号是最多的,在分离性能和应用的广泛性方面表现突出。PW 系列特别适合于多糖类化合物的分离,例如,GMPW(它是 G2500PW、G3000PW 和 G6000PW 混合物)填充柱、G6000PW +G3000PW 填充柱、G5000PW + G3000PW 填充柱都有很宽的分离范围和几乎呈线性的分子量校正曲线,所有非离子型、阴离子型和阳离子型的多糖类化合物以及多糖的衍生物,都能成功地得以分离。带有小孔结构的树脂如 G2000PW 和 Dligo PW 可用于高分辨地分离寡糖类化合物。大孔结构的 PW 树脂,如 G5000PW 和 G6000PW,虽然对普通蛋白质的分辨率低,但可用于大分子蛋白质的分离,通常 GFC 的洗脱条件,产品供应商会提供说明。

三、凝胶渗透色谱

凝胶渗透色谱(gel permeation chromatography,GPC)方法,通常都是在有机溶剂(如 THF)淋洗体系中进行,与之相匹配的填料是疏水性的,其分离对象一般是油溶性的高分子物质。

高分子类型 GPC 填料目前基本上还是以交联共聚的苯乙烯-二乙烯苯多孔微球为主。这类填料的孔径大小与孔的形态因其致孔方法不同而异。单纯由交联网络所决定的孔一般都是均匀的微孔,这种结构均匀的产品呈现透明状;结构半均匀的填料是使用良溶剂致孔而聚合的,产品呈半透明状,排阻可达 5×10^5 聚苯乙烯分子量;结构非均匀的填料通常是用非良溶剂致孔的,由于聚合物一开始就产生相分离,形成了由交联聚合体小颗粒堆积而成的小孔,产品呈现乳白色,排除极限可高达 10^7 聚苯乙烯分子量。

研究表明,在 GPC 中溶质的传质阻力与高分子填料颗粒内部无规则的位垒和复杂的孔结构密切相关。由于填料颗粒内部高聚物超微结构粒子堆积的不均匀性而使多孔骨架弯曲所产生的障碍作用,将是影响色谱行为的主要因素。所以致孔技术是合成凝胶色谱填料至关重要的研究内容。

交联聚苯乙烯多孔微球作为高效的 GPC 填料已有许多商业化产品,如 μ-Spherogel 系列,Shodex GPC-A、-H、-KF 系列,PLAP-S 系列,TSK gel-H、-HXL 系列,Styragel 系列、HSG 系列等。这些填料大都是 $10\mu m$ 左右粒度均匀的微球;颗粒机械强度良好,可以在较高流速和压力下使用;它们一般都有每米塔板数上万甚至数万的柱效。

点 滴 积 累

1. SEC 是按照分子大小进行分离的色谱技术,分为 GFC 和 GPC 两种。

2. GFC 是水淋洗体系,常用于生物药物分子的分离,GFC 的基质可以是琼脂糖、葡聚糖和人工合成高分子。理想情况下,可以直接将待分离物质溶液注入 SEC 体系,但是 SEC 基质表面并非完全惰性,为消除基质表面的影响,可以向流动相中添加中性盐等。

第五节 亲和色谱

亲和色谱(affinity chromatography,AFC 或简写为 AC)是基于分子间的各种特异性相互作用(如抗原-抗体、酶-底物、配体-受体、碱基互补等)的色谱模式。亲和色谱基质材料主要为天然或合成高分子,如葡聚糖凝胶、琼脂糖凝胶等,也可用无机材料,如可控孔径硅胶(CPS)、可控孔径玻璃(CPG)等,基于生物分子或化合物间特异的相互作用可以得到具有不同选择性的亲和配基。亲和色谱的洗脱剂可以是具有一定 pH 和离子强度的各类缓冲液,既可采用动态洗脱,也可采用静态洗脱。

一、亲和色谱基质

(一)多糖基质的 AFC 填料

多糖表面活性基团(如氨基、羧基及羟基等)可提供亲和配基的修饰或键合,多糖型凝胶是常用的亲和载体,如 Sepharose 4B 与 6B、Sepharose 4FF 与 6FF、Sepharose CL-4B 与 CL-6B 等,均可用作 AFC 填料的基质。这些凝胶经活化处理后,可偶联各类亲和配体,制备出具有相应分离作用的专用性亲和色谱分离介质,所用配体有 Protein A、Heparin、streptavidin、Con A 以及 Lentil Lectin 等。多糖类还可与无机基质形成杂合材料、或者涂敷于无机基质的表面用于改善无机基质材料的生物相容性不好及非特异性吸附问题,用于高效亲和色谱模式。

(二)以高聚物为基质的 AFC 填料

常见的基质微球主要有交联聚苯乙烯、交联聚甲基丙烯酸酯类、亲水性的羟基聚醚、交联聚乙烯醇等树脂,普遍具有均匀的粒度,较大的孔径,良好的刚性,广泛的 pH 适应性等特点。合成的高聚物微球在亲水性和生物相容性方面不及多糖型凝胶那样好,但通过适当的化学修饰,仍能有效地克服其非特异性吸附作用。表 10-5 列出部分常见的高聚物为基质的 AFC 填料。

表 10-5 部分常见的高聚物基质的高效亲和色谱填料

配基	名称	基质	粒度(μm)	主要应用
羟基琥珀酰胺	Affi-Prep 10	高聚物	50	分离伯氨基偶合物等
蛋白 A	Bio-Gel ProteinA	高聚物	50	分离纯化抗体等
Cibacron 蓝	Shodex AF-PAK	高聚物	15~20	分离纯化酶类
伴刀豆球蛋白 A	Shodex AF-PAK	高聚物	15~20	分离糖类
p-氨基苯甲脒	TSK ABA-5PW	亲水性高聚物	10	纯化蛋白酶、激酶等
IDA	Iminodiacetate	DS-DVB	10,20	分离纯化蛋白质等

除了已经偶联了各种配体的 AFC 填料,还有一些带不同反应基团的可用作亲和载体的产品,例如 TSK Gel Tresyl-5PW、Aldehyde-POROS、Epoxy-POROS、Tresyl-POROS、Spheron-Epoxide 等,都有很高的反应活性,在温和的条件下很容易与各种配体进行偶联,可根据需要制备目标 AFC 填料。

(三)无机材料为基质的亲和色谱填料

最重要的基质材料为多孔硅胶,可控孔径玻璃(CPG)由于具有孔径分布窄,孔径易于控制,表面修饰与硅胶相似,也可用作基质材料。硅胶的孔径以中孔较为常用,通常为 30~100nm,因为亲和色谱的高效来源于生物分子间的特异相互作用,所以粒子大小并不是主要因素;粒径单分散的小粒径无孔硅胶(粒子直径小于 3μm)由于传质阻力小,也被用于 AFC 填料。

知 识 链 接

　　对硅胶进行活化,主要目的:①提供与配基反应的基团,如通过含有双功能团的硅烷化试剂首先与硅胶表面的硅羟基反应,留下另一个反应基团作为与配基反应并将配基键合至硅胶之用,这个与配基反应的基团可以为环氧基、氨基、醛基等;②提供适当长度的间隔臂,这主要是考虑到避免亲和色谱中待分离的蛋白质等生物大分子与硅胶表面酸性较强的硅羟基产生强相互作用而变性,另一方面是为了提供一个柔软的支持臂,以有利于配基与生物大分子间的特异相互作用得以有效进行;③用小分子活化可以较大程度地覆盖硅胶表面,避免生物大分子与硅胶表面直接接触所导致的非特异性吸附,同时硅胶也得到保护,流动相剧烈变化不会轻易地对硅胶骨架产生影响,适用的 pH 范围将更加广泛。

　　也可利用涂敷的方式在硅胶表面覆盖上诸如多糖类(包括纤维素等)、人工合成大分子甚至直接涂敷待分离大分子的特异性作用物等方式制备高效亲和色谱填料。可以使用的活性基团有环氧基、—SH、—NH$_2$、—CHO 等。

二、几种亲和色谱模式介绍

　　亲和色谱利用分子间的特异性识别用于生物分子的分离,在亲和色谱中必须考虑以下两个重要因素:①选择的基质本身应能够经受住柱再生时所使用的剧烈条件,如使用 NaOH 或脲等;②选择的配基与目标分子具有很强的结合作用,以便使其能从复杂的基体中抓住目标分子。

(一) 凝集素亲和色谱(lectin affinity chromatography)

　　凝集素是一种糖结合蛋白,可特异性地与糖基偶合物相互作用。凝集素亲和柱特别适合于纯化膜蛋白和分泌蛋白,因为这些蛋白常常是糖基化的。

　　在柱中,非糖基化的蛋白质首先被洗脱下来,糖基化蛋白可以在固定相上通过水解得到,非糖基化的多肽可以通过进一步洗脱得到。凝集素亲和色谱可以一批一批地进行,也可以通过柱色谱连续进行,但很难预先知道哪一种凝集素可以特异性地结合目标糖蛋白;此外,同一种糖蛋白由不同的细胞表达出来,其糖基化模式可能也是不同的,从而造成一种凝集素可能同时结合多种糖蛋白,所以从混合物中分离得到的糖基化蛋白可能还需要经过进一步的纯化。

知 识 链 接

　　将特定的多糖固定于适当的基质上可以得到多糖型亲和固定相,其制备方法一般是在碱性 pH 下使用表氯醇或二乙烯二砜活化的方法,配基如甘露糖、半乳糖、葡萄糖等。

　　亲和色谱固定相半乳糖基-琼脂糖的制备过程为:Sepharose 4B 以 200ml 双蒸水洗涤,残留的水轻柔地吸走。水排干的凝胶 10g 以 9ml 4mol/L 的氢氧化钠悬浮(在 125ml 的锥形烧瓶内),加入一小点硼氢化钠和 5ml 表氯醇。pH 保持在 13~14,悬浮液在室温搅拌 90 分钟。凝胶以 2mol/L NaOH 洗涤,再以双蒸馏水洗涤至其显中性。

接着悬浮在 6ml 含半乳糖 10% 的 0.5mol/L 氢氧化钠中。悬浮液轻柔地摇动,室温下过夜。凝胶以 0.5mol/L 氢氧化钠洗涤,剩下的环氧基团以 β-巯基乙醇在室温下处理 2 小时(60μl 溶于 6ml 0.5mol/L 氢氧化钠中);反应产物以水洗涤至中性。再以 0.15mol/L NaCl 平衡,放置于 4℃直至使用。

(二) 配体亲和色谱(ligand affinity chromatography)

将一个配基或一个蛋白键合至一固相基质,作为结合与其有特异性相互作用的蛋白质,是亲和色谱里一个重要步骤。

 知 识 链 接

配基通常键合至一琼脂糖基质上,有很多已活化的固体基质可以直接用于键合各种不同功能的配基,配基通常分子量较小,如可将胰岛素作为配基得到对胰岛素受体具有特异性相互作用的亲和固定相,从而将丰度低的胰岛素浓缩分离出来。大多数活化的基质是以偶联配基上的氨基来设计的,它们既可以与氨基端的 α-氨基基团反应,也可以与多肽或蛋白质中赖氨酸侧链上的 ε-氨基反应,如果反应发生在同时是结合位点的赖氨酸侧链 ε-氨基,偶联反应则会使配基失活。为了减少这种情况的发生,偶联反应可以在 pH7.5~8.0 进行,在此情况下,某些 α-氨基基团(pK_a~8.5)以有反应活性的游离氨基存在,而大部分赖氨酸 ε-氨基(pK_a~10.0)在此状态下则以无活性的质子状态形式存在。

蛋白质与固定化的配基之间结合较慢,有时需要有足够的时间用于蛋白质与配基之间的相互作用。比如,使用静态法即样品先与固定相充分混合并作用一段时间,再以相应的洗脱手段将目标物质洗脱出来,通常可以:①通过改变洗脱剂的 pH、离子强度或温度,将目标蛋白质与样品中其他物质分离并从亲和固定相上洗脱下来;②加入大过量的配基以使目标蛋白质或多肽在同样的结合位点上亲和结合能力降低,或者间接作用于变构位点上以降低目标蛋白对固定配基的亲和力;③通过加入脲、胍或十二烷基硫酸钠使蛋白质变性。

 知 识 链 接

免疫亲和色谱(IAC)与配体亲和色谱类似,其配基通常是抗体(也可以是抗体片段),分子量通常较大,IAC 中亲和固定相的制备、结合与洗脱条件与配基亲和色谱是类似的。最广泛使用的固定化基质是溴化氰活化的 Sepharose,建议买市售预衍生化的基质。

IAC 色谱过程中,可能会遇到抗体从柱中渗漏的情况,对柱进行清洗以及选择已知对目标蛋白来说能形成稳定键合的偶联方法可降低渗漏程度,减少对目标蛋白的污染。偶联方法的选择,需要通过实验确定,有时是比较费时的。由于溴化氰及碳化二亚胺衍生化琼脂糖得到的抗体亲和固定相常常使抗体的活性降低[可能是由于抗体的随机定向和(或)抗体与琼脂糖形成多点吸附造成的],因此人们通过引入一定长度的间隔臂以阻止这种非特异的作用。

（三）固定化金属离子亲和色谱

固定化金属离子亲和色谱（immobilized metal-ion affinity chromatography，IMAC）是基于组氨酸、半胱氨酸和色氨酸侧链可以与固定于色谱基质［通过亚氨基二乙酸（IDA）固定］上的过渡金属离子（如 Cu^{2+}、Ni^{2+}、Co^{2+}、Zn^{2+} 等）相互作用。分布于蛋白质表面的这类氨基酸残基的多少决定了蛋白质或多肽与金属离子亲和固定相之间的相互作用强弱，因此很少蛋白质会强烈地结合在固定化金属离子亲和固定相上，这有利于蛋白质的分离纯化。

 知 识 链 接

六聚组氨酸寡肽是最常用的标签，组氨酸标签的蛋白质对金属离子的强亲和力可以减少 IMAC 过程的广泛的优化程序，甚至可以在可使蛋白质变性的条件下进行色谱过程。

组氨酸残基对固定于 IDA-取代吸附剂上的金属离子的亲和性以 $Cu^{2+} > Ni^{2+} > Zn^{2+} > Co^{2+}$ 的顺序减小，吸附组氨酸标签蛋白质的最常用金属离子是 Ni^{2+}，但是有时使用其他离子也可以改善纯化效果，如使用 Zn^{2+} 则还可以避免 Ni^{2+} 的毒性。

通常 IMAC 上高配基密度具有高的蛋白结合能力而其选择性却降低，低的配基密度则正好相反，这可能是因为在高配基密度下增加了多点吸附的可能性而增强了弱结合蛋白与吸附剂的作用。表 10-6 是 IMAC 中典型的螯合配基。

表 10-6　IMAC 中典型的螯合配基

螯合配基	简写	每个配基的配位点数量
Iminodiacetic acid	IDA	3
Nitrilotriacetic acid	NTA	4
N-Carboxymethylated aspartic acid	CM-Asp	4
N,N,N' Tris(carboxymethyl)ethylene diamine	TED	5
Tris(2-aminoethyl)amine	TREN	4
Dipicolylamine	DPA	3

蛋白质吸附至固定化金属离子通常在接近中性 pH（7.0~8.5）条件下进行，在缓冲液内加入 0.1~1.0mol/L NaCl 可减少非特异性的静电相互作用。在 IMAC 中常用磷酸盐、Tris、硼酸盐、HEPES 以及乙酸缓冲液，典型的缓冲液浓度是 20~100mmol/L，更高浓度的含氨缓冲液可能会降低 IMAC 的柱效。很多添加剂不影响 IMAC 过程（表10-7），但一些离子型表面活性剂、叠氮化钠和螯合试剂（如 EDTA）通常对 IMAC 有毒害效应（表10-8）。

表 10-7　对 IMAC 蛋白吸附不影响的添加剂

典型的添加剂	浓度	典型的添加剂	浓度
Phosphate, Tris, Borate, HEPES	$20\sim100$mmol/L	Tween-20	2%
NaCl	2mol/L	Octyl glucoside	2%
KCl	1mol/L	Dodecyl maltoside	2%
Gunaidine-HCl	6mol/L	$C_{12}E_8$, $C_{10}E_6$	2%
Urea	8mol/L	2-Mercaptoethanol	<20mmol/L
Glycerol	50%	PMSF(protease inhibitor)	1mmol/L
Isopropanol	60%	Benzamidine(protease inhibitor)	1mmol/L
Ethanol	30%	Pepstatin(protease inhibitor)	1μmol/L
Zwitterionic detergents(CHAPS)	1%	Leupeptin(protease inhibitor)	0.5μg/ml
Triton X-100	2%		

表 10-8　对蛋白质的 IMAC 有影响的添加剂

添加剂	评价
2-巯基乙醇	可以在不超过 20mmol/L 下小心使用
强还原剂(如 DTT 和 DTE)	1mmol/L
螯合剂(如 EDTA 和 EGTA)	1mmol/L,夺走固定的金属离子
离子型表面活性剂(胆酸盐,SDS)	
叠氮化钠	3mmol/L
枸橼酸	低浓度下使用

蛋白质解吸可于洗脱液中添加竞争配基如咪唑、组氨酸、氯化铵、精氨酸或甘氨酸,通过逐步洗脱或梯度洗脱的方式进行。当使用咪唑进行梯度洗脱时,柱应以低浓度的咪唑(如 1mmol/L)平衡,相同浓度的咪唑也同时用于样品中。咪唑将会以固定化金属相对应的配基形式起作用,降低在开始时由于咪唑大量吸附所造成的 pH 降低风险,解吸吸附的蛋白质,同时维持体系的稳定而不致产生梯度淋洗。

 知 识 链 接

洗脱还可以通过降低 pH 至 5 和 3 之间(可以使用乙酸缓冲体系)以使组氨酸残(pK_a 6.5)基质子化。当纯化的是组氨酸标签蛋白时,在 pH5.5~6 的中等强度洗脱可以除去结合弱的污染物,当然,需要同时考虑蛋白质在低 pH 条件下的稳定性,酸洗脱液可以收集于强的中性缓冲体系中,以使蛋白质最小限度地存在于低 pH 环境中。使用强的螯合剂如EDTA 则可以洗脱所有结合到柱上的蛋白质,并导致金属离子存在于蛋白质组分中。

因为金属配位螯合物的非共价结合性质,IMAC 柱始终会有一定的金属离子渗漏,渗漏的程度依赖于螯合配基的结构和密度以及所使用的金属离子类型和洗脱条件。极少量的渗漏对蛋白质的纯化几乎没有影响。但是柱在使用之前必须以咪唑或酸性溶液(pH4.0)洗去弱结合的金属离子以减少 IMAC 过程中的渗漏。

点 滴 积 累

1. AC 是基于生物分子间的特异性相互作用进行分离的色谱模式。

2. 亲和色谱基质材料可以是天然或人工合成高分子,亦可以是无机材料,通过选择具有适当配基的亲和色谱柱,用于分离与该配基具有特异相互作用的生物分子,流动相主要是与待分离物质相溶的各类缓冲液。

3. 固定化金属离子亲和色谱主要是利用含数个组氨酸残基的蛋白质或多肽与色谱基质上固定的金属离子间的特异性相互作用来进行分离的,蛋白质吸附后,可以在流动相中添加竞争配基,解吸固定化金属离子上的蛋白质。

第六节 离子交换色谱

传统的离子交换色谱(ion exchange chromatography,简称 IEC)是应用合成的离子交换树脂作为吸附剂,将溶液中的物质依靠库仑力吸附在树脂上,然后用合适的洗脱剂将吸附质从树脂上洗脱下来,达到分离、浓缩、提纯的目的。

一、离子交换基本原理

离子交换色谱依据的原理一般是物质的酸碱性、极性等导致的所带阴阳离子的不同。电荷不同的物质,对色谱柱上的离子交换剂有不同的亲和力,改变洗脱液的离子强度和 pH,物质就能依次从色谱柱中分离出来。在生化分离中应用较多的离子交换功能团及工作 pH 范围见表 10-9。

表 10-9 IEC 中主要使用的功能团及工作 pH 范围

离子交换剂	功能团	工作 pH
阳离子交换剂		
Carboxymethyl(CM)	$-O-CH_2-COO^-$	5~11
Methyl sulonate(S)	$-O-CH_2-CHOH-CH_2-O-CH_2-CHOH-CH_2-SO_3^-$	4~11
Sulfopropyl(SP)	$-O-CH_2-CHOH-CH_2-O-CH_2-CH_2-CH_2-SO_3^-$	4~11
阴离子交换剂		
Diethylaminoethyl(DEAE)	$-O-CH_2-CH_2-N^+H(C_2H_5)_2$	3~8
Quaternary aminoethyl(QAE)	$-O-CH_2-CH_2-N^+H(C_2H_5)_2-CH_2-CHOH-CH_3$	3~11
Quaternary ammonium(Q)	$-O-CH_2-CHOH-CH_2-O-CH_2-CHOH-CH_2-N^+$ $(CH_3)_3$	3~11

离子交换色谱过程大致分为5个步骤:①离子扩散到树脂表面;②离子通过树脂扩散到交换位置;③在交换位置进行离子交换;被交换的分子离子所带电荷愈多,它与树脂的结合愈紧密,也就愈不容易被其他离子取代;④被交换的离子扩散到树脂表面;⑤洗脱液通过,被交换的离子扩散到外部溶液中,并被洗脱下来。

离子交换树脂的交换反应是可逆的,一定量的混合物通过管柱时,离子不断被交换,浓度逐渐降低,直至树脂的离子吸附能力达到饱和;由于离子吸附能力的不同,在连续添加交换溶液进行洗脱的过程中,不同吸附能力的离子会相对集中,并最终被一起洗脱下来。因此,可以利用离子聚焦的方法,按离子性质的不同进行洗脱,如采用梯度洗脱,包括离子强度梯度、酸碱性梯度等的调节。

 难 点 释 疑

洗脱强酸性阳离子交换树脂上吸附的氨基酸时,随着缓冲液的 pH 逐渐增加,先洗出酸性氨基酸,随后是中性氨基酸,最后是碱性氨基酸。

氨基酸等两性分子上的净电荷取决于氨基酸的等电点和溶液的 pH,当溶液的 pH 较低时,氨基酸带正电荷,它将结合到强酸性的阳离子交换树脂上;随着洗脱液的 pH 逐渐增加,氨基酸将逐渐失去正电荷,结合力减弱,最后被洗下来。不同的氨基酸等电点不同,最先被洗出的是酸性氨基酸,如天冬氨酸和谷氨酸(在 pH 3~4 时),随后是中性氨基酸,如甘氨酸和丙氨酸。碱性氨基酸如精氨酸和赖氨酸在 pH 很高的缓冲液中仍带有正电荷,当 pH 高达 10~11 时才出现。

二、离子交换树脂的分类

传统的离子交换树脂由三部分构成:惰性不溶性的高分子固定骨架,又称载体;与载体以共价键联结的不能移动的活性基团,又称功能基团;与功能基团以离子键联结的可解离移动的活性离子,也称平衡离子。例如,苯乙烯磺酸型钠树脂,其骨架是聚苯乙烯高分子塑料,活性基团是磺酸基,平衡离子为钠离子。

(一)阳离子交换树脂

阳离子交换树脂按其酸性强弱可以分为 3 类。

1. 强酸性阳离子交换树脂 这类树脂活性基团有磺酸基团($-SO_3H$)和次甲基磺酸基团($-CH_2SO_3H$)。它们都是强酸性基团,电离程度大而不受溶液 pH 变化影响,当 pH 在 1~14 时,均能进行离子交换反应。

强酸树脂与 H^+ 结合力弱,因此再生成氢型时比较困难,耗酸量大。除大量用于水处理外,在氨基糖苷类抗生素的提取中应用较多,如链霉素、卡那霉素、庆大霉素、巴龙霉素、新霉素、春雷霉素、青紫霉素以及去甲万古霉素等。

2. 弱酸性阳离子交换树脂 弱酸性树脂主要是羧酸型树脂和酚型树脂,活性基有羧酸基团$-COOH$、氧-酸基团$-OCH_2COOH$、酚羟基团 C_6H_5OH 及 β-双酮基团$-COCH_2COCH_3$等。它们都是弱酸性基团,电离程度受溶液 pH 的变化影响很大,在酸性溶液中几乎不发生交换反应,交换能力随溶液 pH 的下降而减小,随 pH 的升高而递增。以羧酸阳离子交换树脂为例,其交换容量与溶液 pH 的关系如表 10-10 所示。

表 10-10 阳离子交换树脂在不同 pH 条件下的交换容量

pH	5	6	7	8	9
交换容量(meq/g)	0.8	2.5	8.0	9.0	9.0

因此,羧酸阳离子树脂必须在 pH >7 的溶液中才能正常工作,对酸性更弱的酚羟基树脂,则应在 pH >9 的溶液中才能进行反应。

RCOO-Na$^+$在水中不稳定,遇水易水解成 RCOO-H$^+$,同时产生 NaOH,故钠型羧酸树脂不易洗涤到中性,一般洗到 pH 9~9.5 即可,洗水量也不宜过多。

和强酸性阳离子交换性质相反,H$^+$和弱酸阳离子树脂的结合力很强,故易再生成氢型,耗酸量亦少。

3. 中强酸性阳离子交换树脂　中强酸性阳离子交换树脂的酸度介于强酸性阳离子交换树脂和弱酸性阳离子交换树脂之间,即含磷酸基团-PO(OH)$_2$和次磷酸基团-PHO(OH)的树脂。

(二) 阴离子交换树脂

阴离子交换树脂也可根据功能团的种类不同分为以下 3 类。

1. 强碱性阴离子交换树脂　这类树脂的活性基是季铵基团,有三甲胺基团 RN$^+$(CH$_3$)$_3$OH$^-$(Ⅰ型)和二甲基-β-羟基乙基胺基团 RN$^+$(CH$_3$)$_2$(C$_2$H$_4$OH)OH$^-$(Ⅱ型)。和强酸离子交换相似,其活性基团电离程度较强,不受溶液 pH 变化的影响,在 pH 1~14 范围内均可使用。

这类树脂成氯型时较羟型稳定、耐热性亦较好,因此,商品大多以氯型出售。Ⅰ型树脂的热稳定性、抗氧化性、机械强度、使用寿命均好于Ⅱ型树脂,但再生较难;Ⅱ型树脂抗有机污染好于Ⅰ型,Ⅱ型树脂碱性亦弱于Ⅰ型。由于 OH$^-$和强碱交换树脂结合力较弱,再生剂 NaOH 用量较大。这类树脂主要用于制备无盐水(除去 SiO$_2^-$、CO$_3^{2-}$等弱酸根)及卡那霉素、巴龙霉素、新霉素等的精制。

2. 弱碱性阴离子交换树脂　这类树脂的活性基团有-NH$_2$,仲胺-NHR 和叔胺-N(R)$_2$以及吡啶 C$_6$H$_5$N 等基团。基团的电离程度弱、和弱酸性阳离子树脂一样,交换能力受溶液 pH 的变化影响很大,pH 越低,交换能力越高,反之则小,故在 pH <7 的溶液中使用。

羟基伯胺型树脂还可进一步与—CHO 发生缩合反应:

$$RN^+H_3OH^- + RCHO \longrightarrow RNH = CR' + H_2O$$

和弱酸性阳离子交换树脂相似,弱碱性阴离子交换树脂生成的盐 RN$^+$H$_3$Cl$^-$易水解成 RN$^+$H$_3$OH$^-$,这说明 OH$^-$结合力很强,故用 NaOH 再生成羟型较容易,耗碱量亦少,甚至可用 Na$_2$CO$_3$再生。

3. 中强碱性阴离子交换树脂　中强碱性阴离子交换树脂则兼有以上两类活性基团。表 10-11 将强酸性、弱酸性阳离子交换树脂及强碱性、弱碱性阴离子交换树脂的性能作了比较。

表 10-11　4 类树脂性能的比较

类型 性能	阳离子交换树脂		阴离子交换树脂	
	弱碱性	强酸性	弱酸性	强碱性
活性基团	磺酸	羧酸	季铵	伯胺、仲胺、叔胺
pH 对交换能力的影响	无	在酸性溶液中交换能力很小	无	在碱性溶液中交换能力很小

续表

类型 性能	阳离子交换树脂		阴离子交换树脂	
	弱碱性	强酸性	弱酸性	强碱性
盐的稳定性	稳定	洗涤时水解	稳定	洗涤时水解
再生	用3~5倍再生剂	用1.5~2倍再生剂	用3~5倍再生剂	用1.5~2倍再生剂可用碳酸钠或氨水
交换速度	快	慢(除非离子化)	快	慢(除非离子化)

离子交换树脂活性基团的解离程度强弱,即电离常数(pK)不同,决定了该树脂的强弱。因此,活性基团的 pK 能直接表征树脂的强弱程度。对阳离子交换树脂来说,pK 愈小,酸性愈强;反之,对阴离子交换树脂来说,pK 愈大,碱性愈强。表 10-12 是几种常用树脂活性基团的 pK。

表 10-12 离子交换树脂功能团的电离常数

阳离子交换树脂		阴离子交换树脂	
功能团	pK	功能团	pK
$—SO_3H$	<1	$—N(CH_3)_3OH$	>13
$—PO(OH)_2$	$pK_1\ 2\sim3$	$—N(C_2H_4OH)(CH_3)_2OH$	$12\sim13$
	$pK_2\ 7\sim8$	$—(CH_3N)OH$	$11\sim12$
		$—NHR,—NR_2$	$9\sim11$
$—COOH$	$4\sim6$	$—NH_2$	$7\sim9$
⬡—OH	$9\sim10$	⬡—NH_2	$5\sim6$

由于合成原料、合成副反应或人为等原因,使合成的离子交换树脂中可能含有两种以上的酸性或碱性基团。

(三)多糖基离子交换剂

多糖基离子交换剂可以分为离子交换纤维素和葡聚糖离子交换剂两大类,是生化分离中常用的两类离子交换剂。

1. 离子交换纤维素 离子交换纤维素为开放的长链骨架,大分子物质能自由地在其中扩散和交换,亲水性强,表面积大,易吸附大分子;交换基团稀疏,对大分子的实际交换容量大;吸附力弱,交换和洗脱条件缓和,不易引起变性;分辨率强,能分离复杂的生物大分子混合物。常用的离子交换纤维素的性能特征见表10-13。

表 10-13 常用离子交换纤维素的性能特征

类型		离子交换剂名称	活性基结构	简写	交换当量	pK	特点
阳离子交换纤维素	强酸性	甲基磺酸纤维素	—O—CH₂—SO₂—O⁻	SM			
		乙基磺酸纤维素	—O—CH₂CH₂—SO₂—O⁻	SE	0.2~0.3	2.2	用于极低 pH
	中强酸性	磷酸纤维素	—O—PO₂—O⁻	P	0.7~7.4	pK_1 1~2 pK_2 6.0~6.2	用于极低 pH
	弱酸性	羧甲基纤维素	—O—CH₂—CO—O⁻	CM	0.5~1.0	3.6	适于中性和碱性蛋白质分离,pH>4
阴离子交换纤维素	强碱性	二乙基氨基乙基纤维素	—O—CH₂—N⁺H—C₂H₅ (C₂H₅)	DEAE	0.1~1.1	9.1~9.2	在 pH<8.6 应用,适于中性和酸性蛋白质分离
		三乙基氨基乙基纤维素	—O—(CH₂)₂—N⁺(C₂H₅)₃	TEAE	0.5~1.0	10	
		胍乙基纤维素	—O—(CH₂)₂NH—C(NH)—NH₂	GE	0.2~0.5	>12	在极高 pH 仍可使用
	中强碱性	氨基乙基纤维素	—O—CH₂—CH₂—NH₃⁺	AE	0.3~1.0	8.5~9.0	分离核苷、核酸和病毒
		ECTE-OLA-纤维素	—O—(CH₂)N⁺(C₂H₅OH)₃	ECTEO LA	0.1~0.5	7.4~7.6	
		苄基化的 DEAE 纤维素		DBD	0.8		分离核酸
		苄基化萘酰基 DEAE 纤维素		BND	0.8		分离核酸
		聚乙亚胺吸附的纤维素	—(C₂H₄NH)ₙ—C₂H₄NH₂	PEL	0.1~0.3	9.5	分离核苷酸
	弱碱性	对氨基苄基纤维素	—O—CH₂—⟨C₆H₄⟩—NH₂	PAB	0.2~0.5		

注:pK 为在 0.5mol/L NaCl 溶液的表观解离常数负对数。

离子交换纤维素除外形较长的纤维型外,还可进一步加工成微粒型,前者比较普通,适用于制备;后者粒度细,溶胀性小,适用于柱色谱。

知 识 链 接

1. 离子交换纤维素的选择 与离子交换树脂的选择相似。实验室中最常用的为 DEAE-C,CM-C 或 DEAE-Sephadex,CM-Sephadex。如需在低 pH 条件下操作时,可用 P-纤维素,SM-纤维素或 SE-Sephadex,而需在 pH 10 以上操作的可用 GE-纤维素。

2. 离子交换纤维素的处理和再生 离子交换纤维素的处理和再生与离子交换树脂相似,只是浸泡用的酸碱浓度要适当降低,处理时间也从 4 小时缩短为 0.3~1小时。离子交换纤维素在使用前须用多量水浸泡,漂洗,使之充分溶胀。然后用数十倍的(如 50 倍)0.5mol/L 盐酸和 0.5mol/L 氢氧化钠溶液反复浸泡处理,每次换液皆须用水洗至近中性。第二步处理时按交换的需要决定平衡离子。最后以交换用缓冲液平衡备用。所要注意的是,离子交换纤维素相对来说不耐酸,所以用酸处理的浓度和时间须小心控制。对阴离子交换纤维素来说,即使在 pH=3 的环境中长期浸泡也是不利的。此外,在用碱处理时,阳离子交换纤维素膨胀很大,以致影响过滤或流速。克服的办法是在 0.5mol/L 的 NaOH 中加上 0.5mol/L 的 NaCl,防止膨胀。

2. 葡聚糖凝胶离子交换剂 葡聚糖凝胶离子交换剂是将活性交换基团连接于葡聚糖凝胶上制成的各种交换剂。表 10-14 列出一些常见葡聚糖离子交换剂的主要性能特征。

表 10-14 一些常见葡聚糖离子交换剂的主要性能特征

商品名	化学名	类型	活性基结构	反离子	对小离子吸附容量（meq/g）	对血红蛋白吸附容量（g/g）	稳定 pH
CM-Sephadex C-25	羧甲基	弱酸阳离子	—CH_2COO^-	Na^+	4.5±0.5	0.4	6~10
DEAE-Sephadex A-25	二乙基氨基乙基	中强碱阴离子	—$(CH_2)_2NH^+(C_2H_5)_2$	Cl^-	3.5±0.5	0.5	9~12
QAE-Sephadex A-25	季铵乙基	强碱阴离子	$—(CH_2)_2N^+—C_2H_5$ （CH_2CHCH_3 上带 OH；另接 C_2H_5）	Cl^-	3.0±0.4	0.3	10~12
SE-Sephadex C-25	磺乙基	强酸阳离子	—$(CH_2)_2$—SO_3^-	Na^+	2.3±0.3	0.2	2~10
SP-Sephadex C-25	磺丙基	强酸阳离子	—$(CH_2)_2$—SO_3^-	Na^+	2.3±0.3	0.2	10~12
CM-Sephadex CL-6B	羧甲基	强酸阳离子	—CH_2COO^-	Na^+	13±2	10.0	3~10
DEAE-Sephadex CL-6B	二乙基氨基乙基	中强碱阴离子	—$(CH_2)_2NH^+(C_2H_5)_2$	Cl^-	12±2	10.0	3~10

这类离子交换剂具有离子交换和分子筛的双重作用及对生物分子有很高的分辨率,多用于蛋白质、多肽类生化药物的分离。

离子交换交联葡聚糖有很高的电荷密度,故比离子交换纤维素有更大的总交换容量,但当洗脱介质的 pH 或离子强度变化时,会引起凝胶体积的较大变化,由此而影响流速,这是它的一个缺点。

三、离子交换操作方法

(一)树脂的选择

树脂选择基于分离目的物与主要杂质对树脂的吸附力有足够的差异。当目的物具有较强的碱性和酸性时,宜选用弱酸性、弱碱性的树脂,这样有利于提高选择性,并便于洗脱。如目的物是弱酸性或弱碱性的小分子物质时,往往选用强碱、强酸性树脂。如氨基酸的分离多用强酸性树脂,以保证有足够的结合力,便于分步洗脱。对于大多数蛋白质、酶和其他生物大分子的分离,多采用弱碱或弱酸性树脂,以减少生物大分子的变性,有利于洗脱,并提高选择性。

树脂通常有较高的化学稳定性,耐受酸、碱和有机溶剂的处理。但含苯酚的磺酸型树脂及胺型阴离子树脂不宜与强碱长时间接触,尤其是在加热的情况下。

(二)树脂的处理和再生

1. 树脂的预处理 市售树脂在使用前根据视觉观察是否需要粉碎、过筛及去杂,一般仅需要水洗去杂质(如木屑、泥沙)即可,再用乙醇或其他溶剂浸泡以去除吸附的少量有机物质。

树脂经多种物理处理后即可进行化学处理。具体方法是用 8～10 倍量的 1mol/L 盐酸搅拌浸泡 4 小时以上,然后用水反复洗至近中性;再以 8～10 倍体积 1mol/L 氢氧化钠溶液搅拌浸泡 4 小时以上,反复以水洗至近中性后再用 8～10 倍体积 1mol/L 盐酸浸泡,最后水洗至中性备用,其中最后一步用酸处理使之变为氢型树脂操作也可称为转型。

 知 识 链 接

对强酸性阳离子树脂来说,应用状态还可以是钠型。若把上面的酸-碱-酸处理改作碱-酸-碱处理,即可得到钠型树脂。对于阴离子交换树脂,最后用氢氧化钠溶液处理便呈现羟型,若用盐酸溶液处理则为氯型树脂。对于分离蛋白质、酶等物质,往往要求在一定的 pH 范围及离子强度下进行操作。因此,转型完毕的树脂还须用相应的缓冲液平衡数小时后备用。

2. 树脂的再生、转型和毒化 再生就是让使用过的树脂重新获得使用性能的处理过程。对使用后的树脂首先要去杂,即用大量水冲洗,以去除树脂表面和孔隙内部物理吸附的各种杂质。然后再用酸、碱处理,除去与功能基团结合的杂质,使其恢复原有的静电吸附能力。转型,即树脂去杂后,为了发挥其交换性能,按照使用要求赋予平衡离子的过程。对于弱酸性树脂须用碱(NaOH)或酸(HCl)转型。对于强酸或强碱性树脂,除使用碱、酸外还可以用相应的盐溶液转型,在稳定性方面,碱性树脂不及酸性树脂,在处理和再生过程中应加以注意。

毒化是指树脂失去交换性能后不能用一般的再生手段重获交换能力的现象。如大分子有机物或沉淀物严重堵塞孔隙,活性基团脱落,生成不可逆化合物等。重金属离子对树脂的毒化属第3种类型。对已毒化原因须采用不同的措施,但不是所有被毒化的树脂都能逆转,重新获得交换能力。

(三)基本操作方法

1. 离子交换操作的方式　离子交换操作一般分为静态和动态操作两种。静态交换是将树脂与交换溶液混合置于一定的容器中搅拌进行。静态法操作简单、设备要求低,是分批进行的,交换不完全,不适宜用作多种成分的分离,树脂有一定损耗。

动态交换是先将树脂装柱,交换溶液以平流方式通过柱床进行交换。该法不需搅拌,交换完全、操作连续,而且可以使吸附与洗脱在柱床的不同部位同时进行,适合于多组分分离。例如用一根732树脂交换柱可以分离多种氨基酸。

2. 洗脱　将树脂所吸附的物质释放出来转入溶液的过程称作洗脱。洗脱方式也分静态与动态两种,一般说来,动态交换也称作动态洗脱,静态交换也称作静态洗脱,洗脱液分酸、碱、盐、溶剂等类。酸、碱洗脱液旨在改变吸附物的电荷或改变树脂活性基团的解离状态,以消除静电结合力,迫使目的物被释放出来;盐类洗脱液是通过高浓度的带同种电荷的离子与目的物竞争树脂上的活性基团,并取而代之,使吸附物游离。实际工作中,静态洗脱可进行一次,也可进行多次反复洗脱,旨在提高目的物的收率。动态洗脱在离子交换柱上进行,洗脱液的pH和离子强度可以始终不变,也可按分离的要求人为地分阶段改变pH或离子强度。

 知 识 链 接

1. 梯度洗脱的考虑　当样品组分较复杂时,单一离子强度的洗脱液往往很难完全洗脱样品中的组分,或洗脱速度太慢、难以将目标组分分开。在此情况下,可以尝试使用盐梯度,以流动相中离子强度逐渐增加的形式进行洗脱。

2. 带展宽问题　带展宽一般是由扩散所控制的,小颗粒会改善快速的质量传递,使最佳流速提高,单分散的球形颗粒可以使涡流扩散效应降低到最小。梯度洗脱也会影响到带展宽。因此,在每一个实验中,梯度的选择将在一个折中的条件下进行。为了充分利用梯度洗脱所带来分辨率的提高,柱长度不要超过其恰能完全解吸最后一个被吸附的组分,否则,额外的长度会造成额外带展宽。当然最重要的还是所有与离子交换柱相连的部分需要进行恰当的设计,以防止由于死体积和洗脱体积的增加而造成的带展宽。

3. 柱以及pH的选择　许多蛋白质的净电荷特征信息可以从电泳过程或电聚焦数据得到,知道蛋白质的等电点,至少对于待分离纯化的蛋白质而言是有极大帮助的,因为通常在IEC中实际使用pH的范围在该物质等电点 +1 pH单位。近来,一种为此目的而发展的特殊技术是:使用直线上升且稳定的pH梯度进行电泳获得等电点数值。

4. **流动相准备** 如果可能的话,缓冲离子应该具有相同性质的电荷(如全为正电荷或全为负电荷),因为在改变梯度时,随着离子强度的改变,缓冲离子的吸附或解吸变化可能会引起 pH 的变化,而这是在使用离子交换剂时应尽量避免的。但是在使用阳离子交换剂时则没有问题,因为多数缓冲离子是阴离子,而对于阴离子交换剂则有时很难发现这样一种缓冲离子。由于离子交换剂的稳定性好,很多生化用的缓冲液可以用于离子交换。缓冲液在使用前应彻底脱气并需要通过 1μm 过滤器过滤。

5. **样品制备** 在各种形式的 HPLC 中,存在于样品中的固体颗粒均会造成柱的损坏。因此检验样品在所选 pH 和盐浓度下是否完全可溶解是必要的,通常是将样品溶液通过一个 1μm 的滤器或滤膜或者离心。因为离子强度是 IEC 中洗脱因子之一,样品中盐含量应保持在比较低的状况,最好是样品首先溶解在起始缓冲液中。如果样品缓冲液必须改变或降低盐浓度,可以使用透析或小的排阻色谱柱进行脱盐。

3. **再生方式** 再生时可以采用顺流再生,即再生液自上向下流动,也可以用逆流再生,即再生液自下而上流动。在逆流再生过程中,再生剂从单元的底部分布器进入,均匀地通过树脂床向上流动。从树脂床的面上通过一个废液收集器而流出,与再生剂向上流动的同时,淋洗的水从喷洒器喷入,经树脂床往下流动,再从下部引出,与再生废液一起排出。再生剂向上流动与淋洗水向下流动达到一定的平衡状态使树脂床不致向上浮动,需要控制两种溶液的适当流速。

在树脂再生过程中,随着再生剂的通入,再生程度(即再生树脂占整个树脂量的百分率)也不断提高,但当再生程度达到一定值时,再要提高,再生剂耗量要大大增加,很不经济,因此通常并不将树脂再生达到百分之百。

知 识 链 接

贯流色谱技术是源于贯流色谱基质材料的发展,贯流色谱基质材料具有独特的二元孔网络结构,即 600~800nm 的贯穿孔(throughpores)和 80~150nm 扩散孔,贯通的大孔可以允许流动相直接进入填料颗粒的内部并贯穿而过,扩散孔提供了一定的比表面和溶质在固定相和流动相之间作用和分配的空间,同时,贯穿孔内流动相的线速度正比于柱子中流动相的速度,传质过程已由扩散传质变为对流传质,克服了传统填料的传质瓶颈,大大提高了传质效率。填料上 600~800nm 的贯穿孔,使柱子具有良好的通透性,在工作于很高的流速下,其操作压力也不会很高。因此,贯流色谱柱在操作时可同时具有高流速、高效率、高样品负载量和低操作压力的特点。

贯流色谱填料可以用于离子交换色谱、反相色谱以及亲和色谱等的色谱基质材料。

点 滴 积 累

1. 离子交换色谱的基础是离子交换色谱固定相的表面化学结构,固定相一般由惰性不溶性的高分子骨架、与骨架以共价键联结的活性基团及与其以离子键联结的可移动的活性离子组成,据活性离子而将离子交换色谱分为阴、阳离子交换剂两大类,由于活性基团的不同又可将这两类分别分为强酸性、中强酸性、弱酸性阳离子交换树脂和强碱性、中强碱性、弱碱性阴离子交换树脂。

2. 离子交换色谱主要对水溶液中可电离的生物分子进行分离,流动相选择须考虑其 pH、离子强度对待分离物质的影响。

目 标 检 测

一、选择题

(一)单项选择题

1. 按照流动相的形式分类,下列说法正确的是(　　)

   A. 色谱可以分为纸色谱、薄层色谱和柱色谱

   B. 色谱可以分为气相色谱、液相色谱和超临界流体色谱

   C. 色谱可以分为吸附色谱、分配色谱、体积排阻色谱、离子交换色谱与亲和色谱等

   D. 色谱法可以分为气相色谱、液相色谱、吸附色谱和离子交换色谱

2. 液相色谱之所以又分为反相色谱、吸附色谱、分配色谱和体积排阻色谱等,是因为(　　)

   A. 主要由于固定相不同,待分离分子与液相色谱固定相和流动相的作用不同

   B. 由于色谱基质材料的粒径及孔结构不同而产生不同的色谱模式

   C. 由于待分离分子与液相色谱固定相以及流动相的作用不同

   D. 由于固定相基质材料、表面特性不同,导致待分离分子与固定相表面作用方式不同

3. 高效液相色谱基质材料可以是(　　)

   A. 硅胶、二氧化锆等刚性基体

   B. 苯乙烯-二乙烯苯共聚高分子等人工合成的硬胶

   C. 琼脂糖、葡聚糖等软胶

   D. 包敷了琼脂糖或葡聚糖的粒径为 $4\mu m$ 的无孔球形硅胶

4. 下列关于制备色谱说法正确的是(　　)

   A. 制备色谱填料要求粒径必须大于 $10\mu m$

   B. 制备色谱填料要求孔径必须大于 $100nm$

   C. 分析型色谱填料的粒径一般在 $3\sim10\mu m$

   D. 分析型色谱填料不能用于制备型色谱

5. 关于键合相色谱中的键合相说法,完整的是(　　)

   A. 在色谱基质材料表面进行修饰得到的键合基团

   B. 在色谱基质材料表面涂敷了一层高分子得到的色谱固定相

   C. 共价键合或通过吸附、涂敷等附着于色谱基质表面上的提供与流动相中溶

质分子产生相互作用的分子

    D. 共价键和至色谱基质表面上的分子

6. 吸附色谱是指(　　)

    A. 利用吸附剂将液体或气体中某一组分进行选择性吸附并通过流动相改变将该组分解吸的过程

    B. 利用担体(基质)承载特定固定相形成的吸附剂对目标组分进行吸附和解吸的过程

    C. 利用大孔吸附树脂对溶液中的目标组分进行吸附并解吸的过程

    D. 利用活性炭、硅胶等吸附剂对溶液中的目标组分进行吸附并解吸的过程

7. 根据吸附剂与吸附质之间存在吸附力性质的不同,吸附可分为(　　)

    A. 物理吸附、化学吸附和交换吸附 3 种类型

    B. 单分子层吸附、多分子层吸附

    C. 选择性吸附和非选择性吸附

    D. 强吸附、中等强度吸附和弱吸附

8. 关于选择吸附剂应具备的特性,说法不正确的是(　　)

    A. 对被分离的物质具有很强的吸附能力,即平衡吸附量大

    B. 有较高的选择性

    C. 有一定的机械强度,再生容易

    D. 表面基团活泼,与目标待分离分子可发生可逆化学反应

9. 关于大孔吸附树脂说法正确的为(　　)

    A. 在合成中引入了离子交换功能团,因此大孔吸附树脂有离子交换功能

    B. 大孔吸附树脂的骨架是一样的,没有极性强弱之分

    C. 大孔吸附树脂对溶质分子的吸附是一种分子吸附

    D. 大孔吸附树脂吸附能力强于活性炭吸附能力,所以容易导致生物分子的变性

10. 反相液相色谱是(　　)

    A. 指固定相极性小于流动相极性的色谱模式

    B. 固定相极性大于流动相极性的色谱模式

    C. 以乙腈或甲醇的水溶液作为流动相的色谱模式,固定相主要为二醇基

    D. 相对于正相色谱而言的色谱模式,固定相主要为修饰硅胶

11. 关于疏水相互作用色谱,说法不正确的是(　　)

    A. HIC 与 RP-HPLC 分离基础是相似的,都是基于疏水相互作用

    B. 在流动相的选择上,HIC 条件相对 RP-HPLC 条件更不易导致蛋白质等大分子变性

    C. HIC 和 RP-HPLC 的分离机制相近,因此 HIC 柱也可采用 RP-HPLC 条件运行

    D. HIC 填料表面只能键合亲水性弱的短链烃基团

12. RP-HPLC 分离多肽时,有时需要添加离子对试剂,如下哪种可作离子对试剂(　　)

    A. 0.1% 的三氟乙酸　　　　　　　　B. 0.1% 的高氯酸

C. 0.1%的盐酸   D. 0.1%的硫酸

13. 体积排阻色谱要求基质骨架(　　)

    A. 必须与溶质分子产生强相互作用

    B. 必须是刚性的

    C. 必须有易于反应的基团

    D. 相对于淋洗体系是惰性的,不与体系中的物质发生强相互作用和化学反应

14. 关于凝胶过滤色谱说法正确的是(　　)

    A. 有机相淋洗体系中对大分子化合物按其分子尺寸大小进行分离的色谱模式

    B. 其填料必须是人工合成的高机械强度的高分子

    C. 凝胶过滤色谱基质材料相对于流动相和待分离混合物来说是惰性的

    D. 硅胶也可以制备成 SEC 的填料,但在 SEC 过程中可能需要在流动相中添加中性盐以抑制硅胶表面未封闭硅羟基的离子交换功能

15. 以下关于亲和色谱说法错误的是(　　)

    A. 亲和色谱是基于分子间特异性相互作用进行分离的色谱模式

    B. 亲和色谱基质材料只能使用天然或人工高分子,不能使用无机基质材料

    C. 亲和色谱基质上键合以抗体,可以用于分离产生该抗体的对应抗原

    D. 亲和色谱配基可以用于分离与其有特异相互作用的分子,而并不一定遵循生物化学中抗原-抗体、配体-受体以及酶-底物这种相互作用原则

16. 关于亲和色谱的配基,以下说法正确的是(　　)

    A. 亲和配基选择原则是对目标分离分子是否具有特异相互作用

    B. 亲和配基须遵循配体-受体、抗原-抗体、酶-底物等分子间特异性相互作用原则

    C. 亲和配基与目标分子的结合可以是离子键、范德华力、色散力以及共价结合等

    D. 亲和配基必须共价键合至色谱基质上,否则会发生配基脱离而影响分离

17. 以下不能用作亲和色谱基质的是(　　)

    A. 孔径为 30~100nm 的中孔硅胶   B. 可控孔径玻璃

    C. 交联聚苯乙烯   D. 蛋白 A

18. 以下说法错误的是(　　)

    A. 可以将相关 DNA 键合至亲和色谱基质上,用于分离 DNA 结合蛋白

    B. 壳聚糖可以作为色谱基质材料键合以合适的配基

    C. 凝集素可以作为亲和配基分离糖基化蛋白时是专一性的,不需要进一步纯化

    D. 基于组氨酸与某些金属离子的相互作用,可以将金属离子固定于一色谱基质上,对含组氨酸残基的蛋白质或多肽进行亲和分离

19. 固定化金属离子亲和色谱过程中说法错误的是(　　)

    A. 分布于蛋白质表面的组氨酸残基的多少决定了蛋白质或多肽与固定相的作用强弱

    B. 蛋白质或多肽上的组氨酸越多,则与固定相上的金属离子结合越强

C. 亲和色谱固定相上金属离子密度越高,对组氨酸标签蛋白的结合力越强,选择性也越高

D. IMAC 过程中,磷酸、Tris、醋酸等缓冲液等典型使用浓度在 20～100mmol/L,过高的含氨缓冲液浓度可能会降低柱效

20. 关于离子交换色谱说法错误的是( )

A. 离子交换色谱是基于物质的酸碱性、极性等导致所带阴阳离子的不同进行分离的

B. 离子交换剂上的交换反应是基于库仑力而不是共价结合,因此是可逆的

C. 离子交换剂由惰性高分子骨架、骨架上共价联结的活性基团以及以离子键与活性基团联结的可解离的活性离子构成

D. 弱酸性阳离子交换色谱剂的活性基团主要有磺酸基团和次甲基磺酸基团

21. 关于离子交换树脂的选择,以下说法错误的是( )

A. 选择基于分离目的物与主要杂质对树脂的吸附力有足够的差异

B. 待分离物具有较强的碱性和酸性时,宜选用弱酸性弱碱性的树脂,以提高选择性

C. 待分离物是弱酸性或弱碱性的小分子物质时,往往选用强碱、强酸性树脂

D. 氨基酸的分离多用弱碱或弱酸性树脂,而大多数蛋白质、酶等多采用强碱或强酸性树脂

22. 刚购买的工业用离子交换树脂在使用前需要进行预处理,叙述完整的是( )

A. 粒度过大时可以进行粉碎、过筛以获得粒度适宜的树脂

B. 一般需要水洗去杂,然后用乙醇或其他溶剂浸泡除去少量有机杂质

C. 离子交换树脂的化学处理一般是以 8～10 倍量的 1mol/L 盐酸和氢氧化钠交替浸泡

D. 以上均是

23. 用钠型阳离子交换树脂处理氨基酸时,吸附量很低,这是因为( )

A. 偶极排斥   B. 离子竞争

C. 解离低   D. 其他

24. 在酸性条件下用下列哪种离子交换树脂吸附氨基酸有较大的交换容量( )

A. 羟型阴离子交换树脂   B. 氯型阴离子交换树脂

C. 氢型阳离子交换树脂   D. 钠型阳离子交换树脂

(二)多项选择题

1. 基于疏水相互作用的色谱模式有( )

A. 反相液相色谱   B. 疏水相互作用色谱

C. 贯流色谱   D. 手性色谱

E. 毛细管电色谱

2. 贯流色谱技术的特点有( )

A. 贯流色谱基质材料具有独特的二元孔网络结构,即 600～800nm 的贯穿孔和 80～150nm 的扩散孔

B. 贯穿孔内流动相的线速度正比于柱子中流动相的速度,传质过程由扩散传质变为对流传质,克服了传统填料的瓶颈,大大提高了传质效率

C. 由于贯穿孔的存在,高流速下柱后压也不会很高

D. 贯流色谱填料可以用作多种色谱模式的基质

E. 贯流色谱基质材料经过修饰可用作离子交换剂

3. 关于色谱技术,下列说法正确的有(　　　)

A. 色谱柱与其他辅助器件有效结合可以得到高效的色谱系统

B. 由于色谱基质材料研究的进展,液相色谱的分离效率大大提高

C. 色谱基质材料的可修饰性,使得很多键合相具有特定的选择性

D. 机械强度高、粒径和孔径分布范围窄的色谱基质、输液稳定的高压泵、适宜的信号采集系统是液相色谱高效率的保证

E. 生物制药工艺中,通常不会用到反相色谱

4. 关于色谱固定相,以下说法正确的有(　　　)

A. 色谱固定相是色谱柱的核心部分,决定了待分离分子的作用模式

B. 色谱固定相可以是某些色谱基质材料经过修饰得到的,色谱基质材料由于自身的特性也可作为固定相

C. 色谱固定相是将具有一定特性的分子包括大分子、离子,通过共价键合或通过吸附、涂敷等手段固定于色谱基质而得到的

D. 色谱基质表面键合相的不同,而有反相色谱、正相色谱、亲和色谱、离子交换色谱、手性色谱等色谱技术

E. 用于制备色谱的固定相颗粒的粒径一般在 $10 \sim 40 \mu m$

二、问答题

1. 根据分离的原理,色谱可以分为哪几类?

2. 色谱技术中的核心部件是什么? 可以配备什么外围设备?

3. 请说明吸附色谱、离子交换色谱、体积排阻色谱以及亲和色谱对基质材料有什么要求? 分离机制如何?

4. 制备型 HPLC 与分析型 HPLC 的主要不同点是什么?

三、实例分析

1. 在某些表达体系中,由于需要有适当的金属离子进行诱导才能得到高水平分泌蛋白,因此体系介质(主要是指培养基)含有相应的自由金属离子,干扰组氨酸标签蛋白的标准 IMAC 过程,即标准 IMAC 的一个重要局限性是不能直接从含自由金属离子的体系中纯化组氨酸标签蛋白,因为金属离子干扰蛋白质向固定了金属离子的树脂(如 Ni-NTA)上结合。

Drosophila(果蝇)系统是产生高水平分泌重组蛋白和易于使用的表达系统;而组氨酸融合标签对于快速、一步纯化重组蛋白是非常有用的,将两者结合将有利于获得纯化的高水平表达的分泌蛋白。但是 Drosophila 培养基中含 $500 \sim 750 mmol/L$ $CuSO_4$,以驱动由 metallothionine 启动子启动的蛋白表达。表达的组氨酸标签蛋白积累在条件培养基中,培养基中含有的二价铜离子键合至融合蛋白的组氨酸标签上,从而阻止它键合至固定了金属离子的树脂如 nickel-NTA 上。解决此问题的方法之一是使用标准 IMAC 之前首先使用离子交换色谱除去铜离子,但即使如此,IMAC 仍然难以流畅应用,因为

一些残余的铜离子仍与组氨酸标签的蛋白质键合而导致纯化蛋白的产率低下。Ruth 等研究了用改进的 IMAC 方法对 Drosophila 系统表达的组氨酸标签蛋白 IL-2 进行纯化。为了克服从含铜离子 Drosophila 介质中纯化组氨酸标签蛋白可能存在的问题，Ruth 等对 IMAC 纯化方案进行了改进，含有自由铜离子和铜-蛋白质络合物的 Drosophila 培养基通过 IDA 螯合 Sepharose，两者均被结合于其上。然而铜-蛋白质络合物优先于自由铜离子被捕捉，将流出的培养基重新通过平衡的 IMAC 柱时，树脂显示的蓝色表明柱子捕捉了很多铜离子，而蛋白质很少或没有被捕捉到。原因是多个铜离子与标签上的 6 个组氨酸残基多个位点结合，形成的络合物能优先结合至螯合树脂上。这些紧密结合的络合物优先保留而自由铜离子则流出。

（1）固定化金属离子亲和色谱的基本原理及在基因工程产物分离纯化中的应用如何？

（2）固定化金属离子亲和色谱在基因工程产品分离纯化应用中的局限性如何？

2. 下图为离子交换法应用实例，请填写生产工艺流程中的空格（可选因素：阴离子交换树脂，阳离子交换树脂，0.05mol/L 氨水，0.1mol/L 氨水，2mol/L 氨水）。简述从"滤液"开始，以后步骤的分离原理。

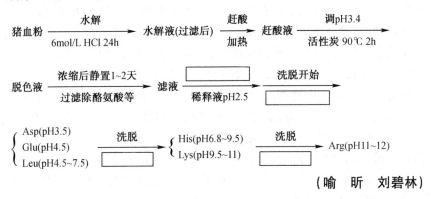

（喻　昕　刘碧林）

第十一章　固相析出法与成品干燥技术

在生化物质的提取和纯化的过程中,目的物经常作为溶质而存在于溶液中,改变溶液条件,使它以固体形式从溶液中分出的操作技术称为固相析出分离法。一般析出物为晶体时称为结晶法,析出物为无定形固体称为沉淀法。

第一节　沉淀分离纯化技术

沉淀法(precipitation)是最古老的分离和纯化生物物质的方法,是指改变条件或加入某些沉淀剂,降低溶液中溶质的溶解度,使溶质由液相变成无定形固相析出的过程。在生物制药生产中,沉淀是一种常用的方法,兼有浓缩和分离的双重作用。但由于其浓缩作用常大于纯化作用,因此沉淀法通常作为初步分离的一种方法,用于从菌体或细胞碎片的发酵液中沉淀出生物物质,然后再利用色谱分离等方法进一步提高其纯度。此外,沉淀还可将目标产物固态化,便于保存或进一步处理。在实际应用中,可采取两种做法:一是选择目标成分的溶解度最大,而其他成分溶解度尽可能小的条件,即所需成分保留在溶液中,其他成分被沉淀;二是选择相反的条件,将目标产物选择性地沉淀出来,其余成分保留在溶液中。一般认为在第一种情况时目标成分的溶解度应大于10g/L;第二种情况目标成分的溶解度应在0.01~0.1g/L。

沉淀法具有成本低、收率高、浓缩倍数高和设备简单等优点,是下游加工过程中应用广泛的方法。根据加入沉淀剂的不同,沉淀法可以分为:盐析沉淀法、等电点沉淀法、有机溶剂沉淀法、非离子型聚合物沉淀法、聚电解质沉淀法、高价金属离子沉淀法、生成盐复合物沉淀法、热变性及酸碱变性沉淀法。

一、盐析沉淀法

(一) 概述

盐析法最初是用于从血液中分离蛋白质,所谓"盐析"意指在固体物质的水溶液中加入高浓度中性盐,固体物质因溶解度减小而析出的过程。在生化药物制备中,许多物质都可以用盐析法进行沉淀分离,如蛋白质、多肽、多糖、核酸等。但应用最广的还是在蛋白质领域内,特别是粗提取阶段。

蛋白质属于两性物质,表面大部分是亲水基团,内部大部分是疏水基团,在无外界影响时,蛋白质呈现稳定的分散状态原因有二:①蛋白质为两性物质,在一定 pH 条件下,表现出一定的电性,由于静电斥力作用,使分子间互相排斥,颗粒之间距离保持在1~100nm。②蛋白质分子周围,水分子成有序排列,在其表面形成了水化膜,水化膜层能保护蛋白质粒子,避免其因碰撞而沉淀。因此,自然环境中,蛋白质通常可溶。当向蛋白质溶液中加入高浓度中性盐时,由于盐溶液中含有阴阳离子,可与蛋白质表面具相反电性的离子基团结合,形成离子对,部分中和了蛋白质的电性,使蛋白质分子之间斥力减弱而相互靠拢,聚集起来。同时,中性盐的亲水性比蛋白质大,与蛋白质争夺水分子,于是减弱了蛋白质的水合程度,从而使蛋白质脱去了水化膜,暴露出疏水区域,因疏水区域的相互作用使其沉淀。盐析过程见图 11-1。

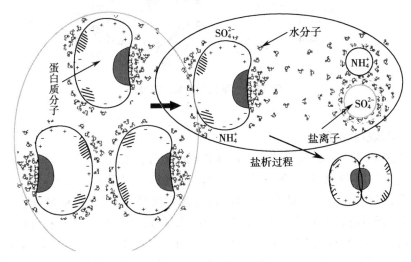

图 11-1　蛋白质的盐析作用

蛋白质在水中的溶解度不仅与中性盐离子的浓度有关,还与离子所带电荷数有关,常用离子强度来表示对盐析的影响。离子强度由下式计算:

$$I = \frac{1}{2}\sum_i c_i Z_i^2 \qquad\qquad 式(11\text{-}1)$$

式(11-1)中,c_i 为溶液中 i 离子的浓度;Z_i 为 i 离子的化合价数。

由此可知:离子浓度越高,I 越高;化合价数越高,I 越高;化合价影响更为显著。

蛋白质在水中的溶解度与溶液离子强度的关系可用 Cohn 盐析方程表示:

$$\lg S = \beta - K_s \cdot I \qquad\qquad 式(11\text{-}2)$$

式(11-2)中,S 为蛋白质的溶解度;β、K_s 为盐析常数;I 为离子强度。

β 的物理意义是:当离子强度为零时蛋白质溶解度的对数值。它与蛋白质的种类、温度和溶液 pH 有关,与无机盐无关。K_s 与蛋白质的种类有关,但与温度和 pH 无关。

 知 识 链 接

盐 溶 现 象

向蛋白质分子溶液中加入中性盐,不仅会出现盐析现象,还有盐溶现象。即蛋白质分子在等电点时容易相互吸引,聚合成沉淀;当向蛋白质溶液中逐渐加入低浓度中性盐时,盐离子会破坏这些吸引力,使分子散开,蛋白质溶解度逐渐增大,最后溶解入水中,这一现象称盐溶现象(图 11-2)。

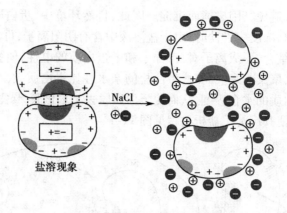

图 11-2　蛋白质的盐溶现象

(二)影响盐析的因素

1. **无机盐的种类**　能够造成盐析沉淀现象的中性盐有很多(如硫酸钠、氯化钠、磷酸钾、乙酸钠等),但在实际工作中,最常用的盐析剂还是硫酸铵$[(NH_4)_2SO_4]$,主要因为其他盐类的沉淀效果不如硫酸铵:硫酸铵在水中溶解度大,且溶解度随温度变化较小,在低温下仍具有较大的溶解度,可得到较高离子强度的溶液,甚至在低温下也能盐析;同时硫酸铵价廉,对大多数蛋白质的活性无损害。对硫酸铵金属具有腐蚀性,缓冲能力比较弱,贮存中常变酸,在较高 pH 溶液中容易释放氨,采用定氮法测定蛋白质浓度时会造成干扰。

溶液中加入无机盐的方式分为两种。一种为工业生产常采用的直接加入固体粉末的方式,加入时速度不能太快,应分批加入,充分搅拌,使其完全溶解和防止局部浓度过高。在实验室和小规模生产中或硫酸铵浓度不需太高时,则可采用加入硫酸铵饱和溶液的方式,可防止溶液局部过浓,但加量较多时料液被稀释。

2. **无机盐加入量**　蛋白质种类不同,Cohn 经验式中常数都不同,因此不同蛋白质盐析沉淀所需的无机盐量也不同。硫酸铵的加量表示方法有很多,常用"饱和度"P 来表征其在溶液中的最终浓度,25℃时硫酸铵的饱和浓度为 4.1mol/L(即 767g/L),定义它为 100% 饱和度。

对特定的蛋白质,在适当的操作条件下,具有一定的蛋白质盐析分布曲线。由实验可做出无机盐饱和度 P 对蛋白质溶解度 S 的曲线,而蛋白质沉淀的速度可用 $-\dfrac{dS}{dP}$ 对盐饱和度 P 作图(图 11-3)。由图 11-3 可知,在低硫酸铵饱和度时,蛋白质并不出现沉淀,可见达到一定的盐浓度后,蛋白质才开始沉淀,沉淀速度迅速达到峰值,一旦沉淀开始,沉淀速率十分迅速,曲线下降明显,以后速率逐渐变慢,曲线较平稳下降。从起始沉淀到沉淀结束,形成了具有尖峰的曲线,这就是蛋白质的盐析分布曲线。曲线的峰宽由 K_s 决定,峰在横轴上的位置则由 β 值和蛋白质浓度决定。因此在实际操作中,可利用不同蛋白质盐析分布曲线在横轴上的位置不同,采取先后加入不同量无机盐的办法来分级沉淀蛋白质,达到分离目的。

3. **蛋白质浓度**　溶液中蛋白质的浓度对盐析也有影响。一般来说,蛋白质浓度越高,沉淀所用的盐量就越少,可减少操作时间,节约成本。如用硫酸铵沉淀羧基肌红蛋

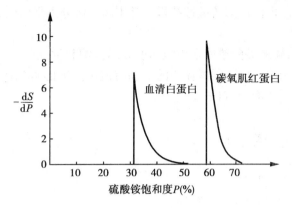

图 11-3 蛋白质盐析分布曲线

白,当浓度为 30g/L,硫酸铵 P 值为 58% 时开始出现沉淀;而羧基肌红蛋白的浓度为 3g/L,硫酸铵加至 66% P 值时才开始沉淀。但由于待分离的溶液一般含有多种组分,若目标蛋白质浓度过高,目标成分形成沉淀时,某些本身并不能单独析出沉淀的杂质也随同生成的沉淀一起析出,产生共沉淀现象,增加目标成分中的杂质;而将溶液中蛋白质浓度稀释,则可以大大减少共沉淀现象。但体积不宜过大,否则会造成反应体积增大,沉淀剂使用量增大,目标成分析出不完全,回收率降低等不利影响。一般认为,2%~3% 的蛋白质浓度是比较合适的。

4. pH 蛋白质带电情况与溶液的 pH 有关,如图 11-4 所示。pH 低于等电点(pI)时蛋白质带正电荷,pH 高时蛋白质带负电荷,pH 为等电点时所带净电荷为 0。通常,蛋白质表面所带的净电荷越多,分子间产生的排斥力就越大,分子不易聚集,因此溶解度就越大。当蛋白质处于等电点时,分子间斥力急剧减少,分子极易聚集,溶解度最小。所以,调节溶液的 pH 可改变蛋白的带电性质,也就改变可蛋白质的溶解度。

盐析时常选择溶液 pH 在蛋白质的等电点附近。但实际操作时需注意,高盐溶液中的蛋白质与在水中或稀盐溶液中测得的结果是不同的,应根据情况,将 pH 调整到蛋白质溶解度最低处。

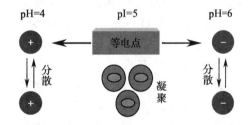

图 11-4 蛋白质带电情况与环境 pH 的关系

5. 温度 温度对溶质的溶解度有很大的影响。通常升高温度会增大许多无机盐或小分子有机物的溶解度。在低离子强度溶液或水中,蛋白质溶解度大多是随着温度升高而增加的,但处于高离子强度溶液中时,温度升高反而会降低溶解度。蛋白质盐析一般在室温下进行。

6. 操作方式的影响 盐析操作方式不同,会影响中性盐的用量,也会影响沉淀物颗粒的大小。采用饱和硫酸铵溶液的连续方式,得到的颗粒比直接加固体盐的间歇方式大;而采用饱和盐溶液的间歇式操作,其沉淀颗粒更小。在加盐过程中需搅拌,可防止局部盐浓度过高。在蛋白质沉淀和陈化期间,温和的搅动能促使颗粒长大,但剧烈的搅拌只能得到细小颗粒。

盐析操作时,应在搅拌下缓缓加入经研细的固体盐类,加完后继续搅拌 0.5 小时,让蛋白质充分析出。低浓度的硫酸铵盐析后常用离心法分离蛋白质。高浓度的硫酸铵盐析后,常用过滤法。

在实际操作中,硫酸铵的浓度常用饱和度表示。饱和度就是一定体积的溶液中溶解的硫酸铵克数与相同温度下同样体积的饱和溶液中溶解的硫酸铵克数的百分比,饱和状态时的硫酸铵饱和度为100%。

课堂活动

1. 盐析的原理是什么?
2. 谈谈生活中的盐析、盐溶现象。

(三)蛋白质的分级盐析

不同的蛋白质盐析时对离子强度的要求是不同的。分离多种蛋白质时,常采用分级盐析,即加入盐到一定浓度,沉淀出部分蛋白质。离心除去沉淀的蛋白质,上清液中再加入盐到更高的离子强度,又有部分蛋白质析出。如此,逐步提高盐的浓度,得到分段盐析出的蛋白。分析各部分沉淀中目标蛋白与杂质蛋白的含量,了解每一级盐析的效果,从而确定盐析所用盐的浓度范围。

知识链接

硫酸铵分级盐析分离血浆中的蛋白质。当饱和度达20%时,纤维蛋白原首先析出;饱和度增至28%~33%时,优球蛋白析出;饱和度再增至33%~50%时,拟球蛋白析出;饱和度大于50%以上时清蛋白析出。又如图11-5所示:人胎盘血白蛋白的制备工艺:50%硫酸铵饱和度时,球蛋白析出;而白蛋白溶解于上清液中;当70%饱和度时,白蛋白才析出。通过分级盐析可分别得到白蛋白和球蛋白,达到合理利用资源和节约生产成本的目的。

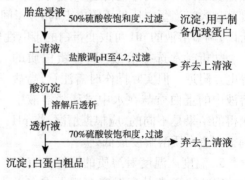

图11-5 人胎盘血白蛋白的制备工艺

(四)盐析的注意事项

1. 盐析的成败决定于溶液的 pH 与离子强度,溶液 pH 越接近蛋白的等电点,蛋白质越容易沉淀。

2. 盐析用的硫酸铵容易吸潮,因而在使用前一般先磨碎,平铺放入烤箱内 60℃ 烘干后再称量,这样更准确。

3. 在加入盐时应该缓慢均匀,搅拌也需缓慢,越到后来速度应该更注意缓慢,如果出现一些未溶解的盐,应该等其完全溶解后再加盐,以免引起局部的盐浓度过高,导致酶失活。

4. 盐析后最好搅拌 40~60 分钟,再在冰浴中放置一段时间。

5. 为了避免盐对酶的影响,一般经脱盐处理后再测酶活性。

6. 盐析后的蛋白质最好尽快脱盐处理,以免变性,透析较慢时可用超滤处理。

7. 一般粗提物蛋白完全沉淀是在硫酸铵浓度 70% 左右。

盐析法具有许多突出的优点:①适用范围广,几乎所有蛋白质和酶都能采用;②无机盐不易引起蛋白质变性失活;③操作简单,安全;④成本低,不需要特别昂贵的设备;⑤盐析过程中非蛋白的杂质很少被夹带沉淀。其主要缺点是沉淀物中含大量盐析剂,而且硫酸铵易分解产生恶臭味,产品不能直接用于医药方面。但将盐析法作为初始提取方法,并与其他精制手段结合起来,如采用超滤、凝胶色谱、透析等方法将无机盐去除,即可制得高纯度产品。

二、有机溶剂沉淀法

许多有机溶剂如丙酮、乙醇、甲醇等能使溶于水的小分子生物物质以及核酸、多糖、蛋白质等生物大分子发生沉淀作用。其机制可能是:由于有机溶剂的加入降低了溶液的介电常数,增加了带电生物分子的静电引力,分子因相互吸引而聚合,溶解度下降,以致发生沉淀;有机溶剂的加入会使水的极性减小,使带点粒子在水中的溶解度降低;有机溶剂与水作用还能破坏蛋白质的水化膜,降低蛋白质分子的溶剂化能力,致使蛋白质沉淀。利用有机溶剂使生物分子沉淀而分离的方法即称为有机溶剂沉淀法。

蛋白质种类、温度、pH、金属离子和杂质等因素可影响有机溶剂沉淀。

(一) pH

在等电点时蛋白质溶解度最低,因此有机溶剂沉淀时,在蛋白质结构稳定范围内,溶液 pH 应尽量在蛋白质等电点附近,有助于提高沉淀效果;但是 pH 的控制还必须考虑蛋白质的稳定性,例如很多酶的等电点在 pH4~5,比其稳定的 pH 范围低,因此 pH 应首先满足蛋白质稳定性的条件,不能过低。

(二) 有机溶剂种类

不同的有机溶剂对同一种生物物质产生的沉淀作用大小有差异,其沉淀能力与介电常数有关。一般来说,介电常数越低的有机溶剂,其沉淀能力越强。同一种有机溶剂对不同生物物质的沉淀效应也不同。在溶液中加入有机溶剂时,随着有机溶剂的加入,溶液介电常数逐渐下降,到某一点时出现急剧下降,生物分子便出现沉淀。在选择有机沉淀溶剂时,应注意:①用于生物物质沉淀的有机溶剂须能与水互溶,但对蛋白无作用,如乙醇、甲醇、丙酮、二甲基甲酰胺等;②乙醇是核酸、糖类、氨基酸和核苷酸等物质最常用的沉淀剂;③在沉淀过程中,乙醇与水混合时放出大量的稀释热,使溶液的温度显著升高,这对热稳定性较差的产物影响较大(少量多次、搅拌)。

(三) 无机盐的离子强度

离子强度可显著影响生物分子的溶解度。当有少量中性盐存在时,由于盐溶作用,会增大蛋白质在有机溶剂- 水溶液中的溶解度,溶解度随离子强度增大而增大,所以用有机溶剂沉淀时,最好减少无机盐的污染。但溶液中适量的离子强度对蛋白质有保护作用,可以减少变性。当盐浓度达到一定数值后,会造成盐析现象,此时无机盐的存在反而有利。因此,实际操作时需要控制溶液的离子强度,测定溶液的电导率即可直观反映其离子强度。需注意的是,若用有机溶剂沉淀法进一步纯化硫酸铵盐析所得的沉淀物时,应先脱盐,否则会增加有机溶剂用量。一般有机溶剂沉淀时控制中性盐的浓度在0.05mol/L 左右。

课 堂 活 动

1. 无机盐的离子强度对盐析和有机溶剂的影响是怎样的?
2. 操作中可以采取什么手段控制无机离子的离子强度?

（四）温度

有机溶剂沉淀时,温度是重要的影响因素。当有机溶剂与水混合时,将释放大量的稀释热,使溶液温度显著升高,可造成不耐热的蛋白质的变性失活。一般来说,有机溶剂能渗入生物分子内部,与生物分子内部的某些基团发生作用,破坏生物分子结构,使分子变性;而温度降低时,有机溶剂不易进入分子内部,可防止蛋白变性。因此,低温对保证沉淀物质的生物活性是有利的,同时大多数蛋白质的溶解度随温度降低而显著减小,温度低沉淀完全,有机溶剂用量少。

在沉淀过程中,有机溶剂引起蛋白质变性的概率随温度升高而增大,为防止蛋白质变性,常需在冷却的条件下搅拌,少量多次加入有机溶剂,以避免骤然升高温度,造成蛋白质活性损失。一般先将蛋白质溶液冷却到 0℃ 左右,并把有机溶剂预冷到更低温度（ -10℃ ）,再在搅拌下加入有机溶剂。温度的控制应根据蛋白质稳定性而异,稳定性较差的物质,一般控制在 0℃ 以下,但对稳定性较好的物质,如淀粉酶,温度可控制在10~15℃ 。

（五）金属离子

有些多价阳离子如（ Mn^{2+} 、Fe^{2+} 、Ca^{2+} 等）在合适的 pH 范围内,可与带负电荷呈阴离子状态的蛋白质形成复合物,使蛋白质溶解度大大降低,减少有机溶剂用量,减少蛋白质的活性,使蛋白沉淀得更完全。但在选择金属离子时应注意:①应考虑溶液中各种非目标成分是否与选定的金属离子发生沉淀反应,若有沉淀反应则立即改变沉淀环境。如使用锌盐时,溶液中不应含有硫酸根离子,以免产生沉淀。②沉淀完后,需除去金属离子。

（六）生物分子浓度

生物分子浓度的影响与盐析的情况相似。样品浓度高,有机溶剂的用量少,可减少蛋白的变性;反应体积小,沉淀组分损失少,收率高;但共沉淀作用大,分离效果差。样品浓度降低,体积增大,必然需使用更多的有机溶剂,增加成本,增大沉淀损失,降低收率。样品浓度低可提高分辨率,分离效果好。一般蛋白质浓度0.5%~2% ;黏蛋白浓度 1%~2% 比较合适。相同浓度时,蛋白质相对分子质量越大,所需的有机溶剂也越多。

与盐析法相比,有机溶剂沉淀法具有如下优点:①分辨率比盐析法高,一种溶质只在比较窄的有机溶剂浓度范围内沉淀;②沉淀无须脱盐,有机溶剂容易挥发除去,并可以回收,产品纯度高;③有机溶剂密度低,易进行固-液分离。有机溶剂沉淀法的缺点是易引起蛋白变性,操作常需低温进行;大量采用有机溶剂,成本较高;易燃、易爆。

三、等电点沉淀法

对于两性物质,等电点时净电荷为零,分子间排斥电位降低,因此吸引力增大,能相互聚集起来,发生沉淀。因此,在满足目标产物稳定性的条件下,将样品溶液调至目标产物等电点时,即可发生沉淀,达到分离目标产物的目的。但等电点沉淀法只适用于水化程度不大,在等电点时溶解度很低的物质,如四环素在其等电点(pI = 5.4)附近难溶于水,可产生沉淀。但亲水性很强的物质,即使在等电点的 pH 条件下仍不产生沉淀,应与其他沉淀法结合起来应用。

等电点沉淀法除可用于所需物质的提取,也可用于除去杂蛋白及其他杂质,以胰岛素纯化为例,调节 pH8.0 除去碱性蛋白,调节 pH3.0 除去酸性蛋白,粗提液经处理后纯度大大提高,有利于后步操作。

大多蛋白质的等电点都在偏酸范围内,而许多无机酸的价格低廉,并符合食品标准,因此等电点沉淀法适合多数蛋白的分离,但是酸化时易引起蛋白失活。

 **案 例 分 析**

案例

碱性磷酸酯酶的提取:将发酵液调至 pH4.0,出现含碱性磷酸酯酶的沉淀物,离心收集沉淀物。用 pH9.0 的 0.1mol/L Tris-HCl 缓冲液重新溶解,加入 20%~40% 饱和度的硫酸铵分级,离心收集的沉淀,用 Tris-HCl 缓冲液重新溶解后再次沉淀,即得较纯的碱性磷酸酯酶。

分析

碱性磷酸酯酶是一种磷酸单酯酶,化学成分糖蛋白,酶分子中含有唾液酸。广泛存在于人体组织和体液中,以骨、肝、乳腺、肠黏膜、肾、胎盘中最多。碱性磷酸酯酶的等电点为 pI = 4.0,环境 pH = 4.0 时,碱性磷酸酯酶溶解度最小,可沉淀析出。

四、非离子性聚合物沉淀法

水溶性非离子性聚合物如聚乙二醇(PEG)、葡聚糖右旋糖酐硫酸钠可引起生物分子发生沉淀。非离子性聚合物能使蛋白质水合作用减弱而发生沉淀。该法沉淀效能高;操作条件温和,不易引起生物大分子变性;沉淀后易除去;无毒、不可燃;广泛用于核酸、蛋白等的分离纯化。这些非离子性聚合物中应用最广的是 PEG,PEG 亲水性强,分子量范围广,沉淀生物大分子用得较多的是分子量为 6000~20 000 的聚乙二醇。

操作时调整溶液的 pH,加入聚合物和盐,放置一段时间即形成沉淀。溶液中盐浓度越高,蛋白质浓度越高,PEG 的分子量越大,沉淀所需 PEG 的浓度就越低。PEG 加量与蛋白质分子量有关,随分子量提高,沉淀所需加入的 PEG 量减少,PEG 常用浓度为 20%。PEG 的沉淀效果除与沉淀剂的浓度有关外,还受离子强度、pH 和温度的影响。

采用非离子性聚合物沉淀时,一般有两种方法:一是选用两种水溶性非离子聚合物组成液-液两相系统,使生物大分子在两相系统中分配不等量,而造成分离。二是选用一种水溶性非离子聚合物,使生物大分子在同一液相中由于被排斥相互凝集而沉淀析出。PEG 沉淀后,应采用吸附、盐析或乙醇沉淀法将目标产物吸附或沉淀,PEG 则不被吸附、沉淀,从而将其除去。

五、成盐沉淀法

生物大分子可生成盐类复合物沉淀。盐类复合物一般都具有很低的溶解度,极容易沉淀析出,便于分离。可分为金属离子复合盐沉淀法、有机酸类复合盐沉淀法、无机复合盐沉淀法等。

(一) 金属离子复合盐沉淀法

许多金属离子(如 Cu^{2+}、Hg^{2+}、Ca^{2+} 等)能与生物活性物质(如核酸、蛋白质、多肽、抗生素和有机酸等)形成难溶性的复合物而将其沉淀。根据它们的作用机制,可将金属离子分为 3 类:第一类为与羧基、含氮化合物和含氮杂环化合物结合的金属离子,如 Mn^{2+}、Fe^{2+}、Co^{2+}、Cu^{2+}、Zn^{2+} 等;第二类为与羧基结合但不能与含氮化合物结合的金属离子,如 Ca^{2+}、Ba^{2+}、Mg^{2+}、Pb^{2+} 等;第三类是与巯基结合的金属离子,如 Ag^+、Hg^{2+}、Pb^{2+} 等。

金属离子沉淀生物活性物质已有广泛的应用,如锌盐可用于沉淀杆菌肽和胰岛素等;Mn^{2+} 可从大肠杆菌中分离 β-半乳糖苷酶。由于大部分大分子生物活性物质在溶液中都可显出带负电,因此金属离子沉淀法应用范围较广;且盐类复合物具有很低的溶解度,极容易沉淀析出。其主要缺点是:有时复合物的分解较困难,蛋白质易变性。操作时,待分离出沉淀后,应将复合物分解,并采用离子交换法、金属螯合剂 EDTA 或通过 H_2S 使金属变成硫化物方法等将金属离子除去。

(二) 有机酸类复合盐沉淀法

含氮有机酸(如苦味酸和鞣酸等)能与有机分子的碱性功能基团形成复合物而沉淀析出。但这些有机酸与蛋白质形成盐复合物沉淀时,常常发生不可逆的沉淀反应。工业上应用此法制备蛋白质时,需采用较温和的条件,有时还加入一定的稳定剂,以防止蛋白质变性。

常用的有机酸为鞣酸,它广泛存在于植物界,为多元酸类化合物,分子上有羧基和多个羟基,可与蛋白质分子中的氨基、亚氨基和羧基等形成氢键,从而生成巨大的复合颗粒沉淀下来。鞣酸沉淀蛋白质的效果与蛋白质的种类、环境 pH 及鞣质本身的来源和浓度有关。沉淀分离出来后,应将蛋白质从复合物中分离出来,通常采用的是竞争结合,即选用比蛋白质更强的结合剂乙烯氮戊环酮与鞣酸结合,促使蛋白质游离释放出来。

雷凡诺(2-乙氧基-6,9-二氨基吖啶乳酸盐)和三氯乙酸也是常用的酸性沉淀剂。雷凡诺对提纯血浆中 γ-球蛋白有较好效果,而三氯乙酸多用于目的物比较稳定且分离杂蛋白相对困难的场合。但值得注意的是,重金属、某些有机酸和无机酸与蛋白质形成复合盐后,常使蛋白质发生不可逆的沉淀,应用时必须谨慎。

六、其他沉淀方法

(一) 表面活性剂

十六烷基三甲基季铵溴化物(CTAB)、十六烷基氯化吡啶(CPC)、十二烷基硫酸钠(SDS)等离子型表面活性剂都可用于沉淀生物分子,CTAB 用于沉淀酸性多糖,SDS 多用于分离胰蛋白或核蛋白。

CTAB 分子中，季铵阳离子可与多糖分子上的阴离子形成季铵络合物。此络合物在低离子强度的水溶液中不溶解，但当溶液离子强度增加至一定范围，络合物则逐渐解离，最后溶解。因此，CTAB 沉淀多糖时，应控制溶液离子强度。CTAB 沉淀效果还与溶液的 pH 有关。

（二）选择性变性沉淀

选择性变性沉淀法是根据样品溶液中各种分子在不同物理化学条件下稳定性不同的特点，选择适当的条件，使目标成分保持活性并存在于溶液中，而其他成分由于环境变化而发生变性，从溶液中沉淀出来，从而达到纯化目标成分的目的。选择变性沉淀方法有多种，常用的选择性变性沉淀法有：热变性沉淀法、酸碱变性沉淀法、利用某些试剂造成选择性变性。

1. 热变性沉淀法　利用溶液中各成分对热稳定性的差异，将溶液温度升高，杂质发生变性而沉淀，但目标成分却很稳定，以此达到分离纯化的目的。热变性沉淀法的关键因素是温度。例如：利用核糖核酸酶的热稳定性比脱氧核糖核酸酶强的特点，通过加热处理将混杂在核糖核酸酶中的脱氧核糖核酸酶除去。热变性法分离醇脱氢酶实例：酵母干粉中加入 0.066mol/L Na_2HPO_4 溶液，37℃水浴保温 2 小时，室温搅拌 3 小时，离心收集上清液，升温至 55℃，保温 20 分钟后迅速冷却离心去除热变性蛋白，上清液中多为热稳定性较高的醇脱氢酶。

2. 酸碱变性沉淀法　用酸或碱调节溶液的 pH，目标产物不变性，而杂质却由于超出稳定的 pH 范围而变性沉淀，从而达到分离纯化的目的。

3. 利用某些试剂造成选择性变性　利用蛋白质对某些试剂敏感的特点，在溶液中加入这些试剂，使杂质蛋白发生变性，与目标产物分离。如三氯甲烷具有能使蛋白质变性沉淀而不影响核酸活性的特点，在提取核酸时，可用三氯甲烷除去核酸中的杂质蛋白。

（三）聚电解质沉淀法

某些离子型的多糖化合物（如羧甲基纤维素、海藻酸盐、果胶酸盐、卡拉胶等）、阴离子聚合物（如聚丙烯酸）、阳离子聚合物（如聚乙烯亚胺）都可沉淀蛋白，其作用方式类似于絮凝剂，并兼有一定的盐析和水化作用。

点 滴 积 累

沉淀法是下游加工过程中应用广泛的方法。根据加入沉淀剂的不同，沉淀法可以分为：盐析沉淀法、等电点沉淀法和有机溶剂沉淀法等。

第二节　结晶和重结晶技术

固态物质分为晶型（包括假晶型）和无定形两种形态，溶液中的溶质在一定条件下，因分子有规则的排列而结合成晶体，晶体的化学成分均一，具有各种对称的晶体，其特征为离子和分子在空间晶格的结点上呈规则的排列，而无定形则相反。

通过改变溶液的某些条件，如温度、pH、溶液中无机盐组成及含量以及有机调节剂等,使溶质以晶体析出的过程就是结晶(crystallization)。同一种元素或化合物在不同条件下生成结构、形态、物性完全不同的晶体的现象称为多晶现象。

📖 课 堂 活 动

1. 你知道 C 元素吗?请结合常识说出它的不同形态。
2. 根据已有知识,举例说明如何获得晶体。

结晶可用于纯化或获得相关分子的结晶,混合体系中对某一组分进行结晶时,初析出的结晶可能或多或少吸附、夹杂或共沉淀一些杂质,故有时需要反复结晶才能得到较纯的产品。这种通过二次以上结晶作用精制获得较纯的结晶或单一晶体的过程叫做重结晶(或称再结晶、复结晶),晶体经过过滤、洗涤,可以达到较高的纯度。

一、结晶过程分析

(一)结晶的条件

在一定温度和溶剂条件下,当某一物质在溶剂中的浓度等于溶质在该温度和溶剂条件下的溶解度时,则此溶液为该物质的饱和溶液;同等条件下,溶质浓度超过饱和溶解度时,该溶液称之为过饱和溶液。

通常溶质在饱和溶液中是不会析出的,只有当溶质浓度超过同等条件下的饱和溶解度时,溶质才会由于难以继续溶解而析出,在过饱和溶液中加入破坏平衡的因素,则溶质会因此析出。

溶质的溶解度与所使用的溶剂、温度、该溶质的晶体大小或分散度有关。通常,物质的溶解度会随温度升高而增加,少数例外的例子比如红霉素,随温度升高其溶解度降低;通常微小晶体的溶解度要比普通晶体的溶解度大。

(二)结晶过程

结晶过程是溶质自动从过饱和溶液中析出,形成新相的过程,包括溶质分子凝聚成固体,以及这些分子有规律地排列在一定的晶格中。当溶液浓度达到饱和浓度时,不析出晶体;当浓度超过饱和浓度,达到一定的过饱和浓度时,才可能有晶体析出。最先析出的微小颗粒形成以后结晶的中心,称为晶核。

微小的晶核具有较大的溶解度,在饱和溶液中,晶核形成后迅速溶解,处于"形成-溶解-再形成"的动态平衡中,只有达到一定过饱和度时,晶核才能稳定存在并形成晶种。晶核形成后,靠扩散而继续成长为晶体。故结晶包括 3 个过程,即:过饱和溶液的形成;晶核的形成及晶体的生长。

对于溶解度随温度升高而增加的溶质,可以借用饱和曲线和过饱和曲线来形象地说明溶解度与温度对溶液结晶或稳定性的影响,见图 11-6。

曲线 SS 为饱和溶解度曲线,在此线

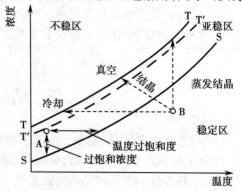

图 11-6　饱和曲线与过饱和曲线

以下的区域为不饱和区,称为稳定区。曲线 TT 为过饱和溶解度曲线,在此曲线以上的区域称为不稳区。而介于曲线 SS 和 TT 之间的区域称为亚稳区。在稳定区的任一点溶液都是稳定的。在亚稳区的任一点,如不采取措施,溶液也可以长时间保持稳定,如加入晶种,溶质会在晶种上长大,溶液的浓度随之下降到 SS 线。

亚稳区中各部分的稳定性是不一样的,接近 SS 线的区域较稳定。而接近 TT 线的区域极易受刺激而结晶。故可将亚稳区再一分为二,上半部为刺激结晶区,下半部为养晶区。

在不稳区的任一点溶液能立即自发结晶,在温度不变时,溶液浓度自动降至 SS 线。在不稳区,结晶生成很快,来不及长大,浓度即降至饱和溶解度,所以形成大量细小晶体,这在工业结晶中是不利的。为得到颗粒较大而又整齐的晶体,通常需加入晶种并把溶液浓度控制在亚稳区的养晶区,在养晶区自发产生晶核的可能性很小,可让晶体缓慢长大。晶体产量取决于晶体与溶液之间的平衡关系。物质晶体与其溶液相接触时,如果溶液未达到饱和,则晶体溶解;如果溶液饱和,则晶体与饱和溶液处于平衡状态,溶解速度等于沉淀速度。仅当溶液浓度达到一定程度的过饱和浓度时,才有可能析出晶体。

二、过饱和溶液的形成

获得过饱和溶液的方法主要如下。

(一) 冷却热饱和溶液(等溶剂结晶法)

物质一般随温度升高其溶解度也升高,通过加温使溶质溶解,再通过降低温度促使溶液在相对较低的温度下形成过饱和溶液。冷却热饱和溶液适用于溶解度随温度降低而显著减小的场合。由于该法基本不除去溶剂,而是使溶液冷却降温,也称之为等溶剂结晶。主要采取的方法有自然冷却、间壁冷却(冷却剂与溶液隔开)、直接接触冷却(在溶液中通入冷却剂)等。

(二) 部分溶剂蒸发法(等温结晶法)

部分溶剂蒸发法是借蒸发除去部分溶解剂的结晶方法,也称等温结晶法,它使溶液在加压、常压或减压下加热蒸发达到过饱和。此法主要适用于溶解度随温度的降低而变化不大或随温度升高溶解度降低的物系。蒸发法结晶消耗热能最多,加热面结垢问题使操作遇到困难,一般不常采用。主要采取的方法有加压、减压或常压蒸馏等。

(三) 真空蒸发冷却法

真空蒸发冷却法是使溶剂在真空下迅速蒸发,同时结合绝热冷却,是结合了冷却和溶剂蒸发两种效应而达到过饱和度。该法具有设备简单,操作稳定优势,最突出的特点是容器内无换热面,所以不存在晶垢的问题。

(四) 化学反应结晶法

化学反应结晶法是加入反应剂或调节 pH 使新物质产生的方法,当该新物质的溶解度超过饱和溶解度时,就有结晶析出。方法的实质就是利用化学反应,对需要结晶的物质进行修饰,一方面调节其溶解特性,同时也可以进行适当的保护。

(五) 盐析法

盐析法是向物系中加入某些物质,从而使溶质在溶剂中的溶解度降低而析出,这些物质既可以是固体,也可以是液体或气体。沉淀剂最大的特点是极易溶解于原溶液的溶剂中。这种结晶的方法叫做盐折法,常用沉淀剂主要是一些中性盐,如硫酸铵、硫酸钠等。

(六) 有机溶剂法

有机溶剂可降低溶液的介电常数,增加蛋白质分子上不同电荷的引力,导致溶解度降低。有机溶剂与水作用能破坏蛋白质的水化膜,使蛋白质在一定浓度的有机溶剂中沉淀析出。但是为了获得蛋白质的结晶,需要严格控制有机溶剂的种类和用量,常用的有机溶剂是乙醇和丙酮,由于有机溶剂的加入易引起变性失活,尤其乙醇和水混合释放热量,操作一般宜在低温下进行,且在加入有机溶剂时注意搅拌均匀,以免局部浓度过大。分离后的蛋白质晶体应立即用水或缓冲液溶解,以降低有机溶剂的浓度。

 知 识 链 接

有机溶剂在中性盐存在时能增加蛋白质的溶解度,减少变性和提高分离的效果。在用有机溶剂沉淀时,添加中性盐的浓度控制在 0.05mol/L 左右,而用有机溶剂结晶,中性盐的浓度应该根据待结晶物质的变性难易来控制。结晶的条件必须严格控制,才能得到好的晶体。在丙酮存在下,获得的蛋白质变性的概率较小,是良好的沉淀剂,同样可以应用于生物大分子的结晶。

三、晶体过程考虑因素

(一) 纯度

纯度是指所需要的组分在样品总量中所占的比例(一般为质量分数)。杂质所占比例越低,则所制备物质的纯度越高。各种物质在溶液中均需达到一定的纯度才能析出结晶,这样就可使结晶和母液分开,以达到进一步分离纯化的目的。生化产品也不例外,一般来说纯度愈高愈易结晶。就蛋白质和酶而言,结晶所需纯度不低于 50%,总的趋势是越纯越易结晶。结晶的制品并不表示达到了绝对的纯化,只能说达到了相当纯的程度。

(二) 浓度

结晶液一定要有合适的浓度,溶液中的溶质分子或离子间便有足够的相碰机会,并按一定速率作定向排列聚合,才能形成晶体。但浓度太高达到饱和状态时,溶质分子在溶液中聚集析出的速度太快,超过这些分子形成晶体的速率,相应溶液黏度增大,共沉物增加,反而不利于结晶析出,只获得一些无定形固体微粒,或生成纯度较差的粉末状结晶。结晶液浓度太低,样品溶液处于不饱和状态,结晶形成的速率远低于晶体溶解的速率,也得不到结晶。因此,只有在稍过饱和状态下,即形成结晶速率稍大于结晶溶解速率的情况下才能获得晶体。结晶的大小、均匀度和结晶的饱和度有很大关系。

 难 点 释 疑

味精(谷氨酸钠)的结晶过程中,结晶液浑浊时加入热蒸馏水,可消除浑浊现象获得较大结晶。

在味精(谷氨酸钠)的结晶过程中,只有在溶液保持适当的浓度,形成的结晶才最佳,浓度过高时,结晶液发生浑浊现象,表明新的晶核大量形成,此时须用热的蒸馏水调节到合适浓度才能消除浑浊现象,获得整齐的较大结晶。

（三）pH

pH 的变化可以改变溶质分子的带电性质,是影响溶质分子溶解度的一个重要因素。在一般情况下,结晶液所选用的 pH 与沉淀大致相同。蛋白质、酶等生物大分子结晶的 pH 多选在该分子的等电点附近。

知 识 链 接

溶菌酶的等电点为 11.0~11.2,5% 溶菌酶溶液,pH9.5~10,在 4℃ 放置过夜便析出结晶。如果结晶时间较长并希望得到较大的结晶时,pH 可选择离等电点远一些,但必须保证这些分子的生物活性不受损害。

细胞色素 C 的等电点为 9.8~10.1,其质量分数为 1%,pH6.0 左右生成的结晶最佳。当然对不同蛋白质及生化产品所要求的 pH 范围宽窄不一,要视具体情况来定。

（四）温度

冷却的速度及温度直接影响结晶效果。冷却太快引起溶液突然过饱和,易形成大量结晶微粒,甚至形成无定形沉淀。冷却的温度太低,溶液浓度增加,也会干扰分子定向排列,不利于结晶的形成。生物大分子的整个分离纯化过程,包括结晶在内,通常要求在低温或不太高的温度下进行。低温不仅溶解度低,而且不易变性,并可避免细菌繁殖。在中性盐溶液中结晶时,温度可在 0℃ 至室温的范围内选择。

（五）时间

结晶的形成和生长需要一定时间,不同的化合物,结晶时间长短不同。蛋白质、酶等生物大分子结晶时,由于分子内有许多功能基团和活性部位,其晶体的形成过程也复杂得多。简单的无机或有机分子形成晶核时,需要几十甚至几百个离子或分子组成。但蛋白质分子形成晶核时,只需很少几个分子即可,不过这几个分子整齐排列成晶核时比几十个、几百个分子、离子所费时间多得多,所以蛋白质、核酸等生物大分子形成结晶常需要较长时间,因此经常需要放置。在生化产品制备中,时间不宜太长,通常要求在几小时之内完成,以缩短生产周期,提高生产效率。

（六）晶种

不易结晶的生化产品常需加晶种。有时用玻璃棒摩擦容器壁也能促进晶体析出。需要晶种形成结晶的产品,大多数收率不高。

（七）晶体生长速度

晶体生长一般遵循晶体生长的扩散学说:①穿过靠近晶体表面的一个滞流层,从溶液中转移到晶体的表面;②到达晶体表面的溶质长入晶面,使晶体增大,同时放出结晶热;③结晶热传递回到溶液中。据此,溶质依靠分子扩散作用,穿过晶体表面的滞留层,到达晶体表面;此时扩散的推动力是液相主体的浓度与晶体表面浓度差;第二步,溶质长入晶面,是表面化学反应过程,此时反应的推动力是晶体表面浓度与饱和浓度的差值。

依据扩散学说,在控制晶体生长速度时可作以下考虑:①改变晶体和溶液之间界面的滞留层特性,这样可以影响溶质长入晶体、改变晶体外形以及因杂质吸附导致的晶体生长缓慢问题；②搅拌可以加速晶体生长、加速晶核的生成；③升温可以促进表面化学反应速度的提高，加快结晶速度。

晶体生长速度决定于晶核形成速度，单位时间内在单位体积溶液中生成新晶核的数目称为晶核成核速度，成核速度是决定晶体产品粒度分布的首要动力学因素。工业结晶过程要求有一定的成核速度，如果成核速度超过要求，必将导致细小晶体生成，影响产品质量，因此应避免过量晶核的形成。

 知 识 链 接

晶核形成是一个新相产生的过程，由于要形成新的表面，就需要对表面做功，所以晶核形成时需要消耗一定的能量才能形成固-液界面。

自动成核时，体系总的吉布斯自由能的改变为 ΔG，它由两项组成：一项为表面过剩吉布斯自由能 ΔG_s（固体表面和主体吉布斯自由能的差）；另一项为体积过剩吉布斯自由能 ΔG_v（晶体中分子与溶液中溶质吉布斯自由能的差）。显然，ΔG_s 为正值，其值为界面张力与表面积的乘积，而在过饱和溶液中，ΔG_v 为负值。晶核的形成必须满足 $\Delta G = \Delta G_s + \Delta G_v < 0$。

通常 $\Delta G_s > 0$，阻碍晶核形成，ΔG_v 是负值，推动晶核产生，一旦产生晶核，必须形成新的界面。因此能否产生晶核，取决于 ΔG_s 和 ΔG_v 两者的相对大小。

假定晶核形状为球形，半径为 r，则 $\Delta G_v = 4/3(\pi r^3 \cdot \Delta G_v)$；若以 σ 代表液-固界面的表面张力，则 $\Delta G_s = \sigma \Delta A = 4\pi r^2 \sigma$；因此，在恒温、恒压条件下，形成一个半径为 r 的晶核，其总吉布斯自由能的变化为：$\Delta G = 4\pi r^2 [\sigma + (r/3) \Delta G_v]$

ΔG_v——形成单位体积晶体的吉布斯自由能变化。

临界晶核半径是指 ΔG 为最大值时的晶核半径；

$r < r_c$ 时，ΔG_s 占优势，故 $\Delta G > 0$，晶核不能自动形成；

$r > r_c$ 时，ΔG_v 占优势，故 $\Delta G < 0$，晶核可以自动形成，并可以稳定生长；

ΔG_{max} 相当于形成临界大小晶核时外界需消耗的功，称之为临界成核功。

$$\Delta G_{max} = \frac{1}{3} \Delta G_s$$

临界成核功仅相当于形成临界半径晶核时表面吉布斯自由能的1/3，亦即形成晶核时增加的 ΔG_s 中有2/3 为 ΔG_v 的降低所抵消。

（八）晶体质量控制

晶体质量包括3方面的内容：晶体大小、形状和纯度，可依据晶体生长的扩散学说对晶体质量进行控制。①可以通过控制结晶温度、晶核质量以及搅拌速度来优化所得晶体的大小；②通过改变过饱和度、选择适宜的溶剂体系以及控制溶液中的杂质种类和限量可以优化晶体的形状；③通过控制母液中的杂质类型和限量、结晶速度、晶体粒度以及粒度分布，可以获得较纯的晶体。

在晶体形成过程中有时会发生晶体结块现象,从而导致结晶产品品质劣化,主要原因有:①由于某些原因造成晶体表面溶解并重结晶,使晶粒之间在接触点上形成固体晶桥,呈现结块现象;②造成晶体结块的毛细管吸附理论认为:由于晶体间或晶体内的毛细管结构,水分在晶体内扩散,导致部分晶体的溶解和移动,为晶粒间晶桥的形成提供饱和溶液,导致晶体结块。可从影响晶体质量的 3 方面来考察结块的影响因素以消除晶体结块现象。

 知 识 链 接

晶体结构测定发现样品分子中存在溶剂或水分子时,该样品晶体存在多晶型现象的可能性就会增大,因为样品分子容易与溶剂或水分子形成氢键,当被测样品的分子与不同的溶剂分子结合时,将会形成不同晶型的物质。不含溶剂的晶体也可能由于分子的对称排列规律的不同而存在多晶型现象。对于多晶型药物,因晶格结构不同,某些理化性质(如熔点、溶解度、稳定性)可能不同;且在不同条件下,各晶型之间可能会发生相互转化,因此固体药物的晶型不同可能会对生物利用度、药效、毒副作用、制剂工艺及稳定性等方面产生影响。

对于全新的药物,首先应研究其是否存在多晶型现象,考虑可能影响晶型的各种因素(温度、重结晶溶剂及重结晶条件),设计不同的重结晶方案。选择重结晶溶剂时应考虑常用的溶剂,选择范围应考虑极性溶剂、中等极性溶剂、非极性溶剂等单一溶剂系统;在单一溶剂系统的基础上,还应使用混合溶剂和它们的不同配比来进行研究。同时还应研究温度的变化对晶型的影响,通常根据样品的特性,可以将重结晶实验的温度设计在低温 5℃和常温 20℃左右为宜。确定化合物是否存在多晶现象后,应进一步对各晶型的理化性质差异进行研究,固定目标晶型;规范制备工艺的操作,保证制备工艺中结晶条件稳定。

从药物原料到固体制剂成品,需要多步工艺过程,这些加工工艺都可能使药物的晶型发生改变。如果发现制剂过程中晶型发生了变化,应考虑采用其他适宜的方法制剂;避免在制剂过程中晶型发生变化而影响药物在体内的溶出和吸收。

四、常用的工业结晶方法

(一) 自然起晶法

溶剂蒸发进入不稳定区形成晶核,当产生一定量的晶种后,加入稀溶液使溶液浓度降至亚稳定区,新的晶种不再产生,溶质在晶种表面生长。

(二) 刺激起晶法

将溶液蒸发至亚稳定区后冷却,进入不稳定区,形成一定量的晶核,此时溶液的浓度会有所降低,进入并稳定在亚稳定的养晶区使晶体生长。

(三) 晶种结晶法

将溶液蒸发后冷却至亚稳定区的较低浓度,加入一定量和一定大小的晶种,使溶质在晶种表面生长。该方法容易控制、所得晶体形状大小均较理想,是一种常用的工业结晶方法。

晶种结晶法中采用的晶种直径通常小于 0.1mm;晶种加入量由实际的溶质附着量

以及晶种和产品尺寸决定。

点滴积累

1. 固态物质分为晶型(包括假晶型)和无定形两种形态。

2. 改变溶液的条件如温度、pH、溶液中无机盐组成及含量以及有机调节剂等,使溶质以晶体析出的过程就是结晶。结晶可以纯化或获得相关分子的结晶,由于吸附、夹杂或共沉淀效应,有时应用重结晶才能得到较纯的产品。

3. 结晶过程有很多影响因素,需要考虑溶质在特定溶剂中的可结晶性及晶型、温度、pH、结晶时间以及晶核形成速度等因素。不同的溶剂可能得到物质的不同晶型,晶体中的水分或残留溶剂也会导致晶型变化,这称为同质异晶现象。某些药物由于存在多晶型,不同晶型的溶出速度以及生物利用度等不一样,因此在药物结晶研究中,需要同时考虑晶型对药效的影响。

4. 结晶的驱动力是溶质形成过饱和溶液,有几种方法用于使溶质形成过饱和溶液:利用在不同温度下溶解度的差异形成过饱和溶液、将体系中溶剂进行部分蒸发导致过饱和、使溶剂在真空下迅速蒸发同时结合绝热冷却形成过饱和溶液、利用化学反应使产生的新物质过饱和以及通过盐析和有机溶剂致使溶质形成过饱和溶液。

5. 工业生产中常通过自然起晶法、刺激起晶法、晶种起晶法来获得相应的晶体。

第三节　生物成品浓缩与干燥技术

一、浓缩技术

浓缩是从低浓度的溶液除去过多的水或溶剂变为高浓度的溶液。生化产品制备工艺中往往在提取后和结晶前进行浓缩。加热和减压蒸发是最常用的方法。

蒸发是溶液表面的水或溶剂分子获得的动能超过溶液内分子间的吸引力以后,脱离液面进入空间的过程。可以借助蒸发从溶液中除去水或溶剂使溶液被浓缩。影响蒸发的因素有:①加热使溶液温度升高,分子动能增加,蒸发加快;②加大蒸发面积可以增加蒸发量;③压力与蒸发量成反比。减压蒸发是比较理想的浓缩方法。减压能够在温度不高的条件下使蒸发量增加,从而减小加热对物质的损害。

知识链接

离子交换法与吸附法使稀溶液通过离子交换柱或吸附柱,溶质被吸附以后,再用少量洗脱液洗脱、分部收集,能够使所需物质的浓度提高几倍以至几十倍。

超滤法利用半透膜能够截留大分子的性质,很适于浓缩生物大分子。此外,加沉淀剂、溶剂萃取、亲和色谱等方法也能达到浓缩目的。

(一)常压蒸发

在常压下加热使溶剂蒸发,最后溶液被浓缩。常压蒸发方法简单,但仅适于浓缩耐热物质及回收溶剂。装液容器与接收器之间要安装冷凝管,使溶剂的蒸气冷凝。装液量不宜超过装液容器的 1/2 容积,以免沸腾时溶液雾滴被蒸气带走或溶液冲出装液容器。加热前需加少量玻璃珠或碎磁片,使溶液不致过热而暴沸,暴沸易使液体冲出。在不能直接加热的情况下,要选用适当的热浴,以温度较溶剂沸点高 20~30℃ 为宜。

（二）减压蒸发

减压蒸发通常要在常温或低温下进行,通过降低浓缩液液面的压力,从而使沸点降低,加快蒸发。此法适于浓缩受热易变性的物质,特别是蛋白质、酶、核酸等生物大分子。当盛浓缩液的容器与真空泵相连而减压时,溶液表面的蒸发速率将随真空度的增高而增大,从而达到加速液体蒸发浓缩的目的。实验室常用的减压浓缩装置为旋转蒸发仪。

二、干燥技术

干燥(drying)是将潮湿的固体、膏状物、浓缩液及液体中的水或溶剂除尽的过程。生化产品含水容易引起分解变性、影响质量。通过干燥可以提高产品的稳定性,使它符合规定的标准,便于分析、研究、应用和保存。

按照水分的原始聚集状态,干燥可分为液体直接被移除、从液态开始干燥和绕过液相从固态直接蒸发(即升华)3 种方式。后两种一般都需要提供一定的能量。通常,按照供能特征即按照供热的方式,干燥分为接触式、对流式、辐射式干燥。

在接触干燥时,热通过加热表面(金属方板、辊子)传给需干燥的物料,这时水分被蒸发转入物料周围的空气中。在热对流干燥时,干燥过程必需的热量用气体干燥介质传送,它起热载体和介质的作用,将水分从物料上转入到周围介质中。在辐射干燥时,即红外线干燥时,热从辐射源以电磁波形式传送,辐射源的温度通常在 700℃ 以上。

影响干燥的因素主要有以下几点。①蒸发面积:蒸发面积大有利于干燥,干燥效率与蒸发面积成正比。如果物料厚度增加,蒸发面积减小,难以干燥,由此会引起温度升高使部分物料结块、发霉变质。②干燥速度:干燥速度应适当控制。干燥时,首先是表面蒸发,然后内部的水分子扩散至表面,继续蒸发。如果干燥速率过快,表面水分很快蒸发,就使得表面形成的固体微粒互相紧密黏结,甚至成壳,妨碍内部水分扩散至表面。③温度:升温能使蒸发速率加快,蒸发量加大,有利于干燥。对不耐热的生化产品,干燥温度不宜高,冷冻干燥最适宜。④湿度:物料所处空间的相对湿度越低,越有利于干燥。相对湿度如果达到饱和,则蒸发停止,无法进行干燥。⑤压力:蒸发速率与压力成反比,减压能有效地加快蒸发速率。减压蒸发是生化产品干燥的最好方法之一。

（一）常压吸收干燥

常压吸收干燥是在密闭空间内用干燥剂吸收水或溶剂。此法的关键是选用合适的干燥剂。按照脱水方式,干燥剂可分为 3 类。

1. 能与水可逆地结合为水合物。例如无水氯化钙、无水硫酸钠、无水硫酸钙、固体氢氧化钾(或钠)等。

知识链接

无水硫酸钠:中性、吸水量大,但作用慢、效力差。在32℃以下吸水后形成 $Na_2SO_4 \cdot 10H_2O$。

无水硫酸镁:中性、效力中等、作用快、吸水量较大,吸水后形成 $MgSO_4 \cdot 7H_2O$。

无水硫酸钙:作用快,效率高。与有机物不发生反应,而且不溶于有机溶剂。与水形成稳定的水合物($2CaSO_4 \cdot H_2O$)。

固体氢氧化钾(或钠):可吸收水、氨等。KOH 吸收水能力比 NaOH 大 60~80 倍。

2. 能与水作用生成新的化合物。例如,五氧化二磷、氧化钙等。

 知识链接

五氧化二磷(P_2O_5):吸水效力最高,作用非常快。

氧化钙(CaO):碱性,吸水后成为不溶性氢氧化物。

3. 能吸收微量的水和溶剂。例如分子筛,常用的是沸石分子筛,应先用其他干燥剂吸水,再用分子筛进行干燥。

(二)真空干燥

真空条件下,可以在较低的温度下对样品进行干燥。真空干燥装置可以自制,也可以购买商品化的真空干燥装置,实验室常用的玻璃材质的真空干燥器与普通玻璃干燥器区别不大,只是在顶部配备二通活塞,可以与相应的抽真空装置连接。根据样品含溶剂情况,可以适当配备冷凝管、吸滤瓶及干燥塔装置,以对真空泵进行保护。干燥器内放有与样品所含溶剂产生吸附或反应的干燥剂。样品量少可用真空干燥器,样品量大可用真空干燥箱。

(三)气流干燥

气流干燥也称"瞬间干燥",使加热介质(空气、惰性气体、燃气或其他热气体)和待干燥固体颗粒直接接触,并使待干燥固体颗粒悬浮于流体中,因而两相接触面积大,强化了传热传质过程,广泛应用于散状物料的干燥单元操作。

气流干燥操作过程中,固体颗粒在气流中高度分散、呈悬浮状态,使气-固两相之间的传热传质表面积大大增加。由于采用较高气速(20~40m/s),使得气-固两相间的相对速度也较高,不仅使气-固两相具有较大的传热面积,而且体积传热系数 Ha 也相当高。因此,气流干燥热效率高、干燥时间短、处理量大。

气流干燥采用气-固两相并流操作,这样可以使用高温的热介质进行干燥,且物料的湿含量愈大,干燥介质的温度可以愈高。

(四)喷雾干燥

1. 喷雾干燥原理　喷雾干燥是采用雾化器将原料液分散为雾滴,并用热气体(空气、氮气或过热水蒸气)干燥雾滴而获得产品的一种干燥方法。原料液可以是溶液、乳浊液、悬浮液,也可以是熔融液或膏糊液。干燥产品根据需要可制成粉状、颗粒状、空心球或团粒状。

2. 溶液的雾化　溶液的喷雾干燥是在瞬间完成的。为此,必须最大限度地增加其分散度,即增加单位体积溶液中的表面积,才能加速传热和传质过程。例如体积为 $1cm^3$ 的溶液,若将其分散成直径为 $10\mu m$ 的球形小液滴,分散前后相比,表面积增大 1290 倍,从而大大地增加了蒸发表面,缩短了干燥时间。

 知 识 链 接

目前常用的有 3 种雾化器。①气流式雾化器:采用压缩空气或蒸汽以很高的速度($>300m/s$)从喷嘴喷出,靠气-液两相间的速度差所产生的摩擦力,使料液分裂为雾滴。②压力式雾化器:用高压泵使液体获得高压,高压液体通过喷嘴时,将压力能转变为动能而高速喷出时分散为雾滴。③旋转式雾化器:料液在高速转盘(圆周速度 $90\sim160m/s$)中受离心力作用,从盘边缘甩出而雾化。

3. 喷雾干燥的优点

(1)由于雾滴群的表面积很大,物料所需的干燥时间很短(以秒计)。

(2)在高温气流中,表面润湿的物料温度不超过干燥介质的湿球温度,由于迅速干燥,最终的产品温度也不高。因此,喷雾干燥特别适用于热敏性物料。

(3)喷雾干燥操作上的灵活性,可以满足各种产品的质量指标,例如粒度分布,产品形状,产品性质(不含粉尘、流动性、润湿性、速溶性),产品的色、香、味、生物活性以及最终产品的湿含量。

(4)简化工艺流程。在干燥塔内可直接将溶液制成粉末产品。此外,喷雾干燥容易实现机械化、自动化,减轻粉尘飞扬,改善劳动环境。

4. 喷雾干燥的缺点

(1)当空气温度低于 150℃ 时,容积传热系数较低,所用设备容积大。

(2)对气-固混合物的分离要求较高,一般需两级除尘。

(3)热效率不高,一般顺流塔型为 30%～50% ,逆流塔型为 50%～75% 。

(五) 冷冻干燥

将待干燥的制品冷冻成固态,然后将冻结的制品经真空升华逐渐脱水而留下干物质的过程称为冷冻干燥。冷冻干燥的制品是在低温高真空中制成的,制品因其中微小冰晶体的升华而呈现多孔结构,并保持原先冻结的体积,加水易溶,并能恢复原有的新鲜状态,生物活性不变。

1. 冷冻干燥的过程　冷冻干燥的过程是由冷冻干燥机来完成,适用于生物大分子的浓缩和干燥。

冷冻干燥的程序包括冻结、升华和再干燥。冷冻干燥的原理可用溶剂的三相点相图来说明,如图 11-7 所示。

OA 是固液曲线;OB 是气液曲线;OC 是固气曲线;O 是三相点。当温度在三相点 O 以下,将压力降至 OC 线以下,溶剂(通常是水)就可以由固相直接升华为气相。例如,冰在 -40℃ 时其上方的蒸汽压为 0.1mmHg,在 -60℃ 时其上方的蒸汽压为 0.01mmHg。固态的冰升华为水蒸气时要吸收大量的热,1g 0℃ 的冰变成 0℃ 的蒸汽需吸热 2.4×10^6J ,所以升华时又可以使固态的冰进一步降温,空气潮湿时可以看见装有固态冰的容器外壁上结有霜。

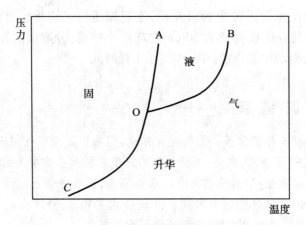

图 11-7　三相点相图

知 识 链 接

有报道约 14% 的抗生素类药品,92% 的大分子生物药品,52% 的其他生物制剂需要冻干。冷冻干燥的药品不易变质且有效成分的损失少,适于长期贮存、准确定量、复水再生以及大批量无菌化生产。冷冻干燥主要缺点是设备的投资和运转费用高,冻干过程时间长,产品成本高。但冻干后产品重量减轻了,运输费用减少了;能长期贮存,减少了物料变质损失。

2. 冻干过程的 3 阶段

(1)预冻阶段:预冻是将溶液中的自由水固化,使干燥后产品与干燥前有相同的形态,防止抽空干燥时起泡、浓缩、收缩和溶质移动等不可逆变化产生,减少因温度下降引起的物质可溶性降低和生命特性的变化。当溶质的量极少时,有时还需要加入骨架材料,如明胶、糊精、甘露醇等。

知 识 链 接

在口腔速释片制备中,可以采用冷冻干燥、固体溶液及喷雾干燥等工艺,这些工艺都要制备高孔隙率的药物支持骨架。支持骨架的成分一般可选择明胶、糊精、阿拉伯胶、聚乙烯吡咯烷酮等高分子聚合物,其中明胶是最常用的骨架成分,其作用是形成玻璃状无定形结构,使骨架具有一定的强度和弹性。另一类骨架成分包括甘露醇、葡萄糖、半乳糖、环糊精等碳水化合物,其作用一是稳定骨架,二是提高骨架溶解速度,三是使骨架具有一定硬度和美观性,常用的是甘露醇。

主剂加入的时机。不同的制备方法要求主药加入的时间各不相同。冷冻干燥工艺原则上加入主药可在骨架形成之前,亦可在骨架形成之后加入。一般常选择在冷冻固化之前加入主药。固态溶液技术必须在骨架形成之后加入主药,否则会导致主药的损失。喷雾干燥技术在骨架形成前或后加入主药均可。直接压片技术主药加入的时机同制备传统口服片剂。

（2）升华干燥阶段：升华干燥也称第一阶段干燥。将冻结后的产品置于密闭的真空容器中加热，其冰晶就会升华成水蒸气逸出而使产品脱水干燥。干燥是从外表面开始逐步向内推移的，冰晶升华后残留下的空隙变成之后升华水蒸气的逸出通道。已干燥层和冻结部分的分界面称为升华界面。在生物制品干燥中，升华界面约以1mm/h的速率向下推进。当全部冰晶除去时，第一阶段干燥就完成了，此时约除去全部水分的90%。

（3）解析干燥阶段：解析干燥也称第二阶段干燥。在第一阶段干燥结束后，在干燥物质的毛细管壁和极性基团上还吸附有一部分水分，这些水分是未被冻结的。为了改善产品的贮存稳定性，延长其保存期，需要除去这些水分。这就是解析干燥的目的。

第一阶段干燥是将水以冰晶的形式除去，因此其温度和压力都必须控制在产品共溶点以下，才不致使冰晶溶化。但对于吸附水，由于其吸附能量高，如果不给它们提供足够的能量，它们就不可能从吸附中解析出来。因此，这种阶段产品的温度应足够高，只要不烧毁产品和不造成产品过热而变性即可。同时，为了使解析出来的水蒸气有足够的推动力逸出产品，必须使产品内外形成较大的蒸汽压差，因此此阶段中箱内必须是高真空。

3. 真空冷冻干燥设备　真空冷冻干燥设备国内外都有较好的产品，冷冻干燥机的国产品牌近年来发展很快。如北京军事医学科学院生产的小型、中型和大型工业用冻干机，已可以取代昂贵的进口产品。

 知 识 链 接

在实验室中可以自己组装小型简易的冻干干燥器，方法如下。

（1）准备一个较大的玻璃真空干燥器，将样品置于小培养皿中速冻后放入干燥器内，器内已事先用两个小培养皿分别盛有 KOH（或 NaOH）和 P_2O_5，干燥器通过一个两端塞上棉花、其中装满 P_2O_5 的干燥管与真空泵相连，抽真空后，经过5～10小时就可以得到冷冻干燥的样品。

（2）将样品溶液置于一个圆底烧瓶内，将烧瓶浸入干冰-乙醇低温浴（-60℃）中，样品即被速冻成冰块，将烧瓶标准磨口通过磨口管与一个冷阱相连，冷阱内放有干冰-乙醇混合液，冷阱的另一个出口管与真空泵相连，抽真空时汽化的水汽就冻结在冷阱的内壁上，抽真空数小时后即可在烧瓶中得到冻干的样品。此简易装置也可用于冻干含有少量乙醇、甲醇、丙酮等常用有机溶剂的样品，可重复以下的操作除去这些有机溶剂：样品速冻→抽真空至恒定→使样品升温至室温挥发有机溶剂→再速冻样品，如此反复多次，以除尽有机溶剂，否则样品不易冻干，且泵前应装有保护真空泵的缓冲液，以吸收水和有机溶剂。

4. 冷冻干燥操作注意事项　冷冻干燥操作虽然十分简单，但却须注意以下事项。

（1）样品溶液：①样品要溶于水，不含有机溶剂，否则会造成冰点降低，冷冻的样品容易融化，因而减压时会起大量泡沫，使样品变性、污染和损失。同时若含有机溶剂,被抽入真空泵后溶于真空泵油,使其可达真空度降低而必须换油。②样品要预先脱盐,不可使盐浓度过高,否则冷冻后易融化,影响样品活性,而且不易冻干。③样品缓冲液在冷冻时 pH 可能会有较大变化,例如 pH7.0 的磷酸盐缓冲液在冷冻时,磷酸氢二钠比磷酸二氢钠先冻结,因而使溶液 pH 下降而接近 3.5,使某些对低 pH 敏感的酶变性失活,此时需加入 pH 稳定剂,如糖类和钙离子等。④样品溶液的浓度不要过稀。同批冻干的样品液浓度不宜相差太大,以免冻干的时间相差过大。

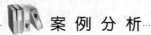

案例分析

案例

冻干蛋白质时,其浓度低于 15mg/ml 时冻干产品无固定形状。

分析

样品溶液中蛋白质含量较低时,产品中的干物质太少,产品浓度太低,没有形成骨架,甚至已干燥的产品被升华气流带到容器的外边,故不能形成固定形状。若要获得较好的干燥产品,需增加产品浓度(通常蛋白质溶液含量 15mg/ml)或添加适当的赋形剂如甘露醇。

(2)装样品溶液的容器:①最好用各种尺寸的培养皿盛样品溶液,液层不要太厚,以免冻干时间太长,耗电太多。也可以使用安瓿和青霉素瓶。用烧杯时液层厚度不要超过 2cm,否则烧杯易冻裂。②冻干稀溶液时会得到很轻的绒毛状固体样品,容易飞散而损失和造成污染,因而要用已刺孔的薄膜或吸水纸包住杯口,刺的孔不要过小、过少,否则会影响冻干速度。

(3)溶液冷冻:如有条件,尽可能用干冰-乙醇低温浴速冻,如能将盛有样品溶液的容器边冻边旋转形成很薄的冷冻层,则可以大大加快冻干的速度。

(4)冻干:①样品全部冻干前,不要轻易摇动,以防水蒸气冲散冻干的样品粉末。②样品冻干达到较高真空度时,容器外部有时会结霜,若外霜消失,则说明样品已冻干,或是仅剩样品中心的小冰块,再稍加延长冻干时间即可。③冻干后要及时取出样品,以免样品在室温下停留时间过长而失活。④停真空泵时要先放气,以免泵油倒灌。放气时要缓慢,以免气流冲散样品干粉。⑤样品冻干后要及时密封冷藏,以防受潮。⑥真空泵要经常检查油面和油色,油面过低和油色发黑,则需换油,通常半年或一季度至少要换一次油。

上述所介绍的干燥方法是生物产品干燥的常用方法,其他方法如红外照射、微波照射、利用接触吸附的方法进行干燥、超临界流体干燥、声波场干燥、过热蒸汽干燥、冲击干燥、穿透干燥以及对撞流干燥等方法,可以根据具体情况选用。

点滴积累

1. 浓缩是通过将低浓度的溶液中过多的水或溶剂除去使之成为高浓度溶液的过程,加热和减压蒸发是最常用的方法。

2. 干燥可以提高产品的稳定性,便于分析、研究、应用和保存,分为从液体直接被移除、从液态开始干燥和经过液相从固态直接蒸发(即升华)3种方式。后两种一般都需要提供一定的能量。

3. 蒸发面积大有利于干燥,应控制干燥的速度,使被干燥物料内部水分或溶剂均匀扩散而不致在物料表面结块影响物料内部干燥,温度的控制应有利于蒸发而又不引起物料变质。

4. 生化药物的干燥在不影响药物的药效前提下选择性价比高的干燥技术,根据需要可以是真空干燥、喷雾干燥和冷冻干燥,冷冻干燥对于不耐热而又易于变性的生物大分子药物来说是常用的手段。

目 标 检 测

一、选择题

(一) 单项选择题

1. 关于晶体的正确说法为(　　)
   A. 晶体是一种固态物质,其结构内原子、分子或离子有规则地排列成相应的晶型
   B. 可以形成结晶的物质一般只存在一种晶型
   C. 一种药物在不同条件下生成结构、形态、物性不同的晶体,但是药效不会改变
   D. 工业生产中常用重结晶来获得高纯度的晶体,因此一次结晶所得的晶体是不纯的

2. 关于结晶操作叙述错误的是(　　)
   A. 结晶过程是溶质自动从溶液中析出,形成新相的过程
   B. 结晶的操作主要是利用溶质分子或离子在溶液中有序排列的倾向使之形成晶体
   C. 只有达到一定的过饱和度时,溶质才会从溶液中有序集聚并形成晶体
   D. 结晶主要是三个过程:形成过饱和溶液、形成晶核、晶体生长

3. 关于晶核下列叙述不正确的是(　　)
   A. 结晶过程中最先析出的微小颗粒成为晶核
   B. 一般较大的晶核具有较大的溶解度
   C. 一般微小的晶核具有较大的溶解度,在饱和溶液中晶核处于"形成-溶解-再形成"的动态平衡中
   D. 工业结晶过程一般要求有一定的成核速度,但过高的成核速度会导致细小晶体生成,晶核成核速度越快越有利于获得好的晶体结构

4. 关于晶体生长下列说法正确的是(　　)
   A. 只要溶液中溶质的浓度大于该条件下的饱和浓度就会产生结晶
   B. 晶体生长遵循晶体生长的扩散学说
   C. 溶质依靠分子扩散作用,到达晶体表面而导致晶体生长,不涉及化学反应

D. 溶质扩散到晶体表面后长入晶面,期间不产生热

5. 适宜的晶体生长速度对获得好的晶体和晶型是重要的,以下哪种说法不正确( )

A. 改变晶体和溶液之间界面的滞留层特性可改善因杂质吸附导致的晶体生长缓慢问题

B. 搅拌可以改变晶体和溶液的滞留层特性,加速晶体生长和晶核的生成

C. 溶质长入晶面是吸热过程,升温可以促进表面化学反应,加快结晶速度

D. 溶质扩散至晶体表面是表面化学反应过程,升温促进表面化学反应,加快结晶速度

6. 生物药物制备工艺中经常要用到浓缩技术,以下说法错误的是( )

A. 生物药物常常含量少,而生产或溶液体系相对庞大,所以要使用浓缩技术

B. 生物药物浓缩经常会遇到诸如加热易变质失效,易氧化等情况,不能通过加热来加快浓缩的药物,可以通过减压,增大蒸发面积的手段加快浓缩过程

C. 在减压情况下,可通过加热以加快浓缩过程,温度越高越有利于溶剂体系的蒸发

D. 除蒸发浓缩外,超滤、离子交换及吸附法亦可以用于浓缩

7. 生物药物之所以需要干燥,不是因为( )

A. 生化产品含水,容易引起分解变性,影响质量

B. 干燥可以提高产品的稳定性

C. 干燥可以节约储存和运输成本,延长生物药物的保存期

D. 干燥的目的是提高生物药物的产品层次

8. 待干燥物质状态通常为( )

A. 潮湿的固体、膏状物、浓缩液　　　　B. 气溶胶

C. 固溶胶　　　　D. 含少量水或溶剂的固体颗粒

9. 以下( )不是影响干燥的因素

A. 蒸发面积和干燥速度　　　　B. 离子强度和 pH

C. 温度和湿度　　　　D. 压力

10. 常压吸收干燥主要是指( )

A. 在密闭空间内用干燥剂吸收水或溶剂

B. 常压下在开放式容器内自然干燥

C. 常压下于惰性气体氛围内用干燥剂吸收水或溶剂

D. 指常压下密闭空间内以分子筛进行干燥

11. 关于喷雾干燥,哪项说法不正确( )

A. 是将加热的空气、惰性气体等流体与待干燥颗粒充分接触并除去其中水分或溶剂的过程

B. 溶液的喷雾干燥必须最大限度地增加溶液的分散度,加速传热和传质过程

C. 由于喷雾干燥中雾滴的比表面积很大,物料干燥时间很短

D. 喷雾干燥热效率高,对气固混合物的分离要求不高

12. 关于冷冻干燥说法错误的是（　　　）
    A. 冷冻干燥是指将待干燥的制品冷冻成固态,于真空下升华脱水,最后得到制品干粉的过程
    B. 冷冻干燥的制品是在低温高真空中制备而成的,制品因其中微小冰晶体的升华而呈现多孔结构,所有情况下,都不需要添加骨架材料而能保持原先冻结的体积
    C. 冷冻干燥的程序包括冻结、升华和再干燥三个基本过程
    D. 冷冻干燥由于是在低温、真空状态下进行干燥,因此可保持药物的生物活性

13. 将四环素粗品溶于 pH2 的水中,用氨水调 pH 4.5~4.6,28~30℃保温,即有四环素沉淀结晶析出。此沉淀方法称为（　　　）
    A. 有机溶剂结晶法　　　　　　　B. 等电点法
    C. 透析结晶法　　　　　　　　　D. 盐析结晶法

14. 下列哪种方法是由于细胞内冰晶的形成而导致细胞破碎的（　　　）
    A. 真空干燥　　　　　　　　　　B. 酶解法
    C. 冻融法　　　　　　　　　　　D. 渗透压法

15. 当向蛋白质纯溶液中加入中性盐时,蛋白质溶解度（　　　）
    A. 增大　　　　　　　　　　　　B. 减小
    C. 先增大后减小　　　　　　　　D. 先减小后增大

16. 盐析法与有机溶剂沉淀法比较,其优点是（　　　）
    A. 分辨率高　　　　　　　　　　B. 变性作用小
    C. 杂质易除　　　　　　　　　　D. 沉淀易分离

17. 盐析常数 β 是生物大分子的特征常数,它与下列哪种因素无关（　　　）
    A. 蛋白质的种类　　　　　　　　B. 温度
    C. 溶液 pH　　　　　　　　　　　D. 无机盐

18. 将四环素粗品溶于 pH2 的水中,用氨水调 pH4.5~4.6,28~30℃保温,即有四环素沉淀结晶析出。此沉淀方法称为（　　　）
    A. 等电点法　　　　　　　　　　B. 有机溶剂结晶法
    C. 透析结晶法　　　　　　　　　D. 盐析结晶法

19. 以下不属于表面活性剂类沉淀剂的是（　　　）
    A. CTAB　　　　　B. CPC　　　　　C. SDS　　　　　D. PEG

（二）多项选择题
1. 以下可以用于获得过饱和溶液的手段有（　　　）
    A. 冷却热饱和溶液　　　　　　　B. 部分溶剂蒸发
    C. 真空蒸发冷却　　　　　　　　D. 化学反应结晶
    E. 蒸馏

2. 结晶过程需考虑的因素有（　　　）
    A. 杂质存在的状况　　　　　　　B. 溶质的浓度
    C. 某些情况下的 pH 因素　　　　D. 溶剂情况
    E. 成核速度

3. 某些药物有多晶现象,如下说法正确的有( )
    A. 溶剂变化会影响药物的晶型
    B. 晶体晶格中的水或溶剂在陈化过程中的变化会导致晶型的改变
    C. 最适于药用的晶型可能需要通过药理学研究才能确定
    D. 药物的不同晶型可能生物利用度不一样
    E.《中国药典》没有对药物的晶型作要求可以不考虑晶型

4. 可用于生物药物干燥的有( )
    A. 常压吸收干燥   B. 真空干燥   C. 冷冻干燥
    D. 喷雾干燥   E. 气流干燥

5. 结晶的主要过程包括( )
    A. 晶核的形成   B. 晶体的生长   C. 形成过饱和溶液
    D. 晶体的长成   E. 干燥

6. 影响晶体大小的主要因素有( )
    A. 过饱和度   B. 温度   C. 搅拌速度
    D. 晶种   E. 纯度

7. 晶体的质量主要是指( )等方面
    A. 晶体的大小   B. 形状   C. 纯度
    D. 颜色   E. 晶体生长速度

8. 与盐析法相比有机溶剂沉淀法具有如下优点:( )
    A. 成本低   B. 分辨率高   C. 蛋白变性小
    D. 易进行固-液分离   E. 沉淀无需脱盐

9. 影响盐析的因素有( )
    A. 无机盐的种类   B. 溶质(蛋白质等)种类的影响
    C. 温度的影响   D. 蛋白质浓度的影响
    E. pH 的影响

10. 盐析法的优点( )
    A. 适用范围广,几乎所有蛋白质和酶都能采用
    B. 无机盐不易引起蛋白质变性失活
    C. 操作简单,安全
    D. 成本低,不需要特别昂贵的设备
    E. 盐析过程中非蛋白的杂质很少被夹带沉淀

二、问答题

1. 什么是盐析作用? 盐析的原理是什么?
2. 有机溶剂沉淀影响沉淀效果的因素有哪些?
3. 什么是结晶过程?
4. 结晶操作的特点有哪些?
5. 何为晶体生长的扩散学说? 其具体意义何在?
6. 喷雾干燥过程如何?
7. 真空干燥的优点有哪些?

8. 常用的干燥方法有哪些?

三、实例分析

干燥技术正越来越受到重视,将各种干燥技术有机结合起来可以取长补短,有效地获得稳定、高活性的生物药物。

喷雾流化干燥器是一种新机型,是喷雾干燥器和流化干燥器的有机结合,因此在性能上也具有两种干燥器的特点。

把喷雾装置组合在气-固流化床中,将溶液或熔融物加工为固体颗粒的方法称为喷雾流化干燥。由于在流化床中固体粒子有良好的混合与较高的传热效能,这种设备无论作为干燥或煅烧器,它的生产强度都比较高。例如处理苯甲酸钠溶液时,其容积蒸发强度达水 $550\sim670$ kg $/($ m^3 · h$)$。

我国在葡萄糖和某些医药、轻工产品使用了这种干燥器,由于它把蒸发、结晶、干燥、造粒、煅烧等过程融合在一个设备中进行。因此,简化了流程,并相应地降低了设备及投资费用,它对溶解度大的溶液干燥以及煅烧造粒是非常合适的。

喷雾流化干燥中,浆液物料经过喷雾器分散成极细的液滴涂布于流化床层的粒子表面,接受床层热量和流化介质热量以气化水分。粒子尺寸则因其表面上固体物料的析出而长大,这种粒子的涂层长大有的称为"正常长大"。在床层中除了正常长大以外,还可能发生另外的情况:粒子涂层后,由于来不及干燥而相互黏合,这种粒子尺寸的增加称为"黏结长大"。除此以外,还有液滴喷入后未与固体颗粒结合即已干燥,这种小粒子或被带出,或存留在床层中成为新粒子长大的"晶种"。

在床层中,由于雾化器的气流机械作用与流化介质的通过,流化床内的粒子发生相互撞击和冷液喷入热床层后粒子内部产生的热应力,使固体粒子在长大的同时又被破碎而减小粒子尺寸。当床层内粒子长大的速度与破碎速度相等时,粒子的平均尺寸不再变化而达到一稳定值,这时的操作趋于稳定而可连续。即料液不断喷入,床层粒子在某一稳定尺寸范围连续析出。

以上条件决定于下列各因素:喷雾器的型号和工作条件、干燥条件和流化本身的流体力学条件。其中,喷雾器的条件更为重要。如果喷雾器操作不好,或者床层黏结成饼而无法流化,或者粒子长大不能控制,最后可导致流化状态不佳。

喷雾流化干燥器在干燥的同时进行造粒,经组合后的干燥器有以下特点:

(1)喷雾流化干燥器设备容积小,蒸发强度高,真正实现了小设备大生产(一台直径为 500mm 的喷雾流化干燥器的生产能力可与一台直径为 2000mm,高为 10 000mm 的喷雾干燥器相当)。

(2)喷雾流化干燥器与喷雾干燥造粒和流化造粒相比,所得产品颗粒均匀,粒径较大,控制操作条件能生产出直径为 $0.3\sim0.5$ mm 的颗粒,如果增加回粉装置,成粒率大约在 90% 。

(3)喷雾流化干燥器热效率高,一般在 60% 以上。

(4)流化床床层温度比较低,而且温度相对稳定,适用热敏性物料的干燥。

(5)所得颗粒状产品的润湿性、溶解性都很好,粉尘少、无污染。

（6）产品的密度达到 $0.66g/cm^3$，具有良好的流动性，节约包装材料。

分析：1. 喷雾干燥的优缺点。

2. 生物药物制备工艺中常可以组合多种技术得到干燥的产品，喷雾干燥可以与哪些技术联合用于产品干燥而又可以保持药物的药效？

（朱照静　喻　昕）

第十二章　生物药物的一般生产工艺

第一节　抗生素类药物

一、抗生素工业生产及工艺

抗生素的生产方法一般而言有 3 大类,即生物合成法、全化学合成法和半合成法,目前抗生素的生产主要采用生物合成法。

生物合成法也称为微生物发酵法。它将产生菌接种到培养基上,在一定的条件(培养基、温度、pH、通气、搅拌等)下培养、繁殖,产生抗生素。然后采用适宜的方法将抗生素从发酵液中分离出来。抗生素的生物合成法的主要步骤(图 12-1)与通用工艺流程(图 12-2)如下。

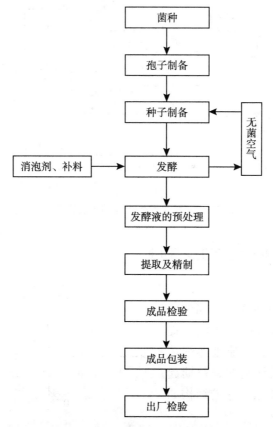

图 12-1　发酵法生产抗生素的工业生产过程的主要步骤

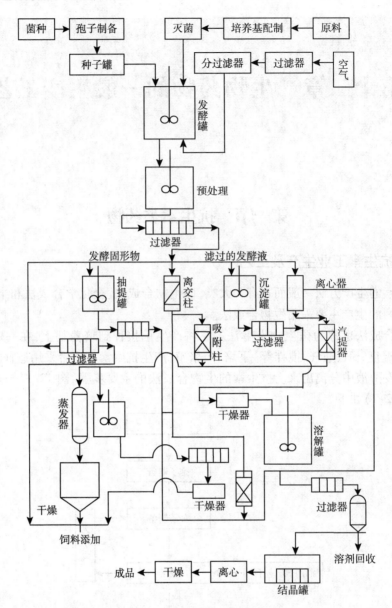

图 12-2　抗生素生产通用工艺流程图

二、抗生素药物的生产工艺实例

（一）青霉素

青霉素是 β-内酰胺类抗生素的典型代表，它是指从青霉菌培养液中提制的分子中含有青霉烷、能破坏细菌的细胞壁，并在细菌细胞的繁殖期起杀菌作用的一类抗生素。它的结构如图 12-3 所示。

由图 12-3 可知，青霉素分子是由

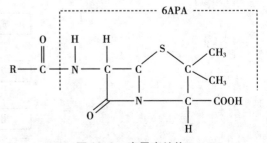

图 12-3　青霉素结构

侧链酰基与母核6-氨基青霉烷酸(6-APA)两部分组成。R代表不同的侧链,不同类型的青霉素有着不同的侧链,其中R被苯甲基取代时为苄青霉素(青霉素G),不特别注明时,本书所谓青霉素即苄青霉素。

课 堂 活 动

1. 你了解青霉素的历史吗? 谈谈你对青霉素的了解。
2. 简单叙述青霉素的抗菌原理。

1. 青霉素的理化性质　青霉素呈白色或黄色无定形结晶;无明显的熔点,温度升高时分子分解;分子中含有3个手性碳原子,具有旋光性;其分子中的羧基有很强的酸性,可与无机或有机碱形成盐。干燥纯净的青霉素盐很稳定,且对热也稳定。但其水溶液不稳定,分子中最不稳定的部分是β-内酰胺环,当青霉素遇酸、碱或加热都易分解而失去活性,且分子很易发生重排。青霉素水溶液受pH影响较大,在pH5~7较稳定,最稳定的pH范围为6~6.5。

青霉素在水中的溶解度很小,易溶于有机溶剂如三氯甲烷、苯、乙酸乙酯等。而其钠、钾盐则易溶于水和甲醇。青霉素在水中的pK为2.7,在低pH(<4)条件下,青霉素分子中的羧酸不解离,此时,青霉素易溶于有机溶剂而难溶于水;在高pH(>5)条件下,羧基发生酸式解离,此时青霉素易溶于水,难溶于有机溶剂。可利用此性质进行萃取与反萃取,精制青霉素。

知 识 链 接

青霉素过敏:青霉素是常用抗感染药物,其最大的不良反应为过敏反应,发生率为用药人数的0.7%~10%,最为严重的为过敏性休克,病死率高达10%。从药物角度看,青霉素本身并不是过敏原,那么青霉素过敏反应的致敏物质是什么呢? 在研究青霉素过敏反应中曾发现青霉素分子在pH7.5水溶液中很快重新排列成青霉烯酸,进而分解为青霉噻唑酸。青霉噻唑酸可与人体组织内的γ-球蛋白和白蛋白结合成青霉噻唑蛋白,青霉噻唑蛋白即为引起青霉素过敏反应的主要致敏物质。青霉噻唑蛋白不但可在人体内形成,也可在青霉素生产过程或储存过程中形成,特别是提纯精制的纯度差或含有杂质较多时,青霉素溶液本身就可能含有青霉噻唑蛋白,注射这种青霉素溶液,就可能引起青霉素过敏反应,甚至发生过敏性休克。鉴于目前国内制药工业相对比较落后的现状,各厂家的产品质量不一,产品中不同程度地含有微量的青霉烯酸、青霉噻唑酸及青霉素聚合物等杂质,青霉素注射前必须先做皮试,更换不同厂家或同样厂家不同批号的青霉素时,需重新做皮试。

2. 青霉素的发酵工艺　青霉素的生产分成发酵工艺和提炼工艺过程。

(1)菌种:最早发现产生青霉素的原始菌种是点青霉菌,生产能力很低,不能满足工业生产要求。而后,利用产黄青霉菌(*Penicillium chrysogenum*),生产能力大为上升,产黄青霉菌MinnR-B和NRRL1951的生产能力分别为120和100U/ml,后者经诱变处理的变种,生产能力可达 1000~1500U/ml。但该系菌株可分泌黄色素,影响了成品质量。对此菌株诱变处理得到不产色素变种 51-20,其生产能力可达 66 000~70 000U/ml。目前全世界用于生产青霉素的高产菌株,大都由菌株 WisQ176(一种产黄青霉菌)经不同改良途径得到,其发酵生产水平已达 85 000U/ml 以上。

青霉素生产菌株一般在真空冷冻干燥状态下保存其分生孢子,也可以用甘油或乳糖溶剂做悬浮剂,在 -70℃冰箱或液氮中保存孢子悬浮液和营养菌丝体,还可用砂土管保藏。

(2)发酵工艺流程:青霉素生产的一般工艺流程见图 12-4。种子制备阶段包括孢子培养和种子培养两个过程。孢子培养以生产丰富的孢子(斜面孢子和米孢子)为目的,种子培养则以繁殖菌丝体(种子罐培养)为主要目的。

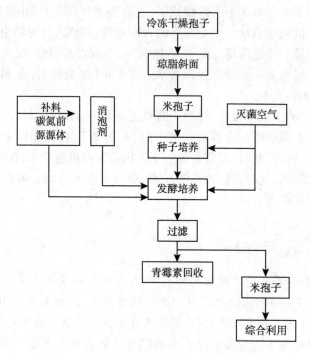

图 12-4 青霉素发酵工艺的一般流程图

(3)工艺过程

1)生产孢子的制备:将砂土孢子先在用甘油、葡萄糖、蛋白胨组成的培养基进行斜面培养,经传代活化。最适生长温度 25~26℃,培养 6~8 天,得单菌落,再传斜面,培养 7 天,得斜面孢子。再移植到优质小米或大米固体培养基上,25℃,相对湿度 45%~50%,生长 7 天,制得小米孢子。孢子成熟后进行真空干燥,低温保存备用。

2)生产种子制备:青霉素常采用三级发酵。

一级种子发酵:米孢子进入发芽罐,培养基上的孢子萌发,形成菌丝。接种到以葡萄糖、蔗糖、乳糖、玉米浆、碳酸钙、玉米油、消泡剂等为培养基的一级种子罐内。发酵周期为 40~50 小时,温度 27℃±1℃。通无菌空气,空气流量 1:3m³/(m³·min),搅拌转速为 300~350r/min。

二级发酵罐:按 10%接种量移种到培养基成分为玉米浆、葡萄糖、玉米油、消泡剂等的二级种子罐内。通风比为 1:(1~5)m³/(m³·min),搅拌转速为 250~280r/min,

温度 25℃ ±1℃;发酵周期为 13~14 小时。

发酵生产:二级种子达到要求后,可进入生产罐,培养基成分为花生饼粉(高温)、麸质粉、玉米浆、葡萄糖、尿素、硫酸铵、硫酸钠、硫代硫酸钠、磷酸二氢钠、苯乙酰胺及消泡剂,$CaCO_3$ 等。接种量在 20%,通气比控制在 1:(0.8~1.2)$m^3/(m^3 \cdot min)$,搅拌转速为 150~200r/min,罐压控制 0.04~0.05MPa,于 25~26℃下培养,发酵周期在 200 小时左右。前 60 小时 pH 为 6.8~7.2,而后 pH 稳定在 6.5 左右;前 60 小时温度为 26℃,以后为 24℃。

(4)发酵工艺要点

1)基质浓度的影响:青霉素发酵中采用补料分批操作法,即对容易产生阻遏、抑制和限制作用的基质(葡萄糖、胺、苯乙酸等)进行缓慢流加,以维持一定的最适浓度。一般残糖降至 0.6% 左右、pH 上升后可开始加糖,0~72 小时 0.6%~0.8%,72 小时放罐 0.8%~1.0%。加糖率每小时为 0.07%~0.15%,每 2 小时加 1 次。

发酵接种后 8~12 小时,发酵液浓度 40% 左右,液面较稳定时补入前料。当发酵单位上升到 2500U/ml 开始补充前体,每 4 小时补 1 次,使发酵液中残余苯乙酰胺浓度为 0.05%~0.08%。若发酵过程 pH > 6.5 可随时加入硫酸铵,使 pH 维持在 6.2~6.4,发酵液氨氮控制在 0.01%~0.05%。

2)培养基:通常采用葡萄糖和乳糖作为碳源,发酵初期,利用快效的葡萄糖进行菌丝生长,当葡萄糖耗竭后,利用缓效的乳糖,使 pH 稳定,分泌青霉素。可根据形态变化,滴加葡萄糖取代乳糖。目前普遍采用淀粉经酶水解的葡萄糖糖化液进行流加。玉米浆为最好的氮源,也可用花生饼粉或棉籽饼粉取代,补加无机氮源。青霉素生物合成中合适的阳离子比例以 K^+ 30%、Ca^{2+} 20%、Mg^{2+} 41% 为宜。铁的含量应控制在 30μg/ml 以下。

3)温度:生产上采用变温控制法,前期控制温度在 25~26℃,后期降温控制到 22℃。

 难 点 释 疑

青霉素发酵工艺中常采用变温控制法。

青霉素产生菌的生长最适温度一般为 27℃,而分泌青霉素的适宜温度为 20℃左右。故在青霉素的发酵生产中,采用变温控制法使之适合不同发酵阶段的需要,选择前期应该优先考虑菌体的生长、繁殖,在后期,特别是菌丝长到一定浓度后,则应首先考虑青霉素的合成。

4)pH:青霉素发酵的适宜 pH 为 6.5~6.9,避免超过 7.0。前期 pH 控制在 5.7~6.3,中后期 pH 控制在 6.3~6.6,通过补加氨水进行调节。

5)溶氧:通气比一般为 1:0.8$m^3/(m^3 \cdot min)$(单位培养液体积在单位时间内通入的空气量)。

6)菌丝生长速度与形态、浓度:发酵稳定期,湿菌浓度可达 15%~20%,丝状菌干重约 3%,球状菌干重在 5% 左右。在发酵中后期一般每天放 1 次,每次放掉总发酵液的 10% 左右。

难 点 解 析

在青霉素发酵生产过程中,菌丝形态能够影响青霉素的生产。

在长期的菌株改良中,青霉素产生菌分化为主要呈丝状生长和结球生长两种形态。前者由于所有菌丝体都能充分地和发酵液中的基质及氧接触,故一般比生产速率较高。后者则由于发酵液黏度显著降低,使气-液两相间氧的传递速率大大提高,从而允许更多的菌丝生长,发酵罐体积产率甚至高于前者。在丝状菌发酵中,控制菌丝形态使其保持适当的分支和长度,并避免结球,是获得高产的关键要素之一。而在球状菌发酵中,使菌丝球保持适当大小和松紧,并尽量减少游离菌丝的含量,也是充分发挥其生产能力的关键素之一。

7)消泡:在前期,泡沫主要是花生饼粉和麸质水引起的,这时采用间歇搅拌且不能多加油脂(如玉米油、豆油等);中期泡沫可加油控制,必要时可略微降低空气流量,但搅拌应充足,否则会影响菌的呼吸;而在发酵后期尽量少加消泡剂。

青霉素的发酵过程控制十分精细,一般2小时取样1次,测定发酵液的pH、菌浓度、残糖、残氮、苯乙酸浓度、青霉素效价等指标,同时取样做无菌检查,发现染菌立即结束发酵,视情况放过滤提取,因为染菌后pH波动大,青霉素在几小时内就会被全部破坏。

 知 识 链 接

如何选择发酵用消泡剂? 发酵过程中产生大量的泡沫,可造成生产能力降低、原料浪费、菌的呼吸困难、染菌等危害,严重影响产品质量。要消除泡沫,需选择适宜的消泡剂。目前,适合发酵行业用的消泡剂有以下几种。

1. 天然油脂(即豆油、玉米油等)　优点:来源广,价格低,使用简单;缺点:如贮存不好易变质,使酸值增高,对发酵有毒性。

2. 聚醚类消泡剂　①GP型消泡剂:以甘油为起始剂,由环氧丙烷或环氧乙烷与环氧丙烷的混合物进行加成聚合而制成的。其亲水性差,在发泡介质中的溶解度小,所以宜使用在稀薄的发酵液中。它的抑泡能力比消泡能力优越,适宜在基础培养基中加入,以抑制整个发酵过程的泡沫产生。②GPE型消泡剂:即泡敌,其亲水性较好,易铺展,消泡能力强,但溶解度也较大,消泡活性维持时间短,在黏稠发酵液中效果较好。③GPES型消泡剂:在GPE型消泡剂链端用疏水基硬脂酸酯封头,便形成两端是疏水链,当中间隔有亲水链的嵌段共聚物。该物质分子易于平卧状聚集在气液界面,因而表面活性强,消泡效率高。

3. 高碳醇　高碳醇是强疏水弱亲水的线型分子,在水体系里是有效的消泡剂。C_7-C_9的醇是最有效的消泡剂。

4. 硅类　最常用的是二甲基硅油。它表面能低,在水及一般油中的溶解度低且活性高。挥发性低并呈化学惰性,毒性小。

5. 聚醚改性硅　聚醚改性硅结合了聚醚与有机硅消泡剂两者的优点,具有无毒无害,对菌种无害,添加量极少的优点,是一种高性价比的产品。

3. 提炼工艺工程　由于发酵液中的青霉素浓度很低,需要经过浓缩很多倍才便于结晶,同时发酵液中也存在着大量的杂质,有待于除去,因此就要从发酵液中提取青霉素。早期提取青霉素的方法有活性炭吸附法,而后多采用溶媒萃取法,另外也有沉淀法等。本例介绍工业上使用的溶媒萃取法。

 课 堂 活 动

1. 青霉素的理化性质怎样?
2. 青霉素提取过程中应如何设计工艺。

(1)青霉素的提炼工艺流程:见图 12-5。

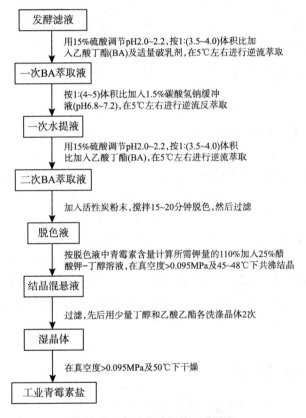

图 12-5　青霉素的提炼工艺流程

(2)提炼工艺过程和控制要点:由于青霉素不稳定的性质,因此发酵液预处理、提取和精制过程要求条件温和、快速,防止降解。

1)发酵液的预处理:发酵结束后,目标产物存在于发酵液中,且浓度较低,如抗生素只有 $10 \sim 30 kg/m^3$,且含有大量杂质,它们会影响后续工艺的有效提取,因此必须对其进行预处理。在预处理前,首先要冷却。因为青霉素在低温时比较稳定,同时细菌繁殖也较慢,可避免青霉素被破坏。

2)过滤:青霉菌菌丝较粗大,鼓式真空过滤机和板框压滤机均较易过滤。但当发

酵液达最高单位时,菌丝开始自溶。此时,菌丝在鼓式过滤机表面不能形成紧密的薄层,因此不能自行脱落,增加了过滤时间,降低滤液量和使滤液发浑,因此最好在菌丝自溶前放罐。贮罐、管道和滤布等要定期用蒸汽消毒。

发酵液冷至10℃以下后加少量絮凝剂沉淀蛋白,过滤,除掉菌丝体及部分蛋白,过滤收率在90%左右。

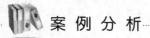 案 例 分 析

案例

采用鼓式真空过滤机过滤青霉素发酵液时,其颜色为棕黄色或棕绿色,略发浑。

分析

采用鼓式真空过滤机过滤发酵液时,滤渣形成紧密饼状,容易从滤布上刮下,滤液 pH 为 6.2~7.2,棕黄色或棕绿色,蛋白质含量为 0.05%~0.2%,需要进一步除去蛋白质。通常采取的措施为:硫酸调节 pH4.5~5.0,加入 0.07% 的溴代十五烷吡啶,同时加入 0.07% 硅藻土作为助滤剂,再经板框压滤机过滤,得到二次滤液,二次滤液澄清透明,可进行萃取。

3)萃取:青霉素的提取采用溶媒萃取法。青霉素游离酸易溶于有机溶剂,而青霉素盐易溶于水。利用这一性质,在酸性条件下青霉素转入有机溶媒中,调节 pH,再转入中性水相,反复几次萃取,即可提纯。目前工业上通常用乙酸丁酯和乙酸戊酯。需萃取2~3次。从发酵滤液第一次萃取到乙酸丁酯时存在蛋白质,应加 0.05%~0.1% 乳化剂 PPB 作破乳剂,15% 硫酸调 pH2.0~2.2,乙酸丁酯与滤液的体积比为 1:(3.5~4.0);反萃取时按 1:(4~5)体积比加入 1.5% 碳酸氢钠溶液调 pH 6.8~7.2;二次萃取时,先用15% 硫酸调 pH2.0~2.2,按 1:(3.5~4.0)加入乙酸丁酯,得到二次乙酸丁酯萃取液。几次萃取后,浓缩 10 倍,浓度几乎达到结晶要求。萃取总收率达 85% 左右。

整个萃取过程均在5℃左右进行,可用冷冻盐水冷却萃取罐。在保证萃取效率的前提下,应尽量缩短操作时间,减少青霉素的破坏。

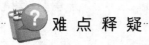 难 点 释 疑

青霉素萃取在采用乙酸丁酯萃取时需反复调节 pH。

青霉素在 pH2 左右时是游离酸,易溶于有机溶剂,此时在乙酸丁酯中的溶解度比在水中溶解度大 40 倍以上;在 pH7.0 时青霉素是盐,易溶于水,此时青霉素在水中的溶解度比在乙酸丁酯中的溶解度大 180~230 倍。故一般从滤液萃取到乙酸丁酯时,pH 选择 2.0~2.2,而从乙酸丁酯反萃取到水相时,pH 选择 6.8~7.2。

4)脱色:萃取液中添加活性炭,搅拌 15~20 分钟,除去色素、热原,而后过滤除去活性炭。

5)结晶:萃取液一般通过结晶提纯。青霉素钾盐在乙酸丁酯中溶解度很小,因此在脱色液中加入乙酸钾-丁醇溶液,钾盐就结晶析出。反应液中水分可以溶去部分杂

质,提高晶体质量,但收率会下降,因此常采用冷冻脱水法,将水分控制在0.9%以下。同时乙酸钾-丁醇溶液的水分应控制在9.5%~11%,乙酸钾用量为理论用量的110%。在真空度大于0.095MPa及45~48℃共沸结晶。

结晶混悬液,经过滤后,用少量丁醇和乙酸乙酯各洗涤晶体2次。湿晶体在真空度大于0.095MPa及50℃下干燥,得青霉素工业盐。

(二) 链霉素

链霉素又称链霉素A,属氨基糖苷类抗生素,分子式为$C_{21}H_{39}N_7O_{12}$,是由链霉胍、链霉糖和N-甲基葡萄糖胺3部分以苷键结合而成的糖苷(图12-6)。

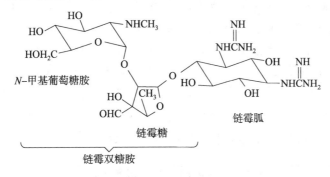

图12-6　链霉素结构

知 识 链 接

链霉素是1943年美国Waksman S. A.从链霉菌中分离得到的继青霉素后第二个用于临床的抗生素,对结核分枝杆菌有强大抗菌作用,其最低抑菌浓度为0.5mg/ml,开创了结核病治疗的新纪元。从此,结核杆菌肆虐人类生命几千年的历史得以有了遏制的希望。

但是随着临床应用的扩大,专家发现链霉素对听觉神经有较大的损害作用,可以引起眩晕,运动时失去协调(称共济失调);可以引起耳鸣,听力下降,严重时出现耳聋,是小儿的"听力杀手"。目前已知的耳毒性药物有近百种,常用的有氨基苷类抗生素(链霉素、卡那霉素、新霉素、庆大霉素),大环内酯类抗生素(红霉素),抗癌药(长春新碱、2-硝基咪唑、顺铂),水杨酸类解热镇痛药(阿司匹林),抗疟药(奎宁、氯喹),袢利尿药(呋塞米、依他尼酸),抗肝素化制剂(保兰勃林),铊化物制剂等。使用这些药物时应加以注意。

1. 链霉素的理化性质　链霉素常用其硫酸盐,无臭或微臭的白色或类白色粉末,有引湿性。分子中有3个碱性基团,在中性溶液中能以三价阳离子形式存在,故可用离子交换法进行提取。链霉素在空气或日光中稳定,易溶于水,不溶于甲醇、三氯甲烷和丙酮,其硫酸盐在甲醇中难溶解。

2. 链霉素的发酵工艺

(1)菌种:早期的链霉素菌种是灰色链霉菌(*Streptomyces griseus*),后来发现了比基尼链霉菌(*S. bikiniensis*)、灰肉链霉菌(*S. griseocarneus*)等也可生产链霉素。目前工业上多用灰色链霉菌及其变种。

知 识 链 接

灰色链霉菌:灰色链霉菌孢子丝直或柔曲、成丛,孢子球形、椭圆形,表面光滑。能产生抑制革兰阳性和阴性细菌、分枝杆菌的链霉素以及抑制酵母、丝状真菌、致病真菌的放线菌酮。

链霉素容易发生变异,特别是一些高单位菌种。目前生产上常用的菌种是生长在琼脂孢子斜面上。为了防止菌种变异,通常需要采取一定的措施进行控制。菌种采用冷冻干燥法或砂土管法保存,目前冷冻干燥法更为多用。冷冻干燥法保存时,所有生产用菌种或斜面都要置于0～4℃的冰箱或冷库中。同时原始斜面的使用期限不超过5天,生产斜面不超过3天,一般生产菌落在琼脂斜面的传代次数不多于3次,并采用单菌落传代。另外对保存时间长的菌种需进行分离,挑出高产者用于生产。

(2)发酵工艺流程:链霉素发酵工艺流程见图12-7。

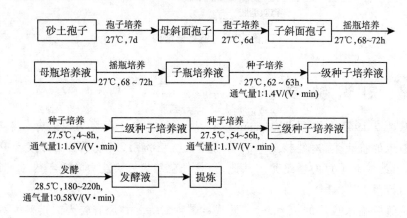

图12-7 链霉素发酵工艺流程

(3)发酵工艺要点:链霉素发酵采用三级或四级发酵,其一般过程包括斜面孢子培养、摇瓶种子培养、二级或三级种子罐扩大培养、发酵培养。

1)斜面孢子培养:将保藏在低温(0～2℃)砂土管中的菌种接种到斜面培养基上,培养基的成分主要是葡萄糖、蛋白胨、氯化钠和豌豆浸液等,接种后于27℃下培养6～7天,得到原始斜面,而后由原始斜面的丰满单菌落接种到子斜面上得到生产斜面,27℃下培养6～7天。经两次传代后,可纯化菌株。生产斜面菌落为白色丰满梅花或馒头型,背面有淡棕色色素。合格的孢子斜面保存在冰箱(0～4℃)内。

2)摇瓶种子培养:生产斜面的菌落接种到摇瓶培养基中,培养基的成分主要是黄豆饼粉、葡萄糖、硫酸铵、硫酸钙等,得到摇瓶种子。摇瓶种子(母瓶)可以直接接种种子罐,也可以扩大培养,用所得子瓶接种。发酵单位、菌丝阶段、菌丝黏度或浓度、糖代谢、种子液色泽和无菌检查为评价摇瓶种子的重要指标,且冷藏时间不能超过7天。培养基中葡萄糖的用量对种子菌丝黏度以及菌种的氨氮代谢有影响,黄豆饼粉对种子质量也有影响。

3)种子罐扩大培养:种子罐可分为 2~3 级,用来扩大种子接种量。由于一级种子罐的接种量较小,因此培养液的体积有所限制。而对于二级种子罐,接种量为 10%,到了最后,接种到发酵罐的接种量在 20% 左右。种子罐的培养过程中需要对罐温、通气、搅拌、菌丝生长、消泡等方面进行严格的控制,以保证种子的质量。

4)发酵培养:①培养基。发酵培养基的成分为葡萄糖、黄豆饼粉、硫酸铵、磷酸二氢钾、磷酸钙、玉米浆等。葡萄糖总量一般在 10% 左右,磷酸盐浓度为 46.5~465mg/L,Fe^{2+} 浓度不能超过 60μg/L。②pH。链霉素菌丝生长的 pH 为 6.5~7.0,而生物合成的最适 pH 范围是 6.8~7.3。③温度。灰色链霉菌发酵温度在28.5℃ 左右最适宜。④溶氧。灰色链霉素是一种高度好气菌,在黄豆粉培养基内,增加通气量能提高发酵单位,这主要是因为通气量的增加可提高三羧酸循环的活力,防止在培养基中乳酸、丙酮酸的积累。同时增加通气量也能升高 pH,这可能是由于蛋白质分解速率提高的缘故。通气量增加还需要提高搅拌速度,但搅拌速度不宜过高,否则会影响到菌丝的生长和链霉素单位的增长。⑤补料。在发酵的各阶段都需要控制糖、氮的量以及调节 pH 的情况。补糖是根据残糖量及菌种的情况而定,放罐时控制葡萄糖的浓度低于 1%,以利于后续提取。流加硫酸铵、氨水可补氮,并根据培养基的 pH 和氨基氮含量而定。⑥消泡。在发酵过程中泡沫较多,需补入消泡剂。发酵前期泡沫更多,主要是由于通气和连续搅拌下,菌丝又处于生长期,代谢旺盛,产生大量泡沫,这时要避免长期停滞搅拌和闷罐,加入消泡剂是一种较好的方法。

课堂活动

1. 发酵液产生泡沫的原因?
2. 发酵液泡沫对链霉素生产的影响?

3. 提取精制工艺 过去曾利用活性炭吸附、溶剂萃取或复盐沉淀等方法提取纯化链霉素,但均不适用于工业生产。目前工业生产中大多应用离子交换法提取链霉素。由于不同的树脂性能和精制方法有不同的工艺流程,本例介绍硫酸链霉素的提炼工艺。

(1)提炼硫酸链霉素的工艺:见图 12-8。

(2)链霉素提炼工艺要点

1)发酵液的过滤与预处理:发酵液中的链霉素存在着大量的杂质,有待于除去,且部分链霉素与菌丝体相结合,需要酸、碱或盐处理后才能释放出来。工业上采用草酸调节发酵液的 pH 至 2.8~3.2,同时蒸汽加热到 70~75℃ 维持 2 分钟,使蛋白质凝固,提高过滤速度。草酸酸化还可以除去对离子交换吸附有影响的金属离子 Ca^{2+}。得到的酸化液过滤后用 NaOH 调 pH 到 6.7~7.2 可得到原滤液。原滤液链霉素浓度在5000U/ml 左右。原滤液中还存在着其他金属离子,如 Mg^{2+},可以加入三聚磷酸钠加以去除,主要原因是两者之间形成了络合物,减少了树脂对 Mg^{2+} 的吸附。

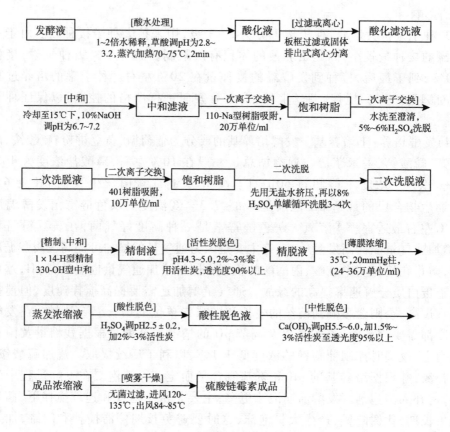

图 12-8　链霉素提炼工艺流程

 难 点 释 疑

链霉素原滤液需将 pH 调到 6.7~7.2。

硫酸链霉素在 pH4~7 范围内稳定,链霉素在中性溶液中能以三价阳离子形式存在,故综合考虑其稳定性、解离度和树脂的离解度,选择原滤液 pH 为 6.7~7.2,既可保证链霉素不受破坏,又能使链霉素和钠型羧基树脂全部解离,有利于离子交换。

2)吸附与洗脱:生产上主要使用羧酸树脂的钠型,提取链霉素后容易洗脱。为了防止链霉素的损失,一般采用三罐或四罐串联吸附,根据原液的流向可以称为主罐、一副、二副等,应使最后一罐流出液中的单位在 100U/ml 以下。当主罐的流出液中单位达到进口浓度 95% 左右时认为达到饱和,准备解吸。而将一副升为主罐,二副升为一副,以此类推,最后补上一新的罐子,继续吸附。待洗脱的罐,先用软水彻底洗涤,然后洗脱。为了提高洗脱液的浓度,可采用三罐串联解吸,控制流速为吸附流速的 1/(10~15)。目前国内生产一般应用弱酸 110×3 或 101×4 树脂,而在国外广泛使用一种大网络羧酸阳离子交换树脂 Amber lite IRC-50。

案例分析

案例

链霉素提取工艺中,原滤液中链霉素浓度较高时,直接用树脂吸附,其产率较低。

分析

链霉素在中性条件下为三价阳离子,离子价比其他离子高,而高价离子在稀溶液中优先被吸附,为了提高树脂吸附链霉素的量,应将原滤液稀释,以 5000U/ml 左右较好。若采用反吸附,则稀释度还应增大,一般稀释到 3000U/ml 左右。

3)精制:洗脱液中含有较多的杂质,链霉素含量只有 75%~90%。可以采用高交联度的氢型磺酸树脂,除去洗脱液和工业硫酸带入的金属离子和阳离子化的有机分子杂质。这种树脂的结构紧密,金属小离子可以自由地扩散到树脂内部与阳离子交换,由于链霉素溶液中的小离子和链霉素有机大离子在树脂上的吸附速度不同而达到分离。酸性精制液用羟型阴离子交换树脂中和酸,最后得到纯度高、杂质少的链霉素精制液。精制液以活性炭脱色,脱色后以 $Ca(OH)_2$ 调 pH 至 5.5~6.0,过滤后,进行真空薄膜蒸发浓缩。所得浓缩液仍有色素、热原等杂质,需进行第二次脱色,改善成品色泽和稳定性。成品浓缩,无菌过滤后喷雾干燥可得成品。链霉素的总收率为 72% 左右。

(三)四环素

四环素是四环类抗生素的典型代表,它的分子含氢化骈四苯母核(化学结构如图 12-9 所示),由放线菌产生。四环素为抑菌性广谱抗生素,除革兰阳性、阴性细菌外,对立克次体、衣原体、支原体、螺旋体均有作用。其抗菌机制是阻止细菌氨酰基-tRNA 与核糖体相结合,抑制其蛋白质合成,但剂量大时对人的蛋白质合成亦有一定影响,易进入胎儿血液,孕妇忌用。本类药物可络合亚铁、钙、镁、铝等离子而成为难溶性络合物,影响口服的吸收,勿与硫酸亚铁、氢氧化铝凝胶及牛乳等同服。

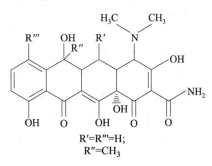

R'=R'''=H;
R''=CH₃

图 12-9 四环素的化学结构

课堂活动

1. 生活中大家用过四环素吗? 听说过四环素牙吗?

2. 2000 年 9 月,广西半宙制药集团第三制药厂生产的"梅花 K"黄柏胶囊,导致湖南株洲 128 名消费者中毒。经查,其中违法添加了盐酸四环素,且四环素加入后发生了降解,产生差向四环素和差向脱水四环素,其毒性分别是四环素的 70 倍和 250 倍。谈谈你对此事件的理解。

1. 四环素抗生素的理化性质 四环素为黄色晶体,两性化合物,含有酸性的三羧基甲烷系统($pK_a = 3.3$)和酚二酮系统($pK_a = 7.5$),碱性的二甲氨($pK_a = 9.5$)。能和各种酸、碱形成盐,临床上广泛应用的是它们的盐酸盐形式。等电点 pI 为 5.4。当 pH 为 4.5~7.2 时,四环素难溶于水;当 pH < 4 或 > 8 时,可以得到高浓度的四环素水溶液。四环素不溶于与水不相互溶的有机溶剂。四环素含 6 分子结晶水,水的含量达到 19.6%。其在干燥条件下固体比较稳定,遇日光易变色,在酸性及碱性条件都不够稳定,易发生水解。

知 识 链 接

四环素在较酸性条件(pH<2)下,四环素 C-6 上的羟基和 C-5a 上的氢发生消除反应易脱水,反式消除生成橙黄色脱水物——脱水四环素。抗菌活性减弱或完全消失,毒性增大,脱水四环素毒性是四环素的 2~3 倍,四环素在近中性条件下能与多种金属离子形成不溶性螯合物。螯合物的稳定次序为:$Fe^{3+} > Al^{3+} > Cu^{2+} > Co^{2+} > Mn^{2+} > Mg^{2+}$。四环素类抗生素可与钙离子、铝离子形成黄色络合物,与铁离子形成红色络合物。临床上发现服用四环素类药物后可以与牙上的钙形成黄色钙络合物,引起牙齿持久着色,被称为"四环素牙",是一种常见的副作用,因此儿童不宜服用四环素类抗生素。

2. 四环素的发酵工艺过程　四环素生产采用合成金霉素的金色链霉素菌种,通过在特定培养条件下,控制产生菌的生物合成方向,使其产生95%以上的四环素,而后再用沉淀法提取得到成品。

(1)菌种:最早的金霉素菌种是 1948 年由 Duggar 发现的金色链霉素(*Streptomyces aureofaciens*),发酵水平为165U/ml,以后发现在培养基中加入抑氯剂后,该菌能产生95%的四环素。此后各国对菌株进行诱变处理后,得到了高产菌株,目前四环素的发酵单位已经达到 30 000U/ml。虽然又陆续发现了许多产生四环素的菌株(如生绿链霉菌、佐山链霉菌等),但生产四环素所用菌株仍为金色链霉菌。

(2)四环素发酵工艺流程:图 12-10 是四环素发酵工艺流程图(二级发酵)。

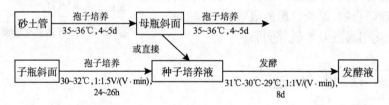

图 12-10　四环素的发酵工艺流程

(3)发酵工艺要点及过程

1)种子:金色链霉菌在麸皮斜面上培养,产孢子能力最强,生产种子是由保藏在低温的砂土管接到麸皮-琼脂斜面上,36℃培养 4~5 天,成熟孢子呈灰色。

配制孢子用的水的质量和麸皮质量对菌丝生长和孢子形成有较大影响,为了保证水质,可以在所用蒸馏水中加入 0.005% $MgSO_4$,0.01% KH_2PO_4,0.015%(NH_4)$_2HPO_4$。加工麸皮所使用到的小麦品种、产地和加工方法均要稳定。另外琼脂的质量也应稳定,可通过用水浸泡的方式除去可溶性的杂质。

金色链霉菌在保存和繁殖过程中容易发生菌落形态上的变异。菌落形态不同,生产能力也存在差异。因此,一般在砂土孢子接种斜面时进行一次自然分离,接种到子瓶斜面培养后,再接入种子罐。也有将成熟的母瓶斜面直接接种进种子罐。种子罐培养24~26小时,培养液呈糊状,色泽为淡黄色,而后可转入发酵罐。

2)培养基:①氮源。四环素发酵培养基所用的氮源分为有机氮源与无机氮源。黄豆饼粉、花生饼粉、棉籽饼粉、酵母粉、蛋白胨、玉米浆可作为有机氮源,硫酸铵、氯化铵、硝酸铵及氨水等可作为无机氮源。脯氨酸、蛋氨酸、丙氨酸、苯丙氨酸、谷氨酸等氨基酸能刺激金色链霉菌生产四环素,培养基中含有100~120mg/L氨基氮的氨基酸浓度最有利于合成四环素。②碳源。生产上常以葡萄糖、可溶性淀粉、淀粉、淀粉酶解液、油脂等作为四环素发酵的主要碳源。采用玉米淀粉时,可在灭菌前先用酶进行水解,以利于提高发酵单位。③抑氯剂。为了抑制氯原子进入四环素分子生成金霉素,一般M-促进剂(2-巯基苯并噻唑)作为抑氯剂的同时,还加入溴化钠作为竞争性抑氯剂,以减少抑氯剂引起的毒性作用。各种抑氯剂用量为0.0001%~0.05%。④无机盐。无机盐中的磷酸盐较为重要,因为无机磷浓度对金色链霉菌从生长期到抗生素生物合成期有很大影响。一般磷浓度在25~30μg/ml时,菌丝生物合成四环素的能力最大。

3)温度:发酵过程中,一般将温度控制在28~32℃。生产中,前期温度高于后期,四环素采用31-30-29℃的工艺条件。

4)pH:金色链霉素生长的适合pH为6.0~6.8,生物合成四环素的适合pH为5.8~6.0。

5)加糖:根据发酵液的残糖值加入混有少量有机氮源和抑氯剂的淀粉酶解液。要求0~100小时的发酵液残糖在5.5%~5.0%,100小时后残糖在4.5%~4.0%,放罐时控制残糖在2.5%左右。通氨工艺比不通氨工艺耗糖量多,可增加1倍。

6)溶氧:四环素发酵中,菌种对溶氧极为敏感。一般通气量控制在1:11:0.5L/(L·min)。CO_2浓度应控制在(2~8)ml/100ml。

7)通氨:四环素发酵过程中滴加氨水作为无机氮源是四环素发酵的新工艺。通氨工艺根据pH控制氨水加入量。一般前期要求pH较高,后期较低,采用0小时$\xrightarrow{pH6.0\pm0.1}$50小时$\xrightarrow{pH5.9\pm0.1}$150小时$\xrightarrow{pH5.8\pm0.1}$放罐前6小时停止加氨的工艺。第一次加氨时间,一般在发酵12小时左右,pH低于6.0时。

8)消泡:动物油的消泡能力一般高于植物油,但在生产上通常将两者搭配使用,主要是由于动物油酸价较高。遇到发酵激烈的情况还可以加入少量合成消泡剂,以减少加油量。

9)异常情况处理:①发酵过程中,pH高于6.2时可加入葡萄糖或硫酸铵,以使pH下降。②在发酵80~90小时检定出发酵液中金霉素含量超过5%时,即补加抑氯剂溴化钠和M-促进剂,以保证放罐时发酵液的金霉素含量低于5%。③遇发酵液转红、发酸,可以一次补入大量淀粉酶解液。④若出现噬菌体污染,必须将染噬菌体的发酵液加热到80℃以上,才可放入下水道。同时在发酵车间内外和设备等喷洒漂白粉,对滤渣要及时运走,防止噬菌体的宿主存于厂内。

3. 四环素的提炼工艺过程

(1)四环素的提炼流程:见图12-11。

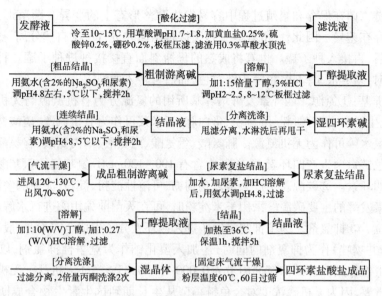

图 12-11 四环素的提炼工艺流程

（2）四环素的提炼工艺要点：生产上一般采用沉淀法或者沉淀法与溶媒法结合的方法提取发酵液中的四环素。这里主要是以沉淀法为例对四环素的提炼过程进行叙述。

1）发酵液的预处理：由于四环素能与金属离子发生反应，如钙离子、镁离子等形成不溶性的络合物，因此预处理时应尽量使四环素溶解。加入草酸或草酸和无机酸的混合物调节 pH 为 1.5～2.0，四环素转入液体中。预处理时通常还要加入黄血盐和硫酸锌，它们的协同作用可以除去发酵液中的蛋白质以及铁离子，并加入硼砂以提高滤液质量。

案例分析

案例

某实验在对四环素发酵液预处理时，不小心将草酸加入过多，结果导致生产脱水四环素的含量超出《中国药典》的 0.5% 限量。

分析

发酵液中四环素与钙离子、镁离子等形成络合物，溶解度较低，将发酵液酸化后可使四环素溶解。但 pH＞2，会对释放单位不利，且会促进差向四环素的形成；而 pH 过低，则发酵液酸性太强，四环素又易产生脱水反应，形成脱水四环素。故预处理时需将 pH 控制在 1.5～2.0。

2）沉淀结晶：在结晶过程中需要加入碱性剂，生产上主要使用氨水，且含有部分 Na_2SO_3 或 Na_2CO_3 及尿素等。Na_2SO_3 除了可以充当碱化剂外，还可以作为还原剂使用，用于防止四环素遇到氧化物而被破坏；而加入尿素，可以使得到的结晶比较紧密，含水量低，晶体容易过滤。

pH 是结晶过程中的一个重要因素。工艺上常常控制 pH 在 4.8 左右。但如若遇到沉淀结晶的质量较差时,可调节 pH 稍低于 4.8,这样更有利于提高结晶的质量,但应不低于 4.5,否则将会影响产量。

难 点 释 疑

四环素的等电点为 5.4,但在沉淀法结晶时却将 pH 控制在 4.8 左右。将 pH 调至等电点时,虽有较多的四环素碱析出,但同时析出的蛋白质杂质也很多,将 pH 调至 4.8 时可减少蛋白质的沉淀,提高四环素碱的质量。

温度可以影响结晶的速度。一般温度较高时,结晶速度较大,为此,将四环素结晶悬浮在丁醇中,加入化学纯浓盐酸,温度不能超过 18℃。

知 识 链 接

四环素差向异构物不是在四环素发酵中产生的,而是在提取、精制过程中产生的。差向四环素的存在严重影响四环素的质量,因此在精制过程中要防止差向异构物的产生。常用的方法有降低操作温度、缩短操作时间、除去能促进差向异构化的阳离子、选择适合的 pH。目前,通常将四环素制成复盐而纯化四环素。

1. 制成四环素-尿素复合物　在四环素粗品溶液中加入 1~2 倍量尿素,调节 pH 至 3.5~3.8,即沉淀四环素-尿素复合物。将复合物干燥后再在丁醇中转化成四环素盐酸盐,然后再经结晶、分离、干燥后得四环素盐酸盐成品。由于差向四环素、脱水四环素等均不能形成尿素复合物而除去。

2. 制成四环素-氯化钙复合物　将四环素碱溶于稀盐酸中,得到的 pH 为 1.5~1.8。加入 2.5% 的氯化钙,然后用氨水调节 pH 至 3.3~3.5,可结晶出四环素-氯化钙复合物,而差向四环素-氯化钙复合物因可溶于水而分离。将晶体在足够量的水中搅拌即可分解出四环素碱。

（四）红霉素

红霉素属大环内酯类抗生素,其分子结构见图 12-12。它是由红霉素内酯环、红霉糖和红霉糖胺 3 个亚单位构成的 14 元大环内酯。抗菌谱很广,对革兰阳性菌作用很强,对部分革兰阴性菌(如淋球菌、脑膜炎双球菌等)也有效。临床上主要用于治疗呼吸道感染、皮肤与软组织感染、胃肠道感染等。其副作用较少,尤其适用于青霉素过敏者。

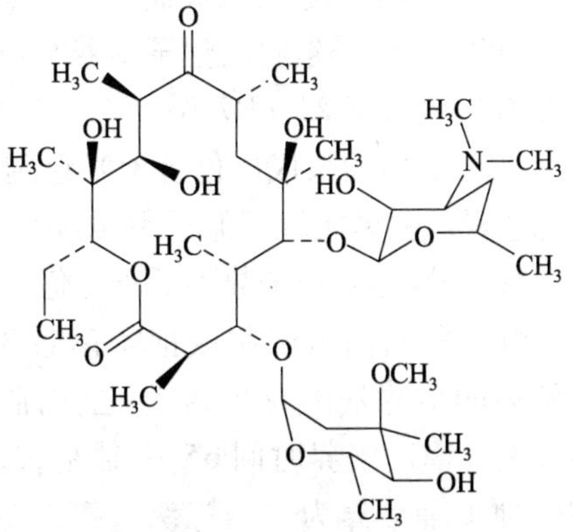

1. 红霉素的理化性质　红霉素为白色或类白色的结晶性粉末,微有吸湿性,味苦,易溶于醇类、丙酮、三氯甲烷、酯类,微溶于乙醚。它在水中溶解度低,且随温度

图 12-12　红霉素的化学结构

升高而降低,工业上常利用此性质,加热红霉素溶液使其结晶。红霉素为碱性化合物,能和无机或有机酸形成在水中溶解度较大的盐类。红霉素在 pH6~8 范围内稳定;碱性条件下,红霉素内酯环容易破裂;酸性条件下,分子中的糖基易水解。

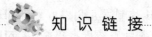　知　识　链　接

　　红霉素最普遍的不良反应为胃肠道反应,严重者可致胃溃疡和胃出血,故医嘱"饭后服用"以减少红霉素的刺激作用。为增加患者顺应性,可采用红霉素碱肠溶制剂,可避免胃酸的破坏,减少刺激性,在小肠崩解后,以游离的红霉素碱吸收,从而使其生物利用度比较理想且稳定。针对小儿服药困难,还研制了小儿红霉素薄膜衣控释剂,可确保药物控制释放并矫正其苦味。

　　2. 红霉素的发酵生产工艺

　　(1)生产菌种:红霉素的产生菌是 1952 年 Mc. Guire 等在菲律宾群岛发现的红色链霉菌(*Streptomyces erythreus*),红霉素是红色链霉菌在特定培养条件下的一种代谢产物。目前采用该株的变异株生产红霉素。

　　红霉素链霉菌在合成琼脂培养基上生长的菌落是由淡黄色变为微带褐的红色,色素不渗透到培养基中,气生菌丝呈白色,孢子丝呈不紧密的螺旋状,为 3~5 圈,孢子呈球形。常用砂土管或冷冻管保存,以冷冻管保藏的种子质量更好。

　　(2)发酵生产工艺流程:见图 12-13。

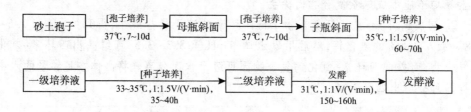

图 12-13　红霉素的发酵工艺流程

　　(3)发酵生产过程及控制要点

　　1)种子:红霉素斜面孢子培养基(g/L)为玉米浆 10、淀粉 10、氯化钠 3、硫酸铵 3、碳酸钙 2.5、琼脂 22、pH7.0~7.2。斜面培养温度为 37℃,湿度 50% 左右,避光培养,培养 7~10 天,斜面长成白色至深米色孢子,色泽新鲜、均匀、无黑色,背面产生红色或红棕色色素。在母瓶斜面孢子中挑选优良孢子区域或单菌落接入子瓶,37℃,培养 7~9 天,每批子瓶斜面孢子数不低于 1 亿个。

　　将子瓶斜面孢子制成孢子菌悬液,用微孔接种的方式接入种子罐。种子罐及繁殖罐的培养基由花生饼粉、蛋白胨、硫酸铵、淀粉、葡萄糖组成。种子罐的培养温度为 35℃,培养时间 65 小时左右,繁殖罐培养温度为 33℃,培养时间 40 小时左右。种子罐培养为二至三级。第一级种子罐采用摇瓶种子,以后逐级转移,接种量为 10% 左右。

2)培养基:发酵培养基为复合培养基,葡萄糖(80%~85%)为主要碳源,其次是淀粉(15%~20%);黄豆饼粉、硫酸铵为氮源,添加碳酸钙作缓冲剂;丙酸作为前体。接种量10%,培养基温度28~35℃,培养基灭菌后的 pH 为7.0,发酵过程中 pH 逐渐上升,到发酵结束时约为7.5。发酵单位可达4000~5000U/ml。

3)培养条件控制:①通气和搅拌。发酵罐的通气量一般为1:(0.8~1.2)1:0.5L/(L·min),增大空气流量和加快搅拌速度可提高发酵单位,但必须加强补料的工艺控制,防止菌丝早衰自溶,降低产品质量。②温度:一般采用全程31℃培养,遇发酵液激烈有转稀趋势时,适当降低培养温度。红色链霉菌对温度较敏感,若前期33℃培养则菌丝生长繁殖速度加快,40 小时的时候黏度达最高峰,但衰老自溶也快,发酵液黏度容易下降。31℃培养菌丝生长速度比33℃慢,48 小时达最高峰,转稀时间推迟。③pH:整个发酵过程中 pH 维持在6.6~7.2,菌丝生长好,不自溶,发酵单位稳定。④中间补料:发酵过程中还原糖控制在1.2%~1.5%,每隔6 小时加入葡萄糖,直至放罐前12~18 小时停止加糖。有机氮源一般每天补3~4 次,根据发酵液黏度的大小决定补入量的多少,黏度低可增加补料量,反之,减少补料量。放罐前24 小时停止补料。前体一般在24~39 小时,当发酵液 pH 高于6.5 时开始补入,每隔24 小时加1 次,全程共加4~5 次,总量为0.7%~0.8%,遇发酵单位增长趋势好时可适当多加。

3. 红霉素提炼的工艺过程

(1)提炼工艺流程:见图 12-14。

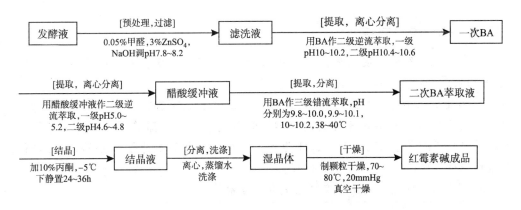

图 12-14 萃取法提炼红霉素的工艺流程

(2)提炼生产过程及控制要点:红霉素为碱性化合物,在碱性时可溶于有机溶剂中,而在酸性时则能溶于水中。所用萃取溶剂为醋酸丁酯,二次萃取的酸性提取液为醋酸缓冲液,反复萃取可达到提纯、浓缩的目的,最后在含有 27 万~30 万 U/ml 的丁酯溶液中进行冷冻结晶,即得红霉素碱成品。其工艺要点如下。

1)发酵液的预处理和过滤:发酵液中除含有低浓度(约0.8%)的红霉素外,绝大部分是菌丝体和未用完的培养基及各种代谢产物。蛋白质是一种主要的代谢产物,它的存在在溶剂萃取时会产生严重的乳化现象,给提炼带来困难,因此需要对发酵液进行预处理和过滤。目前一般采用 $ZnSO_4$ 来沉淀蛋白质,并促使菌丝结团,加快滤速。由于 $ZnSO_4$ 呈酸性,为了防止红霉素在酸性下被破坏,故需用 NaOH 调 pH 至 7.8~8.2,同时控制加料速度并开始搅拌,防止局部过酸。

2)防止和去除乳化:为了减轻乳化现象,关键在于发酵液处理得好,过滤质量高,保证滤液澄清,无浑浊现象。去乳化剂的选择也很重要,一般选用十二烷基磺酸钠。

3)pH和温度:在萃取过程中,碱化和酸化的pH对收率和产品质量都有直接影响。碱化时,pH控制在10±0.5,酸化时,pH控制在4.9±0.3。当红霉素转入缓冲液后,要立即用10% NaOH调pH至7~8,且可适当加入丁酯。由于红霉素在水中55℃时溶解度最小,因此,当红霉素从水相转入溶剂时,可适当加温至30~32℃。从缓冲溶液转入第二次丁酯时,一般也加热到38~40℃。加温的目的在于减少红霉素在水相中的溶解度,有利于萃取。

知 识 链 接

红霉素分子中碱性糖的二甲胺基可与乳酸成盐。制备红霉素乳酸盐时,可用醋酸丁酯(用量为发酵液体积的15%~20%)在pH8~10时多次提取发酵液,得到高浓度萃取液,用无水硫酸钠干燥,过滤,于滤液中慢慢加入乳酸的醋酸丁酯溶液至pH5.1,同时搅拌即可析出白色红霉素乳酸盐结晶。分离溶剂,将此盐溶解于丙酮中,加氨水转化为红霉素碱,洗涤干燥后的成品纯度可达930~960U/mg,与单纯溶剂法相比,省去了丙酮重结晶等处理。

点 滴 积 累

1. 抗生素类药物主要采用生物合成法,制备工艺需要根据药物的结构及理化性质,从而设计合理的分离、纯化、精制工艺。

2. 青霉素采用变温发酵工艺,前期温度在25~26℃,后期降温到22℃。青霉素常采用醋酸丁酯萃取法,在萃取中适时调整pH,从滤液萃取到醋酸丁酯时,pH为2.0~2.2;从醋酸丁酯反萃取到水相时,pH为6.8~7.2。整个萃取过程均在5℃左右进行,尽量缩短操作时间,减少青霉素的破坏。

3. 目前工业上常采用离子交换法提取链霉素。

（林凤云）

第二节　氨基酸类药物

氨基酸是构成蛋白质的基本组成单位,通常由碳、氢、氧、氮、硫等元素组成。自然界中,组成生物体各种蛋白质的氨基酸有24种,其分子结构的共同点是均含有一个α-氨基(—NH₂)和α-羧基(—COOH),且均为L型。构成蛋白质的氨基酸种类、数量、排列顺序及特定的三维空间结构与蛋白质在生物体中的生理功能有密切关系。蛋白质和氨基酸之间不断分解与合成,在体内形成一个动态平衡体系。因此,氨基酸类药物的生产和应用都受到重视。

知 识 链 接

氨基酸(amino acids)：为含有氨基和羧基的一类有机化合物的通称，是生物功能大分子蛋白质的基本组成单位，是构成动物营养所需蛋白质的基本物质。天然的氨基酸现已经发现的有 300 多种，其中人体所需的氨基酸约有 22 种，分非必需氨基酸和必需氨基酸(人体无法自身合成)。

1. 必需氨基酸(essential amino acid)：指人体(或其他脊椎动物)不能合成或合成速度远不适应机体的需要，必须由食物蛋白供给，这些氨基酸称为必需氨基酸。共有 8 种其作用分别如下。①赖氨酸：促进大脑发育，是肝及胆的组成成分，能促进脂肪代谢，调节松果腺、乳腺、黄体及卵巢，防止细胞退化；②色氨酸：促进胃液及胰液的产生；③苯丙氨酸：参与消除肾及膀胱功能的损耗；④蛋氨酸(又叫甲硫氨酸)：参与组成血红蛋白、组织与血清，有促进脾脏、胰脏及淋巴的功能；⑤苏氨酸：有转变某些氨基酸达到平衡的功能；⑥异亮氨酸：参与胸腺、脾脏及脑下腺的调节以及代谢；脑下腺属总司令部，作用于甲状腺、性腺；⑦亮氨酸：作用为平衡异亮氨酸；⑧缬氨酸：作用于黄体、乳腺及卵巢。

2. 非必需氨基酸(nonessential amino acid)：指人(或其他脊椎动物)自己能由简单的前体合成，不需要从食物中获得的氨基酸。例如甘氨酸、丙氨酸等氨基酸。

一、氨基酸类药物常用生产工艺

生产氨基酸的常用方法有 5 种：①蛋白质水解提取法；②化学合成法；③微生物直接发酵法；④微生物转化法；⑤酶工程法。其中微生物直接发酵法和微生物生物转化法又统称为发酵法。

氨基酸的常用生产方法见表 12-1。

表 12-1　氨基酸的常用生产方法

制备方法	氨基酸种类
蛋白水解法	胱氨酸、半胱氨酸
发酵法	苏氨酸、异亮氨酸、缬氨酸、精氨酸、组氨酸、脯氨酸、鸟氨酸、瓜氨酸、赖氨酸、亮氨酸等
化学合成法	甘氨酸、蛋氨酸、丙氨酸、苯丙氨酸、丝氨酸等
酶法	丙氨酸、门冬氨酸、色氨酸等

知 识 链 接

《中华人民共和国药典》(2010 年版)收载的氨基酸原料药生产方法见表 12-2。

表 12-2　药典收载氨基酸原料药生产方法

品种	生产方法	品种	生产方法
L-胱氨酸	蛋白水解法、发酵、合成	牛磺酸	合成
L-谷氨酸	合成、发酵	L-丙氨酸	蛋白水解法、酶工程
L-门冬氨酸	酶工程	L-谷氨酸	发酵
L-甘氨酸	合成	甲硫氨酸	合成
L-色氨酸	蛋白水解法、合成	L-精氨酸	蛋白水解法
L-酪氨酸	蛋白水解法、发酵	L-缬氨酸	蛋白水解法
L-苏氨酸	发酵、合成、酶工程	L-组氨酸	蛋白水解法、发酵
L-亮氨酸	蛋白水解法、发酵、合成	L-丝氨酸	蛋白水解法、合成
L-异亮氨酸	发酵、酶工程	L-脯氨酸	发酵、合成
乙酰半胱氨酸	合成	L-盐酸半胱氨酸	合成

（一）蛋白质水解提取法

蛋白质水解提取法是以毛发、血粉、废蚕丝等蛋白为原料，通过酸、碱或蛋白水解酶水解成氨基酸混合物，经分离纯化获得各种氨基酸的生产方法。水解法生产氨基酸的主要过程分为水解、分离、精制结晶 3 个步骤。

本法的优点是原料来源丰富，投产比较容易。缺点是成本高，产量低。

1. 酸水解法　一般是在蛋白质原料中加入约 4 倍质量的 6mol/L 盐酸或 8mol/L 硫酸，于 110℃加热回流 16~24 小时，或加压下于 120℃水解 12 小时，使氨基酸充分析出，除酸即得氨基酸混合物。本法的优点是水解完全，水解过程不引起氨基酸发生旋光异构作用，所得氨基酸均为 L-型氨基酸。缺点是营养价值较高的色氨酸几乎全部被破坏，含羟基的丝氨酸和酪氨酸部分被破坏，水解产物可与醛基化合物作用生成一类黑色物质而使水解液呈黑色，需进行脱色处理。

2. 碱水解法　通常在蛋白质原料中加入 6mol/L 氢氧化钠或 4mol/L 氢氧化钡，于 100℃水解 6 小时，得氨基酸混合物。

3. 酶水解法　利用胰酶、胰浆或微生物蛋白酶等，在常温下水解蛋白质制备氨基酸。本法的优点是反应条件温和，氨基酸不被破坏也不发生消旋作用，所需设备简单，无环境污染。缺点是蛋白质水解不彻底，中间产物较多，水解时间长，故主要用于生产水解蛋白和蛋白胨，在氨基酸生产上少用。

（二）化学合成法

化学合成法是利用有机合成和化学工程相结合的技术生产氨基酸的方法。通常是以 α-卤代羧酸、醛类、甘氨酸衍生物、异腈酸盐、乙酰氨基丙二酸二乙酯、卤代烃、α-酮酸及某些氨基酸为原料，经氨解、水解、缩合、取代、加氢等化学反应合成 α-氨基酸。其最大优点是在氨基酸的品种上不受限制，除制备天然氨基酸外，还可用于制备各种特殊结构的非天然氨基酸。由于合成得到的氨基酸都是 DL 型外消旋体，必须经过拆分才能得到人体能够利用的 L-氨基酸。目前多用固定化酶拆分 DL-型氨基酸。

（三）微生物直接发酵法

发酵法是以糖为碳源、以氨或尿素为氮源，通过微生物的发酵繁殖，直接生产氨基酸的方法。所用菌种主要为细菌、酵母菌。按照生产菌株的特性，直接发酵法分为4类：①使用野生型菌株直接由糖和铵盐发酵生产氨基酸；②使用营养缺陷型突变株直接由糖和铵盐发酵生产氨基酸；③由氨基酸结构类似物抗性突变株生产氨基酸；④使用营养缺陷型兼抗性突变株生产氨基酸。

本法的优点是直接生产L-型氨基酸，原料丰富，以廉价碳源或化工原料代替葡萄糖，成本大大降低。缺点是产物浓度低，生产周期长，设备投资大，有副反应，单晶体氨基酸的分离比较复杂。

（四）微生物转化法

又称为添加前体发酵法，此法是以氨基酸的中间产物为原料，用微生物将其转化为相应的氨基酸，避免氨基酸生物合成途径中的反馈抑制作用。主要应用于很难避开其反馈调节机制而难以用直接发酵法生产的氨基酸，如用甘氨酸作为前体工业化生产L-丝氨酸。

（五）酶工程法

酶工程法也称为酶合成法、酶转化法，是指在特定酶的作用下使某些化合物转化成相应氨基酸的技术。它是在化学合成法和发酵法的基础上发展建立的一种新的生产工艺，其基本生产过程是以化学合成的、生物合成的或天然存在的氨基酸前提为原料，将含特定酶的微生物、植物或动物细胞进行固定化处理，通过酶促反应制备氨基酸。由于底物的多样性，本法不但可以制备天然氨基酸，还可以制备难以用发酵法或合成法制备的光学活性氨基酸。

本法产物浓度高、副产物少、成本低、周期短、收率高、专一性强、固定化酶或细胞可反复使用、节省能源。但要将此法用于工业生产还需进一步研究，关键在于如何获得廉价的底物和酶原。

 知 识 链 接

色氨酸是人体内8种必需氨基酸之一，由Hokinst于1902年首先从酪蛋白中水解分离获得，为α-氨基-β-吲哚丙酸，有L-型和D-型两种同分异构体。酶法生产是利用微生物中色氨酸生物合成酶系的催化功能生产色氨酸，这些酶包括色氨酸酶、色氨酸合成酶、丝氨酸消旋酶等。

1979年MILLS报道了吲哚和D,L-丝氨酸作为前体物，在色氨酸合成酶的催化下，利用一步法生产出L-色氨酸。随后，Wongibang等报道，具有高活力色氨酸合成酶的大肠杆菌细胞作为酶原，从吲哚和D,L或L-丝氨酸直接生产L-色氨酸。中国药科大学的韦平和、吴梧桐用色氨酸酶基因工程菌WW-4催化L-半胱氨酸和吲哚合成L-色氨酸，吲哚转化率为90.1%，产品总回收率达到70%。但该反应是色氨酸水解的逆反应，要求底物浓度较高，反应平衡不易把握。他们用色氨酸酶基因工程菌催化L-半胱氨酸和吲哚合成L-色氨酸，所用底物L-半胱氨酸可通过毛发水解提取L-胱氨酸电解还原制得，产量高，价格低，有重要的工业化价值。

二、氨基酸类药物的常用提取分离方法

氨基酸的分离是指从氨基酸混合液中获得某一种单一氨基酸产品的工艺过程,是氨基酸生产技术中的重要环节。氨基酸的分离方法较多。

(一)溶解度和等电点法

溶解度法是根据不同氨基酸在水和乙醇等溶剂中的溶解度不同,而将氨基酸彼此分离。如胱氨酸和酪氨酸均难溶于水,但在热水中酪氨酸溶解度较大,而胱氨酸无差别,因此可将胱氨酸和酪氨酸与其他氨基酸彼此分开。因为各种氨基酸在等电点时溶解度最小,易沉淀析出,故利用溶解度法分离制备氨基酸时,常与氨基酸等电点沉淀法结合使用。

(二)特殊沉淀法

氨基酸可以和一些有机化合物或无机化合物生成具有特殊性质的结晶性衍生物,利用这一性质可以分离某些氨基酸。如精氨酸与苯甲醛生成不溶于水的苯亚甲基精氨酸沉淀,经盐酸水解去除苯甲醛,即可得纯净的精氨酸盐酸盐。

(三)离子交换法

离子交换法是利用离子交换剂对不同氨基酸的吸附能力不同而分离纯化氨基酸的方法。氨基酸为两性电解质,在一定条件下,不同氨基酸的带电性质及解离状态不同,对同一种离子交换剂的吸附力也不同,故可对氨基酸混合物进行分组或单一成分的分离。

(四)氨基酸的结晶与干燥

通过前述分离纯化方法制备的氨基酸仍混有少量其他氨基酸和杂质,需要通过结晶或重结晶提高纯度。氨基酸结晶通常要求样品达到一定纯度、较高的浓度,pH 选择在 pI 附近,在低温条件下使其结晶析出。氨基酸结晶通过干燥(如常压干燥、减压干燥、喷雾干燥和冷冻干燥等)除去水分或溶剂后,即可获得干燥制品。

三、氨基酸类药物生产实例

(一)水解提取法生产胱氨酸

胱氨酸英文名为 Cystine,别名:双巯丙氨酸;3,3′-二硫代二丙氨酸。L-胱氨酸为含硫氨基酸,广泛存在于毛、发、骨、角中,可由蛋白质(如人发)水解、精制而得,或由半胱氨酸在碱性水溶液中氧化而成。在人发和猪毛中含量最高。人发含胱氨酸为 8%~10%,猪毛为 6%~8%。

胱氨酸能促进细胞氧化还原功能,使肝脏功能旺盛,并能中和毒素、促进白细胞增生、阻止病原菌发育等作用。主要用于各种脱发症,也用于痢疾、伤寒、流感等急性传染病,气喘、神经痛、湿疹以及各种中毒疾患等,并有维持蛋白质构型作用。

📖 课 堂 活 动

1. 燃烧头发会发生什么现象,气味如何?
2. 头发的主要成分是什么?

1. 胱氨酸结构及理化性质 胱氨酸是由两分子半胱氨酸脱氢氧化而成,含两个氨基、两个羧基和一个二硫键(图 12-15)。纯品为白色六角形板状晶体或结晶粉末,无味。有 3 种异构体。熔点:左旋体 258~261℃(分解),右旋体 247~249℃(分解),消旋体 260℃(分解)。pI 为 4.6,溶于水,不溶于乙醇等有机溶剂。易溶于酸、碱溶液中,在热碱液中易分解。

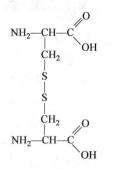

图 12-15 胱氨酸的结构

2. 生产工艺

(1)工艺流程:胱氨酸在人发和猪毛中含量较高,工业上采用毛发为原料,用酸水解法制备胱氨酸。胱氨酸生产工艺路线见图 12-16a。

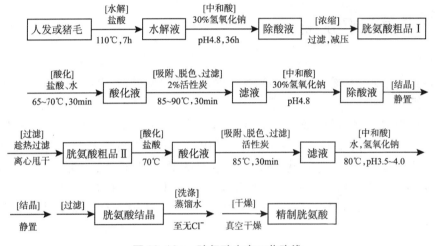

图 12-16a 胱氨酸生产工艺路线

(2)工艺过程及控制要点

1)水解:取洗净的人发或猪毛投入装有 2 倍量(V/W)10mol/L 的盐酸、预热至 70~80℃的水解罐内,间歇搅拌使温度均匀,并在 1.0~1.5 小时内升温至 110℃,水解 6.5~7.0 小时出料,过滤,得滤液。

2)中和:滤液在搅拌下用 30%~40% 氢氧化钠溶液中和至 pH 为 4.8,继续搅拌 15 分钟,再测定 pH,放置 36 小时,过滤并尽量除去液体得胱氨酸粗品 I。滤液可用于分离精氨酸、亮氨酸、谷氨酸等。

3)初步纯化:称取胱氨酸粗品 I 200kg,加入 10mol/L 盐酸约 120kg、水 480kg,加热至 65~70℃,搅拌溶解约 30 分钟,再加 2%(W/V)活性炭,升温至 85~90℃,保温 30 分钟,过滤,滤液加热至 80~85℃,搅拌下用 30%~40% 氢氧化钠溶液中和至 pH 为 4.8,静置使结晶析出,趁热过滤得沉淀,离心甩干,得胱氨酸粗品 II。滤液可回收酪氨酸。

4)纯化:称取胱氨酸粗品 II 180kg,加入 1mol/L 盐酸 220L,加热至 70℃溶解,再加入活性炭 0.6~1.2kg,升温至 85℃,搅拌 30 分钟脱色,过滤,得无色透明澄清滤液。加入 15 倍(V/V)蒸馏水,加热至 75~80℃,搅拌下用 12% 氨水中和至 pH3.5~4.0,此时胱氨酸结晶析出,过滤得胱氨酸结晶。用蒸馏水洗至无氯离子,真空干燥即得精制胱氨酸。滤液可进一步回收胱氨酸。

难 点 释 疑

胱氨酸提取时,先调 pH4.8 沉淀胱氨酸,用盐酸溶解需升温过滤,再将滤液调至 pH4.8,经结晶后可得到胱氨酸。

胱氨酸 pI 为 4.6,先将水解液调至胱氨酸等电点附近,因胱氨酸难溶于水而析出,然后再用盐酸将胱氨酸溶解,加活性炭吸附脱色,并利用同是难溶于水的酪氨酸在热水中溶解度较大的性质将酪氨酸除去,最后结晶得胱氨酸纯品。

（3）工艺讨论:活性炭用量需适宜,若过量会吸附胱氨酸,使产率下降;活性炭用量太少,脱色不完全,会增加脱色次数,也使产率下降。

 案 例 分 析

案例

谷氨酸是制造味精的前体物质,发酵法制备谷氨酸时,常采用等电点法提取。

分析

谷氨酸为两性物质,等电点 pI = 3.22。将发酵液加盐酸调 pH 至谷氨酸等电点,使谷氨酸析出,其收率可达 60%~70%。如果采用冷冻低温等电点法,液温冷却至 5℃ 以下,收率可达 78% 左右。常采用的工艺为:发酵液加盐酸调至 pH4.0~4.5,初育晶 2 小时,缓慢加酸调至 pH3.0~3.2,搅拌 20 小时,并降温至 5℃,使结晶沉淀,静置沉降 6 小时,虹吸除去上层菌体及细谷氨酸结晶,下层沉淀离心得粗谷氨酸。

（二）赖氨酸的生产工艺

赖氨酸(lysine,Lys)为碱性必需氨基酸。由于谷物食品中的赖氨酸含量很低,且在加工过程中易被破坏而缺乏,故称为第一限制性氨基酸。赖氨酸广泛存在于各种蛋白质中,肉、蛋、乳等蛋白中含量较高(7%~9%),鸡卵蛋白中高达 13%。目前赖氨酸的生产多采用微生物直接发酵法。

1. 赖氨酸的结构与理化性质 赖氨酸化学名称为 2,6-二氨基己二酸。赖氨酸含有 2 个氨基(—NH₂)和 1 个羧基(—COOH),是一种具有明显碱性的氨基羧酸(图 12-16b)。按光学活性分,赖氨酸有 L 型、D 型和 DL 型 3 种构型。只有 L 型才能被生物利用,故通常所说的赖氨酸均指 L 型。由于游离的赖氨酸易吸收空气中的 CO_2,一般制成赖氨酸盐酸盐。赖氨酸盐酸盐含氮 15.34%,相对分子质量为 182.65。纯品为白色单斜晶形粉末,无臭,味甜,比旋光度为 +21°,pI 为 9.14,熔点为 263~264℃。易溶于水,

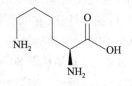

图 12-16b 赖氨酸结构

在水中溶解度 0℃ 时为 53.6g/100ml,25℃ 时为 89g/100ml,50℃ 时为 111.5g/100ml。不溶于乙醇和乙醚。

2. 赖氨酸生产工艺

（1）工艺流程

斜面菌种→种子培养→发酵培养→上树脂柱→氨水洗脱→真空浓缩→

调 pH4.9,结晶→赖氨酸盐酸盐粗品→脱色,浓缩,重结晶→成品

（2）发酵工艺过程(图 12-17)及控制要点

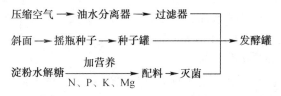

图 12-17 胱氨酸生产工艺路线

1）生产菌种:发酵生产所用菌种为北京棒杆菌 AS1.536。

2）菌种培养:高丝氨酸缺陷型菌株 AS1.536 于 30~32℃活化 24 小时后,先于 32℃进行斜面培养。斜面培养基成分(g/L)为:葡萄糖 5,牛肉膏 10,蛋白胨 5,琼脂 20,氯化钠 5,pH7.0。再进行种子培养,种子培养基成分(g/L)为:葡萄糖 20,玉米浆 20,硫酸镁 0.5,硫酸铵 4,磷酸氢二钾 1,碳酸钙 5,豆饼水解液 10,pH6.8~7.0。接种量 5%~10%,30~32℃培养 17 小时。

3）发酵:发酵培养液成分(g/L)为:淀粉水解糖(或葡萄糖)150,尿素 4,硫酸镁 0.4,硫酸铵 20,磷酸氢二钾 1,豆饼水解液 20。接种量 5%,每分钟通气量 1: 0.3(空气与发酵液体积比),32℃培养 38 小时。

（3）提取、精制工艺过程及控制要点

1）吸附、洗脱、浓缩结晶:发酵液加热至 80℃,搅拌 10 分钟,冷却 10 分钟,冷却至 40℃,加硫酸调 pH 至 4~5(发酵液含酸量 2.5%左右)。静置 2 小时后上 732(NH_4^+型)树脂柱(树脂用量与发酵液量体积比为 1:3),流速为 1.0ml/min,当流出液 pH 逐渐升高至 5.5~6 时,表明树脂饱和,一般吸附 2~3 次。饱和树脂用去离子水反复洗涤,除去菌体和杂质,直至流出液澄清。用 2~2.5mol/L 氨水洗脱,流速为 400~800ml/min,从 pH8 开始收集,至 pH13~14 时洗脱结束。洗脱液除氨,真空浓缩(条件为温度 70℃以下,真空度 80kPa 左右,加热蒸汽约为 20kPa),冷却,用浓盐酸调 pH 至 4.9。静置 3 天,析出结晶,离心甩干得 L-赖氨酸盐酸盐粗品。

2）脱色、浓缩、结晶、干燥:粗品用蒸馏水溶解,加 10%~12% 活性炭脱色,过滤,滤液澄清略带微黄色,于 40~45℃,93kPa 下真空浓缩,至饱和为止,自然冷却结晶。滤取结晶,60℃干燥得 L-赖氨酸盐酸盐精品,收率 50% 以上。

（4）工艺讨论

1）赖氨酸发酵前期,因幼龄菌对温度敏感,提高温度,生长代谢加快,产酸期提前,前期温度应控制在 32℃,发酵中后期为防止菌体的酶失活,减少产量,温度应控制在 30℃。

2）赖氨酸发酵最适 pH 为 6.5~7.0,发酵时控制范围应在 6.5~7.5,并尽量保持 pH 平稳。

3）硫酸铵对赖氨酸发酵的影响很大,当硫酸铵含量大时菌体生长迅速,但赖氨酸产量低,在无其他铵离子的情况下,硫酸铵用量为 4.0%~4.5% 时,赖氨酸产量最高。

4）生物素可增加赖氨酸和生物合成,在以葡萄糖、丙酮酸为唯一碳源的情况下,添加过量的生物素(200~500μg/L),赖氨酸的积累显著增加。

知 识 链 接

732 树脂使用前需进行预处理。方法为：先用去离子水反复洗，去除杂质，用 1mol/L 盐酸流洗（盐酸用量为树脂体积的 3~5 倍，流速为 1/50 树脂体积/min），并浸泡 10~12 小时，用去离子水洗至流出液 pH6.5 以上。再用 1mol/L 氢氧化钠溶液洗涤，去离子水洗至流出液 pH 为 8。最后用 1mol/L 盐酸、1mol/L 氢氧化铵洗涤，去离子水洗至流出液 pH 为 8，备用。

树脂再生方法。使用后，先用 1mol/L 盐酸、去离子水洗至流出液 pH>5，再用 1mol/L 氢氧化铵、去离子水洗至流出液 pH=8（用量、流速同上），备用。

点 滴 积 累

1. 氨基酸的生产常用蛋白质水解提取法、化学合成法、微生物直接发酵法、微生物转化法以及酶工程法。其中微生物直接发酵法和微生物转化法又统称为发酵法。

2. 水解提取法生产胱氨酸的工艺流程为：水解→中和→初步纯化→纯化。纯化的原理为等电点沉淀法。

3. 发酵法制备赖氨酸的生产工艺中，采用变温控制，发酵前期温度控制在 32℃，发酵中后期温度应控制在 30℃。发酵时控制 pH 应在 6.5~7.5，并尽量保持 pH 平稳。

（林凤云）

第三节 多肽及蛋白质类药物

氨基酸是组成多肽和蛋白质的基本单位，通常 10~100 个氨基酸分子脱水缩合而成多肽，一条或多条多肽链可组成蛋白质，因此从分子角度来说，多肽及蛋白质从分子角度来看并无本质区别。

课 堂 活 动

1. 蛋白质有什么理化性质？

2. 蛋白质若以包涵体存在时，预处理工艺是怎样的？

一、多肽类与蛋白质类药物常用的生产方法

（一）化学合成法

化学合成法利用化学催化剂，按一定的氨基酸序列形成肽键。由于蛋白质空间结构复杂，因此，化学合成法应用较少。

（二）提取法

提取法指通过生化工程技术，从天然动植物及重组动植物体中分离纯化多肽与蛋白质。

(三)发酵法

微生物发酵法是多肽与蛋白质类药物的主要生产方式。利用基因工程菌发酵生产多肽和蛋白质类药品,具有生产周期短、成本低、产品质量高的优点。

二、多肽和蛋白质类药物生产实例

(一)胸腺激素

胸腺可分泌多种激素,对机体免疫功能有重要影响。资料显示,某些免疫缺陷疾病、自身免疫疾病、恶性肿瘤以及老年性退化病变等都与胸腺分泌功能减退及血中胸腺激素水平的降低密切相关。胸腺激素制剂可以调节人体免疫功能,维持机体免疫平衡。临床上有多种胸腺激素制剂,其中使用最多的是胸腺素 F_5(即以小牛胸腺为原料,采用一定提取纯化工艺制备的第 5 种成分)应用最广。

1. 胸腺素 F_5 的结构与性质　胸腺素 F_5 是由 40~50 种多肽组成的混合物,这些多肽热稳定性好,80℃的高温不会影响其免疫活性,相对分子质量为 1000~15 000,等电点 3.5~9.5。

2. 生产工艺

(1)工艺流程(图 12-18)

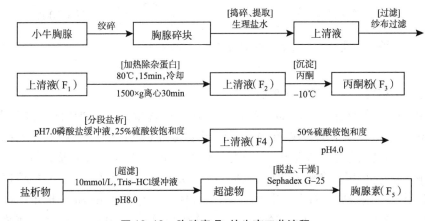

图 12-18　胸腺素 F_5 的生产工艺流程

(2)工艺过程及控制要点

1)提取、过滤:将新鲜或冷冻胸腺除脂肪及结缔组织并绞碎后,加 3 倍量生理盐水,在组织捣碎机中制成匀浆,然后 1500r/min 离心 30 分钟,上清液再用纱布过滤,得组分 F_1。

2)加热除去杂蛋白:将 F_1 80℃加热 15 分钟,冷却后 1500r/min 离心 30 分钟除去对热不稳定成分,上清液为 F_2。

3)沉淀:上清液冷至 4℃,加入 5 倍体积的 -10℃丙酮,过滤收集沉淀,干燥后得丙酮粉(F_3)。

4)盐析:将丙酮粉溶于 pH7.0 磷酸盐缓冲液中,加硫酸铵至饱和度 25%,离心除去沉淀,上清液(F_4)调 pH4.0,加硫酸铵至饱和度为 50%,得盐析物。

5)超滤:将盐析物溶于 pH8.0 的 10mmol/L tris-HCl 缓冲液中,超滤,取相对分子质量在 15 000 以下的超滤液。

6)脱盐、干燥:超滤液经 Sephadex G-25 脱盐后,冷冻干燥得 F_5。

(3)工艺讨论

1)除加热步骤外,所有步骤应在 0~4℃下进行。

2)超滤液经 Sephadex G-25 柱脱盐时,在 276nm 波长检测共有 2 个吸收峰,胸腺素 F_5 位于第 1 个峰。

 知 识 链 接

胸腺激素的质量检测

1. 纯度鉴定(蛋白质鉴定和相对分子质量测定)

(1)蛋白质鉴定:取 10mg/ml 胸腺素溶液 1ml,加入 25% 磺基水杨酸 1ml,不应出现浑浊。

(2)相对分子质量测定:用葡聚糖高效液相色谱法测定药品相对分子质量,样品中所有多肽的相对分子质量均小于 15 000。

2. 多肽含量测定 按《中华人民共和国药典》方法测定样品无机氮含量及用半微量凯氏定氮法测定总氮量,按以下公式计算胸腺素中多肽含量。

$$样品胸腺素多肽含量(\%) = \frac{(总氮量 - 无机氮量) \times 6.25}{测定时的取样量} \times 100\%$$

3. 活力测定 E-玫瑰花结升高百分数不得低于 10%。

(二)白蛋白及人血丙种球蛋白

白蛋白(又称清蛋白,albumin,Alb)是人血浆中含量最多的蛋白质,占总蛋白的 40%~60%,由肝实质细胞合成,在血浆中的半衰期为 15~19 天。同种制品无抗原性。主要功能是维持血浆胶体渗透压,用于失血性休克、严重烧伤、低蛋白血症等。

人丙种球蛋白既是免疫球蛋白,也是一类主要存在于血浆中、具有抗体活性的糖蛋白,由 B 淋巴细胞合成。对血清电泳后发现,抗体成分存在于 β- 和 γ-球蛋白部分,通常称为免疫球蛋白(Ig)。免疫球蛋白约占血浆蛋白总量的 20%,除存在于血浆中,也少量存在于其他组织液、外分泌液和淋巴细胞的表面。具有被动免疫作用,可预防流行性疾病如病毒性肝炎、脊髓灰质炎、风疹、水痘和丙种球蛋白缺乏症。

1. 结构和性质 白蛋白的分子结构为含 585 个氨基酸残基的单链无糖基化的蛋白质,分子中含 17 个二硫键,N 末端是门冬氨酸,C 末端是亮氨酸,相对分子质量为 66 000~69 000Da,等电点 4.7~4.9。可溶于水和饱和的硫酸铵溶液,一般在硫酸铵 60% 饱和度以上时析出沉淀。对酸稳定,其较血中其他蛋白耐热性强,高温下可发生聚合变性。在白蛋白溶液中加入氯化钠或脂肪酸盐可提高其热稳定性。根据此特点,可将白蛋白与其他蛋白质分离。

免疫球蛋白根据理化性质的差异又可分为 5 类:IgG、IgA、IgM、IgD 和 IgE。相对分子质量均大于 150 000。免疫球蛋白制剂中的主要成分为 IgG,可能还含有少量的 IgA。

2. 白蛋白及丙种球蛋白生产工艺 自血浆中分离的白蛋白有两种:即从健康人血中分离得到的人血清白蛋白和从健康产妇胎盘血中分离得到的胎盘血白蛋白。本例介绍人血清白蛋白的制备。

(1)工艺流程:从人血浆中可同时分离制备白蛋白及丙种球蛋白,流程如图 12-19。

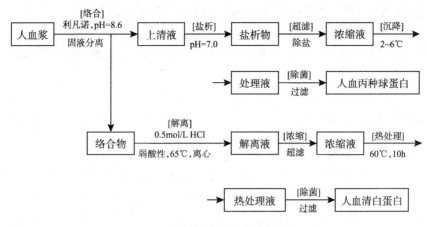

图 12-19　白蛋白及丙种球蛋白提取工艺

(2)丙种球蛋白制备工艺过程及控制要点

1)取利凡诺 pH = 8.6 沉淀后的上清液,在不锈钢反应罐内进行搅拌,用 1mol/L HCl 调 pH7.0,加 23% 结晶硫酸铵,充分搅拌后静置 4 小时以上,使沉淀完全。

2)吸取上清液,将下部混悬液泵入篮式离心机离心,收集沉淀。

3)将沉淀用适量无热原的蒸馏水溶解,在不锈钢压滤机中过滤,收集滤液。

4)以 Sartocon-Ⅳ超滤器浓缩,除盐。

5)浓缩液经微滤除菌后,置于 2~6℃ 环境下存放 1 个月以上。

6)以不锈钢压滤器再一次过滤,再通过 Sartoltis 冷灭菌系统除菌。

7)丙种球蛋白含量检查合格后,用灌封机分装,得丙种球蛋白成品。

(3)白蛋白制备工艺过程及控制要点

1)络合(利凡诺沉淀):人血浆置于不锈钢夹层反应罐内,开启搅拌器,用碳酸钠溶液调节 pH = 8.6,再泵入等体积的 2% 利凡诺溶液,充分搅拌后静置 2~4 小时,分离上清液(供制备丙种球蛋白)与络合沉淀(供制备人血清白蛋白)。

 难 点 释 疑

常采用利凡诺溶液从血浆分离白蛋白和丙种球蛋白。

利凡诺是一种有机的阳离子沉淀剂,可在一定条件下选择性地沉淀某些蛋白质,从而达到分离提纯蛋白质的目的。从电泳结果定位分析,在 pH8.6 利凡诺血浆上清液中主要含有丙种球蛋白,而白蛋白和利凡诺形成结合力很强的黄色黏稠络合物,难溶于水和碱液。即可达到分离白蛋白和丙种球蛋白的目的。

2)解离:沉淀加灭菌蒸馏水稀释,用 0.5mol/L HCl 调节 pH 至弱酸性,加 0.15%~0.2% NaCl,不断进行搅拌解离。充分解离后,加热至 65℃ 维持 1 小时。立即用冷却水冷却。

3)分离:冷却后的解离液用篮式离心机分离,离心液再用不锈钢压滤器过滤。

4)超滤:澄清滤液用 Sartocon-Ⅳ超滤器浓缩。

5）热处理：浓缩液中加入辛酸钠和乙酰色氨酸（也可只用辛酸钠）作为保护剂，充分混合后，加热到60℃，并维持60℃恒温处理10小时，灭活病毒。

6）澄清和除菌：以不锈钢压滤器过滤，再通过Sartoltis冷灭菌系统除菌。

7）分装：白蛋白含量合格后，用自动定量灌注器进行分装灌装或冷冻干燥得白蛋白成品。

 难 点 释 疑

人血白蛋白灭活病毒后，还需除菌后再灌装。

白蛋白不含任何抑菌剂，而且分装入最终容器后无法再进行灭菌处理，因此白蛋白必须除菌后再进行灌装。制品除菌是精密过滤器，所用滤材的绝对孔径为0.22μm或更小。待组装的滤器要先除热原后再组装，组装完毕的滤器要进行高压蒸汽灭菌。使用先后均应作完整性试验。

（4）工艺讨论

1）用于制备人血白蛋白的血浆是通过单采血浆获得的，血浆应维持冷冻状态（−20℃以下）。使用前先将冷冻血浆外袋清洗、消毒，再去掉外袋，然后放入夹层罐中融化，夹层中通入温水（水温一般在40℃以下），在搅拌状态下融化。融化后的血浆才能进行分离操作。

2）采用篮式离心机做固-液分离，若沉淀颗粒很小时，为保证工艺周期和固-液分离效果，可以增加深层过滤步骤。沉淀很少时，则可以考虑直接用深层过滤方式来代替离心方式进行分离。进行过滤时应加入助滤剂，以保证过滤正常进行。

3）人血白蛋白超滤时，一般采用截留分子量为8000或10 000的超滤膜。为保护超滤膜，延长其使用寿命，要求待超滤的溶液中不得含有直径10μm以上的颗粒。一般在低温环境下（2~8℃）进行。

 案 例 分 析

案例

人白蛋白和免疫球蛋白含有乙醇，必须去除，否则白蛋白和免疫球蛋白会因为乙醇的存在而变性，去除乙醇可采用透析、冻干及超滤等。血液制品企业目前普遍采用超滤技术来去除人血白蛋白和免疫球蛋白中的乙醇。

分析

在这几种脱醇方法中，透析耗时、耗水，不利于控制微生物的生长，易污染，但是成本低，操作简单；冻干需要大型冷冻机、大面积的洁净厂房，增加了工艺步骤，出现了相变过程，而且耗时、耗能；超滤需要低温环境，脱醇、浓缩工作可以一次完成，但是设备投资比较大。综合考虑各种因素后，血液制品企业目前普遍采用超滤技术来去除人血白蛋白和免疫球蛋白中的乙醇。

（三）胰岛素（Insulin）

胰岛素是由胰岛 B 细胞受内源性或外源性物质如葡萄糖、乳糖、核糖、精氨酸、胰高血糖素等的激动而分泌的一种蛋白质激素。1922 年首次从胰脏中提取得到，并于 1923 年作为特效药物应用于临床治疗 1 型糖尿病。

课堂活动

1. 你所知道的胰岛素的给药形式有哪些？是不是所有糖尿病患者都必须使用胰岛素？

2. 我国曾经在胰岛素的研究中作出过什么贡献？

1. 胰岛素的结构与性质 胰岛素由 A、B 两个肽链组成。人胰岛素 A 链有 11 种 21 个氨基酸，B 链有 15 种 30 个氨基酸，共 16 种 51 个氨基酸组成。其中 A7（Cys）-B7（Cys）、A20（Cys）-B19（Cys）四个半胱氨酸中的巯基形成两个二硫键，使 A、B 两链连接起来。此外 A 链中 A6（Cys）与 A11（Cys）之间也存在一个二硫键。不同种属的动物胰岛素分子结构大致相同，主要差别在 A 链第 8、9、10 位上的 3 个氨基酸及 B 链 C 末端（B30）的 1 个氨基酸。其中猪胰岛素只有 B30 位的一个氨基酸不同，由人的苏氨酸换为丙氨酸，因此其抗原性较低，目前我国临床应用的是以猪胰脏为原料来源的胰岛素。

胰岛素为白色或类白色结晶粉末，晶型为扁斜形六面体。人胰岛素分子量为 5808，等电点为 5.35～5.45。胰岛素在 pH4.5～6.5 范围内几乎不溶，室温下溶解度为 $10\mu g/ml$。易溶于稀酸或稀碱溶液，在 80% 以下乙醇或丙酮中溶解，在 90% 以上乙醇或 80% 以上丙酮中难溶，三氯甲烷或乙醚中不溶。在酸性环境（pH2.5～3.5）较稳定，在碱性溶液中易被破坏，可形成锌、钴等胰岛素结晶。

2. 生产工艺 由动物胰脏生产胰岛素的方法较多，目前被普遍采用的是酸醇法和锌沉淀法。本例介绍酸醇法。

（1）工艺流程

1）粗制（图 12-20）

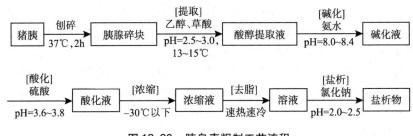

图 12-20 胰岛素粗制工艺流程

2）精制（图 12-21）

（2）工艺过程及控制要点

1）提取：冻胰块用刨胰机刨碎后加入 2.3～2.6 倍的 86%～88% 乙醇（质量分数）和 5% 草酸，在 13～15℃搅拌提取 3 小时，离心。滤渣再用 1 倍量 68%～70% 乙醇和 0.4% 草酸提取 2 小时，离心，合并乙醇提取液，沉淀用于回收胰岛素。

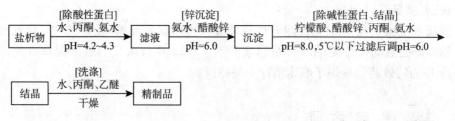

图 12-21 胰岛素精制工艺

2）碱化、酸化：提取液在不断搅拌下加入浓氨水调 pH8.0～8.4（液温 10～15℃），立即进行压滤，除去碱性蛋白，滤液应澄清，并及时用硫酸酸化至 pH3.6～3.8，降温至 5℃，静置时间不少于 4 小时，使酸性蛋白充分沉淀。

3）减压浓缩：吸取上层清液至减压浓缩锅内，下层用帆布过滤，弃去沉淀，滤液并入上清液，30℃以下减压蒸去乙醇，浓缩至浓缩液相对密度为 1.04～1.06（为原体积的 1/10～1/9）。

4）去脂、盐析：浓缩液转入去脂锅内，在 5 分钟内加热至 50℃后，立即用冰盐水降温至 5℃静置 3～4 小时，分离出下层清液（脂层可回收胰岛素）。用盐酸调 pH2.3～2.5，于 20～25℃在搅拌下加入 27% 固体氯化钠（质量体积分数），保温静置数小时。析出的盐析物即为胰岛素粗品。

5）精制：盐析物按干重计算，加入 7 倍量蒸馏水溶解，再加入 3 倍量的冷丙酮，用 4mol/L 氨水调 pH4.2～4.3，然后补加丙酮，使溶液中水和丙酮的比例为 7∶3。充分搅拌后，低温 5℃以下放置过夜，次日在低温下离心分离，收集上清液。

在上清液中加入 4mol/L 氨水调 pH6.2～6.4，加入 3.6%（体积分数）的醋酸锌溶液，再用 4mol/L 氨水调 pH6.0，低温放置过夜，次日过滤，分离沉淀。

6）结晶：将过滤的沉淀用冷丙酮洗涤，得干品（每千克胰脏可得 0.1～0.125g 干品），再按干品质量每克加冰冷 2% 枸橼酸 50ml、6.5% 醋酸锌溶液 2ml、丙酮 16ml，并用冰水稀释至 100ml，使充分溶解，5℃以下，用 4mol/L 氨水调 pH8.0，迅速过滤。滤液立即用 10% 枸橼酸溶液调 pH6.0，补加丙酮，使丙酮含量为 16%。慢速搅拌 3～5 小时使结晶析出。在显微镜下观察，外形为似正方形或扁斜形六面体结晶，再转入 5℃左右低温室放置 3～4 天，使结晶完全。离心收集结晶，并小心刷去上层灰黄色无定形沉淀，用蒸馏水或醋酸铵缓冲液洗涤，再用丙酮、乙醚脱水，离心后，在五氧化二磷真空干燥箱中干燥，即得结晶胰岛素，效价应在 26U/mg 以上。

7）回收：在上述各项操作中，应注意回收产品，从 pH4.2 沉淀物中回收的胰岛素最多，占整个回收量的一半，约为正品的 10%。从油脂盐析物中回收的胰岛素量也可达正品的 5% 左右。

（3）工艺讨论

1）胰脏质量是胰岛素生产中的关键，猪胰岛素每克含胰岛素 2.0～3.0U。采摘胰脏要注意保持腺体组织的完整，避免摘断。由于胰脏中含有多种酶类，离体后蛋白水解酶类能分解胰岛素使之失活。因此，要立即深冻，先在 −30℃以下急冻后转入 −20℃保存备用。在胰脏中，胰尾部分胰岛素含量较高，如单独使用可提高收率 10%。

2）生产过程中浓缩的条件对胰岛素收率影响很大。采用离心薄膜蒸发器，在第一次浓缩后，浓缩液用有机溶剂去脂，再进行第二次浓缩，被浓缩液受热时间极短，可避免胰岛素效价的损失。

3)在结晶胰岛素中,还有杂蛋白抗原成分,如胰岛素原、精氨酸胰岛素、脱酰胺胰岛素、胰多肽、胰高血糖素及肠血管活性肽等,纯度不高。采用超细 Sephadex G-50 凝胶过滤,可使结晶胰岛素进一步纯化。

(四)干扰素(interferon,IFN)

干扰素是病毒和其他种类的干扰素诱导剂,刺激单核-吞噬细胞系统、巨噬细胞、淋巴细胞以及体细胞所产生的一种糖蛋白。它们在同种细胞上具有广谱的抗病毒活性。

 知 识 链 接

干扰素是一组多功能的细胞因子,可抵抗病毒的感染,干扰病毒的复制,具有广泛的抗病毒、抗肿瘤和免疫调节活性,是人体防御系统的重要组成部分。根据干扰素蛋白质的氨基酸结构、抗原性和细胞来源,可分为:白细胞干扰素(IFN-α)、类淋巴细胞干扰素(IFN-α 和 IFN-β 的混合物)、成纤维细胞干扰素(IFN-β)、T 细胞干扰素(IFN-γ)。临床上干扰素-α 用于治疗某些白血病,特别是毛细胞白血病有非常好的疗效,在乙肝、丙肝等慢性病毒感染已收到一定疗效,对急性病毒感染的疗效不明显。干扰素-β 主要用于治疗多发性硬化症,干扰素-γ 主要用于治疗类风湿关节炎。

1. 干扰素的结构与性质 各型干扰素都具有沉降率低、不能透析,容易被胃蛋白酶、胰蛋白酶和木瓜蛋白酶等蛋白酶破坏,能抗 DNase 和 RNase 等核酸酶的降解的共有性质。除此之外,由于各型干扰素的化学结构不同,其理化性质有如下差异(表12-3)。

表 12-3 各型干扰素的性质比较

性质	IFN-α	IFN-β	IFN-γ
分子质量(kDa)	20	22~25	20,25
活性分子结构	单体	二聚体	四聚体或三聚体
等电点	5~7	6.5	8.0
已知亚型数	>23	1	1
氨基酸数	165~166	166	146
pH2.0 时稳定性	稳定	稳定	不稳定
56℃稳定性	稳定	不稳定	不稳定
0.1% SDS 稳定性	稳定	部分稳定	不稳定
在牛细胞(EBTr)上的活性	高	很低	不能检出
诱导抗病毒状态的速度	快	很快	慢
与 ConA-Sepharose 的结合力	小或无	结合	结合
免疫调节活性	较弱	较弱	强
抑制细胞生长活性	较弱	较弱	强
种交叉活性	大	小	小
主要诱发物质	病毒	病毒,Poly I: C 等	抗原、PHA、ConA 等
主要产生细胞	白细胞	成纤维细胞	淋巴细胞

其中IFN-α常用的亚型为:IFN-αⅠb、IFN-αⅡa、IFN-αⅡb。IFN-αⅠb易形成二聚体,活性较低。IFN-αⅡa在pH2.5时较IFN-αⅠb稳定,特别是对热和酸的稳定性明显强于IFN-αⅠb,对蛋白酶敏感。IFN-αⅡa、IFN-αⅡb只差1个氨基酸,性质相似。

2. 传统生产工艺 由于干扰素有高度的种属特异性,故最初临床使用的产品都是用人的细胞制备。IFN-α用人血白细胞或淋巴细胞制备,IFN-β用人成纤维细胞制备。

(1)工艺流程(图12-22)

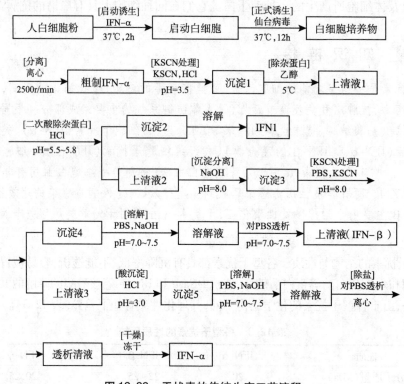

图12-22 干扰素的传统生产工艺流程

(2)工艺过程及控制要点

1)启动诱生:取白细胞粉悬于培养液中,置于冰浴,取样作活细胞计数,用预温的培养液稀释成每毫升含10^7个活细胞。培养液的基础成分为Eagle培养基,其中含4%~6%的人血浆蛋白,无磷酸盐,3mg/ml的Tricine及适量抗生素。向上述细胞悬液加入白细胞干扰素,使其最后浓度为100μg/ml,置37℃水浴搅拌培养2小时。

2)正式诱生:启动后的白细胞加入仙台病毒(在10天龄鸡胚中培养48~72小时,收获尿囊液)使其最终浓度为100~150血凝单位/毫升,在37℃搅拌培养过夜。

3)收获:将培养物离心(2500r/min)30分钟,吸取上清液即得粗制干扰素。

4)纯化:将粗制人白细胞干扰素加入硫氰化钾0.5mol/L,用2mol/L盐酸调节pH3.5,离心弃去上清液,得沉淀1。沉淀1加入原体积1/5的冷乙醇(94%),离心弃去沉淀得上清液1。上清液1用盐酸调节pH5.5,离心弃去沉淀,再调至pH5.8,离心,得上清液2和沉淀2。沉淀2加入原体积1/50量的甘氨酸-盐酸缓冲液(pH2)溶解,检测,得IFN1。上清液2调节pH至8.0,离心弃去清液,得沉淀3。沉淀3加原体积1/50量的0.1mol/L PBS,0.5mol/L硫氰化钾(pH8)溶解,pH降至5.2,离心得上清液3和沉淀4。沉淀4加原体积1/25 000量的pH8的0.1mol/L PBS溶解,调至pH7～7.5,对PBS(pH7.3)透析,过夜,离心、收集上清液,检测,得IFN-β。上清液3中加盐使pH降至3.0,离心,得沉淀5。沉淀5加原体积1/5000量pH8的0.1mol/L PBS溶解,调至pH7～7.5,对PBS(pH7.3)透析,过夜,离心、收集上清液,检测,得IFN-α。

(3)工艺讨论

1)人白细胞粉制备时,有两个关键步骤。

分离灰黄层:取新鲜血液(一般每份400ml),加入ACD抗凝剂,离心后分离出血浆,小心吸取灰黄层。每份血可吸取13～15ml,放置4℃冰箱中过夜。

氯化铵处理:每份灰黄层加入30ml缓冲盐水,再加入9倍体积量的冷氯化铵溶液(0.83%),混匀,4℃放置10分钟,然后在4℃离心(8000r/min)20分钟。小心弃去上清液,并加入适量缓冲盐水,收集沉淀的细胞,作成悬液,再用9倍量的0.83%氯化铵溶液重复处理1次,溶解残存的红细胞。

2)根据情况,启动诱生这步可省略。

3)每份灰黄层可制备100万U的纯化干扰素。IFN-α中干扰素含量占回收干扰素的82%,比活较高($2.2×10^6$U/mg蛋白)。IFN1比活较低($5×10^4$U/mg蛋白),一般用作滴鼻剂或滴眼剂。

3. 基因工程生产工艺 由于传统生产工艺要培养细胞,操作复杂,产量低,成本高,而基因工程利用工程菌为宿主细胞可大量生产IFN,且活性高,故基因过程生产法正逐渐取代传统生产工艺。IFN-αⅠb、IFN-αⅡb以大肠杆菌为宿主,IFN-αⅡa采用酵母为宿主。现以我国第一个进入工业化的基因工程药物IFN-αⅡb为例,介绍干扰素基因过程生产工艺。

(1)基因工程菌的构建:干扰素的结构复杂,人工合成干扰素DNA难度很大,而在人染色体上的干扰素基因拷贝数又极少(1.5%),不能直接分离,所以只能通过分离干扰素的mRNA,再通过反转录酶使其形成cDNA。

干扰素cDNA的获得是从产生干扰素的白细胞中提取干扰素的mRNA,并对其进行分级分离。然后,将不同的mRNA注入蟾蜍的卵母细胞,测定干扰素的抗病毒活性,找出活性最高的mRNA,并用此mRNA合成cDNA。

将cDNA与含四环素和氨苄抗性基因的质粒pBR322重组,转化大肠杆菌K12,得到重组质粒。对每个重组子用粗提的干扰素mRNA进行杂交,把得到的杂交阳性克隆中的重组质粒DNA放到一个无细胞合成系统中进行翻译。对翻译体系的产物进行干扰素活性检测,经多轮筛选可获得干扰素的cDNA。最后将干扰素的cDNA转入大肠杆菌表达载体中,转化大肠杆菌在特定条件下进行高效表达。构建IFN-αⅡb基因工程菌的流程(图12-23)。

(2)基因工程干扰素的生产工艺:基因工程生产IFN-αⅡb的工艺流程如图12-24所示。

1)发酵:包括种子培养和发酵。①生产种子:人IFN-αⅡb基因工程菌SW-IFN-αⅡb/E. coli-DHSa。质粒用P_L启动子,含氨苄西林抗性基因。②种子培养基:1%蛋白胨、0.5%酵母抽提物、0.5%NaCl,pH7.0,121℃灭菌15分钟。③种子摇瓶培养:在4个1L三角瓶中,分别装入250ml种子培养基,按要求灭菌后,分别接种人IFN-αⅡb基因工程菌,30℃摇床培养10小时,作为发酵罐种子使用。

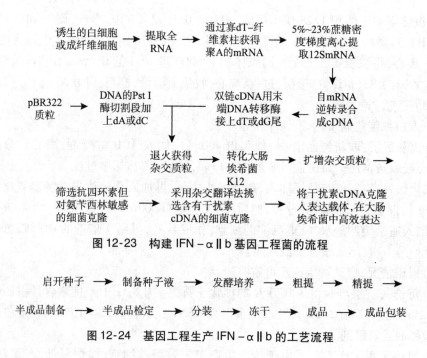

图 12-23　构建 IFN-αⅡb 基因工程菌的流程

启开种子 → 制备种子液 → 发酵培养 → 粗提 → 精提 →

半成品制备 → 半成品检定 → 分装 → 冻干 → 成品 → 成品包装

图 12-24　基因工程生产 IFN-αⅡb 的工艺流程

2）产物的提取与纯化

提取：干扰素发酵结束后，冷却，4000r/min 离心 30 分钟，除去上清液，收集湿菌体，大约 1000g。将上述湿菌体重新悬浮于 5L 20mol/l 磷酸盐缓冲液（pH7.0）中，在冰浴条件下进行超声波破碎。然后 4000r/min 离心 30 分钟。取沉淀部分，用 1L 含 8mol/L 尿素、20mmol/L 磷酸缓冲液（pH7.0）、0.5mmol/L 二巯基苏糖醇溶液溶解，室温搅拌抽提 2 小时，然后 15 000r/min 离心 30 分钟，除去不溶物（主要是细胞碎片）。收集上清液，用 20mmol/L 磷酸缓冲液（pH7.0）稀释至尿素浓度为 0.5mol/L，加二巯基苏糖醇至 0.1mmol/L，4℃ 搅拌 15 小时，15 000r/min 离心 30 分钟，除去不溶物。

上清液经截留量为 10^4 相对分子质量的中空纤维超滤器浓缩，将浓缩的人 IFN-αⅡb 溶液经过葡萄糖凝胶柱 Sephadex G-50 分离。

纯化：将 Sephadex G-50 柱分离的人 IFN-αⅡb 组分，再经离子交换纤维素柱 DE-52（2cm×50cm）纯化，人 IFN-αⅡb 组分上柱后用含 0.05mol/L、0.1mol/L、0.15mol/L NaCl 的 20mmol/L 磷酸缓冲液（pH7.0）分别洗涤，收集含人 IFN-αⅡb 组分的洗脱液。全过程要求蛋白质回收率为 20%~25%，产品不含杂蛋白、DNA 及热原。IFN-αⅡb 质量符合要求。

（3）工艺讨论

1）超声波破碎时，产生大量的热，温度上升很快，需在冰浴中进行，以免蛋白变性。还需采用间歇操作，即超声 0.5~1 分钟，停止 0.5~1 分钟，以便维持样品处于低温状态。

2）Sephadex G-50 分离时，上柱前，层析柱（2cm×100cm）要先用 20mol/L 磷酸缓冲液（pH7.0）平衡；上柱后用同一缓冲液洗脱分离，收集人 IFN-αⅡb 组分，经 SDS-聚丙烯酰胺凝胶电泳（SDS-PAGE）检查。

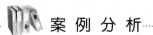

案例

提取干扰素时,需先破碎细胞。

分析

由于大肠杆菌中不含真核细胞中所具有的一些帮助蛋白质折叠的细胞因子,因此合成的IFN-αⅡb是以包涵体形式存在的,没有生物活性。包涵体不溶于水,必须先将细胞破碎,将其释放出来,再离心分离。离心条件为:4000r/min离心30分钟。分离出的包涵体经1L含8mol/L尿素、20mmol/L磷酸缓冲液(pH7.0)、0.5mmol/L二巯基苏糖醇溶液溶解,溶解过程中,IFN-αⅡb包涵体的肽链会局部打开后重新折叠,形成正确的有生物活性的干扰素IFN-αⅡb空间构象。

点 滴 积 累

1. 多肽类与蛋白质类药物的生产常用提取法和发酵法。

2. 人血白蛋白的制备工艺流程为:络合(利凡诺沉淀)→解离→分离→超滤→热处理→澄清和除菌→分装。

3. 提取法制备胰岛素主要采用酸醇法制备,主要工艺为:提取→碱化、酸化→减压浓缩→去脂、盐析→精制→结晶。

（林凤云）

第四节　核酸类药物

核酸是由许多核苷酸以3′,5′-磷酸二酯键连接而成的大分子化合物,是构成生命最基本的物质,在生物的遗传、变异、生长发育及蛋白质合成等方面起着重要作用。核酸的基本结构为核苷酸,核苷酸由碱基、戊糖和磷酸三部分组成,碱基与戊糖组成的单元叫核苷。

 知 识 链 接

核酸类药物分类:第一类为具有天然结构的核酸类物质,如肌苷,ATP,辅酶A,脱氧核苷酸,肌苷酸等。这类药物均是经微生物发酵或从生物材料中提取的。它们有助于改善机体的物质代谢和能量平衡,加速受损组织的修复,促进缺氧组织恢复正常生理功能,临床上用于放射病,血小板减少症,急慢性肝炎,心血管疾病,肌肉萎缩等代谢障碍。第二类为自然结构碱基、核苷、核苷酸结构的类似物或聚合物,如阿糖胞苷、氮杂尿嘧啶等,主要通过天然核酸类物质经半合成制成。这类药物是当今治疗病毒、肿瘤、艾滋病的重要手段,也是诱生干扰素、免疫制剂的临床药物。

一、核酸类药物生产方法

核酸类药物可以从 DNA 或 RNA 经酶或化学降解的方法制备,也就是酶解法;也可以选育某种特定遗传性状的菌种经过发酵生产,即发酵法;另外,以从核苷化学方法磷酸化生产核苷酸(即半合成法)也是生产的主要方式之一。

(一)酶解法

酶解法是先用糖质原料、亚硫酸纸浆废液或其他原料发酵生产酵母,而后从酵母菌体中提取核糖核酸 RNA,再经过青霉菌属或链霉菌属等微生物发生的酶进行酶解,制成核苷酸。

如图 12-25 酶解法制备脱氧核糖核苷酸。

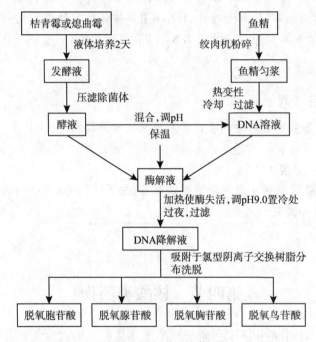

图 12-25　酶解法制备脱氧核苷酸的工艺流程

(二)直接发酵法

直接发酵法是根据生产菌的特点,采用营养缺陷型菌株或营养缺陷型兼结构类似物抗性菌株,在一定的发酵条件下,使得菌体对核酸类物质的代谢调节控制被破坏,从而发酵生产大量的目的核苷或核苷酸。例如用产氨短杆菌腺嘌呤缺陷型突变株直接发酵生产肌苷酸(IMP)。

 知 识 链 接

产氨短杆菌嘌呤核苷酸生物合成途径、代谢调控和肌苷酸发酵机制:对于它的生物合成,PRPP 转酰胺酶是整个过程的关键酶,此酶受腺苷三磷酸(ATP)、腺苷二磷酸(ADP)、腺苷酸(AMP)及鸟苷酸(GMP)反馈抑制达 70%~100%,被腺嘌呤阻遏。在发酵过程中,首先是用诱变育种的方法筛选缺乏 SA-MP 合成酶的腺嘌呤缺陷型菌株,通过在发酵培养基中提高的亚适量腺嘌呤而给合成提供所需要的 DNA 与 RNA,

且没有多余的嘌呤衍生物产生反馈抑制和阻遏。同时细胞膜的透性对直接积累肌苷酸有着重要影响。当培养基中 Mn^{2+} 限量时,产氨短杆菌的成长细胞伸长或不规则形,且细胞膜易于透过肌苷酸,嘌呤核苷酸补救合成所需的几个酶和中间体核糖-5'-磷酸都易透过,在胞外重新合成大量肌苷酸。在生产中可以用诱变育种的方法选育对 Mn^{2+} 不敏感的变异株,使发酵培养基含 Mn^{2+} 达 $1000\mu g/ml$ 时,肌苷酸的生物合成仍不受影响。

(三) 半合成法

这种方法是微生物发酵与化学合成并用的方法。例如通过发酵法制成 5-氨基-4-甲酰胺咪唑核苷,再用化学合成法制成鸟苷酸。

二、核酸类药物的生产实例

(一) RNA 的制备

1. RNA 及其工业来源　核酸的丰富资源是微生物,通常在细菌中 RNA 占 5%~25%,在酵母中占 2.7%~15%,在真菌中占 0.7%~28%,面包酵母含 RNA4.1%~7.2%。因此,从微生物中提取 RNA 是工业上最实际和有效的方法。

2. 提取法制备 RNA

(1)提取方法:提取法制备 RNA 的方法有稀碱法和浓盐法两类。

1)稀碱法:用氢氧化钾溶液(1%),使细胞壁变性,核酸从细胞内释放出来,再用酸中和至 pH7.0,然后除去菌体,将 pH 调至 RNA 的等电点(pH2.5),使 RNA 沉淀出来。该法的缺点是制得的 RNA 相对分子质量较低。

2)浓盐法:用高浓度盐溶液(6%~8%)处理,同时加热,改变细胞壁的通透性,使核酸从细胞内释放出来。

要避免分子降解,可采用苯酚法制备 RNA。用苯酚处理生物材料,使蛋白质变性,然后离心,上层水溶液内含有全部 RNA,可用乙醇沉淀出来。

(2)提取实例

1)提取流程(图 12-26)。

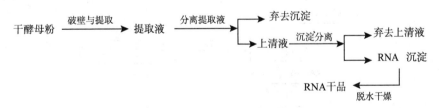

图 12-26　RNA 的生产工艺路线

2)操作过程与控制要点:①破壁与提取。在含 10% 干酵母水溶液的夹层反应锅中加入氯化钠,使盐浓度达到 8%~12%,加热到 90℃,搅拌抽提 3~4 小时,由于高浓度的盐溶液能改变酵母细胞壁的通透性,可有效解离核蛋白成为核酸和蛋白质,使 RNA 从菌体内释放出来。②分离提取液。3600r/min 离心 10 分钟,去菌渣后,收集上清液。③沉淀分离。将上清液倾入不锈钢桶中,待上清液冷却到 60℃ 以下时,调节 pH 至 2~2.5,然后静置 3~4 小时,使 RNA 充分沉淀,离心分离收集沉淀物。④脱水、干燥。所得 RNA 沉淀再用乙醇洗涤去掉脂溶性杂质和色素,得白色 RNA 产品,得率一般在 3%以上。此法所得为变性 RNA 及部分降解的 RNA,可进一步提取各种核苷和核苷酸。

 难 点 解 析

　　提取 RNA 前需将酵母细胞液加热到 90℃,搅拌抽提 3~4 小时。

　　干酵母水溶液在浓盐(8%~12%),同时加热(90℃),可改变细胞壁的通透性,使 RNA 从细胞内释放出来。此外,磷酸单酯酶和磷酸二酯酶在 30~70℃ 作用活跃,可将 RNA 降解成小分子而无法沉淀,故在提取前 90℃ 保持 3~4 小时,破坏这些酶类,以减少 RNA 降解。

3. 发酵法制备 RNA

(1)高 RNA 含量酵母菌株的筛选:培养酵母菌体收率高,易于提取 RNA,在工业上主要由 RNA 生产 5′-核苷酸。高 RNA 含量的酵母菌株可以从自然界中筛选,也可以用诱变育种的方法提高酵母菌的 RNA 含量,诱变剂可以选用亚硝基胍及紫外线等。在高含量 RNA 的菌株中,经系统的筛选,发现解脂假丝酵母属和清酒酵母属 RNA 含量普遍较高。

(2)生产高 RNA 含量酵母及 RNA 提取工艺流程(图 12-27)。

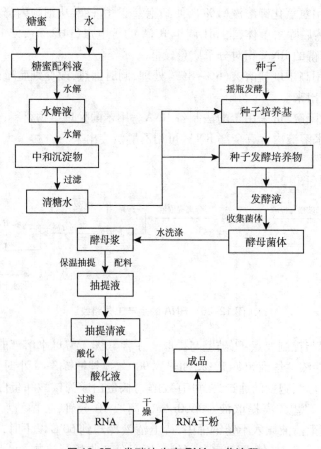

图 12-27　发酵法生产 RNA 工艺流程

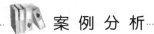 案 例 分 析

案例

生产上可采用工业废水培养高含量 RNA 酵母。

分析

使用工业废水培养高含量 RNA 酵母可以减少环境污染,降低粮食消耗。一般味精生产废水含有还原糖 0.7%、总糖 2%、总氮 0.2%、总磷 0.5%、无机盐 0.1%~0.2%,这些成分基本上可供酵母生长,因此,如使用高含量 RNA 酵母在味精废液中驯化培养,发酵 24 小时菌体收率 1%~1.5%(W/V),RNA 含量 8%~10%,酵母发酵的最适温度 30℃,最适 pH = 4.5。有实验证明用醋酸作碳源时,菌体 RNA 的含量较高。

(二) DNA 的提取与制备

课 堂 活 动

1. RNA 和 DNA 在结构和性质上有什么区别和联系?
2. "核酸营养"(如核酸口服液)有无道理,为什么?

1. 工业用 DNA 的提取　取新鲜冷冻鱼精 20kg,用绞肉机粉碎几次成浆状,加入等体积水,搅拌均匀,倾入反应锅内,缓慢搅拌,升温至 100℃,保温 15 分钟,迅速冷却至 20~25℃,离心去除鱼精蛋白等沉淀物,共获得 35L 含热变性 DNA 溶液。加等体积 95% 乙醇,离心得到纤维状 DNA,而后用乙醇、丙酮洗涤沉淀,干燥后可得到固体 DNA 产品。

2. 具有生物活性 DNA 的制备　活性 DNA 制备需在 0~3℃ 条件下进行。

(1) 提取:动物胸腺加 4 倍量(W/W)生理盐水,用组织捣碎机捣碎 1 分钟,匀浆于 2500r/min 离心 30 分钟,沉淀用相同体积的生理盐水洗涤 3 次,每次洗涤后离心。将沉淀悬浮于 20 倍量(W/W)的冷生理盐水中,再捣碎 3 分钟,加入 2 倍量 5% 十二烷基磺酸钠(以 45% 乙醇作溶剂),并搅拌 2~3 小时,0℃ 2500r/min 离心 20 分钟,收集上层液。

(2) 沉淀:向上层液中加入等体积的冷 95% 乙醇,离心即可得纤维状 DNA,再用冷乙醇和丙酮洗涤,减压低温干燥得粗品 DNA。

(3) 纯化:粗品 DNA 溶解于适量的蒸馏水中,加入 5% 十二烷基磺酸钠溶液达 1/10 体积,搅拌 1 小时,再离心 1 小时(5000r/min),清液中加入 NaCl 使浓度达 1mol/L,而后缓缓加入冷 95% 乙醇,沉淀 DNA,经乙醇与丙酮的洗涤后,真空干燥得到具有生物活性的 DNA。

(三) 三磷酸腺苷的制备

三磷酸腺苷(adenosine triphosphate, ATP)是一种核苷酸,在核酸合成中具有重要作用。ATP 由腺苷和 3 个磷酸基所组成,3 个磷酸基团从腺苷开始被编为 α、β 和 γ 磷酸基。ATP 广泛分布于哺乳动物肌肉中(0.25%~0.4%)。

知 识 链 接

　　由于 ATP 具有大量化学能,因此有人将其作为新型分子燃料用于分子马达。分子马达或纳米机器,是由生物大分子构成并将化学能转化为机械能的纳米系统。天然的分子马达如:驱动蛋白、RNA 聚合酶、肌球蛋白等,在生物体内的胞质运输、DNA 复制、细胞分裂、肌肉收缩等生命活动中起着重要作用。而人造分子马达则为马达家族的革命,标志着人类由制造物理马达到制造生物马达的理想成为现实。

　　2001 年 4 月,美国康奈尔大学的研究者研制出一台生物分子纳米发动机。据称,这台生物分子纳米发动机仅一个病毒般大小,由有机物充当的发动机和镍无机物充当的螺旋桨两部分组成。整台发动机机长 750nm,宽 150nm。这台发动机是由 ATP 提供能量,即生物体内的 ATP 分子为纳米马达供电,由 ATP 合成酶驱动发动机运转。每加一次能量,纳米发动机可连续工作 1 小时。科学家高度评价此项科技成果,认为生物分子纳米发动机在医学领域将大有用武之地。例如,它可以充当一个"小护士",巡视全身;它还可以在体内充当一个"小药剂师",解释细胞发出的化学信号,计算必要的剂量,在人体内直接分配药量等。Bell 实验室和牛津大学的研究者也开发了一个 DNA 马达。据预测,DNA 马达技术可制造比当今快 1000 倍的计算机。

1. 直接发酵生产 ATP

（1）工艺流程（图 12-28）

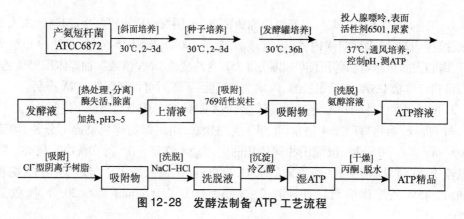

图 12-28　发酵法制备 ATP 工艺流程

（2）生产过程及注意事项

1）菌种:采用产氨短杆菌 ATCC6872 菌株进行发酵。

2）种子培养:种子培养基为葡萄糖 3%,牛肉膏 1.0%,蛋白胨 1.0%,NaCl 0.25%,经过 30℃振荡培养 24 小时得到种子培养液。

3）发酵培养基:葡萄糖 10%、$MgSO_4 \cdot 7H_2O$ 1%、尿素 0.2%、$FeSO_4 \cdot 7H_2O$ 0.001%、$ZnSO_4 \cdot 7H_2O$ 0.001%、$CaCl_2 \cdot 2H_2O$ 0.01%、玉米浆适量、K_2HPO_4 1%、KH_2PO_4 1%、胱氨酸 0.002%、β-丙氨酸 0.0015%、生物素 30μg/L、硫胺素盐酸盐 0.5mg/L、尿素 0.2%,pH7.2。

4）发酵培养:在 5L 发酵罐中装入 3L 培养基灭菌后,接种上述种子培养液 300ml,培养时用氨水调 pH6.8~7.2。培养温度 32℃,24 小时前通气量 1:0.5L/(L·min),24

小时后通气量 1∶1L/（L·min），1 天后添加腺嘌呤 3g/L、6501（椰子油酰胺）0.15%。再于 30℃ 条件下振荡培养 20~24 小时，ATP 发酵产量可达 8g/L。

在发酵过程中加入氨基酸、维生素等，可促进营养缺陷型生产菌株的生长，防止发酵过程中回复突变的发生，有利于稳定发酵，提高 ATP 产量。

2. 以嘌呤为前体生产 ATP

（1）工艺流程见图 12-29。

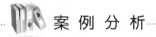

图 12-29　RNA 的生产工艺路线

（2）工艺过程及控制要点

1）发酵生产腺苷：①菌种。以枯草杆菌 160（Smr + try⁻ + pur⁻）菌株在添加由丙二腈化学合成的腺嘌呤的培养基中培养，可以积累大量的腺苷。②培养基。葡萄糖为培养基的碳源效果最佳，若加入一定量的核糖，有增加腺苷产量的效果。以蛋白胨、牛肉膏、酪蛋白氨基酸等作为有机氮源，并添加适量生物素能提高腺苷产量，培养基中添加 1~2mg/ml 腺嘌呤，培养 40 小时，可积累 1mg/ml 腺苷。

2）微生物磷酸化生产 AMP 与 ATP：通过微生物磷酸化作用可将腺苷分别转变成 IMP、AMP、ATP 等，并将 AMP 转变成为 ATP、ADP。

利用酵母的氧化磷酸化法：面包酵母和清酒酵母的酶制剂可使腺苷或 AMP 磷酸化为 ADP 和 ATP，同时伴随着葡萄糖的降解。

案例分析

案例

使用磨碎的面包酵母或丙酮干燥的面包酵母菌体，在葡萄糖发酵条件下，添加 AMP 或腺苷，进行氧化磷酸化，反应 3 小时，可将约 72% 的 AMP 磷酸化为 ATP。

分析

关于 ATP 的生成机制，可以认为是利用葡萄糖分解时获得的能量，通过底物水平磷酸化，由 AMP 或腺苷经 ADP 生成 ATP。而高浓度磷抑制磷酸酯酶的作用和用 AMP 解除高磷酸盐浓度时的发酵障碍是此法的关键。

（四）肌苷的生产

知识链接

抗艾滋病病毒药物：去羟肌苷，英文简称 ddI，1991 年 10 月在美国上市，它是第二个问世的抗艾滋病病毒药，能抑制 HIV 的复制，在细胞酶的作用下转化为具有抗病毒活性的代谢物双去氧三磷酸腺苷（ddATP），为人类免疫缺陷病毒（HIV）复制抑制剂。

我国目前把去羟肌苷用作二线药物。因为该药结构和齐多夫定、司他夫定、拉米夫定均不同，所以一般来说当病毒对这 3 种药物耐药时，可以用去羟肌苷代替。

肌苷是合成肌苷酸(IMP)的原料,工业上可以用发酵法生产肌苷,然后将肌苷通过化学法或酶法进行磷酸化得到5′-IMP。

1. 生产菌种 发酵法生产肌苷所选用的菌种有枯草杆菌、短小芽孢杆菌及产氨短杆菌。由于枯草杆菌的磷酸酯酶活性较强,有利于将 IMP 脱磷酸化而形成肌苷,因此在发酵中多采用枯草杆菌的腺嘌呤缺陷型。

2. 工艺流程(图 12-30)

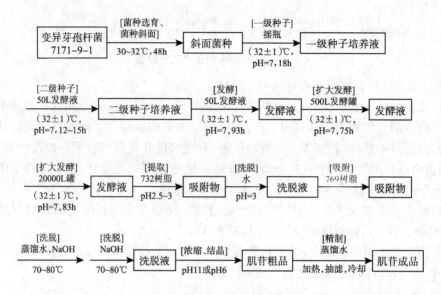

图 12-30 发酵法制备肌苷工艺流程

3. 工艺过程及控制要点

(1)菌株选育:将变异芽孢杆菌 7171-9-1 接种到斜面培养基上,30~32℃培养48 小时。在 4℃ 冰箱中可保存 1 个月。斜面培养基成分为葡萄糖 1%、蛋白胨0.4%、酵母浸膏 0.7%、牛肉浸膏 1.4%、琼脂 2%。灭菌前 pH7,120℃下灭菌 20分钟。

(2)种子培养:包括一级种子培养和二级种子培养。

1)一级种子:培养基成分为葡萄糖 2%、蛋白胨 1%、酵母 1%、玉米浆 0.5%、尿素0.5%、NaCl 0.25%。灭菌前 pH7,用 1L 三角瓶装 115ml 培养基,115℃下灭菌 15 分钟。每个三角瓶中接入菌种,在往复式摇床上振荡培养(100 次/分),温度 32℃ ±1℃,培养48 小时。

2)二级种子:培养基与一级种子培养基相同,放大 50L 发酵罐,定容 25L,接种量1%,32℃ ±1℃培养 12~15 小时,搅拌速度 320r/min,通气量 1:0.25L/(L·min),生长指标为菌体 $A_{650} = 0.78$,pH6.4~6.6。

(3)发酵培养:50L 不锈钢标准发酵罐,定容体积 35L。培养基成分为淀粉水解糖 10%、干酵母水解液 1.5%、豆饼水解液 0.5%、硫酸镁 0.1%、氯化钾 0.2%、磷酸氢二钠 0.5%、尿素 0.4%、硫酸铵 1.5%、有机硅油(消泡剂)0.05%。pH7,接种量 0.9%,32℃ ±1℃培养 93 小时,搅拌速度 320r/min,通气量 1:0.5L/(L·min)。

500L 发酵罐,定容体积 350L。培养基成分为淀粉水解糖 10%、干酵母水解液 1.5%、豆饼水解液 0.5%、硫酸镁 0.1%、氯化钾 0.2%、磷酸氢二钠 0.5%、硫酸铵 1.5%、碳酸钙 1%、有机硅油小于 0.3%。pH7,接种量 7%,32℃±1℃,培养 75 小时,搅拌速度 230r/min,通气量 1:0.25L/(L·min)。扩大发酵进入 20 000L 发酵罐,培养基同上,接种量 2.5%,35℃±1℃培养 83 小时。

(4)提取、吸附、洗脱:取发酵液 30~40L 调节 pH2.5~3,与菌体一起通过两个串联的 3.5kg 732H$^+$型树脂柱吸附。发酵液上柱后,用相当于 3 倍树脂体积的 pH3.0 的水洗 1 次,然后把两柱分开,用 pH3.0 的水把肌苷从柱上洗脱下来。上 769 活性炭柱吸附后,先用 2~3 倍体积的水洗涤,后用 70~80℃、1mol/L 的 NaOH 浸泡 30 分钟,最后用 0.01mol/L NaOH 溶液洗脱肌苷,收集洗脱液,真空浓缩,在 pH11 或 6 下放置,结晶析出,过滤,得肌苷粗品。

(5)精制:取粗制品配成 5%~10% 的溶液,加热溶解,加少量活性炭作助滤剂,趁热滤过,放置冷却,得白色针状结晶,过滤,少量水洗涤 1 次,80℃烘干得肌苷精制品,收率约 44%,含量 99%。

点 滴 积 累

1. 核酸类药物可以从 DNA 或 RNA 经酶或化学降解的方法制备;也可以选育某种特定遗传性状的菌种经过发酵生产;以从核苷化学方法磷酸化生产核苷酸(即半合成法)也是生产的主要方式之一。

2. 提取法制备 RNA 的方法有稀碱法和浓盐法两类。

(林凤云)

第五节　酶 类 药 物

一、酶类药物工业生产及工艺

酶类药物的生产方法主要有提取法和微生物发酵法。早期酶的生产多以动植物为主要原料,有些酶的生产至今还应用此法。从动物或植物中提取酶受到原料的限制,随着酶应用日益广泛和需求量的增加,工业生产的重点已逐渐转向微生物。利用微生物发酵法生产药用酶,不受季节、气候和地域的限制,生产周期短、产量高,成本低,能大规模生产。所以,目前工业上应用的酶大多采用微生物发酵法来生产。

提取法的主要步骤见图 12-31。

微生物发酵法的主要步骤见图 12-32。

二、酶类药物的生产工艺实例

(一) L-门冬酰胺酶

L-门冬酰胺酶(L-asparaginase)是酰氨基水解酶,是从大肠埃希菌菌体中提取分离的酶类药物,用于治疗白血病。

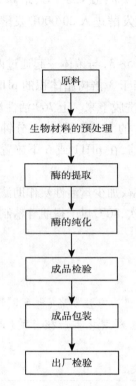

图 12-31　提取法生产酶类药物的
工业生产过程的主要步骤

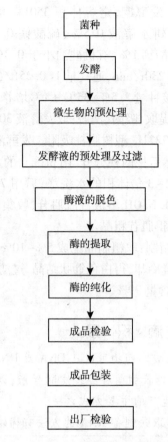

图 12-32　微生物发酵法生产酶类药物的
工业生产过程的主要步骤

 知 识 链 接

　　门冬酰胺酶是治疗白血病的药物。被称为"蔬菜之王"的芦笋营养价值最高,除了能佐餐、增食欲、助消化、补充维生素和矿物质外,因含有较多的门冬酰胺、门冬氨酸及其他多种甾体皂苷物质,可防癌抗癌,对心血管病、水肿等疾病均有疗效。现代营养学分析,芦笋蛋白质组成具有人体所必需的各种氨基酸,含量比例恰当,无机盐元素中有较多的硒、钼、镁、锰等微量元素,还含有大量以门冬酰胺为主体的非蛋白质含氮物质和门冬氨酸。营养学家和素食界人士均认为它是健康食品和全面的抗癌食品。用芦笋治疗淋巴腺癌、膀胱癌、肺癌肾结石和皮肤癌有极好的疗效。对其他癌症、白血症等也有很好效果。国际癌症病友协会研究认为,芦笋可以使细胞生长正常化,具有防止癌细胞扩散的功能。因此,芦笋已成为保健蔬菜之一,目前国内外已有多种采用芦笋为主要原料的抗癌药和保健品,这是它能在世界上大面积种植,畅销不衰的重要原因。

　　1. L-门冬酰胺酶的理化性质　白色粉末状,微有引湿性,溶于水,不溶于丙酮、三氯甲烷、甲醇和乙醚。

2. L-门冬酰胺酶的发酵工艺

(1)菌种:L-门冬酰胺酶的产生菌是真菌和细菌,主要是大肠埃希菌(*E. coli*)。

(2)生产工艺流程(图 12-33)。

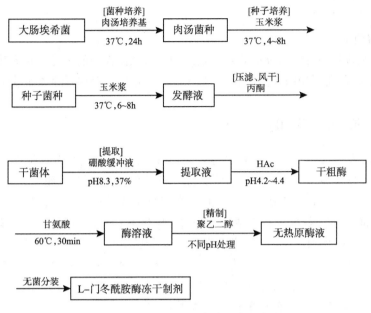

图 12-33　L-门冬酰胺酶的生产工艺流程

(3)生产工艺要点

1)种子:采取大肠埃希菌 *E. coli*1.196,普通牛肉培养基,接种后于 37℃ 培养 24 小时。

2)种子培养:16% 玉米浆,接种量 1%~1.5% ,37℃温度,通气搅拌培养 4~8 小时。

3)发酵罐培养:玉米浆培养基,接种量 8% ,37℃通气搅拌培养 6~8 小时,离心分离发酵液,得菌体,加 2 倍量丙酮搅拌,压滤,滤饼过筛,自然风干成菌体干粉。

4)提取、沉淀、热处理:每千克菌体干粉加入 0.01mol/L pH8 的硼酸缓冲液 10L, 37℃保温搅拌 1.5 小时,降温到 30℃以后,用 5mol/L 醋酸调节 pH4.2~4.4 进行压滤, 滤液中加入 2 倍体积的丙酮,放置 3~4 小时,过滤,收集沉淀,自然风干,即得干粗酶。

取粗制酶,加入 0.3% 甘氨酸溶液,调节 pH8.8,搅拌 1.5 小时,离心,收集上清液, 加热到 60℃,保持 30 分钟进行热处理。离心弃去沉淀,上清液加 2 倍体积的丙酮,析出沉淀,离心,收集酶沉淀,用 0.01mol/L,pH8 磷酸缓冲液溶解,再离心弃去不溶物,得上清酶溶液。

5)精制、冻干:上述酶溶液调节 pH8.8,离心弃去沉淀,清液再调节 pH7.7 加入 50% 聚乙二醇,使浓度达到 16% 。在 2~5℃放置 4~5 天,离心得沉淀。用蒸馏水溶解, 加 4 倍量的丙酮,沉淀,同法反复 1 次,沉淀用 pH6.4,0.05mol/L 磷酸缓冲液溶解,50% 聚乙二醇反复处理 1 次,即得无热原的 L-门冬酰胺酶。溶于 0.5mol/L 磷酸缓冲液,在无菌条件下用 6 号垂熔漏斗过滤,分装,冷冻干燥制得注射用 L-门冬酰胺酶成品,每支 1 万或 2 万 U。

课 堂 活 动

1. 在提取过程中可采用哪些措施来保护酶的活性？
2. 简述透析法的原理。

(二) 溶菌酶

溶菌酶,又称胞壁质酶(muramidase),是一种具有杀菌作用的天然抗感染物质,具有抗菌、抗病毒、抗炎症、促进组织修复等作用。临床上主要用于五官科的各种黏膜炎症,龋齿等。

知 识 链 接

近年来,人们正研究用微生物发酵法生产溶菌酶,同时还采用酶修饰法先后合成了溶菌酶-环糊精和溶菌酶-半乳甘露聚糖。经过修饰后的溶菌酶不仅抗菌活性稳定,而且具有良好的乳化性能。此外,由于溶菌酶抗菌谱较窄,只对革兰阳性细菌起作用,为了加强其溶菌作用,人们常与甘氨酸、腐植酸、聚合磷酸盐等物质配合使用,以增强对细菌的溶菌作用。由于溶菌酶的研究和应用尚处于起步阶段,开发新的溶菌酶资源,降低生产成本,才能促进溶菌酶在实践中的应用。可喜的是,酶工程的发展进步,使人类可以合成酶,开发合成杀菌谱广、成本低、安全性高的溶菌酶。可以预见,溶菌酶在 21 世纪将发挥越来越大的作用。

1. **溶菌酶的理化性质** 白色粉状结晶,无臭、微甜。含有 129 个氨基酸的多肽分子量约 14 000,等电点 10.7。溶于食盐水,遇丙酸、乙醇产生沉淀。在酸性溶液中较稳定,耐热,但在碱性环境中,该酶对热稳定性较差。

2. **溶菌酶的生产工艺**

(1)原料来源:溶菌酶广泛存在于鸟类和家禽的蛋清,哺乳动物的泪、唾液、血浆、尿、乳汁、白细胞和组织(如肝、肾)细胞内,其中以蛋清含量最丰富。

 案 例 分 析

案例

将溶菌酶添加到牛乳及其制品中,可使牛乳人乳化。

分析

人乳与牛乳之间的主要区别之一是溶菌酶含量的不同。人乳中含有大量的溶菌酶(40mg/100ml),而牛乳中则很少(新鲜牛奶中只含有 13mg/100ml 的溶菌酶),人乳中的溶菌酶活力是牛乳中溶菌酶的 6 倍。在鲜牛奶中加入一定量的溶菌酶,不但可以起到防腐的作用,而且有强化作用,增强婴儿健康。此外,溶菌酶是双歧杆菌增长因子,有防止肠炎和变态反应的作用,对婴幼儿的肠道菌群有平衡作用;从而更适合婴儿食用。在每吨牛乳加入 0.05~1mg 溶菌酶,37℃保温 3 小时,可使牛乳中的双歧杆菌含量与人乳几乎无区别,从而保证婴儿肠道内双歧杆菌的良好繁殖。在欧洲,溶菌酶主要用于牛乳的人乳化。

（2）生产工艺流程（图12-34）。

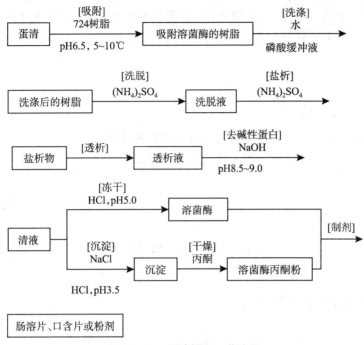

图 12-34　蛋清提取工艺流程

（3）生产工艺要点

1）吸附：新鲜冷冻蛋清（或蛋壳水）540kg，过筛，去杂质，于5～10℃加入处理好的724树脂80kg（pH6.5），搅拌吸附6小时，低温静置过夜。

2）洗涤、洗脱：倾出上层清液，树脂离心甩干，装入柱内，用pH6.5磷酸缓冲液150L左右洗涤树脂，然后用10%硫酸铵600L洗脱，收集洗脱液。

3）硫酸铵盐析：洗脱液补加硫酸铵，使最终硫酸铵总含量为40%，此时有白色沉淀产生，冷处放置过夜。

4）透析、去碱性蛋白：次日，虹吸上层清液，沉淀吸滤抽干。盐析物用1倍量蒸馏水溶解成稀糊状，装入透析袋。在5℃左右对蒸馏水透析24小时左右，离心，沉淀用少量蒸馏水洗一次再离心，弃去沉淀，洗涤液与离心液合并。

5）冷冻干燥：向透析清液慢慢加入1mol/L NaOH，使pH上升到8.0～9.0，如有白色沉淀，立即离心除去，然后用3mol/L HCl调pH5.0，冷冻干燥，即得白色片状溶菌酶。

 难 点 释 疑

溶菌酶和青霉素的作用机制有什么不同？

溶菌酶：是一种能水解致病菌中黏多糖的碱性酶。主要通过破坏细胞壁中的N-乙酰胞壁酸和N-乙酰氨基葡萄糖之间的β-1,4糖苷键，使细胞壁不溶性黏多糖分解成可溶性糖肽，导致细胞壁破裂，内容物逸出而使细菌溶解。溶菌酶还可与带负电荷的病毒蛋白直接结合，与DNA、RNA、脱辅基蛋白形成复盐，使病毒失活。因此，该酶具有抗菌、消炎、抗病毒等作用。

青霉素：青霉素的药理作用是抑制繁殖期细菌细胞壁的合成。青霉素的结构与细胞壁的成分黏肽结构中的 D-丙氨酰-D-丙氨酸近似，可与后者竞争转肽酶，阻碍黏肽的形成，造成细胞壁的缺损，使细菌失去细胞壁的渗透屏障，对细菌起到杀灭作用。

点 滴 积 累

1. 酶类药物的生产方法主要有提取法和微生物发酵法。
2. 目前工业上应用的酶大多采用微生物发酵法来生产。

（李　平）

第六节　糖类药物

一、糖类药物组成及分布

糖类药物一般由多糖类组成。多糖（polysaccharide）是由二十多个到上万个单糖以糖苷键相连组成的大分子聚合物，在自然界高等植物、藻类、细菌类及动物体内均有存在，在自然界中分布极广，而且资源丰富。多糖在动物体内主要存在于细胞膜中，而在植物中主要存在于细胞壁中。由于组成与结构的不同，多糖的种类不计其数，到目前为止，人们已经从自然界中提取出来的就有几百种。

 知 识 链 接

现代研究表明，糖类在生物体内的功能不限于提供能量和参与结构形成，同时还具有多种多样的生物学功能，20世纪60年代以来，多糖研究主要集中在抗肿瘤和抗辐射两方面，近年来的研究表明，多糖及其缀合物在其他方面的生理活性及医学上潜在的功能也不容忽视，如多糖具有免疫调节功能、抗肿瘤作用、降血糖、降血脂、抗病毒、抗细菌、抗辐射以及抗氧化功能。

多糖在生命科学中的重要性还在于其结构的特异性及相应的生物活性不仅用于特定抗原的研制，还作为亲和配体用于蛋白类药物鉴定、分离等方面的研究，如其可以在蛋白类药物包括抗体等药物纯化中作为亲和配基，用于亲和色谱分离固定相或亲和沉淀吸附剂等，如利用与水解纤维素相关的酶类（有些是非水解酶类）存在着纤维素结合域（cellulose binding domains，CBD）这一特点，既可以通过键合 CBD 这类标签用于亲和纯化纤维素相关酶类，也可以利用某些酶类蛋白质上的 CBD 与纤维素的独特亲和性，较容易地与将其与纤维素类色谱基质结合作为亲和固定相。目前已发现的活性多糖有几百种，按其来源不同，可分为真菌多糖、藻类地衣多糖、细菌多糖、动物多糖及高等植物多糖5类。动物体内的多糖除了能作为能量代谢的糖原外，基本上都属于黏多糖类。

二、糖类药物制备及分离纯化

(一)单糖及其衍生物的制备

游离单糖及小分子寡糖易溶于冷水及温乙醇,可以用水或在中性条件下以50%乙醇为提取溶剂,也可以用82%乙醇,在70~80℃下回流提取。溶剂用量一般为材料的20倍,需要多次提取。

植物材料经乙醚或石油醚脱脂,拌加碳酸钙,以50%乙醇温浸,浸液合并,于40~45℃减压浓缩至适当体积,用中性醋酸铅去除杂蛋白及其他杂质,铅离子可用H_2S除去,再浓缩至黏稠状。以甲醇或乙醇温浸,去不溶物(如无机盐或残留蛋白质等)。醇液经活性炭脱色、浓缩、冷却、滴加乙醚,或置于硫酸干燥器中,析出结晶。单糖或小分子寡糖也可在提取后,用吸附色谱法或离子交换法进行纯化。

(二)多糖的分离和纯化

多糖可来源于动植物、微生物以及海洋生物。

课堂活动

1. 简述传统中药中含多糖的药物,并结合常识说明多糖的作用。
2. 灵芝孢子含有多糖,但孢子壁十分坚韧,请结合所学知识说明破壁的手段。

多糖的来源及存在部位的不同,提取方法也有所不同,含色素较高的植物根、茎、叶、果实类,还需进行脱色处理。植物体内含有水解多糖衍生物的酶,必须抑制或破坏酶的作用后,才能制取天然存在形式的多糖。供提取多糖的材料应新鲜或及时干燥保存,不宜久受高温,以免破坏其原有形式,或因温度升高,使多糖受到内原酶的作用。迅速冷藏是保存提取多糖材料的有效方法。

提取方法依据不同种类及来源的多糖物化性质而定,如:昆布多糖、果聚糖、糖原易溶于水;壳聚糖与纤维素溶于浓酸;直链淀粉易溶于稀碱。

1. 粗多糖的分离纯化 要根据多糖的存在形式及提取部位不同来决定在提取之前是否作预处理,对于动物多糖一般采用丙酮、乙醚、乙醇进行脱脂、脱水处理,多糖是极性较大的化合物,脱脂后的残渣或不需要脱脂的原料常用水作溶剂来直接提取多糖,此外用碱性水液,氯化钠水液作提取溶剂,或用水、3%的碱溶液、10%的碱溶液依次提取,所得的多糖提取液有的可直接过滤或者用离心法除去不溶物,经过脱色就可得到粗品。

对于多糖的提取,通常的脱脂过程是将材料粉碎,用甲醇或乙醇-乙醚的1:1混合液,加热搅拌1~3小时,也可用石油醚脱脂。多糖的提取方法介绍如下。

(1)难溶于冷水、热水,可溶于稀碱液者:这一类多糖主要是不溶性胶类,如木聚糖、半乳聚糖等,用冷水浸润材料后用0.5mol/L NaOH提取,提取液用盐酸中和、浓缩后,加乙醇沉淀得多糖。如在稀碱中仍不易溶出者,可加入硼砂,对甘露聚糖、半乳聚糖等能形成硼酸络合物的多糖,此法可得到相当纯的物质。

(2)易溶于温水、难溶于冷水和乙醇者:材料用冷水浸过,用热水提取,必要时可加热至80~90℃搅拌提取,提取液用正丁醇与三氯甲烷混合液除去杂蛋白(或用三氯乙酸除杂蛋白),离心除去杂蛋白后的清液,透析后用乙醇沉淀得多糖。

（3）除蛋白:用水或稀碱提取的多糖常含有蛋白质,特别是动物组织。以新鲜动物组织或丙酮脱脂脱水的动物组织为原料,可用水或盐溶液提取部分黏多糖,但因大部分黏多糖是与蛋白质结合的,需用酶降解蛋白质部分或(和)用碱使多糖蛋白质间的键裂开,以促进黏多糖在提取时的溶解。在碱性提取的同时用蛋白酶处理组织,可将提取过程简化。多糖中的游离蛋白质可用如下方法除去。

1）Sevag 法:根据蛋白质在三氯甲烷等有机溶剂中变性的特点,用三氯甲烷-戊醇(5: 1)或三氯甲烷-正丁醇(4: 1)以[(1: 4)~(1: 5)]的比例加入多糖水溶液中,离心除去其中的蛋白质沉淀,一般要经过反复多次才能较完全地除去其中的蛋白质。

2）三氟三氯乙烷法:多糖溶液与三氟三氯乙烷等体积混合,低温下搅拌 10 分钟左右,离心得上层水层,水层继续用上述方法处理几次,即得无蛋白质的多糖溶液。此法效率高,但是溶剂沸点较低,易挥发,不宜大量应用。

3）三氯乙酸法:在多糖水溶液中滴加 5%~30% 三氯乙酸,直至溶液不再浑浊为止,在 5~10℃ 放置过夜,离心除去沉淀即得无蛋白质的多糖溶液。此法会引起某些多糖的降解。

在分离纯化对碱稳定的蛋白聚糖时,可在硼氢化钾存在下,用稀碱温和处理,使多糖蛋白质间的键裂开,同时如使用木瓜蛋白酶等蛋白水解酶则可将提取过程简化。

（4）除离子:以膜为基础的各种方法原则上都可以用于大分子体系中离子或小分子物质的去除,如透析、微滤、超滤等各种膜技术,以及体积排阻色谱的分子筛作用都可用于离子的脱除,方法的使用与蛋白分离类似。柱离子交换法也可用于去离子,但其最大的缺点是增大了体系的容积,造成后处理的麻烦。

（5）脱色:植物来源多糖中的酚类色素在碱性条件下,大多呈负性离子,不能用活性炭吸附剂脱色,可选用弱碱性离子交换剂 DEAE-纤维素或 Duolite A-7 来吸附色素;通常多糖与色素均易于结合至 DEAE 纤维素而很难被洗脱分离,可以选用强阴离子型如季铵盐型离子交换剂将酚类色素与多糖分辨开来。

酚类色素可很容易进行氧化脱色处理,减少对离子交换步骤的影响,通常的过程为:以浓氨水或 NaOH 溶液调至 pH8.0 左右,50℃ 以下滴加 H_2O_2 至浅黄色,保温 2 小时。发酵来源的多糖由于多酚类含量少,因此颜色一般较浅。

通常情况下,尽量避免用活性炭进行脱色处理,因活性炭会吸附多糖,造成多糖损失。

2. 纯品多糖的获得　在多糖的分离过程中,乙醇是极佳的沉淀剂,不仅可从原料来源沉淀粗多糖,亦可从经过初步纯化的目标多糖体系中,将目标多糖沉淀出来。如经过离子色谱或排阻色谱体系中得到的多糖溶液,体积大大增大,这时可以用乙醇将体系中多糖沉淀出来;还可以通过改变乙醇的浓度,对目标多糖进行分级沉淀。

（1）乙醇沉淀法:乙醇沉淀法几乎是多糖分离中必不可少的步骤,这也是制备纯品黏多糖的最常用手段。供乙醇沉淀的多糖溶液,其含多糖的浓度以 1%~2% 为佳。当然,如果使用充分过量的乙醇,黏多糖浓度可以少至 0.1% 也能沉淀完全。向溶液中加入一定浓度的盐,如醋酸钠、醋酸钾、醋酸铵或氯化钠有助于使黏多糖从溶液中析出,盐的最终浓度 5% 即足够。

使用醋酸盐的优点是其在乙醇溶液中溶解度大,不易在乙醇过量时发生这类盐的共沉淀。一般只要黏多糖的浓度不太低,并有足够的盐存在,加入4~5倍乙醇后,黏多糖可以完全沉淀。脱盐相对容易,可以用乙醇多次沉淀,也可以用超滤法或SEC法进行多糖脱盐,相关章节中提及的方法可以借鉴。

(2)分级沉淀法:不同多糖在不同浓度的甲醇、乙醇或丙酮中的溶解度不同,因此可用不同浓度的有机溶剂分级沉淀分子大小不同的黏多糖,如安络小皮伞粗多糖的纯化方法,在多糖溶液中加入不同浓度乙醇溶液,可得多个多糖。

乙醇是运用最广泛的沉淀剂。乙醇可以定量回收多糖,这又是一种简便的分级分离方法。在氨基多糖的钙盐、钠盐或钾盐溶液中直接加入不同体积的乙醇,由于多糖颗粒水化膜遭到破坏,溶液电离常数降低,氨基多糖便以盐的形式分级沉淀,从而得到分离。

在一些金属离子的存在下,采用乙醇分级沉淀分离黏多糖同样可以获得很好的结果。如乙醇、钡盐或锌盐(用于硫酸皮肤素)、硫酸铵-吡啶(用于透明质酸)、乙酸钾(用于肝素)等,乙酸钾沉淀法已经成功地用于肝素的工业化生产中。

 知 识 链 接

十六烷基三甲溴化铵(CTAB)和氯化十六烷基吡啶(CPC)作为沉淀剂的季铵盐沉淀法已在多糖的分级沉淀中应用。季铵基上的阳离子与氨基多糖上的阴离子形成的季铵络合物(聚阴离子盐)极不溶于水,但在不同的无机盐溶液中,各种氨基多糖季铵络合物的溶解度不同。如此,可依据不同氨基多糖-季铵盐络合物的临界盐浓度(临界电解质浓度)不同而使之分级分离。CTAB的沉淀效力极强,能从很稀的溶液中(万分之一浓度)通过选择性沉淀回收多糖。在CPC或石棉粉中,用CTAB沉淀氨基多糖是季铵盐沉淀法的改进方法,该法可以根据分子量大小、电荷密度和溶剂系统参数的不同得到不同组分。对于胞外多糖,如haloalkalophilic Bacillus sp. I-450发酵液中的酸性胞外多糖,分离相对简单,也可以通过用冷乙醇沉淀后,再以CPC处理,就可以得到相应较纯的多糖。

(3)离子交换色谱法:常见的离子交换剂为DEAE-纤维素和ECTEOLA-纤维素,分为硼砂型和碱型两种。洗脱剂可用不同浓度碱溶液、硼砂溶液、盐溶液,其优点为可吸附杂质,纯化多糖,并且适用于分离各种酸性多糖、中性多糖和黏多糖。如太子参粗多糖加水溶解,透析,然后上DEAE-纤维素柱,以0~1mol/L NaCl水溶液梯度淋洗,再以Sephadex G-100柱色谱精制,得两种均一多糖。

 知 识 链 接

黏多糖由于具有酸性基团(如糖醛酸和各种硫酸基),在溶液中以阴离子形式存在,因而可以用阴离子交换剂进行分离纯化。常用的阴离子交换剂有D254,Dowex-X2,ECTEOLA-纤维素、DEAE-C、DEAE-Sephadex A系列和Deacidite FF。吸附时可以使用低盐浓度样液,洗脱时可以逐步提高盐浓度如梯度洗脱或分步阶段洗脱。对于带正电的多糖则可用阳离子交换剂进行分离,如羧甲基或磺乙基等凝胶柱分离。

脂多糖(LPS)为由亲水性的多糖和疏水性的类脂构成的两性大分子,因类脂中具有磷酸根基团,故在碱性介质中 LPS 表面带有负电荷。可通过阴离子交换树脂,改变洗脱液的离子强度来获得脂多糖。但是在阴离子交换剂类型上的不同,有时可以得到纯度不同的 LPS。如 DEAE-Sephadex A50 的活性基团二乙氨基乙基为弱阴离子型交换剂,Q Sepharose Fast Flow 的活性基团季铵盐为强阴离子交换剂,在某些 LPS 溶液中含有与 LPS 类似解离性质的物质时,通过弱离子和强离子交换类型的选择,可以获得良好的分辨率。

(4)排阻色谱法:使用排阻色谱法(size-exclusion chromatography,SEC),可以根据多糖分子量大小将不同的多糖分离出来,并可通过沉淀分离等浓缩手段得到目标多糖。各种凝胶介质(如多糖、人工高分子等)基本上都可以开发用于多糖的分离。一般生药提取物多用 Sepharose6B、DEAE-Toyopeurl650M 及 Sephacryl S-200 及 Sephadex G 系列等柱色谱精制得各种多糖。

知 识 链 接

离子交换色谱有时可单独作为获得单一多糖的最终手段,但更多的情况下是以 SEC 手段验证或获得单一的多糖组分。在使用 SEC 时,应根据多糖的分子量大小来选择相应的 SEC 填料。如从链霉菌发酵液中分离一种链霉菌多糖(streptomyces polysaccharide,SMP)时,由于其分子量小,在使用乙醇沉淀多糖类大分子物质、Sevage 法去蛋白、DEAE-纤维素离子交换等前期分离纯化后,最后采用 Sephadex G-25 来进行分离并脱盐。

与排阻色谱类似,膜分离技术以利用膜上孔径大小及所带电荷情况,有效地对多糖晶型分离纯化。

知 识 链 接

膜分离技术中的超滤和纳滤均可用于多糖的纯化过程。香菇多糖(lentinan 简称 LNT)具有极高的药用价值,对于其分离有很多研究,膜分离也是其中之一。在初步除去香菇多糖浸提液中的微尘、粗纤维、胶质等物质后,采用截留分子量 50 000Da 的超滤膜分离装置进行超滤,可将提取液分为两部分,滤液为不含蛋白、微尘、胶质等杂质的低聚多糖,截留部分为含香菇大分子多糖和蛋白的大分子浓缩液,将超滤透过液减压浓缩可得到香菇小分子多糖的粗品。将截留液用 Sevag 法除去蛋白,醇沉,得大分子香菇多糖粗品,粗多糖含量在90%以上。

此外,多糖分离纯化可运用纤维素柱色谱法,步骤为先用乙醇平衡,加多糖混合于柱顶,按浓度由高到低的乙醇洗脱;分离酸性黏多糖采用硅藻土与磷酸钙的柱色谱;制备性区域电泳、亲和色谱、活性炭柱色谱、LKB 柱色谱系统。

三、几种多糖药物研究概况

(一)鲨鱼软骨黏多糖

鲨鱼软骨黏多糖由透明质酸、肝素、软骨素、硫酸软骨素、硫酸角质素等组成。鲨软骨黏多糖具有抗凝血、降血脂、抗炎症、抗病毒、抗衰老、抗肿瘤等多种活性。

鲨鱼软骨黏多糖的生产工艺步骤如下。

软骨→稀碱液除去部分骨髓和脂肪组织→稀酸除去软骨中的钙、钾等矿物质→破碎→酸法或碱法抽提→离心→上清液以中空纤维膜(截留分子量5000)处理→得到分子量大于5000的液体,浓缩→黏多糖粗提物→以阴离子交换树脂 D-241 初步纯化→DEAE-纤维素进一步纯化即得精品。

(二)透明质酸(HA)

 知 识 链 接

HA 水溶液所形成的凝胶,通过形成其独特的网状结构和分子内大羟基(与水)的氢键,使其具有极好的保水性和流变特性(黏滞性、假可塑性、黏弹性、刚性、内聚性、包裹性),加上其广泛的自然存在性和生理功能;在皮肤中主要表现为保水作用;在关节滑液中主要为润滑缓冲作用;在血管壁中主要是调节通透性等。另外,HA 能通过自身所带有的负电荷,调节环境中的离子浓度,能抑制多种酶的活性,因而 HA 被广泛地用在临床医学、化妆品等中。

1. 直接从相关组织中提取　HA 存在于人和动物的组织中,不同的组织和结构中 HA 的含量也各不相同。HA 的常用原料有鸡冠、脐带、眼玻璃体、猪皮等,主要工艺过程包括提取、除杂、沉淀和分级分离,不同组织 HA 的提取纯化过程有一定差别。

鸡冠中脂肪成分少,HA 含量高,容易绞碎,经丙酮脱脂后可直接用蒸馏水反复提取 3 次;脐带脂肪含量较鸡冠高,可用稀碱溶液(pH8)60℃热提数次,或用水-三氯甲烷溶液(20:1)提取并用等体积三氯甲烷洗涤提取液进一步脱脂,脐带 HA 产量约为 0.2%;眼玻璃体 HA 的提取多用 NaCl 溶液(0.1~1mol/L),收率为 0.64%~2.4%;猪皮中含脂肪较多,且韧性很大,不易绞碎,一般用 NaOH 溶液 37℃保温使猪皮液化后用 50%乙酸调中性,有报道称猪皮 HA 得率为 0.7%。提取液中的杂质主要是蛋白质,可直接滴加 5%的三氯乙酸变性沉淀蛋白质,但三氯乙酸会使 HA 分子量下降,并且会带来废水处理问题,实际生产中多采用一些非特异性的蛋白酶大范围地分解消化蛋白质,如木瓜蛋白酶、链霉蛋白酶、胰蛋白酶、胃蛋白酶等,其优点是只降解蛋白部分,不含分解和破坏 HA,硅藻土、活性白土和活性炭能吸附多肽及蛋白质,常用于酶解液的除杂、脱色、助滤。

沉淀 HA 的有机溶剂有乙醇、丙酮、乙酸、乙醚等,有机溶剂沉淀的缺点是分辨率低,除 HA 外,蛋白质、多肽和其他黏多糖也会沉淀。分级沉淀 HA 更为有效的方法是使用某些表面活性剂物质如十六烷基吡啶盐、十六烷基三甲基铵盐,HA 能与其阳离子作用生成季铵盐络合物,这些络合物在低离子浓度的水溶液中不溶解,使络合物发生溶解度明显改变时无机盐的浓度(临界电解质浓度)主要取决于黏多糖聚阴离子的电荷密度,引起 HA 季铵络合物沉淀所需盐浓度远比其他黏多糖的要低,通常把有机溶剂沉淀和季铵盐沉淀结合起来分离提纯 HA。方法是酶解液中 HA 经 2 倍体积的乙醇沉淀后,将沉淀溶于水,加入季铵盐或其溶液,所得沉淀于 0.4mol/L NaCl 解离、离心、上清液用 2~3 倍体积的乙醇沉淀,真空干燥,即可得到高纯度(> 95%)、低蛋白(<0.2%)、高分子量(10^6)的 HA 成品。

HA 的酸性基团糖醛酸羧基在溶液中以聚阴离子的形式存在,可用某些阴离子交换剂来纯化 HA,如 Dowex1-X2,DEAE-纤维素等,蛋白质含量为 3.7%~5.8% 的 HA 粗品经 DEAE-纤维素纯化后,蛋白质含量可下降到 0.38%~0.63%,采用丙烯腈三元共聚物中空纤维超滤膜浓缩纯化 HA 母液,产品外观由原来的淡黄色变成白色纤维,并且在 257nm 处无蛋白紫外吸收峰。

2. HA 的微生物发酵法生产　很多 A 群和 C 群链球菌荚膜中的 HA 和动物组织中的 HA 在化学本质上是一致的。利用微生物发酵生成 HA 的质量和数量主要取决于 3 方面:一是菌种的筛选,二是培养基的选配及发酵工艺的优化,三是分离提纯。据 Lancefield 分类,A 群和 C 群有许多链球菌都能产生高浓度的 HA,如 *S. Dysgalactiae*、*S. Equi*、*S. Equisimilis*、*S. Pyogenes* 和 *S. Zooepidemics* 等。大多数链球菌既能产生 HA,也能产生 HA 酶,为使 HA 不会被酶所分解,提高 HA 产量,可在发酵培养基中添加 HA 酶抑制剂如藻酸硫酸盐(0.1mg/ml),实际生产中更常用的方法是对原始菌种进行一定的诱变处理,以得到适应性强、生命力旺盛、HA 产量高的安全菌株,亚硝基胍 NTG (200μg/ml~100mg/ml)是较有效的化学诱变剂。从培养基营养角度来讲,链球菌是最为挑剔的微生物,碳源、氮源、无机化合物对这些微生物的生长和代谢影响很大,生产 HA 的发酵培养基一般包括糖类、氨基酸、维生素、无机盐和一些生长素。常用葡萄糖作为碳源,而氮源可以是无机或有机的,包括陈、酵母膏、酪蛋白水解物、大豆水解物、氨基酸、铵盐和谷氨酰胺等,无机盐有 Ca、K、Na、Mg、Mn、Fe、Cu、Zn 盐等。发酵条件对链球菌产生 HA 有很大影响,发酵液 pH 通常控制在 6.5~7.5,但对于最佳的发酵 pH 尚有一定争议,这可能是实验所用的菌株和发酵液成分不同所造成。

 难 点 释 疑

　　HA 发酵中需滴加碱液使 pH 控制在 6.5~7.5。
　　链球菌是一种乳酸菌,产生乳酸等小分子有机酸的总量远大于 HA,需用碱液进行中和,以维持适当的 pH,解除产物抑制,提高 HA 的产量。

点 滴 积 累

　　1. 多糖来源于动植物、微生物以及海洋生物,主要依据其种类、来源和物化性质选择提取方法。
　　2. 获得纯品多糖的方法有乙醇沉淀法、分级沉淀法、离子交换色谱法、排阻色谱法等。

（喻　昕　林凤云）

第七节　脂类药物

一、脂类药物基本知识

脂类物质是广泛存在于生物体中的脂肪及类似脂肪的、能够被有机溶剂提取出来的化合物,它有结构不同的几类化合物,由于分子中的碳氢比例都较高,能够溶解在乙醚、三氯甲烷、苯等有机溶剂中,不溶于水。脂类化合物往往是互溶在一起的,依据脂溶性这一共同特点归为一大类称为脂类,不是一个准确的化学名词。

依据脂类药在生物化学上的分类,可分为以下几类。①单纯脂:简单脂类药物为不包含脂肪酸的脂类,如亚油酸、亚麻酸、花生四烯酸、甾体化合物(胆固醇、谷固醇、胆酸、胆汁酸等)前列腺素以及其他如胆红素、辅酶 Q_{10}、人工牛黄等;②复合脂:复合脂类包括与脂肪酸相结合的脂类药物,酰基甘油(如卵磷脂、脑磷脂、豆磷脂等)磷酸甘油酯类、鞘脂类、蜡等;③也有将萜类作为一类,称为萜式脂,如多萜类、固醇和类固醇。

(一)单纯脂

脂肪是脂肪酸的甘油三元酯,天然脂肪大多数是混酸甘油酯,具有不对称结构而存在异构体。脂肪酸链长及饱和度的差异直接影响其组成物的理化性质,从而引起生理功能的变化。

 知 识 链 接

不饱和脂肪酸组分主要为十八碳烯酸,其中有 1 个双键的称为油酸,有两个双键的称为亚油酸,有 3 个双键的称为亚麻酸。这 3 个十八碳烯酸的第一个双键都在 C_9 和 C_{10} 间,在分子的中间部位。天然的均是顺式结构,有顺反异构体。不饱和键超过 2 个以上的,又称为多不饱和脂肪酸,可分为 ω-6 系列及 ω-3 系列。ω-6 系列主要有亚油酸、γ- 亚麻酸及花生四烯酸;ω-3 系列主要有 α- 亚麻酸、二十碳五烯酸(EPA)和二十二碳六烯酸(DHA)。

饱和脂肪酸的组分主要是十六烷酸或称软脂酸、十八烷酸或称硬脂酸等,都是直链的羧酸,通式 R-COOH,可用一条锯齿形的碳氢链来表示其构型。脂肪酸分子中,非极性的碳氢链是"疏水"的,极性基团羧基是"亲水"的。由于疏水的碳氢链占有分子体积的绝大部分,因此决定了分子的脂溶性,在水中不溶解的脂肪酸,由于分子中极性基团的存在,仍能被水润湿。

脂肪酸均能溶于乙醚、三氯甲烷、苯及热的乙醇中,分子比较小(十六碳以下)的,也溶解于冷乙醇中。熔点和凝固点无差别。

常用分析脂肪皂化价高低的方法来了解脂肪分子的大小。依据碘价的高低,可以看出脂肪酸的不饱和程度。从乙酰价的高低,可以看出脂肪酸中所含羟基的量。

(二)复合脂

磷脂主要是指甘油磷脂和神经鞘磷脂。甘油磷脂主要包含有磷脂酰胆碱(PC)、磷脂酰乙醇胺(PE,也称脑磷脂)、磷脂酸(PA)和磷脂酰肌醇(PI)等;狭义的卵磷脂仅指

PC。各类磷脂的结构如图 12-35 所示。

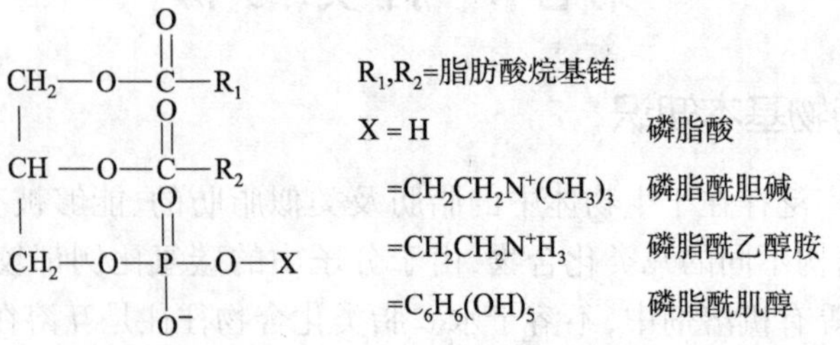

R_1,R_2=脂肪酸烷基链

$X = H$　　　　　　　　磷脂酸

$=CH_2CH_2N^+(CH_3)_3$　　磷脂酰胆碱

$=CH_2CH_2N^+H_3$　　　磷脂酰乙醇胺

$=C_6H_6(OH)_5$　　　　磷脂酰肌醇

图 12-35　磷脂结构

磷脂分子中,以酯键形式和胆碱结合,R_1,R_2代表脂肪酸烷基链,常见的有硬脂酸、软脂酸、油酸、亚油酸、亚麻酸及花生四烯酸等,PC 结构中饱和脂肪酸主要分布在第 1 位,不饱和脂肪酸主要分布在第 2 位,因此通常天然状态下磷脂分子中的烃基是疏水基团,溶于有机溶剂。由于磷脂分子中含有疏水性的脂肪酸链和亲水基团(磷酸、胆碱或乙醇胺等基团),因此具有表面活性,可乳化于水,以胶体状态在水中扩散。其中 PC 和 PE 能以两种方式解离,是两性表面活性剂;PI 只有酸式一种解离方式,是阴离子表面活性剂。

磷脂不溶于丙酮,与氯化镉结合,生成一种不溶于乙醇的复盐,根据复盐溶解度的差别,可进一步进行纯化。

(三)萜式脂

在生物体中,存在着由若干个异戊二烯碳架构成的脂类化合物,由“五碳”整数倍组成的碳架,有规则地出现在甲基侧链。如从鲨鱼肝中分离出来的鲨烯,是由 6 个异戊二烯构成的不饱和脂肪烯烃,分子中的双键全是反式,结构见图 12-36。

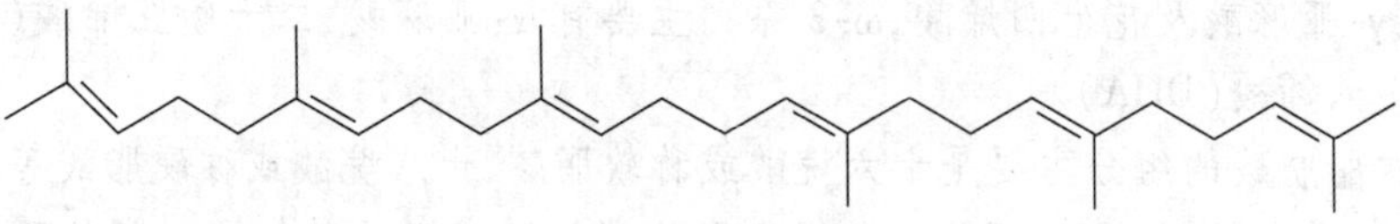

图 12-36　鲨烯结构式

固醇是脂质类中不被皂化、在有机溶剂中容易结晶出来的化合物。一般固醇结构都有一个环戊烷多氢菲环,A、B 环之间和 C、D 环之间都有一个甲基,称角甲基。带有角甲基的环戊烷多氢菲称“甾”,因此固醇也称甾醇。典型结构以胆烷(甾)醇为代表(图 12-37)。

胆烷醇在 5,6 位脱氢后变成胆固醇(图 12-38),胆固醇在 7,8 位上脱氢变成 7-脱氢胆固醇(图 12-39)。7-脱氢胆固醇存在于皮肤和毛皮中,经阳光或紫

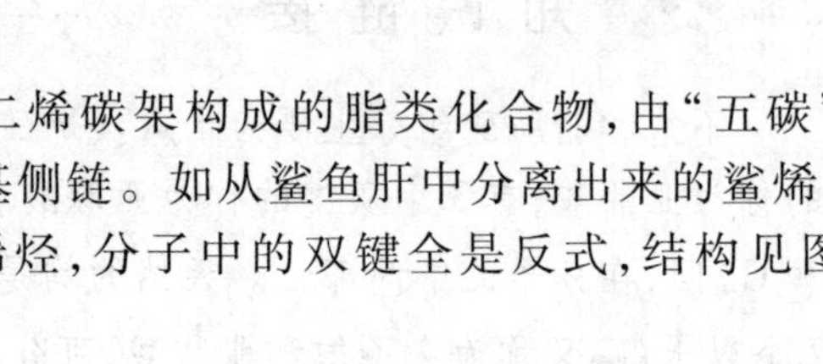

图 12-37　胆烷(甾)醇的结构

外线照射后,转变成维生素 D_3。

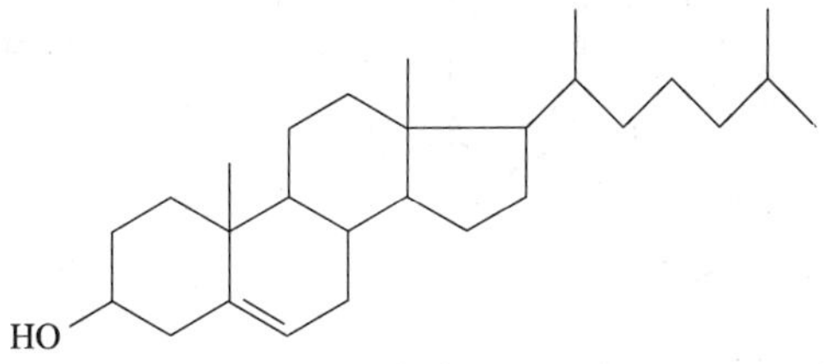

图 12-38　胆固醇的结构

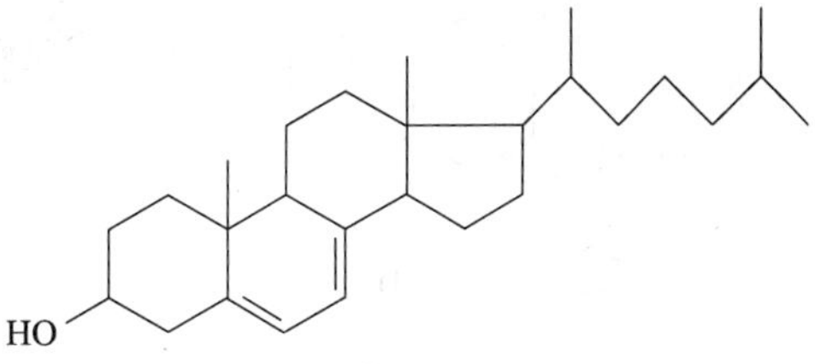

图 12-39　7-脱氢胆固醇的结构

在酵母和麦角菌中,含有麦角甾醇(图 12-40),它的 B 环上有 2 个双键,17 位上的侧链是 9 个碳的烯基,经紫外线照射能转化为维生素 D_2。

在大豆和其他种豆油中的豆固醇(stigmasterol)(图 12-41),高等植物中分布很广的谷固醇(sitosterol)(图 12-42),它们的 B 环上有 1 个双键,17 位上有 1 个 11 碳的侧链。

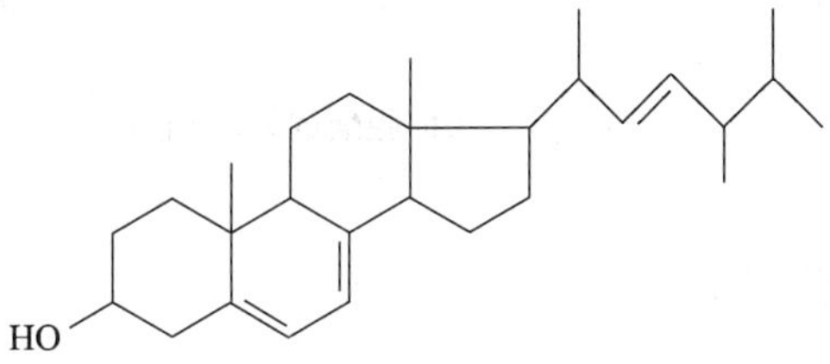

图 12-40　麦角甾醇的结构

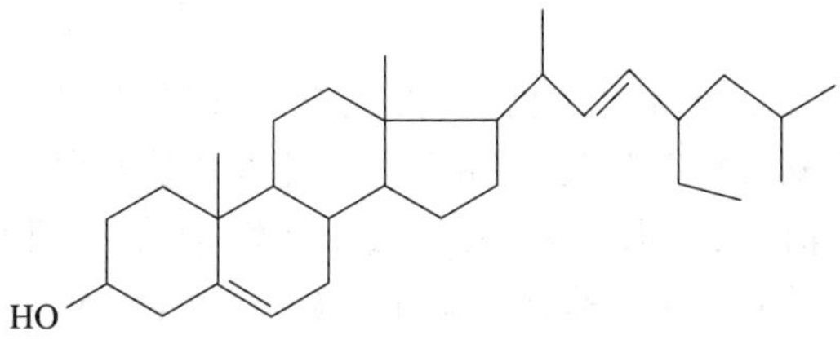

图 12-41　豆固醇的结构

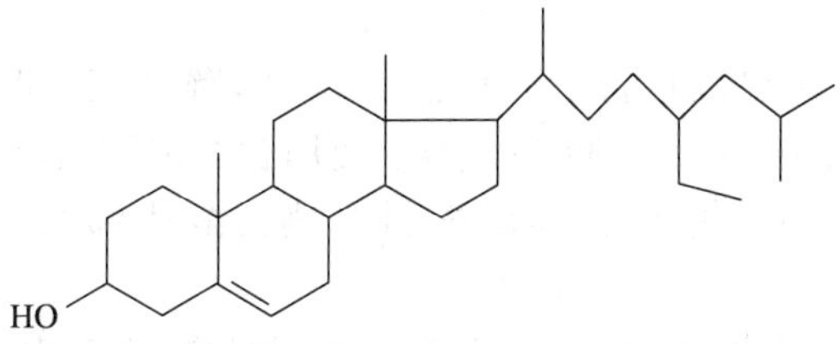

图 12-42　谷固醇的结构

类固醇与固醇比较,甾体上的氧化程度较高,含有 2 个以上的含氧基团,这些含氧基团以羟基、酮基、羧基和醚基的形式存在。主要化合物有胆酸、鹅去氧胆酸、熊去氧胆酸、睾酮、雌二醇、黄体酮(孕酮)等。胆酸的 3 位,7 位,12 位上失去 1 个羟基,可得到鹅去氧胆酸,7 位上失去 1 个羟基可得到去氧胆酸。几种胆酸的化学结构,见图 12-43。

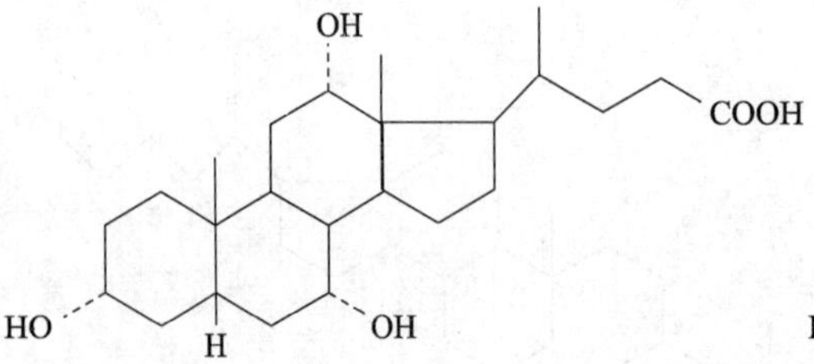

胆酸 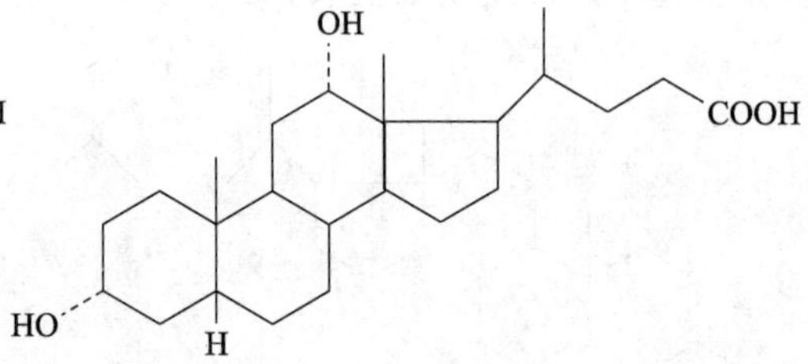   去氧胆酸

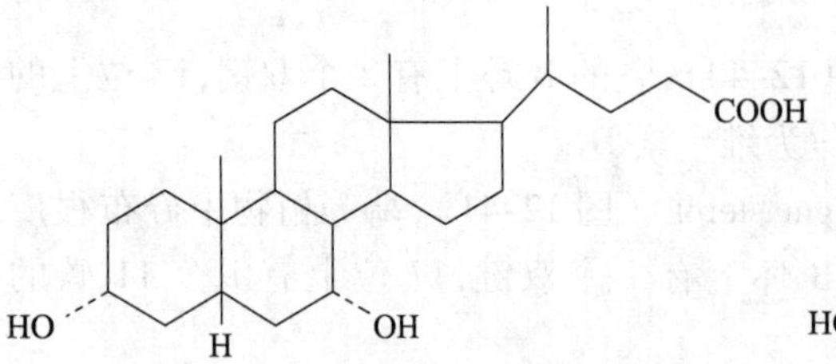

鹅去氧胆酸 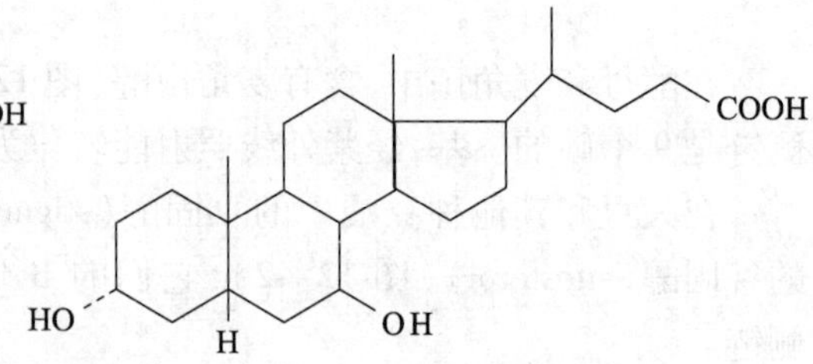   熊去氧胆酸

图 12-43 几种胆酸的化学结构

二、脂类药物的制备

天然脂类是一类非常复杂的混合物,目前主要从天然资源中提取、分离制备,比化学合成法容易,成本低。

(一) 提取法

溶剂提取法往往采用几种溶剂组合的方式进行,以醇作为组合溶剂的必需组分。醇能裂开脂质-蛋白质复合物,溶解脂类和使生物组织中脂类降解酶失活。醇溶剂的缺点是糖、氨基酸、盐类等也被提取出来,要除去水溶性杂质,最常用的方法是水洗提取物,但可能形成难处理的乳浊液。采用三氯甲烷(V):甲醇(V):水(V)=1:2:0.8组合溶剂提取脂质,提取物再用三氯甲烷和水稀释,形成二相体系,V(三氯甲烷)和(甲醇):(水)=1:0.9,水溶性杂质分配进入甲醇-水相,脂类进入三氯甲烷相,基本上能克服上述困难。

提取温度一般在室温进行,阻止其过氧化与水解反应,如有必要时,可低于室温。提取不稳定的脂类,应尽量避免加热。使用含醇的混合溶剂,能使许多酯酶和磷脂酶失活,对较稳定的酶,可将提取材料在热乙醇或沸水中浸1~2分钟,使酶失活。

提取溶剂要用新鲜蒸馏过的,不含过氧化物。提取高度不饱和的脂类,溶剂中要通入氮气驱除空气,操作中也应置于氮气下进行。不要使脂类提取物完全干燥或在干燥状态下长时间放置,应尽快溶于适当的溶剂中。

脂类具有过氧化与水解等不稳定性质,提取物不适宜长期保存。如要保存可溶于新鲜蒸馏的三氯甲烷:甲醇(V/V)=2:1的溶剂中,充满溶剂,于-15~0℃保存,时间较长者(1~2年),必须加入抗氧化剂,保存于-40℃。

（二）生物转化法

生物转化法包括微生物发酵、动植物细胞培养和酶工程技术。如紫草细胞培养用于生产紫草素；以牛磺石胆酸为原料，利用 Mortie-rella ramanniana 菌细胞的羟化酶为酶原，将原料转化为牛磺熊去氧胆酸；另外以花生四烯酸为原料，用绵羊精囊、Acglya A-mericana（ATCC 10977）及 Achlya bisexualis（ATCC 11379）等微生物以及大豆（amsoy 种）的脂类氧化酶-2 为前列腺素合成酶的酶原，通过酶工程技术将原料转化合成前列腺素。

知 识 链 接

有些脂类药物虽来源于生物体，但也可以由某些有机化合物或生物体的原料采用化学合成法或半合成法制备获得。如用香兰素和茄尼醇为原料合成辅酶 Q_{10}（CoQ_{10}），其过程是先将茄尼醇延长一个异戊烯单位，使成 10 个异戊烯重复单位的长链脂肪醇，另将香兰素经乙酰化、硝基化、甲基化、还原和氧化合成 2,3-二甲氧基-5-甲基-1,4-苯醌（CoQ_{10}）。此二化合物在 $ZnCl_2$ 或 BF_3 的催化下缩合成氢醌衍生物，经 Ag_2O 氧化得 CoQ_{10}。另外，一些以胆酸为原料经氧化或还原反应可分别合成去氢胆酸、鹅去氧胆酸、熊去氧胆酸等。

（三）脂类药物分离纯化

1. 有机溶剂分离法　有机溶剂分离法是指利用不同的脂类在不同溶剂中的溶解度不同而实现分离目的的方法。操作简单，效果好。大部分磷脂不溶于冷丙酮，这样可将磷脂从可溶于冷丙酮的中性脂类中分离开来；卵磷脂溶于乙醇，不溶于丙酮，脑磷脂溶于乙醚而不溶于丙酮和乙醇，故脑干的丙酮抽提液用于制备胆固醇，不溶物用乙醇抽提得到卵磷脂，乙醚抽提得到脑磷脂。

对于甾体类化合物来说，可以通过有机溶剂将甾体类化合物先从动植物组织或微生物细胞中提取出来，然后再通过相应的浓缩、选择适当的溶剂进行结晶来进行分离纯化，常用于萃取的有机溶剂为：短链烷烃（如己烷、辛烷等）、苯、短链醇类（如甲醇、乙醇、戊醇等）、乙醚、酮类（如丙酮、环己酮等）、酯类（如乙酸乙酯等）以及它们之间混合而得到的溶剂。

对于脂肪酸来说，可利用低温下不同的脂肪酸或脂肪酸盐在有机溶剂中溶解度不同来进行分离纯化。一般来说，脂肪酸在有机溶剂中的溶解度随碳链长度的增加而减小，随双键数的增加而增加，这种溶解度的差异随着温度降低表现得更为显著。因此，可选择适当的溶剂体系和一定的温度条件分步结晶，达到脂肪酸分离的目的。通过改变脂肪酸溶液的冷却温度和溶剂比，可以得到不同质量的脂肪酸。常用的溶剂有甲醇、丙酮和丙烷等。

根据获得材料来源的不同，要对有机溶剂提取的脂类药物进行脱色，因为有时植物来源的脂类化合物通常与植物色素具有相似的性质，要根据实际情况选择相应的脱色剂。一般而言，可选用活性炭、硅藻土或吸附树脂来进行脱色，对于高不饱和脂肪酸，脱色温度应控制在 60℃ 以下，时间应在 30 分钟以下。

知 识 链 接

　　色谱法也可以用于脂类药物分离制备,常用的色谱方法如 TLC、经典开管柱色谱、正相 HPLC、反相 HPLC 等都可以用于脂类分子的分离分析,但单纯用于脂类化合物分离制备的色谱方法还不多,这主要是因为大多数情况下,工业生产中并不需要高纯的脂类化合物。

　　吸附色谱是在制备规模上分离脂质混合物常用的有效方法,它是通过极性和离子力还有分子间引力,把各种化合物结合到固体吸附剂上。脂质混合物的分离是依据单个脂质组分的相对极性而进行的,是由分子中极性基团的数量和类型所决定的,也受分子中非极性基团的数量和类型的影响。一般通过极性逐渐增大的溶剂进行洗提,可从脂类混合物中分离出极性逐渐增大的各类物质,部分脂类极性逐渐增大的顺序为:蜡、固醇酯、脂肪、长链醇、脂肪酸、固醇、二甘油酯、一甘油酯、卵磷脂。极性磷脂用一根柱是不能使其完全分离的,需要进一步使用薄层色谱或另一柱色谱分级分离,也就是通过多维色谱才能得到纯的单个脂类组分。常用的吸附剂有硅胶、氧化铝、氧化镁和硅酸镁等;流动相通常为三氯甲烷、甲醇、乙醇及它们的混合液。如以硅胶为固定相,不同比例的三氯甲烷和甲醇混合液对粗卵磷脂进行梯度洗脱,得到的卵磷脂纯度高达 97.5%,收率达 20% 左右;氧化铝初始含水率 8%(W/W),流动相含水量在 0.1%~1.1%(V/V)范围内,PC 和 PE 可达到基线分离。

　　大孔吸附树脂也可开发用于甾体类化合物的吸附分离,采用 D 型大孔吸附树脂对牛膝 90~100℃ 水提液中的总甾酮进行吸附,再以 85% 乙醇或丙酮洗脱,均可得到较高含量的牛膝总甾酮。牛膝粗提液上柱前调至酸性,然后过滤沉淀可除去部分杂质,有利于保护树脂并相对提高树脂对总甾酮的吸附能力。开发易于制备、成本低廉及分辨率高的吸附剂对于脂类药物的分离是极有帮助的。

　　大部分阴离子交换基团如 DEAE、TEAE 等均可用于脂类药物分离。脂类分非离解的、两性离解的和酸式离解的 3 种情况,对每一种情况,可根据它们的极性和酸性的不同进行分离纯化,如 DEAE-纤维素可对各种脂类进行一般分离,TEAE-纤维素则对分离脂肪酸和胆汁酸等特别有用。

　　2. 尿素包合法　尿素包合法主要是针对脂肪酸进行分离纯化的方法。尿素通常呈四方晶型,当与某些脂肪族化合时,会形成这些脂肪族物质的六方晶型,许多直链脂肪酸及其甲酯均易与尿素形成包合物(或称络合物)。饱和脂肪酸相对于不饱和脂肪酸更容易与尿素化合,形成稳定络合物。在实际操作中,将尿素和混合脂肪酸或其甲酯混在一起,先溶于热的甲醇(或甲醇乙醇混合物)中,冷却至室温或 0℃ 结晶,再将络合物和母液分别与水混合,再按常规用乙醚或石油醚萃取,即可得到纯品。此方法适用于直链脂肪酸及其酯、支链或环状化合物的分离,也应用于饱和程度不同的酸或酯的分离,是分离纯化油酸、亚油酸和亚麻酸甲酯的一种重要方法。

　　3. 结晶法　饱和脂肪酸在室温下通常呈固态,可在适宜的溶剂中置于室温或低于室温结晶,过滤,收取结晶制得。不饱和脂肪酸熔点较低而溶解度较高,需在低温下

（0~90℃）结晶,并在相应低温下过滤,分离。结晶法是一种缓和的分离程序,对于易氧化的多烯酸、饱和脂肪酸与单烯酸的分离,常用溶剂有甲醇、乙醚、石油醚和丙酮等,每克常用5~10ml溶剂稀释。

 知 识 链 接

　　与很多结晶过程一样,条件温和而缓慢的结晶过程有利于获得纯净及晶型好的目标分离物。此外,开发适当的容器及易于控制的结晶条件对很多生物活性分子的分离来说都是很重要的。王永福等对温控结晶法和萃取结晶法进行了简要的介绍。温控结晶法分离的基本原理是利用油脂化学品固化点的差别,先加热脂肪酸使固化物全部溶解,随后送入温控措施良好的设备中,慢慢降温,控制冷却与结晶潜热的释放必须同步,以防止过冷。仔细过滤后可得到脂肪酸结晶。该法所得油精质量高,操作、安装费用低且无环境污染,但结晶的硬脂精夹带有液体脂肪酸,造成硬脂精的质量较差。

　　萃取结晶法结合了萃取和结晶两种分离方法的优点,基本方案是使用萃取罐,在乙醇水溶液中对脂肪酸混合物(如月桂酸和豆蔻酸的混合物)进行加热萃取(T_e = 333K),将脂肪酸从有机相中萃取到水相中。再通过结晶罐于结晶温度(T_c = 283K)下,将脂肪酸结晶析出,用尼龙过滤装置连续地从结晶罐的水相中得到产品脂肪酸。本法可以得到高纯度的单一脂肪酸,且乙醇水溶液作为萃取剂消除了溶剂法造成的高费用和公害,可以在较低的温度下进行,有效地防止了脂肪酸降解反应的发生。

　　4. 蒸馏法或精馏法　蒸馏法是目前使用最广泛的脂肪酸分离技术,但不适于分离硬脂酸甲酯、油酸甲酯、亚油酸甲酯和亚麻酯混合物,而且蒸馏操作温度较高,时间较长,致使脂肪酸发生氧化等热敏反应,因而产品质量和收率降低,为此大都采用减压蒸馏的方法。

　　蒸馏可脱除气味和杂质,如低沸点烃、酮、使产品带色的醛、高沸点聚合物与残留的三甘油酯等。利用简单的间歇蒸馏即可将这两类杂质从大量脂肪酸中分离出来。但是若要分离脂肪酸,则需使用更复杂的精馏设备。

　　此外,通过水蒸气蒸馏可降低脂肪酸的分压和精馏操作温度,因而避免脂肪酸由于温度过高和氧化而产生的变性,蒸汽和脂肪酸密切接触还具有良好的脱臭效果及将色素物质有效地除去,缺点是蒸汽消耗大、废水BOD(生化需氧量)负荷量高、设备投资大等,同时并不是所有的脂肪酸均可使用水蒸气蒸馏而不产生变性,尤其是多不饱和脂肪酸,需要经过实验确定其是否适于用水蒸气蒸馏来进行分离纯化。

 知 识 链 接

　　分子蒸馏(molecular distillation)是在高真空条件下进行的非平衡蒸馏,其基本原理是利用高真空下不同物质分子的平均自由程不一样而进行的分离,同时由于高真空下分子的蒸发需要的温度与真空度有关,因此真空度越高,则相应分子的沸腾温度越低,因此非常适合于天然产物(包括中草药)中某些生物活性物质(如脂肪酸、天然维生素等)的高纯分离,也可用作前处理的手段除去易挥发的组分,因此具有广阔的应用前景。

5. 超临界流体萃取法 与传统萃取方法相比,由于超临界流体具有良好的近于液体的溶解能力和近于气体的扩散能力,因而萃取效率大大提高。另外,超临界流体萃取常选用 CO_2(临界温度 31.3℃,临界压力 7.374MPa)等临界温度低且化学惰性的物质为萃取剂,不仅可有效用于热敏物质和易氧化物质的分离,而且制得的产品无有机溶剂残留,对环境友好。

一般来说,各种脂类药物的溶解度随着萃取介质压力的增加而增加,这主要是由于压力的增加提高了超临界流体的密度;在脂类药物稳定的前提下,提高体系的温度而体系压力不变或升高,将有利于脂类药物的萃取;在高压下,温度升高引起的流体密度变化很小,这时溶质的饱和蒸汽压随温度升高而增大,导致溶质溶解度增大,发生这种转变的特定压力称为体系的转变压。

在超临界流体中加入与脂类药物性质相似且易于脱除的辅助萃取剂(也称夹带剂)如乙醇、乙醚、丙酮、乙酸乙酯等则对于提高萃取能力很有帮助。但值得指出的是,超临界萃取对结构或化学性质相似物质的选择性通常不能通过添加夹带剂而改善。

对于超临界流体 CO_2 来说,在相同条件下,短链脂肪酸酯的溶解度比长链脂肪酸酯的溶解度大,相同碳链长度脂肪酸酯的溶解度随双键数的增加而减小,但这种变化不明显。一般来说,除非待分离混合物性质相差大或混合物体系简单,否则超临界萃取分离得到的基本上是性质近似的萃取物,若需要高纯的目标物质,则需要与其他分离技术联用。

超临界萃取工艺流程案例

图 12-44 是赵亚平等利用超临界 CO_2 流体从大豆油脱臭馏出物萃取甾醇的工艺流程。

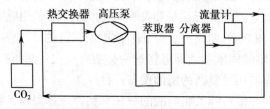

图 12-44 超临界 CO_2 萃取设备流程简图

采用间歇式操作,步骤为:先将原料定量装入萃取器中,然后打开阀门放入 CO_2,启动高压泵,待温度和压力达到预定条件后,打开节流阀,调节流量为 12kg/h,溶有溶质的 CO_2 从萃取器中出来,经减压进入分离器,并通过流量计,最后经过热交换器液化循环使用;每隔一定时间从分离器中放出萃取物,测其酸值,试验结束后,从萃取器中取出萃余物,称重并测其甾醇含量。

超临界流体 CO_2 萃取法的特点是操作温度低和 CO_2 无毒、无污染,缺点是抽提器压力很高和需要养护高压泵与回收设备。对于获得像鱼油等脂类产品而言,并不是为了得到高度纯化的单体药物如 EPA 或 DHA,因此超临界萃取有时可能并没有多大必要用于保健品的制备。

知 识 链 接

1. Sorbex 分离法 Sorbex 法是 UOP 公司在 20 世纪 80 年代提出的,它最根本的原理就是利用分子筛来分离脂肪酸。根据分子大小和形状,研制了一些用于分离脂肪酸的新型分子筛。例如,Sorbex 法用以硅胶为基质的 Silicalite 从粗妥尔油脂肪酸中分离松香酸。该法用一新型的位置阀(positional vavle)进行模拟移动床色谱过程,以溶剂连续地使各组分脱附。因为 Sorbex 分离法实际过程是以分子大小为基础的筛分过程,操作温度较低,因此非常适用于易聚合或者异构化的反应物料。但此法的缺点是:进入系统的原料必须除去所有的固体物以免床层结垢,还需要周期性的吹扫或者清洗以防微量污染物积累。对于油脂工业来说,使用分子大小为基础的分离有时是不重要的,但是对于制备高纯的脂类药物如甾醇等时,与其他色谱方法一样,还是具有一定应用价值的。

2. 膜分离法 膜分离过程的实质是物质通过膜的传递不同而得到分离。由于组分的分子量不同,它们通过半透膜的难易程度不同,从而使各组分分离开来。对于从复杂体系中分离分子量相对较小的甾体类、脂肪酸类来说,可以使用前面提到的纳滤、超滤等技术;当磷脂在混合油中以胶束状态存在时,这些聚集的胶束表观分子量为 200 000~500 000,既可通过超滤收集磷脂,也可通过超滤除去磷脂。膜分离过程一般在常温下进行,进行膜分离时,所用的半透膜应具有较大的透过速度和较高的选择性,此外还应具备:机械强度好,耐热,耐化学试剂,不被细菌侵袭,可以高温灭菌等条件。将己烷-异丙醇混合溶剂溶解的粗磷脂通过聚丙烯半透膜,收集流过膜的溶液,蒸发溶剂,可使粗卵磷脂得到纯化。无机膜也可开发用于脂类药物的分离。

三、几种重要脂类药物的制备和纯化

(一) 卵磷脂

卵磷脂属甘油磷脂,分子中磷酸的两个羟基分别与甘油的一个羟基及胆碱的 β- 羟基之间形成磷酸二酯键,因甘油羟基有 α 位及 β 位之分,故有 α- 卵磷脂及 β- 卵磷脂两种。其结构式如图 12-45 所示。

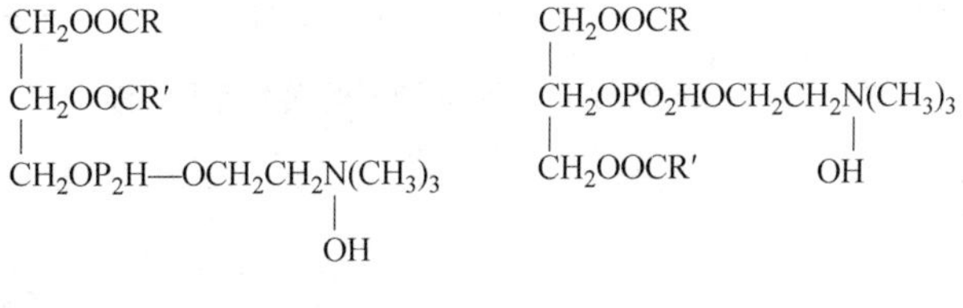

$$
\begin{array}{ll}
CH_2OOCR & CH_2OOCR \\
CH_2OOCR' & CH_2OPO_2HOCH_2CH_2N(CH_3)_3 \\
CH_2OP_2H{-}OCH_2CH_2N(CH_3)_3 & CH_2OOCR' \quad OH \\
\qquad\qquad OH & \\
\alpha\text{-卵磷脂} & \beta\text{-卵磷脂}
\end{array}
$$

图 12-45 卵磷脂结构

天然卵磷脂常是含有不同脂肪酸的几种卵磷脂的混合物。分子结构中的 R 及 R′分别为饱和及不饱和烃链,常见的有软脂酸、硬脂酸、油酸、亚油酸、亚麻三烯酸和花生四烯酸等。

制备卵磷脂的方法有溶剂萃取法、超临界流体萃取法、柱色谱法等。

知 识 链 接

　　溶剂萃取法制备卵磷脂方法如下：称取一定量的浓缩大豆磷脂，加适量丙酮浸洗，静置分层。倾去上层丙酮浸洗液，取下层脱油磷脂加适量乙醇萃取。静置分层，取上层乙醇提取液，用旋转蒸发仪减压蒸发浓缩，回收乙醇，向浓缩液中加水，80℃热浴中缓慢搅拌使磷脂溶解，加NaCl盐析，弃去废水，抽干后放入真空干燥箱中干燥。将干燥脱水的磷脂用乙醇溶解，加氧化铝搅拌吸附，过滤后再向滤液中加入活性炭，进行脱色。过滤，将滤液置旋转蒸发仪中减压蒸干，蒸干的大豆卵磷脂加无水丙酮反复浸洗，直到丙酮液呈无色澄清，洗去残余的水分、色素和油脂等，最终得到精制卵磷脂产品，产品用丙酮液封，低温保存。实验结果表明，当以卵磷脂得率为评价指标时，最优化工艺条件是：丙酮脱油温度45℃，脱油时间1小时。乙醇提取温度70℃，提取时间15分钟。γ-Al_2O_3对卵磷脂中杂质吸附的最佳效果：吸附温度为25℃，时间30分钟。

　　一般来说，极性较小的脂溶性物质都可以被某一条件下的超临界CO_2流体萃取出来。超临界CO_2萃取法提取蛋黄中的卵磷脂方法如下：第一步，用超临界CO_2进行萃取，在25～35MPa、45～75℃的超临界条件下，萃取2～5小时，可将蛋黄粉中的中性脂质去除，而蛋黄卵磷脂和卵黄蛋白作为萃余物留下来。第二步，采用溶剂萃取法从已去除中性脂质的蛋黄粉中提取高纯度的蛋黄卵磷脂，用浓度大于95%的食用乙醇进行抽滤，可得含有卵磷脂的提取液，将该提取液经减压蒸馏或喷雾干燥后，即可得到高纯度的蛋黄卵磷脂。该工艺流程见图12-46。

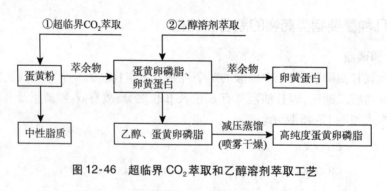

图12-46　超临界CO_2萃取和乙醇溶剂萃取工艺

（二）胆酸类

　　胆酸全称3,7,12-三羟基-5-胆烷酸，主要存在于动物胆汁中，是合成人工牛黄的主要原料之一。

　　翟频等分别用乙醇法和三氯甲烷法从兔胆汁中提取制备胆酸。

　　（1）乙醇法

　　1）皂化：取兔胆汁50ml，加入5ml 30%氢氧化钠溶液，加热至沸腾后微沸状态保持15小时，中间过程可加水以补充蒸发减损的水分。皂化结束后，静置，过滤。

加入30%硫酸,调节pH=3,取上浮物,加水洗涤,煮沸,使pH=7,干燥后即为粗胆酸。

2)结晶:取粗胆酸,捣碎后加入100ml 75%乙醇,加热、溶解后过滤,静置,0~5℃时有结晶析出,滤干,即为粗胆酸。

3)重结晶:取粗胆酸,加入20ml无水乙醇及适量活性炭,加热,溶解。待充分溶解后,趁热过滤。滤液浓缩后,静置,结晶干燥,即得到胆酸精品。

(2)三氯甲烷法

1)提取:取兔胆汁15ml,加入300ml三氯甲烷-乙醇(3∶1)混合液,水浴加热至沸,回流5小时,回收三氯甲烷乙醇混合液,静置、过滤,滤液水浴浓缩,获得粗胆酸。

2)结晶纯化:取粗胆酸,加入乙醚20ml,有结晶析出,即为胆酸粗品。可重复洗涤,得到胆酸精品,并回收乙醚。

三氯甲烷法提取工艺流程简单、快捷;乙醇法设备要求一般,投资少。乙醇法由于步骤重复次数多,收率稍低;而三氯甲烷法提取的胆酸偶有色差,可与乙醇和活性炭加热溶解,脱色,重结晶处理。

(三)胆色素类

胆色素是由4个吡咯环通过亚甲基及次甲基相连形成的线性分子。通常分为胆色烷、次甲胆色素、二次甲胆色素及三次甲胆色素。其中除胆色烷外皆呈色,在体内血红蛋白分子中原卟啉 α-氧化断裂而成三次甲胆色素(胆绿素),再经还原而成其他胆色素成员。

胆红素的经典制备方法为钙盐法。生产工艺如图12-47所示。

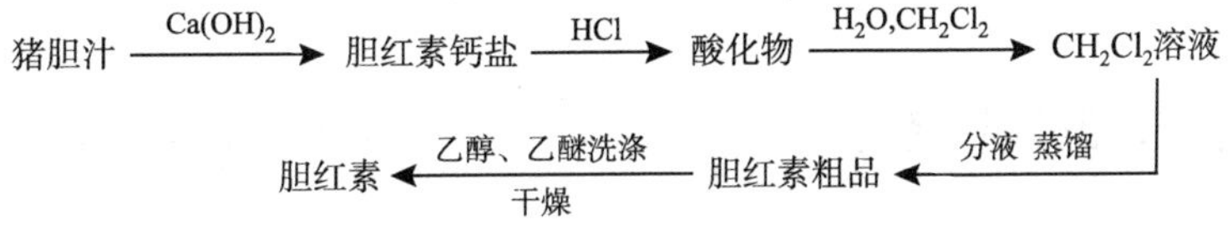

猪胆汁 $\xrightarrow{Ca(OH)_2}$ 胆红素钙盐 $\xrightarrow{HCl}$ 酸化物 $\xrightarrow{H_2O,CH_2Cl_2}$ CH_2Cl_2 溶液

胆红素 $\xleftarrow[\text{干燥}]{\text{乙醇、乙醚洗涤}}$ 胆红素粗品 $\xleftarrow[\text{分液　蒸馏}]{}$

图 12-47　钙盐法生产胆红素工艺

具体工艺过程如下。

新鲜猪胆汁加等体积2.5%氢氧化钙乳液,搅拌均匀,煮沸5分钟,取上层漂浮的胆色素钙盐沥干,其余溶液趁热过滤,收取沉淀的钙盐,合并两次胆色素钙盐,用90℃去离子水充分沥洗,滤干得胆色素钙盐,投入5倍量(W/V)去离子水中,搅拌均匀,加钙盐量0.5%(W/W)的亚硫酸氢钠,搅拌下缓慢滴加10%盐酸调pH1~2,静置20分钟,用尼龙布过滤至干,再用去离子水洗至中性,得到胶泥状酸化物。将其投入5倍量(W/V)去离子水中,同时加5倍量(W/V)二氯甲烷(夏季用三氯甲烷)和0.1%亚硫酸氢钠,激烈搅拌并用10%盐酸调pH1~2静置分层,放出下层二氯甲烷溶液,去离子水洗3次,分出下层有机相。上述胆红素溶液蒸馏回收二氯甲烷,残留物加胆汁量1%乙醇,搅拌均匀,5℃放置1小时,倾去上层液,下层悬浮过滤,收集胆红素粗品,用少量无水乙醇洗2~3次,乙醚洗2次,抽干,真空干燥得精品。

难 点 释 疑

案例

某实验室在提取胆红素时,加入的亚硫酸氢钠量低于加钙盐量0.5%(W/W),提取的颜色由橙黄色变成绿色。

分析

在胆红素提取过程中加入的亚硫酸氢钠为抗氧剂,目的是防止胆红素氧化成胆绿素,若加入的抗氧剂量较少,则不能阻止胆红素的氧化,提取物颜色也会由胆红素的橙黄色变成胆绿素的绿色。

(四)固醇类

胆固醇是重要的动物固醇,存在于几乎人体所有的器官中,但在脑髓和神经组织内含量特别丰富,胆固醇为无色或微黄色晶体,微溶于水,难溶于乙醇,较易溶于热乙醇,溶于乙醚、三氯甲烷、苯、吡啶和植物油中。

其生产工艺如下。

取新鲜动物脑及脊髓,绞碎,于40~50℃烘箱烘干,制成脑粉,收率20%左右,水分低于8%。加丙酮蒸馏浓缩至出现大量黄色固体物为止,将黄色固体物中加入5倍体积量的95%乙醇及5%~6%的硫酸,加热回流水解8小时,再冷却0~5℃结晶,过滤,晶体用95%乙醇洗至中性,再将胆固醇结晶加10倍体积量95%乙醇和3%的活性炭,加热溶解回流脱色1小时,保温过滤,0~5℃冷却结晶,反复3次,收集晶体,压干,挥发去乙醇后,在70~80℃真空干燥器中干燥,即得精制胆固醇。

 知 识 链 接

化学-酶促合成技术制备前列腺素:梁涌涛等采用化学-酶促合成技术,以 γ-亚麻酸甲酯为起始原料,经两条不同路线合成前列腺素 E_1,总收率分别为 13% 和 16%。合成路线见图 12-48。

各过程所使用条件为:(Ⅰ)$LiAlH_4/Et_2O$,回流;(Ⅱ)$MsCl/2,4$-二甲基吡啶/CH_2Cl_2,0~25℃;(Ⅲ)$Ph_3P/CBr_4/CH_2Cl_2$,0~25℃;(Ⅳ)NaH/THF/丙二酸二乙酯,0~25℃;(Ⅴ)a. 5% NaOH,b. 5% H_2SO_4,回流;(Ⅵ)110~130℃/1066Pa;(Ⅶ)羊精囊/氢醌/谷胱甘肽,0~25℃。

取 γ-亚麻酸甲酯14g(48mmol),$LiAlH_4$1.8g(48mmol),干燥乙醚 100ml,粗品经硅胶 G 柱色谱,洗脱剂为乙酸乙酯:石油醚(1:7,V/V),得油状精品化合物(2)(得率 94%);取化合物(2)13g(49mmol),MsCl 11.5g(100mmol),2,4-二甲基吡啶12ml,$CH_2Cl_2$120ml,粗品经硅胶 G 柱色谱,洗脱剂为乙酸乙酯:石油醚(1:10,V/V),得油状精品化合物(3)15g(89%);取化合物(2)12g(45mmol),Ph_3P 20g(76mmol),CBr_4 25g(76mmol),$CH_2Cl_2$140ml,粗品经硅胶 G 柱色谱(洗脱剂:石油醚)得油状精品化合物 413g(88%);取化合物(3)10g(29mmol)、丙二酸二乙酯9g(58mmol),NaH 2g

（65mmol），THF 50ml，粗品经硅胶 G 柱色谱，洗脱剂为乙酸乙酯：石油醚（1：10，V/V），得油状精品化合物（5）9g（76%）；取化合物（5）16g（39mmol），5% NaOH（60ml，75mmol），粗品经乙酸乙酯：石油醚（1：10，V/V）重结晶得精品化合物（6）12g（88%）；取化合物（6）20g（57mmol）经减压油浴加热（110~130℃/1066Pa）2 小时，所得粗品经硅胶 G 柱色谱，洗脱剂为乙酸乙酯：石油醚（1：3），得油状精品化合物（7）15g（86%）；取化合物（7）1g（3mmol），羊精囊 1kg，氢醌 40mg，谷胱甘肽 1g，粗品经活化硝酸银硅胶（1：10）G 柱色谱，洗脱剂为三氯甲烷：甲醇（98：2），得纯品化合物（8），化合物（8）经乙酸乙酯重结晶得精品前列腺素 E 10.3g（27%）。

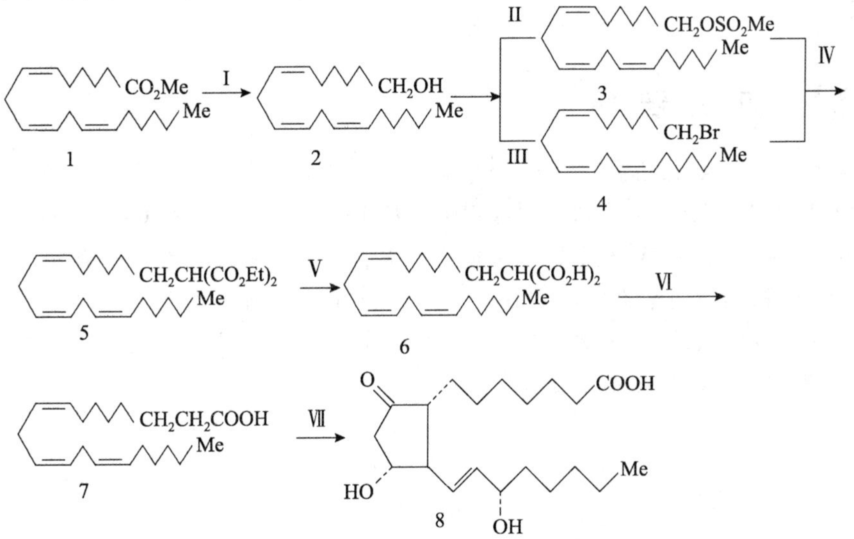

图 12-48　前列腺素制备工艺路线

点 滴 积 累

1. 天然脂类主要从天然资源中提取、分离制备，主要采用有机溶剂分离法、尿素包合法、结晶法、蒸馏法、超临界流体萃取法等分离纯化方法。

2. 制备卵磷脂的方法有溶剂萃取法、柱色谱法、超临界流体萃取法等。

3. 胆酸类可采用乙醇法和三氯甲烷法制备。三氯甲烷法提取工艺流程简单、快捷；乙醇法设备要求一般，投资少，但由于步骤重复次数多，收率稍低。

（喻　昕　林凤云）

第八节　甾体激素类药物

一、甾体药物的生物转化生产工艺

（一）生产工艺流程

甾体药物的生产主要是利用天然甾类原料对其进行结构改造而制得的。这种结构改造需要经过比较复杂的反应过程,大多数是利用化学合成和微生物转化相结合的工艺路线。其中多数基团的改造和合成采用的都是化学合成法,只有某一步或两步采用了微生物转化法。例如,以薯蓣皂苷为原料合成醋酸可的松的工艺路线就是典型代表。先经 5 步化学反应合成澳氏氧化物,然后以澳氏氧化物为底物,经微生物的 11α-羟基化作用转化为 11α-羟基澳氏氧化物,再经 5 步化学反应,制得醋酸可的松,即从薯蓣皂苷合成醋酸可的松共需 10 步化学反应和 1 步微生物转化反应。其中,澳氏氧化物 11α-羟基的合成反应,采用了微生物转化法,只需一步反应即可;如果采用化学合成法,则需要 10 步反应,且收率甚微。因此,甾体药物的生物转化在甾体药物生产工艺中占有重要地位。

 知 识 链 接

甾体化合物(steroids)又称类固醇,是一类含有环戊烷多氢菲核的化合物,结构通式如图 12-49 所示。一般在核的 C-10 和 C-13 上常有甲基;在 C-3,C-11 和 C-17 上可能有羟基或酮基;A 环及 B 环可能有双键;C-17 上有长短不一的侧链。取代基(原子或基团)的空间结构以 α 和 β 表示,取代基投射在环平面下方的,称 α 位,其键以虚线(---)表示;位于环平面上方的,为 β 位,以实线(—)表示。这类化合物广泛存在于动、植物组织或某些微生物细胞中。

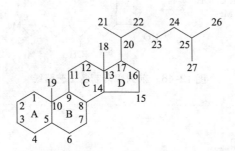

图 12-49　甾体化合物母核的基本结构

在工业上,大多数甾体药物的生物转化生产工艺的一般流程如下。

$$底物溶解 \longrightarrow 溶料罐$$
$$菌种 \longrightarrow 孢子制备 \longrightarrow 种子罐 \longrightarrow 发酵罐 \longrightarrow 过滤 \begin{cases} 滤液 \longrightarrow 提取液 \longrightarrow 结晶 \\ 滤饼 \longrightarrow 提取液 \longrightarrow 结晶 \end{cases}$$

在甾体生物转化中使用的微生物主要有细菌、放线菌和真菌,菌种依据转化反应的类型和所用底物的结构而定。甾体工业上常用的微生物列于表 12-4。

表 12-4　甾体工业上常用的微生物

微生物	转化反应类型	底物	产物	收率(%)
黑根霉	11α-羟化	澳氏氧化物	11-羟基澳氏氧化物	45~50
	11α-羟化	黄体酮	11-羟基黄体酮	90~94
	11α-羟化	化合物 S	皮质酮	70
蓝色犁头霉	11β-羟化	醋酸化合物 S	氢化可的松	70
新月弯孢霉	11β-羟化	化合物 S	氢化可的松	80
简单节杆菌	C-1,2 脱氢	醋酸可的松	醋酸泼尼松	97
	C-1,2 脱氢	氢化可的松	泼尼松龙	97
玫瑰产色链霉菌	16α-羟化	氟氢泼尼松	确炎舒松	56
淡紫拟青霉	侧链降解	黄体酮	双酮睾丸素	70
棕曲霉	11α-羟化	黄体酮	11-羟基黄体酮	64

甾体生物转化工艺一般可分为两阶段。

1. 第一阶段为菌体生产和产酶阶段　将菌种接入斜面孢子培养基上,在一定温度下培养 3~5 天,然后将成熟孢子接入摇瓶和种子罐沉没培养。种子培养好后转入发酵罐,在适当培养基和培养条件(温度,搅拌,通风量,pH)下进行培养。细菌的生长阶段一般为 12~24 小时,真菌为 24~72 小时。在这个阶段重要的是创造各种良好条件,使微生物尽快生长和繁殖,在尽可能短的时间内繁殖大量的菌体并产酶。为提高转化酶的活力,有时可以采取添加诱导剂,减少代谢阻遏物或抑制有害酶的形成等方法。

2. 第二阶段为甾体转化阶段　将被转化的物质直接加入到培养液中进行生物转化。这一阶段需要控制好适合转化反应的各种条件,如最适 pH、温度、搅拌和较大的通风量等。必要时还可以加入酶激活剂(对转化作用的酶)和抑制剂(对产生副反应的酶)。控制转化的最适条件不仅有利于转化的进行,而且还可以减少副产物的产生,提高收率。

由于甾体化合物一般难溶于水,因此选择较好的底物加入方式,提高甾体在发酵液中的溶解度以及与微生物细胞的接触机会是一个重要问题。最普遍的方法是将甾体溶于丙酮、乙醇、甲醇等与水容易相混溶的有机溶剂中,然后投入菌液中去。底物的投料浓度根据所用菌种的转化能力及有机溶剂对细胞的毒性大小而定。也可以采用将底物磨成细粉,即形成"微粒化"或"假结晶",直接投入菌液中进行转化,这样可以增加投料浓度,提高转化率。

转化时间随转化反应类型和微生物种类及转化酶的活力而定,一般需 12~72 小时。

转化的产物往往也是不溶于水的物质,因此转化完成后培养液经离心过滤,取滤饼(或滤液)用溶媒抽取,减压、浓缩、结晶,即可得成品或中间体。

(二)转化方法

上述转化工艺中所用的转化方法是我国工业中现在普遍采用的生长培养转化法,即菌体生长至适当时期,待菌体达到一定浓度后,将底物直接投入含有菌体的发酵液中,边培养边转化。除此以外,还有其他几种转化方法,有利于提高转化率,重复使用菌体和减少副产物的生成。

1. 静息细胞、干细胞或孢子悬浮液法　静息细胞法在国外(如俄罗斯)应用较为普遍,它是指在适当的培养液中,待菌体扩大培养到一定时间,用过滤或离心法将菌丝和发酵液进行分离,收集菌体并悬浮于水或缓冲液中,然后加入底物进行转化反应。这一方法的优点是可自由地改变反应液中底物和菌体的比例,反应时间较短,转化产物中杂质较少,有利于产物的分离提取。干细胞是静息细胞的另一形式,用冷冻干燥或丙酮处理菌体,所得干细胞粉末的活性可保持数年之久,使用方便。真菌产生孢子囊,孢子中有许多有用的活性酶,选择产孢子丰富的培养基,如湿麦粒,需要在较大湿度下培养,收获时用表面活性剂如0.01%吐温80洗涤,过滤,离心收集孢子,将糊状物贮藏于 –20℃,酶的活力可稳定几年。有的孢子仅稳定几个月,则要立即使用。

据报道,用洗涤菌体或冻干菌体进行甾体转化,可减少异甾体的产生。另有文献表明,用于甾体C-1,2位脱氢反应的微生物培养到适当时期,采用空气干燥或热干燥去除培养液的水分至5%左右,然后进行甾体转化,转化率则比一般直接采用发酵液要高,可达98%~99%,并减少了异甾体的生成。

2. 多菌种协同转化法　多菌种协同转化法是将两种或两种以上不同转化类型的微生物混合在一起培养,利用它们各自的转化能力,将底物的不同部位进行转化。

 案 例 分 析

案例

氢化泼尼松的生产过程中以醋酸化合物S为原料,加入到犁头霉和节杆菌的混合培养液中。

分析

犁头霉的11α-羟基化作用先将底物转化为氢化可的松,然后利用节杆菌的C-1,2位脱氢作用,进一步转化生成氢化泼尼松,如图12-50所示。

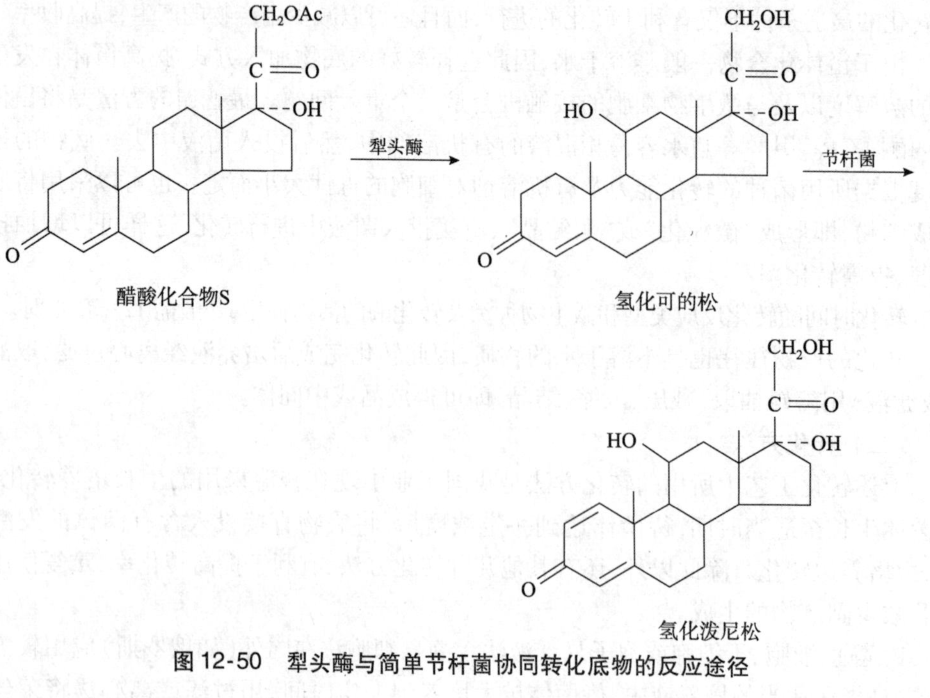

图 12-50　犁头霉与简单节杆菌协同转化底物的反应途径

多菌种协同转化法是一种比较理想的转化方法,它发挥了多株菌各自的特点,并简化了生产工艺,可使多步发酵反应一步完成。这一方法比单菌分别培养副产物少且收率较高。

3. 固定化细胞或固定化酶转化法 对于甾体微生物转化的固定化技术研究,最多和最有效的是活细胞包埋法。固定化工艺条件比较成功的是节杆菌的 C-1,2 脱氢反应。聚丙烯酰胺因毒性小且机械强度较好,成为理想的包埋材料。前苏联科学院 K. A. Koshcheyenko 采用聚丙烯酰胺包埋球状节杆菌,进行氢化可的松到泼尼松龙的脱氢反应,半衰期可达 5 个月,进行 144 次分批转化,转化 200 次时,转化率仍能达到 95%。G. K. Skryabin 也得到类似的结果,能连续对氢化可的松转化 160 次,转化率可达 90%~95%,半衰期 140 天。固定化细胞的收率已超过游离细胞转化的生产水平,具备了大规模生产的条件。

产生羟化酶的菌株一般是真菌,在固定化霉菌活细胞方面现仍处于研究阶段。难点在于 11α-羟化酶稳定性较差,且产生羟化酶的真菌菌丝比较脆弱,固定化过程中易于折断,因此固定化工艺条件要求较高。K. Sonsma 等以孢子包埋法代替营养菌丝包埋法。包埋材料采用 BNT-4000,包埋后的孢子再在培养基中培养,使孢子在凝胶内繁殖菌丝,11α-羟化转化率为 51.2%(游离细胞为 47.1%),该固定化细胞使用 50 次仍然稳定。

活细胞包埋法的优点是在培养液中再度培养,使其恢复和提高酶活力,同时再生辅酶,可增加重复使用的次数。

固定化酶是现代生物工程技术发展的一个方向。甾体化合物转化酶类大多为氧化还原酶,在酶反应时需要辅助因子,并需连续再生。因而利用固定化酶转化甾体化合物时,必须首先考虑外加辅助因子及其再生方法。而外加辅助因子的固定化酶活力很低。例如,采用固定化酶催化可的松为脱氢皮质醇时,需外加辅酶,催化活性只有游离酶的 7%。由于辅助因子的再生是一个复杂的难题,这就使得固定化酶在甾体转化中的应用受到了限制。

二、甾体激素类药物的生产工艺实例

 知 识 链 接

在医药上占有重要地位的甾体激素药物有可的松(皮质酮)(corti-costerone)、氢化可的松(皮质醇)(hydrocortisone),睾酮(testosterone)、雄酮(androsterone)、黄体酮(progesterone)、雌二醇(oestradiol)和雌酮(oestrone)等。用于生产甾体激素药物的天然原料有薯蓣皂苷元(diosgenin)、豆甾醇(stigmasterol)、胆酸(cholic acid)、胆固醇(cholesterol)和海柯皂苷(hecogenin)等,它们的分子结构式见图 12-51。

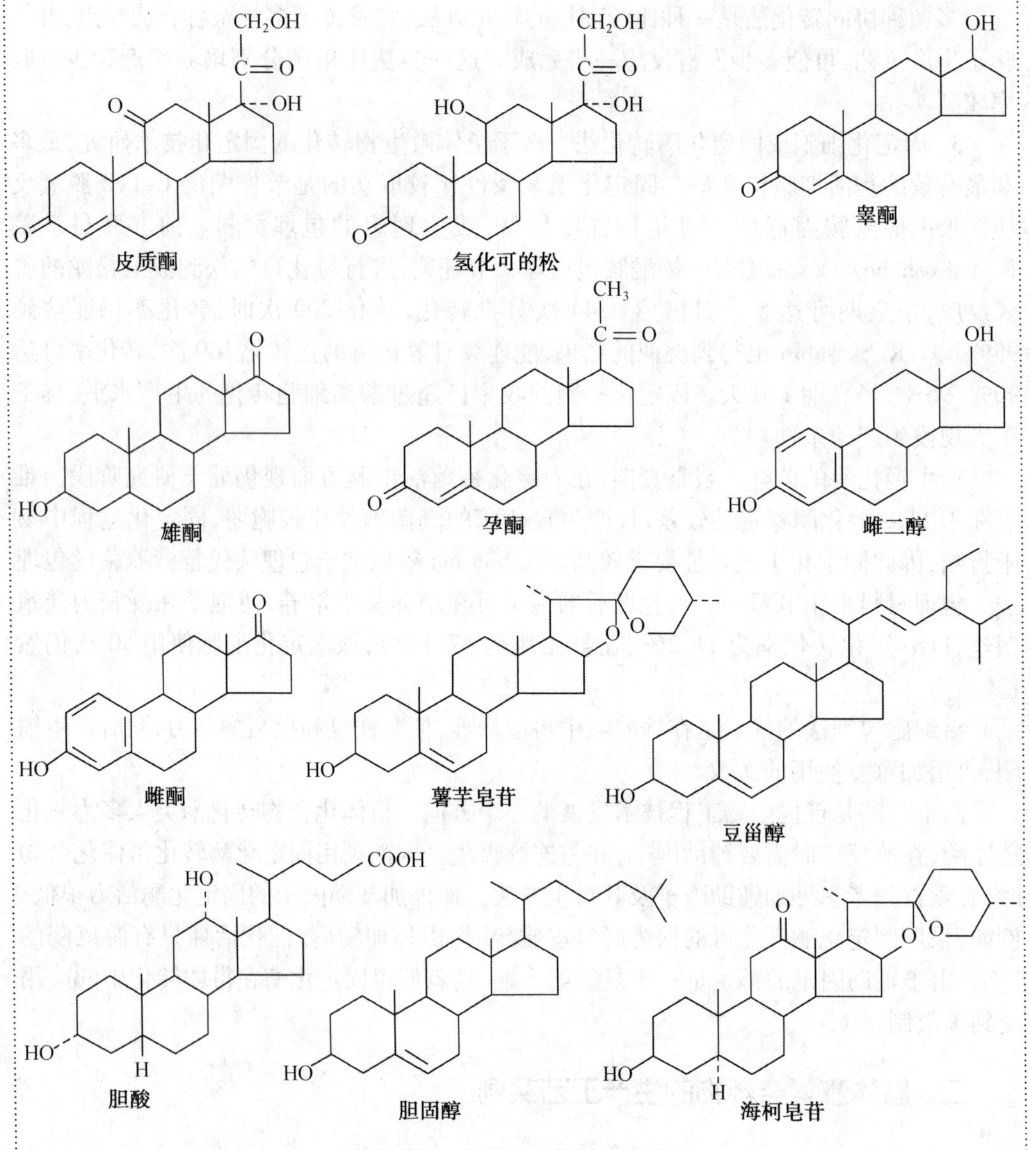

图 12-51 几种重要的甾体化合物

  甾体药物种类众多,但其生产工艺中微生物转化过程却有其共同的特点。现以 3 种典型的肾上腺皮质激素药物氢化可的松,醋酸可的松和醋酸泼尼松的生产为例(图 12-52),说明甾体微生物转化的过程。

  (一) 氢化可的松

  氢化可的松(hydrocortisone)是肾上腺皮质激素类药,分子式为 $C_{21}H_{30}O_5$,化学结构式见图 12-52。

  1. 理化性质 氢化可的松为白色或几乎白色的结晶性粉末;无臭,初无味,随后有持续的苦味;遇光渐变质,在乙醇或丙酮中略溶,在三氯甲烷中微溶,在乙醚中几乎不溶,在水中不溶。

  2. 生物转化工艺

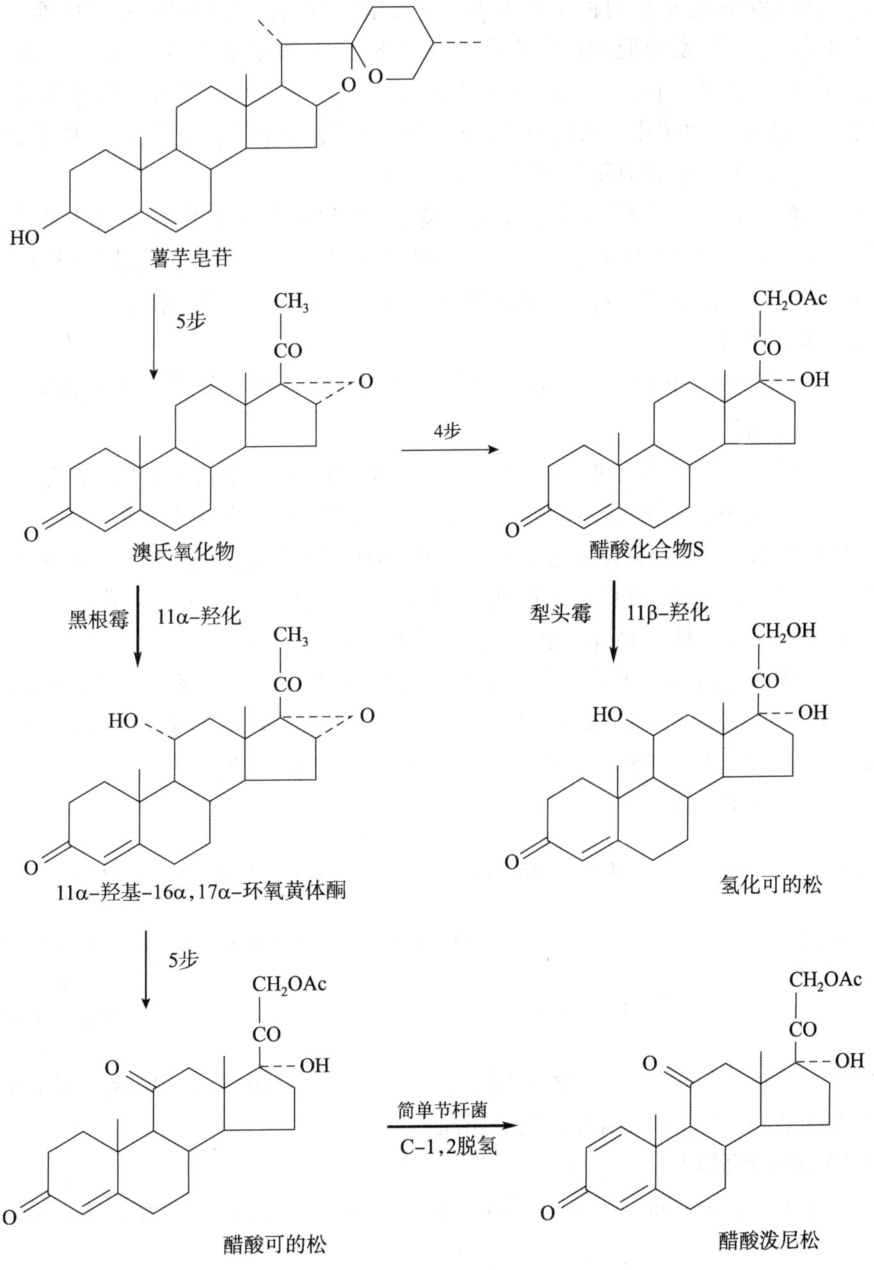

图 12-52　3 种典型的肾上腺皮质激素药物的生产步骤
粗线为微生物转化,细线为化学合成

(1)菌种:氢化可的松生产的生物转化工艺是利用蓝色犁头霉的 11β- 羟化能力将 21- 醋酸化合物 S 转化为氢化可的松。蓝色犁头霉能产生 11β- 羟化酶,但专一性不强,同时也能产生 11α- 羟化酶,7α- 羟化酶和 6β- 羟化酶。

将蓝色犁头霉菌接种到土豆斜面培养基上,28℃培养 4~5 天,孢子成熟后,用无菌生理盐水制成孢子悬浮液,供制备种子用。种子培养基成分有葡萄糖、玉米浆和硫酸铵,pH 为 5.8~6.4。将孢子悬浮液以一定比例接入种子罐,28℃下培养 28~32 小时。待培养液的 pH 达 4.2~4.4,菌体浓度达 35%以上,镜检无杂菌且菌丝粗壮时即可转入发酵罐。

（2）发酵：发酵培养基同种子培养基。种子液接入后，28℃搅拌通气培养约 10 小时，即菌体生长末期，发酵液 pH 下降至 3.5~3.8，菌体浓度达 17%~35%，无杂菌。用 20%氢氧化钠溶液调节 pH 至 5.5~6.0，然后投入 0.25%（体积分数）的醋酸化合物 S 的乙醇溶液，进行生物转化。大约转化 24 小时。在转化过程中，定期取样检查，作比色分析。反应接近终点达到放罐要求后，即可放料。

（3）精制：转化后的发酵液过滤或离心除去菌丝体，滤液用醋酸丁酯萃取数次，合并提取液再经减压、浓缩、冷却、过滤、干燥，得到氢化可的松粗品。粗品再经甲醇-二氯乙烷混合溶剂分离，用甲醇或乙醇重结晶精制，即得到氢化可的松精品。

（二）醋酸泼尼松

醋酸泼尼松（prednisone acetate）是肾上腺皮质激素类药，分子式为 $C_{23}H_{28}O_5$，化学结构式见图 12-52。

1. 理化性质　醋酸泼尼松为白色或几乎白色的结晶性粉末；无臭，味苦。本品在三氯甲烷中易溶，在丙酮中微溶，在乙醇或乙酸乙酯中微溶，在水中不溶。

2. 生物转化工艺　醋酸泼尼松生产的生物转化工艺是利用简单节杆菌的 C-1,2 脱氢作用，在醋酸可的松的 C-1,2 位间脱去两个氢原子形成双键而合成的。简单节杆菌产生的脱氢酶专一性很高，醋酸泼尼松的转化率可达 97%。

简单节杆菌的斜面培养基为：玉米浆 2%，葡萄糖 1.5%，淀粉 1%，NaCl 0.5%，碳酸钙 0.3%，硫酸铵 2%，琼脂 2%，pH6.4~6.8；种子和发酵培养基为：玉米浆 0.55%，葡萄糖 0.5%，蛋白胨 0.25%，磷酸二氢钾 0.1%，pH7.4~7.6。

转化工艺采用三级培养，生产流程如下。

斜面(32℃，48h) ——→ 一级种子培养(8~12℃，28~30h) ——→ 二级种子培养(8~12℃，28~30h)

——→ 发酵(28~30℃，5~10h) ——→ 转化醋酸可的松(31~33℃，72h) ——→ 离心 ——→ 醋酸乙酯抽提

投料4%

结晶，成品

转化反应结束后，将发酵液离心甩干，滤饼烘干粉碎，用乙酸乙酯或三氯甲烷抽取，然后用丙酮结晶精制，即得醋酸泼尼松精品。

（三）醋酸可的松

醋酸可的松（cortisone acetate）是肾上腺皮质激素类药，分子式为 $C_{23}H_{30}O_6$，化学结构式见图 12-52。

1. 理化性质　醋酸可的松为白色或几乎白色的结晶性粉末；无臭，开始无味，随后有持久的苦味。溶于三氯甲烷，微溶于乙醇、乙醚，不溶于水。

2. 生物转化工艺　黑根霉的 11α- 羟化反应是醋酸可的松生产的中间步骤，它以澳氏氧化物为底物，将其氧化生成 11α- 羟基，16α，17α- 环氧黄体酮。

黑根霉的孢子培养基可采用一般的复合培养基，如含有 5%牛肉浸膏和 0.5%蛋白胨的琼脂斜面培养基。在察氏或其他合成培养基上则生长不旺盛。将黑根霉接种到培养基上，28℃培养 5 天左右。然后用无菌生理盐水制成孢子悬浮液，接入到种子罐中，搅拌，通风培养。

将含有 3% 葡萄糖、2.5% 玉米浆、0.1% 硫酸铵的发酵培养基，灭菌后冷却至 28~32℃，接入种子液。控制罐温度为 28~30℃，罐压 50~70kPa，搅拌，通风培养 23 小时，

投入溴氏氧化物(悬浮在丙二醇液中)继续发酵 40~43 小时。转化反应完毕,将发酵液过滤,滤饼烘干粉碎,用丙酮抽取数次,然后浓缩、冷却、结晶,得 11α-羟基,16α,17α-环氧黄体酮粗品。粗品以甲苯-三氯甲烷混合溶剂分离,重结晶即得精品。

点 滴 积 累

薯蓣皂苷配基在生产甾类原料中产量为最大,也是制造甾类激素的最理想原料,其中有 60% 的产量用于合成皮质激素药物。在甾体生物转化中使用的微生物主要有细菌、放线菌和真菌。

（陈秀清　陈电容）

第九节　维生素及辅酶类药物

维生素(vitamin)是维持人体生命活动必需的一类有机物质,也是保持人体健康的重要活性物质。维生素可分为脂溶性和水溶性两大类。脂溶性维生素主要有维生素 A、D、E、K、Q 和硫辛酸等;水溶性维生素有 B_1、B_2、B_6、B_{12}、烟酸、泛酸、叶酸、生物素和维生素 C 等。许多维生素通过辅酶或辅基的形式参与体内酶促反应体系,在代谢中起调节作用,如维生素 B_1,他在体内的辅酶形式是硫胺素焦磷酸(TPP),是 α-酮酸氧化脱羧酶的辅酶。

一、维生素及辅酶类药物的一般生产方法

维生素及辅酶类药物的生产方法具有多样性的特点,在工业上大多数通过化学合成-酶促拆分法获得,近年来发展起来的微生物发酵法代表着维生素生产的发展方向。

（一）化学合成法

化学合成法主要是根据维生素的化学结构,运用有机化学合成原理和方法制造维生素的过程。近代的化学合成,常与酶促合成、酶拆分等结合在一起,以改进工艺,提高收率和降低成本。用化学合成法生产的维生素有烟酸、烟酰胺、叶酸、维生素 B_1,硫辛酸、维生素 B_6,维生素 D、维生素 E 及维生素 K 等。

（二）直接从生物材料中提取

此种方法主要是指从生物组织中运用缓冲液抽提,有机溶剂萃取等。如从猪心中提取辅酶 Q_{10},从提取链霉素后的废液中制取维生素 B_{12},从槐米中提取芦丁等。

（三）发酵法

近年来发展起来的发酵法将是维生素生产的一个重要发展方向。它主要是用人工培养微生物方法生产各种维生素,包括菌种的培养、发酵、提取、纯化等过程。目前,完全采用微生物发酵法或微生物转化制备中间体的有维生素 B_{12}、维生素 B_2、维生素 C、生物素、维生素 A 原(β-胡萝卜素)等。

二、维生素及辅酶类药物生产实例

目前,临床上常用的维生素及辅酶类药物较多,这里主要介绍几种重要的维生素及辅酶类药物。

（一）维生素 A（vitamin A）和维生素 A 原

课 堂 活 动

1. 你认为维生素 A 在哪些食物中含量丰富。

2. 维生素 A 摄入不足可出现什么状况？频繁、大量摄取维生素 A 又可出现什么状况？

维生素 A（又称视黄醇）是一个具有酯环的不饱和一元醇，包括维生素 A_1、A_2 两种。维生素 A 只存在于动物性食物中，A_1 存在于哺乳动物及咸水鱼的肝脏中，而 A_2 存在于淡水鱼的肝脏中。植物组织中尚未发现维生素 A。人体缺乏维生素 A，影响暗适应能力，如儿童发育不良、皮肤干燥、眼干燥症、夜盲症等。

1. 维生素结构和理化性质　维生素 A 结构中含不饱和双键（图 12-53），它对紫外线不稳定，易被空气氧化，氧化的初步产物为环氧化物，加热、重金属离子可加速氧化。维生素 A 应装于铝制容器内，充氮气密封并置凉暗处保存。

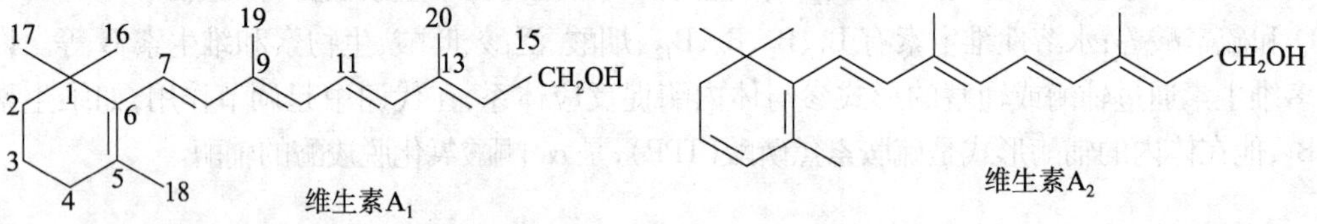

图 12-53　维生素 A 的结构

2. 维生素 A 醋酸酯制备工艺

（1）工艺流程：见图 12-54。

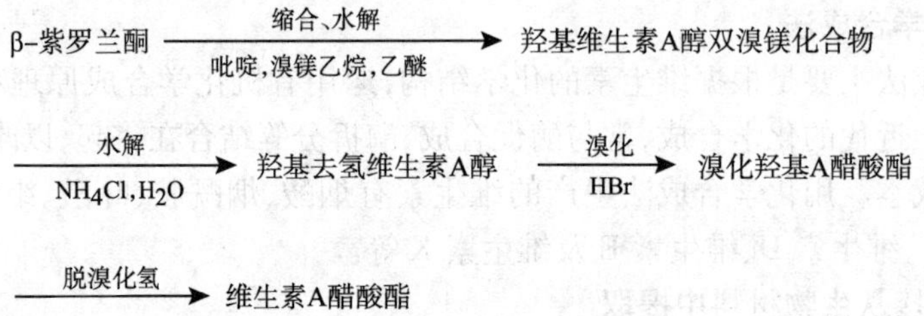

图 12-54　维生素 A 的制备工艺流程

（2）工艺要点

1）缩合、水解：甲醇钠溶液浓缩成固体后加入吡啶，滴加 β- 紫罗兰酮氯乙酸甲酯混合液，在 $0\sim5℃$ 下水解反应 2 小时，而后加水搅拌 30 分钟（50℃以下），分层，用石油醚提取，减压蒸馏后收集 103℃以上馏分，得到十四碳醛。

1.5 小时内将溴乙烷的乙醚溶液加入到精制乙醚、镁屑、碳及引发剂的混合物中，回流 1.5 小时后充氮，加入三碳醇乙醇溶液后再回流 3 小时，充氮，降温至 30℃，加入十四碳醛乙醚溶液，再升温回流 3 小时，充氮，降温，以 NH_4Cl 水溶液水解 1 分钟，然后加入 10% 硫酸。分层后，用乙醚提取水层，提取液与醚层合并，再用 $NaHCO_3$ 中和，用石油醚溶解粗制缩合物，冷却（10℃）。加入晶种，滴加 NaOH 溶液，搅拌后压滤，用石油醚洗涤滤饼,再悬浮于石油醚中,加硫酸溶解,将醚层洗至中性,得到羟基去氢维生素A醇的石油醚。

2）氢化:上述所得的浓缩液加入喹啉钯-碳酸钙触媒后,经过保温、减压、过滤等一系列的处理后,得到氢化物羟基维生素A醇。

3）酯化、溴化、脱溴化氢:将所得到的氢化物的二氯甲烷溶液与吡啶混合,冷却后滴加乙醚氯的二氯甲烷溶液,加冰水,水层用二氯甲烷提取后,与有机层合并,脱水后得到酯化反应液,再冷却至 -25℃,加溴化氢,最后脱溴化氢得到维生素A粗品,于乙醇中结晶几次后得到精品。

（二）维生素 B_2（vitamin B_2）

维生素 B_2 又称核黄素（riboflavin）,为体内黄酶类辅基的组成部分（黄酶在生物氧化还原中发挥递氢作用）,当缺乏时影响机体的生物氧化,使代谢发生障碍。其病变多表现为口、眼和外生殖器部位的炎症,如口角炎、唇炎、舌炎、眼结膜炎和阴囊炎等,故维生素 B_2 可用于上述疾病的防治。

1. 结构和理化性质　维生素 B_2 为橙黄色结晶性粉末,微臭,味微苦,几乎不溶于水、乙醇、三氯甲烷或乙醚。结构如图 12-55 所示。

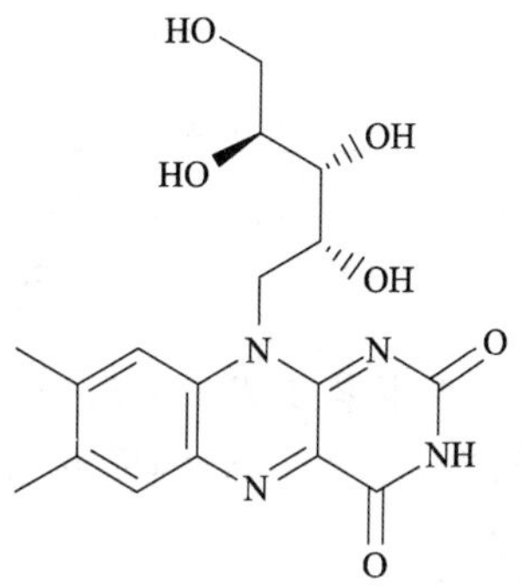

维生素 B_2 为两性化合物（叔胺氮原子显碱性,邻二酰亚氨基上的氢显酸性）,可溶于酸性或碱性溶液。它的饱和水溶液在透射光下显淡黄绿色,并有强烈的黄绿色荧光,加入无机酸或碱荧光即消失。维生素 B_2 对光极不稳定,在酸性或中性溶液中分解为光化色素,在碱性溶液中分解为感光黄素。

图 12-55　维生素 B_2 的结构

2. 发酵生产工艺　工业上采用三级发酵,以沉淀法提取生产维生素 B_2。

（1）菌种:用于工业生产菌种主要是棉病囊霉和阿氏假囊酵母。此外,许多种的假丝酵母,多种真菌和细菌也能少量形成维生素 B_2。

（2）工艺流程

$$培养基 \xrightarrow[28℃ \pm 1℃]{菌种} 斜面 \xrightarrow{水} 孢子悬液 \xrightarrow[30℃ \pm 1℃,1kg/cm^2]{种子培养基} 种子液$$

$$\xrightarrow[20h]{二级种子培养} 二级种子液 \xrightarrow[30℃ \pm 1℃,1kg/cm^2,160h]{发酵} 终止发酵$$

（3）工艺过程及控制要点

1）培养基的配制:米糠油 4%,玉米浆 1.5%,骨胶 1.8%,鱼粉 2.5%,KH_2PO_4 0.1%,NaCl 0.2%,$CaCl_2$ 0.1%,$(NH_4)_2SO_4$ 0.02%。

2）生产过程:将在 28℃ 培养成熟的维生素 B_2 产生菌的斜面孢子用无菌水制成孢子悬浮液,接种到种子培养基中,于 30℃ ±1℃ 培养 30~40 小时,而后再移种到二级发酵罐培养,培养温度为 30℃ ±1℃,培养时间为 20 小时。将二级发酵的发酵液,移种到三级发酵罐发酵,温度为 30℃ ±1℃,发酵终点时间为 160 小时左右。

种子扩大培养和发酵的通气量要求均比较高,通气效率是维生素 B_2 高产的关键。通气效果好,可促进大量膨大菌体的形成,维生素 B_2 的产量迅速上升,同时可以缩短发酵周期。因此,大量膨大菌体的出现是产量提高的生理指标。在发酵后期补加一定量的油脂,能使菌体再次形成第二次膨大菌体,可进一步提高产量。

阿氏假囊酵母的最适生长温度在 28~30℃,种子培养 34~38 小时后接入发酵罐,发酵培养 40 小时后开始连续流加补糖,发酵液的 pH 控制在 5.4~6.2,发酵周期为 150~160 小时。维生素 B_2 的产量在 50g/L 左右。

3. 提取与纯化工艺 见图 12-56。

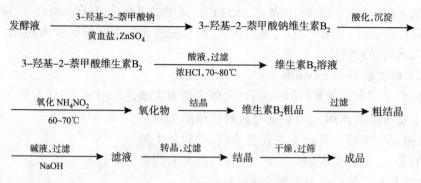

图 12-56 维生素 B_2 提取与纯化工艺流程

维生素 B_2 发酵液酸化后加热,然后加入黄血盐、硫酸锌沉淀蛋白,过滤后除去杂质,将除去杂质后的发酵滤液加 3- 羟基-2- 萘甲酸钠与核黄酸形成复盐,进行分离精制。

(三)维生素 C(vitamin C)

 知 识 链 接

维生素 C 知多少?

维生素 C 在临床上主要用于维生素 C 缺乏症(坏血病)的预防及治疗,能增强机体抵抗力,也可用于肝硬化、急性肝炎和砷、汞、铅、苯等慢性中毒时的肝脏损害及各种贫血、过敏性皮肤病、口疮、促进伤口愈合等。近年来,有报道称维生素 C 对感冒、某些癌症、高脂血症等均有一定作用,但临床疗效尚未肯定。

由于维生素 C 有上述作用,因此有人盲目服用维生素 C 保健品,而忽略了其副作用:短期内服用维生素 C 过量,会产生多尿、下痢、皮肤发疹等副作用;长期服用过量维生素 C,可能导致草酸及尿酸结石;小儿生长时期过量服用,易产生骨骼疾病。同时,在大量服用维生素补充剂期间应忌食虾类,因为虾等软壳类食物含有大量浓度较高的五价砷化合物。这种物质本身无毒害作用,但是同时服用维生素 C 后,维生素 C 可使原来无毒的五价砷转变为有毒的三价砷(即亚砷酸酐),又称为砒霜,会严重危及人体健康。

维生素 C 极易受到热、光和氧的破坏,为了尽可能减少维生素 C 的损失,请注意:尽可能吃最新鲜的水果、蔬菜,若要保存,请尽可能贮存在冰箱里;水果、蔬菜不要切得太细太小,切开的果蔬不要长时间暴露在空气中,以减少氧的破坏;烧煮富含维生素 C 的食物时,时间尽可能短,并盖紧锅盖,以减少高温和氧的破坏。汤汁中维生素 C 含量丰富,应尽可能喝掉。

1. 结构和性质　维生素 C 化学名为 L(+)-苏糖型-2,3,4,5,6-五羟基-2-己烯酸-4-内酯,又名抗坏血酸(ascorbic acid),是细胞氧化-还原反应中的催化剂。它为白色结晶或结晶性粉末,无臭,味酸,易溶于水,且在柠檬汁、绿色植物及番茄中含量很高。如图 12-57 为维生素 C 的结构。

维生素 C 分子结构中有两个手性碳原子,4 个光学异构体中以 L(+)-抗坏血酸活性最高,D(−)-异抗坏血酸的活性仅为其1/20,其余两种几无活性。维生素 C 具有很强的还原性,易被空气氧化,其水溶液在空气、光和热的影响下,生成去氢抗坏血酸。去氢抗坏血酸在无氧条件下,发生脱水和水解反应,经脱羧生成呋喃甲醛,进一步聚合呈色,是维生素 C 贮存过程中变色的主要原因。

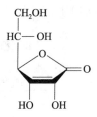

图 12-57　维生素 C 的结构

维生素 C 的化学合成方法一般指莱氏法,后来人们改用微生物脱氢代替化学合成中 L-山梨糖中间产物的生成,使山梨糖的得率提高 1 倍。我国进一步利用另一种微生物将 L-山梨糖转化为 2-酮基 L-古洛糖酸,再经化学转化生产维生素 C,称为两步法发酵工艺。

2. 莱氏法　1935 年,德国的 Reichstein 等人以 D-山梨醇为原料,经黑醋菌(*Acetobacter melarogenum*)一步发酵得到 L-山梨醇,再经丙酮酮化、次氯酸钠氧化及盐酸转化等 5 步制备维生素 C 获得成功,以后很长时间内国内外均应用此法。

(1)工艺流程如图 12-58 所示。

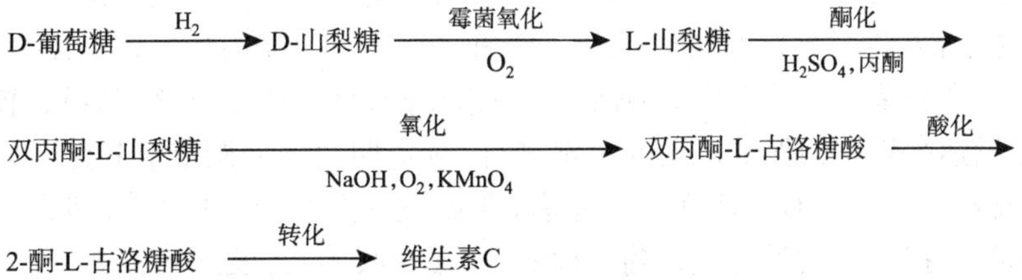

$$D-葡萄糖 \xrightarrow[]{H_2} D-山梨糖 \xrightarrow[O_2]{霉菌氧化} L-山梨糖 \xrightarrow[H_2SO_4,丙酮]{酮化}$$

$$双丙酮-L-山梨糖 \xrightarrow[NaOH,O_2,KMnO_4]{氧化} 双丙酮-L-古洛糖酸 \xrightarrow{酸化}$$

$$2-酮-L-古洛糖酸 \xrightarrow{转化} 维生素C$$

图 12-58　莱氏法生产维生素 C 的工艺流程

(2)工艺过程及控制要点　在合成过程中,山梨糖的制备是关键的一步,用醋酸菌能使山梨醇氧化成山梨糖。

1)山梨醇发酵菌种:醋酸菌属中, *Acerobacter suboxyclans*, *A. raucons*, *A. aceti*, *A. melarogenum*, *A. xylinoides* 等都可将山梨醇氧化成山梨糖,一般用 *A. suboxyclans* 和 *A. melarogenum*。

2)发酵条件:温度为 26~30℃,最适 pH 为 4.4~6.8,pH4.0 以下菌的活性受影响。

山梨酸的浓度:用 0.5% 酵母浸膏为主要营养源,山梨醇浓度为 19.8%,通气量 1800ml/min,30℃培养 33 小时,收率可达到 97.6%。

氮源:无机氮源不能利用,应使用有机氮源。

金属离子的影响:Ni^{2+},Cu^{2+} 能阻止菌的发育,铁能妨碍发酵,为了使发酵顺利进行,常用阳离子交换树脂将山梨醇中的金属离子除去。

3)粗品的制备:先将部分双丙酮古洛糖酸加入转化罐,搅拌加入盐酸,在加入剩下的双丙酮古洛糖酸。待反应罐夹层水满后,打开蒸汽阀,缓慢升温至 37℃左右关蒸汽。

4)精制:将粗品维生素 C 真空干燥除去挥发性杂质,加蒸馏水搅拌溶解后,加入活性炭,搅拌 5~10 分钟,压滤,滤液至结晶罐,加入 50L 乙醇,降温后加晶种结晶。将晶体离心甩滤,加乙醇洗涤,干燥后得到精制维生素 C。精制收率达 91%。

3. 两步发酵法生产维生素 C

(1)工艺流程如图 12-59 所示。

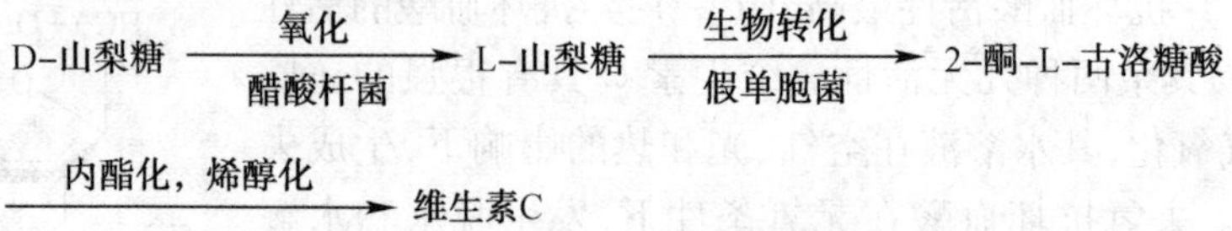

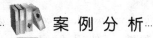

图 12-59 两步发酵法生产维生素 C 工艺流程

(2)工艺过程

1)2-酮基-L-古洛糖酸:种子的制备分两方面:黑醋菌部分与假单胞杆菌和氧化葡萄糖酸杆菌。①黑醋菌部分:黑醋菌是一种小短杆菌,生长温度为 36℃,最适温度为 30~33℃。培养方法是将黑醋菌保存于斜面培养基上,每个月传代 1 次,置于 0~5℃冰箱内。以后菌种从斜面培养基移入三角瓶种液培养基中,30~33℃振荡培养 48 小时,合并入血清瓶内。糖量在 100mg/ml 以上,菌形正常、无杂菌者,可接入生产。②假单胞杆菌和氧化葡萄糖杆菌部分:将保存于冷冻管中的菌种活化、分离、混合培养后移入三角瓶种液培养基中,于 29~33℃振荡培养 24 小时,酸量在 6~9mg/ml,pH 降到 7 以下,菌形正常无杂菌,即可接入生产。先在一级种子培养罐内加入辅料,控制温度为 30℃左右,pH 为 6.7~7.0,至产糖量达合格浓度且不再增加时,接入二级种子培养。当作为伴生菌的芽孢杆菌开始形成芽孢时,产酸菌株开始产生 2-酮基-L-古洛糖酸,至完全形成芽孢后和出现游离芽孢时,产酸量达高峰。为保证产酸的正常进行,应定期用碱液调节 pH 使其保持在 7.0 左右。当温度为 31~33℃,pH 在 7.2 左右,残糖量在 0.8mg/ml 以下,即为发酵终点。在发酵期间,保持一定数量的氧化葡萄糖酸杆菌(产酸菌)是发酵的关键。

发酵液用盐酸酸化后,调至菌体蛋白等电点时,菌体蛋白沉淀最快。而后两次经过交换柱进行离子交换,将二次交换液进行浓缩后,加入少量乙醇,冷却结晶,甩滤并用乙醇洗涤,得到 2-酮基-L-古洛糖酸。

案例分析

案例

某制药厂在进行维生素 C 正常的发酵生产过程中,发酵罐温度突然升高。

分析

发酵罐温度突然升高可能是以下原因:①冷却水供应设备出现故障,造成冷却水供应不足。解决办法是检查冷却水供应设备,排除故障。②阀门漏蒸汽。取样后,补料后或其他操作后未关闭阀门,造成蒸汽进入罐内。解决办法是要认真按规程操作。③发酵罐染菌。染菌后大量杂菌繁殖生长,代谢过程变得激烈、旺盛,造成罐温升高。解决方法是找到染菌的原因。

2)粗维生素 C 的制备:将丙酮及一半古龙酸加入转化罐搅拌,再加入盐酸和余下的古龙酸,待罐夹层水满后开蒸汽阀,缓慢升温到 30~38℃后关蒸汽,自然升温至 52~54℃,保温约 5 小时,反应达高潮,结晶析出,罐内温度稍有上升,严格控制温度不能超过 60℃。高潮期后,维持温度 50~52℃至总保温时间为 20 小时。开常温水降温 1 小时,加入适量乙酸后冷却至 -2℃放料。甩滤 0.5 小时后用冰乙醇洗涤,甩干,再洗涤,甩干 3 小时左右,干燥后得粗品。

3)精制:将粗品干燥后加蒸馏水搅拌溶解,加入活性炭,搅拌 5~10 分钟压滤。滤液至结晶罐,加入约 50L 乙醇,搅拌后降温,加晶种使其结晶。将晶体离心,用冰乙醇洗涤,再离心,干燥后得到精制维生素 C。

 知 识 链 接

莱氏法与两步发酵法的工艺比较:莱氏法是以葡萄糖为原料,经高压催化氢化、黑醋菌氧化、丙酮保护、次氯酸钠氧化及盐酸转化等工序制得维生素 C。此种方法生产工艺成熟,各项技术指标先进,生产技术水平高,总收率为 65%,优级品率为 100%。但该方法为使其他羟基不受影响,需要用丙酮保护,使反应步骤增多,连续操作困难,且丙酮用量较大,其毒性大,劳动保护强度大,并污染环境。反观两步发酵法,它将莱氏法中的丙酮保护和化学氧化及脱保护等三步改成一步混合菌株生物氧化,由于生物氧化具有特异选择性,可以省去保护和脱保护两步反应。此法根除了大量的有机溶剂,改善了劳动条件和环境保护问题,因此是现在主要应用的一种方法。

（四）维生素 B_{12}（vitamin B_{12}）

1947 年,美国女科学家肖波在牛肝浸液中发现维生素 B_{12},后经化学家分析,它是一种含钴的有机化合物,又称氰钴胺素。维生素 B_{12} 化学性质稳定,是人体造血不可缺少的物质,缺少会产生恶性贫血症,是维持机体正常生产的重要因子。它以辅酶 B_{12} 的形式参与机体内许多代谢反应,辅酶 B_{12} 是治疗恶性贫血的首选药物。维生素 B_{12} 与其他 B 族维生素不同,一般植物中含量极少,而仅由某些细菌生成。肝、瘦肉、鱼、牛奶及鸡蛋是人类获得维生素 B_{12} 的来源。

1. 结构和性质 维生素 B_{12} 分子中由 4 个还原性吡咯环联结在一起,这种结构叫作咕啉,它与核苷酸(二甲基苯异咪唑)及核糖相连,另一方面与 D-1-氨基-2-丙醇相连,钴与核苷酸之 N 相偶联,化学上称氰钴胺素为维生素 B_{12}。见图 12-60。—CN 可为其他基团代替,生成同样具有维生素 B_{12} 作用的物质,如 CN 用 H_2O 置换所生成的 B_{12},即羟基钴胺素。其他天然存在的钴胺素尚有核苷酸部碱基不同的 B_{12} 类物质。腺嘌呤-钴胺素、2-甲基腺嘌呤-钴胺素等,都是由微生物合成的。本书中维生素 B_{12} 泛称此类物质。

氰钴胺是粉红色结晶,水溶液在弱酸中相当稳定,强酸、强碱下极易分解,日光、氧化剂及还原剂均易破坏维生素 B_{12}。它经胃肠道吸收时,须先与胃幽门部分泌的一种糖蛋白(亦称内因子)结合,才能被吸收。因缺乏"内因子"而导致的维生素 B_{12} 缺乏,治疗应采用注射剂。

维生素 B_{12} 可以运用化学合成法及发酵法进行生产,而微生物发酵法发展得较快。

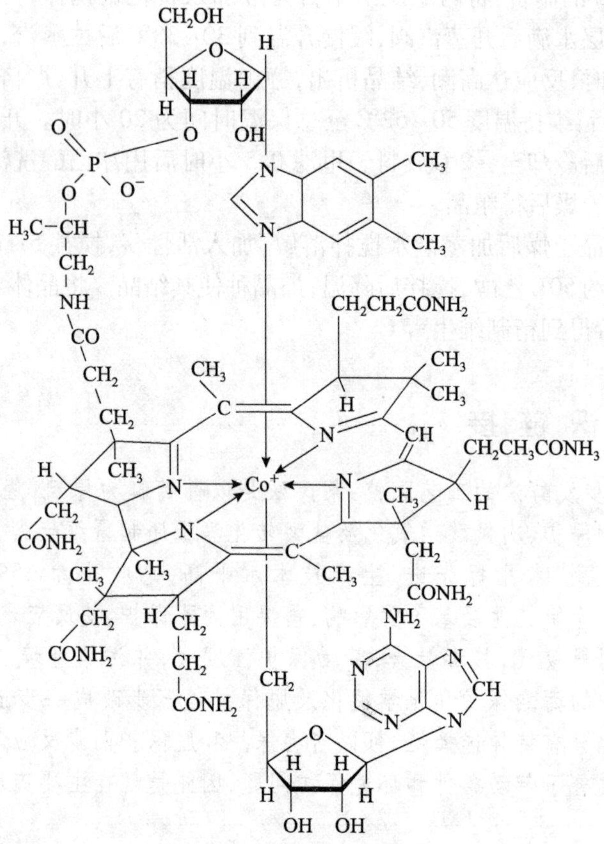

图 12-60 维生素 B_{12} 的结构

2. 发酵法制备维生素 B_{12}

(1)菌种的选择:维生素 B_{12} 最初采用的生产菌株是从粪便中分离到的黄杆菌和诺卡尔菌等,某些酵母菌和丝状真菌也都具有合成维生素 B_{12} 的能力。在工业中主要运用丙酸菌属中的费氏丙酸杆菌和谢氏丙酸杆菌进行生产。

(2)发酵:主要采用一级发酵方式,发酵过程中补加碳源,用氨水调节维持 pH 在7.0 左右。

1)碳源与氮源:对费氏丙酸菌的研究发现,以葡萄糖作碳源有利于细菌的生长,而用乳酸得到的维生素 B_{12} 含量较高。另外,甜菜糖蜜、转化糖以及麦芽糖也可用作碳源。酵母膏是常使用的氮源,也有用硫酸铵、乳清和玉米浸汁等。

2)钴离子的影响:钴是维生素 B_{12} 合成的必要元素,在基质中最适浓度的钴能提高产量,但钴对微生物具有一定毒性。如 $10 \times 10^{-6} \sim 20 \times 10^{-6}$ 就可抑制链丝菌的生长,但在较低浓度($1 \times 10^{-6} \sim 2 \times 10^{-6}$)却可提高维生素 B_{12} 的产量。

3)前体:由于维生素 B_{12} 可加前体增加产量。在傅氏丙酸菌发酵中加氰化亚铜35~50ppm,可增加氰钴胺素,效果比加氰化铜更好。

(3)提取工艺:见图 12-61。

KCN 煮沸法是目前采用的工业化大生产维生素 B_{12} 的常用方法,此法可得到氰钴胺素。该方法利用—CN 基团取代与钴原子中心结合的 X 基团而得到形状稳定的维生素 B_{12}。

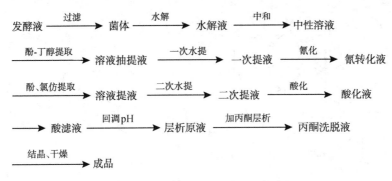

图 12-61 维生素 B_{12} 的提取工艺流程

案例分析

案例

在食用过量桃、杏、枇杷、李子、杨梅、樱桃的核仁时，可用维生素 B_{12} 解毒。

分析

前述核仁皆含有苦杏仁苷和苦杏仁苷酶。苦杏仁苷遇水，在苦杏仁苷酶的作用下分解为氢氰酸、苯甲醛及葡萄糖，因此服食过量可发生氢氰酸中毒。氰酸离子（CN^-）易与三价铁（Fe^{3+}）结合，但不与含二价铁（Fe^{2+}）的血红蛋白结合。当其被吸收入血后，随血流运送至各处组织细胞，很快与细胞色素及细胞色素氧化酶的 Fe^{3+} 结合，使细胞色素及细胞色素氧化酶失去传递电子的作用，而发生细胞内窒息。

$B_{12}\alpha$（羟钴胺素）水溶性好，在水溶液下能够快速与游离的氰根生成无毒的维生素 B_{12}（氰钴胺素），且钴与氰的亲和力大于细胞色素氧化酶与氰的亲和力，可有效减少体内氰化物浓度，是一种比较高效的解毒药。2006 年 12 月，FDA 批准维生素 $B_{12}\alpha$（羟钴胺素）用于治疗确诊或者可疑的氰化物中毒。而其他含钴的化合物依地酸二钴、氯化钴也是氰酸中毒的有效解毒剂。

（五）维生素 D（vitamin D）

维生素 D 是一类抗佝偻病维生素的总称，化学结构均为甾醇的衍生物。其中最重要的是维生素 D_2（ergocalciferol，麦角骨化醇）和维生素 D_3（colecalcifirol，胆骨化醇）。在体内，维生素 D_2 经羟化成 1,25-$(OH)_2$-D_2 等活性形式，其主要生化作用是维持钙、无机磷浓度，促进成骨作用。在动物体内，食物中的维生素 D_2 可在小肠吸收，经淋巴管吸收入血，被肝脏摄取，然后再储存于脂肪组织或其他含脂类丰富的组织中。

1. **结构和性质** 维生素 D_2 和维生素 D_3 的化学结构很相似，差别仅是 D_3 比 D_2 在侧链上少一个甲基和一个双键。图 12-62 为它们的结构。

维生素 D 为白色晶体，溶于大多数有机溶剂，不溶于水，性质稳定，不易受酸、碱和氧的影响，且耐热，故可从鱼油中与维生素 A 分离。这里主要叙述维生素 D_2 的生产工艺。

2. **生产工艺**

（1）工艺流程：见图 12-63。

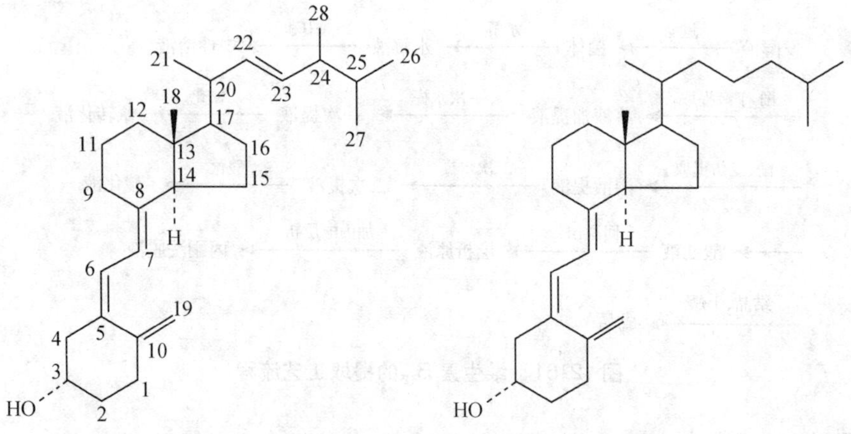

图 12-62　维生素 D 的结构

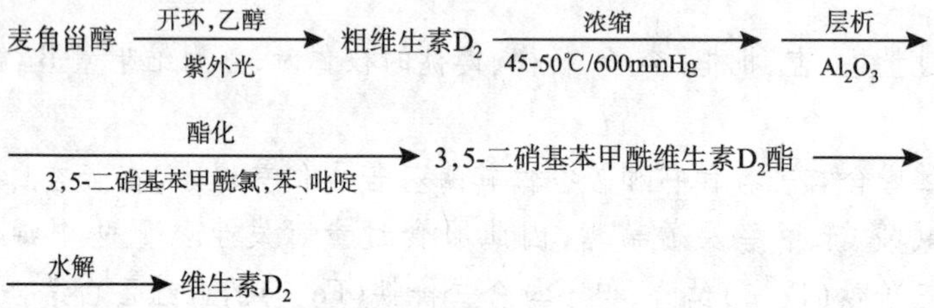

图 12-63　维生素 D 生产工艺流程

（2）工艺过程

1）照射：将乙醇和麦角甾醇置于搪玻璃反应罐中，加热溶解后进入紫外灯管照射器，控制流量 900~1200 ml/min，温度为 60~65℃，而后流入浓缩锅。

2）浓缩：照射液在搪玻璃罐内，于 45~50℃减压浓缩，冷冻，过滤，滤饼洗涤、干燥后得到未转化的麦角甾醇，供下批套用。滤液通氮，并在 45~50℃减压浓缩，得到的橙黄色树脂状物为转化油。

3）层析：将转化油加无水苯制成苯溶液后流经装有 Al_2O_3 的层析管，而后以无水苯冲洗氧化铝柱，收集流出液，在 65℃水浴上蒸馏到干燥，得到橙黄色树脂状层析油。

4）酯化：层析油用苯溶解后加入吡啶，在 25~30℃下，加入 3,5- 二硝基苯甲酰氯的苯溶液，放置过夜，而后先后用蒸馏水、碳酸氢钠溶液、盐酸溶液、蒸馏水洗涤至中性，减压浓缩至干，得到红棕色酯化油，再加入丙酮，放在 −20℃冰箱中冷冻、过滤，得到 3,5- 二硝基苯甲酰维生素 D_2 酯结晶，然后用丙酮溶解脱色过滤，滤液冷冻过滤，得到维生素 D_2 精酯。

5）水解：将精酯在无醛氢氧化钾- 甲醇溶液中搅拌，加热到 65~70℃，回流 80 分钟，加入活性炭脱色，过滤、结晶、再过滤，滤饼以 5% 氢氧化钾- 甲醇溶液加热溶解，脱色、过滤得到精制的维生素 D_2 溶液，放置过夜结晶，过滤，滤液及上面的粗品滤液回收甲醇及维生素 D_2。滤饼用蒸馏水洗涤至中性后抽干，真空干燥后密封于玻璃瓶中。

整个生产工艺中的主要副产物是速甾醇，它经光照射可转化为光甾醇。

（六）辅酶 I（coenzyme I，CoI）

辅酶 I 又称 NAD⁺，为烟酰胺腺嘌呤二核苷酸，是许多脱氢酶的辅酶，也是生物体内必需的一种辅酶，在生物氧化过程中起着传递氢的作用，能活化多种酶系，促进核

酸、蛋白质、多糖的合成及代谢,增加物质转运和调节控制,改善代谢功能。临床可用于
治疗冠心病,对改善冠心病的胸闷、心绞痛等症
状有效,另外精神分离症、白细胞减少症、急慢性
肝炎、迁移性肝炎和血小板减少症也可以运用辅
酶Ⅰ。辅酶Ⅰ广泛存在于动植物中,如酵母、谷
类、豆类、动物的肝脏、肉类等。制备时用酵母做
原料,经提取、分离纯化制备产品。

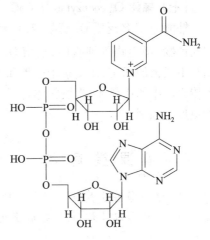

1. 结构和性质 辅酶Ⅰ为具较强湿吸性的
白色粉末,易溶于水或生理盐水,不溶于丙酮等
有机溶剂,它是由一分子烟酰胺及腺嘌呤与两分
子 D- 核糖及磷酸组成。图 12-64 为辅酶Ⅰ的结
构。CoI 是两性分子,等电点为 3,在干燥状态和
低温下稳定,对热不稳定,水溶液偏酸或偏碱都
易破坏。

图 12-64 辅酶Ⅰ的结构

2. 生产工艺

(1)工艺流程:见图 12-65。

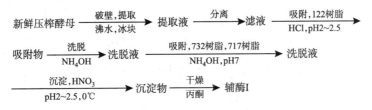

图 12-65 辅酶Ⅰ生产工艺流程

(2)工艺过程

1)破壁、提取、分离:将新鲜压榨酵母在搅拌下加入等量沸水中,与95℃下保温5
分钟,而后迅速加入两倍酵母重量的冰块。过滤,滤液加入 717 型阴离子交换树脂,搅
拌 16 小时,过滤后收集滤液。

2)吸附、洗脱:用浓盐酸调节滤液 pH 为 2~2.5,经 122 型阳离子交换树脂柱吸附。
而后用无热原水洗至流出液澄清(先逆流后顺流),用 0.3mol/L 氢氧化铵液洗脱。当
流出液为淡咖啡色时,经 340nm 分光测定,在稀释 15 倍的情况下,A 值 >0.05 时开始
收集,直到流出液变为淡黄色为止。

3)中和、吸附:将 732 型阳离子交换树脂加至洗脱液中,搅拌,当 pH 为 5~7 时过
滤,滤饼用无热原水洗涤,合并洗滤液,用稀氨水调 pH 为 7 即得到中和液。再将中和
液流经 717 型阴离子交换树脂柱吸附。吸附完,用无热原水顺流洗涤至流出液澄清。

4)洗脱、吸附、洗脱:将活性炭柱与 717 型树脂串联,用 0.1mol/L KCl 溶液洗脱 717
型树脂柱吸附物,洗脱液立即流经活性炭柱吸附,而后先后用 pH 为 9 的无热原水及
pH 为 8 的 4% 乙醇洗涤炭柱。最后用无热原水洗至中性,用丙酮-乙酸乙酯-浓氨水混
合液(4:1.5:0.02)洗脱得到洗脱液。

5)沉淀、干燥:上述洗脱液在搅拌下加入 30%~40% 硝酸调节至 pH2~2.5,过滤,置
于冷库中,冰冻沉淀过夜。过滤沉降物,用 95% 冷丙酮洗涤滤饼 2~3 次,滤干,滤饼置

五氧化二磷真空干燥器中干燥,即得辅酶 I。

(七) 辅酶 Q(coenzyme Q,CoQ)

辅酶 Q 又名泛醌 Q_{10},是一种广泛存在于各类细胞中的醌类化合物,又称为泛醌。在动植物、微生物等细胞内,辅酶 Q_{10} 与线粒体内膜结合,是一种在呼吸链中与蛋白质结合不紧密的辅酶,在黄素蛋白类和细胞色素之间作为特别灵活的载体而起作用,是电子传递链中的递氢体,为线粒体合成 ATP 的必要成分,也是重要的抗氧化剂和非特异性免疫增强剂。

课 堂 活 动

1. 辅酶 Q 在医疗美容方面有什么作用?
2. 若要提取辅酶 Q,你知道哪些物质中含量较高吗?

1. **结构和性质**　辅酶 Q 为一脂溶性苯醌,带有一很长的侧链,由多个异戊二烯单位构成,不同来源的泛醌其异戊二烯单位的数目不同,在哺乳类动物组织中最多见的泛醌其侧链由 10 个异戊二烯单位组成,故称辅酶 Q_{10}。图 12-66 为辅酶 Q 的结构。

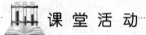

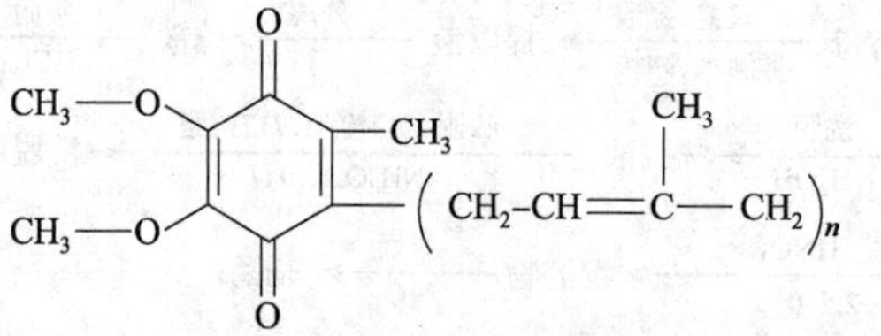

图 12-66　辅酶 Q 的结构

辅酶 Q_{10} 为黄色或淡橙色、无臭、无味结晶性粉末,易溶于三氯甲烷、苯、四氯化碳,溶于丙酮、乙醚、石油醚,微溶于肌醇,不溶于水和甲醇。遇光易分解成微红色物质,对温度和湿度较稳定,熔点49℃。

辅酶 Q_{10} 的制备方法主要有 3 种,即动植物组织提取法、化学合成法和微生物发酵法。动植物组织提取法产品成本高,规模化生产受到一定限制。化学合成法技术上比较成熟,主要是以来源较丰富的茄尼醇为原料合成的,但其产物为顺反异构体的混合物,生物活性低,尚未达到工业化生产的程度。微生物发酵法成本低、无光学异构体、生物学活性高、临床应用效果好,但国内由于菌种的问题及分离纯化方面存在未攻破的难点,所以现在还主要应用动植物组织提取法与化学合成法来生产 CoQ_{10},未能大规模进行发酵生产。

2. **动植物组织提取法**

(1)工艺流程:见图 12-67。

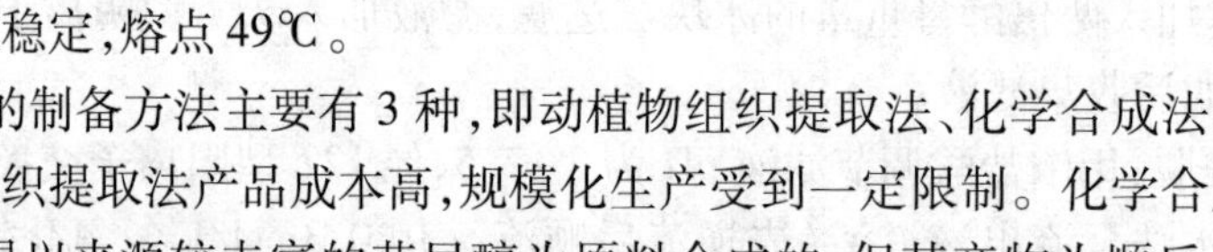

猪心残渣 —皂化→ 皂化液 —提取/石油醚或汽油→ 提取液 —浓缩/40℃下减压→

浓缩液 —吸附、洗脱→ 洗脱液 —结晶/无水乙醇→ 精制CoQ_{10}

图 12-67　提取法制备辅酶 Q 工艺流程

（2）工艺过程

1）皂化：取生产细胞色素 C 的猪心残渣，按干渣中计入 30%（W/V）焦性没食子酸，搅匀后再加入 3～3.5 倍量的乙醇及干渣重 32%（W/V）氢氧化钠，加热搅拌回流 25～30 分钟，冷至室温得皂化液。

2）萃取：将皂化液立即加入其体积 1/10 量的石油醚或 120 号汽油，搅拌后静置分层，分取上层，下层在以同样量溶剂提取 2～3 次后合并提取液，用水洗涤至中性，在 40℃以下减压浓缩至原体积的 1/10，冷却，－5℃以下静置过夜，过滤，除去杂质得到澄清浓缩液。

3）吸附、洗脱：将浓缩液上硅胶柱层析，先以石油醚或 120 号汽油洗涤，除去杂质，再以 10% 乙醚-石油醚混合溶剂洗脱，收集黄色带部分的洗脱液，减压蒸去溶剂，得到黄色油状物。

4）结晶：取黄色油状物加入热的无水乙醇，使其溶解，趁热过滤，滤液静置，冷却结晶，滤干，真空干燥，得到 CoQ_{10} 成品。

3. 微生物发酵法

（1）发酵工艺要点

1）菌种：红螺菌科细菌是产 CoQ_{10} 的理想菌种之一，但随着基因工程技术的发展，人们逐渐将目标转向通过菌种诱变和构建重组菌的方法来获得高产菌。

2）培养基：无论是从自然界筛选得到的野生菌还是经过诱变后的突变株，或者是克隆了目的基因的重组菌，都需要合适营养的培养基及适宜的培养条件才能达到 CoQ_{10} 的高产量。应根据不同菌体生长所需的不同营养成分来选择合适的培养基组分。微生物生长需要碳源、氮源、无机盐等。①碳源：用黄色隐球酵母生产 CoQ_{10} 时，在培养基中加入适合产生 CoQ_{10} 的蔗糖更能促进产物的积累。而重组菌的发酵罐培养上通过分批补加葡萄糖和醋酸碳源，能解除多余底物的抑制和对菌体的危害，又可以保证发酵液中营养成分及时得到补充，生物量及产物有了显著的提高。②氮源：在选择氮源上，用放射型根瘤菌 WSH2601 来研究发酵条件对 CoQ_{10} 产量的影响。试验结果表明，在所用氮源中，有机氮源比无机氮源效果好。有机氮源中，玉米浆对细胞生长和产 CoQ_{10} 效果最好，其次为酵母膏，蛋白胨相对较差。单一的无机氮源对试验菌生长与产 CoQ_{10} 效果都较差。③无机盐：无机盐对菌体产生 CoQ_{10} 也很重要。Mg^{2+} 是 CoQ_{10} 合成关键酶的辅基，Fe^{2+} 在 CoQ_{10} 的电子转移过程中起传递电子体的作用。因此，提高培养基中 Mg^{2+}、Fe^{2+} 的含量可能会提高 CoQ_{10} 的产量。

除了培养基中含有基本的碳源、氮源、无机盐外，根据不同的发酵目的选择合适的前体来改变代谢流，以达到积累终产物的目的。

3）培养条件的控制：①搅拌和通气。培养基中的溶氧在 CoQ_{10} 生产中是一项重要的影响因素。研究发现，细菌在 CoQ_{10} 生产中搅拌-通气产生的影响因生产菌株的不同而异，一种是对 CoQ_{10} 的发酵生产起促进作用，而另一种则是对它起抑制作用。②光照。光合细菌 PSB 中 CoQ_{10} 的含量普遍较高，而光照对其 CoQ_{10} 的含量影响较大。细菌既能进行光合作用，又能进行好氧呼吸和发酵。曾有报道称 PSB 在光照厌氧条件下 CoQ_{10} 的产量较高，一旦转为黑暗好氧培养，产量就会急剧下降。③菌体收集时间与接种量。这主要与发酵时间紧密相关，由不同的接种量其发酵过程中菌体生长阶段所需的时间不同，故不同的接种量下菌体到达最大生物量和 CoQ_{10} 最高含量时所需的时间也不同,要由接种量来考虑放罐时间。

(2)提取及纯化:通过发酵收集到菌体后,大致通过下面两种方法来提取 CoQ$_{10}$。

1)经皂化的提取分离方法:将菌体破碎后直接用丙酮或沸腾乙醇抽提,而后用石油醚萃取多次,再用水或甲醇洗去极性物质,经硅胶柱纯化。

2)碱或碱皂化提取法:用醇碱先皂化后用石油醚或正己烷回流提取,水洗后同样经硅胶柱纯化。同直接提取法相比,皂化后提取法得到的提取物量较多,但 CoQ$_{10}$ 易被破坏。

分离纯化得到的 CoQ$_{10}$ 样品可以用薄层扫描法和 HPLC 法来检测。现在可以直接用柱切换 HPLC 法将硅胶柱纯化和 HPLC 检测直接相连,使得纯化和检测简单、快速,一步完成。

(八) 辅酶 A(coenzyme A,CoA)

辅酶 A 由泛酸、半胱氨酸和腺苷二磷酸组成,广泛地存在于生物体的组织和细胞内,是体内乙酰化反应的辅酶。它对糖、脂肪、蛋白质代谢起重要作用,具有重要的生理生化功能和较广泛的临床应用,参与体内乙酰胆碱的合成、肝糖原的积存、胆固醇含量的降低及血浆脂肪含量的调节等。

知 识 链 接

辅酶 A 的主要成分在食物中广泛存在,也能由肠道细菌合成,其在细胞中含量丰富,一般无需补充。但患有肾炎、肝炎、肝硬化及心力衰竭等疾病的患者,存在代谢障碍和器官病变,需适当补充,常用的一种药物为"能量合剂":它是能量补充剂,一般内含辅酶 A、三磷酸腺苷、胰岛素、葡萄糖和钾盐,可能提供能量,促进糖代谢和其他代谢过程,有助于病变器官功能的改善。

1. 结构和性质 CoA 为白色或微黄色粉末,具吸湿性,有典型的硫醇味道,易溶于水及生理盐水,不溶于乙醇、乙醚等有机溶剂。图 12-68 为辅酶 A 的结构。CoA 兼有核苷酸和硫醇的通性,是一种强酸。易被空气、过氧化氢、碘、高锰酸钾等氧化成无催化活性的二硫化合物,与谷胱甘肽,半胱氨酸可形成混合二硫化物。稳定性随着制品纯度的增加而降低。高纯度的冻干粉有很强的吸湿性,暴露在空气中很快吸收水分并失活,在碱性溶液中易失活。

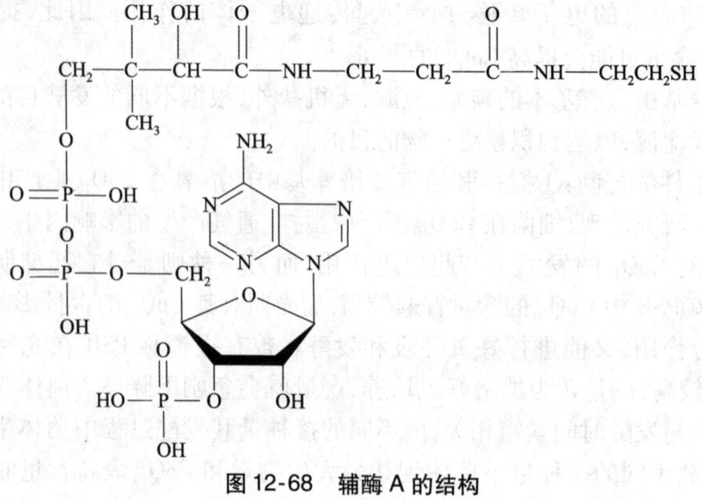

图 12-68 辅酶 A 的结构

制取 CoA 有用动物肝、心、酵母等作原料的提取法和微生物合成法等。

2. 动植物组织提取法

(1)工艺流程:见图 12-69。

新鲜猪肝
绞碎,提取
提取液
除蛋白
滤液
吸附
GMA树脂
GMA-CoA
梯度洗脱
CoA洗脱液
酸化
CoA浓集液
吸附
LD-601-CoA
脱盐,洗脱
氨醇洗脱液
浓缩,酸化
上清液
沉淀
沉淀物
脱水,干燥
CoA丙酮粉

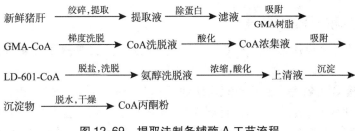

图 12-69　提取法制备辅酶 A 工艺流程

(2)工艺过程

1)绞碎、提取:将新鲜猪肝绞碎后投入 5 倍体积的沸水中,立即煮沸,保温搅拌 15 分钟,迅速过滤,冷却至 30℃以下,过滤得到提取液。

2)去蛋白:向提取液中加入 5% 三氯乙酸,放置 4 小时后吸取上清液,沉淀过滤,收集和合并滤液与上清液。

3)吸附、梯度洗脱、酸化:将 pH 约为 5 的清液流经 GMA 树脂柱,吸附后用 3~4 倍体积的 0. 01mol/L 盐酸 -0. 1mol/L NaCl 溶液流洗树脂柱,最后用 5 倍体积的 0. 01mol/L 盐酸 -0. 1mol/L NaCl 溶液洗脱 CoA,收集至洗脱液呈无色,pH 下降至 3~2 为止。调节洗脱液 pH 为 2~3,过滤后得到 CoA 浓集液。

4)吸附、脱盐、洗脱:取浓集液于交换柱中装入 GMA1/2 体积的 LD-601,洗去黏附于 LD-601 大孔吸附剂表面的氯化钠,再用 3~4 倍体积的氨醇液洗脱后得到氨醇洗脱液。

5)浓缩、酸化:将上述液体薄膜浓缩至原体积的 1/20,用稀硝酸酸化至 pH2. 5,放置冰箱过夜,次日离心得到澄清液。

6)沉淀、脱水、干燥:在上述清液加入 10 倍体积 pH 为 2. 5~3 的酸化丙酮,静置沉淀。离心后收集沉淀,用丙酮洗涤 2 次,置于五氧化二磷真空干燥器中干燥,得 CoA 丙酮粉。

3. 微生物发酵法　1976 年,应用产氨短杆菌发酵合成 CoA 获得成功,生产成本比动植物组织提取法下降 3/4,而含量却提高到了 100U/mg 以上。工艺流程如图 12-70 所示。

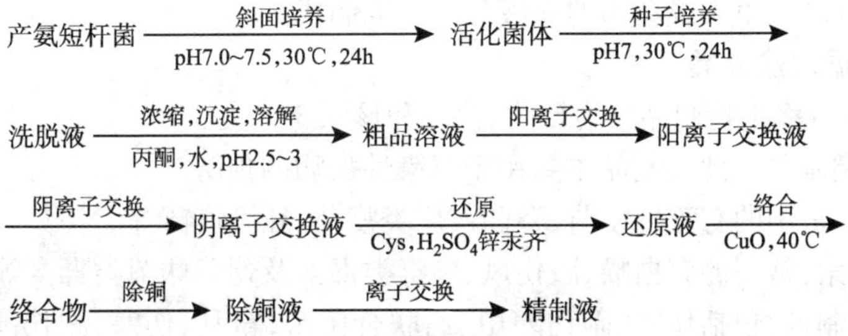

产氨短杆菌
斜面培养
pH7.0~7.5,30℃,24h
活化菌体
种子培养
pH7,30℃,24h
洗脱液
浓缩,沉淀,溶解
丙酮,水,pH2.5~3
粗品溶液
阳离子交换
阳离子交换液
阴离子交换
阴离子交换液
还原
Cys,H2SO4锌汞齐
还原液
络合
CuO,40℃
络合物
除铜
除铜液
离子交换
精制液

图 12-70　微生物发酵法制备辅酶 A 工艺流程

近年来,已实现用产氨短杆菌细胞作为多酶酶原,以泛酸钠、腺嘌呤核苷、一磷酸腺苷、半胱氨酸、无机磷为底物,采用 ATP 与 Mg^{2+} 为辅助因子,合成辅酶 A,收率在 80% 以上。

点滴积累

1. 维生素可分为脂溶性和水溶性两大类,工业生产主要采用化学合成、提取法和微生物发酵法。

2. 维生素 C 的制备方法分为莱氏法和两步发酵法。莱氏法工艺为:以葡萄糖为原料,经高压催化氢化、黑醋菌氧化、丙酮保护、次氯酸钠氧化及盐酸转化等工序制得维生素 C;两步发酵法,将莱氏法中的丙酮保护和化学氧化及脱保护等三步改成一步混合菌株生物氧化,根除了大量的有机溶剂,改善了劳动条件和环境保护问题。

（林凤云）

第十节　生物制品

从微生物(包括细菌、噬菌体、立克次体、病毒等)及其代谢产物、原虫、动物毒素、人或动物的血液或组织等直接加工制成,或用现代生物技术方法制成,作为预防、治疗、诊断特定传染病或其他有关疾病的免疫制剂统称为生物制品。包括各种疫苗、抗血清、抗毒素、类毒素、免疫调节剂(如胸腺素、免疫核糖核酸等)、诊断试剂等。

一、生物制品的分类

生物制品的分类因分类的时期和分类的依据不同,可有多种分类方法。

（一）根据所用材料分类

生物制品据其所用材料,可分为:

1. 菌苗　由有关细菌、螺旋体制成。
2. 噬菌体　由特定宿主菌的噬菌体制成。
3. 疫苗　由有关立克次体、病毒制成。
4. 抗血清与抗毒素　经特定抗原免疫动物后,采血分离血浆或血清制成。
5. 类毒素　由有关细菌产生的外毒素经脱毒后制成。
6. 混合制剂　由两种以上菌苗或疫苗或类毒素混合制成。
7. 血液制品　由人或动物的血液分离提取制成。

（二）根据用途分类

根据用途可将生物制品分为预防、治疗和诊断 3 大类。

1. 预防类制品　此类制品主要用于感染性疾病的预防。
（1）疫苗:常用的有流感疫苗、脊髓灰质炎疫苗、狂犬疫苗等。
（2）类毒素:常用的有白喉、破伤风、肉毒类毒素及葡萄球菌类毒素等。
（3）混合制剂:包括伤寒、副伤寒甲、乙联合菌苗,霍乱、伤寒、副伤寒甲、乙联合菌苗,麻疹、牛痘苗联合疫苗,麻疹、风疹联合疫苗,风疹、腮腺炎联合疫苗,麻疹、腮腺炎风疹联合疫苗,白喉类毒素、百日咳菌苗和破伤风类毒素混合制剂等。

2. 治疗类制品

（1）抗血清与抗毒素：用特定抗原免疫马、牛或羊，经采血、分离血浆或血清，精制而成。抗细菌和病毒的称抗血清；抗蛇毒和其他毒液的称抗毒血清；抗微生物毒素的称抗毒素。常用的抗血清和抗毒素见表 12-5。

表 12-5 常用的抗血清和抗毒素

抗血清	抗毒素	抗毒血清
抗狂犬病血清	破伤风抗毒素	抗蛇毒血清
抗痢疾血清	白喉抗毒素	
抗炭疽血清	肉毒杆菌抗毒素	
	链球菌抗毒素	

（2）血液制品：包括白蛋白、免疫球蛋白、凝血因子等。

（3）噬菌体：用于裂解宿主菌，以治疗由宿主菌所引起的疾病，如痢疾杆菌噬菌体和铜绿假单胞菌噬菌体，可分别用于治疗细菌性痢疾和铜绿假单胞菌感染症。

（4）疫苗：如乙型肝炎治疗疫苗、单纯疱疹病毒疫苗、麻风病治疗疫苗、其他治疗疫苗。

（5）抗体：抗乙型肝炎表面抗原单克隆抗体，单克隆抗体靶向制剂等。

3. 诊断类制品

（1）体内诊断用品：用于皮内接种，以判断个体对病原的易感性或免疫状态。如锡克毒素和结核菌素等。

（2）体外诊断用品：包括细菌学试剂、免疫学试剂、临床化学试剂等。

📖 课 堂 活 动

1. 谈谈你知道的生物制品及其应用。
2. 谈谈我国计划免疫的传染病类型及疫苗。

二、生物制品的一般制造方法

（一）病毒类疫苗制造方法（工艺流程见图 12-71）

1. 毒株的选择和减毒

（1）毒株必须持有特定的抗原性，能使机体诱发特定的免疫力。

（2）应有典型的形态和感染特定组织的特性，并在传代的过程中能长期保持其生物学特性。

（3）易在特定的组织中大量繁殖。

（4）在人工繁殖的过程中，不应产生神经毒素或能引起机体损害的其他毒素。

（5）如制备活疫苗，毒株在人工繁殖的过程中应无恢复原致病力的现象。

（6）在分离时和形成毒种的全过程中应不被其他病毒所污染，并需要保持历史记录。用于制备活疫苗的毒种，往往需要在特定的条件下将毒株经过长达数十次或上百次的传

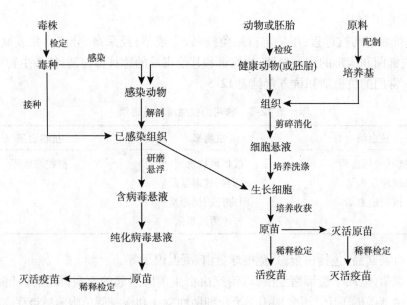

图 12-71 疫苗制备工艺流程

代,降低其毒力,直至无临床致病性,才能用于生产。例如制备流感活疫苗的甲$_2$、甲$_3$、乙三种不同亚型毒株时,需分别在鸡胚中传6~9 代、20~25 代、10~15 代后才能使用。

2. 病毒的繁殖

(1)将病毒接种动物的鼻腔、腹腔、脑腔或皮下,使之在相应的细胞内繁殖。

(2)将病毒接种到7~14 日龄鸡胚和尿囊腔、卵黄囊或绒毛尿囊膜等处,接种的部分亦因病毒种类的不同各异。

(3)组织培养。

(4)细胞培养。

3. 疫苗的灭活 不同的疫苗,其灭活的方法不同,有的用甲醛溶液(如乙型脑炎疫苗、脊髓灰质炎灭活疫苗和斑疹伤寒疫苗等),有的则用酚溶液(如狂犬疫苗)。所用灭活剂浓度则与疫苗中所含的动物组织量有关。灭活温度和时间,需视病毒的生物学性质和热稳定性质而定。

4. 疫苗的纯化 疫苗纯化的目的是去除存在的动物组织,降低疫苗接种后可能引起的不良反应。用细胞培养所获得的疫苗,动物组织量少,一般不需特殊的纯化,但在细胞培养的过程中,需用换液的方法除去培养基中的牛血清。

5. 冻干 疫苗的稳定性较差,一般在2~8℃下能保存12 个月,但当温度升高后,效力很快降低。在37℃下,许多疫苗只能稳定几天或几小时。为使疫苗的稳定性提高,可用冻干的方法使之干燥。冻干的疫苗在真空或充氮后密封保存,使其残余水分保持3%以下。这样的疫苗能保持良好的稳定性。

(二)细菌类疫苗和类毒素的一般制造方法(图 12-72)

1. 菌种的选择

(1)菌种必须持有特定的抗原性,能使机体诱发特定的免疫力。

(2)菌种应具有典型的形态,培养特性和生化特性,并在传代的过程中,能长期保持这些特性。

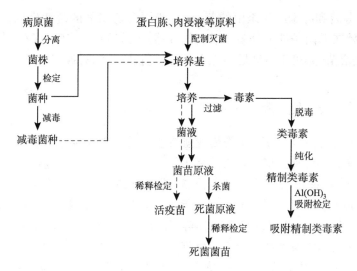

图 12-72　疫苗和类毒素制备工艺流程

（3）菌种应易于在人工培养基上培养。

（4）制备死菌苗，菌种在培养过程中应产生较小的毒性。制备活菌苗，菌种在培养过程中应无恢复原毒性的现象。

（5）制备毒素，菌种在培养的过程中应能产生大量的典型毒素。

制备菌苗和类毒素的菌种，应该是生物学特性稳定，能获得安全性好、效力高的产品的菌种。

2. 培养基的营养要求　除碳源、氮源和各种无机盐类等培养微生物所需要的一般营养要素外，某些微生物生理上的特殊性，往往需要某些特殊营养物才能生长。例如结核杆菌需以甘油作为碳源；有些分解糖类能力较差的梭状芽孢杆菌需以氨基酸作为能量及碳与氮的来源。培养致病菌时，在培养基中除应含有一般碳源、氮源和无机盐成分外，往往还需添加某种生长因子。

3. 培养条件的控制

（1）气体：各种细菌在生长时对氧的要求不同。在培养特定的细菌时，必须严格控制培养环境的氧分压。

（2）温度：致病菌的最适培养温度大都接近人体正常温度（35～37℃）。在制备菌苗时，必须先找出菌种的最适培养温度，在生产工艺中加以严格控制，以获得最大的产量和保持细菌的生物学特性和抗原性。

（3）pH：同一细菌能在不同的 pH 条件下生长。培养的 pH 不同，细菌的代谢产物有可能不同。因此在培养细菌时，应严格控制培养基的 pH，以使它们按预定的要求生长、繁殖和产生代谢产物。

（4）光：制备生物制品的细菌，一般都不是光合细菌，不需要光线的照射。故培养不应在阳光或 X 射线下进行，以防止核糖核酸分子的变异，从而改变细菌的生物学特性。

4. 杀菌　死菌疫苗制剂在制成原液后需要用物理或化学方法杀菌，各种菌苗所用的杀菌方法不同，但杀菌的总目标是彻底杀死细菌而又不影响菌苗的防病效力。以伤寒菌苗为例，可用加热杀菌法、甲醛溶液杀菌、丙酮杀菌等方法杀死伤寒杆菌。

5. 稀释、分装和冻干　经杀菌的菌液，一般用含防腐剂的缓冲生理盐水稀释至所需的浓度，然后在无菌条件下分装于适当的容器，封口后在 2~10℃保存，直至使用。有些菌苗特别是活苗，亦可于分装后冷冻干燥，以延长它们的有效期。

⚙ 知 识 链 接

疫苗有不同的剂型。注射用脊髓灰质炎疫苗是一种灭活病毒；口服脊髓灰质炎疫苗是一种减毒活病毒。伤寒疫苗是一种灭活的细菌。麻疹和其他典型"儿童期"疾病（如流行性腮腺炎、水痘和风疹的疫苗）是减毒活病毒。白喉和破伤风疫苗包含了"灭活的"毒素。流感疫苗往往包含灭活的"裂解了的"病毒（病毒外壳的蛋白质已被溶剂溶为液体）。抗 B 型流感嗜血杆菌、肺炎球菌病和脑膜炎球菌病的疫苗含有来自细菌外壳或荚膜高度纯化的多糖物质。

疫苗作为抗原往往组合起来使用。最常用的组合是白喉-破伤风-百日咳（DTP）；白喉-破伤风-百日咳-乙型肝炎（DTP-HepB）；五价疫苗：白喉-破伤风-百日咳-乙型肝炎-B 型流感嗜血杆菌；以及麻疹-腮腺炎-风疹（MMR）。

三、生物制品的生产工艺实例

（一）破伤风类毒素

破伤风类毒素是一种用于预防破伤风病的自动免疫制剂，是由产毒力高的破伤风梭菌培养滤液经甲醛溶液脱毒后精制或毒素精制后脱毒而成。

破伤风类毒素制造工艺可分为菌种传代、培养产毒及收获毒素、脱毒和精制、除菌及吸附等几个阶段。

1. 破伤风类毒素的发酵工艺

（1）菌种：国内使用的生产菌株为罗马尼亚 L58 株，菌号 64008。

（2）发酵工艺流程

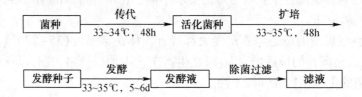

（3）发酵工艺要点

1）种子：应选用产毒效价高，免疫力强的破伤风菌株。

2）产毒培养基：现国内多采用以蛋白质水解液为基础，再添加氨基酸及维生素等，在维持一定的产毒水平下，适当加深水解，同时加入少量的甘油及炭末，以增加厌氧环境、稳定毒素和吸附培养过程中产生的有害物质，从而提高产毒水平获取高价毒素。

3）培养、产毒和收获毒素：一般采用培养罐深层培养，培养基中加炭末、甘油等以利于破伤风菌生长和产毒，在培养过程中利用平压通气的方法排出破伤风菌生长过程中产生的 H_2S 和 CO_2 气体。培养温度必须严格控制在 34℃，高于 35℃或低于 32℃时产毒水平都会大幅度下降。

破伤风毒素在细菌细胞内合成产生,到培养后期才通过菌膜渗透或菌体裂解释放到培养基中,所以经培养 5~6 天后产毒达到高峰。利用除菌过滤的方法将培养物中菌体分离,即可获得含有破伤风毒素的滤液。

2. 脱毒、浓缩和精制工艺

(1)脱毒、浓缩和精制工艺流程(见图 12-73)

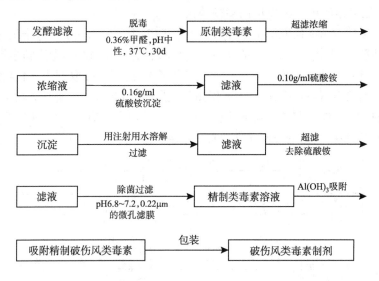

图 12-73 破伤风类毒素脱毒、浓缩和精制工艺流程

(2)脱毒、浓缩和精制工艺要点

1)脱毒:收获的毒素经脱毒后即为类毒素,脱毒一般用 0.3%~0.4% 的甲醛液。此外,pH、温度及脱毒时间等均影响脱毒效果。现采用加入 0.36% 的甲醛、pH 中性、37℃ 脱毒。

2)浓缩和精制:一般采用超滤浓缩与硫酸铵沉淀相结合的方法精制破伤风类毒素,即超滤、硫酸铵沉淀、超滤三步法,可有效地提高破伤风类毒素的制品质量。第一步:用相对分子质量 50 000 的中空纤维超滤器将原制类毒素滤液浓缩 50~70 倍,达到浓缩蛋白分子的目的,同时将滤液所含的大分子水解产物去除。第二步:用硫酸铵分段沉淀。首先以 0.16g/ml 计算,将固体硫酸铵溶解于经稀释的浓缩液中,静置过夜,以帆布过滤,滤清后将沉淀废弃。然后将上述滤过液按 0.10g/ml 左右加入硫酸铵,溶解后,静置过夜,以帆布过滤,滤清后将滤液废弃,沉淀用注射用水溶解并做澄清过滤。第三步:将上述滤液用注射用水适当稀释,循环超滤除去溶液中的硫酸铵,以最终硫酸铵含量低于 0.001g/ml 为合格。

3)除菌过滤:将精制类毒素稀释、调整到适当浓度(即含万分之一硫柳汞、0.85% NaCl),用 5% NaOH 调 pH 至 6.8~7.2。使用 0.22μm 的微孔滤膜,除菌过滤分装。

4)吸附精制破伤风类毒素的制备:将类毒素吸附于 Al(OH)₃ 以增强类毒素的免疫效果和减轻接种不良反应。

5)精制类毒素的吸附:在无菌条件下,按 7Lf/ml 精制类毒素加入吸附剂中,补加 1/100 硫柳汞防腐剂,使其最终含量为 1/10 000。同时补加 1/15mol/L,pH6.6 磷酸盐缓冲液,使其含量达到 1/300mol/L,搅拌均匀后分装。

(二) 伤寒 Vi 多糖菌苗

细菌荚膜多糖是多种致病性细菌表面的一种抗原物质,也是一种重要的保护性抗原,能够诱导机体产生抗体,保护机体抵抗入侵荚膜细菌的感染。用化学纯化的细菌荚膜多糖组分疫苗是 20 世纪 80 年代以来疫苗发展的重要成就之一。细菌多糖疫苗对肺炎、流行性脑膜炎、伤寒、嗜血流感的预防效果十分显著,而且接种多糖菌苗的不良反应非常罕见。目前使用的多糖菌苗有 A 群脑膜炎球菌多糖菌苗、伤寒 Vi 多糖菌苗、流感嗜血杆菌 B 型多糖菌苗和肺炎球菌多糖菌苗。

伤寒 Vi 多糖菌苗的研究源于 20 世纪 80 年代初,主要原因在于伤寒全菌体菌苗的接种后不良反应一直困扰着人们。Robbin 在总结前人工作的基础上,受流脑多糖菌苗成功的启发,重新研究 Vi 抗原的保护性,主要是改良了 Vi 抗原的提取方法,用温和处理的方法,保持了多糖的 N- 和 O- 乙酰基,大大提高其免疫原性和保护性,研制成功了伤寒 Vi 多糖菌苗。伤寒 Vi 多糖菌苗具有安全、稳定、易制造、易保存运输、使用方便等特点。

1. 伤寒 Vi 多糖菌苗的发酵工艺见图 12-74。

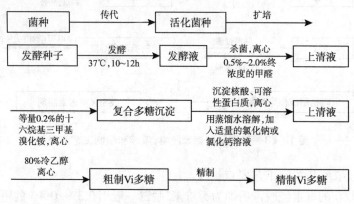

图 12-74　伤寒 Vi 多糖菌苗发酵工艺流程

2. 伤寒 Vi 多糖菌苗的生产工艺要点

(1) 生产菌种:伤寒 Vi 多糖菌苗生产用菌株为伤寒沙门菌 Ty2 株。该菌株生物学特性稳定,记录、历史和来源资料清楚,应经国家药物管理当局批准使用,并由中国药品生物制品检定所负责分发。

(2) 培养和预处理:采用发酵罐液体培养,37℃深层通气搅拌培养 10~12 小时,至对数生长期后期、静止期前期收获,菌液浓度 230 亿~ 250 亿/毫升,培养物中加入 0.5%~2.0% 终浓度的甲醛溶液杀菌。

(3) 去核酸:发酵液采用离心分离方法进行固-液分离,去除菌体,收集上清液。在上清液中加入等量 0.2% 的十六烷基三甲基溴化铵,充分混匀使之形成沉淀离心,收集沉淀物(复合多糖)后,用蒸馏水溶解,并加入适量的氯化钠或氯化钙溶液,摇动或搅拌使多糖和十六烷基三甲基溴化铵解离,加入冷乙醇至终浓度为 25%,放至冷库中静止过夜以沉淀核酸和大量可溶性蛋白质,离心取澄清上清液。

(4) 粗制 Vi 多糖:在以上的上清液中加入冷乙醇至终浓度为 80%,充分摇匀,沉淀 Vi 多糖,离心取沉淀,然后用无水乙醇和丙酮各洗两次,产物经干燥和称重,制得粗制 Vi 多糖。

(5) 精制 Vi 多糖:将粗制 Vi 多糖溶于 10% 饱和的中性乙酸钠溶液中,浓度为 5~

20mg/ml,用 2 倍体积冷酚抽提 3~5 次,取上层多糖溶液装透析袋,用 0.1mol/L 氯化钙溶液冷透析 48 小时,12 小时换一次透析液。在多糖溶液中加入无水乙醇至终体积分数 75%,离心收集沉淀,无水乙醇和丙酮洗,干燥后用无热原的蒸馏水溶解,过滤除菌后,进行各项检定,纯化多糖保存于 -25℃。

(三) 卡介苗

卡介苗是 Nocard 于 1902 年从牛体分离的一株牛型结核杆菌,对人有致病力。从 1906 年开始,Calmette 和 Guerin 两人开始向培养这株结核杆菌的甘油土豆培养基中加入牛胆汁,2~3 周传代 1 次,前后共传了 231 代,在培养期间杆菌的形态发生变化,并逐步缓慢地丧失其毒力。经约 13 年的时间,终于获得一株独立稳定的减毒株。1921 年开始用于人群预防接种。

1. 表面培养　采用改良的苏通培养基,培养温度 37℃,培养时间 10~12 天,菌膜收集后压平,移入装有不锈钢珠的瓶内,加入适量的稀释液,低温下研磨,研磨好的原液稀释成各种浓度的菌苗。

2. 深层培养

(1) 培养基:每升无热原蒸馏水中含门冬酰胺 0.5g,枸橼酸镁 1.5g,磷酸二氢钾 5.0g,硫酸钾 0.5g,Tween-80 0.5ml,葡萄糖 10.0g。

(2) 种子培养:将保存于苏通培养基上的原代种子接入上述培养基中增殖传代 2 次,于 37℃ 培育 7 天后移种。

(3) 深层培养:将上述种子移至装有 6L 培养基的 8L 双臂瓶中,于 37℃ 培养 7~9 天,通气电磁搅拌。然后通过超滤,浓缩为 10~15 倍的菌苗,加入等量 25% 乳糖水溶液后混匀。以 1ml 量分装安瓿冻干,真空封口,贮于 -70℃ 备用。

▶ 点 滴 积 累

1. 生物制品是指从微生物(包括细菌、噬菌体、立克次体、病毒等)及其代谢产物、原虫、动物毒素、人或动物的血液或组织等直接加工制成,或用现代生物技术方法制成,作为预防、治疗、诊断特定传染病或其他有关疾病的免疫制剂。

2. 生物制品代表药物有破伤风类毒素、伤寒 Vi 多糖菌苗、卡介苗、人血白蛋白和免疫球蛋白。

(陈秀清　陈电容)

第十一节　细胞生长调节因子与组织制剂

一、细胞生长调节因子

(一) 细胞生长调节因子工业生产及工艺

细胞生长调节因子系在体内或体外对效应细胞的生长、增殖和分化起调控作用的一类物质。这类物质的化学本质主要是蛋白质和多肽,其他结构物质也有存在。许多细胞生长因子在靶细胞上有特异性受体,它们是一类分泌性、可溶性介质,仅微量就具有生物活性。细胞生长因子常称为生长因子,实际上应包括负性细胞生长因子,即细胞生长抑制因子,因此以细胞生长调节因子来表达广义的细胞生长因子。

在临床上,细胞生长因子可促进受损组织的恢复,但对正常组织无作用。如肝细胞生长刺激因子(HEGF),用作肝部分切除后的肝组织再生剂,用量极微。细胞生长抑制因子对于抗癌新药的研究具有重要意义。对人的细胞生长因子进行研究,将为用生物技术生产人细胞生长因子打下坚实的基础。

细胞生长调节因子以提取方法制备的量很低,主要是通过组织培养获得。细胞生长过程可归纳为:①生长细胞体积倍增,可制备同步化的细胞,γRNA 的合成可作为细胞增大的指标;②生长细胞复制 DNA,也有蛋白质的含量变化。DNA 合成可作为细胞增殖的指标。以上两个过程可单独进行,也可同时发生。

(二)细胞生长调节因子的生产工艺实例

1. 促红细胞生成素(erythropoietin,EPO) 人促红细胞生成素(hEPO)是由 165 个氨基酸残基组成的糖蛋白激素,其分子量为 21 300,水解并除去 27 个疏水氨基酸肽段后得到分子量 18 400 的激素,为内源性抗贫血蛋白重组体。

(1)人促红细胞生成素的理化性质:重组人促红细胞生成素为无色、澄清或呈轻微乳状的注射液。

(2)人促红细胞生成素生产工艺:见图 12-75。

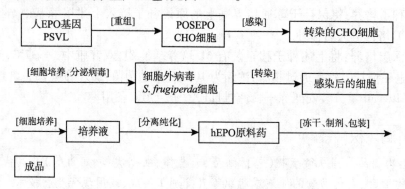

图 12-75 人促红细胞生成素的生产工艺流程

(3)生产工艺要点

1)人体 EPO 基因嵌入经培养的中国仓鼠卵巢细胞,随后合成大量产品。

2)收集培养上清液经超滤浓缩,再通过柱色谱后即可得到纯品。

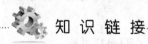

知 识 链 接

人的生长激素种族特异性很强,动物的生长激素人不能使用。自 1956 年发现人生长激素至 1985 年间,它的来源十分有限,只能从尸体的脑垂体分离纯化而来,且仅用于治疗人生长激素缺乏的垂体性侏儒症,虽然取得了良好的治疗效果,但到 1985 年为止,在美、英、法等国接受生长激素治疗的患者中共发现 50 多例克雅病(Creutzfeldt-Jakob)(类似于疯牛病),其中有 5 人死亡,研究结果证实是由垂体来源的生长素污染有朊病毒(prion)所致。1985 年,美国 FDA 首先批准了重组人生长激素上市,同年垂体来源的人生长激素被美国 FDA 禁止使用。

2. 白细胞介素-2(IL-2)　IL-2 是由活化的淋巴细胞所产生的,含 133 个氨基酸残基的糖蛋白,相对分子质量为 15×10^3。有一个链内二硫桥(58 位,105 位)。等电点为6.5。IL-2 具有抗病毒、抗肿瘤和增强机体免疫功能等作用。

(1)白细胞介素-2 的理化性质:为白色无菌冻干粉末状,易溶于水,溶解后呈透明液体,无肉眼可见不溶物。

(2)白细胞介素-2 的生产工艺:见图 12-76。

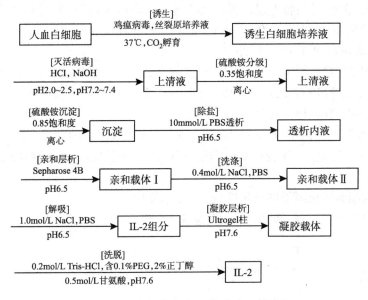

图 12-76　白细胞介素-2 的生产工艺流程

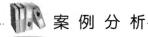 案 例 分 析

案例

临床上应用人生长激素时,抗体的产生不抑制它的促生长作用。

分析

人生长激素含有 191 个氨基酸残基,其中有 4 个半胱氨酸,形成两对二硫键,N端和 C 端皆为苯丙氨酸,分子量 21 500,pI 为 5.2。大肠埃希菌表达的重组人生长素 N 端多了一个甲硫氨酸,成为 192 个氨基酸,但不影响其生物学活性。然而给人临床使用后,其抗体产生率达 30% 以上,使用 N 端不含甲硫氨酸的重组人生长素,抗体产生率仅为 5%,或很少有人产生抗体。临床试验证明,抗体的产生不抑制本品的促生长作用。

(3)生产工艺要点

1)诱生:用鸡瘟病毒和丝裂原培养液联合刺激人外周血白细胞,37℃培养。

2)病毒灭活和固液分离:用 6mol/L HCl 调节 pH2.0~2.5,再用 6mol/L NaOH 调回到 pH7.2~7.4,离心除去变性杂蛋白。

3）硫酸铵分级沉淀：上清液加饱和硫酸铵溶液至 0.35 饱和度，4℃静置 24 小时，离心弃去沉淀。上清液中补加固体硫酸铵至 0.85 饱和度。4℃静置 24 小时，离心，收集沉淀。

4）除盐：将沉淀溶于 pH6.5、10mol/L 的磷酸钠缓冲液（PBS）中［内含 2%（g/ml）正丁醇和 0.15mol/L NaCl］。用 pH6.5 的 10mmol/L PBS 透析 24 小时（更换 5 次透析外液）。

5）蓝色琼脂糖层析：将上述透析内液通过 Sepharose 4B 层析柱，用 200ml 平衡柱缓冲液洗去不吸附蛋白，再用含 0.4mol/L NaCl 的 PBS 液洗涤亲和柱，最后用含 1.0mol/L NaCl 的 PBS 液解吸 IL-2 活性组分。

6）凝胶色谱：解吸的 IL-2 活性组分经超滤浓缩，再上 Ultrogel AcA44 色谱柱，采用含 0.1% 聚乙二醇（PEG，相对分子质量 6000）的 2% 正丁醇和 pH7.6 的 0.5mol/l 甘氨酸的 0.2mol/L Tris-HCl 洗脱，得 IL-2。

3. 表皮细胞生长因子（EGF）　它是由 53 个氨基酸组成的单链多肽，相对分子质量为 6.05×10^3，等电点 pH 为 4.6。耐热，-20℃可长期保存。其生理功能是刺激表皮生长和角化。

（1）表皮细胞生长因子的理化性质：为白色冻干粉。

（2）表皮细胞生长因子的生产工艺：见图 12-77。

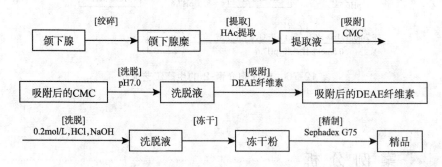

图 12-77　表皮细胞生长因子的生产工艺流程

（3）生产工艺要点

1）提取：取颌下腺，剪除脂肪和筋膜，用绞肉机绞碎成糜状，加入 0.05mol/L HAc，搅拌提取后，离心得提取液。

2）吸附、洗脱：加入 CMC，置冰箱放置；吸附后，以 pH3.9 的缓冲液洗去杂蛋白，再以 pH7.0 缓冲液洗脱；加入 DEAE 纤维素吸附，以 pH7.0 缓冲液洗杂蛋白，再以 0.2mol/L HCl 和 0.2mol/L NaCl 液洗脱。

3）收集：冻干粉溶解后上 Sephadex G75 柱，收集峰位，得精细品。

课堂活动

1. 细胞破壁的方法有哪些？

2. 用基因工程生产细胞因子比用提取法生产，具有哪些优越性？

二、组织制剂

（一）组织制剂的工业生产及工艺

组织制剂系指采用动物的组织、器官、腺体等提取得到的具有生理作用的混合制剂。该制剂所含成分未经纯化成单一成分,常常含有多肽、激素、核酸类物质、多糖及少量蛋白质等多种成分,组分较为复杂。

组织制剂的一般制备程序是:①将组织、器官、腺体等原料粉碎;②采用亲水性溶剂将其有生物作用的物质提取出来;③依据蛋白质的特点,采用适当的分离手段如等电点沉淀、盐析、有机溶剂沉淀、吸附、离子交换、超滤等除去非有效成分,特别是异种蛋白;④提取物经浓缩或冷冻干燥成半成品;⑤将半成品再配制成适宜的剂型。

（二）组织制剂的生产工艺实例

1. 骨制剂——骨宁注射液 骨宁含 18 种氨基酸,水解后的氨基酸总含量为水解前的 5.88 倍,对热稳定,长时间加热不失其药理作用。临床用于治疗骨关节增生性疾病(包括颈、胸、腰椎、肩、膝周围大关节骨质增生及跟骨骨刺等),有抗炎、镇痛效果,疗效比较明显。

(1)骨宁注射液的理化性质:微黄色澄明液体。

(2)骨宁注射液的生产工艺:见图 12-78。

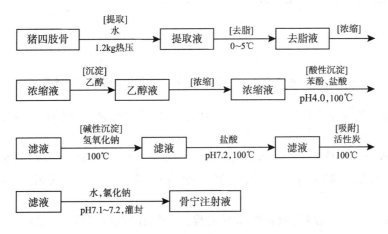

图 12-78 骨宁注射液的生产工艺流程

(3)生产工艺要点

1) 提取:取健康新鲜或冷冻猪四肢骨,洗净、打碎、称重,加 2 倍蒸馏水,再 1.2kg/cm² 热压 1.5 小时,用双层纱布过滤,骨渣加同量的水再提取一次,双层纱布过滤,两次滤液合并。

2) 去脂:滤液立即置 0~5℃ 冷室中,静置 36 小时,撇去上层脂肪。

3) 浓缩:加温使冻状物成液体,在 70℃ 以下真空浓缩至余 1/5。

4) 乙醇沉淀:冷却后加乙醇至最终浓度 70%。静置沉淀 36 小时,滤除杂蛋白。

5) 浓缩:在 60℃ 以下真空浓缩除去乙醇,加 0.3% 的苯酚,补蒸馏水至 3 倍的浓缩体积。

6）酸性沉淀：滤液用 1:1 盐酸，边加边搅拌，调节 pH4.0±0.1，常压 100℃加热 45 分钟，布氏漏斗过滤，除去酸性杂蛋白，滤液置冷室静置。

7）碱性沉淀：次日自冷室中取出滤液，用滤纸自然过滤，边搅边加入 50% 氢氧化钠，调节 pH8.5±0.1。常压 100℃加热 45 分钟。置冷室静置。次日用滤纸自然过滤。以 1:1 盐酸调节 pH7.2，置冷室静置。

8）活性炭吸附：提取液滤纸自然过滤，滤液加 0.5% 活性炭，100℃30 分钟搅拌加热，然后布氏漏斗过滤。

9）制剂：滤液补足蒸馏水至足量（含猪骨 1.5g/ml），加氯化钠至 0.9%，调节 pH 7.1~7.2，100℃加热 45 分钟，置冷室静置。取小样进行有关项目检查，合格后，4 号、5 号垂熔漏斗过滤，灌封，100℃灭菌 30 分钟。

2. 腺体制剂——垂体前叶肾上腺皮质提取物注射液　垂体前叶肾上腺皮质提取物注射液，曾用名：助应素。为垂体前叶提取物和肾上腺提取物的混合制剂，主要含有促肾上腺皮质激素、肾上腺皮质激素等成分。临床用于治疗风湿性关节炎、类风湿关节炎。

（1）垂体前叶肾上腺皮质提取物注射液的理化性质：微黄色澄明液体。

（2）垂体前叶肾上腺皮质提取物注射液的生产工艺：见图 12-79。

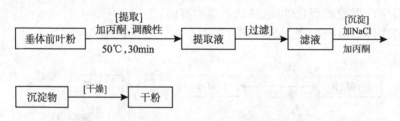

图 12-79　垂体前叶肾上腺皮质提取物注射液的生产工艺流程

肾上腺皮质层制干粉的工艺同上。将两种干粉等量混合后，配制成注射液。

（3）生产工艺要点

1）垂体前叶提取物：取垂体前叶粉加丙酮，调酸性，于 50℃提取 30 分钟，过滤后，以丙酮沉淀。取滤液加氯化钠溶液搅匀后，再加丙酮沉淀，取沉淀物干燥即得。

2）肾上腺皮质提取物：取新鲜猪肾上腺，于丙酮浸泡后剥取肾上腺皮质层，干燥，磨粉后提取，提取方法同上。

3）取以上提取物等量混合，使每毫升中各含 6.25mg，配成注射液，加三氯叔丁醇做防腐剂。

点 滴 积 累

1. 细胞生长调节因子以提取方法制备量很低，主要是通过组织培养获得。

2. 组织制剂系指采用动物的组织、器官、腺体等提取得到的具有生理作用的混合制剂。

（李　平）

目 标 检 测

一、选择题

(一)单项选择题

1. 如果想要从生物材料中提取辅酶 Q_{10},应该选取下面哪一种动物脏器(　　)
   A. 胰脏　　　　　　B. 肝脏　　　　　　C. 小肠　　　　　　D. 心脏

2. 工业上用于生产链霉素的菌种是(　　)
   A. 金色链霉菌　　　B. 灰色链霉菌　　　C. 生绿链霉菌　　　D. 红色链霉菌

3. 对青霉素提取工艺叙述错误的是(　　)
   A. 发酵液预处理时,需首先冷却
   B. 常采用乙酸丁酯萃取提纯
   C. 萃取过程应在较低温度下进行,一般为 15℃
   D. 一般用活性炭脱色

4. 氨基酸酶法生产叙述错误的是(　　)
   A. 可广泛用于工业生产　　　　　B. 固定化酶或细胞可反复使用
   C. 成本低　　　　　　　　　　　D. 产物浓度高

5. 免疫球蛋白制剂中的主要成分为(　　)
   A. IgD　　　　　　　B. IgM　　　　　　C. IgG　　　　　　D. IgE

6. 利用产氨短杆菌发酵生产肌苷酸,应首先筛选(　　)缺陷型菌株
   A. 硫唑嘌呤　　　　B. 鸟嘌呤　　　　　C. 别嘌醇　　　　　D. 腺嘌呤

7. 四环素结晶析出时,pH 应为(　　)
   A. 5.5~6.0　　　　B. 4.5~5.0　　　　C. 4~4.5　　　　　D. 5~5.5

8. 青霉素是微生物产生的(　　)
   A. HMG-CoA 还原酶抑制剂　　　B. 大环内酯类抗生素
   C. β-内酰胺酶抑制剂　　　　　　D. β-内酰胺类抗生素

9. 如果想要从生物材料中提取辅酶 QA,应该选取下面哪一种动物脏器(　　)
   A. 胰脏　　　　　　B. 肝脏　　　　　　C. 小肠　　　　　　D. 心脏

10. 胱氨酸提取精制过程,叙述错误的是(　　)
    A. 将水解液调为 pH4.8,采用等电点沉淀法纯化胱氨酸
    B. 活性炭用量过大,胱氨酸产率会因吸附而下降
    C. 活性炭用量越少,产率越高
    D. 可利用酪氨酸在热水中溶解度较大的性质而将酪氨酸除去

11. 甾体生物转化时间随转化反应类型和微生物种类及转化酶的活力而定,一般需(　　)
    A. 8~12 小时　　　B. 12~72 小时　　　C. 72~108 小时　　　D. 30~55 分钟

12. 我国工业上现在甾体生物转化工艺中的转化方法普遍采用的是(　　)
    A. 生长培养转化法　　　　　　B. 静息细胞、干细胞或孢子悬浮液法
    C. 多菌种协同转化法　　　　　D. 固定化细胞或固定化酶转化法

13. 制品的除菌过滤是一种精密过滤,所用滤材的绝对孔径为（　　）
    A. 0.22μm 或更小　　　　　　　　B. 5μm
    C. 10μm　　　　　　　　　　　　D. 10nm

14. 白蛋白的病毒灭活工艺是（　　）
    A. 纳米级过滤法　　　　　　　　　B. 高压蒸汽灭菌法
    C. 低 pH 法　　　　　　　　　　　D. 巴氏灭活法

15. 卡介苗属于（　　）
    A. 抗毒素　　　　B. 死疫苗　　　　C. 类毒素　　　　D. 减毒活疫苗

16. 细胞生长调节因子的制备方法主要为（　　）
    A. 提取法　　　　B. 化学合成法　　　C. 微生物发酵法　　D. 组织培养法

17. 可治疗骨质增生的是（　　）
    A. 骨宁注射液　　　　　　　　　　B. 促红细胞生成素
    C. 白细胞介素-2　　　　　　　　　D. 表皮生长因子

18. 用于治疗风湿性关节炎、类风湿关节炎的是（　　）
    A. 骨宁注射液　　B. 助应素　　　　C. 白细胞介素-2　　D. 表皮生长因子

19. 在白细胞介素-2 的生产工艺中,用什么方法除盐（　　）
    A. 吸附　　　　　B. 离子交换　　　C. 透析　　　　　D. 超滤

20. L-天冬酰胺酶主要用于治疗（　　）
    A. 败血症　　　　B. 白血病　　　　C. 狂犬病　　　　D. 心脏病

21. 溶菌酶含量最丰富的部位是（　　）
    A. 血浆　　　　　B. 肝　　　　　　C. 肾　　　　　　D. 蛋清

22. 能用于防治血栓的酶类药物有（　　）
    A. SOD　　　　　　　　　　　　　B. 胰岛素
    C. L-天冬酰胺酶　　　　　　　　　D. 尿激酶

23. 微生物发酵培养中常用的 pH 控制手段是（　　）
    A. 缓冲液　　　　　　　　　　　　B. 直接流加酸或碱
    C. 通入 CO_2　　　　　　　　　　D. 流加营养物质

24. 下面哪一条不符合抗生素的性质（　　）
    A. 抗生素的生产,主要是利用微生物发酵,通过生物合成生产的天然代谢
       产物
    B. 从植物及海洋生物中提取的抗生物质不属于抗生素的范畴
    C. 低微浓度
    D. 抗生素属于低相对分子质量的次级代谢产物

25. 属于生物次级代谢产物的药物是（　　）
    A. 维生素　　　　B. 抗生素　　　　C. 核苷酸　　　　D. 氨基酸

26. 下面不属于抗生素的是（　　）
    A. 链霉素　　　　　　　　　　　　B. 红霉素
    C. 从植物蒜中制得的蒜素　　　　　D. 溶菌酶

27. 目前,在国内青霉素的生产中普遍使用的青霉素生产菌是（　　）
    A. 产黄青霉菌　　B. 产绿青霉菌　　C. 产白青霉菌　　D. 产蓝青霉菌

28. 微生物发酵培养中流加营养物质没有(　　)的作用
    A. 调节 pH
    B. 控制微生物生长
    C. 控制微生物合成
    D. 提高溶氧

29. 胸腺素是从(　　)提取的具有高活力的混合肽类药物
    A. 猪胸腺　　　　B. 小牛胸腺　　　　C. 牛脑皮质　　　　D. 猪胰脏

30. L-天冬酰胺酶是从(　　)菌体中分离的酶类药物,用于治疗白血病
    A. 大肠杆菌　　　　B. 草杆菌　　　　C. 放线菌　　　　D. 霉菌

(二) 多项选择题

1. 对四环素发酵生产中抑氯剂描述正确的是(　　)
    A. 常加入溴化钠作为竞争性抑氯剂
    B. 常用抑氯剂为 M-促进剂(2-巯基苯并噻唑)
    C. 可抑制氯原子进入四环素分子生成土霉素
    D. 各种抑氯剂用量为 0.000 1%~0.05%
    E. 溴化钠可减少抑氯剂的毒性作用

2. 对青霉素发酵过程描述错误的是(　　)
    A. 通常采用葡萄糖和乳糖作为碳源
    B. 青霉素发酵的适宜 pH 为 6.5~6.9,避免超过 7.0
    C. 青霉素发酵前期,需加入大量油脂消泡
    D. 青霉素发酵的最适宜温度一般为 35℃
    E. 铁的含量应控制在 30μg/ml 以下

3. 生产氨基酸的常用方法有(　　)
    A. 蛋白质水解提取法
    B. 化学合成法
    C. 微生物直接发酵法
    D. 微生物转化法
    E. 酶工程法

4. 下列属于脂溶性维生素的是(　　)
    A. 维生素 B_1
    B. 维生素 Q
    C. 维生素 A
    D. 硫辛酸
    E. 烟酸

5. 金属离子在维生素 C 发酵过程中的影响,叙述正确的是(　　)
    A. Fe^{2+} 能促进发酵
    B. Ni^{2+},Cu^{2+} 能促进菌的发育
    C. 常向发酵液中加入无机盐,补充金属离子
    D. Ni^{2+},Cu^{2+} 能阻止菌的发育
    E. 常用阳离子交换树脂将山梨醇中的金属离子除去

6. 发酵法生产维生素 C,常用菌株有(　　)
    A. 黑醋菌
    B. 假单胞杆菌
    C. 氧化葡萄糖酸杆菌
    D. 黄杆菌
    E. 诺卡尔菌

7. 提取法制备 RNA 时,哪些操作是正确的(　　)
    A. 破碎酵母细胞时,应加入 NaCl 使浓度达 8%~12%,可有效解离核蛋白
    B. 采用等电点沉淀法,调节 pH 至 2~2.5,使 RNA 充分沉淀

C. 乙醇可去掉 RNA 中的脂溶性杂质和色素聚蔗糖

D. 不可长时间停留于 30~70℃

E. 磷酸单酯酶和磷酸二酯酶可降解 RNA

8. 微生物直接发酵法生产氨基酸的优点是( )

    A. 产物浓度高   B. 直接生产 L- 型氨基酸

    C. 主要用于生产蛋白胨   D. 专一性强

    E. 生产周期长

9. 人白蛋白和免疫球蛋白去除乙醇可采用( )

    A. 透析   B. 冻干   C. 超滤

    D. 微滤   E. 离心

10. 生物制品包括( )

    A. 各种疫苗   B. 抗血清   C. 抗毒素

    D. 类毒素   E. 免疫调节剂

11. 甾体生物转化工艺一般可分为以下哪几个阶段( )

    A. 酶的固定化阶段   B. 菌体生产阶段   C. 产酶阶段

    D. 甾体转化阶段   E. 化学合成法

12. 在甾体生物转化中使用的微生物主要有( )

    A. 细菌   B. 真菌   C. 酵母菌

    D. 霉菌   E. 放线菌

13. 细胞生长调节因子实际上包括两部分,为( )

    A. 细胞生长因子   B. 表皮细胞生长因子   C. 生长激素

    D. 细胞生长抑制因子   E. 白细胞介素-2

14. 下列对细胞生长调节因子的叙述正确的是( )

    A. 在体内或体外对效应细胞的生长、增殖和分化起调控作用

    B. 仅微量就具有生物活性

    C. 化学本质是蛋白质

    D. 包括细胞生长因子和细胞生长抑制因子两部分

    E. 主要以提取法制备

15. 具有抗病毒、抗肿瘤和免疫调节活性的是( )

    A. 生长激素   B. 促红细胞生成素   C. 白细胞介素-2

    D. 干扰素   E. 骨宁注射液

16. 组织制剂的原料来源为动物的( )

    A. 组织   B. 血浆   C. 器官

    D. 腺体   E. 尿液

17. 酶类药物的生产方法主要有( )

    A. 人工合成法   B. 提取法   C. 蛋白质合成法

    D. 微生物发酵法   E. 化学合成法

18. L-天冬酰胺酶的主要产生菌是( )

    A. 细菌   B. 真菌   C. 酵母菌

    D. 霉菌   E. 放线菌

19. 水解蛋白的原料主要有(　　)
    A. 血纤维和血浆　　　　　　B. 猪毛　　　　　　　C. 蚕蛹
    D. 大豆或豆饼　　　　　　　E. 以上均不是

二、问答题

1. 简述青霉素发酵的 pH 控制。
2. 氨基酸类药物常用的提取分离方法是什么？
3. 简述白蛋白和丙种球蛋白的生产工艺过程及控制要点。
4. 简述维生素类药物的常用生产方法。
5. 简述四环素的提取精制方法。
6. 举例说明生物制品的种类。
7. 试述在工业上大多数甾体药物的生物转化生产工艺的一般流程。
8. 简述亲和层析的过程。
9. 简述组织制剂的一般制备程序。
10. 与提取法相比,利用微生物发酵法生产药用酶具有哪些优点？
11. 微生物发酵法生产酶类药物的主要步骤有哪些？
12. 脂类药物的定义？
13. 几种不同脂类药物的结构？胆色素类药物的生产工艺过程？
14. 动植物组织中多糖分离常用的分离纯化手段？
15. 鲨鱼软骨黏多糖生产工艺如何？
16. 简述疫苗的一般生产工艺。

三、实例分析

1. 青霉素发酵时采用变温控制法,前期控制温度在 25～26℃,后期降温控制到 22℃,试解释其原因。

2. 下图为胱氨酸纯化工艺。

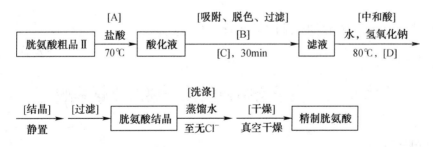

完成生产工艺中的空格;并说明 A、B 两步操作的意义,采用 C、D 两条件结晶胱氨酸的原理。

3. 狂犬病是人畜共患的急性传染病,病死率高达百分之百;近年来我国年发病死亡人数显著上升;狗、猫、猪、牛、马及野生动物等都可能成为传染源;除了被咬伤,人与带病毒动物接触也可能感染狂犬病;应做好预防性免疫接种;人一旦被疯动物咬伤抓伤,要及时、规范处理伤口,并全程足量接种疫苗。

(1)狂犬病的传染途径有哪些？

（2）狂犬病疫苗属于哪一类疫苗？

（3）简述狂犬病疫苗的生产方法。

4. 据报道,用洗涤菌体或冻干菌体进行甾体转化,可减少异甾体的产生。另有文献表明,用于甾体 C-1,2 位脱氢反应的微生物培养到适当时期,采用空气干燥或热干燥去除培养液的水分至 5% 左右,然后进行甾体转化,转化率比一般直接采用发酵液要高,可达 98%~99%,并减少了异甾体的生成,试分析原因。

5. 生产骨宁注射液的过程中用到了活性炭,试分析活性炭的作用及选用活性炭的理由。

6. 在制备溶菌酶时,为何以蛋清为生产原料?

7. 填写胰岛素生产工艺流程中的空格。

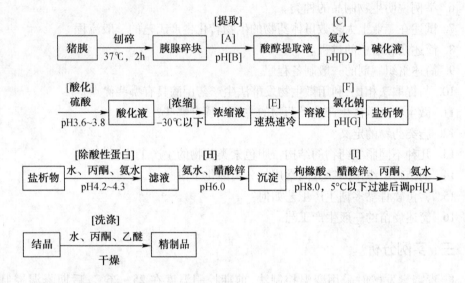

8. 青霉素为弱酸性抗生素,在水溶液中稳定性较差,且其稳定性随温度上升而下降,请写出将该抗生素从发酵液中分离制备的方法,写出选择依据、主要工艺及操作要点。

9. 试比较莱氏法和两步法制备维生素 C 的特点。

（林凤云）

实验三　离子交换树脂法分离混合氨基酸

【实验目的】

1. 熟练掌握离子交换树脂法的工作原理。

2. 熟练掌握离子交换树脂法的操作技术。

3. 学会对离子交换树脂的预处理和再生处理。

【实验内容】

1. 学习训练离子交换树脂法分离混合氨基酸。

2. 学习训练对离子交换树脂的预处理和再生处理。

【实验步骤】

1. 树脂的处理 100ml 烧杯中放置约 10g 树脂,加 25ml 2mol/L HCl 搅拌 2 小时,倾弃酸液,用蒸馏水充分洗涤树脂至中性。加 25ml 2mol/L NaOH 至上述树脂中搅拌 2 小时,倾弃碱液,用蒸馏水洗涤至中性。将树脂悬浮于 50ml pH4.2 的枸橼酸缓冲液中备用。

2. 装柱 取直径 0.8 ~ 1.2cm、长度为 10 ~ 12cm 的色谱柱,底部垫玻璃棉或海绵圆垫,自顶部注入经处理的上述树脂悬浮液,关闭色谱柱出口,待树脂沉降后,放出过量的溶液,再加入一些树脂,至树脂沉积至 8 ~ 10cm 高度即可。于柱子顶部继续加入 pH4.2 枸橼酸缓冲液洗涤,使流出液 pH 为 4.2 为止,关闭柱子出口,保持液面高出树脂表面 1cm 左右。

3. 加样、洗脱及洗脱液收集 打开出口使缓冲液流出。待液面几乎平齐树脂表面时关闭出口(不可使树脂表面干掉)。用长滴管将 15 滴氨基酸混合液仔细地直接加到树脂顶部,打开出口使其缓慢流入柱内。当液面刚平树脂表面时,加入 0.1mol/L HCl 3ml,以每分钟 10 ~ 12 滴的流速洗脱,收集洗脱液,每管 20 滴,逐管收存。当 HCl 液面刚平树脂表面时,用 1ml pH4.2 枸橼酸缓冲液冲洗柱壁 1 次,接着用 2ml pH4.2 枸橼酸缓冲液洗脱,保持流速为每分钟 10 ~ 12 滴并注意勿使树脂表面干燥。

在收集洗脱液的过程中,逐管用茚三酮检验氨基酸的洗脱情况。其方法是:于各管洗脱液中加 10 滴 pH5 的乙酸缓冲液和 10 滴中性茚三酮溶液,沸水浴中煮 10 分钟,如溶液显紫蓝色,表示已有氨基酸洗脱下来。显色的深度可代表洗脱的氨基酸浓度,可用比色法测定。

用 pH4.2 的枸橼酸缓冲液把第 2 个氨基酸洗脱出来之后,再收集 2 管茚三酮反应阴性部分,关闭色谱柱出口,将树脂顶部剩余的 pH4.2 的枸橼酸缓冲液移去。于树脂顶部加入 2ml 0.1mol/L NaOH,打开出口使其缓慢流入柱内,按上面操作,继续用 0.1mol/L NaOH 洗脱并逐管收集(注意仍然保持流速为每分钟 10 ~ 12 滴),每管 20 滴。作洗脱液中氨基酸检验。在第 3 个氨基酸用 0.1mol/L NaOH 洗脱下来以后,再继续收集 2 管茚三酮反应阴性的部分。

最后以洗脱液各管光密度(以水作空白,在 570nm 波长处读取光密度)或颜色深浅(以 −、±、+、+ +…表示)为纵坐标,洗脱液管号为横坐标作图,即可画出一条洗脱曲线。

【实验提示】

1. 离子交换树脂是一种合成的高聚物,不溶于水,能吸水膨胀。高聚物分子由能电离的极性基团及非极性的树脂组成,极性基团上的离子能与溶液中的离子起交换作用,而非极性的树脂本身物性不变。通常离子交换树脂按所带的基团分为强酸($-RSO_3H$)、弱酸($-COOH$)、强碱($-N^+R_3$)和弱碱($-NH_2$,$-NHR$,$-NR_2$)。离子交换树脂分离小分子物质如氨基酸、腺苷、腺苷酸等是比较理想的,但不适合分离生物大分子物质如蛋白质,因为它们不能扩散到树脂的链状结构中。因此如分离生物大分子,可选用以多糖聚合物如纤维素、葡聚糖为载体的离子交换剂。

2. 本实验用磺酸阳离子交换树脂分离酸性氨基酸(天冬氨酸)、中性氨基酸(丙氨酸)和碱性氨基酸(赖氨酸)的混合液。在特定的 pH 条件下,它们解离程度不同,通过改变洗脱液的 pH 或离子强度可分别洗脱分离。

3. 实验材料

(1)磺酸阳离子交换树脂(Dowex 50);

(2)2mol/L HCl;

(3)2mol/L NaOH;

(4)pH4.2 的枸橼酸缓冲液:0.1mol/L 枸橼酸 54ml 加入 0.1mol/L 枸橼酸钠 46ml;

(5)0.1mol/L HCl;

(6)0.1mol/L NaOH;

(7)pH5 的乙酸缓冲液:0.2mol/L 乙酸钠 70ml 加 0.2mol/L 乙酸 30ml;

(8)0.2% 中性茚三酮溶液:0.2g 茚三酮加 100ml 丙酮;

(9)氨基酸混合液:丙氨酸,天冬氨酸、赖氨酸各 10ml 加 0.1mol/L HCl 3ml。

【实验思考】

1. 为什么混合氨基酸可以从磺酸阳离子树脂上逐个洗脱下来?
2. 为什么离子交换树脂需要先预处理才可使用?
3. 装柱的时候应该注意哪些问题?

【实验测试】

考核点	考核要求	考核结果		
		优良	及格	不及格
树脂的预处理	操作步骤、pH			
适当装柱	操作步骤、pH			
适当加样洗脱	操作步骤、pH			
适当洗脱液收集	pH 适当、分离效果定性测定颜色深浅对比			

(林凤云)

实验四　聚丙烯酰胺凝胶电泳分离脂蛋白

【实验目的】

1. 熟练掌握聚丙烯酰胺凝胶(或琼脂糖)电泳分离血浆脂蛋白的方法。
2. 学会聚丙烯酰胺凝胶电泳(PAGE)原理。
3. 学会凝胶板的制备。

【实验内容】

1. 学习训练聚丙烯酰胺凝胶的制备。

2. 学习训练聚丙烯酰胺凝胶垂直板电泳的操作技术。

【实验步骤】

（一）安装垂直板电泳槽

1. 将密封用硅胶框放在平玻璃上，然后将凹型玻璃与平玻璃重叠。

2. 用手将两块玻璃板夹住、放入电泳槽内，玻璃室凹面朝外，插入斜插板。

3. 用蒸馏水试验封口处是否漏水。

（二）制备凝胶板

1. 分离胶制备 取 Acr-Bis 储备液 5.0ml，Tris-HCl 缓冲液（pH8.9）2.5ml，去离子水 12.39ml，TEMED 0.02ml 置于小烧杯中混匀，再加入 0.1ml 10%过硫酸铵，用磁力搅拌器充分混匀 2 分钟。将混合后的凝胶溶液用细长头的吸管加至长、短玻璃板间的窄缝内，加胶高度距样品模板梳齿下缘约 1cm。用吸管在凝胶表面沿短玻璃板边缘轻轻加 1 层重蒸水（3~4cm），用于隔绝空气，使胶面平整。分离胶凝固后，可看到水与凝固的胶面有折射率不同的界限。倒掉重蒸水，用滤纸吸去多余的水。

2. 浓缩胶制备 取 Acr-Bis 储备液 1.0ml，Tris-HCl 缓冲液（pH6.7）1.25ml，TEMED 0.01ml，去离子水 7.64ml，10% 过硫酸铵 0.1ml，用磁力搅拌器充分混匀。混合均匀后用细长头的吸管将凝胶溶液加到长、短玻璃板间的窄缝内（及分离胶上方），距短玻璃板上缘 0.5cm 处，轻轻加入样品槽模板。待浓缩胶凝固后，轻轻取出样品槽模板，用手夹住两块玻璃板，上提斜插板，使其松开，然后取下玻璃胶室，去掉密封用胶框，用 1% 电泳缓冲液琼脂胶密封底部，再将玻璃胶室凹面朝里置入电泳槽。插入斜插板，将电泳缓冲液加至内槽玻璃凹口以上，外槽缓冲液加到距平玻璃上沿 3mm 处。

（三）加样

取 0.1ml 血清样品，0.1ml 25% 蔗糖溶液，0.05ml 0.05% 溴酚蓝溶液混合后，用微量注射器取 5μl 上述混合液，通过缓冲液，小心将样品加到凝胶凹形样品槽底部，待所有凹形样品槽内都加了样品，即可开始电泳。

（四）电泳

将直流稳压电泳仪开关打开，开始时将电流调至 10mA。待样品进入分离胶时，将电流调至 20~30mA。当蓝色染料迁移至底部时，将电流调回到零，关闭电源。拔掉固定板，取出玻璃板，用刀片轻轻将 1 块玻璃撬开、移去，在胶板一端切除一角作为标记，将胶板移至大培养皿中染色。

（五）染色

将凝胶放入考马斯亮蓝 R250 染色液中，使染色液没过胶板，染色 30 分钟左右。

（六）脱色

弃去染色液，将凝胶置于脱色液中，并经常更换脱色液，直至背景蓝色褪去。如用 50℃ 水浴或脱色摇床，则可缩短脱色时间。脱色液经活性炭脱色后，可反复使用。

【实验提示】

1. 结果分析 用琼脂糖及 PAGE 两种电泳方法分离血浆脂蛋白，正常人能分离出 2~3 条区带，主要是 α- 和 β-脂蛋白以及前 β-脂蛋白。高 β-脂蛋白血症、心肌梗死、动脉粥样硬化等患者血清中可分出较多的区带(5~7条),值得指出的是,7条区带在同一标本中出现是极少见的,前β-脂蛋白更少见。在PAGE中,由于分子筛作用,β-脂蛋白迁移速度快,走在前β-脂蛋白的前面。

2. 试剂与器材

(1)分离胶缓冲液(Tris-HCl缓冲液,pH8.9):取1mol/L HCl 48ml,Tris(三羟甲基氨基甲烷)36.3g,用去离子水溶解后定容至100ml。

(2)浓缩胶缓冲液(Tris-HCl缓冲液,pH6.7):取1mol/L HCl 48ml,Tris 5.98g,用去离子水溶解后定容至100ml。

(3)电泳缓冲液(Tris-甘氨酸缓冲液,pH8.3):称取Tris 6g,甘氨酸28.8g,用去离子水溶解后定容至1L;用时稀释10倍。

(4)30% Acr-Bis贮存液:30g Acr,0.8g Bis,用去离子水溶解后定容至100ml,过滤去除不溶物后置棕色瓶,贮于冰箱。

(5)TEMED(N,N,N′,N′-四甲基乙二胺);10%过硫酸铵(新鲜配制);25%蔗糖溶液;0.05%溴酚蓝溶液;7%冰乙酸溶液。

(6)染色液:称取考马斯亮蓝R250 2.5g,冰乙酸92ml,甲醇454ml,加去离子水454ml使其完全溶解,过滤后置棕色瓶保存。

(7)脱色液:取甲醇50ml,冰乙酸75ml,加蒸馏水至1000ml。

(8)人或动物血清。

(9)DYCZ-24D型垂直板电泳槽;移液管(1ml,5ml,0.5ml,0.1ml);烧杯100ml;细长头的吸管;微量注射器。

3. 注意事项

(1)Acr和Bis均为神经毒剂,对皮肤有刺激作用,操作时应戴手套和口罩,纯化应在通风橱内进行。

(2)玻璃板表面应光滑洁净,否则在电泳时会造成凝胶板与玻璃板之间产生气泡。

(3)样品槽模板梳齿应平整光滑。

(4)用琼脂封底及灌凝胶时不能有气泡,以免影响电泳时电流的通过。

(5)切勿破坏加样凹槽底部的平整,以免电泳后区带扭曲。

(6)为防止电泳后区带拖尾,样品中盐离子强度应尽量低,含盐量高的样品可用透析法或凝胶过滤法脱盐。

(7)电泳时应选用合适的电流、电压,过高或者过低都会影响电泳效果。

【实验思考】

1. 简述聚丙烯酰胺凝胶聚合的原理,如何调节凝胶的孔径?

2. 为什么样品会在浓缩胶中被压缩成层?

3. 为什么在样品中加入含有少许溴酚蓝的40%蔗糖溶液?蔗糖及溴酚蓝各有何用途?

4. 上下两槽电泳缓冲液电泳后,能否混合存放?为什么?

5. 凝胶板制备过程中应注意什么问题?

6. 根据实验过程的体会,总结如何做好聚丙烯酰胺垂直板电泳?哪些是关键步骤?

【实验测试】

考核点	考核要求	考核结果		
		优良	及格	不及格
分离胶的配制	胶的质量			
浓缩胶的配制	胶的质量			
加样操作	加样量、分离效果			
电泳操作	操作正确			
染色洗脱	操作正确			

（林凤云）

实验五 青霉素的发酵法生产

【实验目的】

1. 熟练掌握菌种的制备、扩大、发酵及其工艺控制。
2. 熟练掌握过滤、萃取、脱色、精制的技术。

【实验内容】

1. 学习训练各种培养基的配制、消毒的操作。
2. 学习训练菌种的接种、扩大培养的操作。
3. 学习训练发酵及其工艺控制的操作。
4. 学习训练过滤、萃取、脱色、精制等青霉素的分离纯化工艺过程。

【实验步骤】

1. 生产孢子的制备 常用菌种为产黄青霉菌（*Penicillium chrysogenum*），目前生产上采用的是绿色丝状菌株。将砂土管保藏的孢子用甘油、葡萄糖、蛋白胨组成的培养基（可在察氏培养基中添加一定量的甘油和葡萄糖）进行斜面培养。培养温度25~26℃，培养6~8天，形成单菌落，再传斜面，培养7天，生长形成绿色斜面孢子。

孢子制成菌悬液，接入优质小米或大米固体培养基上培养。25℃，培养7天，制得米孢子。

2. 种子培养 种子培养基为葡萄糖/蔗糖3.0%~5.0%、淀粉3.0%~5.0%、玉米浆3.0%~5.0%、碳酸钙0.5%~1.0%、磷酸盐0.1%~0.5%、硫酸铵0.1%~1.0%、尿素0.1%~0.5%、油0.1%~0.5%等。

（1）一级种子发酵：发芽罐，小罐，接入米孢子后，孢子萌发，形成菌丝。通无菌空气，空气流量1∶3（体积比）；充分搅拌300~350r/min；pH自然；温度27℃±1℃；培养40~50小时。菌体正常，菌丝浓度达40%以上。

（2）二级种子发酵：繁殖罐，大量繁殖菌体。通入无菌空气，空气流量1∶1~1∶1.5

（体积比）；搅拌 250～280r/min；pH 自然；温度 25℃ ±1℃；培养 14 小时。菌丝浓度达40% 以上，残糖 1.0% 左右，无杂菌，为合格种子。

3. 发酵生产　发酵培养基为葡萄糖/蔗糖 0.5%～1.0%、淀粉 0.5%～5.0%、玉米浆 5.0%～8.0%、大豆粉 1.0%～5.0%、磷酸盐 0.1%～1.0%、硫酸铵 0.5%～1.0%、尿素0.5%～1.0%、苯乙酰胺 0.1%、油 1.0% 等。

接种量为 12%～15%，通气比控制 0.7～1.8；150～200r/min；要求高功率搅拌，100m³ 的发酵罐搅拌功率为 200～300kW，罐压控制在 0.04～0.05MPa，于 24～26℃ 下培养，发酵周期在 200 小时左右。前 60 小时，pH5.7～6.3，温度 26℃；之后 pH6.3～6.6，温度 24℃。

发酵过程中需连续流加葡萄糖、硫酸铵以及苯乙酸盐，不同时期分阶段控制。加糖依据发酵液中的残糖和 pH，糖浓度降低 0.6% 左右，pH 上升后可开始补糖，加糖率为0.07%～0.15%/h，每 2 小时加 1 次。发酵 60～70 小时后，可分次补加硫酸铵，使发酵液中氨氮控制在 0.01%～0.05%。补加前体，使发酵液中残存苯乙酰胺的浓度为0.05%～0.08%，每 4 小时加 1 次。

发酵过程中，一般 2 小时取样 1 次，测定发酵液的 pH、菌体浓度、残糖、残氮、苯乙酸浓度、青霉素效价等指标，同时取样作无菌检查，发现染菌及异常情况要及时处理。

发酵前期或种子罐染菌，应重新消毒灭菌，补充一定的碳量、氮量后，可接种发酵。发酵中、后期染菌，如果是噬菌体，应及时放罐处理，提炼已产生的青霉素，事后进行彻底消毒灭菌处理。发酵前期如果菌丝生长不良，引起发酵异常，可采取倒出部分发酵液，重新补入新鲜的培养基和优良的种子，继续发酵，如发酵单位停滞不长，可酌情提前放罐。

4. 发酵液预处理及过滤　青霉素发酵液放罐后，冷却降温至 10℃ 以下，采用鼓式真空过滤机过滤，滤液 pH6.2～7.2，蛋白质含量 0.05%～0.2%。需要进一步除去蛋白质。

改善过滤和除去蛋白质的措施：硫酸调节 pH4.5～5.0，加入 0.07% 溴代十五烷吡啶（PPB）为絮凝剂，0.7% 硅藻土为助滤剂，再通过板框式过滤机过滤，滤液澄清透明，进行萃取。

5. 萃取　青霉素的提取采用溶媒萃取法，工业上通常用乙酸丁酯（BA），滤液用10% 硫酸调 pH 至 2.0～3.0，加入乙酸丁酯，用量为滤液体积的 1/3，加 0.05%～0.1% 乳化剂 PPB，去除蛋白质。

从乙酸丁酯反萃到水相时，常用碳酸氢钠缓冲液（避免 pH 波动）萃取，pH7.0～8.0，有机相与水相的比例为(3～4)∶1。

萃取 2～3 次，整个萃取过程应在低温下（10℃ 以下）进行，萃取罐用冷冻盐水冷却。萃取后，浓缩 10 倍，浓度几乎达到结晶要求，萃取总收率在 85% 左右。

6. 脱色　萃取液中添加活性炭（150～300g/10 亿单位），进行脱色，石棉过滤板过滤。

7. 结晶　2 次 BA 萃取液以 0.5mol/L NaOH 液萃取，调 pH6.4～6.8，得青霉素钠盐水浓缩液（5 万 U/ml 左右）；加 3～4 倍体积无水丁醇，在 16～26℃，0.67～1.3kPa 下真空蒸馏。水和丁醇形成共沸物而蒸出，钠盐结晶析出。结晶经过洗涤、干燥后，得到青霉素钠盐产品。

【实验提示】

1. 青霉素是一种 β-内酰胺类抗生素,其内酰胺环是重要的抗菌活性结构,对大多数革兰阳性菌、部分革兰阴性菌、螺旋体、部分放线菌有较强的抗菌作用。临床上用于治疗扁桃体炎、丹毒、猩红热、大叶肺炎、心内膜炎、败血症、脑膜炎、脊髓炎等各种疾病。青霉素的毒性低微,但最易引起过敏反应,使用前必须做皮试,皮试阳性者禁用。

2. 青霉素的性质 青霉素是一种有机酸,不溶于水,可溶于有机溶剂。青霉素性质不稳定,在酸、碱条件下或 β-内酰胺酶存在下,可发生水解反应而失效。临床上常用其钠(钾)盐,青霉素钠(钾)盐为白色结晶性粉末,味微苦,有吸湿性。

3. 发酵法制备青霉素的工艺流程

4. 影响发酵产率的因素

(1)培养基

1)常用碳源:包括葡萄糖、淀粉、蔗糖、油脂、有机酸等,主要为菌体生长代谢提供能源,为合成菌体细胞和目的产物提供碳元素。葡萄糖、乳糖结合能力强,而且随时间延长而增加。通常采用葡萄糖和乳糖。发酵初期,利用快效的葡萄糖进行菌丝生长。当葡萄糖耗竭后,利用缓效的乳糖,使 pH 稳定,分泌青霉素。可根据形态变化,滴加葡萄糖,取代乳糖。目前普遍采用淀粉的酶水解产物,葡萄糖化液流加,以降低成本。

2)常用氮源:有机氮源多用玉米浆、黄豆饼粉、麸质粉、蛋白胨、酵母粉、鱼粉等;硫酸铵、尿素、氨水、硝酸钠、硝酸铵则是常用的无机氮源。另外,培养基中还得添加无机盐、微量元素以及消泡剂,部分抗生素还得加入特殊前体,如青霉素的前体是苯乙酸,具有刺激青霉素合成作用。但浓度大于 0.19% 时对细胞和合成有毒性,还能被细胞氧化。策略是流加低浓度前体,1 次加入量低于 0.1%,保持供应速率略大于生物合成的需要。

青霉素发酵中采用补料分批操作法,对葡萄糖、铵、苯乙酸进行缓慢流加,维持一定的最适浓度。葡萄糖的流加波动范围较窄,浓度过低使抗生素合成速度减慢或停止,过高则导致呼吸活性下降,甚至引起自溶,葡萄糖浓度调节是根据 pH,溶氧或 CO_2 释放率予以调节,残糖在 0.6% 左右,pH 开始升高时加糖。补氮:流加硫酸铵、氨水、尿素,控制氨基氮 0.05%。

(2)温度:生长适宜温度 30℃,分泌青霉素温度 20℃。但 20℃青霉素破坏少,周期很长。生产中采用变温控制,不同阶段采取不同温度。前期控制 25~26℃,后期降温、控制为 23℃。过高则会降低发酵产率,增加葡萄糖的维持消耗,降低葡萄糖至青霉素的转化得率。有的发酵过程在菌丝生长阶段采用较高的温度,以缩短生长时间,生产阶段适当降低温度,以利于青霉素合成。

(3)pH:合成的适宜 pH 为 6.4~6.6,避免超过 7.0,青霉素在碱性条件下不稳定,易水解。缓冲能力弱的培养基 pH 降低,意味着加糖率过高造成酸性中间产物积累。pH 上升则表明加糖率过低,不足以中和蛋白产生的氨或其他生理碱性物质。前期 pH 控制在 5.7~6.3,中、后期 pH 控制在 6.3~6.6,通过补加氨水进行调节。pH 较低时,加入 $CaCO_3$、通氨调节或提高通气量;pH 上升时,加糖或天然油脂。一般直接加酸或碱自动控制,流加葡萄糖控制。

(4)溶氧:溶氧<30%饱和度,产率急剧下降;低于10%,则造成不可逆的损害。所以不能低于30%饱和溶氧浓度。通气比一般为1:0.8L/(L·min)。溶氧过高,菌丝生长不良或加糖率过低,呼吸强度下降,影响生产能力的发挥。适宜的搅拌速度,保证气液混合,提高溶氧,根据各阶段的生长和耗氧量不同,对搅拌转速进行调整。

(5)菌丝生长速度与形态、浓度:对于每个有固定通气和搅拌条件的发酵罐内进行的特定耗氧过程,都有一个使氧传递速率(OTR)和氧消耗率(OUR)在某一溶氧水平上达到平衡的临界菌丝浓度,超过此浓度,OUR>OTR,溶氧水平下降,发酵产率下降。在发酵稳定期,湿菌浓度可达15%~20%,丝状菌干重约3%,球状菌干重在5%左右。另外,因补入物料较多,在发酵中后期一般每天带放1次,每次放掉总发酵液的10%左右。

菌丝生长方式有丝状生长和球状生长两种。前者由于所有菌丝体都能充分和发酵液中的基质及氧接触,比生产率高,发酵黏度低,气-液两相中氧的传递率提高,允许更多菌丝生长。球状菌丝形态的控制,与碳、氮源的流加状况,搅拌的剪切强度及稀释度相关。

(6)消泡:发酵过程泡沫较多,需补入消泡剂。天然油脂消泡剂,如玉米油;化学消泡剂,如泡敌。应少量多次使用。不适合在前期多加入,以免影响呼吸代谢。

青霉素的发酵过程控制十分精细,一般2小时取样1次,测定发酵液的pH、菌丝浓度、残糖、残氮、苯乙酸浓度、青霉素效价等指标,同时取样作无菌检查,发现染菌立即结束发酵,视情况放过滤提取,因为染菌后pH波动大,青霉素在几小时内就会被全部破坏。

5. 实验场地　菌种室、发酵车间、提炼车间、检测室。

6. 主要设备及仪器　磁力搅拌器、磅秤、电子天平、恒温培养箱、微机控制三级发酵系统及配套设备、鼓式真空过滤机等。

7. 主要操作提示

(1)操作时严格按照各种设备的操作规程。

(2)生产孢子的制备、种子培养、发酵生产过程中严格的无菌操作,并在不同阶段进行定时取样镜检观测,进行控制。

(3)发酵过程涉及蒸汽加热,注意防止烫伤;提取过程会接触到大量的溶媒、硫酸等刺激性化学物质,操作时要注意穿戴好劳保防护用品,注意通风,使用工具要防火防爆,以免产生火灾或爆炸。

【实验思考】

1. 青霉素发酵过程应如何控制?

2. 青霉素发酵液预处理的目的是什么? 生产中采用的方法是什么?

3. 影响青霉素提取的因素有哪些?

4. 青霉素钠(钾)盐结晶的方法有哪些? 水分、酸度、温度及苯乙酸钠(钾)用量对生产有何影响?

【实验测试】

考核点	考核要求	考核结果		
		优良	及格	不及格
培养基的灭菌	温度、时间、压力控制适当			
接种严格	无菌操作			
发酵过程控制	温度、pH、溶氧、泡沫、补料等的参数控制和操作正确			
染菌及异常情况处理	及时作出处理			
溶媒萃取法提取青霉素	pH、温度、时间、萃取方式和浓缩比例等的参数控制和操作正确			
共沸蒸馏结晶法	制备青霉素盐 pH、温度、压力等的参数控制和操作正确			

（林凤云）

参 考 文 献

1. 吴梧桐. 生物制药工艺学. 北京:中国医药科技出版社,1998
2. 熊宗贵. 发酵工艺原理. 北京:中国医药科技出版社,2004
3. 郭勇. 生物制药技术. 北京:中国轻工业出版社,2008
4. 俞俊棠. 新编生物工艺学. 北京:化学工业出版社,2003
5. 白秀峰. 发酵工艺学. 北京:中国医药科技出版社,2003
6. 严希康. 生化分离工程. 北京:化学工业出版社,2001
7. 顾觉奋. 分离纯化工艺原理. 北京:中国医药科技出版社,1994
8. 李津,俞咏霆,董德祥. 生物制药设备和分离纯化技术. 北京:化学工业出版社,2003
9. 齐香君. 现代生物制药工艺学. 北京:化学工业出版社,2003
10. 朱宝泉. 生物制药技术. 北京:化学工业出版社,2004
11. 邓毛程. 氨基酸发酵生产技术. 北京:中国轻工业出版社,2007
12. 欧阳平凯,胡永红. 生物分离原理及技术. 北京:化学工业出版社,1999
13. 纪立农. 大力开展转化医学研究,促进糖尿病防治指南的落实,努力实现国际糖尿病联盟全球糖尿病防治 10 年规划. 中国糖尿病杂志,2012,20(1):2-4
14. 孙树汉. 基因工程原理与方法. 北京:人民军医出版社,2001
15. 辛秀兰. 现代生物制药工艺学. 北京:化学工业出版社,2006
16. 齐香君. 现代生物制药工艺学. 第 2 版. 北京:化学工业出版社,2010
17. 何建勇. 生物制药工艺学. 北京:人民卫生出版社,2007
18. 国家药典委员会. 中华人民共和国药典. 北京:中国医药科技出版社,2010

目标检测参考答案

第一章 绪 论

一、选择题

（一）单项选择题

1. B 2. C

（二）多项选择题

1. ABCDE 2. ABD 3. ABDE 4. ABCDE

二、问答题（略）

第二章 微生物发酵制药技术

一、选择题

（一）单项选择题

1. C 2. A 3. D 4. A 5. A 6. C 7. C

（二）多项选择题

1. ABCDE 2. ABCDE 3. ABCE 4. BCDE

二、问答题（1~4 题略）

5. 无菌检查的方法有哪些？

答：无菌检查染菌通常通过 3 个途径可以发现：无菌试验、发酵液直接镜检和发酵液的生化分析。其中无菌试验是判断染菌的主要依据。染菌的判断以无菌试验中的酚红肉汤培养基和双碟培养的反应为主，以镜检为辅。

6. 试分析染菌的原因。

答：可从以下几点进行分析：①从染菌的规模和时间分析；②从染菌的类型来分析；应当把染菌的时间、菌型和杂菌存在的环境等方面情况联系起来，加以综合分析，作出符合实际的正确判断，从而采取相应的有效措施，制伏染菌。

7. 泡沫的危害有哪些？如何控制？

答：起泡会给发酵带来许多不利影响，如发酵罐的装料系数减少、氧传递系数减小等。泡沫过多时，影响更为严重，造成大量逃液，发酵液从排气管路或轴封逃出而增加染菌机会等，严重时通气搅拌也无法进行，菌体呼吸受到阻碍，导致代谢异常或菌体自溶。

8. 确定发酵终点要考虑哪些因素？

答：①考虑经济因素；②考虑对产品质量的影响；③特殊因素：在正常情况下可根据

作业计划按时放罐。但在异常情况下,如染菌、代谢异常(糖耗缓慢等),就应根据不同情况进行适当处理。确定放罐的指标有产物的产量、过滤速度、氨基氮的含量、菌丝形态、pH、发酵液的外观和黏度等,发酵终点的控制就要综合考虑这些参数来确定。

第三章　基因工程制药技术

一、选择题

(一)单项选择题

1. A　2. D　3. D　4. D　5. B　6. A　7. D　8. D　9. C　10. A

(二)多项选择题

1. ABCD　2. ABC　3. ABCDE　4. ABCDE　5. ABDE　6. ABCD

7. ABCE　8. ABC　9. AB　10. ABDE

二、问答题(略)

三、实例分析

1. 要点:寻找对艾滋病有治疗作用的蛋白质,利用限制性核酸内切酶将转录和翻译该种蛋白质的调控基因剪切分离出来,再通过连接酶组装到载体中,将载体转移到受体细胞中,最后再通过对受体细胞的大规模培养繁殖,生产出大量该种蛋白质,可作为疫苗,即用于治疗艾滋病。

2. 要点:将目的基因整合到根癌农杆菌的 Ti 质粒(或发根农杆菌 Ri 质粒)中,再选择培养植物遗传转化的受体,如整株活体、外植体、愈伤组织等,并培养使其处于感受态,两者结合,农杆菌侵染植物时,将外源基因转移到植物细胞中,检测筛选转基因植物细胞,最后对其大规模培养,以获得大量有用次生代谢产物。

第四章　细胞工程制药技术

一、选择题

(一)单项选择题

1. B　2. D　3. B　4. C　5. B　6. D　7. D　8. C　9. C　10. D

11. D　12. D　13. C　14. C　15. D　16. C　17. D　18. D　19. A　20. B

21. C　22. D　23. A　24. B　25. C　26. D　27. A　28. B　29. B　30. C

(二)多项选择题

1. ABCDE　2. ABCD　3. ABCDE　4. ABCD　5. ABCDE

二、问答题(略)

三、实例分析

要点:①采用杂交瘤细胞技术制备的单克隆抗体;②细胞融合,动物细胞培养技术;③单克隆抗体的特点。

第五章　酶工程制药技术

一、选择题

(一)单项选择题

1. B　2. C　3. C　4. D　5. A　6. D

（二）多项选择题

1. ABCE　　2. ABDE　　3. ABCD　　4. BC　　5. ABCDE　　6. CE

二、问答题（略）

三、实例分析

要点:酶的固定化反应的反应速度与酶的浓度、试剂浓度、pH、离子强度、温度和反应时间有关。

第六章　生物制药分离纯化技术

一、选择题

（一）单项选择题

1. D　　2. A　　3. D　　4. B　　5. C　　6. C　　7. D　　8. D　　9. C

（二）多项选择题

1. ABC　　2. ABCDE　　3. ABCD　　4. ABC　　5. ABCDE　　6. ABCD

7. ACD

二、问答题（略）

第七章　预处理及固液分离技术

一、选择题

（一）单项选择题

1. D　　2. B　　3. B　　4. A　　5. C.　　6. D　　7. C

（二）多项选择题

1. ABCDE　　2. ACD　　3. ABC　　4. AD　　5. BCE　　6. ABC

7. ABC　　8. ABCD

二、问答题（略）

三、实例分析

要点:①收集菌体细胞;②细胞破碎与包涵体的收集;③包涵体的洗涤;④包涵体的变性与复性(先用脲溶液溶解;再逐步稀释脲溶液复性)。

第八章　萃　取　技　术

一、选择题

（一）单项选择题

1. D　　2. C　　3. C　　4. C　　5. D　　6. C　　7. C　　8. B　　9. D　　10. D

11. C　　12. A　　13. A　　14. A　　15. B

（二）多项选择题

1. ABCDE　　2. ABCDE　　3. ABCDE　　4. ABC　　5. ABCDE　　6. ABDE

7. ACDE　　8. ABC

二、问答题（略）

三、实例分析（略）

第九章　膜分离技术

一、选择题

（一）单项选择题

1. A　　2. A　　3. C　　4. C　　5. D　　6. C　　7. B　　8. D　　9. B　　10. C

（二）多项选择题

1. ABCDE　　2. ABD　　3. ABC　　4. ABC　　5. ABC　　6. ABCD

二、问答题（略）

三、实例分析（略）

第十章　色谱技术

一、选择题

（一）单项选择题

1. B　　2. A　　3. C　　4. C　　5. C　　6. A　　7. A　　8. D　　9. C　　10. A

11. D　　12. A　　13. D　　14. D　　15. B　　16. A　　17. D　　18. C　　19. C　　20. D

21. D　　22. D　　23. C　　24. C

（二）多项选择题

1. AB　　　　2. ABCDE　　　　3. ABCD　　　　4. ABCDE

二、问答题（略）

三、实例分析

1.（略）

2. 阳离子交换树脂,0.05mol/L 氨水,0.1mol/L 氨水,2mol/L 氨水

滤液调节到 pH2.5 时,氨基酸带正电荷,因此选用阳离子交换树脂,之后根据氨基酸等电点的不同,依次用 0.05mol/L 氨水,0.1mol/L 氨水,2mol/L 氨水洗脱。酸性氨基酸等电点低,因此用 0.05mol/L 氨水就可洗脱下来,而碱性氨基酸等电点高,因此需用 2mol/L 氨水才能将之洗脱下来。

第十一章　固相析出法与成品干燥技术

一、选择题

（一）单项选择题

1. A　　2. A　　3. B　　4. B　　5. C　　6. C　　7. A　　8. A　　9. B　　10. A

11. D　　12. B　　13. B　　14. C　　15. C　　16. B　　17. D　　18. A　　19. D

（二）多项选择题

1. ABCD　　2. ABCDE　　3. ABCD　　4. ABCDE　　5. ABC　　6. ABCD

7. ABC　　　　8. BDE　　　　9. ABCDE　　　　10. ABCDE

二、问答题（略）

三、实例分析（略）

第十二章　生物药物的一般生产工艺

一、选择题

（一）单项选择题

1. D　　2. B　　3. C　　4. A　　5. C　　6. D　　7. B　　8. D　　9. B　　10. C

11. B　　12. A　　13. A　　14. D　　15. D　　16. D　　17. A　　18. B　　19. C　　20. B

21. D　　22. D　　23. D　　24. B　　25. B　　26. D　　27. A　　28. D　　29. B　　30. A

（二）多项选择题

1. ABDE　　2. CD　　　3. ABCDE　　4. BCD　　　5. DE　　　6. ABC

7. ABCDE　8. BE　　　9. ABC　　　10. ABCDE　11. BCD　　12. ADE

13. AD　　14. ABD　　15. CD　　　16. ACD　　　17. BD　　　18. AD

19. ABC

二、问答题（略）

三、实例分析

1. 青霉素发酵的最适宜温度一般为27℃,而分泌青霉素的适宜温度为20℃左右。

2. A. 酸化;B. 活性炭;C. 85℃;D. pH3.5~4.0

原理是利用同是难溶于水的酪氨酸在热水中溶解度较大的性质将酪氨酸除去,结晶时调 pH 至胱氨酸等电点(pI =4.6)附近,因胱氨酸难溶于水而析出,得胱氨酸纯品。

3.（略）

4. 这一方法的优点是可自由地改变反应液中底物和菌体的比例,反应时间较短,转化产物中杂质较少,有利于产物的分离提取。（略）

5. 活性炭吸附色素。（略）

6. 蛋清中的溶菌酶含量最高。

7. 猪胰——胰腺碎块——酸醇提取液——碱化液——酸化液——浓缩液——溶液——盐析物——盐析物——滤液——沉淀——结晶——精制品

8.（略）

9.（略）

生物制药工艺学教学大纲

（供生物制药技术专业用）

一、课程任务

生物制药工艺学是生物制药技术专业的一门专业课。本课程内容包括生物制药理论、工艺流程、分离与纯化技术等。要求学生掌握微生物发酵制药技术、基因工程制药技术、细胞工程制药技术、酶工程制药技术等生物制药技术的基本原理和工艺流程相关技术，掌握从发酵液中分离和提纯生物药物的工艺及方法；熟悉其制药、分离纯化等操作技术；了解其他类药物的一般生产工艺及代表药品。为学习相关专业知识和职能训练、增强继续学习和适应职业变化的能力奠定坚实的基础。

二、课程目标

（一）知识目标

1. 掌握微生物发酵制药的技术原理；掌握基因工程制药技术、细胞工程制药技术和酶工程制药技术的概念；掌握分离纯化工艺的原理。

2. 熟悉生物药品的概念和性质，熟悉生物制药、分离纯化等操作技术原理。

3. 了解生物药品的发展、历史以及趋势；了解其他类药物的一般生产工艺。

（二）技能目标

1. 熟练掌握微生物发酵生产药物的基本操作技能，掌握基因工程制药、细胞工程制药和酶工程制药的技术操作方法；通过生物制药的工艺过程，培养学生的动手能力以及观察、分析和解决实际问题的能力。

2. 学会分离纯化工艺的操作方法和基本操作技能；学会使用常见的生物制药工艺设备。

（三）职业素质和态度目标

1. 树立药品生产质量第一的观念和药品生产安全意识，具有理论联系实际，实事求是的工作作风。

2. 具有生物制药专业所应有的良好职业道德，科学的工作态度，严谨细致的专业学风。

三、教学时间分配

教学内容	学时数		
	理论	实践	合计
第一章　绪论	2		2
第二章　微生物发酵制药技术	12	6	18
第三章　基因工程制药技术	6		6
第四章　细胞工程制药技术	10		10
第五章　酶工程制药技术	6	2	8
第六章　生物制药分离纯化技术	2		2
第七章　预处理、细胞破碎及固-液分离技术	8	2	10
第八章　萃取技术	6	2	8
第九章　膜分离技术	4		4
第十章　色谱技术	8	2	10
第十一章　固相析出法与成品干燥技术	4		4
第十二章　生物药物的一般生产工艺	18	20	38
小计	86	34	120

四、教学内容与要求

章节	教学内容	教学要求	教学活动参考	参考学时	
				理论	实践
第一章 绪论	第一节　生物制药的概念和研究内容	掌握	多媒体演示	0.5	0
	一、生物制药的概念				
	二、生物制药的研究内容				
	第二节　生物药物的性质和分类	熟悉		0.5	
	一、生物制药的性质与特点				
	二、生物制药的分类				
	第三节　生物制药的发展历史和概况	了解		0.5	
	一、生物制药的发展历史				
	二、生物制药的发展概况				
	第四节　生物制药的研究发展趋势	熟悉		0.5	
	一、生物资源的综合利用与开发				
	二、大力发展现代生物制药技术医药产品				
	作业要求:了解有关生物药物发展新趋势				

章节	教学内容	教学要求	教学活动参考	参考学时	
				理论	实践
第二章 微生物发酵制药技术	第一节 概述 一、微生物发酵制药的发展简史 二、微生物发酵制药研究的内容 三、微生物发酵药物的来源 四、微生物发酵药物的分类	了解	理论讲授 多媒体演示	2	
	第二节 制药微生物与产物的生物合成 一、制药微生物的选择 二、制药微生物菌种的选育 三、制药微生物菌种的保藏 四、微生物代谢产物的生物合成	熟悉		4	
	第三节 发酵工艺条件的确定 一、培养基及其制备 二、灭菌操作技术 三、微生物发酵的3种主要操作方式 四、发酵过程中的主要参数及控制	掌握		6	4
	作业要求:熟记名解、完成练习、参观相关药厂				
	实验一 细菌的液体培养及菌种的保存与复苏	熟练掌握	技能实践		2
	实践1:离子交换树脂法分离混合氨基酸（选学）	熟练掌握	技能实践		2
第三章 基因工程制药	第一节 概述 一、基因工程制药 二、基因工程制药的发展 三、我国基因工程药物的现状	了解	理论讲授	1	
	第二节 重组DNA技术的基本过程 一、概述 二、目的基因的获得 三、目的基因的表达	掌握	多媒体演示	2	
	第三节 基因工程工具酶和克隆载体 一、基因工程的常用酶 二、克隆载体 三、表达系统	熟悉	示教	2	
	第四节 基因工程药物的生产 一、基因工程菌株的培养 二、基因工程菌发酵条件	熟悉		1	

章节	教学内容	教学要求	教学活动参考	参考学时	
				理论	实践
	三、基因工程药物的分离纯化 四、各种产物表达形式采用的分离纯化方法 五、基因工程药物的质量控制				
	作业要求:掌握名解、完成练习				
第四章 细胞工程 制药技术	第一节 概述 第二节 细胞融合技术 　一、细胞融合技术的建立与发展 　二、动物细胞融合和体细胞杂交 　三、植物原生质体融合和体细胞杂交 　四、微生物原生质体融合	了解 熟悉	理论讲授 多媒体 演示	1 3	
	第三节 动物细胞培养技术 　一、动物细胞培养概述 　二、体外细胞培养 　三、动物细胞培养液 　四、动物细胞及组织培养	掌握		3	
	第四节 植物细胞培养技术 　一、植物细胞培养的研究进展 　二、植物细胞培养的特性与营养 　三、植物细胞悬浮培养与固化培养技术 　四、植物细胞培养实验室设备与生物反应器	掌握		3	
	作业要求:掌握名解、完成练习				
	实践2:体外细胞的培养(选学)				
第五章 酶工程制 药技术	第一节 概述 　一、酶的特性 　二、酶工程的研究内容 　三、酶工程的研究进展及应用	了解 理解	理论讲授 多媒体演示 示教	1	
	第二节 工程制药酶 　一、工程制药酶的来源 　二、影响工程制药酶活性的因素	熟悉		2	
	第三节 药物的酶法生产 　一、酶的选择 　二、酶的反应条件 　三、酶和细胞固定化技术	掌握		3	
	作业要求:掌握名解、完成练习				
	实验二 固定化酶技术实验	掌握			2

续表

章节	教学内容	教学要求	教学活动参考	参考学时	
				理论	实践
第六章 生物制药分离纯化技术	第一节 概述	了解	理论讲授	0.5	
	一、生物药物制备的一般过程				
	二、生物药物分离、纯化、精制的基本原理				
	三、生物药物与原材料				
	四、生物制药下游技术的特点				
	第二节 生物药物的分离纯化原则	掌握	多媒体演示	0.5	
	第三节 生物药物的分离纯化	熟悉		0.5	
	一、溶剂与试剂				
	二、pH				
	三、添加物				
	四、生化药物分离纯化前的准备				
	第四节 分离纯化的基本工艺流程	熟悉	示教	0.5	
	一、分离纯化的工艺流程与单元操作				
	二、分离纯化单元操作的特点				
	三、分离纯化方法选择				
	四、分离纯化方法步骤优劣的综合评价	掌握		1	
	作业要求:掌握名解、完成练习				
第七章 预处理、细胞破碎及固-液分离技术	第一节 发酵液过滤特性的改变,发酵液预处理和固-液分离	掌握	示教	1	
	一、发酵液过滤特性的改变				
	二、发酵液的预处理				
	三、固-液分离				
	第二节 细胞破碎技术	掌握		1	
	一、细胞破碎方法分类				
	二、破碎效果的评价				
	第三节 沉淀分离纯化技术	掌握		2	
	一、盐析沉淀法				
	二、有机溶剂沉淀法				
	三、等电点沉淀法				
	四、非离子性聚合物沉淀法				
	五、成盐沉淀法				
	六、其他沉淀方法				
	七、结晶法				
	第四节 离心分离纯化技术	掌握		2	2
	一、基本原理				
	二、常用离心方法				

章节	教学内容	教学要求	教学活动参考	参考学时	
				理论	实践
	三、影响物质颗粒沉降的因素				
	四、常用离心设备				
	第五节　过滤及过滤分离技术	理解		1	
	一、过滤原理与分类				
	二、过滤介质				
	三、助滤剂				
	四、影响过滤的因素				
	五、常用过滤设备				
	六、过滤器材的选择				
	七、使用过滤技术中应注意的问题				
	第六节　预处理的综合运用			1	
	一、胰岛素的提取				
	二、重组人粒细胞-巨噬细胞集落刺激因子				
	三、血源性乙型肝炎疫苗				
	四、金霉素的生产工艺流程				
	五、胎盘丙种球蛋白和胎盘白蛋白的制备工艺				
	作业要求:掌握名解、完成练习				
	实践3:发酵液的直接提取(以抗生素为例)(选学)	学会	多媒体演示		
第八章萃取技术	第一节　概述	了解	理论讲授	1	
	一、萃取分离原理				
	二、萃取体系				
	第二节　选择萃取分离体系的注意事项	掌握	多媒体演示	1	
	一、萃取剂的选择				
	二、使溶质发生变化				
	三、pH				
	四、溶剂的极性和离子强度				
	五、温度				
	六、其他注意事项				
	第三节　液-液萃取设备选择原则	掌握	示教	1	
	第四节　几种萃取技术介绍			2	2
	一、超临界萃取				
	二、双水相萃取				
	三、反相胶束萃取				
	四、液膜分离技术				
	第五节　其他萃取技术(选学)			1	

续表

章节	教学内容	教学要求	教学活动参考	参考学时	
				理论	实践
	作业要求:掌握名解、完成练习,思考各种技术的优缺点				
第九章膜分离技术	第一节 透析	了解	理论讲授	1	
	第二节 超滤	掌握	多媒体演示	1	
	一、超滤的特征和用途				
	二、超滤膜				
	三、影响超滤透过率和选择性的因素				
	四、超滤操作				
	第三节 微孔膜过滤技术	熟悉	示教	1	
	一、微孔滤膜				
	二、微孔滤膜过滤设备和操作				
	三、微孔膜过滤的应用				
	第四节 纳滤	掌握		1	
	一、纳滤膜的种类和特性				
	二、纳滤膜的应用				
	三、纳滤膜污染的处理				
	作业要求:掌握名解、完成练习,思考各种技术的优缺点	熟练掌握	技能实践		
第十章色谱技术	第一节 色谱技术概述	了解	理论讲授	1	
	一、色谱法分类				
	二、基本概念				
	三、色谱效率				
	第二节 吸附色谱	熟悉	多媒体演示	2	
	一、吸附类型				
	二、常用吸附剂				
	三、影响吸附的因素				
	第三节 基于疏水作用的高效液相色谱	熟悉			
	一、反相高效液相色谱				
	二、疏水相互作用色谱				
	第四节 体积排阻色谱	掌握	示教	2	2
	一、分离机制	掌握		2	
	二、凝胶过滤色谱				
	三、凝胶渗透色谱				
	第五节 亲和色谱	掌握		1	
	一、亲和色谱基质				
	二、几种亲和色谱模式介绍				

续表

章节	教学内容	教学要求	教学活动参考	参考学时	
				理论	实践
	第六节 离子交换色谱	掌握			
	一、离子交换基本原理				
	二、离子交换树脂的分类				
	三、离子交换操作方法				
	作业要求:掌握名解、完成练习,总结比较亲和色谱和吸附色谱技术的原理及操作流程				
	实践4:血红素的提取(选学)	熟练掌握	技能实践		2
第十一章 固相析出法与成品干燥技术	第一节 结晶和重结晶技术	熟悉	理论讲授	2	
	一、结晶过程分析				
	二、过饱和溶液的形成				
	三、晶体过程考虑因素				
	四、常用的工业起晶方法				
	第二节 生物成品浓缩与干燥技术	掌握	多媒体演示	2	
	一、浓缩技术				
	二、干燥技术				
	作业要求:掌握名解、完成练习				
第十二章 生物药物的一般生产工艺	第一节 抗生素类药物	掌握		4	
	一、抗生素工业生产及工艺				
	二、抗生素药物的生产工艺实例				2
	第二节 氨基酸类药物	掌握		2	
	一、氨基酸类药物常用生产工艺				
	二、氨基酸类药物的常用提取分离方法				
	三、氨基酸类药物生产实例				
	第三节 多肽及蛋白质类药物	掌握		2	
	一、多肽类与蛋白质药物常用的生产方法				
	二、多肽和蛋白质类药物生产实例				
	第四节 核酸类药物	熟悉		1	
	一、核酸类药物生产方法				
	二、核酸类药物的生产实例				
	第五节 酶类药物	了解		1	
	一、酶类药物工业生产及工艺				
	二、酶类药物的生产工艺实例				2
	第六节 糖类药物	了解		1	
	一、糖类药物组成及分布				
	二、糖类药物制备及分离纯化				

章节	教学内容	教学要求	教学活动参考	参考学时	
				理论	实践
	三、几种多糖药物研究概况				
	第七节 脂类药物	熟悉		2	
	一、脂类药物基本知识				
	二、脂类药物的制备				
	三、几种重要脂类药物的制备和纯化				
	第八节 甾体激素类药物	了解		1	
	一、甾体药物的生物转化生产工艺				
	二、甾体激素类药物的生产工艺实例				
	第九节 维生素及辅酶类药物			1	
	一、维生素及辅酶类药物的一般生产方法				
	二、维生素及辅酶类药物生产实例				
	第十节 生物制品			2	
	一、生物制品的分类				
	二、生物制品的一般制造方法				
	三、生物制品的生产工艺实例				2
	第十一节 细胞生长调节因子与组织制剂	了解		1	
	一、细胞生长调节因子				
	二、组织制剂				
	作业要求:去相关药厂参观学习				2
	实验三 离子交换树脂法分离混合氨基酸				4
	实验四 聚丙烯酰胺凝胶电泳分离脂蛋白				4
	实验五 青霉素的发酵法生产	熟练掌握	技能实践		4

五、大纲说明

(一)适用对象与参考学时

本教学大纲主要供高职高专生物制药技术专业及相关专业教学使用,总学时为120学时,其中理论教学86学时,实践教学34学时。

(二)教学要求

1. 本课程对理论部分教学要求分为掌握、熟悉、了解3个层次。

掌握:指学生对所学的知识和技能能熟练应用,能综合分析和解决生物制药生产中的实际问题。

熟悉:指学生对所学的知识基本掌握和会应用所学的技能。

了解:指对学过的知识点能记忆和理解,以及对最新生物药物进展的理解。

2. 本课程重点突出以能力为本位的教学理念,在实践技能方面虽然只有34学时,但实际使用时可适当增加。

熟练掌握：指学生能正确理解实验原理，独立、正确、规范地完成各项实验操作。

（三）教学建议

1. 本大纲力求体现"以就业为导向、以能力为本位、以发展技能为核心"的职业教育理念，理论知识以"必需、够用"为原则，引进新的内容，实践训练着重培养生物制药专业学生的实际动手能力。

2. 课堂教学时应突出生物制药工艺的知识特点，减少知识的抽象性，多采用实物、模型、多媒体等直观教学的形式，增加学生的感性认识，提高课堂教学效果。

3. 实践教学应注重培养学生实际的基本操作技能，实践训练时多给学生动手的机会，提高学生实际动手的能力和分析问题、解决问题及独立工作的能力。

4. 学生的知识水平和能力水平，应通过平时达标训练、作业（实验报告）、操作技能考核和考试等多种形式综合考评，使学生更好地适应职业岗位培养的需要。